Geert Keil

Kritik des Naturalismus

W
DE
G

Quellen und Studien zur Philosophie

Herausgegeben von
Jürgen Mittelstraß, Günther Patzig,
Wolfgang Wieland

Band 34

Walter de Gruyter · Berlin · New York
1993

Kritik des Naturalismus

von

Geert Keil

Walter de Gruyter · Berlin · New York
1993

♾ Gedruckt auf säurefreiem Papier,
das die US-ANSI-Norm über Haltbarkeit erfüllt.

Die Deutsche Bibliothek — CIP-Einheitsaufnahme

Keil, Geert:
Kritik des Naturalismus / von Geert Keil. — Berlin ; New York : de Gruyter, 1993
(Quellen und Studien zur Philosophie ; Bd. 34)
Zugl.: Hamburg, Univ., Diss., 1991 u. d. T.: Keil, Geert: Ist menschliches Selbstverständnis naturalisierbar?
ISBN 3-11-013865-4
NE: GT

Printed in Germany
Druck: Werner Hildebrand, Berlin
Buchbinderische Verarbeitung: Lüderitz & Bauer-GmbH, Berlin

Vorwort

Bei dem vorliegenden Buch handelt es sich um die überarbeitete Fassung einer Arbeit, die im Juni 1991 vom Fachbereich Philosophie und Sozialwissenschaften der Universität Hamburg als Dissertation angenommen wurde. Damals trug die Arbeit noch den Titel *Ist menschliches Selbstverständnis naturalisierbar?* Inzwischen ist der Autor mutiger geworden.

Von denen, die dieses Projekt in den letzten Jahren begleitet haben, möchte ich nur einen hervorheben. Herbert Schnädelbach war ein Betreuer und Mentor, wie man ihn sich nur wünschen kann. So wenig Einfluß er darauf genommen hat, was in diesem Buch steht, so viel hat er dazu beigetragen, daß es entstehen konnte. Für seinen Förderungsstil des *sapere aude!* bin ich ihm sehr dankbar. Auch die Publikation hat Herbert Schnädelbach mit großem Einsatz unterstützt.

Berlin, im Januar 1993 G. K.

Inhalt

I Einleitung

Thema dieser Studie ist die Frage, ob eine naturalistische Revolutionierung unseres Selbstverständnisses sprachlich möglich ist. Nach der sprachlichen Möglichkeit frage ich, weil nach dem ***linguistic turn*** kein Naturalisierungsprogramm ohne den Anspruch auskommt, daß eine Reduktion, Elimination oder Uminterpretation bestimmter ***Diskurse*** über den Menschen möglich sei. Die Diskurse über den Menschen sollen naturalisiert, d.h. in das naturalistische Idiom überführt werden.

Wodurch dieses sich auszeichnet, ist nicht einfach zu bestimmen, doch dürfte vielen von uns die Intuition selbstverständlich sein, daß wir über Erfahrungen, die unser Selbstverständnis als denkende und handelnde Subjekte betreffen, in einer 'anderen Sprache', zumindest in anderen Begriffen reden als über Naturdinge. Bei dieser Dualisierung spielt unser intentionalistisches Idiom, also unsere Rede von Wünschen, Überzeugungen, Absichten etc. die entscheidende Rolle. Der naturalistische Diskurs über den Menschen läßt sich in erster Linie negativ bestimmen: durch die Abwesenheit intentionaler Begriffe.

In meiner Auseinandersetzung mit dem Naturalismus führe ich drei Diskussionsstränge zusammen, die bisher nicht systematisch aufeinander bezogen worden sind. Ausgehend von einer kritischen Darstellung einflußreicher naturalistischer Positionen der Gegenwart und ihrer begrifflichen Konflikte stelle ich die sprachendualistische Gegenstrategie vor, die dem Naturalismus eine kategorienfehlerhafte Verletzung von Diskursgrenzen vorwirft. Diese Auseinandersetzung mündet in eine Diskussion über die kognitive Funktion von Metaphern, die die vom Sprachendualismus aufgestellten Diskursgrenzen überschreiten.

Der sprachendualistischen Intuition steht nämlich bei näherer Betrachtung eine zweifache Komplizierung entgegen, die man das "anthropomorph-physiomorphe Paradox" nennen könnte, das Paradox von anthropomorphem Naturverständnis und physiomorphem (oder naturalistischem) Selbstverständnis des Menschen. Es ist vielfach aufgewiesen worden, daß wir einerseits oft in anthropomorpher Weise über Naturdinge reden, andererseits in physiomorpher Weise über uns selbst und unsere mentalen Prozesse. Dieses Wechselspiel von Projektionen ist in unser Selbst- und Naturverständnis zu tief eingelassen, als daß man einen der beiden Züge einfach sprach-, metaphysik- oder ideologiekritisch verbieten könnte. Meine Überzeugung ist, daß sich dieses Syndrom von Anthropomorphismus und Physiomorphismus nur aufklären läßt, wenn man das Naturalismusthema mit dem Sprachendualismusthema und dem Metapherntherna systematisch zusammenführt und sie ineinander verschränkt.

1 Naturalistische Anthropologie und menschliches Selbstverständnis

"Was ist der Mensch?"
(sein Wesen?) - schwer zu fassen.
Lauter so Sprenkel, die nicht zueinanderpassen.
Von wo entsprungne, woraufhin vermengte?
Vielleicht, daß die mal jemand logisch aneinanderhängte . . .

Peter Rühmkorf

Vermessen scheint es, heute im generalisierenden Singular vom "menschlichen Selbstverständnis" zu sprechen. Wenn sich über den zeitgenössischen anthropologischen Diskurs überhaupt etwas Generelles sagen läßt, dann wohl dies, daß er sich in einem hoffnungslos dissoziierten Zustand befindet. Der Diskurs über den Menschen hat heute so viele und unterschiedliche Stimmen, daß schon der Gedanke daran, sie noch einmal in Einklang bringen zu können, frivol erscheint. Allzu verbreitet und kaum noch der Erwähnung bedürftig ist die Diagnose, daß nie zuvor in der Wissenschaftsgeschichte so viele Disziplinen so viel Disparates über immer kleinere Aspekte dessen zu sagen wußten, wonach Kant noch mit großem Gestus, wiewohl schon damals eher rhetorisch, gefragt hat: was der Mensch sei. Stellte man heute ernsthaft diese Frage, so wüßte man nicht einmal, aus welchen Disziplinen man sich Bruchstücke einer Antwort zusammensuchen sollte. Es ist unklar genug, welche Disziplinen zu den empirischen Humanwissenschaften gehören, denn 'der Mensch' macht keinen separaten Forschungsgegenstand aus, der zur Wissenschaftsklassifikation taugte. Jede der fraglichen Disziplinen wird die globale Frage 'Was ist der Mensch?' als hoffnungslos unwissenschaftlich zurückweisen. Wissen wird dort unter anderen, viel spezifischeren Erkenntnisinteressen gewonnen, die gerade die Abstraktion vom Menschen voraussetzen. In der Dissoziation des humanwissenschaftlichen Diskurses der Moderne ist der Mensch zum bloßen "Epiphänomen des anderweitig viel zuverlässiger Erforschten" geworden, zum bloßen "Anwendungsfall dessen [...], was die wissenschaftlichen Disziplinen in ihrem jeweiligen Kernbereich wissen" (Schnädelbach 1989b, 235 und 1989a, 25). Man mag dies so ausdrücken, daß "wir mit unseren zahlreichen und hochentwickelten *Wissenschaften vom Menschen* an 'den Menschen selbst' gar nicht herankommen" (Kamlah 1972, 14).

Doch welches wäre der alternative Zugang zum "Menschen selbst"? Wir sollten dem Anflug von Sentimentalität in Kamlahs Bemerkung nicht nachgeben und auch den wissenschaftskritischen Oberton vorerst überhören. Vielmehr scheint es unter Bedingungen eines ausdifferenzierten Wissenschaftsspektrums ratsam, die große anthropologische Frage, was der Mensch sei, zunächst einmal auf sich beruhen zu lassen. Stattdessen spreche ich, nur wenig bescheidener, vom "menschlichen Selbstverständnis". Damit ist das Ensemble von Interpretationsmustern gemeint, mit denen wir die Erfahrungen, die wir als im Denken und Handeln sich orientierende Wesen mit uns selbst machen, kognitiv und sprachlich organisieren. Die Rede von menschlichem Selbstverständnis bedeutet also erstens, daß unser Interesse einer nicht im engeren Sinne wissenschaftlichen 'Proto-Anthropologie' gilt. Zweitens ist das "selbst" in "Selbstverständnis" ernstzunehmen: Es geht um die reflexive Interpretation aus der Perspektive der Ersten Person (ob Singular oder Plural, mag einstweilen offenbleiben). Keinesfalls sollte diese reflexive Orientierung im Sinne einer antiszientifischen Voreingenommenheit interpretiert werden. Es ist ja gerade die Stoßrichtung der naturalistischen Programme, daß wir unsere Selbstinterpretation im Lichte wissenschaftlichen Fortschritts *verändern* sollten. Man würde die Radikalität des Naturalismus verfehlen, wenn man ihn auf den Bereich seiner deskriptiven und explanatorischen Ansprüche einschränkte und den Bereich der *reflexiven Aneignung* anthropologischen Wissens als vor seinem Zugriff geschützt ansähe. Der Natural*ismus* zeichnet sich dadurch aus, daß er im Rahmen seiner, ja gerade *durch* seine naturwissenschaftliche Orientierung zugleich philosophische Fragen beantworten will und auch die interpretative und die reflexive Dimension des Naturwesens Mensch zu naturalisieren beansprucht. Andererseits kann man diese Herausforderung nur dann in den Blick bekommen, wenn man den Naturalismus ernsthaft mit dem konfrontiert, was es, hätte er recht, gar nicht geben könnte. Wir dürfen also nicht schon von vornherein seine szientistische Perspektive übernehmen, die erst dann gerechtfertigt wäre, wenn der Naturalismus erfolgreich durchgeführt wäre. Hier deutet sich eine Spannung an, die für alle radikal revisionären Programme in der Philosophie charakteristisch ist, die Spannung zwischen einer *reduktionistischen* und einer *eliminativen* Strategie. Aus eliminativer Perspektive kann das, *was* da ersetzt werden soll, in der neuen Theoriesprache gar nicht ausgedrückt werden, also kann deren Überlegenheit nur um den Preis einer Nichtinterpretierbarkeit der Vorläuferposition behauptet werden. Reduktive Programme müssen sich dagegen ständig auf das beziehen und an dem messen lassen, was sie überwinden wollen. Damit müssen sie Zugeständnisse an die Intelligibilität der Vorläuferposition machen, wodurch sie virtuell den eigenen Überlegenheitsanspruch kompromittieren. In wissenschaftstheoretischer und argumentationstheoretischer Perspektive handelt es sich um das Inkommensurabilitätsproblem; sprachtheoretisch ist es das Übersetzbarkeitsproblem. Wie unähnlich darf die Übersetzung dem Original sein, um noch als Übersetzung durchzugehen? Mit dem Spannungsverhältnis zwischen Reduktionismus und Eliminativismus hat sich der Naturalismus in diesem Jahrhundert immer wieder auseinandergesetzt, vom Physikalismus mit seiner Übersetzbarkeitsthese über die psychophysische Identitätstheorie bis zum Eliminativen Materialismus.

Da dieses Dilemma selbst zum Problembestand dieser Arbeit gehört, darf ich es nicht methodologisch vorentscheiden. Ich betrachte also das Verhältnis vom in mentalistischen Begriffen formuliertem menschlichen Selbstverständnis und dem naturalistischem Diskurs über den Menschen einstweilen als völlig offen. Die Gefahr des Präjudizierens ist in der Diskussion um den Naturalismus besonders groß. Der semantische Ansatz, den ich unten vorstellen werde, erscheint mir neutral genug zu sein, ihr zu entgehen. Ich werde nicht mit irgendwelchen Irreduzibilitätsbehauptungen beginnen, auch nicht in heuristischer Absicht, um die naturalistischen Programme dann an ihnen zu messen. Vielmehr wende ich mich direkt den naturalistischen Diskursen über den Menschen zu - sowohl den Manifestschriften als auch dem Naturalismus *at work* in den Humanwissenschaften -, um zu untersuchen, ob sie ihren eigenen Ansprüchen genügen. Aus diesem Grunde setze ich auch keinen ambitionierten Begriff vom "menschlichen Selbstverständnis" voraus. Im Fortgang der Untersuchung wird sich der Bereich dessen, woran sich der Erfolg des Naturalisierungsprogramms messen lassen muß, beträchtlich verengen. Es wird nicht um Selbstbewußtsein gehen, nicht um Erkenntnisfähigkeit, Reflexion, den privilegierten Zugang zum Mentalen durch Introspektion oder um den Vorrang der Teilnehmerperspektive, sondern um das für unser Selbstverständnis konstitutive *intentionale Idiom*, und genauer um diejenige Fähigkeit, die vor allen anderen für dieses Idiom verantwortlich ist. Als diese Fähigkeit wird sich die menschliche *Handlungs*kompetenz erweisen, und der Naturalismus wird sich am Ergebnis seiner Bemühungen zu einem naturalistischen Verständnis dieser Kompetenz messen lassen müssen. Diese Verengung wird aber aus meiner Auseinandersetzung mit den naturalistischen Texten selbst hervorgehen, weshalb ich sie nicht schon vorab begründe.

Mit der Rede vom Selbstverständnis ist noch eine wichtige Implikation verbunden, die den sprachanalytischen und sprachtheoretischen Zugriff der Arbeit betrifft. Ich spreche nicht von Selbst*bild* oder von Selbst*auffassung*, schon gar nicht von Selbst*bewußtsein*, sondern eben von Selbst*verständnis*. Über seine hermeneutischen Konnotationen ist dieser Begriff an das Thema 'Verstehen' angekoppelt. Verständnis bezieht sich immer auf etwas symbolisch Vermitteltes. Verstehen ist stets 'in terms of'; wir verstehen etwas *als* etwas, und die Vermittlung ist eine semiotische. Verstehen, wie es hier verstanden wird, ist demnach keine psychologische Kategorie, sondern eben eine semantische oder hermeneutische, deren Paradigma das *Sprach*verstehen ist (vgl. von Wright 1971, 6 und 30).[1]

---

[1] Durch seine Dreistelligkeit - *jemand* versteht *etwas* als *etwas* - unterscheidet sich das Verstehen vom Wahrnehmen, welches nur zweistellig ist. Der erkenntnistheoretische Skeptizismus versucht, auch die Wahrnehmungsrelation zu einer dreistelligen zu machen, was aber nicht

Menschliches Selbstverständnis ist daher nicht abzulösen von der Begrifflichkeit, in der es sich formuliert, ja unabhängig von ihr nicht einmal zu denken. Dies ist keine empirische These. Der Gegenstand 'menschliches Selbstverständnis' ist von der Art, daß er ohne seine sprachliche Konstitution gar nicht existieren würde. Darüberhinaus hat die Beschaffenheit unseres Selbstverständnisses Konsequenzen dafür, was wir überhaupt *sind*, denn "man is a self-defining animal. [...] We are partly what we are in virtue of the self-definitions which we have accepted" (Taylor 1971, 49 und 47). Daraus folgt, daß eine drastische Veränderung unseres Selbstverständnisses unmittelbar auf das Definiens des Menschen durchschlagen müßte: "With changes in his self-definition go changes in what man is, such that he has to be understood in different terms" (a.a.O., 49). Diese nicht überspringbare Interpretativität ist ein Umstand, dem auch ein mit dem Naturalismus sympathisierender Autor wie Sellars Rechnung trägt, wenn er sagt: "[I]f man had a radical different conception of himself he would be a radically different kind of man" (Sellars 1962, 6).[2]

Dieser Zusammenhang ist allerdings zu unterscheiden von der weitergehenden inhaltlichen Behauptung, daß wir mit einer reflexiven Durcharbeitung unserer vorwissenschaftlichen Selbstinterpretation über einen Königsweg zur Beantwortung der Frage verfügten, was der Mensch sei. Zwar wären wir andere Wesen, wenn wir uns fundamental anders verstünden, aber aus der Interpretationsabhängigkeit erwächst noch keine hinreichende Bestimmung des Menschen. Wo etwas interpretiert wird, muß es etwas zu interpretieren geben, und dieses 'Material', obwohl durch menschliche Selbsterfahrung und durch menschliche Wissenschaft vermittelt, ist nicht beliebig manipulierbar. Wir sind *auch* Naturwesen, und es könnte sogar die zur Interpretativitätsthese komplementäre Auffassung wahr sein, daß es für den Menschen konstitutiv ist, ein Wesen zu sein, welches sich selbst nicht völlig versteht. Vielleicht ist es so, wie Johannes Scotus Eriugena im 9. Jahrhundert sagte: Der Mensch weiß, *daß* er ist, aber er weiß nicht, *was* er ist. Ein solcher Mangel an Selbsttransparenz des Menschen könnte seinerseits mit der

---

funktioniert. Man handelt sich damit ein Iterationsproblem ein: wenn ich nicht den Gegenstand wahrnehme, sondern nur ein Bild des Gegenstandes, muß ich, der Logik der Mittelbarkeit folgend, zugeben, daß ich auch nur das Bild des Bildes wahrnehme usw. Weil dieser Regreß zu einem Ende kommen muß, brauchen wir einen Begriff der Gegenstandswahrnehmung *simpliciter*. Auch Ausdruckswahrnehmung kann in diesem Sinne unmittelbar sein. - Daß jede Wahrnehmung in einem weiteren Sinne wieder vermittelt ist, nämlich biologisch und kulturell, weshalb wir in bestimmten Kontexten auch von 'wahrnehmen *als*' oder 'sehen *als*' sprechen können, spielt für den Unterschied zwischen Wahrnehmen und Verstehen keine Rolle. Das Verstehen ist *zusätzlich konventionell* vermittelt; nur darauf kommt es an. Slogans wie "Alle Wahrnehmung ist interpretativ" nivellieren diesen Unterschied.

2 Mischel (1969, 2) bemerkt, daß "the connection between factual and conceptual issues is much closer in the study of human behavior than in other sciences. [...] [S]uch psychological phenomena as human intentions, emotions, expectations, and motives are intimately connected with language, with the concepts people have learned to use", wohingegen im Falle physi-

konstitutiven Rolle unserer revisionsoffenen Selbstinterpretationen zusammenhängen.[3]

Was nun ist Naturalismus?

Eine wichtige Vorentscheidung, die mit der Verwendung des Naturalismusbegriffs fallen muß, betrifft das theoretische Erkenntnisinteresse dieser Arbeit. Den *ethischen Naturalismus* möchte ich ausdrücklich ausklammern. Naturalist in der Ethik ist jemand, der das, was seine Kritiker einen naturalistischen Fehlschluß nennen, nicht für einen Fehlschluß hält - sei es, weil er die logische Lücke zwischen Sein und Sollen geschlossen zu haben glaubt, sei es, weil er von vornherein mit einem normativ aufgeladenen Naturbegriff operiert. Mein Thema ist allein der *theoretische* Naturalismus mit seinen Möglichkeiten und Grenzen, deren Untersuchung durch eine vorschnelle Belastung mit normativen Fragen nur erschwert wird. Neben dem ethischen und dem theoretischen Naturalismus kann man auch ethische Implikationen des theoretischen Naturalismus untersuchen; auch das ist nicht Thema dieses Buches. Ich werde mich nicht oder kaum mit der Frage auseinandersetzen, ob eine Naturalisierung menschlichen Selbstverständnisses wünschenswert ist oder nicht, sondern ich möchte herausfinden, ob sie *möglich* ist. Es erscheint mir als eine große Schwäche des zeitgenössischen kulturkritischen Diskurses, daß dort mit humanistischem Pathos vor den kulturrevolutionären Folgen einer drohenden Veränderung unseres Selbstverständnisses gewarnt wird, vor einem verarmten, szientistisch reduzierten, eindimensionalen Verständnis des Menschen,[4] ohne daß eine genauere Auseinandersetzung mit der

---

scher Gegenstände "at least it makes sense to suppose that such objects exist independent of our conceptual resources".

3 Zu denken ist hier etwa an Sonnemanns "negative Anthropologie" mit ihrem versuchten "Nachweis logischer Unmöglichkeit jeder Totaltheorie über den Menschen" (Sonnemann 1969, 22). Diese Unmöglichkeit folgt für Sonnemann eben daraus, "daß die Menschen bei ihrem besten Willen nicht ausdenken können, was sie sind, weil aus ihnen wird, was sie denken" (a.a.O., 324).

4 Baumgartner spricht von einer "Alternative von Naturalismus und Humanismus" (1988, 38) und schreibt der Philosophie wie allgemein den Geisteswissenschaften die Funktion zu, "sich als Anwalt der humanen Selbstbehauptung des Menschen angesichts einer wissenschaftlich entzauberten Welt" dem Naturalismus der exakten Naturwissenschaften entgegenzustellen (33). Diese Zuordnung kann schon deshalb nicht überzeugen, weil der Naturalismus allererst eine *philosophische* Position ist. Naturalismus wird innerhalb der Philosophie begründet und nicht in den Naturwissenschaften. - Mit der Alternative von Humanismus und Naturalismus arbeitet auch van den Daele. Ein "Menschenbild, das dem Menschen Eigenschaften wie Individualität, Unantastbarkeit der Person, autonome Handlungsfähigkeit, Subjektivität zuschreibt", drohe heute durch ein naturalistisches Verständnis des Menschen "entwertet zu werden. [...] Wenn die Gesellschaft ihre normativen Prinzipien aufrechterhalten will, so hat sie nur die Option, entweder ihre kulturellen Interpretationen des Menschen gegen die wissenschaftlichen Interpretationen des Menschen abzuschirmen, oder zu versuchen, die Werte und Normen ohne jeden Rekurs auf naturalistische Menschen- oder Weltbilder in der Gesellschaft zu verankern" (van den Daele 1981, 199). - Verbreitet ist die kulturkritische Aufladung

Frage stattfände, welche Uminterpretationen unserer etablierten Selbstverständigungsdiskurse im Rahmen der natürlichen Sprache überhaupt möglich sind und welche vielleicht nicht. Es könnte ja sein, daß sich hier viel stärkere antinaturalistische Argumente gewinnen lassen, die auf die meist schlecht begründeten humanistischen Appelle gar nicht angewiesen sind. Ein Nebeneffekt könnte sein, daß wir manche kulturpessimistische Befürchtungen auf das richtige Gleis schieben können, wenn wir ein klareres Bild von der Leistungsfähigkeit dessen haben, was so leichthin "Naturalismus" genannt wird. Es gibt eine zumal im deutschen Feuilleton verbreitete Tendenz, drohende Dehumanisierungen des Menschen und absehbare Veränderungen unserer kulturellen Identität mit großem Gestus auf das falsche Konto zu setzen und auf eine allgemeine Technik-, Wissenschafts- oder gar Rationalitätskritik einzuschwenken, wo es sich tatsächlich um viel konkretere gesellschaftliche, oft ökonomische Entwicklungen handelt, die dann noch den unbeabsichtigten Schutz der wissenschaftskritischen Nebelkerzen genießen. - Diese Bemerkungen haben mit einer Inschutznahme 'wertfreier' gegenüber 'kritischer' Wissenschaft nichts zu tun. Die Philosophie tut nicht nur sich selbst, sondern auch der Gesellschaft keinen Gefallen, wenn sie sich an der geläufigen Projektion gesellschaftlicher Probleme auf theoretische Fragen beteiligt. Der philosophische Naturalismus hat vergleichsweise wenig Übel über die Menschheit gebracht, auch wenn es der Eitelkeit der Philosophie schmeicheln mag, wenn man ihre kulturellen und gesellschaftlichen Effekte überschätzt.

Ebenso häufig wie vom Naturalismus wird in meiner Untersuchung von *Naturalisierbarkeit* die Rede sein. Der philosophische Naturalismus stellt ein außerordentlich amorphes Programm dar, dem ich mich nicht historisch, sondern problemorientiert nähere. Mir kommt es vor allem auf das Prozeßhafte des Verbums "naturalisieren" an. Naturalisieren - das Verb ist durch Quine populär geworden - kann man nur etwas, was bisher nicht naturalistisch verstanden wurde und dessen Verständnis nun dahingehend verändert werden soll. Diese Dynamik hat der philosophische Naturalismus etwas eingebüßt, weil wir uns an ihn als eine metaphysische Position ganz gut gewöhnt haben. Ein in die Jahre gekommener abgeklärter -ismus, für den eben "alles nur Natur" ist und immer schon war, kann diese grammatische Blutauffrischung bestens gebrauchen. Die Verbalisierung "naturalisieren" (auf der ich allerdings nicht besonders herumreiten werde) erinnert uns an den nach wie vor immensen provokativen Gehalt einer Position, die uns zumutet, gerade auch diejenigen Elemente unseres Selbst- und Weltverständnisses zu naturalisieren, die frühere Naturalisten noch für dagegen immun hielten. In diesem herausfordernden Sinne sprechen Quine und andere von "naturalisierter Erkenntnistheorie", um nur das bekannteste zeitgenössische naturalistische Teilprojekt zu nennen. Konkrete neu auf den Weg gebrachte Naturalisierungsprojekte

---

des antinaturalistischen Diskurses in der Kritik der Maschinen- oder Computermetapher des Geistes; vgl. etwa Mumford 1967; Holt 1972, 13ff; Gauger/Heckmann 1988, 9.

reizen uns offenbar eher zum Widerspruch als metaphysische Grundsatzpositionen. So meint Habermas, Naturalismus und Materialismus hätten ihn "nie sonderlich beeindruckt", eben weil sie als "metaphysische" Positionen im Allgemeinen verharrten,

> "wo es darum ginge, ein abstrakt aufgestelltes Programm mit wissenschaftlichen Mitteln durchzuführen. Solche abstrakten Versuche, ein objektivistisches Selbstverständnis des Menschen gleichsam mit einem Schlage zu etablieren, leben zwar von der szientistischen Hintergrundüberzeugung, daß die Naturwissenschaften (mit der modernen Physik als ihrem Kern) überhaupt das Modell und die letzte Autorität für jedes noch akzeptable Wissen abgeben; dennoch geht es ihnen nicht um die physikalisch, biochemisch, neurophysiologisch oder auch nur soziobiologisch durchgeführte Reduktion der bekannten sozialwissenschaftlichen und historischen Tatsachen, sondern allein um die prinzipielle Möglichkeit, auf der Basis einer Umkehrung der natürlichen Welteinstellung, alles intuitiv Gewußte, den lebensweltlichen Kontext im ganzen, aus der Perspektive des naturwissenschaftlichen Beobachters zu verfremden und objektivierend zu erklären. [...] Ich verspüre den Problemdruck des Naturalismus nicht von seiten naturalistischer Gedankenspiele, sondern an ganz anderer Stelle: dort nämlich, wo naturalistische Erklärungsstrategien innerhalb der Sozialwissenschaften mit Aussicht auf Erfolg etabliert sind" (Habermas 1988, 29f).

Es steht außer Zweifel, daß erfolgreich durchgeführte naturalistische Teilprojekte in den empirischen Humanwissenschaften die philosophische Naturalismusdiskussion außerordentlich belebt und deren Geschäftsgrundlage verändert haben; allerdings nehme ich mir die Freiheit, auch die Grundsatzfrage, ob es nicht vielleicht prinzipielle Grenzen der Naturalisierbarkeit gibt, nach wie vor interessant zu finden. Natürlich sind Differenzierungen wichtig. Die unbestreitbaren Forschungserfolge der Humanwissenschaften eröffnen uns die Möglichkeit, über die alles oder nichts-Debatten, die den Naturalismus in der Vergangenheit nur allzuoft begleitet haben, hinauszugelangen und genauer zu fragen, *welche Anteile* unseres Selbstverständnisses heute naturalisiert werden können, vielleicht sogar müssen. Dies hat auch Konsequenzen für den Status der Philosophie. Generöse Kooperationsbereitschaftserklärungen, wie sie Habermas und andere gegenüber den empirischen Wissenschaften abgeben, hören sich zwar immer gut an, aber sie lassen die Frage unbeantwortet, wieviel Kooperation überhaupt möglich ist und wo vielleicht Grenzen bestehen. Die Rede von möglichen Grenzen kommt mir indes nur schwer über die Lippen, weil sie einer Gefahr Vorschub leistet, die man den Residuendiskurs über den Menschen nennen könnte. Ich meine die verbreitete Tendenz, das 'spezifisch Menschliche' residual zu definieren als das, was uns als unveräußerlicher Restbestand des Humanen noch geblieben sei: was uns von anderen Naturwesen unterscheidet, worin unsere Sonderstellung besteht, was Computer nicht können, was wissenschaftlich an uns noch nicht erforscht ist oder sich der Wissenschaft entzieht. Gefährlich sind diese von ontologischen oder methodologischen Dualismen gespeisten residualen Bestimmungen des Menschen deshalb, weil sie uns für den Fall mit leeren Händen zurücklassen, daß alle diese Dualismen sich als unhaltbar herausstellen. Es zeugt nicht gerade von Souveränität, die Antwort auf die Frage, was der Mensch sei, davon abhängig zu machen, was Computer gerade nicht können (vgl. Turkle 1984, 384f gegen Weizenbaum). Diese Strategie liefert unser Selbstverständnis und unsere *humanitas* an kontingente und unabsehbare wissenschaftlich-technische Entwicklungen aus, was dem Geist der humanistisch inspirierten *noli me tangere*-Anthropologien gerade widerspricht. Die Frage wird immer unabweisbarer, was geschieht, wenn die Reste, von denen der Residuendiskurs über den Menschen zehrt, einmal aufgebraucht sind. In einer säkularisierten Wissenschaftskultur läßt sich Humanität nicht mehr aus der Wagenburg verteidigen. - Von *prinzipiellen* Grenzen der Naturalisierbarkeit schließlich sollte nur reden, wer *sehr* gute Gründe dafür zu haben glaubt.[5]

Naturalismus ist fraglos mehr als die bloße Behauptung, daß wir Naturwesen sind. Wer wollte dies bestreiten, daß wir *unter anderem* Naturwesen sind. Der Naturalismus möchte aber dieses "unter anderem" kassieren. Die Kolonialisierung aller Enklaven liegt in seiner Logik. Nun geht aus dem bisher Gesagten noch kein Grund hervor, warum ich als Oberbegriff für das zu untersuchende amorphe Programm ausgerechnet "Naturalismus" wähle und nicht einen der anderen einschlägigen -ismen, zu denen unleugbar Abgrenzungsprobleme bestehen. In der zitierten Passage von Habermas etwa ist nacheinander von "Materialismus", "Naturalismus", "Objektivismus" und "Szientismus" die Rede. Ich kann den Naturalismusbegriff nicht spezifischer machen als er ist, aber ich kann zunächst erläutern, was mich daran hindert, auf die anderen -ismen zurückzugreifen.

Für den Verzicht auf den traditionsreichen Begriff des *Materialismus* gibt es wissenschaftshistorische Gründe. Der Materialismusbegriff ist in dem Maße aus der Mode gekommen, in dem der Materiebegriff in der neueren Physik seine Konturen verloren hat und sich im Mikrobereich der Materie eine Kontamination mit dem Energiebegriff gefallen lassen mußte. Viele Naturalisten legen Wert auf die Feststellung, daß sie keine Materialisten sind (s.u., II, 1.1). Die Gründe für den Attraktivitätsverlust des Materialismus gehen aber über physikinterne Entwicklungen hinaus, wie das Schicksal seiner modernen Nachfolgeposition, des *Physikalismus*, zeigt. Auch vom Physikalismusbegriff, der durch Carnap und Neurath populär wurde, wird heute kaum noch zur Selbstkennzeichnung Gebrauch gemacht (und wenn, dann mit dem Zusatz "nicht-reduktiv"). Der Hauptgrund dafür dürfte sein, daß die Physik heute nicht mehr fraglos das Paradigma naturwissenschaftlichen Wissens darstellt, vor dessen theoretischen Standards

---

5 Wer würde nicht Dennetts Kritik an denjenigen zustimmen "who think that the only way to protect humanity from the dead hand of science is to erect an absolutist metaphysical Maginot Line. It won't work" (Dennett 1988b, 544).

sich alle anderen Disziplinen ausweisen müßten.[6] Einflußreiche zeitgenössische naturalistische Positionen wie die Evolutionäre Erkenntnistheorie orientieren sich vielmehr an der Biologie als neuer Leitwissenschaft.[7] Diese Tendenz ist schon seit der Mitte des 19. Jahrhunderts nachweisbar, ohne daß sie sich je auf ganzer Breite durchgesetzt hätte. Mit dem Aufkommen von Kybernetik und Informatik schließlich haben der Materie- und der Energiebegriff noch einmal viel philosophische Attraktivität an den Informationsbegriff verloren.

Damit ist auch klar, daß der *Mechanismus* auf dem absteigenden Ast ist, denn insofern die klassische Mechanik ein Teilbereich der Physik ist, stellt der Mechanismus eine Spielart des Physikalismus dar, auch wenn die historische Abfolge umgekehrt war. Komplizierend kommt hier allerdings hinzu, daß sich neben der physikalistischen eine technizistische Version des Mechanismus verfolgen läßt, die sich am wirkungsvollsten in der Maschinenmetapher des Menschen ausgedrückt hat. Diesem technizistischen Mechanismus kommt es weniger auf das durchgängige Wirken der mechanischen Kräfte als auf die perfekte funktionale Organisation der menschlichen Maschine an (deren Einrichtung in Ermangelung anderer Urheber meist dem göttlichen Werkmeister zugeschrieben wurde). Dieser kryptoteleologische Mechanismus wird uns an verschiedenen Stellen unserer Untersuchung wiederbegegnen, denn die neueren Naturalismen liegen quer zur antiken Antithese von Physis und Techne. Es hängt mit dem Absterben des Naturbegriffs in den Naturwissenschaften zusammen, daß viel vom Provokationsgehalt der Naturalisierung des Menschen auf seine *Maschinisierung*, d.h. auf seine Konzeptualisierung als Maschine, übergegangen ist. Heute fragen wir, so Sherry Turkle, "nicht nur, wo wir in der Natur, sondern auch, wo wir in der Welt der Artefakte stehen" (Turkle 1984, 9). Da aber die begriffliche Verbindung von "Mechanik" und "Maschine" und damit die technomorphen Implikationen des Mechanismus in der Regel nicht zureichend reflektiert werden, gilt der Mechanismus als eine lupenrein naturalistische Position. Dabei wird das "mechanistische Weltbild" allgemein als obsolet angesehen, weil es sich an einem zu begrenzten Paradigma, der klassischen Mechanik, orientiert.

Zusammenfassend: Materialismus, Physikalismus und Mechanismus haben heute aus verschiedenen, zum größten Teil wissenschaftshistorischen Gründen an philosophischer Attraktivität verloren; der Naturalismus hat sie gerade aufgrund

---

6 Carnap koppelt seinen Physikalismus allerdings weitgehend vom faktischen Zustand der Physik ab (s.u., II, 1.2).

7 Ryle erzählt bissig die Geschichte vom Niedergang des mechanistischen Reduktionismus: "But the influence of the bogy of mechanism has for a century been dwindling because, among other reasons, during this period the biological sciences have established their title of 'sciences'. The Newtonian system is no longer the sole paradigm of natural science. Man need not be degraded to a machine by being denied to be a ghost in a machine. He might, after all, be a sort of animal, namely, a higher mammal. There has yet to be ventured the hazardous leap to the hypothesis that perhaps he is a man" (Ryle 1949, 328).

seiner Allgemeinheit und Vagheit überlebt. So kann man sagen, daß der Naturalismus die zentralen Gehalte der genannten -ismen umfaßt, wodurch sich in denjenigen Feldern, die nicht als obsolet gelten können, eine Problemkontinuität ergibt.

Der Begriff des Naturalismus ist vage, aber nicht so vage, daß es nicht möglich wäre, zeitgenössische von historischen Formen abzugrenzen. In Handbüchern findet man Erläuterungen wie: "eine Verständnisweise des Menschen, der Geschichte, der Kultur und Kunst, der Erkenntnis und der Moral mittels der Kategorien, die für die Naturerklärung ausgebildet worden sind" (Blumenberg 1960b, 1332). Demzufolge wäre der Naturalismus eine eher methodisch denn durch einen spezifizierten Naturbegriff sich ausweisende Position. Dieser Zug wird noch stärker in den folgenden Erläuterungen betont, die speziell auf den zeitgenössischen Naturalismus abheben:

> "Naturalism, in recent usage, is a species of philosophical monism according to which whatever exists or happens is natural in the sense of being susceptible to explanation through methods which, although paradigmatically exemplified in the natural sciences, are continuous from domain to domain of objects and events" (Danto 1967, 448).

> "Da die Opposition gegen den christlich-mittelalterlichen Supra-Naturalismus im 20. Jh. an Bedeutung verloren hat, lebt der Naturalismus, der vor allem in den USA Vertreter findet, jetzt immer mehr aus der Identifikation mit der naturwissenschaftlichen Denkweise. Er leugnet zwar nicht, daß es verschiedene Weisen der Welterfahrung gebe, aber er erklärt die szientifischen Methoden, mit denen Dinge und Ereignisse in der raumzeitlichen und der kausalen Ordnung erfaßt werden, für den einzigen Zugang zur Wahrheit" (Gawlick 1984, 517f).

> "Von 'Naturalismus' spricht man, wenn die Naturwissenschaften (1) als die explanatorische Basis für alle anderen Wissenschaften und/oder (2) als deren methodologisches Modell angenommen werden" (Holenstein 1991, 329).

> "The closest thing to a common core of meaning is probably the view that the methods of natural science provide the only avenue to truth" (Thompson 1964, 183).

Demnach hätten wir es beim modernen Naturalismus nicht eigentlich mit einem -ismus der Natur zu tun, sondern mit einem -ismus der Natur*wissenschaften*, der deren Methoden auf alle Gegenstände menschlicher Erkenntnis durchgehend angewandt sehen möchte. Diesen -ismus aber nennt man *Szientismus*, und in der Tat müßten viele Positionen, die sich selbst naturalistisch nennen, korrekterweise Szientismus heißen.[8] Dies gilt für Quine, aber auch schon für den amerika-

---

[8] Auch der Physikalismusbegriff wird zuweilen so verwendet, daß er vom Szientismus ununterscheidbar ist, so etwa von Baker (1987, 4): "Physicalism is the product of a claim about science together with a particular conception of science. The claim is that science is the exclusive arbiter of reality". Diese Verwendung dürfte sich davon ableiten, daß mit "physical sciences" im Englischen die Naturwissenschaften insgesamt bezeichnet werden.

nischen Naturalismus der 30er und 40er Jahre, wie wir unten sehen werden. Die zunehmende Ununterscheidbarkeit von Naturalismus und Szientismus ist nur zum kleineren Teil den Naturalisten selbst anzulasten. Sie ist Produkt einer weitgehenden Entqualifizierung des neuzeitlichen Naturbegriffs. Am Ende dieser Entwicklung ist der Begriff der Naturwissenschaft grundlegender als der Naturbegriff selbst, denn "als Natur erscheint im eingeschränkten Sinne nur noch das, was Gegenstand einer empirischen (Gesetzes-)Wissenschaft ist" (Mittelstraß 1984a, 962). Gleichwohl werde ich vom Begriff des Szientismus aus zwei Gründen nur sehr dosiert Gebrauch machen: Zum einen wird er in der Regel pejorativ verwendet und dient, soweit ich sehe, keinem bekannten Naturalisten zur Selbstkennzeichnung seiner Position, so daß der Begriff einer polemischen Zuspitzung gleichkäme, die ich vorläufig vermeiden möchte. Zum zweiten geht die Gleichsetzung von Naturalismus und Szientismus nicht völlig auf. Es gibt auch heute noch Naturalisten, die einen inhaltlich spezifizierten Naturbegriff in Anschlag bringen und vor allem im Umkreis der Ökologiedebatte eine naturalistische Veränderung unseres Selbstverständnisses für nötig halten. Dieser ökologische Naturalismus beklagt, "daß die Naturzugehörigkeit des Menschen in unserem Selbstverständnis nicht berücksichtigt ist" (Meyer-Abich 1984, 93), und möchte "die verhängnisvolle Spaltung zwischen Mensch und Natur überwinden" (von Uexküll 1953, 250). Gefordert wird eine Versöhnung des Menschen sowohl mit seiner natürlichen Mitwelt als auch mit seiner eigenen Naturhaftigkeit. Ich unterscheide also zwischen dem *ökologischen Naturalismus*, der noch genuin naturphilosophisch ist, und dem *szientistischen Naturalismus*, dem -ismus der Natur*wissenschaften*. Da ich mich ausschließlich mit dem letzteren beschäftige, werde ich auf das Attribut in der Regel verzichten. Es wird allerdings im Schlußkapitel zu fragen sein, ob nicht, wer von der Natur nicht reden will, vom Naturalismus schweigen sollte. Fraglich ist, ob es nach dem weitgehenden Absterben der klassischen Antithesen, die allein dem Naturbegriff seine Konturen verschafft hatten, überhaupt noch einen Sinn von Natur gibt, der in den Naturalismusbegriff eingehen könnte. Diese Frage steht deshalb erst am Ende der Arbeit, weil wir uns in der Auseinandersetzung mit den naturalistischen Manifestschriften zunächst auf den herrschenden angelsächsischen Sprachgebrauch von "naturalism" einlassen müssen.[9]

---

9 Bevor sich der szientistische Naturalismus so weit durchgesetzt hatte, daß er heute unser Verständnis des Begriffes prägt, gab es eine lange Zeit des Umbruchs. Im 19. Jahrhundert wurden unter dem Titel des Naturalismus Weltanschauungen vertreten, die naturphilosophische und szientistische Motive zugleich enthielten. Rudolf Otto beklagt das Proteushafte solcher Positionen: "Aufs gründlichste verändert wird solcher Naturalismus, wenn er nicht stehen bleibt bei den naiv oder phantasievoll aufgefaßten Begriffen von 'Natur' und 'natürlich zugehen', und wenn anstelle von Poesie oder religiösen Stimmungen etwas anderes in ihn hineinfährt, nämlich exakte Naturwissenschaft und das Ideal mathematisch-mechanischer Berechenbarkeit der natürlichen Zusammenhänge. 'Natur' und 'natürlich zugehen' im naiven Verstande und Gebrauche sind halb animistische Begriffe und Vorstellungsweisen, die Leben und Be-

Was am szientistischen Naturalismus nicht selbst "scientific method" ist, sondern Metaphysik - denn das Erklärungsprivileg der Naturwissenschaften muß ja seinerseits gerechtfertigt werden - ist seine *Kontinuitäts-* oder *Inklusivitätsthese* und sein *Immanenzpostulat*. Die Inklusivitätsthese besagt, daß der Mensch selbst zu den Naturgegenständen gehört, auch als geistiges und soziales Wesen: "Human beings, as natural objects, are no less subject to natural laws than are other parts of nature, and the natural processes that make up the mental and social life of human beings are equally with the rest of nature subject to the application of the natural method" (Danto 1967, 448). Das Immanenzpostulat besagt, daß wir die Natur aus sich selbst heraus erklären können, daß also "we need never go outside the system of natural objects for explanations of what takes place within it. [...] Nature is self-contained as a system with reference to the furnishing of natural explanations" (ebd.). Der Naturalist erklärt also den Menschen aus der Natur und die Natur aus sich selbst.

Ein Hauptgrund für die bleibende Attraktivität des Naturalismusbegriffes scheint mir in seiner Neutralität gegenüber jeder Wissenschaftsklassifikation zu bestehen. Anders als Biologismus, Mechanismus, Physikalismus, Behaviorismus verpflichtet sich der Naturalismus nicht auf eine Leitwissenschaft, sondern hält sich die Option offen, von allen Wissenschaften zu profitieren. Um eine konsistente Position zu bleiben, muß er die Einheit oder Kontinuität der Einzelwissenschaften behaupten. Diese sieht er *methodologisch* gewährleistet. Wenn man von der Einheit der Wissenschaft überzeugt ist, kann man auch, wie Quine es tut, zwischen Physikalismus, Behaviorismus, Psychologismus, Evolutionismus und einem allgemeinen Szientismus hin- und herpendeln, wie es die Lage gerade erfordert. Sollte die Einheitsunterstellung allerdings unhaltbar sein, wofür einiges spricht, gerät der szientistische Naturalismus argumentativ in die Defensive.

Allgemein läßt sich sagen, daß gerade *durch* den Siegeszug der modernen Naturwissenschaften dem Naturalismus mehr oder weniger die philosophischen, weltanschaulichen und vor allem die religiösen Gegner abhandengekommen sind, auf die sich Naturalisten immer wieder polemisch beziehen konnten - Spiritualismus, Panpsychismus, objektiver Idealismus, ontologischer Dualismus, Supranaturalismus -, so daß heute Differenzierungen und Elaborierungen *innerhalb* des naturalistischen Programms vonnöten sind. Viele Opponenten stehen heute mit

---

seeltheit, Trieb und eine Art Willen in die Natur selber tragen oder in ihr belassen. [...] Auf diese Weise entsteht eine 'Weltanschauung', so kautschukartig und so proteusmäßig, daß mit ihr sich auseinanderzusetzen ebenso schwierig wie undankbar ist. Versucht man, sie bei ihrem Stimmungsrande und mitaufgenommenen Idealismus zu fassen, so zieht sie sich in ihre 'exakte' Hälfte zurück. Will man sie auf diese einschränken, um so eine Möglichkeit der Auseinandersetzung zu finden, so breitet sie alle Herrlichkeiten eines großen Naturpantheismus aus, bis hinauf zu den Ideen des Guten, Wahren, Schönen. Und nur eines unterläßt sie, nämlich zu zeigen, wie so verschiedene Hälften zusammenkommen und innerlich zusammenhängen können" (Otto 1904, 17 und 22).

einem Bein im naturalistischen Lager, haben aber andererseits ihre Irreduzibilitätsbehauptungen bezüglich dessen, was sie für nicht naturalisierbar halten, argumentativ verfeinert. Das Reduktionsproblem ist nach wie vor virulent. Für denjenigen Naturalismus, der noch eine kritische Spitze haben will, ist ein gewisser Radikalisierungsdruck entstanden. Die extreme Reaktion auf diesen Druck ist der Eliminative Materialismus. Er tritt angesichts des ungelösten Reduktionsproblems die Flucht nach vorn an und *eliminiert* die alten Fragen und das Idiom, in dem sie formuliert sind. Damit ist allerdings die Grenze von der wissenschaftlichen Revolution zur Kulturrevolution überschritten und es tauchen ganz neue, zum Teil normative Fragen auf.

2 Der semantische Zugang

Ich möchte die Frage nach der Naturalisierbarkeit menschlichen Selbstverständnisses vorwiegend auf dem Feld der Sprache austragen. Dies bedarf noch weiterer Erläuterung, denn es ist nicht unbedingt üblich, unter Naturalismus eine sprachtheoretische Position zu verstehen. Der sprachtheoretische Zugriff der Arbeit ergibt sich zum einen aus dem Konzept des Selbstverständnisses mit seiner nicht überspringbaren semiotischen Vermitteltheit, von der bereits die Rede war. Im Begriff des "Menschenbildes" kommt dieser Umstand nicht zum Ausdruck, weshalb ich auf diesen Begriff verzichte. Dessen optische Konnotationen müßten erst hermeneutisch transformiert werden. Verstehen ist ein Interpretieren 'in terms of', und welche terms dabei in Anschlag gebracht werden, entscheidet darüber, als was der betreffende Gegenstand begriffen wird. Damit ist die Auffassung angedeutet, daß sich der naturalistische Diskurs über den Menschen vom nichtnaturalistischen nicht so sehr durch eine spezifische Logik oder Begründungsstruktur unterscheidet, die man wissenschaftstheoretisch auszeichnen könnte - nomothetisch vs. idiographisch, deduktiv-nomologische Erklärung vs. individuelles Verstehen, Deskriptivität vs. Normativität o.ä. -, als vielmehr durch die jeweils verwendete Begrifflichkeit. Es scheint mir ein gemeinsamer Nenner gerade der radikalen unter den neueren naturalistischen Positionen zu sein, daß sie als größtes Hindernis für ein naturwissenschaftlich reformiertes menschliches Selbstverständnis unser alltagssprachliches mentalistisches Idiom ansehen, d.h. unsere Rede von Meinungen, Wünschen, Absichten und den anderen propositionalen Einstellungen. Das Netzwerk dieser Selbstzuschreibungen nennen sie abschätzig unsere "folk psychology", die in einer aufgeklärten Wissenschaftskultur nichts mehr zu suchen habe (Churchland, Stich). Diese Positionen beziehen ihr szientistisches Pathos nicht mehr aus dem H-O-Schema der wissenschaftlichen Erklärung, sondern aus der beanspruchten Etablierbarkeit einer einheitlichen Beschreibungssprache, die keine intentionalistischen Begriffe enthält.[10] Ich halte diese Verschiebung der Debatte für einen Fortschritt. Semantische Untersuchungen der Diskurse über den Menschen verraten mehr über tiefliegende Konzeptualisierungen der betreffenden Phänomene als wissenschaftstheoretische und methodologische Untersuchungen über Begründungsarten und methodische Standards. Naturalistische Positionen sind heute Diskursreformprogramme, und erfolgreiche Naturalismuskritik wäre der Aufweis der Irreduzibilität bestimmter semantischer Gehalte.

Damit habe ich mir zwei Wege verbaut, die lange Zeit als die meistversprechenden in der Szientismuskritik galten. Ich werde weder aus der *Interpretationsbedürftigkeit* der 'Daten' des Menschen noch aus der *Reflexivität* eines nichtnaturalistischen Selbstverständnisses Profit zu ziehen suchen. - Man könnte ja der Auffassung sein, daß, wer nach unserem *Selbst*verständnis fragt, den Boden des Naturalismus schon verlassen hat. Gesetzt, wir wären bloße Naturgegenstände, könnten wir uns dann noch dazu *entscheiden*, uns als solche zu *verstehen*? Muß der Naturalismus nicht objektivistisch sein, verharrt er nicht in der Beobachterperspektive, wäre er nicht in jeder reflexiven hermeneutischen Selbstverständigung schon überwunden? Ein naturalistisches *Selbst*verständnis wäre dann eine contradictio in adjecto. So setzt Thomas Nagel in seiner Naturalismuskritik allein auf die Unhintergehbarkeit der Perspektive der Ersten Person. Und für Rorty kann der Naturalismus niemals auf ganzer Linie siegen, weil in der Ersten Person *Plural* immer Selbstverständigungsfragen übrigbleiben werden. Auch wenn wir unser Verständnis des Menschen durch Wissenschaft vollständig naturalisiert hätten, könnten wir immer noch "ask such questions as: 'What is the point?' 'What are we to do with ourselves now that we know the laws of our own behavior?'" (Rorty 1979a, 383). Fragen kann man schon. Was aber, wenn die semantischen Ressourcen zur Beantwortung solcher Orientierungsfragen nicht mehr zur Verfügung stehen, weil die *Diskurse* über den Menschen vollständig naturalisiert sind? Rorty unterstellt, daß sich die semantischen Ressourcen unserer Selbstverständigung in der "conversation of mankind" immer wieder von selbst kulturell erneuern. In einer Wissenschaftskultur gibt es aber keine geheimen, niemals versiegenden Quellen, die uns wissenschaftsresistente Interpretationsangebote bereitstellen. Wenn die Diskurse über den Menschen vollständig naturalisiert wären, hinge die Behauptung eines unaufhebbaren kulturellen Primats der Teilnehmerperspektive in der Luft. Rorty wertet die bloße Tatsache, daß die "conversation if mankind" weitergeht, als Indiz dafür, daß der Naturalismus nicht auf ganzer Linie gesiegt haben kann. Doch wenn Interpretationsressourcen austrocknen, kann

---

10 Eine begriffliche Rückführung mentaler auf physikalische Prädikate ist noch keine Reduktion der entsprechenden Gesetze, stellt allerdings die Voraussetzung dafür dar. Physikalisten wie Carnap haben den Unterschied zwischen beiden Reduktionen betont (obwohl Carnap auch die nomologische im Prinzip für möglich hielt).

Konversation *leer* werden wie psychotherapeutische Cocktailpartygespräche. Es ist der Prospekt einer möglichen kulturellen und nicht bloß wissenschaftlichen Revolution, der die Paradoxie eines naturalistischen *Selbst*verständnisses in der Zeitachse auflöst.

Die Rede von einem unaufhebbaren Primat der Teilnehmerperspektive bedarf der Klärung. Fragt man sich, woran sich die Differenz von Teilnehmer- und Beobachterperspektive denn festmachen läßt, so kommt man mit der optischen Metapher der Perspektive nicht weiter, die dieses Begriffspaar von der desperaten Rede von 'Innen-' und 'Außenperspektive' geerbt hat. Nimmt man die semiotische Vermittlung unserer Selbstinterpretationen ernst, kommt man an 'in terms of' nicht vorbei. Unterschiedliche Perspektiven auf den Menschen zeichnen sich durch verschiedene Beschreibungs- oder Interpretationssprachen aus. Die Unterscheidung zwischen *Beschreiben* und *Interpretieren* kann nicht selbst eine grundsätzliche Differenz liefern, denn diese Lektion hat man in der Wissenschaftstheorie inzwischen gelernt: um eine Interpretation der Daten kommt man nicht herum, in den Naturwissenschaften ebensowenig wie in den Humanwissenschaften. Daß die Naturwissenschaften noch an eine "acquisition of brute data" glaubten (Taylor 1971, 8), ist eine Legende aus dem hermeneutischen Lager, die einmal ihre Berechtigung gehabt haben mag, inzwischen aber nur noch zu Zwecken der Selbstabgrenzung weiter kolportiert wird. Der methodologische Dualismus von Interpretation und Objektivismus ist nicht zu halten. Man muß nicht zu Kuhn und Feyerabend überlaufen, um die Einschätzung zu teilen, daß wissenschaftliche Theorien nicht durch theoriesprachenunabhängige Daten gestützt werden können, die über alternative begriffliche frameworks hinweg als dieselben identifiziert werden könnten. Solche "brute data" gibt es nicht.

Dabei gestehe ich zu, daß mein semantischer Ansatz nicht völlig frei von taktischen Überlegungen ist. Selbst für einen heimlichen Sympathisanten transzendentaler oder quasi-transzendentaler Argumente kann es sinnvoll sein, die möglicherweise besten Pfeile einmal im Köcher zu lassen. Die Erfahrung zeigt, daß es argumentativ einfach fruchtbarer ist, den Naturalismus auf *eigenem* Felde anzugreifen.

Die Kritische Theorie glaubte, allein mit der Figur "Reflexion versus Positivismus" ihre Szientismuskritik bestreiten zu können. "Daß wir Reflexion verleugnen, ist der Positivismus", sagt Habermas (1968, 9). Quine verleugnet die Reflexion aber nicht. Er hat keine Angst vor dem Selbstanwendungsargument und gibt die Zirkularität der naturalisierten Erkenntnistheorie, mißt man sie an einem Begründungsideal, welches er selbst nicht teilt, freimütig zu. Ebenso sieht es die Evolutionäre Erkenntnistheorie. Man darf die Radikalität des szientistischen Naturalismus nicht unterschätzen. Wenn Vernunft *überhaupt* naturalisiert ist, ist auch Reflexion naturalisiert. Für Quine (1960, 3) sitzen der Philosoph und der Wissenschaftler im selben Boot. Der Philosoph kann keine Überlebensration vor dem Rest der Besatzung verstecken, er hat keinen Zugriff auf Wissensressourcen oder Thematisierungsweisen, die nicht in Kontinuität zur Wissenschaft stünden.

"Wenn du einem Computer im Turing-Test nur eine einzige Frage stellen könntest, welche wäre das?", fragt Hofstadter (1981, 95). Seine Antwort: "Wie wär's mit 'Wenn du einem Computer im Turing-Test nur eine einzige Frage stellen könntest, welche wäre das?'" - Was aber tun wir, wenn der Computer die Frage seinerseits mit dieser Gegenfrage beantwortet? Hätte er dann den Test bestanden? Wenn der Kern der Reflexionskompetenz die Fähigkeit zur iterierten Selbstanwendung ist,[11] können Computer reflektieren. Wenn Reflexion mehr oder anderes ist, braucht man neue Argumente gegen die Anwendbarkeit mentalistischer Kategorien auf Naturdinge und Artefakte. Was soll man denjenigen entgegenhalten, die Computern mentale Prädikate zuschreiben und diese Zuschreibung nicht für metaphorisch halten? Könnten die Kybernetiker nicht recht haben mit ihrem Anspruch, Teleologie naturalisiert zu haben? Kann man nicht auch Maschinen zielgerichtetes Verhalten zusprechen? Was soll man schließlich gegen einen spekulativen Naturbegriff einwenden, für den die Rede von der "Selbstbesinnung der Natur in den Subjekten" (Adorno) kein unzulässiger Anthropomorphismus ist? - Gefragt ist nicht die Versicherung, daß der Mensch das reflektierende Wesen ist, gefragt sind *semantische* Untersuchungen über die Anwendungsbedingungen eines Vokabulars, das einst für das *animal rationale* reserviert schien. - Was den Naturalismus im Umkreis von Kybernetik und KI betrifft, so geht dieser in zwei Schritten vor. Er interessiert sich nicht unmittelbar für den Menschen, sondern naturalisiert zunächst die erklärungskräftigsten unserer wissenschaftlichen und philosophischen Diskurse, um dann in einem zweiten Schritt zu behaupten, daß der Mensch ein bloßer Anwendungsfall von Strukturen sei, die sich überall in der Natur finden. Dieser Naturalismus will unser mentalistisches Idiom nicht abschaffen oder reformieren, sondern er interpretiert es um. Der Mechanismus des 17. Jahrhunderts war imperialistisch, der neue Naturalismus im Umkreis von Kybernetik und KI ist vampiristisch. Die Strategie ist nicht mehr die universale Applikation von naturwissenschaftlichen Beschreibungsmustern und Modellen, sondern man möchte von dem, was die nichtnaturalistischen Diskurse über den Menschen zu bieten haben, profitieren.

---

11 Peirce charakterisiert die reflexive Struktur des Selbstbewußtseins durch die Analogie einer Landkarte, die alles, also auch sich selbst abbildet, d.h. die Karte in der Karte, die Karte in der Karte in der Karte usw. (Peirce 1934, 49 [§ 71]). - Der Begriff des Selbstbewußtseins, dessen Reputation in der philosophischen Tradition ungleich größer ist als der des Selbstverständnisses, ist für meine Zwecke zu eng, insofern er bloß das unvordenkliche *Daß* des Bewußtseins meiner selbst bezeichnet und nicht das Was und Wie seiner inhaltlichen Ausfüllung mit erfahrungsgespeisten Interpretationen (ohne die es Selbstbewußtsein gar nicht geben könnte). Der Begriff des Selbstverständnisses ist erstens reicher und zweitens nicht so bewußtseinsphilosophisch vorbelastet.

Das gilt nicht für den Eliminativen Materialismus, nicht für den frühen amerikanischen Naturalismus und auch nicht für Quine, weshalb ich in den entsprechenden Kapiteln auf traditionellere Formen der Naturalismuskritik zurückgreife. Im Quine-Kapitel wird auch das Argument der Differenz von Genesis und Geltung eine große Rolle spielen. Für grundlegender halte ich aber die Frage der Angemessenheit von Beschreibungen sowie nach ihrer Metaphorizität oder Wörtlichkeit, weil nur solche Untersuchungen uns etwas darüber verraten, *als was* die Gegenstände jeweils konzeptualisiert werden. Auf dieser Ebene entscheidet sich, ob unser Selbstverständnis naturalistisch sein kann oder ob umgekehrt unser Naturverständnis eine anthropomorphe Tiefenstruktur hat.

3 Das Paradox von anthropomorpher Naturinterpretation und physiomorpher Selbstinterpretation des Menschen

Ein Indiz für die entscheidende Rolle, die im Diskurs über den Menschen der Wahl der jeweiligen Beschreibungssprache zukommt, sind die häufigen Vorwürfe einer metaphorischen Redeweise. Davon sind sowohl naturalistische als auch nichtnaturalistische Positionen betroffen. Letztere werfen den ersteren gerne eine anthropomorphe oder soziomorphe Begrifflichkeit vor, mithilfe derer die Naturalisten - oft unbemerkt - menschliche oder soziale Verhältnisse auf natürliche Strukturen projizierten und dann in einer Rückprojektion den Menschen naturalistisch zu erklären beanspruchen, ohne zu bemerken, daß sie die begriffliche Tiefenstruktur ihrer vermeintlich naturalistischen Erklärung doch zuvor der humanen Welt erst entnommen hatten. Natürlich kann man den Naturalismus nicht einfach mit dem die Naturdinge personifizierenden *Animismus* in einen Topf werfen. Aber es gibt subtilere Formen des Anthropomorphismus, so die *soziomorphe Präskriptionsmetaphorik* der klassischen Mechanik und die *teleologische* Tiefenstruktur unseres Organismusbegriffs. Auch die Beschreibung des Menschen als Maschine ist bei genauerer Analyse nicht so naturalistisch wie die Mechanisten uns glauben machen.

Der umgekehrte Vorwurf von naturalistischer Seite ist nicht minder häufig, weshalb ich von einem "anthropomorph-physiomorphen Paradox" spreche. Antinaturalisten, besonders diejenigen sprachendualistischer Provenienz, müssen sich daran erinnern lassen, daß wir bei näherer Betrachtung über einen genuinen mentalistischen Diskurs gar nicht verfügen. Vielmehr scheinen alle Begriffe, mit denen wir über mentale Phänomene sprechen, ursprünglich der Rede über Physisches zu entstammen. Das betrifft nicht bloß die konventionellen Metaphern und Modelle, in denen wir die Arbeitsweise unseres Geistes beschreiben - von Platons Seelenwagenmetapher und den aristotelischen Handwerksmetaphern über die Maschinenmetaphern des 17. und 18. Jahrhunderts, die Elektro- und Eisenbahnmetaphern des 19. Jahrhunderts und Freuds hydraulisches Modell des psychischen Apparates bis zur aktuellen Computermetapher des Geistes. Auch unabhängig von diesen Metaphern sind physiomorphe lexikalische Kontaminationen des mentalistischen Diskurses in unserer Sprache etymologisch tief verankert.

Die meisten Autoren, die auf solche Transfers hingewiesen haben, bemerken in ihrem Bestreben, entweder den Naturalismus oder den Anthropomorphismus zu kritisieren (oder zu verteidigen), nur den Transfer in eine Richtung. Es ist sprachtheoretisch äußerst klärungsbedürftig, wie sich diese beiden gegenläufigen Tendenzen des Anthropomorphismus in unserem Naturverständnis und des Physiomorphismus in unserem Selbstverständnis zueinander verhalten. Eine solche Untersuchung wird sowohl systematische sprachtheoretische als auch kritische Anteile enthalten. Den Angelpunkt bildet dabei das Metaphernproblem. Man kann der Auffassung sein, daß Metaphern vermeidbar sind und auch vermieden werden sollten. In diesem Fall ist die Diagnose des Anthropomorphismus oder des Physiomorphismus stets *kritisch* gemeint. Wenn man dagegen Metaphern für unvermeidbar, vielleicht sogar für erkenntniskonstitutiv hält, kann aus ihrer Verwendung kein Vorwurf erwachsen. Man kann dann allenfalls fordern, daß wir die Metaphorizität unserer Rede wenigstens bemerken sollten, um mit ihr keine falschen Ansprüche zu verbinden. Dies ist aber leichter gesagt als getan, wenn die These von der erkenntniskonstitutiven Funktion der Metapher tatsächlich zutreffen sollte. Manche Autoren vertreten eine Ubiquitätsthese der Metapher, wodurch die Differenz von Metaphorizität und Literalität überhaupt zusammenzubrechen droht. Nietzsche leistet sich die aparte Position, den Anthropomorphismus unseres Naturverständnisses zugleich für unvermeidbar zu halten und ihn scharf zu kritisieren.

Ich teile die Auffassung, daß unsere Diskurse über Mensch und Natur schon mit tiefsitzenden Metaphern durchsetzt sind. Es wird ausgedehnte sprachphilosophische und linguistische, insbesondere metapherntheoretische, Untersuchungen erfordern, die Frage zu klären, wie sich die gegenläufigen und beide nicht unplausiblen Behauptungen eines anthropomorphen Naturverständnisses und eines physiomorphen Selbstverständnisses eigentlich zueinander verhalten.

Es gibt zu dieser Verschränkung von Anthropomorphismus und Naturalismus, soweit ich sehe, keine Monographie. Es gibt einige Problemaufrisse (Cassirer 1923b, 238f; Piaget 1926, 191-204; Löwith 1928, 33-41; Snell 1946; Topitsch 1958; von Kutschera 1981, 311ff und 337ff), die aber zu oberflächlich und allgemein bleiben, weil die Autoren versäumen, das Problem metapherntheoretisch anzugehen. Sie arbeiten, wenn überhaupt, nur mit einem wenig elaborierten Vorverständnis des Metaphernbegriffs. Löwith stellt das Problem so dar:

> "Der theoretischen Überlegung gelten natürliche Außenwelt und menschliche Innenwelt als zwei verschiedene Welten, die sie charakterisierenden Bedeutungen als vorhandene Worte und dieser Wortschatz scheint sich zunächst zu verteilen auf Worte

für Inneres und Worte für Äußeres. Zugleich konnte es nicht ausbleiben, daß man sah, wie die Innenwelt faktisch durch Worte charakterisiert werden kann, die 'an sich' 'Äußeres' meinen und die Außenwelt durch solche die 'an sich' 'Inneres' meinen. [...] Eigentlich könne man aber [...] von einer Pflanze [nicht sagen], daß sie 'bescheiden' [...] sei - wie man andererseits auch eigentlich nicht sagen könne, daß ein Mensch 'weichlich' oder 'hartnäckig' [...] sei oder in der 'Blüte' seiner Jahre 'dahinwelken' mußte, denn man charakterisiere damit die Natur anthropomorph und den Menschen naturalistisch" (Löwith 1928, 33).

Die Innen/Außen-Metaphorik dürfte unbrauchbar sein. Löwiths Verwendung von "anthropomorph" und "naturalistisch" bleibt deshalb unscharf. Seine 'Lösung' besteht darin, daß er den Dualismus für ein Oberflächenphänomen hält und Anthropomorphismus wie Naturalismus auf ein einheitliches "Verhältnis des Menschen zur Welt" zurückführt, denn es sei "doch die ganze Welt, von der er sprechen kann, strukturell die seine" (a.a.O., 40).[12] Auf dieser Allgemeinheitsstufe verschwinden in der Tat alle Differenzen.

Von Kutschera begnügt sich mit der Feststellung, das die "Sprache über Physisches" und die "Sprache über Psychisches" nicht voneinander abgeleitet seien, sondern sich aus der Gesamtsprache ausdifferenziert hätten.[13] Auch damit ist uns nicht viel geholfen. Schließlich werden mit der Behauptung, daß in der Konzeptualisierung von Psyche und Physis bestimmte Diskurse jeweils primär und andere abgeleitet sind, weitreichende philosophische Ansprüche verbunden. Mich interessiert das anthropomorph-physiomorphe Paradox nicht nur als ein sprachtheoretisches oder etymologisches Spezialproblem, sondern in seinen Konsequenzen für die Begründbarkeit des Naturalismus. Mich interessiert der *gegenseitige Überbietungsanspruch* naturalistischer und antinaturalistischer Positionen, der aus der Frontstellung von Anthropomorphismus- und Physiomorphismuskritik erwächst. Meine Untersuchungen zum anthropomorph-physiomorphen Paradox verstehen sich also nicht als Eröffnung eines zweiten Hauptthemas, sondern als eine besonders pointierte Form, das Naturalismusproblem zu stellen. Daß die

---

12 "Weil Innen- und Außenwelt ursprünglich überhaupt nicht innen und außen sind, sich vielmehr beide Welten aus dem einheitlichen Verhältnis des Menschen zur Welt differenzieren", gründet die "ontische Vergleichbarkeit natürlichen und menschlichen Daseins [...] in keinem 'tertium' zwischen dem Innern des Menschen und dem Äußern der Natur, sondern [...] ontisch in der 'Natur' auch des Menschen und ontologisch in dem einheitlichen Verhältnis des Menschen zur Welt" (Löwith 1928, 39f).

13 "Man kann also weder behaupten, die Sprache über Physisches sei aus der Sprache über Psychisches abgeleitet oder überhaupt ableitbar, noch kann man das Umgekehrte sagen. Vielmehr stellt sich ihr Zusammenhang so dar. Die Gesamtsprache bildet sich - gewissermaßen onto- wie phylogenetisch - als eine Einheit, in der sich die Sprachen über Physisches und über Psychisches zunehmend von einander differenzieren. [...] Man muß von einem Denken nach dem Schema einer Priorität - zuerst dies, dann damit jenes - abkommen und sehen, daß sich beide Sprachen simultan und im Zusammenhang miteinander entwickeln; man muß den Prozeß als Entwicklung *einer* Sprache begreifen, die sich in nur relativ eigenständige Teilsprachen differenziert" (von Kutschera 1981, 324).

Symmetrie nicht völlig gewahrt bleibt und die Studie eben doch *Kritik des Naturalismus* heißt und nicht *Kritik des Anthropomorphismus*, erklärt sich aus der ungleichen Ausgangsposition, die man nicht ignorieren kann. Der Naturalismus ist heute die ungleich einfluß- und reputationsreichere Position, in der viele Tendenzen zeitgenössischer Philosophie und Naturwissenschaft konvergieren und sich gegenseitig verstärken. Anthropomorphismus und Animismus gelten als unaufgeklärt, als Relikte mythischen Denkens, während der Naturalismus große Wertschätzung genießt. Meine Überzeugung ist nun, daß die Thematisierung des gegenseitigen Überbietungsanspruchs von Anthropomorphismus und Physiomorphismus, der sich diskurstheoretisch in wechselseitiger Metaphernkritik ausdrückt, den Königsweg zur Aufklärung des Naturalismusproblems darstellt. Man wird mit der Frage der Naturalisierbarkeit unseres Selbstverständnisses nur weiterkommen, wenn man die sprachlichen Hintergehungsstrategien beider Lager zugleich im Auge behält.

Neben der Hintergehungsstrategie gibt es diskurskonservative Dualisierungen. Der Sprachendualismus möchte den naturalistischen Diskurs in die Grenzen seines angestammten Gebiets verweisen, wo er für das menschliche Selbstverständnis keinen Schaden anrichten kann. Wenn der Naturalismus aber recht hat, gibt es diese Grenzen nicht. - Mit *Metaphern* steht der Sprachendualismus auf dem Kriegsfuß, denn durch sie werden die behaupteten Diskursgrenzen überschritten. Jede Metapher ist ein kleiner Kategorienfehler, eine kalkulierte Verletzung der Diskursgrenzen. Manche Metaphern sind vermeidbar, andere möglicherweise nicht. Wir werden sehen, daß es nicht nur unrealistisch ist, Metaphern überhaupt verbieten zu wollen, sondern auch unklug, auf die semantischen und interpretativen Potentiale zu verzichten, die sie bereitstellen.

Damit liegen alle Spielsteine auf dem Tisch. Dort werden sie noch etwas liegenbleiben, weil wir zuerst einen Rückblick auf einflußreiche naturalistische Positionen dieses Jahrhunderts unternehmen werden.

II Die naturalistische Herausforderung

1 Naturalistische Manifeste des 20. Jahrhunderts Programme und Strategien

In den folgenden Abschnitten sollen einige exemplarische Argumentationsfiguren neuerer naturalistischer Positionen zu Wort kommen. Damit möchte ich dem Umstand Rechnung tragen, daß die mit dem Naturalismus zusammenhängenden Probleme nicht völlig im Hauptinteresse dieser Arbeit, das der sprachtheoretischen Aufklärung des anthropomorph-physiomorphen Paradoxes gilt, aufgehen. Nicht alle Figuren zeitgenössischer Naturalismuskritik fügen sich in den Hauptstrang meiner Argumentation. Ich werde in diesem Kapitel also das Terrain sondieren, um die Stellung meiner Untersuchung innerhalb der vielfältig verzweigten Naturalismus-Debatte des 20. Jahrhunderts genauer verorten zu können, auch um sicherzustellen, daß dem 'real existierenden Naturalismus' in den folgenden Kapiteln nicht grobes Unrecht geschieht.

Die Darstellung folgt nicht ganz der Chronologie, insofern der Physikalismus Carnaps schon vor der Blütezeit des amerikanischen Naturalismus auf der philosophischen Bühne erschien. Der Grund für diese Umstellung liegt darin, daß viele Züge des frühen amerikanischen Naturalismus gewissermaßen noch vor dem *linguistic turn* angesiedelt sind. Die Rezeption der auf dem Kontinent begonnenen sprachanalytischen Tradition hatte in den USA noch nicht auf breiter Front eingesetzt.

Die Beschränkung auf Positionen des 20. Jahrhunderts ergibt sich zum einen aus dem mehr systematischen denn historischen Interesse dieser Studie und zum anderen aus dem Umstand, daß der Naturalismusbegriff früher noch unspezifischer war als heute. Im Englischen war ein "naturalist" oft nichts weiter als ein Naturforscher, während einschlägige philosophische Positionen im 18. und 19. Jahrhundert eher als "mechanistisch" und "materialistisch" bezeichnet wurden. Naturalisten unseres Jahrhunderts beanspruchen aber gerade, den Mechanismus und Materialismus naturalistischer Vorläuferpositionen überwunden zu haben.

Die Auswahl der Positionen mag gleichwohl noch karg oder gar willkürlich erscheinen. Die Auswahl erklärt sich daraus, daß ich mich zunächst auf den programmatischen Überbau des zeitgenössischen Naturalismus beschränke, während die mehr anwendungsorientierten Positionen, die Naturalismen *at work*, später folgen.

1.1 Der amerikanische Naturalismus der 40er Jahre

In den 30er und 40er Jahren gab es an amerikanischen Universitäten und in den philosophischen Fachzeitschriften eine starke Naturalismus-Welle. 1944 erscheint der von Yervant Krikorian herausgegebene Sammelband *Naturalism and the Human Spirit*, in dem eine in ihren Grundintentionen für philosophische Verhältnisse ungewohnt homogene Autorengruppe das Programm einer durchgehenden Naturalisierung der Humanwissenschaften einschließlich der 'kulturellen' und 'geistigen Sphäre' des Menschen entwirft. Die meisten der Autoren sind Schüler von Dewey oder Woodbridge, einige beziehen sich auf Santayana. Diese drei Autoren können wohl als die erste Generation des neueren amerikanischen Naturalismus gelten; ihre Positionen sind aber zu heterogen und von anderen philosophischen Motiven verunreinigt, als daß man ihnen eine distinktive naturalistische Programmatik hätte entnehmen können.

Der Krikorian-Band hat in den Folgejahren in den USA eine breite Rezeption und Diskussion erfahren, in der viele für das Naturalismusthema einschlägige Topoi eine Rolle spielten; darum soll die Debatte hier exemplarisch dokumentiert werden.

Es scheinen mir im wesentlichen vier programmatische Elemente zu sein, in denen die naturalistischen Positionen der Autoren des Krikorian-Bandes konvergieren. Im folgenden werden sie jeweils durch kleine Zitat-Synopsen vorgestellt:

1) die Charakterisierung des Naturalismus durch seine Anwendung der "scientific method"

2) die Emphase bezüglich der unterschiedslosen Anwendung des Naturalismus, insbesondere die schon im Titel des Bandes angedeutete Ausdehnung auf den Bereich des "human spirit" mit seinen kulturellen, ethischen und ästhetischen Manifestationen

3) das mit dem Universalitätsanspruch des Naturalismus einhergehende Fehlen eines inhaltlich spezifizierten Begriffs von "Natur"

4) die Behauptung des nichtmaterialistischen und nichtreduktionistischen Charakters des modernen Naturalismus

ad 1) die Charakterisierung des Naturalismus durch seine Anwendung der "scientific method"

> "[N]aturalism [...] professes to accept the methods employed by the various empirical sciences for obtaining knowledge about the world" (Nagel 1944, 211).

> "Reliance on scientific method, together with an appreciation of the primacy of matter and the pervasiveness of change, I take to be the central points of naturalism as a philosophic outlook." (Edel 1944, 65)

"[N]aturalism has no essential tenets beyond the principle of continuity of analysis" (Lavine 1944, 185).

"Positively, naturalism can be defined as the continuity of analysis - as the application of what all the contributors call 'scientific methods' to the critical interpretation and analysis of every field" (Randall 1944, 358).

"Despite the variety of specific doctrines which naturalists have professed from Democritus to Dewey, what unites them all is the wholehearted acceptance of scientific method as the only reliable way of reaching truths about the world of nature, society, and man. [...] The least common denominator of all historic naturalisms, therefore, is not so much a set of specific doctrines as the method of scientific or rational empiricism." (Hook 1944, 45)

Die Einheit des Naturalismus soll also nicht in irgendeiner Menge von materialen Behauptungen bestehen, sondern in der Akzeptanz bestimmter methodischer Standards der Wissenschaftlichkeit.[1] Damit geht einher, daß die Autoren, anders als man es von Naturalisten erwarten sollte, keinen inhaltlich spezifizierten Begriff von "Natur" in Anschlag bringen, so daß es sich eher um einen -ismus der Natur*wissenschaften* handelt als um einen -ismus der Natur; mit anderen Worten: um einen *Szientismus* oder einen *szientistischen* Naturalismus.[2] Die Autoren folgen der einfachen Formel, in der Sellars einmal den Szientismus ausgedrückt hat: "In the dimension of describing and explaining the world, science is the measure of all things" (Sellars 1956, 173). Die *Einheit* des Naturalismus wird dabei auf die Einheit der Naturwissenschaften zurückgeführt; in den zitierten Bekenntnissen zur "scientific method" drückt sich die Überzeugung aus, daß sich ein mehr oder weniger einheitlicher und abgrenzbarer Kanon von Methoden angeben läßt, der allen Wissenschaften gemeinsam ist.

Bei genauerer Betrachtung verbergen sich hinter dem Bekenntnis zur "scientific method" eine ganze Reihe verschiedener wissenschaftstheoretischer Präferenzen. Dies beginnt mit allgemein formulierten Ehrenerklärungen für die Naturwissenschaft - "it suffices here to note that the naturalist is one who has respect for the conclusions of natural science" (Dewey 1944, 2) -, was sicherlich als distinktives Merkmal des Naturalismus nicht ausreicht.[3] Krikorian verpflichtet den Na-

1 Diese Szientifizierung des Naturalismus wird von manchen Naturalisten auch beklagt: "It is nevertheless unfortunate that in recent years naturalists in philosophy have so frequently permitted their allegiance to a dependable method of inquiry to obscure their substantive views on things in general" (Nagel 1954, 6).

2 Oliver (1949) argumentiert explizit dafür, daß das naturalistische Bekenntnis zur "scientific method" einen inhaltlich spezifizierten Naturbegriff, insbesondere den des Materialismus, geradezu ausschließt.

3 Berücksichtigen muß man allerdings die kulturelle Frontstellung gegen einen religiös motivierten Supranaturalismus, die in vielen der Beiträge (etwa Dewey, Hook, Randall; vgl. auch Pratt 1939) noch spürbar ist. Nur so ist der Nachdruck zu verstehen, mit dem "free inquiry" gefordert und "privileged truth", "superstition" und "obscurantism" abgelehnt werden. Aus heutiger Perspektive einer säkularisierten Wissenschaftskultur ist eine Definition naturalisti-

turalismus auf "the experimental method" (1944, 242); daneben finden sich Erläuterungen der "scientific method", die auf die Rechtfertigung der methodischen Grundlagen verschiedener empirischer Humanwissenschaften zugeschnitten sind: von der behavioristischen Psychologie (Krikorian) über die Wissenssoziologie (Lavine) bis zur als naturalistische Ethik auftretenden Moralsoziologie (Edel).

ad 2) die Emphase bezüglich der unterschiedslosen Anwendung des Naturalismus, insbesondere die schon im Titel des Bandes angedeutete Ausdehnung auf den Bereich des "human spirit" mit seinen kulturellen, ethischen und ästhetischen Manifestationen

> "There is no 'realm' to which the methods for dealing with Nature cannot be extended" (Randall 1944, 358).

> "[T]here is for naturalism no knowledge except that of the type ordinarily called 'scientific'. But such knowledge cannot be said to be restricted by its method to any limited field of subject matter" (Dennes 1944, 289)

> Der Naturalismus fordert "the application of scientific methods of inquiry in the field of human social subject matter" (Dewey 1944, 3).

> "The significance of this [naturalistic] principle does not lie in the advocation of empirical method, but in the conception of the regions where that method is to be employed. That scientific analysis must not be restricted in any quarter, that its extension to any field, to any special set of phenomena, must not be curtailed - this is the nerve of the naturalistic principle. [...] the history of naturalism is marked by the progressive inroads of the special sciences into regions previously held to be inviolable" (Lavine 1944, 184f).

> "[P]resent day naturalism is bound to emphasize the need for extending empirical or scientific method to the treatment of values" (Edel 1944, 65).

Der Universalitätsanspruch der naturalistischen Erklärungskompetenz unter ausdrücklichem Einschluß der geistigen und kulturellen Sphäre kommt nicht überraschend; erst dieser Einschluß macht den Naturalismus zu einer identifizierbaren Position, denn die Legitimität des Erklärungsanspruchs der Naturwissenschaften im Hinblick auf die *außermenschliche* Natur wird heute auch von Nichtnaturalisten nicht bestritten. Nachdem panpsychistische und spiritualistische Positionen in der Gegenwartsphilosophie an Einfluß verloren haben, ergibt es sich fast von selbst, daß der Naturalismus nunmehr *dualistische* Positionen, ob sie sich nun ontologisch oder methodologisch verstehen, als seine Hauptgegner ansieht.

---

scher Philosophie als "the open-minded and persistent study of nature" (Pratt 1939, 1), nur der Wahrheitssuche verpflichtet und "in sharp and conscious contrast to the Will-to-Believe" (a.a.O., 3), natürlich nicht im entferntesten distinktiv. Konsequenterweise sind für Pratt fast alle großen Geister der Philosophiegeschichte, von den Vorsokratikern bis zu Descartes, Naturalisten.

Seine Kritik gilt allen *noli me tangere*-Anthropologien, die irgendwelche Residuen des Humanen als unantastbar auszeichnen und vor dem Zugriff der Methoden der empirischen Wissenschaften schützen wollen.

ad 3) das mit dem Universalitätsanspruch des Naturalismus einhergehende Fehlen eines inhaltlich spezifizierten Begriffs von "Natur"

> "By definition nature is singular and all-inclusive. Unnatural things do not exist" (Schneider 1944, 122).
>
> "Now naturalism, in the sense in which it is maintained in this volume, can be defined negatively as the refusal to take 'nature' or 'the natural' as a term of distinction. [...] For present-day naturalists 'Nature' serves rather as the all-inclusive category, corresponding to the role played by 'Being' in Greek thought, or by 'Reality' for the idealists. In this sense [...] naturalism, in becoming all-inclusive, ceases to be a distinctive 'ism'. It regards as 'natural' whatever man encounters in whatever way" (Randall 1944, 357f).

Die Totalisierung der Referenz des Naturbegriffs steht bei den amerikanischen Naturalisten klar erkennbar in Zusammenhang mit der Verteidigung gegen den Reduktionismusvorwurf. Natur wird deshalb kurzerhand mit 'allem, was existiert' identifiziert, weil man sich vom Materialismus des 19. Jahrhunderts abgrenzen und dem Einwand begegnen möchte, der Naturalismus schlösse von vornherein bestimmte Gegenstände aus der Untersuchung aus oder reduzierte sie auf etwas anderes.

Doch setzt man sich damit dem komplementären Einwand einer Trivialisierung aus. Die Totalisierung des Naturbegriffs gefährdet den Anspruch des Naturalismus, überhaupt eine identifizierbare Position zu sein. Selbst in in der Philosophie gilt es kaum als Ausweis von Wissenschaftlichkeit, sich nicht weniger als alles, was existiert, zum Gegenstand zu machen. Diesem Einwand wird nun damit begegnet, daß als Gegner immerhin noch Dualisten jeglicher Provenienz übrigblieben. Obgleich alles, was überhaupt existiert, in diesem unspezifischen Sinne Natur ist, "this does not mean that naturalism can absorb all the philosophical theories of what man encounters and in that sense cease to be a distinctive position. It is indeed fundamentally opposed to all those theories and interpretations which assert dualisms" (Randall 1944, 358).

Über den totalisierenden Naturbegriff, dem man wohl eine gewisse konstitutionstheoretische Naivität vorwerfen muß, wird im Schlußkapitel noch zu verhandeln sein. Die Naturalisten sehen einen Vorteil des totalisierenden Naturbegriffs darin, daß er kein "ontological commitment" mehr beinhalte; insbesondere ermögliche er es dem Naturalismus, ohne Präjudiz zugunsten einer materialistischen Ontologie auszukommen. Insofern steht dieser Naturbegriff in engem Zusammenhang mit dem vierten Programmpunkt:

ad 4) die Behauptung des nichtmaterialistischen und nichtreduktionistischen Charakters des modernen Naturalismus

> "[C]ontemporary naturalism has freed itself from the objection leveled against earlier naturalism, that it excluded from existence, or was committed to neglecting in one way or another, *any* qualities experienced or imaginable, including those in which men delight as aspects of the highest achievements of the arts, the sciences, and [...] the master-art of politics. [...] [N]aturalism is in a position to avoid the fallacies of reduction" (Dennes 1944, 284, 287).

> "We are told that in the nineteenth century naturalism was an oversimplified doctrine which tried to explain away the richness of experience. But today there is a new naturalism, which does justice to the full variety of natural phenomena and human life" (Costello 1944, 295).

> "[T]he 'new' or 'contemporary' naturalism [...] stands in fundamental opposition not only to all forms of supernaturalism, but also to all types of the reductionist thinking which is up to this generation often arrogated to itself the adjective 'naturalistic' [...] the richness and variety of natural phenomena and human experience cannot be explained away and 'reduced' to something else" (Randall 1944, 361).

> "Naturalism does not maintain that only what is material exists [...]. What naturalism does assert as a truth about nature is that though *forms* of behavior or *functions* of material systems are indefeasibly parts of nature, forms and functions are not themselves agents in their own realization or in the realization of anything else" (Nagel 1954, 7).

Im letzten Zitat[4] wird die vorherrschende Strategie deutlich, mit der dem Reduktionismuseinwand begegnet werden soll: diejenigen Aspekte der Wirklichkeit, die die materialistischen Vorläuferpositionen ignoriert oder reduziert hätten, sollen als "Formen" oder "Funktionen" materieller Entitäten Eingang in naturalistische Erklärungen finden. Die meisten der zitierten Autoren bringen Substanz-Akzidenz-Ontologien in Anschlag, denenzufolge die erklärungsbedürftigen geistigen und kulturellen Phänomene akzidenteller Natur sind, an ihre materiellen Träger gebunden bleiben, nicht hypostasiert werden dürfen und daher auch keine selbständige kausale Wirksamkeit entfalten können (vgl. etwa Krikorian 1944, 248; Dewey/Hook/Nagel 1945, 518ff; Santayana 1925, 674f).

Damit sind die wesentlichen Topoi genannt, die in diesen Jahren die amerikanische Naturalismus-Debatte bestimmt haben. Die zentralen *Einwände*, die den Naturalisten des Krikorian-Bandes entgegengehalten wurden, sind nicht schwer zu erraten: die Auszeichnung des Gegenstandsbereichs durch die Anwendbarkeit von "scientific methods" sei zirkulär, die beanspruchte Trennung von Methodologie und Ontologie sei nicht möglich, so daß die Naturalisten sehr wohl ontologische Verpflichtungen eingingen, die entgegen ihren Behauptungen einen mas-

4 Weitere Abgrenzungen des Naturalismus vom materialistischen Reduktionismus finden sich z.B. bei Dewey 1944, 2; Dewey/Hook/Nagel 1945; Feigl 1949, 18; Nagel 1954, 10f.

siven materialistischen *bias* verrieten; der zeitgenössische Naturalismus sei demnach nicht minder reduktionistisch als seine Vorläufer.

Um mit dem Zirkularitätseinwand bezüglich des Verhältnisses von Gegenstandsbereich und Methode zu beginnen: es läßt sich nicht bestreiten, daß verschiedene Naturalisten diesem Vorwurf durch Formulierungen wie diese Nahrung verschafft haben: "Naturalism excludes what is not scientifically investigable, and calls the domain of possible investigation 'nature'" (Randall/Buchler 1942, 183). Sheldon (1945, 263) scheint also nicht ganz Unrecht zu haben, wenn er resümiert: "[N]aturalism stands for scientific method; whatever rules out scientific method - that is supernatural. We are back where we were. 'Nature' means that which is open to scientific method". Eine solche Position komme dem "vicious-circle imperative" gleich: "investigate by scientific method that which can be investigated by scientific method" (ebd.). Es scheint den Naturalisten, wie Bayertz über die modernen Biowissenschaften sagt, "ähnlich zu gehen wie jenem sagenhaften König Midas von Phrygien, dem Dionysos die Gabe verliehen hatte, alles durch bloße Berührung in Gold zu verwandeln: wo und wie auch immer sie den Menschen ins Visier nehmen, er verwandelt sich in ihrer Perspektive stets in ein 'Stück Natur'" (Bayertz 1989, 228). - Soll man daran erinnern, daß Midas deshalb verhungerte?

Ähnlich argumentiert Bouwsma: entweder sei das Pathos der Naturalisten deplaziert oder leer. Wer ist schon gegen die Methoden der Wissenschaft? "Who then would not accept scientific method, and prefer to go to Babylon by candlelight? Scientific method is successful" (Bouwsma 1948, 13). Diese Methoden aber als *einzige* Mittel der Erkenntnis zu bezeichnen, sei nicht rational zu begründen und komme einer leeren Geste gleich. Daß nur wissenschaftliche Methoden sicheres Wissen verschaffen, könne man gefahrlos behaupten, wenn man andere Arten der Erkenntnis *per Dekret* und ohne Angabe unabhängiger Gründe aus dem Bereich des Wissens ausgeschlossen hat. Die "scientific methods" der Naturalisten sollen zwar auf alle Gegenstände anwendbar sein; de facto stammten sie aber ausnahmslos aus den Naturwissenschaften, bevorzugt aus der Physik, und würden allein dadurch gerechtfertigt, daß sie dort erfolgreich gewesen sind. Bouwsma stellt fest: "[T]he naturalist's view of scientific method [...] is intertwined with certain results of the application of scientific method. [...] But [...] scientific method has never been justified from a purely intellectual point of view" (1948, 18, ähnlich Sheldon 1945, 260f). Die Naturalisten behaupten, keine Materialisten zu sein und über eine ontologisch neutrale Methodologie zu verfügen, akzeptieren aber als Gegenstände der Wissenschaft nur raumzeitlich ausgedehnte materielle Körper und als Kräfte nur kausale Verursachung und gehen dadurch, so Sheldon (1945 und 1946), die ontologische Verpflichtung ein, daß Realität letztlich materiell sei. "Their naturalism is just materialism over again under a softer name. They [...] stand for the same sort of thing that materialists have always stood for" (Sheldon 1945, 254; ebenso Garnett 1948).

Bouwsma kommt schließlich zu der Auffassung, daß der sich allein über die Privilegierung der "scientific method" definierende Naturalismus nicht zu widerlegen sei, da er gar keine These vertrete: "[Y]ou can not refute this apparent main thesis of naturalism [...] because there is no thesis. [...] These sentences are strictly an enunciation of policy. In effect they say: 'Let us be scientific'" (1948, 20). Für den Naturalismus *als Philosophie* bleibe dagegen nichts zu tun übrig. "What causes the difficulty is that having said: 'We are going to do science,' they do not science" (21), womit der szientistische Naturalismus bei dem von ferne an Wittgensteins *Tractatus* erinnernden Problem angelangt wäre, daß eine sich als "watchdog of science" (Sheldon 1945, 269) gerierende Position dabei selbst keine Wissenschaft betreibt, sondern, wie Bouwsma sagt, nur eine Politik verkündet. In Frage steht also, wo im naturalistischen Wissenschaftsverständnis Platz für die *Philosophie* ist und ob der Naturalismus eigentlich selbst eine philosophische Position ist, die dann nicht mehr wissenschaftsintern begründet werden könnte. Wie Danto bemerkt, sind die naturalistischen Manifeste meist entweder missionarisch oder polemisch, "and in the polemical literature truly philosophical arguments in support of the program are rare. [...] And here matters more or less stand, the chief divisions being not so much between naturalists and antinaturalists [...] but between competing views of what *philosophy* is" (Danto 1967, 449f).[5]

Für Sheldon ist der Naturalismus zirkulär. Aber leichte Siege sind in der Philosophie oft mit einer Verzerrung der Position des Gegners erkauft. Andere Kommentatoren argumentieren dafür, daß der Naturalismus nicht so einfach als apriorischer Szientismus zurückgewiesen werden könne, der die erklärungsbedürftigen Phänomene von vornherein auf seine Methoden zurichtet. So muß beispielsweise anerkannt werden, daß naturalistische Positionen sich sehr wohl mit konkurrierenden vorwissenschaftlichen Theorien über erklärungsbedürftige Phänomene auseinandergesetzt haben und zum Teil beeindruckende historische Evidenz dafür aufbieten können, daß als nicht mehr befriedigend empfundene mythische,

---

5 Vgl. auch Thompson 1964, 189. Die Frage nach dem *Status* der naturalistischen Position selbst war schon zwischen Santayana und Dewey umstritten: "As presupposition the principle is made prior to all knowledge of nature and cannot be part of such knowledge; a part of nature is thus severed from the rest and the back of naturalism is broken. Santayana's point is then that Dewey has nothing on which to base his naturalism except that the scientific attitude is currently in the foreground. By taking the principle only as part of our knowledge of nature Dewey can offer in support of his naturalism only the evidence of natural science. But why must one accept this evidence?" (Thompson a.a.O., 188). So kann man dem Naturalismus via Selbstanwendungsargument seine philosophische Ortlosigkeit vorhalten: "[I]f scientific naturalism were true and part of what its truth involved was that knowledge is a causal phenomenon [...], then it is not at all clear how philosophy itself, conceived of as an a priori inquiry, should be possible" (Haldane 1989, 307). - Die Antwort darauf wird Quine geben: Philosophie sei nicht "a priori inquiry", sondern selbst Wissenschaft.

religiöse, animistische, vitalistische Erklärungen durch *bessere* ersetzt worden sind, die sich perfekt in das, was wir sonst noch über die Welt wissen, einfügen. Dieses Einheits- oder Kontinuitätspostulat unseres Wissens von der Welt ist ein entscheidendes Motiv beispielsweise der Positionen Quines, des "scientific realism" und des Eliminativen Materialismus (s.u.). Es ist insofern nicht korrekt, den Expansionsanspruch des Naturalismus auf Felder, die konkurrierende Philosophien für nicht naturalistisch erklärbar halten oder hielten, als Indiz für den Anspruch der prinzipiellen und immerwährenden Überlegenheit wissenschaftlicher Methoden zu betrachten; vielmehr reklamieren die Naturalisten mit Recht *faktische Fortschritte* in der Wissenschaftsgeschichte, die das naturalistische Programm zunehmend abstützen.[6] "Starting from the acknowledged achievements of scientific inquiry so far, the 'naturalists' intend to show that these same methods, or others essentially 'continuous' with them, are adequate also to those aspects and dimensions of 'the human spirit' which in the past have often been held *on philosophical grounds* to transcend the methods and aims of science" (Murphy 1945, 405). So sehen Naturalisten schließlich nicht nur *ontologische* Dualismen, sondern auch die empirieresistenteren *methodologischen* Dualismen aus wissenschaftshistorischen Gründen als obsolet an: Kants "methodological dualism is dead today, it is because our scientific method has been extended and deepened until we no longer need to abandon it in dealing with the intricate problems of human culture" (Randall 1944, 369). Zum nahezu unbegrenzten Wissenschaftsoptimismus, der an vielen Stellen aufscheint (etwa Randall 374), will ich mich nicht äußern. Ein schwerwiegender Mangel besteht jedenfalls darin, daß es den wenigsten Naturalisten in diesem Zusammenhang gelingt, sich von der topographischen Metaphorik zu lösen - es gebe kein 'Reich', in dem die Methoden der Naturwissenschaft keine Anwendung finden könnten (vgl. Randall 358 et passim), so daß ernste Zweifel bestehen, ob sie den methodologischen Dualismus beispielsweise Kants in seiner Verschiedenheit vom ontologischen Dualismus überhaupt adäquat wahrgenommen haben. Eine unqualifizierte extensionale Einheit der Natur reicht nicht aus, um einen Methodenmonismus zu legitimieren. Dieses Junktim kann gelöst werden, wie etwa Davidsons "anomaler Monismus" zeigt. Diese Fragen werden uns im Sprachendualismus-Kapitel noch beschäftigen.

Neben dem Verweis auf die Erfolge der Naturwissenschaften bieten die Naturalisten noch ein anderes Argument dafür auf, daß die Privilegierung wissenschaftlicher Methoden mitnichten in zirkelhafter Weise ontologische Fragen präjudiziere. Es gebe schließlich neben der wissenschaftlichen Erkenntnis noch an-

6 Wie später die psychophysische Identitätstheorie reklamieren schon Dewey, Hook und Nagel, daß es sich bei den monierten naturalistischen 'Reduktionen' keineswegs um definitorische, sondern um *kontingente empirische Reduktionen* handele (vgl. Dewey/Hook/Nagel 1945, 518ff). So sei es allgemein ein "contingent historical fact that the special ways employed in obtaining and appraising the evidence have been generally effective in yielding reliable knowledge" (Nagel 1954, 15).

dere Weisen, der Welt zu begegnen. Die Gegenstände seien sehr wohl unabhängig von unserem wissenschaftlichen Zugriff thematisierbar, bloß stellen unsere anderen Möglichkeiten, sie zu erfahren, eben kein *Wissen* dar: "[T]he world may be encountered in other ways than through knowledge"; der Naturalismus privilegiert die wissenschaftlichen Methoden lediglich "for acquiring *knowledge*, for achieving *warranted assertions*, but not for acquiring esthetic or emotional experiences" (Dewey/Hook/Nagel 1945, 523, vgl. Nagel 1954, 14ff). Generös gestehen die amerikanischen Naturalisten zu, daß unsere nichtwissenschaftlichen Welterfahrungen ja immerhin noch anderen Zwecken dienen können und insofern kulturell nützlich sein mögen; ähnlich äußern sich Carnap zur "Begriffsdichtung" der Metaphysik und später die Eliminativen Materialisten zur sozialen Funktion unserer "folk psychology".

Die hartnäckigen und ungelösten Probleme des amerikanischen Naturalismus liegen m.E. woanders: weniger in der "science is the measure of all things"-Einstellung, die heute eher noch stärker kulturell etabliert ist als damals, als in *interdisziplinären Methodenkonflikten*, die die frühen Kritiker des Naturalismus kaum wahrgenommen haben, weil sie die grundsätzliche Annahme einer durch die Einheit der wissenschaftlichen Methode gewährleisteten Einheit der Wissenschaft nicht problematisiert haben. Man hat nicht unterschieden zwischen dem Szientismus und der Einheitswissenschaft.

Es ist auffällig, wie oft bei den zitierten Naturalisten von der "scientific method" im Singular die Rede ist. Bei näherer Betrachtung ist unverkennbar, daß unter diesem Titel ein buntes Konglomerat von sowohl empiristischen als auch rationalistischen Verfahren versammelt wird, als würden diese sich völlig zwanglos zu einer einheitlichen Methode *der* Wissenschaft fügen, etwa zur "method of scientific or rational empiricism" (Hook 1944, 45).

Es wäre nicht ganz unwichtig zu erfahren, ob der Naturalismus beispielsweise mathematisches Wissen, logische Wahrheiten, analytische Sätze als wissenschaftliches Wissen anerkennt, obgleich wir solches Wissen nicht auf empirischem Wege erwerben (so fragt Bouwsma 1948, 16f). Hier herrscht beträchtliche Unklarheit; während die meisten Autoren des Krikorian-Bandes sich liberal geben (weil sie die Methodenkonflikte kaum wahrnehmen), wird heute unter Naturalismus oft eine dezidiert empiristische und anti-konzeptualistische Position verstanden, wie sie der Wissenschaftliche Realismus vertritt. "There just are not going to be any important analytic or conceptual truths about any scientifically interesting subject matter", meint Boyd (1983, 72; vgl. auch Matheson 1989, 248). Quine wird später erklären, wir seien als Naturalisten gut beraten, alle Wissenschaften und jede erhältliche Information zu nutzen (vgl. 1969b, 76). Diesen Rat wird man kaum als hilfreich bezeichnen können.

Es ist zwar löblich, daß die Naturalisten sich nicht mehr auf eine mechanistische Physik als Basiswissenschaft festlegen lassen wollen, doch auf der anderen

Seite fällt im liberalen Nebeneinander heterogener Disziplinen (von der behavioristischen Psychologie bis zur Moralsoziologie) völlig unter den Tisch, daß es im Spektrum der Natur- und der empirischen Humanwissenschaften sehr wohl Konkurrenzverhältnisse, Methodenkonflikte und gegenseitige Gebietsansprüche gibt.[7] Wenn dies der Fall ist, hilft auch der traditionelle naturalistische Topos der völligen *Immanenz* der Natur nicht mehr weiter, demzufolge Natur sich aus sich selbst versteht und keiner außernatürlichen Erklärungen bedarf.[8] Allein der Unterschied zwischen einem physikalisch und einem biologisch begründeten Naturalismus ist immens, denn letzterer muß teleologische oder funktionale Erklärungen zulassen, um den Begriff des Organismus zu explizieren. Unter Bedingungen eines ausdifferenzierten Wissenschaftsspektrums und in Anbetracht des Abhandengekommenseins des Wunschgegners Supranaturalismus fehlt dem Immanenzpostulat heute jede kritische Spitze und die Verpflichtung auf spezifische explanatorische Verfahren, die den Naturalismus erst zu einer identifizierbaren Position machten.[9] Hier rächt es sich, daß der amerikanische Naturalismus weder seinen Naturbegriff zu spezifizieren bereit ist noch bestimmte Arten wissenschaftlicher Erklärungen vor anderen auszeichnen möchte. Am schwersten scheint mir hier zu wiegen, daß das Spannungsverhältnis von rationalistischen und empiristischen bzw. realistischen Elementen kaum wahrgenommen wird. Die Naturalisten möchten sich nicht entscheiden, ob die beanspruchte Einheit der Natur durch kausale Verknüpfungen zwischen Ereignissen oder durch logische Verknüpfungen zwischen Sätzen der Naturwissenschaft gewährleistet werden soll. Sie schwanken beständig zwischen einer ontologischen Einheit der Natur und einer methodologischen Einheit der Wissenschaft (so etwa in ihrem Kategorienbegriff; vgl. Aiken 1946, 519f) und bieten, anders als Kant, keine Erklärung dafür an, *wodurch* denn die vorausgesetzte Intelligibilität der Natur[10] gewährleistet wird. Dennes scheint so-

---

7 Auch Giedymin sieht in der ungerechtfertigten Unterstellung des auch nachträglich nicht eingelösten methodologischen Einheitspostulates den Hauptgrund für die Ambiguitäten und Vagheiten der naturalistischen Programmschriften. "We may conclude [...] that the reference [...] to 'the method of natural science' is deceptive for it wrongly suggests that there is a common positive standard of the method of natural science shared by all naturalists" (Giedymin 1972, 46).

8 "Contemporary naturalism [...] goes so far as to say that nature is all, that natural processes (including those of human living) do not imply anything beyond themselves and do not require for their existence or for their explanation any grounds but the further stretches of natural processes" (Dennes 1944, 288).

9 Die Methodenkonflikte im ausdifferenzierten Wissenschaftsspektrum werden gerade von Szientismuskritikern oft nicht wahrgenommen. "Das naturwissenschaftliche Bild der Wirklichkeit ist heute von einer nie zuvor erreichten, großartigen Einheitlichkeit", behaupten Spaemann und Löw (1981, 226). Tatsächlich ist die Einheit der Wissenschaft weiter entfernt denn je.

10 Vgl. Nagel 1954, 9: "The orders and connections of things are all accessible to rational inquiry". Für Danto (1967, 448) ist die Intelligibilitätsbehauptung - "Nature is in principle intelligible in all its parts" - ein Definiens des Naturalismus.

gar zu beanspruchen, daß die "brute facts" der Natur *per se* oder in einer Art prästabilierter Harmonie eine rationale Ordnung aufweisen (Dennes 1944, 289f).

Das Problem der Einheitswissenschaft wird im Physikalismus Carnaps eine prominente Rolle spielen; auf die interdisziplinären Methodenkonflikte, insbesondere auf das Spannungsverhältnis zwischen kausaler Verknüpfung und rationaler Ableitung innerhalb des szientistischen Naturalismus, aber auch auf die unterschiedlichen Gegenstandsklassifikationen und -individuationen wird in Auseinandersetzung mit Quine noch zurückzukommen sein. - Der frühe amerikanische Naturalismus war in seinem allgemeinen Bekenntnis zur "scientific method" so unspezifisch, daß er im Programmatischen steckenbleiben mußte. Die methodologische Zuspitzung des szientistischen Naturalismus wird erst später möglich. Sie wird in dem Zuge vorangetrieben, als Naturalisten allmählich Klarheit darüber gewinnen, was der Vereinheitlichung der Diskurse der Naturwissenschaften am meisten Widerstand entgegensetzt. Dies sind die intentionalen Begriffe unserer Alltagspsychologie, so daß sich als programmatischer Kern des szientistischen Naturalismus allmählich das Projekt der Reduktion oder Elimination des intentionalen Idioms herausschälen wird.

1.2 Der Physikalismus

Der Physikalismus ist eine Anfang der 30er Jahre von Mitgliedern des Wiener Kreises, vor allem von Carnap und Neurath, vertretene reduktionistische Position, die sich im Unterschied zum klassischen Materialismus nicht als ontologische, sondern als sprachtheoretische versteht. Die zentrale These des Physikalismus ist die der Übersetzbarkeit aller sinnvollen Sätze in eine physikalische Universalsprache der Wissenschaft. Ich stelle sie in der Fassung Carnaps vor.

Carnap selbst macht keinen Gebrauch von der Bezeichnung 'Naturalismus', aber es scheint mir auf der Hand zu liegen, daß der Physikalismus hier einschlägig ist (und dies nicht nur, weil der Begriff der Natur aus dem griechischen Physis-Begriff hervorgegangen ist). Zweifellos ist der Begriff des Naturalismus weiter und vager als der des Physikalismus; gleichwohl ist Haldane (1989, 306) darin zuzustimmen, daß im angelsächsischen Sprachgebrauch infolge der Dominanz von methodologisch-begrifflichen gegenüber ontologischen Diskussionen des Naturalismus-Themas "naturalism" und "physicalism" oft zusammenfallen. Mit dem Naturbegriff, gar mit der Opposition von Natur und Vernunft läßt sich hier natürlich nicht operieren. Bei Carnaps *Logischem Aufbau* handelt es sich um ein dezidiert rationalistisches Programm, nicht um eine Naturphilosophie. Physikalisten, die sich als Naturalisten verstehen, müssen daher die in Sprache und Wissenschaft eingebaute Rationalität erst einmal ausblenden bzw. ihr in einem zweiten Schritt eine naturalistische Interpretation zu geben suchen. Diesen zweiten

Schritt einer erneuten 'Naturalisierung des Physikalismus' findet man in deutlicher Form erst bei Quine.

Ein größeres Manko ist im Hinblick auf unseren Fragenkomplex von Naturalismus und menschlichem Selbstverständnis, daß Carnap auf Fragen des menschlichen Selbstverständnisses kaum eingeht, da sich der Physikalismus typischerweise mehr für das interessiert, *worauf* reduziert werden soll, als für das, *was* da reduziert wird. Wir werden also das Programm selektiv aus der Perspektive unseres Hauptinteresses wahrnehmen und uns dabei behelfsweise an das halten, was Carnap über die Ersetzbarkeit der Psychologie sagt.

Der Übergang vom Materialismus zum Physikalismus ist auf ein geschärftes Problembewußtsein bezüglich in natürlicher Sprache formulierter ontologischer Behauptungen zurückzuführen. Von Kutschera stellt die Motivation für diesen Übergang so dar: "Ontologische Formulierungen der materialistischen These erweisen sich [...] als unbrauchbar [...]. Die Behauptung 'Es gibt nur Materielles' ist als Satz der normalen Sprache falsch. [...] Daher wird man [...] die materialistische These besser als eine These des Inhalts formulieren, daß man alle empirischen Phänomene in einer physikalischen Sprache beschreiben kann. Damit entfällt auch der Bezug auf Materie und materielle Objekte, welcher der modernen Physik nicht mehr entspricht" (von Kutschera 1981, 250f; vgl. auch Feigl 1958, 409 und 421). - Carnaps Ablehnung des Materialismus war allerdings etwas anders begründet: er hielt ihn schlicht für nicht sinnvoll formulierbar.[11]

Carnap formuliert die physikalistische These also als Übersetzbarkeitsthese.[12] Sie besagt, "daß *die physikalische Sprache eine Universalsprache* ist, d.h. eine Sprache, in die jeder Satz übersetzt werden kann. [...] *Die physikalische Sprache ist universal und intersubjektiv;* das ist die These des Physikalismus" (Carnap 1932b, 107f). Die These der physikalischen Einheitswissenschaft folgt zwanglos: "Dadurch, daß die physikalische Sprache zur Grundsprache der Wissenschaft wird, *wird die gesamte Wissenschaft zu Physik*" (1932a, 463); die "verschiedenen Wissensgebiete werden zu Teilen der Einheitswissenschaft" (1932b, 108).

Was ist nun die "physikalische Sprache"? Sie fällt nicht, wie man meinen könnte, mit der Sprache der gegenwärtigen Physik zusammen. Zwar behält die Physik für Carnap den Status der Referenzwissenschaft, er bestimmt sie aber in einer sehr eigenwilligen Weise, die schon deutlich auf seine Zwecke zugeschnitten ist. "Wir wollen unter 'Physik' nicht das System der heute bekannten physi-

---

11 Ironischerweise werden Quine und Davidson ausgerechnet zu einem *ontologischen* Physikalismus zurückkehren, nachdem sie Carnaps Programm der *begrifflichen* Reduktion verworfen haben.

12 Als primär sprachtheoretische These wird der Physikalismus auch heute noch erläutert, z.B. von Rorty 1987a, 280: "I shall define a 'physicalist' as someone who is prepared to say that every event can be described in micro-structural terms, a description which mentions only elementary particles"; oder von Wilkes 1978, 29: "[P]hysicalism seeks to explain the purposive behaviour of human beings in purely physical terms".

kalischen Gesetze verstehen, sondern die Wissenschaft, die durch die Art der Begriffsbildung gekennzeichnet ist: jeder Begriff geht zurück auf die 'Zustandsgrößen', das sind Zuordnungen von Zahlen zu Raumzeitpunkten nach bestimmtem Verfahren" (1932b, 142). Die Quantifizierung ist für Carnap allerdings nicht unabdingbar: "An Stelle der quantitativen Bestimmung kann auch eine *qualitative* treten, wie es ja im Alltagsleben und auch noch in der Wissenschaft aus Gründen der Kürze und Anschaulichkeit häufig üblich ist. Wir können qualitative Bestimmungen dann mit zur physikalischen Sprache rechnen, wenn Regeln für ihre Übersetzung in quantitative Bestimmungen aufgestellt sind" (1932a, 442). Zur physikalischen Sprache gehört für Carnap somit auch derjenige Teil unserer *natürlichen* Sprache, den sie mit einer liberal verstandenen Sprache der Physik gemeinsam hat: unsere intersubjektiv geteilte Rede über sinnlich wahrnehmbare Qualitäten materieller Gegenstände. Damit hat die physikalische Sprache für Carnap den Vorteil, nicht bloß ein Konstrukt zu sein, sondern ein bereits vorfindlicher Teilbereich natürlicher Sprachen, an den die angestrebte physikalistische Sprachreform durch das Verfahren der "rationalen Nachkonstruktion" anknüpfen kann. Darunter versteht Carnap "das Aufsuchen neuer Bestimmungen für alte Begriffe" (1961, IX). Nötig ist die rationale Nachkonstruktion, weil die existierenden Begriffe "durch spontane Entwicklung mehr oder weniger unbewußt entstanden" sind und an "Klarheit und Exaktheit" zu wünschen übrig lassen (ebd.). Daß die angestrebte Universalsprache eine physikalistische sein soll, Carnap aber zugleich mit "Elementarerlebnissen" bzw. "Sinnesdaten" beginnen will, erklärt sich aus der Überzeugung des Logischen Empirismus, "daß es grundsätzlich möglich sei, alle Begriffe auf das unmittelbar Gegebene zurückzuführen" (1961, X), genauer: auf in einer "Protokollsprache" formulierte Sätze über "unmittelbare Erlebnisinhalte" von der Art "jetzt hier Blau" (vgl. 1932a, 437ff). Es ist die nach wie vor *empiristische* Orientierung des Physikalismus, die dafür sorgt, daß die Kluft zum *Phänomenalismus* des *Logischen Aufbaus der Welt* nicht allzu groß wird.[13] Ob man nun als empirische Basis des Physikalismus eine phänomenalistische Auffassung des 'unmittelbar Gegebenen' ansetzt oder nicht: Bekanntlich ist die philosophische Karriere des Gegebenen ziemlich abrupt zu Ende gegangen, es ist von ihm selbst in empiristisch gesonnenen Kreisen nur noch in der Formulierung vom 'Mythos des Gegebenen' die Rede.

---

[13] Es ist in der Carnap-Exegese umstritten, wie stark sich der Phänomenalismus des *Logischen Aufbaus* (1928) und der Physikalismus der exoterischen Aufsätze der frühen 30er Jahre voneinander unterscheiden. Carnap selbst scheint die Modifizierung der empirischen Basis nicht allzu hoch zu veranschlagen, denn er verwendet auch später noch phänomenalistische Formulierungen. Allgemein ist Stegmüller darin zuzustimmen, "daß der Unterschied zwischen den beiden Systemen gar nicht scharf gefaßt werden kann, vor allem deshalb nicht, weil ja auch der Physikalismus mit 'Beobachtbarem' beginnen muß und daher nicht etwa Atome oder Elektronen als Grundelemente verwenden darf, wenn er nicht das Prinzip des Empirismus verletzen will" (Stegmüller 1954, 64).

Die schrittweise Konstruktion des rationalen Begriffssystems, welche Carnap nicht nach gängiger Praxis bloß programmatisch in Aussicht gestellt, sondern im *Logischen Aufbau* auch tatsächlich durchgeführt hat, wie immer man den Erfolg dieses Unternehmens einschätzen mag, kann hier in ihren Einzelheiten nicht dargestellt werden. Bei kritischer Lektüre ist unverkennbar, daß auf den höheren Stufen des *Logischen Aufbaus* von exakten rationalen Rekonstruktionen keine Rede mehr sein kann; es werden vielmehr Sätze einander zugeordnet, "die aufgrund - teilweise fragwürdiger - empirischer Annahmen denselben Wahrheitswert haben" (von Kutschera 1981, 242).

Wichtig ist noch festzuhalten, daß für Carnap die *begriffliche* Reduktion keine *nomologische* erfordert: "Die Frage der Ableitbarkeit der Gesetze ist völlig unabhängig von der Frage der Ableitbarkeit der Begriffe" (1932b, 109; vgl. 1934, 16f). Er hält die Frage der Reduzierbarkeit psychologischer oder biologischer auf physikalische Gesetze für "heute noch offen", sieht aber keinerlei Grund dafür, die Möglichkeit nomologischer Reduktionen grundsätzlich auszuschließen (1934, 17; vgl. 1938, 60f). - Ironischerweise spielt das Kausalprinzip anders als in früheren Materialismen im Physikalismus kaum noch eine Rolle. Dies gelte für die Wissenschaftsentwicklung überhaupt: "[T]he notion of cause itself has no firm place in science" (Quine 1957, 229), jedenfalls nicht in einer reifen Wissenschaft, wie schon Russell behauptete. Der Physikalismus lebt vom *Extensionalitäts*prinzip, und in einer extensionalen Sprache hat die Terminologie kausaler Notwendigkeit keinen Platz und wird auch nicht benötigt. Das Extensionalitätsprinzip, d.h. die Reduktion bzw. der Ausschluß intensionaler ('obliquer') Kontexte, die die Wahrheitswerterhaltung bei Substitution extensionsgleicher Termini gefährden, ist auch heute noch das Rückgrat des Physikalismus. Wo er noch vertreten wird, wird nach wie vor "the eliminability of intensionality at all levels of description or explanation" behauptet (Wilkes 1978, 18).

Was nun die Reduzierbarkeit der Psychologie betrifft, so behauptet Carnap, daß ein alltagssprachlicher Satz über Psychisches wie P_1 "Herr *A* ist jetzt aufgeregt", "gehaltgleich ist mit einem Satz P_2, der das Vorliegen einer physikalischen Struktur besagt, die gekennzeichnet ist durch die Disposition, auf gewisse physikalische Reize in gewisser Weise zu reagieren" (1932b, 114). Carnap konzediert, daß unsere Kenntnis der menschlichen Physiologie in vielen Fällen nicht ausreicht, Sätze über Psychisches zu physikalisieren. So müssen wir uns vorläufig mit "Detektoren" zufriedengeben wie der Psychologe, der den Protokollsatz "*A* nickt bejahend" als Detektor für einen physischen Zustand der Versuchsperson ansieht (1932b, 129). Da Carnap dieses Verfahren zuläßt, kann die Unkenntnis der Physiologie für ihn "nur die Art der Kennzeichnung des physikalischen Zustandes beeinflussen, aber nicht den prinzipiellen Punkt berühren, daß der Satz P_1 sich auf einen physikalischen Zustand bezieht", denn es kann ja "heute schon P_1 übersetzt werden in einen anderen Satz über den physikalischen Zustand des Leibes des *A*": der Zustand ist so, daß bei mir "Protokollsätze von der und der Art auftreten" (a.a.O., 118).[14]

Hier werden die immensen Kosten des Physikalismus offensichtlich. Mag man bis hierher das Programm schon nicht für durchführbar gehalten haben, so wird an diesem Punkte klar, daß es in der von Carnap vertretenen Form nur um den hohen Preis aufrechterhalten werden kann, menschliche Rede ausschließlich als *physische Reaktion* zu betrachten.[15] Von den hiermit verbundenen Problemen ist nicht das geringste, daß der Psychologe im vorliegenden Fall nicht nur selbst die Reaktion 'übersetzen', sondern zuvor unterstellen muß, daß die Versuchsperson die Frage *versteht, aufrichtig ist* etc. - was aber ihrerseits mitnichten physikalisierte, sondern bis zum Beweis des Gegenteils irreduzibel intensionale Ausdrücke sind.[16] Damit wird Carnaps Programm zwar nicht unmittelbar unhaltbar, denn er wird natürlich behaupten, daß eine Physikalisierung auch dieser intensionalen Ausdrücke im Prinzip erreichbar ist (und hat daher mit der These der behavioristischen[17] Reduzierbarkeit der paradigmatisch intensionalen "belief sentences" auch später noch operiert; vgl. Carnap 1954). Es ist aber offensichtlich, daß Carnaps ständiger Verweis auf zukünftige Forschung für die Haltbarkeit des Physikalismus keinesfalls so harmlos ist, wie Carnap es darstellt, wenn er, wie zitiert, behauptet, daß eine rudimentäre Form der Physikalisierung ja längst vorliege. Angeblich hängt das Programm nicht daran, wie weit die psychophysische Korrelationspraxis faktisch gediehen ist, doch stellt Carnap an entscheidenden Stellen ungedeckte Wechsel auf die Zukunft aus: es sei falsch, daß wir menschliche Handlungen nur als sinnhafte verstehen könnten, denn es hänge "nur von der

---

14 Aufgrund seines weiten Verständnisses von 'physikalischer Sprache' glaubt Carnap behaupten zu können: "[D]ie Ableitung ist gegenwärtig schon durchführbar und wird im täglichen Leben bei der Verständigung der Menschen untereinander immer durchgeführt. Allerdings ist das, was wir dabei über den Körperzustand des anderen Menschen wissen, gegenwärtig noch nicht formulierbar als Wertverteilung der in der Physik vorkommenden Zustandsgrößen; wohl aber formulierbar in anderen Ausdrücken der physikalischen Sprache, die gerade das treffen, was wir brauchen" (1932a, 457). Auch Psychologen verführen schon jetzt de facto physikalistisch, indem sie introspektive Aussagen ihrer Versuchspersonen oder Patienten als Indiz für physische Zustände nehmen, "nur wird der praktisch ausgeübte Physikalismus gewöhnlich theoretisch nicht zugegeben" (1932b, 139). - Insofern unterscheidet sich Carnap vom Eliminativen Materialismus: für ihn ist der Physikalismus allenfalls reformistisch und nicht kulturrevolutionär.

15 Nicht nur ist Sprach*erwerb* Konditionierung (1932b, 142); sondern überhaupt sind "die Aussagen der Mitmenschen [...] grundsätzlich nicht von anderer Art, als irgendwelche sonstigen physikalischen Vorgänge" (123).

16 Vgl. zu diesem Einwand u.a. Skjervheim 1959, 228ff et passim; Böhler 1981, 89ff; von Kutschera 1981, 262. - Es ist vielfach bemerkt worden, daß die intensionale Kontexte generierenden intentionalen Verben eine Art Verweisungszirkel bilden, zu dem es nur einen Einstieg, aber keinen Ausstieg gibt. Typischerweise benötigt man zur Definition oder Explikation eines intentionalen Verbs einige der anderen (siehe dazu unten, IV, 3.1).

17 Die behavioristische Beschreibung durch öffentlich überprüfbare Verhaltensprädikate ist für Carnap ein Zwischenschritt zwischen psychologischer und physikalischer Beschreibung (vgl. etwa 1938, 57).

physikalischen Beschaffenheit einer Handlung [...] ab, ob ich sie intuitiv als verstehbar, im besonderen Falle etwa als Herbeiwinken, auffasse oder nicht. [...] Daher ist auch in diesem Fall die Physikalisierung möglich: die Klasse der Armbewegungen, denen die Protokollbestimmung 'Herbeiwinken' entspricht, kann festgestellt und durch physikalische Begriffe beschrieben werden", wenn auch diese Aufgabe leider "gegenwärtig noch nicht gelöst" ist (1932b, 126).

Mit dieser verwegenen Behauptung steht Carnap allein. In keiner Humanwissenschaft und in keiner philosophischen Handlungstheorie wird heute angenommen, daß Handlungen kontextfrei allein über physikalische Merkmale identifiziert werden können. Welche Handlung mit einer bestimmten Körperbewegung vollzogen wird, variiert mit dem Kontext und mit der Intention des Handelnden, und es ist vielfach demonstriert worden, wie mit ein und derselben Armbewegung verschiedene Handlungen vollzogen werden können (vgl. etwa Danto 1973, ix). Handlungen werden unter anderem über ihre intentionalen Gehalte identifiziert, und niemand hat bisher gezeigt, wie man Körperbewegungen und das, was mit ihnen ausgedrückt wird, physikalistisch einander zuordnen könnte, geschweige denn als *Klassen*. Die Behauptung der Korrelierbarkeit einer bestimmten "Klasse von Armbewegungen" mit einem bestimmten Bedeutungsgehalt geht über die Behauptung der Korrelierbarkeit einzelner Elemente ja noch hinaus. Eben auf solche Typ- (statt token-)Zuordnungen[18] ist aber Carnaps Übersetzungsprogramm angewiesen, und daran scheitert es. Mit seiner Reduzierbarkeitsthese überspringt Carnap die Konventionalität des Zeichens und der symbolisch vermittelten Interaktion.

Die einstweilige physikalistische Irreduzibilität des Intentions- und Bedeutungsverstehens ist nicht bloß ein Schönheitsfehler, mit dem Carnap leben könnte. Sein ungedeckter Wechsel auf die zukünftige Wissenschaft zeigt exemplarisch, daß auch ein nicht ontologisch, sondern bloß als Übersetzbarkeitsthese formulierter Physikalismus trotz gegenteiliger Versicherungen nicht ohne weitreichende kontrafaktische empirische Annahmen auskommt. Die Übersetzbarkeitsthese hat einen anderen Status als Carnap meint, denn sie präsupponiert schon das Bestehen faktischer Korrelationen, das erst nachzuweisen wäre. Die Übersetzbarkeitsthese ist solange nicht gerechtfertigt, wie nicht der Physikalismus oder Teile davon erfolgreich durchgeführt sind. Tatsächlich ist aber heute auch nur die behavioristische Reduktion des Verstehens weniger denn je in Sicht, geschweige denn die physikalistische. Carnap hat auf das falsche Pferd gesetzt; die Humanwissenschaften haben sich in den letzten Jahrzehnten nicht weiter in die physikalistische, sondern geradezu in die entgegengesetzte Richtung bewegt. Das kognitive Paradigma mit seiner Zuschreibung intentionaler Zustände gewinnt

---

18 Ein "token" ist ein *Exemplar* oder ein *Vorkommnis*, das zu einem Typ im Verhältnis der Realisierung oder der Instantiierung steht. Die Terminologie geht auf Peirce zurück.

immer mehr an Boden.[19] Und was den Behaviorismus betrifft: es mag pietätlos sein, ihm Böses ins Grab hinterherzurufen, aber es bleibt festzuhalten, daß die Kontinuitätsbehauptung von Behaviorismus und Physikalismus, die so vielen Behavioristen die Illusion verschaffte, mit allen Naturalisten gemeinsam an einem Strang zu ziehen, einem anti-mentalistischen Selbstmißverständnis entspringt. Tatsächlich sind die Grundbegriffe behavioristischer Theorien ausnahmslos *kryptomentaler* Natur. In behavioristischen Erklärungen setzt die Rede von "Verstärkung" oder "Vermeidungsverhalten" gerade *voraus*, daß die fraglichen Körperbewegungen schon als ein bestimmter Verhaltenstyp identifiziert sind. Hierzu wird unter der Hand unser alltagspsychologisches common sense-Verständnis menschlicher Handlungen eingebracht, denn schließlich arbeitet der Behaviorismus nicht mit kinematischen Beschreibungen von Körperbewegungen.[20] Erst im Zuge der kognitiven Wende der Humanwissenschaften ist das Problembewußtsein für die intentionalen Anteile von Verhaltensbeschreibungen gewachsen. So kann eine "bloße Verhaltensbeschreibung" wie etwa "aus dem brennenden Gebäude flüchten" eine Unzahl verschiedener Bewegungssequenzen umfassen, die physikalisch wenig gemeinsam haben. Die Auffassung, der Behaviorismus sei eine unmittelbare Vorstufe des Physikalismus, ist nicht aufrechtzuerhalten.

Im Rahmen des kognitiven Paradigmas beginnt Intentionalität ubiquitär zu werden und wird sogar Maschinen zugeschrieben. Welche *Implikationen* mit dem Zuschreiben von intentionalen Zuständen verbunden sind, bleibt allerdings umstritten. Es gibt Autoren, die vom intentionalen Idiom aus pragmatischen Gründen Gebrauch machen und sich gleichwohl weiterhin dem physikalistischen Programm verpflichtet fühlen, allen Fehlschlägen zum Trotz. In Anbetracht solcher Positionen sollte man nicht darauf bestehen, den Physikalismus allzu eng an die spezifische Form von Carnaps Übersetzbarkeitsthese zu koppeln. Eine verfeinerte und aktualisierte Formulierung des physikalistischen Programms könnte etwa lauten: "A physicalist holds either that non-intentional and nonsemantic sufficient conditions can be specified for intentional states like belief, desire, and intention, or that there really are no such states identified by content. The first approach is reductive, the second eliminative" (Baker 1987, ix). Mit dem eliminativen Programm werden wir uns noch gesondert auseinandersetzen; was aber das reduktive Programm betrifft, so ist festzuhalten, daß eine Formulierung nichtintentionaler Bedingungen für intentionale Zustände jedenfalls Carnap nicht gelungen ist.

Eine weitere Schwäche, die wir schon von den frühen amerikanischen Naturalisten her kennen, besteht darin, daß Carnap den Physikalismus nicht genauer im Wissenschaftsspektrum situieren kann bzw. dies ablehnt, weil sich das Problem

---

19 Vgl. etwa zur Entwicklung in der Psychologie vom Behaviorismus zur Kognitionspsychologie Neisser 1967 und 1976.

20 Zu dieser Selbsttäuschung des Behaviorismus als frei von mentalen Begriffen vgl. Taylor 1964 mit vielen Belegen.

in Anbetracht seines einheitswissenschaftlichen Programms für ihn nicht stellt. Er läßt zwar, wie es sich für einen Physikalisten gehört, eine gewisse Voreingenommenheit für die Physik erkennen, kennzeichnet aber, wie gesehen, die Physik lediglich durch ihre "Art der Begriffsbildung" (1932b, 142). Gleichwohl finden sich vereinzelt Hinweise auf Einzelwissenschaften. Als wissenschaftliche Referenz des Physikalismus führt er neben dem Behaviorismus mehrmals die "Physiologie des Zentralnervensystems" an (z.B. 1932a, 457). Es scheint für ihn kein Problem darzustellen, daß die Neurophysiologie ein Teil der Biochemie ist und jedenfalls nicht in physikalischen Begriffen formuliert ist.[21] Diese Unbekümmertheit im Umgang mit faktischen disziplinären Abgrenzungen zwischen den Einzelwissenschaften ist für den Physikalismus charakteristisch, weil er auf das Wissenschaftsspektrum immer schon aus dem 'Futur Zwei' zurückblickt, aus der Perspektive der einheitswissenschaftlichen Reduktion, wie sie eines Tages durchgeführt sein wird. Der Zeitrahmen dafür wird je nach Bedarf verschoben; ein Vierteljahrhundert später kann man die gleichen Vertröstungen wieder lesen.[22] Mit der Einheitswissenschaft hält es der Physikalismus wie gewisse Sektenführer mit dem angekündigten Weltuntergang. Geht die Prognose fehl, kann es das nächste Mal nur besser werden. Unter neueren Physikalisten ist diese Haltung, nicht zuletzt aufgrund der Wendung der Wissenschaftstheorie zur Wissenschaftsgeschichte, seltener geworden. Selbst wo das einheitswissenschaftliche Programm noch vertreten wird, herrscht heute eine nüchternere und wissenschaftsnähere Perspektive vor. Mit reduktionistischer Programmatik ist nichts gewonnen, Vereinheitlichung ist vielmehr harte Arbeit, deren Ergebnisse nicht vorweggenommen werden können: "*Real* unity of science must be the result of scientific discovery relating previously unrelated branches of natural science. [...] A 'unity' imposed on science as a consequence of philosophical reductionism is not this kind of unity at all, and, hence, philosophical reductionism is not an appropriate grounding, even if it is correct, for what is usually meant by the claim that all science can be unified into a single all encompassing science *by the progress of science itself*" (Sklar 1975, 538 und 537). - Historisch folgte auf den Physikalismus, was die Reduktion der Psychologie betrifft, die Identitätstheorie, die ihre Identitätsbehauptung von mentalen Zuständen und Gehirnzuständen nicht als definitorische, sondern als *kontingente empirische* Reduktion verstanden wis-

[21] Unter Bedingungen eines ausdifferenzierten Wissenschaftsspektrums widerstreitet ein physikalistischer *bias* geradezu der szientistischen Grundorientierung des Naturalismus. Wenn der Naturalismus, wie Dewey sagt, "has respect for the conclusions of natural science" (s.o.), ist eine Privilegierung der Physik (oder der Neurophysiologie, um den aus unerfindlichen Gründen nächstprominenten Kandidaten zu nennen) geradezu wider den Geist des Naturalismus. Warum sollten wir "place a priori faith in the foundational position of physics *vis à vis* the rest of theoretical knowledge"? fragt Migotti (1985, 249) gegenüber Wilkes (1978), die die Fahne des Physikalismus hochhält.

[22] Vgl. Carnap 1955, 43; ebenso Feigl 1958, 469.

sen wollte. Carnaps Begründung der physikalistischen Übersetzbarkeitsthese muß man dagegen geradezu apriorisch nennen (vgl. von Kutschera 1981, 254ff); ein Apriorismus, der allerdings von einer Hoffnung auf die zukünftige Wissenschaftsentwicklung getragen ist.

Es soll nicht verschwiegen werden, daß der Carnap später einige der hier referierten Behauptungen zur Definierbarkeit und Übersetzbarkeit von Begriffen abgeschwächt hat. Zum (kleinen) Teil trägt er damit den vorgebrachten Einwänden Rechnung, was hier keine Berücksichtigung findet, weil es mir weniger um historische Gerechtigkeit für Carnap als um eine problemorientierte Skizze des frühen Physikalismus ging. In der Vorrede zur zweiten Auflage des *Logischen Aufbaus* geht Carnap auf die wichtigste Änderung ein: "die Erkenntnis, daß die Zurückführung höherer Begriffe auf niedere nicht immer in der Form von expliziten Definitionen möglich ist; im allgemeinen müssen freiere Formen der Begriffseinführung verwendet werden" (1961, XII) - ein Problem, auf das er vor allem durch die reduktionsunwilligen Dispositionsbegriffe gestoßen war. Auch möchte er nun theoretische Begriffe zulassen, die sich nicht direkt auf Beobachtbares beziehen, wodurch die "Sinnesdaten" bzw. "Elementarerlebnisse" ihren privilegierten Status verlieren (vgl. ebd.). Betrachtet man die nachpositivistische Entwicklung der analytischen Wissenschaftstheorie, so muß man feststellen, daß weder der Phänomenalismus noch der Physikalismus die pragmatisch-konventionalistische Auflösung der empiristischen Basistheorien überlebt haben. Gleichwohl werden heute wieder physikalistische Positionen vertreten, als ob nichts geschehen wäre. - Übrigens stellt die Zuwendung zum Konventionalismus zugleich eine Abkehr von dem dar, was am Physikalismus noch in einem interessanten Sinne Naturalismus gewesen sein mag.

Erwähnen möchte ich noch einen therapeutischen Kommentar Carnaps, der für die möglichen kulturrevolutionären Implikationen einer Naturalisierung unseres Selbstverständnisses einschlägig ist. Carnap schwenkt in den Freudschen Diskurs von den 'Kränkungen' ein und fordert uns auf, unsere "gefühlsmäßigen Widerstände gegen die These des Physikalismus" zu überwinden (1932b, 109). Der Physikalismus stelle eine "bittere Zumutung" für unser herkömmliches, "mit Gefühlen der Würde und Erhabenheit" verbundenes Selbstbild dar; dennoch sollten wir genügend Wissenschaftsethos aufbringen, die Theorie mit "Sachlichkeit und Unvoreingenommenheit" zu prüfen (ebd.). Für humanistische Sentimentalitäten sei in einer aufgeklärten Wissenschaftskultur kein Platz; sie müßten tapfer überwunden werden. Diesem Anfall von Heroismus stehen bei Carnap andere Formulierungen gegenüber, in denen das revolutionäre Pathos wieder zurückgenommen wird. "Die physikalistische These darf man nicht dahin mißverstehen, als solle in jedem Wissenschaftsgebiet die Terminologie verwendet werden, die man in der Physik zu verwenden pflegt" (1932a, 462). Die kulturell etablierten Diskurse sollen uns erhalten bleiben: "Die Psychologie mag wie bisher für ihren

Zweck eine eigene Terminologie benutzen. Gefordert wird nur die Aufstellung jener Definitionen, durch die die psychologische Sprache in die physikalische Sprache eingegliedert wird" (1932b, 109). Carnaps generöses Zugeständnis bleibt also an die Bedingung gebunden, daß die "durchaus zweckmäßig" erscheinenden "Sonderterminologien" bereits "auf die Basis physikalischer Bestimmungen zurückgeführt" sind (1932a, 462).

1.3 Naturalisierte Erkenntnistheorie

Der Slogan "Epistemology Naturalized", mit dem W.v.O. Quine 1969 einen programmatischen Essay überschrieb, gibt einem prägnanten Sammeltitel für eine ganze Reihe naturwissenschaftlich orientierter Theorien der Erkenntnis ab, die einen eigentümlichen Zwischenstatus zwischen Philosophie und empirischer Wissenschaft einnehmen. Beansprucht wird jeweils, so Vollmer über die Evolutionäre Erkenntnistheorie, "eine erkenntnistheoretische Frage durch eine naturwissenschaftliche Theorie [zu beantworten]" (Vollmer 1975, 102). Quine selbst geht noch einen Schritt weiter und sieht die erkenntnistheoretische Frage selbst als eine naturwissenschaftliche an. Man könnte sagen, daß für ihn alle interessanten Fragen der Erkenntnistheorie durch "die Erforschung dessen, was die *Natur* aus dem Menschen macht" (Kant 1798, BA IV), beantwortet werden können. Die Erkenntnistheorie naturalisieren heißt die zweite, komplementäre Frage Kants auf diese zurückführen.

Als Leitwissenschaften dieses Projekts werden verschiedene Disziplinen vorgeschlagen. Konkurrenzloser Träger des naturalistischen Pathos ist gegenwärtig im deutschen Sprachraum die Evolutionäre Erkenntnistheorie; daneben versteht sich ein Teil der Kognitionswissenschaften als naturalisierte Erkenntnistheorie, während Quine selbst ein entschlossenes "settle for psychology" (1969b, 78) auf seine Fahnen geschrieben hat. Da die einzelwissenschaftlichen Ausdifferenzierungen innerhalb des Naturalisierungsprojekts (bzw. einige davon) unten noch verhandelt werden, gehe ich in diesem Abschnitt in erster Linie auf den programmatischen Überbau des Quineschen Manifestes ein.

Wie die meisten zeitgenössischen Autoren, die ihre Theorien als naturalistisch bezeichnen, hat auch Quine keinerlei spezifische Verwendung für den Begriff der Natur, sondern nur für den der Natur*wissenschaft*. Falls sich überhaupt irgendein Naturbegriff bei Quine rekonstruieren läßt, müßte man ihn etwa so beschreiben, daß Natur für Quine der Inbegriff dessen ist, was unsere Sinnesrezeptoren kausal affiziert.

Ein geradezu schulbildender Punkt in "Epistemology Naturalized" ist der offensive Umgang mit dem einschlägigerweise gegen naturalistische Positionen erhobenen *Zirkularitätseinwand* (der sich bei Frege, Husserl und im Neukantianismus als Vorwurf des "Psychologismus", heute meist als Vorwurf des "naturalistischen Fehlschlusses" artikuliert). Quine nimmt den Einwand vorweg und gibt eine gewisse Zirkularität des Unternehmens freimütig zu, hält sie aber für unvermeidbar und auch für unproblematisch. Zudem will Quines naturalisierte Erkenntnistheorie eine Alternative zu Carnaps Programm der rationalen Rekonstruktion aus dem *Logischen Aufbau* sein, das Quine für gescheitert hält.

Quine hat nirgends präzise erläutert, was er unter "Naturalismus" versteht, obgleich er den Begriff häufig verwendet. Es gibt m.E. zwei voneinander unabhängige Herleitungen: *a)* das Naturalistische an der naturalisierten Erkenntnistheorie besteht darin, daß Menschen als "natural phenomena" kausal in den Rest der Welt eingebettet sind und jede Theorie der Erkenntnis daher mit der physischen Affektion der Außenflächen unserer Körper beginnen muß, und *b)* Naturalismus bedeutet soviel wie "abandonment of the goal of a first philosophy prior to natural science" (Quine 1981, 67 - zu diesen Formulierungen gibt es zahlreiche Parallelstellen). Auf den ersten Blick haben die kausalistisch-physikalistische und die wissenschaftstheoretische Fassung nicht viel miteinander zu tun. Während *a)* kaum mehr als ein *ontological commitment* im Sinne des bekannten naturalistischen Immanenzpostulats ausdrückt, bestreitet *b)* den Fundierungsanspruch und die wissenschaftstheoretische Autonomie der Philosophie und behauptet einen uneinschränkbaren Primat der Naturwissenschaften. Der Zusammenhang ist wohl so zu sehen, daß für Quine *b)* aus *a)* folgt, und zwar im Sinne der folgenden Überlegung: "I hold that knowledge, mind, and meaning are part of the same world that they have to do with, and that they are to be studied in the same empirical spirit that animates natural science. There is no place for a prior philosophy" (Quine 1968, 26). Die Arbeitslosigkeit der außerwissenschaftlichen Philosophie ist nur die Rückseite der Alleinzuständigkeit der Naturwissenschaften für erkenntnistheoretische Fragen, und diese folgt aus dem naturalen Charakter der Gegenstände, für die sich die philosophische Erkenntnistheorie einst zuständig fühlte. Erkenntnistheoretische Fragen sind für Quine nun Fragen "for the natural science of the external world: in particular, for the psychology of human animals" (1957, 217). Ohne zusätzliches Argument ist dies zweifellos ein non sequitur: daß wir *auch Naturwesen* sind, weiß Kant auch, ohne deshalb ein Naturalist zu sein. Naturalistisch transformiert werden müssen nicht nur die *Gegenstände* der Theorie, sondern auch die *Perspektive*, die wir ihnen gegenüber einnehmen, also die Methodologie und die Beschreibungssprache, und dies erfordert mehr als den Nachweis, daß das extensionale Substrat von Erkenntnisprozessen Teil der natürlichen Welt ist. Es erfordert letztlich die Reduktion von *quid iuris*- auf *quid facti*-Fragen. Die differentia specifica einer naturalistischen Erkenntnistheorie wird von vielen Autoren darin gesehen, daß sie die Frage 'Wie gelangen wir zu unseren Überzeugungen?' mit der Frage 'Wie *sollten* wir zu unseren Überzeugungen gelangen' kurzschließt, weil die Antwort auf die erste Frage schon alles enthalte, was es zur zweiten Frage zu sagen gebe (vgl. etwa Kornblith 1985, 3f). Der traditionellen, normativen Erkenntnistheorie wird von der naturalistischen vorgeworfen, daß sie die erste Frage weitgehend ignoriert habe. Die rationalistischen Idealisierungen der Erkenntnistheorie müßten endlich rückgängig gemacht werden, und zwar zugunsten einer Beschäftigung damit, wie denn der "epistemic agent" faktisch funktioniert (vgl. z.B. Duran 1989, 81).[23] Diese Spielart von Naturalismus in der Erkenntnistheorie ist das selbstbewußte Markieren von Positionen, gegen die Freges Psychologismusverdikt gerichtet war. Ich werde die Verzweigungen dieser Debatte (für einen Überblick vgl. Kitcher 1992) aber nicht weiter verfolgen, weil diese Autoren mit einem denkbar unspezifischen Verständnis von "naturalistisch" arbeiten. Wenn Erkenntnistheorie, wie etwa Laudan (1987) und Kitcher (1992) meinen, dann schon naturalistisch ist, wenn sie von empirischem Wissen Gebrauch macht, ist ihre kritische Pointe kaum auszumachen. Dieses Selbstverständnis von Naturalismus ist eine Unterbestimmung, eine zudem, die mit groben Verzerrungen der gegnerischen Position erkauft ist, denn gegen eine *Einbeziehung* empirischen Wissens über menschliche Kognition war kaum eine Erkenntnistheorie der philosophischen Tradition gerichtet (und schon gar nicht die Kantische). Normativen Epistemologien, die die Naturalisten mit dem zum Kampfbegriff erhobenen Attribut "apriorisch" belegen, ging es immer darum, daß die *quid iuris*-Frage nicht einfach in der *quid facti*-Frage *aufgeht*. Da nun Autoren wie Kitcher, Laudan und Alvin Goldman erklärtermaßen das, was sie das "meliorative Projekt" normativer Erkenntnistheorien nennen, retten wollen - "to specify strategies through whose use human beings can improve their cognitive states" (Kitcher 1992, 74f) -, ist ihre naturalistische Kritik nicht besonders radikal. Immerhin bleibt die Frage, ob das meliorative Projekt, wenn es sich denn als naturalistisches (miß)versteht, am Ende ohne naturalistischen Fehlschluß auskommen kann. Diese Frage werden wir unten am Beispiel von Quine noch streifen. - Die Stärke der genannten Autoren soll nicht verschwiegen werden: sie besteht nicht in ihrer naturalistischen Programmatik, sondern in dem Versuch, einmal genauer und naturwissenschaftlich aufgeklärt anzugeben, *welche Rolle* empirisches Wissen über das Funktionieren unseres kognitiven Apparates für die Formulierung von sinnvollen Erkenntniszielen spielen kann.

Zurück zu Quine. Dessen Ausgangspunkt bildet die physische Affizierbarkeit der Außenflächen unserer Körper. Der Grundgedanke dieser 'Affektionslehre'

---

23 Im Kontext der Evolutionären Erkenntnistheorie erhält die Ablehnung der Idealisierungen der traditionellen Erkenntnistheorie geradezu eine antiphilosophische und antiszientistische Komponente. Für die kognitive Ausstattung unserer species seien die Erkenntnisformen des *man in the street* aufschlußreicher als die einer eher unbedeutenden Population von Wissenschaftlern: "By calling for a naturalistic epistemology I take it we are calling for the development of a theory of knowledge that has more to say about how sentient beings come to be aware of the surroundings they inhabit than about the rather abstract forms of judgment engaged in by those very few sentient beings known as scientists" (Reed 1987, 226).

stammt schon aus *Word and Object* (1960) und aus noch früheren Aufsätzen. Es handelt sich um die theoretisch nicht sonderlich anspruchsvolle Grundfigur: "All I am or ever hope to be is due to irritations of my surface" (1957, 215). Quine ergänzt dann, daß "our knowledge must depend thus solely on surface irritation and internal conditions" (216), was aber nur scheinbar ein neues Element einführt, da die "internal conditions" ebenfalls auf Umwegen naturalistisch (hier als genetische Dispositionen) zu verstehen sind. Nun ist dieses "depend" zweifellos eine Unterbestimmung der fraglichen Relation und wiederholt lediglich das klassisch-empiristische *nihil est in intellectu quod non prius fuerit in sensu*, und genau aus dieser Unterbestimmung erwächst die Hauptaufgabe der Erkenntnistheorie, wie Quine sie in "Epistemology Naturalized" formuliert: zu erklären, was denn auf dem langen und zugleich so kurzen Weg von der Stimulation unserer Sinnesorgane bis zur Äußerung von Theorien über die Welt passiert. Zu studieren sei

> "a natural phenomenon, viz., a physical human subject. This human subject is accorded a certain experimentally controlled input - certain patterns of irradiation in assorted frequencies, for instance - and in the fullness of time the subject delivers as output a description of the three-dimensional external world and its history" (1969b, 82f).

Die klärungsbedürftige Relation ist also die zwischen dem "meager input" der sensorischen Stimuli und dem "torrential output" unserer Theorien über die Welt (ebd.). Den vom Physikalismus beschrittenen Weg, diese Relation durch eine *Übersetzung* der 'output-Sätze' in 'input-Sätze' der Beobachtungs- oder Sinnesdatensprache aufzuklären, hält Quine für definitiv gescheitert; seine bekannten Gründe dafür können hier nicht referiert werden (Stichworte: Unklärbarkeit des Synonymiebegriffs, Unbestimmtheit der Übersetzung, holistische Beziehung zwischen empirischen Daten und Theorie). Damit hat Carnaps Programm der rationalen Rekonstruktion aus dem *Logischen Aufbau* "the last remaining advantage" gegenüber der gewöhnlichen empirischen Wissenschaft verloren, "namely, the advantage of translational reduction" (a.a.O., 78). Warum also die schlechte Kopie der Wissenschaft wählen, wenn wir das Original haben können? "Better to discover how science is in fact developed and learned than to fabricate a fictitious structure to a similar effect", daher: "settle for psychology" (ebd.). Warum es ausgerechnet die Psychologie sein soll und nicht irgendeine andere empirische Wissenschaft, darauf bleibt Quine in "Epistemology Naturalized" eine Antwort schuldig; wir werden auf diesen Mangel zurückkommen.

Quine faßt also zusammen: Erkenntnistheorie "simply falls into place as a chapter of psychology and hence of natural science" (83). Dies ruft den einschlägigen Zirkularitätseinwand auf den Plan. Der Zirkeleinwand gegen naturalistische Erkenntnistheorien, die die Geltung einer Erkenntnis durch ihr faktisches Zustandekommen zu begründen suchen, entspringt einem Selbstanwendungsargument, mit dem schon der frühe Quine sich selbst konfrontiert: "[I]s not our very talk of light rays, molecules, and men then only sound and fury, induced by irritation of our surfaces and signifying nothing?" (1957, 216). Seine Antwort lautet: ja, aber das macht nichts. Quines nonchalanter Umgang mit dem Zirkularitätseinwand beruht auf der Auffassung, daß die Zirkularität nur dann eine vitiöse ist, wenn man der Philosophie eine *Begründungs*funktion gegenüber der Wissenschaft zuspricht - was *er* ja schließlich nie getan habe.[24] Wir haben keine anderen kognitiven Ressourcen als die hypothetisch-deduktive Methode der empirischen Wissenschaft, und für alle Theoriebildung gilt daher: "[W]e all must start in the middle" (1960, 4). Dabei steht die Wissenschaft selbstverständlich unter Fallibilitätsvorbehalt, jeder ihrer Sätze ist revidierbar, aber sie ist keinesfalls irgendeinem "supra-scientific tribunal" verantwortlich, d.h. "not in need of any justification beyond observation and the hypothetico-deductive method" (1981, 72). Das gilt nicht nur für die 'inhaltliche' Seite wissenschaftlicher Theorien, sondern auch für ihre methodologischen Grundlagen und ihren konzeptuellen Rahmen, für deren kontinuierliche Revidierbarkeit Quine immer wieder seine von Neurath geborgte Lieblingsmetapher von dem auf offener See umzubauenden Schiff bemüht: "We can change it bit by bit, plank by plank, though meanwhile there is nothing to carry us along but the evolving conceptual scheme itself" (1950, 78f).

Es sieht so aus, als ob mit dem Zirkeleinwand gegen das Naturalisierungsprojekt allein wenig gewonnen wäre: eine Theorie *ist* nicht einfach zirkulär, sie muß erst einmal als eine solche *interpretiert* werden, und der Naturalist wird sich hüten, sich dieser Interpretation anzuschließen; vielmehr wird er den begründungs- und geltungstheoretischen Diskurs überhaupt aufgeben oder ihm einen anderen Sinn beilegen. Es scheint, als müßte eine naturalistische Erkenntnistheorie nur konsequent genug durchgeführt werden, um der petitio principii zu entgehen (vgl. Keil 1987, 137ff). Quine kann sich diese Radikalisierung allerdings nicht leisten. Er spricht ja weiterhin von "justification" (s.o.), nur sei dies ein Begründen *innerhalb der Wissenschaft* und unter Fallibilitätsvorbehalt. - Es ist erstaunlich, wie viele Kommentatoren sich mit dieser Auskunft Quines zufriedengeben. Tatsächlich hat weder die eine (Rechtfertigen sei wissenschaftsintern) noch die andere Replik (Fallibilitätsvorbehalt) etwas mit dem Zirkularitätsproblem zu tun. Aus welchem Grunde sollten denn nur 'fundamentalistische' Begründungen einer *prima philosophia* zirkulär sein können? Begründungen innerhalb der Wissenschaft sind kein Jota weniger anfällig. Solange überhaupt begründet wird, sitzen der Wissenschaftler und der Philosoph in der Tat im selben Boot - um Quine (1960, 3) gegen den Strich zu lesen. Um das Zirkelproblem *überhaupt* obsolet zu machen,

---

[24] Quine scheint zu meinen, ein Naturalist *könne* sich gar nicht in Begründungszirkel verwickeln, da er keine fundamentalistischen Begründungsansprüche erhebt: "The reason I shall not be impressed by this is that my position is a naturalistic one; I see philosophy not as an a priori propaedeutic or groundwork for science, but as continuous with science" (1969c, 126). Und mit Blick auf Carnap: "[S]uch scruples against circularity have little point once we have stopped dreaming of deducing science from observation" (1969b, 76).

müßten Begründungs- und Rechtfertigungsfragen naturalistisch oder pragmatistisch reduziert und ihre transkontextuellen Geltungsansprüche aus unserer diskursiven Praxis insgesamt verbannt werden. Dies ist das Programm Rortys, während Quine sich mit dem Fallibilitätsvorbehalt sowie mit der Auffassung begnügt, daß wissenschaftsinternes Begründen kein höheres Tribunal zu fürchten hat.[25]

Zurück zu Neuraths Schiffsumbau mit Bordmitteln. Quines Wertschätzung dieser Metapher läßt erkennen, daß sein Naturalismus, jedenfalls in seiner eigenen Einschätzung, *keine kulturrevolutionären Implikationen* hat, denn Quine ist zwar Szientist, aber vertritt im Unterschied zu den Eliminativen Materialisten zugleich eine *Kontinuitätsthese* von common sense und Wissenschaft. "Science is not a substitute for common sense, but an extension of it" (1957, 216, vgl. 1951, 45).[26] Diese Kontinuitätsthese, in der Quine mit Dewey übereinstimmt (und die dessen typische Verzahnung von Naturalismus und *Pragmatismus* auszeichnet), ist deshalb außerordentlich geschickt, weil sie sich das 'Parasitismus'-Argument, welches in der Regel *gegen* naturalistische Positionen, oft sogar in transzendentaler Form, vorgebracht wird, zunutze macht, um gewissermaßen die *Disposition* zum Szientismus als schon tief in unserer Kultur verankert darzustellen. Danto faßt diese auch bei anderen Naturalisten (z.B. Feigl 1949, 18) vorkommende Argumentationsfigur so zusammen:

> "Science reflects while it refines upon the very methods primitively exemplified in common life and practice. [...] Should there be a conflict between common sense and science, it must be decided in favor of science, inasmuch as it employs, but more rigorously, the same method that common sense does and cannot, therefore, be repudiated without repudiating common sense itself" (Danto 1967, 449).

Wissenschaft ist also die kontinuierliche 'Verlängerung' des common sense, aber zugleich dessen bessere Hälfte. Alles, was der common sense kann, kann sie auch, aber besser. Sie ist dessen methodische Purifizierung und taugt deshalb

---

[25] Das zweite, den Fallibilismus betreffende Mißverständnis erfreut sich nahezu universaler Verbreitung. Außerhalb der Frankfurter Universal- bzw. Transzendentalpragmatik hat es sich noch nicht herumgesprochen, daß das 'Beginnen inmitten' ohne feste Fundamente bzw. der fallibilistische Vorbehalt nicht nur die Autonomie von *quaestiones iuris* nicht gefährdet, sondern nicht einmal mit der *Unbedingtheit* von Geltungsansprüchen konfligiert. Beides kann, muß vielleicht sogar zugleich vertreten werden. Einschlägig hervorgetan bei der Zurückweisung des Zirkeleinwands durch den Fallibilitätsvorbehalt hat sich die Evolutionäre Erkenntnistheorie, weshalb ich diesen Punkt noch etwas vertage (bis zu II, 3.1).

[26] Die linguistische Version dieser Kontinuitätsthese erinnert fast an die These der Oxforder *ordinary language*-Philosophen vom methodischen Primat der Umgangssprache gegenüber wissenschaftssprachlichen Elaborierungen: "Scientific language is in any event a splinter of ordinary language, not a substitute" (Quine 1957, 223). Vgl. auch Davidson 1985c, 172: "I see the language of science not as a substitute for our present language, but as a suburb of it. Science can add mightily to our linguistic and conceptual resources, but it can't subtract much". - Während Davidson sich auch an diese Einsicht *hält* und die natürliche Sprache analysiert statt sie zu revidieren, mißbraucht Quine die Kontinuitätsthese als Sprungbrett für sein szientistisches Sprachreformprogramm.

zum obersten Schiedsrichter für alle auftretenden Konflikte: "The last arbiter is so-called scientific method, however amorphous" (Quine 1960, 23).

Trotz der Kontinuitätsthese von common sense und Wissenschaft kann aber keine Rede davon sein, daß der letztlich nur durch die Ausstellung ungedeckter Schecks auf die zukünftige Wissenschaftsentwicklung legitimierte physikalistische bias, den wir bei Carnap moniert hatten, bei Quine keine Rolle mehr spielte. In Passagen wie der folgenden liest er die Kontinuitätsthese sozusagen von hinten, d.h. aus der Perspektive einer physikalistischen Reduktion, wie sie später einmal durchgeführt sein wird: "Mental entities are unobjectionable if conceived as hypothetical physical mechanisms and posited with a view strictly to the systematizing of physical phenomena. They should be posited in the hope of their submitting someday to a full physical explanation in turn" (1974, 33f).[27]

Was es so schwer macht, diesen 'Physikalismus im Futur Zwei' mit dem von Quine selbst als gescheitert betrachteten Projekt Carnaps in Gemeinschaftshaftung zu nehmen, ist das mit der Unterbestimmtheitsthese der Übersetzung zusammenhängende pragmatistisch-instrumentalistische Sprach- und Wissenschaftsverständnis Quines, das an manchen Stellen bis zum Konventionalismus gesteigert wird, so daß auch seine physikalistische Ontologie noch als konventionelle 'kulturelle Setzung' erscheint.[28] Die Welt könne man sowohl mit Homerischen Göttern als auch durch die Einführung von physischen Gegenständen erklären; beide Entitäten gingen als 'Mythen' über bloße empirische Beobachtung hinaus, er persönlich bevorzuge "qua lay physicist" die letzteren, wenn auch "the physical objects and the gods differ only in degree and not in kind. Both sorts of entities

---

[27] Die physikalistische Ader Quines ist in jüngeren Veröffentlichungen eher stärker als schwächer geworden (vgl. dazu Lauener 1990; Stroud 1990). Allerdings ist Quines Physikalismus nicht konsistent: m.E. schwankt er zwischen dem token-Physikalismus (Davidsons anomalem Monismus) und einem *eliminativen* Physikalismus (den man nicht eliminativen *Materialismus* nennen kann, weil Quine ein sehr weites und nichtmaterialistisches Verständnis von "physical object" hat, das Zustände von Koordinatenfeldern einschließt; vgl. Quine 1976). Zum anomalen Monismus *bekennt* sich Quine (z.B. 1987, 133f und 1990c, 335) und vertritt auch ab und zu den einschlägigen Punkt, daß sowohl mentale als auch physikalische Prädikate auf physische Gegenstände zutreffen (vgl. 1977, 188), ohne daß Psychologie nomologisch auf Physik reduzierbar wäre; andererseits erklärt er an vielen Stellen das mentalistische Idiom überhaupt für entbehrlich (vgl. etwa 1974, 37; 1960, 221 und 264; 1953, 213f). Wenn mentale Prädikate nicht heute schon eliminierbar seien, so setzt er, wie zitiert, auf zukünftige Wissenschaft. Dies ist ein klarer Widerspruch zum anomalen Monismus: für Davidson sind mentale Prädikate nicht nur nicht auf physikalische *reduzierbar*, auch nicht durch zukünftige Wissenschaft (vgl. z.B. 1973; 1985b, 244), sondern sie sind auch nicht *eliminierbar*, weil eine Sprache ohne mentale Prädikate nicht vorstellbar ist (vgl. 1974b, 244). - Der anomale Monismus entgeht den meisten Einwänden gegen physikalistische Positionen, aber nicht allen (s.u., III, 2).

[28] Auch der späte Carnap nahm in bezug auf ontologische Fragen eine pragmatische Haltung ein und wollte die Möglichkeit alternativer globaler "frameworks" nicht ausschließen (vgl. seine berühmte Unterscheidung zwischen "internal" und "external questions" in Carnap 1950). Quine hält diese Unterscheidung für unhaltbar.

enter our conceptions as cultural posits" (1951, 44). Womit wir es wirklich zu tun haben, sind allein unsere sensorischen Stimuli; schon die physikalischen Gegenstände sind Konstrukte, die sich als induktiv nützlich erwiesen haben.[29] Am Ende gibt Quine gibt den Begriff des physikalischen Gegenstands virtuell auf und sieht als letzte ontologische Bezugspunkte Quadrupel von numerischen Koordinaten von "space-time regions" an (1976, 501ff). Dies zeigt, daß sein Szientismus stärker ist als jede materiale physikalistische These, denn er gibt den Gegenstandsbegriff allein deshalb auf, *weil die Wissenschaft es selbst getan hat* (vgl. 502). *Wherever the physical sciences lead, I will follow* - dies ist vielleicht die angemessenste Beschreibung von Quines Szientismus.

Der Fall zweier zueinander inkompatibler, aber gleichermaßen der empirischen Evidenz Rechnung tragender Theorien, falls er denn möglich ist, stellt für Quine kein Problem dar. Es gibt hier nichts zu entscheiden, denn in diesem Fall "there is no fact of the matter" (1977, 194). Die Unbestimmtheit wissenschaftlicher Theorien, die zur Unbestimmtheit der Übersetzung noch *hinzukommt*,[30] hindert Quine nicht daran, kulturelle Setzung hin oder her, von der "true and ultimate structure of reality", die es in der Wissenschaft herauszufinden gelte, zu sprechen (1960, 221) und sich darauf zu verpflichten, daß "theory in physics is an ultimate parameter" (1969d, 303), zu dem alle anderen Theorien relativ seien.[31] Dafür gibt er allerdings keinen metaphysischen, sondern den pragmatischen Grund an, daß uns für unsere "overall theory of nature" eine nichtphysikalistische Alternative nicht zur Verfügung steht. - Wir sind es gewohnt, Naturalismus und Kulturalismus als diametrale Positionen zu betrachten. Bei Quine kommt man mit diesem Schema nicht durch, der Naturalismus ist bei ihm selbst "a cultural posit". Es wäre eine eigene Untersuchung wert, das Verhältnis der naturalistischen und der kulturalistisch-pragmatistischen Elemente in Quines Philosophie

---

29 "Our talk of external things, our very notion of things, is just a conceptual apparatus that helps us to foresee and control the triggering of our sensory receptors in the light of previous triggering of our sensory receptors. The triggering, first and last, is all we have to go on" (1981b, 1).

30 Vgl. zu den verschiedenen Unbestimmtheitsthesen die Klarstellungen in Quine 1990a.

31 Hier liegt nun der Einwand nahe, daß die Unbestimmtheitsthese *der Übersetzung* sich bei näherer Betrachtung schlecht mit seinem Physikalismus verträgt: "If, then, a choice of a translation manual is underdetermined by speech dispositions, this underdetermination shows merely that other factors enter into our choice" (Ricketts 1982, 128). Wenn physikalische Theorie für Quine wirklich der "ultimate parameter" ist, dann müßten, so Ricketts (128f), irgendwelche "neural constraints" angenommen werden, die für das Zustandekommen verschiedener Übersetzungen verantwortlich sind, auch wenn die Übersetzungen *behavioristisch* äquivalent sind. Dasselbe müßte für die Unbestimmtheit wissenschaftlicher Theorien gelten: sie mögen gleichermaßen den Beobachtungssätzen Rechnung tragen, aber in *irgendeiner* Hinsicht muß es ein "fact of the matter" geben, muß ihre unterschiedliche Genese physikalisch erklärt werden können, wenn der Physikalismus wahr sein soll. Wenn man den Physikalismus, wie Quine (1977) es tut, im Sinne des Davidsonschen Supervenienzprinzips expliziert, *kann* es keine mentalen oder behavioralen Unterschiede in der Welt geben, denen nicht physische entsprächen.

einmal genauer zu bestimmen, zumal es Formulierungen gibt, in denen Quine auch die kulturalistisch-pragmatistischen Elemente noch einmal zu naturalisieren versucht.[32]

Quine ist offenkundig bemüht, durch seine verschiedenen Kontinuitätsbehauptungen die starke szientistische Komponente seiner Philosophie kulturell zu entdramatisieren. Hierhin gehört auch eine weitere Kontinuitätsthese, die das Verhältnis von traditioneller und naturalisierter Erkenntnistheorie betrifft. Dieser Punkt ist für unser Hauptthema außerordentlich wichtig, weil sich hier ein Spannungsverhältnis zwischen einem *reduktiven* und einem *eliminativen* Naturalismus auftut, eine Spannung, in der sich die Frage nach der *Formulierbarkeit* des Naturalismus radikaler als bisher stellt und mit der ich in den folgenden Kapiteln wiederholt operieren werde.

Die besagte Kontinuitätsthese Quines lautet: "Naturalism does not repudiate epistemology, but assimilates it to empirical psychology" (1981, 72). Es sei legitim, weiterhin von Erkenntnistheorie zu sprechen, weil die oben zitierte Hauptfrage der naturalisierten Erkenntnistheorie (Verhältnis zwischen "meager input" und "torrential output") durch "somewhat the same reasons that always prompted epistemology" motiviert sei, "namely, in order to see how evidence relates to theory" (1969b, 83). Mit "Evidenz" ist dabei *sensorische* Evidenz gemeint, denn "whatever evidence there is for science is sensory evidence" (75). Weil diese Grundfrage erhalten bleibe, bestehe das erkenntnistheoretische Projekt auch in der naturalistischen Transformation fort, wenn auch mit geändertem Status: "I think that at this point it may be more useful to say that epistemology still goes on, though in a new setting and a clarified status", nämlich als Teil der Naturwissenschaft: "Epistemology is best looked upon, then, as an enterprise within natural science." (1975a, 68).[33]

Ich werde im folgenden zwei Kritiklinien aufbauen und sie etwas ausführlicher darstellen, weil sie sich z.T. gegen das Naturalisierungsprojekt überhaupt richten. Die erste Kritik betrifft die fundamentale Ambiguität zwischen einer *kau-*

---

32 "Even our appreciation of the partial arbitrariness or underdetermination of our overall theory of nature is not a higher-level intuition; it is integral to our underdetermined theory of nature itself, and of ourselves as natural objects" (1969d, 303). Hier versucht Quine, die pragmatische Komponente nochmals naturalistisch aufzuheben oder zu überbieten.

33 Genauer gesagt besteht ein Verhältnis des *wechselseitigen Einschlusses* von Naturwissenschaft und Erkenntnistheorie, denn man kann ja die Perspektive wechseln. Nicht nur ist die Erkenntnistheorie "contained in natural science, as a chapter of psychology", zugleich ist "the whole of natural science wherein psychology is a component book [...] our own construction or projection from stimulations like those we were meting out to our epistemological subject" (1969b, 83). In dieser Perspektive ist Naturwissenschaft also ihrerseits epistemische Konstruktion, wie sie von der Erkenntnistheorie beschrieben wird. "There is thus reciprocal containment, though containment in different senses; epistemology in natural science and natural science in epistemology" (ebd.). - Die Zirkularität wird virtuos umspielt. Man wird Quine nicht festnageln können, ohne nachdrücklich den *normativen* Anspruch der Erkenntnistheorie zu betonen.

salen und einer *begründungstheoretischen* Lesart der zitierten erkenntnistheoretischen Hauptfrage Quines. Zweitens werde ich dafür argumentieren, daß weder Quines Physikalismus noch seine Privilegierung der behavioristischen Psychologie mit dem 'Geist des Naturalismus' vereinbar sind, die Naturwissenschaften *insgesamt* ernstzunehmen. "Naturalism places no restriction on what kinds of principles are appropriate for science" (Baker 1987, 173) - die allgemeine *szientistische* Orientierung des Naturalismus legitimiert noch nicht den Physikalismus, den Biologismus oder den Psychologismus. Ein Ausweg wäre das einheitswissenschaftliche Programm; dieser Weg ist aber, wie ich im Anschluß an Fodor vertreten werde, nicht mehr offen.

Quine behauptet eine *Problemkontinuität* von traditioneller und naturalistischer Erkenntnistheorie, die es überhaupt erst möglich macht, die alte durch die neue zu *kritisieren*. In prominenter Gesellschaft[34] befinde ich mich nun mit der Auffassung, daß sich in Quines Frage, wie wir von 'sensorischer Information' oder 'sensorischer Evidenz' zu wissenschaftlichen Theorien gelangen, eine systematische Doppeldeutigkeit verbirgt, die sich für das ganze Programm fatal auswirkt. Die Frage läßt nämlich zwei verschiedene Lesarten zu:

> "Nach der ersten handelt es sich um die Frage: 'Wie und in welchem Ausmaß stützen und begründen unsere sensorischen Evidenzen unsere Theorien über die Welt?' Nach der zweiten Lesart bedeutet Quines Frage etwas ganz anderes: 'Auf welche Weise, auf welchem Weg entsteht über sensorische Reizungen ein Gebilde von Sätzen, eine Theorie über die Welt?' Bei der ersten Frage geht es um die epistemische Rechtfertigung unserer Sätze, Theorien oder Meinungen über die Welt. Dem entspricht, daß unseren sensorischen Informationen die Rolle von Evidenzen oder Gründen zufällt und daß es sich bei der Beziehung, in der sie zu einer Theorie stehen, um eine Beziehung der Stützung oder Begründung, also um eine epistemische Beziehung handelt. Ganz anders bei der zweiten Frage. Bei ihr geht es um die Genese von Theorien oder Meinungen, also um ihren kausalen Ursprung. Dem entspricht, daß von Reizungen die Rede ist, nämlich von bestimmten kausalen Prozessen, die in der Entstehung von Theorien involviert sind, so daß zwischen ihnen und den Theorien eine kausale Beziehung besteht" (Bieri 1987a, 410).

In Ausdrücken wie "sensory evidence" und "stimulus meaning" wird diese systematische Doppeldeutigkeit begrifflich derart zusammengezwungen, daß man m. E. von einem Kategorienfehler sprechen muß. Mit der größten Selbstverständlichkeit implementiert Quine begründungstheoretisches und intentionales Vokabular ('Evidenz', 'Bedeutung', 'Information') in eine Theorie, die er als eine naturwissenschaftliche ausgibt. Mit Recht kritisiert Davidson (1990a), daß Quine den Begriff der Evidenz niemals klar eingeführt hat. Die empiristische Überzeugung, daß, in Kants Diktion, alle Erkenntnis mit der Erfahrung *"anhebt"*, ist unkontrovers, aber sie reicht zur Beantwortung der zugleich als *quaestio iuris*

---

[34] Vgl. Siegel 1980, 318f; Rorty 1979a, 225ff; Davidson 1983, 428ff; Stroud 1984, 241ff, Bieri 1987a, 54-65 und 409-413; Kim 1988, 390f.

virulenten Hauptfrage der Erkenntnistheorie - "Given only the evidence of our senses, how do we arrive at our theory of the world?" (1974, 1) - nicht aus. Über dieses Problem huscht Quine regelmäßig hinweg, indem er die fragliche Relation mit den vagen Ausdrücken "depend on" und "is due to" kennzeichnet. Davidson stellt klar: "No doubt meaning and knowledge depend on experience, and experience ultimately on sensation. But this is the 'depend' of causality, not of evidence or justification" (Davidson 1983, 431). Für Davidson können sensorische Stimuli oder die äußeren Umstände, unter denen ein Satz geäußert wird,[35] niemals das sein, was die *Wahrheit* eines Satzes *begründet*, denn wahre oder für wahr gehaltene Sätze können immer nur durch andere Sätze begründet werden, niemals durch Ereignisse in der Welt.[36] Alles andere wäre ein schlimmer Typenfehler, wie Strawson ihn Austin in einer berühmten Kontroverse über die Haltbarkeit einer Korrespondenztheorie der Wahrheit vorgeworfen hat. Es ist zwar richtig, daß die Wahrheit einer Äußerung immer von zwei Faktoren abhängt: "what the words as spoken mean, and how the world is arranged" (Davidson 1983, 425). Aber sie hängt von diesen beiden Faktoren *in verschiedener Weise* ab.[37] Die Wahrheitswerte von Sätzen werden in der Tat durch die Wahrheitsbedingungen gegeben (im Sinne Tarskis), aber um festzustellen, ob diese *erfüllt* sind, konfrontieren wir nicht unsere Überzeugungssätze mit der Realität - das wäre absurd -, sondern wir überprüfen sie auf Kohärenz mit unseren übrigen Überzeugungen (a.a.O., 423). *Zugleich* besteht eine Kausalbeziehung der 'veranlaßten Zustimmung' ("prompted assent") zwischen Äußerungsbedingungen und den Sätzen, die Quine Beobachtungssätze nennt. Diese Kausalbeziehung taugt aber ihrerseits nicht zur *Begründung*, warum eine Überzeugung gerechtfertigt ist (vgl. 432). Diese Kluft kann nicht überbrückt werden; hier ist Davidson viel strikter als Quine, den er einen Fundamentalisten nennt, der versucht "to anchor at least some words or sentences to non-verbal rocks" (429). - Möglicherweise gibt es ja andere naturalistische Theorien, die die Lücke von kausaler Genese und rationaler Rechtfertigung, die Quine durch den zweifachen Evidenzbegriff verdeckt, zu schließen erlauben. Zu denken wäre hier etwa an kausalistische Bedeutungstheorien, in denen semantische Gehalte durch "the right sort of causal history" identifiziert werden sollen (s.u., II, 2.1). An diesem Programm ist Quine

---

35 Der Hauptunterschied der *Erkenntnistheorien* Quines und Davidsons scheint gegenwärtig der zwischen einer "distal" und einer "proximal theory" des sensorischen Stimulus zu sein. Quine lokalisiert die kausale Quelle unserer Überzeugungen auf der Körperoberfläche des Subjekts, als' patterns of stimulation'; Davidson lokalisiert die kausale Quelle *außerhalb*, nämlich in den Gegenständen und Ereignissen der Welt (vgl. 1990a). In Davidsons Augen fängt sich Quine mit seiner "proximal theory" das Relativismus- und Skeptizismusproblem ein.

36 Denn es gilt: "[N]othing can count as a reason for holding a belief except another belief" (Davidson 1983, 426; vgl. auch 1982b, 486).

37 Vgl. Davidson 1973b, 138: "[T]he T-sentence does fix the truth value relative to certain conditions, but it does not say the object language sentence is true *because* the conditions hold".

aber nicht beteiligt; er begnügt sich mit einer naturalistischen Sprach*erwerbs*theorie.

Wir dürfen die Kritik an der Vermischung von Fragen der Genesis und solchen der Begründung allerdings nicht allein am Evidenzbegriff aufhängen, denn über dessen Verwendungsbedingungen kann man sich immerhin streiten. Wenn Quine den Anspruch erhebt, mit dem Naturalisierungsprojekt die alten Fragen der Erkenntnistheorie zu beantworten und nicht ganz neue, dann müssen die alten Fragen ohnehin *uminterpretiert* werden, und es ist ja nicht ausgeschlossen, daß dies möglich ist. Die Probleme der vornaturalistischen Erkenntnistheorie, so Quine, seien zwar keine Scheinprobleme gewesen, sie wurden aber "wrongly viewed": eigentlich hätte man die Erkenntnisrelation immer schon als kausale beschreiben müssen (vgl. 1974, 2). Vielleicht versteht Quine den Begriff der sensorischen Evidenz also *nur* kausal und möchte *nicht* von der Ambiguität profitieren.[38] In diesem Falle wäre Quine doch der Eliminativist, als den Putnam[39] ihn aufgrund seiner Uminterpretation des Evidenzbegriffs bezeichnet. Der naturalistische Erkenntnistheoretiker könnte doch, wie Bieri sagt, "versuchen, die inferentiellen Beziehungen zwischen unseren Meinungen als eine bestimmte Art von kausalen Beziehungen zu interpretieren und also den Prozeß der epistemischen Rechtfertigung als eine Art *innere Mechanik* zu verstehen, die involviert ist, wenn wir Wissen erwerben. Eine naturalistische Erkenntnistheorie wäre dann eine Theorie über diese innere Mechanik" (Bieri 1987a, 59).

Man könnte es versuchen. Aber Quine tut es nicht. Diese "innere Mechanik" ist in seiner Theorie nur ganz am Anfang involviert, an der Stelle nämlich, wo die Bestrahlungsmuster auf der Netzhaut das Äußern von Beobachtungssätzen kausal

---

38 Formulierungen wie diese legen dies nahe: "[W]e are seeking only the causal mechanism of our knowledge of the external world, and not a justification of that knowledge in terms prior to science" (1970, 2). Was es so schwierig macht, das Verhältnis der kausalen Lesart zur quaestio iuris einzuschätzen, ist hier wieder die Coda "in terms prior to science": als ob sich das Problem der Rechtfertigung nur *jenseits* der Wissenschaft stellte! Quine stellt sich in diesen Formulierungen nie der Rechtfertigungsfrage in ihrer Allgemeinheit, weil er immer einen ganz bestimmten Gegner im Blick hat: eine Epistemologie im Stile Berkeleys, die mit introspektiv gewonnenen "impressions" oder "sense-data" beginnt und deren Hauptproblem die Verknüpfung dieser mentalen Entitäten mit Objekten der Außenwelt ist. Allgemein kann man sagen, daß Quine in der Erläuterung und Verteidigung seines Naturalismus so viele Nebenkriegsschauplätze eröffnet, daß eine Würdigung der genuin naturalistischen Anteile seiner Philosophie schwierig ist. So verknüpft er seinen Naturalismus immer gleich mit einer Doppelkritik an Skeptizismus und epistemischem Fundamentalismus - skeptische Zweifel seien solche innerhalb der Wissenschaft; absolute Rechtfertigung sei nicht zu haben. Man kann all dies zugeben, ohne doch Naturalist zu sein. Leider lassen sich viele Interpreten Quines (etwa Gibson 1987 und Koppelberg 1987) immer schon auf das geschnürte Gesamtpaket ein, wo es doch darauf ankäme, zu schwach begründete Junktims zu lösen.

39 "Taken at face value, Quine's position is sheer epistemological Eliminationism: we should just abandon the notions of justification, good reason, warranted assertion, etc., and reconstrue the notions of 'evidence' (so that the 'evidence' becomes the sensory stimulations that cause us to have the scientific beliefs we have)" (Putnam 1982, 19).

verursachen. Auf den späteren Stufen bietet Quine eine ganz normale theoretische Rekonstruktion der Struktur unseres Wissenssystems an, aufgebaut mithilfe einer elementaren Prädikaten- und Aussagenlogik, mit Folgerungsbeziehungen zwischen beobachtungsfernen theoretischen Sätzen, ein Wissenssystem, dessen einziger Kontakt mit der Empirie der ist, daß es uns erfolgreiche Voraussagen gestattet. Fragt man nach der langen Kette von *missing links*, wird man auf die *Spracherwerbstheorie* verwiesen. "The paths of language learning [...] are the only connection there is between observation and theory" (Quine 1975a, 79). Die in *Word and Object* und *The Roots of Reference* entwickelte Theorie des Spracherwerbs soll erklären, wie wir phylo- und ontogenetisch allmählich von den ersten Gelegenheitssätzen durch Induktion, Analogiebildung, Verfeinerung unserer Ähnlichkeitsmaßstäbe, auch durch soziale Verstärkung bis zu den imposanten Auswucherungen unseres Wissens von der Welt gelangen. Zur Auffüllung ihrer riesigen weißen Flecken macht Quines story beträchtliche Anleihen bei der Evolutionstheorie: so oder ähnlich *muß* es gewesen sein, anderenfalls hätten wir nicht überlebt, weil unsere Induktionen nicht erfolgreich gewesen wären (vgl. etwa 1975a). Der explanatorische Wert dieser Anleihen ist für die Erkenntnistheorie eher gering.

In diesem Zusammenhang vollführt Quine dann den Trick, der es ihm erlauben soll, *beide Fragen* der Erkenntnistheorie, die quaestio iuris und die quaestio facti, wenn schon nicht in einem Zuge, so doch *durch die gleiche Art von Theorie* zu beantworten. Quine würde demnach, so meine tentative Antwort auf die Bieri/Stroud/Davidson/Rorty-Kritik, den Unterschied der beiden Fragen zugeben, aber er würde behaupten, daß man durch die naturalisierte Erkenntnistheorie beide Fragen in einem Zuge beantworten kann (so auch die Quine-Lektüre von Koppelberg 1990). Der Trick ist die *Assimilation von logischer und kausaler Verknüpfung*, wie Quine sie in *Word and Object* unternimmt.[40] Diese Assimilation besteht im Hinweis auf die gemeinsame Genese: sowohl die "so-called logical connections" als auch die "so-called causal ones" stimmten darin überein, daß "any such interconnections of sentences must finally be due to the conditioning of sentences as responses to sentences as stimuli" (1960, 11). - An dieser Stelle ist das "due to" eindeutig. Es kann nur die kausale Genese bezeichnen. Selbst unser Wissen über logische Zusammenhänge ist "finally" durch Konditionierung erworben; insofern sind selbst inferentielle Beziehungen naturalisierbar. Ist Quines Naturalismus also doch radikaler als wir dachten? Nein, de facto macht Quine

[40] Quine ist ein großer Meister im Einebnen von Differenzen. Seine philosophische Hauptthesen lassen sich ohne viel Mühe auf den gemeinsamen Nenner bringen, daß Unterscheidungen, die alle Welt außer Quine richtig findet, nicht wirklich aufrechtzuerhalten seien, weil wir keine Kriterien dafür haben. Analytisch/synthetisch, meaning/fact, Sprache/Theorie, kausale/logische Verknüpfung - an allen Ecken und Enden sieht er "just a matter of degree". Quines Diskriminierbarkeitsdefätismus ist die dunkle Seite des philosophisch so verführerischen Holismus.

von dieser 'Naturalisierung der Logik' kaum Gebrauch. Es ist auch schwer vorstellbar, wie man die naturale Genese unseres *Operierens* mit logischen Verknüpfungen für die Erkenntnistheorie fruchtbar machen sollte, denn damit sind ja mitnichten die logischen Verknüpfungen selbst naturalisiert.[41]

Der Kreis schließt sich, denn an diesem Punkt waren wir schon zu Anfang. Daran, daß alle unsere Erkenntnis mit der äußeren Erfahrung "anhebt" (Kant), kann ja gar kein Zweifel sein. Diese Einsicht reicht aber keinesfalls aus, um die Erkenntnistheorie so zu naturalisieren, daß die quaestio iuris in der quaestio facti vollständig aufginge. Ich hätte gerne einen originelleren Einwand präsentiert, aber Quines Spracherwerbstheorie scheitert als Erkenntnistheorie einfach an der bekannten Klippe, daß eine empirisch-genetische Theorie über das Zustandekommen von Überzeugungen keine Begründung liefern kann, warum wir diese Überzeugungen als gerechtfertigt akzeptieren sollten. Es wird insbesondere keine naturalistische Begründung dafür geben können, daß die naturalisierte Erkenntnistheorie eine *korrektere* oder *angemessenere* Theorie ist als ihre nichtnaturalistischen Konkurrenten, die schließlich auch aus dem Spracherwerbsprozeß menschlicher Säugetiere hervorgegangen sind. "Empirical psychology at best explains the causal generation of the fact that we accept *both*, good and bad theories" (Lauener 1990, 216). Quine hat keine *normativen* Maßstäbe für den Theorienvergleich, und dies ist ein entscheidendes Manko.[42]

Was er hat, sind Gründe dafür, diese Maßstäbe nicht zu haben. Die Gründe liegen in seinem Holismus. Für Quine ist die "totality of our so-called knowledge or beliefs, from the most casual matters of geography and history to the profoundest laws of atomic physics or even of pure mathematics and logic", ein einziges zusammenhängendes Gewebe (1951, 42; vgl. 1960, 12). Auf diesen Holismus ist Quine angewiesen. Wer die Möglichkeit abweichender Überzeugungen in seiner Theorie nicht hinreichend erklären kann, muß alle oder die meisten unserer Überzeugungen für wahr und das System der Überzeugungen sowohl eines Individuums wie der Sprechergemeinschaft für *kohärent* erklären. Das wohl beste Argument für den holistischen Charakter unserer Überzeugungsmenge stammt von Davidson: in den meisten unserer Überzeugungen müssen wir übereinstimmen, weil "disagreement and agreement alike are intelligible only against a background of massive agreement" (Davidson 1973b, 137). Wahrheit und intersubjektive Übereinstimmung können dabei nicht konfligieren, weil Davidsons Wahrheitskriterium (nicht sein Wahrheits*begriff*) ein kohärenztheoretisches ist.

---

41 Überdies wäre die durchgängig kausale Interpretation, worauf Øfsti (1982, 39) hinweist, schlecht mit Quines Unterbestimmtheitsthesen zu vereinbaren: "Stellt man sich die Anpassungen innerhalb des Systems als *Wirkungen* vor, dann ist nicht mehr zu verstehen, wie sie 'unterbestimmt' sein können, Die Rede von der 'Unterbestimmtheit' (wie auch von Unbestimmtheit) setzt eine 'rationale' Interpretation des Verhältnisses voraus".

42 Vgl. Sagal 1978; Cresswell 1979; Siegel 1980, 314ff; Antony 1987; Lauener 1990.

Gegen Davidsons Argument habe ich im Grundsatz nichts einzuwenden, aber Quine kann in diesem Zusammenhang nicht davon profitieren. Zwischen "den meisten" und "allen" Überzeugungen ist noch ein geringer Unterschied, und der ist der ums Ganze. Davidsons Argument demonstriert nur, welche Voraussetzungen erfüllt sein müssen, damit faktische Dissense möglich sind. Die meisten der Sätze unserer Sprache müssen gemeinsam und *in Abhängigkeit voneinander* wahr sein, und wir müssen in der Überzeugung von ihrer Wahrheit übereinstimmen, um uns gegenseitig als rationale Wesen akzeptieren, um uns überhaupt erst *verstehen* zu können. Diese fundamentalen Rationalitäts- und Kohärenzunterstellungen können aber nicht dazu benutzt werden, faktische Dissense zwischen konkurrierenden Überzeugungen und Theorien zu entscheiden, die gleichwohl vorkommen können. Jede *einzelne* Überzeugung könnte nämlich falsch sein, nur nicht der größte Teil von ihnen zugleich. Um Dissense zu entscheiden, sind normative Maßstäbe unabdingbar, zu deren inhaltlicher Auffüllung der eventuelle Hinweis auf ihre naturale Genese nichts beiträgt. Quines holistische Auffassung unseres Weltwissens müßte normativ uminterpretiert werden: wir *sollen* unser Wissen so organisieren, daß es ein kohärentes Ganzes bildet, denn faktisch werden ja Überzeugungen vertreten, die sich nicht in das "web of belief" einfügen, selbst wenn es holistisch strukturiert sein sollte. Nicht nur, daß Menschen zuweilen eine inkonsistente Menge von Überzeugungen haben; es kommen auch (gerade im theoretischen Diskurs der Wissenschaft) durch fast jede Äußerung neue Sätze zum Korpus der wahren Sätze einer Sprache hinzu, die erst noch eingegliedert werden müssen. Aber der Vorschlag der normativen Uminterpretation des Holismus ist halbherzig; die eigentliche Crux ist, daß Quine in seinem Holismus nicht zwischen Sprache und Theorie unterscheidet und damit suggeriert, der Holismus der Bedeutungen und Wahrheitsbedingungen unserer Sprache schlüge automatisch auf die Einheit unserer wissenschaftlichen Theorien durch. Wenn aber Sprache und Theorie zusammenfallen, so hat u.a. Chomsky eingewandt, muß Quine behaupten "that two monolingual speakers of the same language cannot disagree on questions of belief" (Chomsky 1969, 54). Dies ist aber in höchstem Maße kontraintuitiv, wenn nicht schlicht falsch.[43] - Im übrigen sollten wir uns durch Quine nicht dazu verleiten lassen, ein Junktim zwischen Holismus und Naturalismus anzunehmen. Epistemologischer Holismus ist kein notwendiger Bestandteil naturalistischer Philosophie, denn Holismus ist vielmehr "(*pace Quine*) ein logisches, kein naturalistisches Ideal" (Holenstein 1991, 341).

43 Natürlich scheut Quine diese Konsequenz und hält Sprache und Theorie in *manchen* Kontexten für unterscheidbar (vgl. 1969d, 309f), aber seine Klarstellung leidet darunter, daß er sich abweichende Äußerungen nur als *Irrtümer* vorstellen kann (vgl. 311). Damit verfehlt er aber den für die wissenschaftliche und philosophische Diskurse nicht untypischen Fall, in dem sich faktische Dissense nicht allein durch Rekurs auf die Homogenität von "community-wide beliefs" schlichten lassen. Jenseits der Beobachtungssätze ist der Verweis auf die soziale Normierungskraft der Sprache schlicht *beside the point*.

Wie die Sprecherdispositionen eine groteske Unterbestimmung der Sprachkompetenz darstellen,[44] so ist der Spracherwerb insgesamt eine Unterbestimmung theoretischen Wissens, dessen Geltungsansprüche gegenüber konkurrierenden Überzeugungen nicht naturalisiert werden können. Die Evolutionäre Erkenntnistheorie, die uns noch beschäftigen wird, gibt dies in ihren lichten Momenten zu. Es ist schwer zu verstehen, wie Quine (1990b) in Abwehr dieser Einwände behaupten kann, die naturalisierte Erkenntnistheorie könne auch das Normative naturalisieren, dann aber als Begründung wieder nur anführt, daß unsere normativen Standards schließlich auch aus der Wissenschaft stammen. Quine scheint sich in diese wenigen Figuren hoffnungslos einzukapseln.

Und doch hat Quines Fundierung des Naturalismus im Spracherwerb etwas Bestechendes: wie tief die Kluft zwischen Natur und Vernunft auch immer sein mag, in jeder individuellen Ontogenese muß sie noch einmal überwunden werden, muß *irgendwie* aus Biologie Rationalität werden. Wir kommen als sprach- und vernunftlose Säugetiere zur Welt, wir legen diesen Weg zurück, also kann er nicht unendlich weit und unnachvollziehbar sein. Es ist diese einfache Überlegung, die Quines Programm immer wieder attraktiv macht.

Mein zweiter Haupteinwand gegen Quine ist immanenter Natur. Selbst wenn man sich über diejenigen Anteile der Erkenntnistheorie, die naturalisierbar sind, einigen könnte, bleibt eine Spannung zwischen dem 'Geiste des Naturalismus', die Pluralität der Einzelwissenschaften anzuerkennen, und dem einheitswissenschaftlichen Programm, von dessen Verheißungen naturalistische Positionen immer gelebt haben. Diese Spannung betrifft nicht nur Quine, sondern alle szientistischen Naturalisten. Ich werde dafür argumentieren, daß sie sich sowohl dann fatal auswirkt, wenn man sich, etwa als Physikalist, zu einer Leitwissenschaft bekennt, als auch dann, wenn man von allen Wissenschaften profitieren möchte und der interdisziplinären Illusion anhängt.

In Quines Werk stehen physikalistische, psychologistisch-behavioristische und liberale Äußerungen nebeneinander. Meist möchte er sich nicht zu einer Leitwissenschaft bekennen und erklärt uns für gut beraten, alle Wissenschaften zu nutzen und dabei "to use any available information" (1969b, 76).[45] Die Überzeugungs-

---

44 Vgl. Chomsky 1969, 57. - Sie sind deshalb eine Unterbestimmung, weil wir in den meisten Sprechsituationen eine unbegrenzte Anzahl verschiedener Sätze äußern können, ohne gegen Sprachregeln zu verstoßen. Jede behavioristische Sprachtheorie, die Äußerungen mit externen Stimuli verknüpft, muß schon allein an dieser Offenheit von Sprachverwendungssituationen scheitern. Es gibt zusätzliche Schwierigkeiten, die auch durch Quines Methode, an der Basis nur mit Dispositionen zur Zustimmung oder Ablehnung von Äußerungen zu arbeiten, nicht beseitigt werden: man kann einer Äußerung zustimmen, ohne sie korrekt zu verstehen, man kann ihr unaufrichtig zustimmen.

45 Physikalistische und allgemein szientistische Formulierungen bei Quine auseinanderzuhalten wird durch eine systematische Zweideutigkeit in seiner Verwendung des Physikbegriffs erschwert: manchmal ist Naturwissenschaft überhaupt gemeint, manchmal ein (fundamentales) Teilgebiet (vgl. Koppelberg 1989, 7).

kraft des naturalistischen Programms hängt dann von der behaupteten Einheit oder Kontinuität der einzelnen wissenschaftlichen Disziplinen ab. Leider fehlt bei Quine völlig, was wir auch schon bei den amerikanischen Naturalisten der 30er und 40er Jahre angemahnt hatten: vergleichende wissenschaftstheoretische Studien zur Klärung von begrifflichen und methodologischen Konflikten zwischen den Einzelwissenschaften. Mit dem fröhlichen Pluralismus wird das Problem der unterschiedlichen Klassifizierung der 'natural kinds' in den einzelnen Wissenschaften heruntergespielt, das ich für gravierend halte. Zum anderen ist Quines Szientismus mitnichten so liberal wie die zitierte programmatische Formulierung vermuten läßt. Obwohl er keine Liste der zugelassenen Disziplinen offeriert, bleibt festzustellen, daß er einige Disziplinen hartnäckig nicht berücksichtigt. Dafür hätte man gerne Gründe gesehen, wie u.a. Chomsky angemahnt hat.

Ist es wirklich so, daß Quine sich nicht festlegt? Gehen wir noch einmal zum Ausgangspunkt von "Epistemology Naturalized" zurück: Quine spricht von den "Außenflächen unserer Körper", die durch Stimuli gereizt werden, insbesondere durch "Bestrahlungsmuster auf unserer Netzhaut". Diese gegenüber der alltäglichen Erfahrung gewollt objektivistisch verfremdeten Formulierungen sollen offenbar eine ontologisch neutrale Begriffssprache suggerieren: "Außenflächen unserer Körper" - wer wollte hier schon Einspruch erheben. Nun sind aber mit der Wahl einer Theoriesprache nicht bloß, wie wir von Quine gelernt haben, ontologische Verpflichtungen verbunden, sondern auch *methodologische*. Die Frage ist daher nicht von der Hand zu weisen, ob eine Erkenntnistheorie, die mit "Bestrahlungsmustern auf unserer Netzhaut" beginnt, nicht doch eine physikalistische Methodologie impliziert, die viele Fragen vorentscheidet. Neutral ist diese Formulierung jedenfalls nicht, denn viele empirische Humanwissenschaften beschäftigen sich eben *nicht* mit Bestrahlungsmustern auf der Netzhaut, und sie haben dadurch nicht weniger wissenschaftliche Dignität, solange Quine nicht die Physik und die physikalistische Beschreibungssprache wie Carnap offen privilegiert.

Dies ist gewissermaßen die antiszientistische Kehrseite von Quines holistischer Einsicht aus "Two Dogmas", daß "matters of fact" und "matters of language" nicht voneinander ablösbar sind: auch andersherum, als das Argument gewöhnlich verwendet wird, wird ein Schuh daraus. Wenn "truth in general depends on both language and extralinguistic fact" (Quine 1951, 36), und zwar so, daß die Anteile nicht sauber separierbar sind, dann kann auch der an "natural phenomena" interessierte naturalistische Erkenntnistheoretiker nicht mehr an der *sprachlichen Formulierung* unserer erkenntnistheoretischen Probleme vorbei, von der die Probleme überhaupt nicht ablösbar sind. Quine hängt erklärtermaßen nicht mehr dem empiristischen 'Mythos des Gegebenen' an; damit ist aber verbunden, daß uns Gegenstände der Erkenntnis niemals 'an sich' gegeben sind, auch nicht in Form von Bestrahlungsmustern, sondern immer unter einer Beschreibung. Die Bestrahlungsmuster sind sozusagen erkenntnistheoretisch noch gar nicht relevant, d.h. sie entscheiden nicht über die Theoriesprache. Natürlich weiß dies Quine, weshalb er ja auch von "kulturellen Setzungen" spricht, in die pragmatische Erwägungen wie Einfachheit und Konservativismus eingingen. Vorentschieden ist nichts; umso mehr erstaunt die Selbstverständlichkeit, mit der er in "Epistemology Naturalized" die Alternative stilisiert: *entweder* rationale Rekonstruktion à la *Logischer Aufbau oder* behavioristische Psychologie (deren Verhältnis zu seiner physikalistisch formulierten 'Affektionslehre' ja überdies zu klären wäre);[46] die rationale Rekonstruktion ist gescheitert, *ergo* "settle for psychology". Es ist nicht zu übersehen, daß diese Alternative schwerlich eine vollständige Disjunktion darstellt, und daß, hält man sich an die vorwiegend gegen Carnap gerichteten Argumente Quines, noch viele andere Wege offen sind (vgl. Giedymin 1972, 48).

Warum also gerade Psychologie? Stellt nicht die Verpflichtung auf "the psychology of stimulus and response, applied to sentences" (Quine 1960, 17) geradezu eine *apriorische* Privilegierung einer einzelnen Wissenschaft dar, was "offends most grievously against the naturalistic spirit" (Antony 1987, 253)? Daß dieser "spirit" Quine nicht ganz fremd ist, zeigt seine eigene Absichtserklärung, *alle* Wissenschaften zu nutzen. Wo bleiben die Sozialwissenschaften, wo die nichtbehavioristische Linguistik, die nichtevolutionstheoretische Biologie, die Kognitionswissenschaften, von den Geistes- und Kulturwissenschaften gar nicht zu reden? Gehören diese Disziplinen nicht zum System unseres Wissens von der Welt? Quine ist, wie gesagt, nicht so unvorsichtig, eine Liste der approbierten Wissenschaften vorzulegen.[47] Aber viele Disziplinen kommen schlicht nicht vor,

---

46 Der *Zusammenhang* zwischen Psychologismus und Physikalismus bei Quine ist wohl ähnlich wie bei Carnap darin zu sehen, daß Quine die sprachlichen Dispositionen *nur vorläufig* durch die behavioristische Psychologie erklärt, weil die physikalistische Erklärung, die allein er als eine Kausalerklärung akzeptiert, noch nicht zur Verfügung steht: "The dispositional way of specifying physical traits is as frequent and as useful as it is because we are often not prepared [...] to specify the intended physical trait in other than the dispositional style" (1975b, 93). Und noch deutlicher: "To cite a behavioral disposition is to posit an unexplained neural mechanism, and such posits should be made in the hope of their submitting some day to a physical explanation" (95). Er bezeichnet Dispositionen sogar als *identisch* mit "physical traits" und bekennt sich zur psychophysischen Identitätstheorie, ohne aber die Identitätsbedingungen anzugeben und auf das Problem der verschiedenartigen Gegenstandsklassifikationen einzugehen. Ich habe oben erläutert, warum die Kontinuitätsannahme von behavioristischen und physikalistischen Erklärungen nicht zu halten ist.

47 Auch hält er sich mitnichten allein an die Psychologie, sondern in vielen Zusammenhängen an die Logik, die Mathematik (vgl. Giedymin 1972, 50) und eben an die Spracherwerbstheorie. Wie Roth bemerkt (1983, 266), ist der im engeren Sinne psychologische Anteil der Quineschen Erkenntnistheorie recht gering: "[T]he real twist to Quine's epistemology is that Quine's most interesting epistemological arguments are *not* a part of empirical psychology. In his epistemology, Quine emphasizes and develops the fundamental importance of the *social* constraints which influence the development of knowledge [...]. Ironically, then, Quine's most interesting arguments are also arguments for following his practice of examining 'epistemology socialized' and against accession to his explicit proposals for the 'naturalizing' of epistemological inquiry".

und es ist auch schwer zu sehen, wie sie in Quines Projekt hineinpassen könnten. Was sollen wir also von seiner wiederholten Erklärung halten, daß "[a]ll scientific findings, all scientific conjectures that are at present plausible, are therefore in my view as welcome for use in philosophy" (1969c, 127)? Wer wirklich den von Dewey geforderten Respekt für die Wissenschaften hat (und seien es ausschließlich die Naturwissenschaften), der sollte die faktische Ausdifferenzierung des Wissenschaftsspektrums anerkennen und nicht bestimmte Disziplinen privilegieren und den ausgrenzenden Charakter dieser Privilegierungen durch uneinlösbare Homogenitätsbehauptungen verschleiern.[48] - An anderen Stellen zeigt sich Quine wieder als guter Physikalist und nimmt eine Rangordnung der Einzelwissenschaften an, an deren Spitze die Physik stehe.[49] Was aber hindert uns in Abwesenheit einer Deduktion der Gesetze der Einzelwissenschaften aus denen der Physik daran, Quines Privilegierung der Physik mit Rorty (1979a, 203) als "purely aesthetic" zu bezeichnen?

Nun zur anderen Option Quines. Nehmen wir an, daß seine dezidierte Festlegung auf die Psychologie in "Epistemology Naturalized" einen Lapsus darstellt, der zwar die Argumentation des Essays schwächt, dem man jedoch kein zu großes systematisches Gewicht beimessen sollte, weil Quine es an anderen Stellen besser weiß. Nageln wir Quine also nicht auf die Psychologie fest, wenn er sie selbst nur als vorläufigen Ersatz für Physik oder Neurophysiologie betrachtet; damit ist ein kleineres Problem vom Tisch, das dahinterstehende stellt sich umso dringlicher. Für das nun zu diskutierende Problem ist es nämlich unerheblich, ob Quine sich letztlich auf einen wie auch immer verstandenen Psychologismus oder Physikalismus festlegt oder ob er einen Szientismus *ohne* Leitwissenschaft vertritt, der von allen Wissenschaften profitieren möchte[50] und zu dessen Legitimation nur das einheitswissenschaftliche Programm oder eine zu einer Kontinuitäts-

48 Eine Alternative wäre der nichtreduktionistische 'andere Naturalismus' Roy Bhaskars (1979). Bhaskar zufolge macht gerade die Nichtnatürlichkeit der Gegenstände der Humanwissenschaften ein wissenschaftliches Wissen von ihnen möglich. Man muß dies nicht Naturalismus nennen, aber bei Lichte besehen denkt Bhaskar nur die Tendenz der Gleichsetzung von Naturalismus und Szientismus zu Ende und trägt der heute weithin anerkannten Wissenschaftlichkeit auch der Nicht-Naturwissenschaften Rechnung. "It is the argument of this book that though, because social objects are irreducible to (and really emergent from) natural objects, and so possess qualitatively different features from them, they cannot be studied in the same way as them, they can be studied 'scientifically'" (Bhaskar 1979, 26). Aus einer nichtphysikalistischen Wissenschaftsorientierung folge also bezüglich der Gegenstände der Sozial- und Humanwissenschaften "that it is not their similarities with, but precisely their differences from, natural objects that makes scientific knowledge possible" (a.a.O., viii). - Da Bhaskar von der "irreducibility of intentionality" überzeugt ist (111), ist seine Theorie allerdings nicht in unserem Sinne naturalistisch.

49 "Physics investigates the essential nature of the world, and biology describes a local bump. Psychology, human psychology, describes a bump on the bump" (1964, 93).

50 Eben dies fordert Koppelberg ein (1987, 307): Quine möge mit seiner Wissenschaftsorientierung ernstmachen und auch andere Wissenschaften nutzen, etwa die Kognitionswissenschaften.

these zwischen den Einzelwissenschaften abgeschwächte Version desselben bliebe. In beiden Fällen stellt sich das von Quine unterschätzte Problem der unterschiedlichen begrifflichen Individuierung und Klassifizierung der Gegenstände in den Einzelwissenschaften, welches ich für die Achillesferse des einheitswissenschaftlichen Programms sowohl in der reduktionistischen als auch in der interdisziplinären Version halte. Ein Exkurs dazu ist unerläßlich, weil von dieser Frage die Möglichkeiten eines vollständig naturalistischen Verständnisses des Menschen durch die beanspruchte systematischen Eingliederung aller naturalistischen Teiltheorien der empirischen Humanwissenschaften in das System unseres wissenschaftlichen Wissens von der Welt abhängen.

Ein klassischer Text hierzu ist der vielbeachtete, auf Hempel/Oppenheim anspielende Aufsatz Fodors über "The Disunity of Science as a Working Hypothesis". Fodor geht ganz im Quineschen Geiste von der Feststellung aus "that a science is individuated largely by reference to its typical predicates" (Fodor 1974, 121), denn die verwendeten Prädikate enthalten ontologische Verpflichtungen auf die jeweils präsupponierten Gegenstandsklassen. Das Klassifikationsproblem kommt nun dadurch ins Spiel, daß derjenige, der die Einheit der Wissenschaft *via Reduktion* herstellen will, annehmen muß "that there are natural kind predicates in an ideally completed physics which correspond to each natural kind predicate in any ideally completed special science" (a.a.O. 122). Man beachte den Bezug auf die jeweiligen zukünftigen Idealzustände der Wissenschaften, wodurch die antireduktionistischen Argumente, die die semantische Irreduzibilität des mentalistischen Idioms zum *status quo* ins Feld führen, erst einmal ins Leere laufen sollen. Für Fodor ist es nun äußerst unwahrscheinlich, daß jede in den Einzelwissenschaften spezifizierte Klasse von Gegenständen sich einmal als koextensiv mit einer physikalischen "natural kind" erweisen wird, sei der Zustand der Physik so ideal wie er wolle. Der Grund dafür ist, daß "interesting generalizations [...] can often be made about events whose physical descriptions have nothing in common" (124). Dies ist typischerweise bei in mentalistischer Begrifflichkeit beschriebenen Ereignissen der Fall. Auf diese Einsicht gründet sich der Funktionalismus in der Philosophie des Geistes mit seinem Theorem der "multiple realizability", der vielfältigen physischen Realisierbarkeit mentaler Zustände. Doch das Problem stellt sich nicht bloß angesichts mentaler Begriffe. Etwa für die Klasse der ökonomischen Akte der Bezahlung eines Kaufpreises wird sich keine physikalische Beschreibung finden lassen, die dieselbe Klasse von Ereignissen abdeckte. Was es heißt, etwas zu bezahlen, ist nur *funktional* charakterisiert, nicht durch eine Klasse physischer Vorgänge. D.h., "the kind predicates of the special sciences *cross-classify* the physical natural kinds" (131). Dabei muß nicht bestritten werden, daß die Elemente jedweder Klasse von Gegenständen *auch* in physikalischen Begriffen beschrieben werden können. Wenn der token-Physikalismus, den Quine und Davidson vertreten, wahr ist - "no difference in the world without a physical difference" -, *muß* es eine solche Beschreibung sogar geben (mehr dazu - und dagegen - in III, 2). Der springende Punkt ist nur, daß im (Normal)Falle nicht aufeinander abbildbarer Klassifikationen "a physical description which covers all such events must be wildly disjunctive", d.h. eine physikalische Beschreibung müßte aus "nothing but brute enumeration" bestehen (a.a.O. 124f). Für den explanatorisch interessierten Typ-Physikalismus ist dieses Ergebnis alles andere als attraktiv. So könnte ein Typ-Physikalist sich nicht auf den Standpunkt zurückziehen, die "brute enumerations" dürften uns nicht schrecken, die Welt sei halt so chaotisch. Der Gewaltstreich des Bildens von in wilder Weise disjunktiven physikalischen Prädikaten[51] ist deshalb kein Ausweg, weil das Ziel des Physikalismus ein explanatorisches ist, und physikalistische Erklärungen nicht ohne prognostisch fruchtbare Generalisierungen und Gesetzeshypothesen auskommen, in denen die nichtphysikalischen Prädikate ersetzt sind.[52] Dabei ist es unerheblich, ob man einen nominalistischen oder einen realistischen Kategorienbegriff hat: Ob man *interessante* oder *relevante* Klassen gebildet hat, zeigt sich unerbittlich am Erfolg oder Mißerfolg unserer Induktionen, wie auch immer man diesen Zusammenhang metaphysisch erklären mag. Hier setzt die Welt unserer klassifikatorischen Phantasie einen gewissen Widerstand entgegen.

Der "scientific realism", dem auch die Eliminativen Materialisten anhängen, hat einen realistischen Kategorienbegriff: es existierten *natürliche* Arten, die beispielsweise die *Folk Psychology* mit ihren Generalisierungen verfehle, weshalb sie überwunden werden müsse. Zu beachten ist noch, daß neben der Begriffsbildung auch die *Gesetze* von den Gegenstandsklassifikationen abhängig und ihnen nicht etwa vorgängig sind. Es ist also irreführend, wenn Sellars (1963, 21) behauptet: "Obviously a specific pattern of physical particles cannot obey different laws in biochemistry than it does in physics". So suggestiv die Formulierung ist, Gesetze sind sprachliche Gebilde; darum verknüpfen Gesetze, auch wenn wir sie Naturgesetze nennen, nicht Ereignisse, sondern *beschriebene* Ereignisse.[53]

Fodor nimmt wie Davidson die Position des token-Physikalismus ein, der weder begriffliche noch nomologische Reduktionen erlaubt und von allen stärkeren Positionen sorgfältig unterschieden werden muß.[54] Die Einzelwissenschaften können deshalb für Fodor ihre explanatorische Autonomie behalten.

---

51 Mit anderen Worten: der Typ-Physikalismus, der beispielsweise Schmerzen mit einem bestimmten Typ Gehirnzustand identifiziert, ist auf "*first-order* physical predicates" angewiesen, die nicht selbst schon Quantifikation über physikalische Eigenschaften erfordern (zur Erläuterung siehe Block 1978, 296).

52 Deshalb müssen unentwegte Anhänger des einheitswissenschaftlichen Projekts sehr daran interessiert sein, Fodors Argument unschädlich zu machen; so z.B. Causey 1977, 142-151.

53 Vgl. Davidson 1974b, 242: "[L]aws (and nomological explanations) do not deal directly (i.e. extensionally) with events, but with events as described in one way or another".

54 Vgl. Fodor 1974, 125: "[T]he assumption that every psychological event is a physical event does not guarantee that physics (or, a fortiori, any other discipline more general than psychology) can provide an appropriate vocabulary for psychological theories. I emphasize this point

Was hat das nun mit Quine zu tun, der sich ja ebenfalls zu Davidsons schwachem Physikalismus bekennt? Ich habe bereits angemerkt, daß Quine sich an manchen Stellen so unvorsichtig äußert, daß er von dem vorgetragenen Argument sehr wohl getroffen wird, wenn er nämlich mentale Entitäten nur als 'hypothetische physikalische Mechanismen' akzeptiert, die wir nur in der Hoffnung auf zukünftige physikalische Reduktion einführen (vgl. 1974, 33f). Diese und andere Passagen zeigen, daß sein Bekenntnis zum anomalen Monismus Davidsons eher ein Lippenbekenntnis ist (s.o., Anm. 27). Für Davidson ist das Mentale weder reduzier- noch eliminierbar.

Quines Position zum Reduktionsproblem ist selbst dann nicht überzeugend, wenn wir großzügig sind und annehmen, daß über den anomalen Monismus hinausgehende physikalistische Formulierungen nicht Quine at his best zeigen. Das Problem der verschiedenartig klassifizierten Gegenstände bzw. der untereinander nicht nomologisch verbundenen Ereignisse stellt sich ja nicht nur im Verhältnis von mentalistischem Idiom der *Folk Psychology* und der Sprache der Physik, sondern auch im Verhältnis der einzelnen Wissenschaften untereinander. Diese sollen zwar alle irgendwie zu Quines naturalisierter Erkenntnistheorie beitragen - mit Ausnahme derer, die er ohne Begründung nicht nennt -, aber er bleibt jede über den Hinweis auf ihre gemeinsame evolutionäre Genese hinausgehende Erläuterung schuldig, wie sie denn systematisch zusammenhängen und wie er von ihnen Gebrauch machen will.

Aufschlußreich ist daher, wie Quine selbst das Zustandekommen von Gegenstandsklassifikationen beschreibt. In seinem Aufsatz "Natural Kinds" nimmt er zunächst die heute vorherrschende nominalistisch-instrumentalistische Position ein, daß sich Gegenstände in jeder beliebigen Kombination zu Klassen zusammenfassen lassen (1969c, 117f),[55] um dann allerdings zu behaupten, daß nicht

because I am convinced that the make-or-break commitment of many psychological psychologists to the reductionist program stems precisely from having confused that program with (token) physicalism".

55 Dies ist eben der Grund, warum manche Autoren überhaupt einen Verzicht auf die Bezeichnung "*natürliche* Arten" vorschlagen. Fodor spricht, wie zitiert, von *interessanten* Generalisierungen, und Goodman, mit folgender Begründung, von *relevanten* Arten: "Induction requires taking some classes to the exclusion of others as relevant kinds. [...] I say 'relevant' rather than 'natural' for two reasons: first, 'natural' is an inapt term to cover not only biological species but such artificial kinds as musical works, psychological experiments, and types of machinery; and second, 'natural' suggests some absolute categorical or psychological priority, while the kinds in question are rather habitual or traditional or devised for a new purpose" (Goodman 1978, 10). - Man muß sich klarmachen, daß mit der nominalistischen oder der konzeptualistischen Auffassung nicht die völlige Beliebigkeit ausbricht: multiple Klassifizierbarkeit läuft in der Praxis nicht auf Willkür hinaus, sondern auf Kontextrelativität. In stabilen Kontexten gibt es nur geringe Freiheitsgrade beim Klassifizieren, was den Unterschied zwischen der nominalistischen und der realistischen Auffassung in *pragmatischer* Hinsicht etwas entdramatisiert. - Ein locus classicus für die realistische Auffassung ist die folgende Passage aus Mills *System of Logic* (die natürlichen Arten heißen bei Mill übrigens "*real* kinds"): "The differences [...] are made by nature [...]; while the recognition of those

alle Klassen natürliche Arten sind (118). Worin besteht nun das Natürliche einer natürlichen Art? Eine Definition der Ähnlichkeitsrelation über die *Anzahl* gemeinsamer Eigenschaften oder über die inhaltliche Auszeichnung *zentraler* Merkmale stößt bald auf unüberwindliche Schwierigkeiten, wie Beispiele zeigen (117ff). Die Ähnlichkeit der Elemente natürlicher Arten scheint elementar zu sein, es gibt keinen einfacheren Begriff, durch den ihre 'natürliche' Zusammengehörigkeit expliziert werden kann. Für Quine besteht die einzige Möglichkeit, den Begriff der natürlichen Art zu klären, im Verweis auf die Rolle, die bestimmte aus mengentheoretischer Sicht willkürliche Klassifizierungen für den Spracherwerb und den Überlebenserfolg menschlicher Säugetiere spielen. Die Bedingungen der sprachlichen Organisation des Erfahrungsraumes des homo sapiens beschreibt Quine nämlich evolutionstheoretisch. So klassifizieren wir beispielsweise Gegenstände nach bestimmten Farben, denn "[c]olor is helpful at the food-gathering level [...], and here, no doubt, has been the survival value of our color-slanted quality space" (127f), wiewohl Farben "cosmically secondary" sind und sich aus nicht-anthropozentrischer Perspektive nicht als Arten eignen würden (127). Auch in den Wissenschaften sind evolutionär nützliche Klassifizierungen oft unbedeutend. Quine bilanziert, daß wir auf einen kosmischen Ähnlichkeitsbegriff verzichten und uns mit "such fragmentary similarity concepts as suit special branches of science" bescheiden müssen (136). - Damit ist klar, daß der Begriff der natürlichen Art keinerlei Mittel zur Systematisierung der kreuzklassifizierten einzelwissenschaftlichen Kategorien bereitstellt; von dieser Seite ist für Quines interdisziplinäre Kontinuitätsbehauptung keine Hilfe zu erwarten. Da überdies mit dem Begriff der *natürlichen* Art realistische Konnotationen verbunden sind, ist es wohl angebracht, daß alle Theorien mit nominalistischen oder konzeptualistischen[56] Sympathien auf das Attribut 'natürlich' verzichten.[57] Dies gilt auch für Quine aufgrund seiner anthropologisch-naturgeschichtlichen Relativierung unserer Ähnlichkeitsbegriffe. Zwar präsentiert Quine hiermit ein genuin naturalistisches Argument in einem *biologischen* Sinn von Naturalismus,[58] aber für den

differences as grounds for classification and of naming is [...] the act of man" (Mill 1843, 123). Überlappungen zwischen einzelnen Arten können nur als Verhältnisse von Genera und Spezies vorkommen, denn Mill zufolge bilden die "real kinds" eine hierarchische Ordnung. Kreuzklassifikationen sind nicht vorgesehen.

56 Quines Position im Universalienstreit ist mit "Konzeptualismus" besser bezeichnet als mit "Nominalismus", weil er immerhin über eine Art von abstrakten Gegenständen, nämlich über Klassen, quantifiziert.

57 Hacking argumentiert damit, daß viele vermeintlich 'natürliche' Arten bei näherer Betrachtung heterogen sind und schlägt vor, auf den Begriff der natürlichen Art überhaupt zu verzichten, den wir in der Wissenschaft auch nicht bräuchten. Eine schöne Randbemerkung: "We are not led to that repugnant metaphor, about good classification carving nature at the joints. The lady's not for butchering" (Hacking 1990, 135).

58 Eine anthropologisch relativierte, d.h. in einem biologischen oder psychologischen Sinne naturalistische Auffassung der Kategorisierung stellt auch der vieldiskutierte "natural categories"-Ansatz von Eleanor Rosch dar (Rosch 1973 und 1978). Diese Auffassung lehnt die

szientistischen Naturalismus mit seinem holistischen Wissenschaftsbegriff hat diese anthropologische Relativierung eben keinen Nutzen. Es ehrt Quine, daß er nicht zu Putnams und Kripkes realistischer Auffassung der natürlichen Arten überläuft, um das Problem los zu sein. Diese ist für den Wissenschaftlichen Realismus maßgeschneidert, würde aber nicht zu Quines Pragmatismus passen.

Wir können diesen Exkurs mit der Feststellung abschließen, daß die Bedingungen des Spracherwerbs und des evolutionären Anpassungsdrucks erneut nicht hinreichen, Quines Naturalismus zu begründen. Einerseits sind sie zu allgemein und lassen zuviel Spielraum, als daß sie bei der Beantwortung der quaestio iuris und der Unterscheidung besserer von schlechteren Theorien helfen könnten. Hier nun sind sie zu speziell, als daß sie zur Begründung von Quines holistischer Auffassung des wissenschaftlichen Wissens dienen könnten, denn sie betreffen nur die phylogenetische Entwicklung des homo sapiens, die für viele Einzelwissenschaften von begrenztem Interesse ist.

Quine verfügt über keine Mittel, Fodors Problem zu lösen und die Einzelwissenschaften zu synthetisieren. Er sollte seine naturalisierte Erkenntnistheorie im Spektrum der empirischen Humanwissenschaften verorten und sich nicht hinter dem holistischen Wissenschaftsbegriff, einem funktionalen Äquivalent der Idee der Einheitswissenschaft, verstecken. Mit Fodor, Davidson und vielen anderen bin ich der Auffassung, daß man die Pluralität der Einzelwissenschaften und auch die begrenzte explanatorische Autonomie der im mentalistischen Idiom formulierten Psychologie respektieren sollte. In Abwesenheit einer Einheitswissenschaft können etwaige Konflikte und Gebietsansprüche zwischen den Einzelwissenschaften letztlich nur geschlichtet werden durch *pragmatische* und *normative* Überlegungen bezüglich des speziellen Erklärungsbedarfs in praktischen Kontexten und unter Berücksichtigung anderer, z.T. wissenschaftsfremder Interessen. Diese Überlegungen müssen nicht unbedingt philosophische sein - gegenüber dem "supra-scientific tribunal" der Philosophie hat Quine ja eine besondere

---

Hauptelemente des "classical view" ab (Konventionalitätsthese bzw. Nominalismus, Kategorisierung via definierende Merkmale, Existenz scharfer Kategoriengrenzen). "Natural categories" wie Farben oder Tiergattungen würden nicht durch definierende Merkmale gebildet, sondern durch die Auszeichnung eines prototypischen Exemplars und die Situierung der anderen Mitglieder auf einer Skala, die den Abstand vom Prototyp angibt: die Nachtigall ist ein prototypischerer Vogel als der Pinguin. Die Kategoriengrenzen sind folglich für Rosch "fuzzy". Dieser psychologische Ansatz paßt mit Quines evolutionstheoretischem gut zusammen. Für einen Überblick über 'nachklassische' Auffassungen der Kategorisierung vgl. Smith/Medin 1981; Gardner 1985, 340-359 und Lakoff 1987, 12-57. - Überzeugend belegt ist die Kategorisierungspraxis durch Prototypenbildung aber nur bei fundamentalen Kategorien wie Farben oder Tiergattungen. In unserem Zusammenhang des Reduktionsproblems der Einzelwissenschaften sind aber die abstrakteren und spezifischeren Klassifikationen der Wissenschaften wichtiger, für die uns die Evolution nicht eigens vorbereitet hat (vgl. Gardner 1985, 355). Hier hat eine klassische, an definierenden Merkmalen orientierte und dabei nominalistische oder konzeptualistische Kategorienauffassung klare Vorteile.

Aversion[59] - aber sie sind, als normative, Überlegungen *jenseits* des theoretischen Diskurses der Wissenschaften. Natürlich wären sie trivialerweise ohne die Stimulation unserer Rezeptoren nicht möglich gewesen wären und hängen in diesem uninteressanten Sinne von ihnen ab ("are due to", "depend").

Unabhängig vom Problem der Irreduzibilität der Einzelwissenschaften besteht mein anderer grundsätzlicher Einwand fort: der einer durchgängigen Ambiguität des Quineschen Naturalisierungsprogrammes. Das Dilemma, in dem sich Quine hier befindet, ist ein starkes Motiv für den Übergang zu einer eliminativen Position. Entscheidet sich die naturalistische Erkenntnistheorie für die *rationalistische* Lesart inklusive ihrer normativen Gehalte und hält an der Autonomie von Rechtfertigungsfragen fest, so scheint das spezifisch Naturalistische an ihr zu

---

59 Diese Aversion teilt Quine mit dem "anti-foundationalist approach" der amerikanischen Gegenwartsphilosophie, der in seiner Bedeutung überhaupt nicht zu überschätzen ist. Er tritt in pragmatistisch-kontextualistischen (Rorty) bis hin zu szientistischen Variationen (Quine) auf. Ich kann mich des Eindrucks nicht erwehren, daß dem Mißtrauen, das der *anti-foundationalism* dem 'Apriorismus' und dem Transzendentalismus der traditionellen Erkenntnistheorie entgegenbringt, immer noch ein falsches Verständnis des Verhältnisses von 'empirisch' und 'transzendental' zugrundeliegt, nämlich die Vorstellung, der Transzendentalist habe es mit einer besonderen Art von Wissen zu tun, das man nur von einem Standpunkt außerhalb der empirischen Welt, also überhaupt nicht, beanspruchen kann. Quine ist zuzustimmen, wenn er feststellt, daß uns kein "cosmic exile" (1960, 275), kein transzendenter Standpunkt zur Verfügung steht, von dem aus wir, mit Hegel gesprochen, vor aller Erkenntnis erkennen könnten. Aber dies ist kein Einwand gegen ein wohlverstandenes transzendentales Programm im Sinne Kants. Im Gegenteil, der tran*szendente* Standpunkt im kosmischen Exil, jenseits aller möglichen Erfahrung, ist ja gerade das, was Kant der dogmatischen und der skeptischen Gegenposition vorwirft. An Quines Zurückweisung eines "supra-scientific tribunal" der Philosophie dürfte, ähnlich wie bei Rorty, eine unglückliche Rezeption der Kantischen Gerichtshofmetapher nicht unschuldig sein. Natürlich sitzen im Kantischen Gerichtshof nicht die Wissenschaft auf der Anklage- und die Philosophie auf der Richterbank; die Rollen sind überhaupt nicht zwischen der Philosophie und anderen Instanzen verteilt, sondern *die Vernunft* sitzt über sich selbst zu Gericht und übernimmt dabei mehrere Rollen. Und da die Vernunft bei Kant wissenschaftliche Vernunft ist (in dem Sinne, daß sie die Wissenschaftlichkeit der Erfahrung gegen die Übergriffe einer spekulativen Metaphysik sichern soll), ist die Vorstellung absurd, der 'Fundierungsanspruch' der Philosophie sei in irgendeinem Sinne *gegen* den sicheren Gang der Wissenschaft gerichtet. Die transzendentale Reflexion ist, Quines pejorativem Gebrauch von "a priori" zum Trotz, eine Thematisierungsweise, die nicht die Wissenschaft vor aller Erfahrung zu 'begründen' beansprucht, sondern expliziert, was in ihr liegt: ihre konstitutiven Bedingungen. Und dies 'von innen', d.h. ohne zu vergessen, daß sie selbst dieser Bedingungen nicht enthoben ist. Das Entstehen einer analytischen Transzendentalphilosphie im Anschluß an Strawson hat gezeigt, daß der transzendentale Grundgedanke durchaus gewinnbringend analytisch reformuliert werden kann und mit der Neurath-Metapher dann perfekt harmoniert (vgl. dazu Keil 1987). - Ich habe in der Einleitung angedeutet und werde noch darauf zurückkommen (II, 1.4), warum ich in dieser Arbeit auf *transzendentale* Argumente weitgehend verzichte und den Naturalismus lieber auf dessen eigenem Felde attackiere. Damit ist aber nicht gesagt, daß ich solche Argumente für schlechterdings deplaziert hielte. Für eine transzendentale Auseinandersetzung mit Quines Erkenntnistheorie verweise ich auf Øfsti, der zu dem Schluß kommt, daß Quines wissenschaftstheoretischer Holismus "[t]rotz all seiner Finesse und Subtilität [...] nicht erkenntnistheoretisch reflektiert ist" und daher "in einem entscheidenden Sinne *vorkantisch*" bleibt (Øfsti 1982, 22f).

verschwinden und wir behalten eine traditionelle Erkenntnistheorie mit starkem empiristischem Einschlag übrig (den es schließlich auch bei Kant gibt). Entscheidet sich die naturalistische Erkenntnistheorie aber für die *kausalistische* Lesart und hält daran fest, den langen Weg von den Bestrahlungsmustern auf unserer Netzhaut bis zum Äußern von Theorien über die Welt als einen kausalen Zusammenhang zu verfolgen, dann entsteht ein derartiger Radikalisierungsdruck, daß das Konkurrenzverhältnis zu nichtnaturalistischen Erkenntnistheorien beseitigt würde. Auch das Begründen unserer Äußerungen müßte dann im Prinzip auf eine innere Mechanik zurückgeführt werden, so daß die Frage nach der wissenschaftlichen Etablierung des Naturalismus lediglich noch eine seiner kulturellen Durchschlagskraft wäre.

Bieri, dessen Ausführungen ich ob ihrer Klarheit (und weil es in meinen Worten auch nicht kürzer würde) noch einmal ausführlich zitiere, beschreibt diesen Radikalisierungsdruck als die Nötigung zum Übergang von einer *reduktiven* Position, die die alten Fragen neu zu interpretieren beansprucht, zu einer *eliminativen* Position, die die alten Fragen abschaffen und durch ganz neue ersetzen möchte:

> "Die Einwände gegen eine Naturalisierung der Erkenntnistheorie [...] haben einen gemeinsamen Nenner: Sie werfen diesem Projekt vor, daß es etwas Unmögliches versucht: die Reduktion von normativen Fragen auf deskriptive Fragen, von *de jure* Fragen auf *de facto* Fragen. [...] Kann die naturalistische Erkenntnistheorie diesen Einwand entkräften oder unterlaufen? Wenn sie es kann, dann dadurch, daß sie von der reduktiven zu einer eliminativen Position übergeht. Den Vorwurf eines naturalistischen Fehlschlusses kann man nur gegen ein Projekt erheben, das beansprucht, die alten Fragen und Themen neu zu interpretieren und dabei ihre Identität in gewissem Sinn zu bewahren. [...] Die eliminative Position kann - anders als die reduktive - die Autonomie von Fragen der epistemischen Rechtfertigung anerkennen. Sie wird aber sagen, daß man diese Fragen einfach aufgeben oder fallen lassen kann. Statt *de jure* Fragen auf *de facto* Fragen zu reduzieren, wird sie die ganze Dimension von *de jure* Fragen für überholt erklären. [...] Sie wird uns vorschlagen, unser Selbstbild zu verändern und uns statt als rationale, kritische, nach Gründen suchende Wesen einfach als natürliche Wesen betrachten, die auf komplizierte Weise kausal in die Natur eingebettet sind" (Bieri 1987a, 63f).

So folgert Bieri schließlich: "Für Quines Position gilt - trotz gegenteiliger Versicherungen - am Ende das, was ich [...] ganz generell über die reduktive Position sagte: Sie muß aus Gründen der Kohärenz zu einer eliminativen Position werden - mit all den Problemen, die das mit sich bringt" (a.a.O., 411). Die Probleme, die eine eliminative Position mit sich bringt, werden im folgenden Kapitel zu verhandeln sein. Ob Quine am Ende dem eliminativen Lager zuzurechnen ist oder nicht, möchte ich auf sich beruhen lassen. In der reduktiven Interpretation hat sein Naturalismus jedenfalls zu viele Mängel, um überzeugend zu sein.

1.4 Der Eliminative Materialismus

Es ist nun zu fragen, ob es dem Naturalismus nützt, wenn er die Konsequenzen aus dem von Bieri formulierten Dilemma zieht und von einer reduktiven zu einer eliminativen Position übergeht. Die einzige wenigstens programmatisch ausgearbeitete Version einer derartigen Position ist der "Eliminative Materialismus" (EM). Der EM erschien Mitte der 60er Jahre in Aufsätzen von Feyerabend (1963) und Rorty (1965) als eine neue Position zur Lösung des Geist/Körper-Problems auf der philosophischen Bühne. Er sollte die Schwierigkeiten seiner materialistischen Vorläuferposition, der psychophysischen Identitätstheorie, unterlaufen. Im Gefolge eines in der analytischen Philosophie geschärften Problembewußtseins bezüglich des Reduktions- und des Identitätsbegriffes wurden hier zum ersten Mal *innerhalb* des materialistischen Lagers die *begrifflichen* Schwierigkeiten einer empirischen Reduktion mentaler auf physische Phänomene in aller Schärfe wahrgenommen, wodurch eine Kluft zwischen einer reduktiven und einer eliminativen materialistischen Position entstand. Die Eliminativisten hatten erkannt, daß die verbreitete Rede von 'kontingenten Identitäten' im Sinne von empirischen Reduktionen (Feigl, Smart, Place), die ja ihrerseits eine Reaktion auf den handstreichartigen *apriorischen* Reduktionismus war, aus mehreren Gründen problematisch ist.[60] So folgt beispielsweise aus der Symmetrie der Identitätsrelation, daß aus der Identitätsthese von Geist und Gehirn mit gleichem Recht auch ein Panpsychismus abgeleitet werden könnte (vgl. Feyerabend 1963b), was kaum im Sinne der Erfinder war. Außerdem ist die "Rede von 'kontingenten Identitäten' [...] zumindest schief. *Es gibt keine kontingenten Identitäten, sondern nur kontingente Identitätsaussagen*" (von Kutschera 1981, 265). Da *ein* Gegenstand immer nichtkontingenterweise numerisch identisch mit sich selbst ist, *zwei* Gegenstände aber niemals identisch sind, ist der einzige nichttriviale Aspekt der numerischen Identität die begriffliche Reduktion. Mit dem Identitätsbegriff sollte man in der Philosophie nicht leichtfertig umgehen; Leibniz fordert für das Vorliegen von Identität nicht weniger als Übereinstimmung in *allen* Prädikaten. Die Identitätstheorie muß zeigen können, wie mentale und physikalische Prädikate auf denselben Gegenstand zutreffen können. Sie ist damit unmittelbar auf das Kategorienfehlerproblem verwiesen, denn wie soll, so fragt sich schon Smart, ein mentales Nachbild ein Gehirnzustand sein können, wenn Nachbilder orange sein können, Gehirnzustände aber nicht? Widerspricht es Leibniz' Gesetz, von 'transkategorialen Identitäten' (Cornman 1977) zu sprechen? Zur *Formulierung* der Identität von Geist und Gehirn scheint die Identitätstheorie letztlich wieder auf begriffliche Reduktionen angewiesen zu sein, obwohl sie, mit der einstweiligen

---

60 Vgl. zum Übergang von der Identitätstheorie zum Eliminativen Materialismus Bieri 1981, 43ff und Hastedt 1988, 129ff.

Aussichtslosigkeit des physikalistischen Übersetzungsprogramms konfrontiert, wohlweislich keine Übersetzbarkeitsthese mehr vertreten möchte.

Die Motivation für die Entstehung des EM als der "disappearance form" der Identitätstheorie (Rorty) ist somit scheinbar paradox. Weil die begriffliche Reduzierbarkeit eine zu starke Behauptung ist, tritt der Materialismus die Flucht nach vorn an und wird eliminativ, also offenbar noch stärker. Aber dies nur auf dem Papier, denn er enthält keine starken *empirischen* Behauptungen mehr. Um dem Reduktionsproblem und den Fallen der Identitätstheorie zu entgehen, muß der Eliminative Materialist "develop his theory without any recourse to existent terminology" (Feyerabend 1963b, 295). Der EM sieht nicht ein, warum er sich mit einem historisch zum Scheitern verurteilten wissenschaftlich unaufgeklärten Idiom überhaupt noch auseinandersetzen und es im einzelnen widerlegen soll. Er kann seine Überlegenheit gegenüber *einzelnen* intentional formulierten alltagspsychologischen Erklärungen nicht demonstrieren, ohne sich auf deren Gegenstandsklassifikationen zu beziehen, die er doch gerade eliminieren wollte, statt sie zu reduzieren. Die Revolution muß daher *grosso modo* stattfinden. Gegenüber unserem Problem der inkommensurablen Gegenstandsklassifikationen kann eine eliminative Position zur Offensive übergehen: daß "cognitive science and the intentional notions of folk psychology are ill suited to each other" (Stich 1983, 6), ist dann eben ein Grund für die Abschaffung der "folk psychology" (FP).[61] In dieser Beziehung macht der EM es sich leicht; man hat ihn daher als eine Position bezeichnet, die alle Vorteile des Diebstahls gegenüber ehrlicher Arbeit genießt (vgl. Wilkes 1978, 101). Insofern er den showdown mit dem mentalistischen Diskurs wieder einmal in die Zukunft verlegt, kann er sich vom faktischen Erkenntnisstand der empirischen Humanwissenschaften im Prinzip abkoppeln und ohne starke empirische Behauptungen auskommen; seine Radikalität besteht allein in der Behauptung der Möglichkeit einer *kulturellen* Revolutionierung unserer Diskurse über den Menschen.[62] Eine Eliminierung der herkömmlichen mentalistischen Redeweisen ist *wünschenswert* und sie ist *möglich*; das sind die beiden Generalthesen. Der EM folgt, wie im Ansatz schon Quine, der Politik: Naturalisiere, was sich naturalisieren läßt, und lasse den Rest links liegen. Die Eliminativen Materialisten sind Karikaturen des König Midas. Alles, was sie berühren, verwandelt sich in Gold, aber das, was sich nicht in Gold verwandeln läßt, berühren sie gar nicht erst.

---

61 Zur Erläuterung von "folk psychology": "In our everyday dealings with one another we invoke a variety of commonsense psychological terms including 'believe', 'remember', 'feel', 'think', 'desire', 'prefer', 'imagine', 'fear' and many others. The use of these terms is governed by a loose knit network of largely tacit principles, platitudes, and paradigms which constitute a sort of folk theory" (Stich 1983, 1).

62 Diese Bemerkungen gelten für Rorty und Feyerabend, weniger für Stich und Churchland, die als Wissenschaftliche Realisten den EM enger an den faktischen Stand der Wissenschaft binden.

Der Eliminativismus ist somit keine Fortsetzung des Reduktionismus, sondern leitet sich geradezu aus dessen *Scheitern* ab. Stich (1992, 257f) kann daher freimütig zugeben, daß eine *Naturalisierung* der FP im Sinne einer Angabe nichtintentionaler und nichtsemantischer Identitätsbedingungen für mentale Zustände aussichtslos sein dürfte. Solange der Naturalismus sich als Reduktionsprogramm verstehe, sei er eben noch nicht radikal genug. Man kann diesen Übergang in drei Argumentationsschritten rekonstruieren (nach Baker 1987, 6):

(1) Entweder wird eine künftige physikalistische Naturwissenschaft des Geistes die Kategorien unserer common sense-Auffassung des Mentalen übernehmen oder aber die common sense-Auffassung ist radikal falsch.
(2) Die Kategorien werden sich als unvereinbar erweisen.
(3) Also ist die common sense-Auffassung des Mentalen radikal falsch.

Nachdem ich mit der zweiten Prämisse selbst wiederholt gearbeitet habe, die Konklusion aber für falsch halte, bin ich mit Baker der Auffassung, daß es die erste Prämisse ist, in der wir dem EM nicht folgen sollten. Es gibt gute Gründe dafür, die intentionale Auffassung des Mentalen beizubehalten, obwohl sie sich nicht in eine physikalistische Beschreibungssprache fügt.

Die Eliminativen Materialisten nennen sich, anders als Quine, nur sporadisch Naturalisten. Interessant ist die Position in unserem Zusammenhang, weil sie uns einen Übergang von den mehr wissenschaftstheoretischen und methodologischen Argumenten für den Naturalismus zu der sprachtheoretischen Frage verschafft, in welchen *Begriffen*, in welcher Theoriesprache wir wissenschaftlich aufgeklärt über den Menschen reden sollten. Indem der vertraute mentalistische Diskurs frontal angegriffen wird, legt uns der EM eine revolutionäre Veränderung unserer Selbstinterpretation nahe. Die Frage der angemessenen Begrifflichkeit ist für die Eliminativen Materialisten nicht nur eine wissenschaftsinterne Frage, da für sie der wissenschaftliche Diskurs über den Menschen der einzig angemessene und daher der wünschenswerte und kulturell durchzusetzende ist. Insofern ist der EM eine dezidiert *szientistische* Position; wenn wir sie als Naturalismus bezeichnen wollen, dann wiederum im eingangs erläuterten Sinne eines -ismus nicht der Natur, sondern der Natur*wissenschaften*. Die angestrebte Revolution ist eine *kulturelle*, weil sie nicht nur das wissenschaftliche Verständnis vom Menschen, sondern im nachdrücklichen Sinn auch unser Selbstverständnis verändern soll. Nicht umsonst gebraucht Churchland nicht die dritte Person, sondern die erste Person Plural, wenn er "an intellectual revolution in our conception of ourselves as intellectual beings" einfordert (Churchland 1979, 4). Beim Zusammenbruch der FP würde es sich um eine kulturelle Revolution handeln, die ohne jedes historische Beispiel wäre; die Folgen wären, so Fodor, schlicht katastrophal: "[I]f commonsense intentional psychology really were to collapse, that would be, beyond comparison, the greatest intellectual catastrophe in the history of our species" (Fodor 1987, xii)

Nachdem Rorty und Feyerabend sich mittlerweile neuen Aufgaben zugewandt haben, haben andere Autoren das Projekt fortgeführt; als Protagonist des EM kann heute Paul Churchland gelten. Einschlägig ist auch die Position von Stephen Stich, wenn auch sein Eliminativismus nicht mehr unbedingt materialistisch genannt werden kann.[63] Es folgt eine kurze Darstellung der Standardargumentation für den neueren EM, wie er von Churchland vertreten wird.

Die zentrale These lautet, daß die sich in unserem vertrauten mentalistischen Idiom ausdrückende, Überzeugungen und Wünsche zuschreibende Alltagspsychologie eine hoffnungslos falsche und unreformierbare Theorie darstellt, die möglichst bald verschwinden sollte:

> "Eliminative Materialism is the thesis that our commonsense conception of psychological phenomena constitutes a radically false theory, a theory so fundamentally defective that both the principles and the ontology of that theory will eventually be displaced, rather than smoothly reduced, by completed neuroscience" (Churchland 1981, 67).

Als Hauptfehler der FP wird das Netzwerk der "propositional attitudes" wie Meinen, Wissen, Wünschen, Glauben, Hoffen angesehen, die in einer seriösen Wissenschaft keinen Platz haben. Dem Idiom der FP wird ein langes Sündenregister vorgehalten: es ist hoffnungslos vage und oberflächlich, es kann mentale Phänomene wie Träume, Gedächtnis, Denken, Lernen, Kreativität nicht angemessen erklären, es assimiliert die kognitiven Zustände von Kindern und Angehörigen fremder Kulturen gewaltsam an die eigenen Standards und scheitert völlig an abweichenden Phänomenen wie Geisteskrankheiten.[64] Der FP muß die Zuständigkeit für die Erklärung all dieser Phänomene entzogen werden; die FP ist eine unfruchtbare Theorie, sie hat sich seit Jahrtausenden nicht weiterentwickelt und ist den Kognitions- und den Neurowissenschaften heute in allen Beziehungen unterlegen. Mit einem Wort: die FP ist ein degenerierendes Forschungsprogramm und war es immer schon. "The story is one of retreat, infertility, and decadence. [...] The FP of the Greeks is essentially the FP we use today, and we are negligibly better at explaining human behavior in its terms than was Sophocles. This is a very long period of stagnation for any theory to display [...] FP is a stagnant or degenerating research program, and has been for millenia" (Churchland 1981, 74f).

Ganz anders die "physical sciences":

> "If we approach *homo sapiens* from the perspective of natural history and the physical sciences, we can tell a coherent story of his constitution, development, and beha-

63 Mit Churchlands Position stimmt Stich im kritischen Part überein, wohingegen seine Alternative eine kognitionswissenschaftliche Theorie ist, keine neurophysiologische.

64 Vgl. Churchland 1979, 114 und 1981, 73; Stich 1983, 8 und 210ff.

vioral capacities which encompasses particle physics, atomic and molecular theory, organic chemistry, evolutionary theory, biology, physiology, and materialistic neuroscience. That story, though still radically incomplete, is already extremely powerful, outperforming FP at many points even in its own domain" (Churchland 1981, 75).

Damit haben wir die bekannten szientistischen Topoi wieder einmal versammelt: die einheitswissenschaftliche Behauptung eines bruchlosen systematischen Zusammenhanges der einzelnen Disziplinen sowie der Verweis auf künftige Forschung, die die fehlenden Elemente sicherlich nachliefern werde. Die Behauptung der Einheit der Wissenschaft tritt bei Churchland mit besonderem Pathos auf. Alle Wissenschaften arbeiten zusammen und tragen zur Synthesis unseres Wissens bei, nur die FP nicht: "In short, the greatest theoretical synthesis in the history of the human race is currently in our hands [...]. But FP is no part of this growing synthesis. Its intentional categories stand magnificiently alone" (ebd.).

Sodann sucht der EM einen naheliegenden Rettungsversuch zu blockieren. Es ist angeführt worden, daß die FP im Grunde gar keine wissenschaftliche Theorie sei, sondern ein "multi-purpose tool" mit zahllosen nichtwissenschaftlichen Funktionen.[65] Sie könne kein degenerierendes Forschungsprogramm sein, weil sie überhaupt nie ein Forschungsprogramm gewesen sei. Für Churchland dagegen ist die FP aufgrund ihrer explanatorischen und prognostischen Ansprüche bezüglich menschlichen Verhaltens sehr wohl eine Theorie, und zwar eine schlechte. Sie müsse sich an den Standards für wissenschaftliche Theorien messen lassen.[66]

Vor allem kritisieren Churchland und Stich die *funktionalistische* Interpretation, die die FP als einen abstrakten begrifflichen Rahmen auffaßt, der uns nicht auf eine bestimmte physische Realisierung der funktional charakterisierten mentalen Prozesse verpflichtet und insofern mit verschiedenen Ontologien verträglich ist. Dem Funktionalismus zufolge (der uns bei der Diskussion der Computermetapher des Geistes noch beschäftigen wird) ist es eben die abstrakte Funktion mentaler Prozesse, die den Geist ausmachen, und nicht deren materielles Substrat. Aber für Churchland hat der Funktionalismus "too long enjoyed its reputation as a daring and *avant garde* position" (1981, 78). Der Funktionalismus sei die reine Gegenaufklärung, denn er diene nur dazu, die FP vor der fälligen Falsifikation zu schützen: "the functionalistic strategem is a smokescreen for the preservation of error and confusion" (81). Mit dem Funktionalismus hätte man auch die "immate-

---

65 Zum Beispiel "to blame and praise; to warn, threaten, prohibit, deter, urge and cajole; to sneer, hint, insinuate, imply, and suggest; to assess and judge; to plead and excuse; to promise and contract; to joke and pun; to write poems and plays" (Wilkes 1984, 347).

66 Vgl. Churchland 1981, 68ff sowie Churchland 1989. Die Frage, ob die FP eine Theorie ist oder nicht, spielt in der Diskussion über den EM eine zentrale Rolle; einen Überblick über die Argumente gibt Preston (1989). Gestützt wird die Verteidigung der FP als einer lebensweltlich-kulturellen *Praxis* vor allem durch das von Wittgenstein inspirierte Argument ihrer Nichttestbarkeit. Ein holistischer und nichtdistanzierbarer Begriffsrahmen sei soziale Praxis, nicht Theorie.

rial spirits" der Alchimisten gegen die entstehende naturwissenschaftliche Chemie verteidigen können, was aber "an outrage against reason and truth" sei, denn "[a]lchemy is a terrible theory, well-deserving of its complete elimination" (ebd.). Hier besteht ein wichtiger Unterschied zu Rorty (1965), der nicht dem Wissenschaftlichen Realismus anhängt und beispielsweise die Rede von krankheitsverursachenden Dämonen lediglich für höchst unpraktisch hält und aus Gründen der Einfachheit und der Einheitlichkeit der Erklärung die Bazillen den Dämonen vorzieht.[67] Für Churchland aber sind Alchimie, Dämonenglaube und FP schlicht wissenschaftlich falsche Theorien; er und Stich wenden sich scharf gegen alle Versuche "to protect some cherished part of our world view by reconstructing a realistic theory as an instrumentalistic one" (Stich 1983, 246). Stich ist allerdings etwas vorsichtiger als Churchland und möchte über das Schicksal der FP noch kein abschließendes Urteil fällen, denn dies sei eine allein wissenschaftlich zu entscheidende Frage. Er hält es aber für wahrscheinlich, daß es die Entitäten, von denen die FP spricht, schlicht nicht gibt. "*It might well turn out that there are no such things as beliefs*" (Stich 1983 passim). Damit ist gemeint, daß den *façons de parler* der FP in der materiellen Welt keine Entitäten entsprechen, die auch nur annähernd gleich individuiert wären. Wir mögen *versuchen*, uns mit dem mentalistischen Idiom auf ontologisch respektable Gegenstände zu beziehen, aber aufgrund der unspezifischen Anwendungsbedingungen der Begriffe geht die Referenz eben fehl. Die Taxonomien der Naturwissenschaft haben gegenüber denen der FP das letzte Wort, weil die Eliminativen Materialisten als Wissenschaftliche Realisten davon überzeugt sind, daß es eine *nicht*konventionelle *ordo naturae* von "natural kinds" gibt, die sich den inhärenten Eigenschaften der Gegenstände verdankt und die wir entweder richtig oder falsch beschreiben können.

Es ist charakteristisch für den EM, daß er die Rolle der *Sprache*, besonders die der kontingenterweise etablierten, als peripher einschätzt. Unsere kognitiven Operationen sind zunächst einmal neuronale Prozesse, von denen uns sozusagen nur die Benutzeroberfläche zugänglich ist. Von einem 'privilegierten Zugang' via Introspektion kann nicht die Rede sein. Wenn wir über das *sprechen*, was in uns vorgeht, ist dies zunächst nicht mehr als eine idiosynkratische Projektion, deren Angemessenheit bezeifelt werden kann. Wir machen uns einen Reim auf unsere eigenen neuronalen Prozesse, aber dieser Reim könnte falsch sein (vgl. Church-

67 Rorty treibt den Pragmatismus noch weiter und fügt hinzu, daß wir neben der Rede von Dämonen auch einen Begriff wie "Tisch" aufgeben könnten, wenn auch "it would be monstrously inconvenient to do so" (1965, 34). Im Hinblick auf das eliminative Programm ist diese Bemerkung unklug. Rorty gibt damit jede Möglichkeit aus der Hand, die Asymmetrie zwischen mentalistischem und physikalistischem Diskurs bezüglich ihrer Indispensierbarkeit zu begründen, auf die der EM aber existentiell angewiesen ist (vgl. Lycan/Pappas 1972). Schon der frühe Rorty ist also aufgrund seiner pragmatistischen Relativierung ontologischer Fragen kein typischer Eliminativer Materialist. Der Wissenschaftliche Realismus kennt dagegen einen einfachen Grund für die Asymmetrie: der mentalistische *Diskurs* muß eliminiert werden, weil es mentale *Entitäten* nicht gibt.

land 1981, 82ff).[68] Schließlich besitzen wir "a brain that evolution has shaped for a great many functions", und "language use appears as an extremely peripheral activity" (83); in einer "matured neuroscience" wird unser Sprachgebrauch daher keine große Rolle mehr spielen (84). Der FP und überhaupt allen "sentential epistemologies" der philosophischen Tradition wird vorgeworfen, mentale Prozesse in Analogie zu sprachlichen Propositionen zu verstehen, etwa Überzeugungen nach dem Modell von Behauptungssätzen. Die Sprachlastigkeit der FP muß überwunden werden, weil Sprache lediglich ein *Epiphänomen* unserer Funktionsweise als "epistemic engines" darstellt (vgl. Churchland 1979, 121ff). Hinzu kommt erneut das antichauvinistische Argument, die "'sentential' epistemologies" seien "concerned with parameters that are idiosyncratic to our own species and culture" (a.a.O., 6). Der Antinominalismus gegenüber den "natural kinds" wird durch daß Mißtrauen gegenüber sprachlichen Klassifikationen überhaupt noch einmal verschärft.[69]

---

68 Hier ist etwa an die 'Attributionsexperimente' in der psychologischen Forschung zu denken, die Stich referiert (1983, 235ff). Versuchspersonen schreiben sich in bestimmten Situationen diejenigen kognitiven Prozesse zu, von denen sie der etablierten FP zufolge annehmen müssen, daß sie sie haben. Auch schreiben sie eigenen Überzeugungen, die der Versuchsanordnung zufolge nur Epiphänomene sein können, eine kausale Rolle in ihrem Verhalten zu. Stich folgert mit Nisbett und Wilson, daß es ein von der faktischen Verhaltenssteuerung unabhängiges "verbal explanatory system" gebe, das vornehmlich der Rationalisierung diene. - Horgan und Woodward (1985, 204ff) zeigen demgegenüber, daß die Attributionstheorien den EM gerade *nicht* stützen. Die Entlarvung von Rationalisierungen möge zwar die Falschheit gewisser introspektiver Urteile erweisen und die Anerkennung *unbewußter* Handlungsmotive erfordern. Dies setzt aber nicht die Kategorien der FP überhaupt außer Kraft, im Gegenteil: "Attribution theory and cognitive dissonance theory give center stage to folk-psychological notions like desire of belief" (a.a.O., 208; vgl. dazu auch Baker 1987, 125f). Baker behauptet Ähnliches selbst von der Neurophysiologie. Auch die neurophysiologische Forschung sei zur Identifikation gewisser Phänomene als anormal auf mentalistische Kategorien angewiesen (a.a.O., 171)

69 Auch unsere wissenschaftlichen Klassifikationen könnten ja die "natural kinds" verfehlen. Churchland widmet dem Problem einen eigenen Aufsatz und kommt zu dem Schluß, daß die Menge der 'echten' natürlichen Klassen viel kleiner ist als angenommen. Er bindet die Natürlichkeit einer Klassifikation an ihr Unterstütztwerden durch ein striktes Naturgesetz, weil nur ein "genuine law of nature" (1985, 8) eine nichtarbiträre Ordnung der Dinge erfaßt. Da nun die einzigen strikten, nicht durch ceteris paribus-Klauseln eingeschränkten, kontrafaktische Konditionale unterstützenden Gesetze die "basic laws" der Physik sind, seien letztlich nur die physikalischen Kategorien "*mass, length, duration, charge* [etc.] natural kinds or properties" (12f). Nur diese seien Bestandteile einer "theory that successfully carves nature at her systematic joints" (8). Daß z.B. Stühle in physikalischer Hinsicht keine natürliche Klasse bilden, sei ja ohnehin klar, aber für Churchland sind auch chemische Elemente (Gold), Molekülverbindungen (H_2O) und biologische species (Tiger), also die Lieblingsbeispiele Kripkes und Putnams, lediglich "practical kinds", die allenfalls für unsere Induktionen nützlich sind: "[M]ost of what are traditionally counted as natural kinds are merely practical kinds", nämlich "more-or-less arbitrary configurations of smaller or more basic bits" (11); keine dieser Gegenstandsklassen kann in basalen physikalischen Gesetzen vorkommen. Churchland ist so sehr Kategorienrealist und Superphysikalist, daß er lieber ganz auf natürliche Arten verzichtet, als sie an "the idiosyncratic linguistic structures we call theories, and even the idiosyncratic neural systems we call brains" zu binden (15), denn "if there are no such [most basic laws

Man muß sich klarmachen, daß der EM hier wesentlich radikaler ist als etwa Quine, in dessen Theorie sprachlich vermittelte Überzeugungen ja eine große Rolle spielen. Der Grund dafür, daß für Quine hier kein explanatorischer Konflikt entstehen kann, ist allerdings, daß er Überzeugungen *als Verhaltensdispositionen* auffaßt und durch seinen Behaviorismus die Brücke zwischen mentalen und physischen Entitäten schlägt. - Die systematische Wichtigkeit der Frage, ob mentale Entitäten propositional individuiert sind oder nicht, ist überhaupt nicht zu überschätzen. Propositionale Gehalte selbst können untereinander nicht *kausal* verbunden sein; eine kausale Rolle kann allenfalls das *Vorliegen* dessen spielen, was eine Proposition erfüllt (analog in der Gründe/Ursachen-Debatte der analytischen Handlungstheorie: das *Haben* von Gründen), wobei die kausale Verbindung als zwischen physischen Ereignissen bestehend gedacht wird und entsprechend beschrieben werden muß. An diesem Hiatus hängt immens viel. Die entscheidende Frage, die wir auch an Davidson werden stellen müssen, scheint die zu sein, ob mentale Ereignisse *als mentale* kausal wirksam sind oder nur als die physikalischen Ereignisse, mit denen sie (vielleicht) extensional identisch sind. Aber möglicherweise ist schon diese Frage falsch gestellt. Vom EM wird die extensionale Identität von mentalen und physischen Ereignissen jedenfalls geleugnet, weil es ihm zufolge mentale Entitäten im Sinne der FP schlicht nicht gibt, und was nicht existiert, kann nicht mit etwas Existierendem identisch sein. Und selbst wenn man mentale Entitäten als *abstrakte* propositionale Gegenstände zuließe, bliebe die Inkommensurabilität der Identitätsbedingungen für propositionale Gehalte und physische Entitäten ein unüberwindbares Hindernis für die Identitätsthese.

Wenn also die FP für den EM nicht zu retten ist, bleibt immer noch die Frage: *Wollen* wir sie überhaupt aufgeben und in toto ersetzen? Es könnten ja andere als wissenschaftliche Gründe dagegen sprechen, beispielsweise der, daß "folk psychology is intimately interwoven with our view of ourselves as persons and as moral agents" (Stich 1983, 242, Dennett referierend), und vielleicht *wollen* wir unser Selbstverständnis als freie und moralisch verantwortliche Subjekte nicht aufgeben. Selbst wenn die Möglichkeit der szientistischen Kulturrevolution erwiesen werden könnte, müßte doch für ihre *Wünschbarkeit* noch eigens argumentiert werden (vgl. Hastedt 1988, 139f). Eleganter wäre es freilich, auf solche Überlegungen nicht zurückgreifen zu müssen und eine Position an ihren eigenen Ansprüchen scheitern zu lassen.

Unabhängig von der Frage nach der Wünschbarkeit einer szientistischen Kulturrevolution ist zu berücksichtigen, daß die Wissenschaftsorientierung des EM auch intern außerordentlich restriktiv ist, und zumindest Stich spricht die Konsequenzen deutlich aus: Da auch die Sozialwissenschaften, die Ökonomie, die poli-

---

of an all-embracing physics], or if the human cognitive medium should turn out to be a representational cripple, then perhaps there are no natural kinds at all" (16).

tischen Wissenschaften mit dem intentionalen Idiom der FP durchtränkt sind und nicht zu sehen ist, wie sie ohne es auskommen könnten, müßten wohl auch diese verschwinden, wenn die FP abgeschafft würde (vgl. Stich 1983, 213f).[70] Dasselbe gilt trotz gegenteiliger Versicherungen für die *wissenschaftliche* Psychologie.

Es gibt bezüglich dieser Probleme keinen ausgearbeiteten revolutionären Fahrplan des EM, denn letztlich soll sich der materialistische Diskurs nicht aufgrund von Theoriepolitik, sondern kraft seiner explanatorischen Überlegenheit kulturell durchsetzen. Rorty meint: "[W]e should let a thousand vocabularies bloom and then see which survive. The materialist predicts that the neurological vocabulary will triumph" (Rorty 1970, 119). Entscheidend ist für Rorty jedenfalls, daß es *kulturelle* Bedingungen sind, unter denen sich eine Beschreibungssprache etabliert: "Given different cultural conditions, one can imagine the neurological vocabulary having been the ordinary familiar one and the mentalistic one the 'scientific' alternative" (ebd.).[71] Dies würde Churchland allerdings kaum für möglich halten (sowenig wie ich), da der Wissenschaftliche Realismus eine *gerichtete* Entwicklung des Fortschritts vom Mythos zur Wissenschaft annimmt. Er beschränkt sich vorerst darauf, die kulturelle Durchsetzung des materialistischen Idioms für die Zukunft in Aussicht zu stellen.[72] - Ähnlich wie Rorty argumentiert dagegen Feyerabend. Auch er insistiert auf der entscheidenden Rolle historischer kultureller Bedingungen: unsere etablierte Rede über Mentales sei "an irrelevant historical accident" (Feyerabend 1963a, 50), weshalb auch die einschlägigen Parasitismus-Argumente der ordinary language-Philosophen nicht träfen. Das mate-

70 Stich hält allerdings im Rahmen seiner eigenen Theorie, die von der ausschließlich neurophysiologischen Orientierung Churchlands abweicht, an einer vagen Versöhnbarkeitshoffnung fest. Als System von "rule-of-thumb-generalizations" könnte die FP möglicherweise überleben (vgl. a.a.O., 224ff).

71 Eine solche andere mögliche Welt hat Rorty später im Gedankenexperiment der "Antipodeans", einer Population "on the other side of our galaxy", ausgearbeitet (vgl. 1979, 70-77). Was den homo sapiens betrifft, begnügt sich Rorty zunehmend mit der Behauptung, daß die Ersetzung des mentalen Diskurses jedenfalls eine *kohärente Möglichkeit* darstelle, ohne sie ausdrücklich als wünschenswert auszuzeichnen (vgl. 1970, 121). - Diese Haltung mag man als unaufrichtig tadeln: "Statt offen normativ dafür zu argumentieren, daß eine solche Kultur wünschenswert ist, und sich entsprechend direkt angreifbar zu machen, bleibt der Status der Ausführungen der eliminativen Materialisten ungeklärt. Deshalb werden sie zu kulturellen Propheten, ohne ihre Erkenntnisquelle anzugeben" (Hastedt 1988, 140). - Auch heute, nach der Zerschlagung des *Spiegels der Natur*, nennt sich Rorty noch einen Physikalisten (vgl. 1987a); sein Pragmatismus sorgt aber dafür, daß er etablierte Sprachspiele nicht mehr für eliminierbar hält, denn "any tool which has been used for some time is likely to continue to have a use" (a.a.O., 281). Wissenschaftsorientierung und kulturelle Kontinuität müssen miteinander vereinbart werden: "[W]e must think with the learned while continuing to speak with the vulgar" (292).

72 "[I]t is not inconceivable that some segment of the population, or all of it, should become intimately familiar with the vocabulary required to characterize our kinematical states, learn the laws governing their interactions and behavioral projections, acquire a facility in their first person ascription, and displace the use of FP altogether, even in the marketplace" (Churchland 1981, 86).

rialistische Idiom könnte ja durch eine machtvolle Propagandakampagne selbst zur 'ordinary language' werden, wodurch der Heimvorteil der FP dahin wäre.[73] Im Unterschied zu Churchland und Stich läßt sich Feyerabend nicht auf einen Theorienvergleich ein, denn die Erklärungskraft der FP könne einstweilen nicht unabhängig überprüft werden. Viele der vermeintlichen 'Fakten' sind ja schon im unzulänglichen "common idiom" formuliert und können nicht als Test fungieren, folglich: "[I]f you want to find out whether there *are* pains, thoughts, feelings in the sense indicated by the common usage of these words, then you must become (among other things) a materialist" (a.a.O. 53). Dem materialistischen Idiom müsse erst einmal mindestens soviel Sprachentwicklungszeit gegeben werden wie der Umgangssprache (vgl. 54). - Diese Behandlung des Problems verdankt sich klar erkennbar einer Anwendung der von Kuhn und Feyerabend vertretenen Inkommensurabilitätsthese wissenschaftlicher Theorien, derzufolge Theorien nur *miteinander* konkurrieren, nicht aber anhand irgendeines unabhängigen Maßstabs verglichen werden können (ebenso argumentiert übrigens Rorty 1970, 120). Es muß aber klar gesagt werden, daß im Rahmen eines inkommensurabilistischen Selbstverständnisses des EM nicht mehr begründet werden kann, *warum* denn die FP überhaupt ersetzt werden sollte, wenn doch ein *theoretisches* Konkurrenzverhältnis wegen der mangelnden Vergleichbarkeit nicht bestehen kann. Hier scheint mir der Grund dafür zu liegen, daß Stich und Churchland auf den wissenschaftsanalogen Erklärungsansprüchen der FP bestehen: anderenfalls fiele sie als Konkurrent aus und man müßte sich mit der trivialen Feststellung bescheiden, daß verschiedene Theorien eben verschiedene Antworten auf verschiedene Fragen geben.[74] Vom Naturalisierungsprojekt hätte sich der EM dann endgültig abgekoppelt, denn im Falle inkommensurabler Theorien gäbe es, so Bieri, "auch keinen erkennbaren Sinn, die eine durch die andere *ersetzen* zu wollen, weil es keinen erkennbaren Sinn gibt, in dem die eine *besser* ist als die andere" (Bieri 1987a, 65). Kurz: "If *explananda* are described nonsemantically and nonintentionally, we seem to miss, at the least, what we set out to explain" (Baker 1987,

---

[73] So argumentiert schon Feigl 1958, 470.

[74] Dies scheint Stich inzwischen erkannt zu haben. Seine Vermutung, daß "there are no such things as beliefs", möchte er mittlerweile so verstanden wissen, daß es für diejenigen Entitäten, die die FP Überzeugungen nennt, keine klaren Identitätsbedingungen gibt, und zwar weder in der FP noch in einer kognitionswissenschaftlichen Nachfolgertheorie. Damit stelle sich aber in aller Schärfe das Problem der Referenz der entsprechenden Termini: "When a scientific or commonsense theory turns out to be seriously mistaken in what it says about the entities it posits, there will be generally be no determinate answer to the question: Do the terms of the theory denote?" (1991, 238). Da wir nun *außerdem*, dies die neue Einsicht von Stich, über keine theorienübergreifende Theorie der Referenz verfügen, läuft alles auf ein Patt hinaus: es gibt keine Standards, an denen gemessen die Behauptung des EM, daß die FP schlicht falsch ist, aufrechterhalten werden kann. Aus dem Problem der nicht angebbaren Identitätsbedingungen folgt für Stich also eine *Abschwächung* der eliminativistischen These: "[I]f the eliminativist is right about the shortcomings of commonsense psychology, then the central thesis of eliminativism has no determinate truth conditions" (a.a.O., 241).

105). Bei Annahme radikaler Inkommensurabilität bliebe in der Tat nur noch abzuwarten, welche Theorie in der Lage ist, sich kulturell durchzusetzen; die Frage, warum man die kulturelle Durchsetzung des materialistischen Idioms überhaupt *befördern sollte*, wäre in diesem Rahmen schon nicht mehr zu klären. Im Gegenteil, die kulturrevolutionäre Kraft einer Theorie müßte sich eigentlich darin zeigen, daß sie keine pseudorationale Unterstützung nötig hat.

Feyerabends Flucht nach vorn soll erkennbar dazu dienen, das einschlägige Selbstanwendungsargument ins Leere laufen zu lassen, demzufolge der EM gar nicht mit Geltungsanspruch vertreten werden könnte, wenn er wahr wäre.[75] Transzendentale oder quasi-transzendentale Argumente gegen materialistische Positionen stehen mittlerweile zurecht nicht mehr im Ruf besonderen Scharfsinns. Die Diagnose einer "Selbstwiderlegung" ist ebenso schnell gestellt wie der Opponent sie zurückweisen wird. Um jemandem eine pragmatische Inkonsistenz *nachzuweisen*, muß man ihn dazu bringen, seine Position genau so zu interpretieren, daß seine positiven Behauptungen und deren Präsuppositionen unvereinbar sind. Einer solchen Selbstinterpretation wird sich aber der Eliminative Materialist typischerweise nicht anschließen, und dem Transzendentalisten bleibt nichts außer der eigensinnigen Überzeugung, im Grunde doch Recht zu haben. Nun ist aber der EM noch weitaus radikaler als materialistische Vorläuferpositionen, und daraus ergeben sich neben Vorteilen auch zusätzliche Begründungslasten. Lynne Rudder Baker hat den heroischen Versuch unternommen, das Selbstwiderlegungsargument gegen den EM noch einmal in allen Einzelheiten durchzuspielen. Sie beginnt damit, die bei den Eliminativen Materialisten so beliebten historischen Analogien früherer wissenschaftlicher Revolutionen zurückzuweisen:

> "The natural way to describe these historical episodes is in terms of change of belief - from Aristotelian to Copernican cosmology, from alchemy to elemental chemistry, and so on. If the common-sense conception [of the mental] is false, however, such natural descriptions are barred" (Baker 1987, 123).

Die Disanalogie läuft darauf hinaus, daß bei von den Eliminativen Materialisten angeführten wissenschaftlichen Revolutionen die Nachfolgerpositionen jeweils beanspruchten, den Irrtum der Vorläuferpositionen zu erklären. Wenn nun die FP insgesamt aufgegeben werden soll, fällt dieser Anspruch weg, denn auch der Begriff des kognitiven Irrtums muß als intentionaler Begriff aufgegeben werden. Die historischen Analogien sind also für den EM nutzlos. Stattdessen entsteht Erklärungsbedarf bezüglich der Frage, wie denn "the entire human race could have been misled into uttering all those false ascriptions of beliefs, desires, and intentions" (Baker a.a.O., 125). Soviel ist richtig: man darf dem EM nicht einfach eine Interpretation des Behauptens unterschieben, die er selbst nicht akzeptiert. Damit ist der EM aber nicht jeder Begründungslast ledig. Seine Qualifi-

---

[75] Zur Einschätzung des Selbstanwendungsarguments gegen den EM vgl. Cling 1989.

zierung der FP als unreformierbar "falsch" verlangt eine alternative Interpretation dessen, was es heißt, wahre oder falsche Behauptungen aufzustellen. "Without a new 'account' of how there can be assertion in the absence of belief and intention, we have no way to interpret the claim denying the common-sense conception" (a.a.O., 142). Solange keine Nachfolger für unser begründungstheoretisches Vokabular vorliegen, "it seems that we can neither rationally accept nor assert nor even formulate the thesis denying the common-sense conception of the mental" (147). Es bestünde keinerlei rationale Konkurrenz zwischen FP und EM. Kurz: "To abandon the common-sense conception of the mental would be to relinquish the point of view from which the idea of making sense makes sense" (174). Der kulturrevolutionäre Impetus des EM führt aus diesem Dilemma nicht hinaus, denn wenn es überhaupt keine mentalen Zustände gibt, könnte niemand sich eine solche Revolution vorstellen oder sie auch nur wünschen (vgl. Casey 1973, 90).

Mit dem Inkommensurabilismus eines zuendegedachten Feyerabend ist dem EM ein schlechter Dienst erwiesen. Wir sollten uns eher an Churchland halten, der die Herausforderung annimmt und immerhin ein veritables kulturrevolutionäres Szenario entwirft. Dieses Szenario ist furchterregend genug. Die moderate Version sieht so aus, daß wir nicht mehr am Strand sitzen und das Rauschen der Wellen hören, sondern wir würden "listen to the aperiodic atmospheric compression waves produced as the coherent energy of the ocean waves is audibly redistributed in the chaotic turbulence of the shallows" und auch so darüber sprechen (Churchland 1979, 29; dort auch zahlreiche weitere Beispiele für physikalisierte Beschreibungen). Im Endstadium sprechen wir dann überhaupt nicht mehr: "spoken language of any kind might well disappear completely" (1981, 88), denn wir werden über effektivere Mittel der Informationsübertragung verfügen. Unsere Gehirne werden miteinander verdrahtet sein, so daß wir in derselben Zeitspanne mehrere Zehnerpotenzen mehr bits an Information austauschen können als bisher, denn durch sprachliche Kommunikation seien unsere Gehirne weit unterfordert. Auch an die Kultur hat Churchland gedacht: Unsere neuronalen 'Dialoge' bzw. Datentransfers würden gespeichert und könnten "a growing cultural heritage" darstellen (ebd.). Churchland erspart uns eine Begründung, *warum* eine solche 'brave new world' denn erstrebenswert sein sollte. Wir sollten ihm den Gefallen nicht tun, uns pflichtschuldig über diese Provokation zu entrüsten. Zwar ist das posthumanistische Szenario offenbar vollkommen ernst gemeint, doch scheint mir die Verbindung zur wissenschaftlichen Kritik an den Defiziten der FP sehr lose zu sein, auch wenn Churchland das anders sehen mag. Für die *Wünschbarkeit* der vorausgesagten Kulturrevolution wird bei Churchland nicht mehr eigens argumentiert, sie wird durch einen klassischen naturalistischen Fehlschluß eingeführt.[76] (Schon bei Carnap vermißt man eine offen normative Argumentation da-

---

[76] Über Verbindung zwischen normativer und naturalistischer Erkenntnistheorie sagt Churchland nämlich: "If we can come to understand much more deeply what it is that the machine

für, *warum* wir denn eine physikalistische Reformulierung unseres psychologischen Diskurses über den Menschen anstreben sollten.)

Ich will mich auf dieses Terrain nicht nur deshalb nicht begeben, weil dies den Rahmen sprengte, sondern weil ich die Behauptungen des EM auch unabhängig von diesen Konsequenzen für falsch halte. Meine hauptsächliche Argumentationslinie, die ich aber erst in den späteren Kapiteln entwickeln kann, wird sein, Churchlands oben zitierte Behauptung, die intentionalen Begriffe der FP stünden innerhalb der Wissenschaft "magnificiently alone", in Frage zu stellen. Es könnte ja sein, daß der Szientismus, ob reduktiver oder eliminativer Couleur, mit dem, was er zu überwinden vorgibt, sprachlich stärker kontaminiert ist als er wahrhaben will. Es könnte sein, daß das intentionale Idiom nicht nur in die existierenden naturwissenschaftlichen Fachsprachen eingebaut ist, sondern daß es aus sprachtheoretischen Gründen überhaupt nicht insgesamt zur Disposition stehen *kann*, weil nämlich keine semantischen Ressourcen zur Verfügung stehen, das intentionale Idiom in toto zu ersetzen.[77] Für Davidson ist es der holistische Charakter unseres *conceptual scheme*, der mentale Prädikate unersetzbar macht. Eine Sprache ohne jede mentalen Prädikate sei nicht in die unsere oder in eine uns bekannte Sprache übersetzbar (vgl. Davidson 1974b, 244) und stellt daher überhaupt keine Sprache dar, denn außerhalb der Interpretierbarkeit gibt es keinen Platz für die Idee einer Sprache. Wenn Davidson recht hat, wovon ich überzeugt bin, dann ist Churchlands Flucht nach vorn nur konsequent: dann erfordert die Durchführung des EM eine Abschaffung der Sprache überhaupt, da jede Sprachreform nicht radikal genug sein könnte. Nur wenn die Sprache insgesamt verschwände, wäre Davidsons holistisches Argument aus der Welt. Auch das leidige Problem der Reduzierbarkeit normativer auf deskriptive Sätze wäre dann 'gelöst'. - Meine Argumente gegen die vollständige Synthetisierbarkeit der Einzelwissenschaften werde ich hier nicht wiederholen, obwohl sie gegen Churchlands Proklamation der "greatest theoretical synthesis in the history of the human race" mehr als angebracht wären. Churchlands Wahrnehmung der Wissenschaftsentwicklung ist

---

between our ears is *doing*, then may we find ourselves able to specify what doing it *best* amounts to" (1979, 150). Wie dieses Optimum als ein solches charakterisiert werden kann und warum wir es anstreben sollten, kann ohne zusätzliche normative Auszeichnung dieses "doing it best" nicht begründet werden. Bei Churchland dürfte sich der naturalistische Fehlschluß hinter der evolutionstheoretisch motivierten Einschätzung verbergen, daß "epistemic engines" der Perfektionierung zustreben.

77 Vgl. Hastedt 1988, 140, der die "Vorstellung einer vollständigen Austauschbarkeit einer mentalistischen Psychologie durch eine materialistische, wie sie Feyerabend für möglich hält", als "hoffnungslos naiv" ansieht. - Im Unterscheid zu Hastedt (138) denke ich aber nicht, daß der EM an einer "überzogenen Deutung des 'linguistic turn'" krankt, insofern er mit dem Auswechseln der Sprechweisen den Gegenstand verändert zu haben glaube. Es verhält sich genau umgekehrt: der EM *unterschätzt* die sprachliche Konstitution unserer Erkenntnisgegenstände und möchte sie gerade überspringen, weil unsere Diskurse der Neurophysiologie zuviel Widerstand entgegensetzen. Churchlands Gehirnverkabelungsszenario ist der konsequente Ausdruck dieser generellen Mißachtung der Sprache, die einer Kulturrevolution im Wege steht.

äußerst einseitig, um es vorsichtig auszudrücken. Wer von Synthesis in der Wissenschaft redet, darf von Komplexion und Desintegration nicht schweigen.[78]

Es ist zuzugegeben, daß der kulturrevolutionäre Impetus des EM eine neue Note in die Diskussion bringt, insofern die Parasitismus-Argumente zugunsten der Unhintergehbarkeit der etablierten Sprachspiele durch die Eliminationsstrategie unterlaufen werden. Aber der Preis dafür ist sehr hoch. Daß es das, wovon der mentalistische Diskurs spricht, nicht gibt, daß die Selbstauffassung der Menschen größtenteils *empirisch falsch* war und noch ist, sind "bitterly counterintuitive consequences" (Lycan/Pappas 1972, 151), die sich hart an der Grenze des Sinns bewegen. Man möchte an Wittgensteins (1969, § 469) Bemerkung erinnern, daß "es keinen Sinn hat zu sagen, ein Spiel sei immer falsch gespielt worden". Es kommt hinzu, daß der EM durch die Eliminationsstrategie zwar dem Reduktionsproblem, nicht aber der Aufgabe enthoben ist, die *Durchführbarkeit* einer Kulturrevolution ansatzweise plausibel zu machen, um nicht jeden empirischen Gehalt zu verlieren. Quine hat völlig recht, "the philosopher and the scientist are in the same boat" (1960, 3). Gegen den Strich gelesen, gibt dies einen guten Grund dafür ab, daß weder der naturalistische Erkenntnistheoretiker noch der Eliminative Materialist das Boot versenken, selbst den Untergang überleben und ex nihilo ein neues bauen kann. Einlösen können wir diese Deutung der Neurath-Metapher an dieser Stelle noch nicht; stattdessen möchte ich abschließend noch an zwei Schwächen des EM erinnern, die er mit den anderen hier diskutierten Naturalismen gemeinsam hat.

Zum einen der Glashauseffekt: wie kann Churchland der FP so selbstsicher vorwerfen, sie sei ein degenerierendes Forschungsprogramm, wo doch alle historischen Materialismen inklusive des Physikalismus und des EM ihrerseits auf zukünftige Forschung verweisen mußten, um ihre starken programmatischen Behauptungen aufrechterhalten zu können? Mit einer Position, die sich trotz allen wissenschaftlichen Fortschritts seit ihren Anfängen immer wieder als programmatische formulieren mußte, kann irgendetwas nicht stimmen. Dies hat Feyerabend in schöner Offenheit zugegeben (s.o.): daß das materialistische Programm im Grunde schon vollkommen durchgeführt sein müßte, um die weitreichenden Behauptungen tragen zu können. Der Übergang vom Reduktionsprogramm, welches auch von vielen Materialisten als gescheitert angesehen wird, zur eliminati-

[78] Beide Momente der Wissenschaftsentwicklung sollte man mit Poincaré im Blick behalten: "Wenn wir die Geschichte der Wissenschaft studieren, treten zwei Erscheinungen auf, welche sozusagen einander entgegengesetzt sind: bald versteckt sich die Einheit unter komplizierten Erscheinungen, bald ist im Gegensatze dazu die Einfachheit sichtbar und verbirgt außerordentlich komplizierte wirkliche Vorgänge" (Poincaré, zitiert nach Schäfer 1990, 123). Mit Poincaré und mit Schäfer kann man integrative und desintegrative Momente der Wissenschaftsentwicklung als alternierende *Phasen* auffassen, d.h. "Einfachheit kann nur ein vorübergehender Zustand in der Theorieentwicklung sein, dem die Komplexität folgt, und umgekehrt" (Schäfer ebd.). Die Rede von der totalen Synthesis ist ein szientistischer Mythos, dessen Überzeugungskraft heute nicht mehr zu-, sondern abnimmt.

ven Variante ist in diesem Lichte eher ein verzweifeltes Rückzugsgefecht denn ein Indiz für die angeblich wissenschaftshistorisch sich durchsetzende Überlegenheit des Materialismus. Niemand kann heute ernsthaft bestreiten, daß in der begrenzt möglichen Vorhersage menschlicher Handlungen unsere mentalistische common sense-Psychologie einstweilen ohne echte Konkurrenz ist. Für wie schlecht und vorwissenschaftlich man die FP halten mag, ihrer explanatorischen Leistung gegenüber "the neurophysiological theory of action is infinitely worse off at present" (Føllesdal 1985, 323). Aber Eliminativisten sind nicht zu entmutigen. Staunend hört man immer wieder die Propheten unter ihnen, die da verkünden: "We can predict that intentionality will evaporate in the twenty-first century" (Bridgeman 1990, 598).

Nicht überzeugend ist auch die vom EM stilisierte Alternative zwischen FP und Neurobiologie. Die Disjunktion ist ebenso unvollständig wie Quines Gegenüberstellung von rationaler Rekonstruktion und behavioristischer Psychologie. Warum es ausgerechnet die Neurobiologie sein soll und nicht die Elementarteilchenphysik, die Molekulargenetik oder die Soziobiologie, die die FP ersetzen soll, müßte unabhängig begründet werden. Der großen Synthese wird das Wort geredet, einzelwissenschaftlich wird de facto verfahren, ohne daß aber eine bestimmte Theoriesprache mit Gründen als angemessen ausgezeichnet würde. In Abwesenheit einer erfolgreichen theoretischen Reduktion des Plurals der Einzelwissenschaften sollen wir einer unausgewiesenen Homogenitätsunterstellung Glauben schenken, einer traurigen Schrumpfform des einheitswissenschaftlichen Programms.

2 Naturalismus und Sprache

Wir haben insbesondere am Beispiel des Physikalismus und des Eliminativen Materialismus gesehen, daß sich in den naturalistischen Positionen des 20. Jahrhunderts die Tendenz durchsetzt, den Naturalismus als *Sprachreformprogramm* zu verstehen. Dafür hatten wir ein gewachsenes Problembewußtsein bezüglich ontologischer Formulierungen des Naturalismus verantwortlich gemacht. Zur Verwendbarkeit von Slogans wie "Alles ist Natur" oder "Es gibt nur Materielles" führt wohl kein sprachtheoretisch aufgeklärter Weg mehr zurück, seit auch innerhalb des naturalistischen Lagers das Reduktions- bzw. Übersetzungsproblem in aller Schärfe wahrgenommen wird.

Aber auch unabhängig davon sollten wir einmal grundsätzlich nach dem Verhältnis von Naturalismus und Sprache fragen. Dieses Verhältnis hat eine interne und eine externe Dimension, so daß hier zwei Fragen unterschieden werden müssen: 1) Ist die Sprache, in der wir unser Selbst- und Naturverständnis formulieren, einer naturalistischen Philosophie angemessen bzw. kann sie es werden?, sowie

2) Wie läßt sich eigentlich das *Phänomen* der Sprache, das über die Natur hinauszuragen scheint, in einer naturalistischen Philosophie unterbringen?

Frage 1 ist Thema dieses Buches. Als ein Überblick über naturalistische Strategien zur Behandlung der Frage 2 müssen die folgenden Bemerkungen und der sich anschließende Exkurs zur 'Sprache der Natur' genügen.

Naturalistische Philosophen haben schon früher gesehen, daß nicht nur der faktische Zustand, sondern schon das Phänomen der menschlichen Sprache für ein durchgängig naturalistisches Welt- und Selbstverständnis ein Problem darstellt. Insbesondere diejenigen Naturalisten, die nicht schon Szientisten sind, sondern noch einen naturphilosophisch ausgezeichneten Begriff von Natur mitbringen, hatten sich damit auseinanderzusetzen, daß die Sprache den Menschen auf bestimmte Weise aus der Natur heraushebt. Man kann fünf naturalistische Strategien unterscheiden, diesen Stolperstein aus dem Weg zu räumen und die menschliche Sprache als Phänomen sui generis zu neutralisieren:

a) *Die menschliche Sprache ist auch bloß Natur,* denn sie ist ein Evolutionsprodukt. Die Sprache läßt sich wie die anderen höheren kognitiven Fähigkeiten in Kontinuität zu unserer natürlichen biologischen Ausstattung erklären. Dies ist die Auffassung Quines, der Evolutionären Erkenntnistheorie und, mit einigen Abstrichen, die der Philosophischen Anthropologie.

b) *Die menschliche Sprache ist ein naturgeschichtlich ephemeres Phänomen und sie wird wieder verschwinden.* Dies ist die bereits diskutierte Auffassung des von Churchland radikalisierten Eliminativen Materialismus.[1] Von geschichtsphilosophischen, kosmologischen oder evolutionstheoretischen Untergangsszenarien unterscheidet sich diese Auffassung dadurch, daß sie den *homo sapiens* nicht überhaupt aussterben läßt, sondern nur seine Sprache.

c) *Die Natur spricht selbst.* Dies ist der pansemiotische Topos einer 'Sprache der Natur', demzufolge die Natur selbst ein umfassendes nichtarbiträres Zeichensystem darstellt. Diese Auffassung ist zum letzten Mal in der romantischen Naturphilosophie vertreten worden, erlebt aber in neueren informations- und bedeutungstheoretischen Ansätzen, in denen natürlichen Strukturen eine intrinsische Repräsentationsfunktion zugesprochen wird, eine Auferstehung. Es besteht eine Affinität zu a): Ist die Natur erst als Sprechende identifiziert, kann auch die menschliche Sprache als Teilsprache der Sprache der Natur angesehen werden.

d) *Die menschliche Sprache folgt der Natur, indem sie natürliche Sachverhalte nichtkonventionell repräsentiert oder das 'Wesen der Dinge' nichtkonventionell bezeichnet.* Die Natürlichkeit der 'Namen' der Dinge oder der Repräsentation von Sachverhalten wird auf verschiedene Weise hergeleitet: durch die platonische

---

1 Im EM markiert diese Auffassung das Bindeglied von Frage 1 und Frage 2: unsere existierenden Sprachspiele sind unserem Status als informationsgewinnende physische Systeme derart unangemessen und unreformierbar falsch, daß die Sprache am besten *insgesamt* verschwünde und unsere Gehirne über elektrische Signale miteinander kommunizierten.

Ideenlehre, durch die Lehre von der göttlichen Namensgebung oder durch die onomatopoetische Sprachentstehungstheorie.

e) *Durch den Menschen spricht seine Natur bzw. die Sprache selbst.* Dies ist die Auffassung von Foucault, Heidegger und Freud, wobei die Sprache entweder als Triebnatur des Menschen, als Seinsgeschick oder als durch gesellschaftliche Machtverhältnisse präformierte Selbstbewegung des Diskurses verstanden wird. Diese Auffassungen neutralisieren die transnaturale Sonderstellung der menschlichen Sprache, indem sie die allgemein mit ihr verbundenen Implikationen von Autonomie, Subjektivität, Bewußtheit und Rationalität leugnen und somit den *Status* der Sprache uminterpretieren.

Die ersten beiden Strategien sind zum Teil an anderer Stelle dieser Studie verhandelt, die fünfte sprengt meinen Rahmen, zumal man sie kaum noch naturalistisch nennen kann. Der Auffassung c) und ihrer Stützung durch d) möchte ich nicht bloß der Vollständigkeit halber, sondern wegen der systematischen Wichtigkeit der Natursprachenthese für die Dialektik von Naturverständnis und Selbstverständnis des Menschen einen Exkurs widmen, denn diese Dialektik ist mein Thema, auch wenn ich ohne diesen Begriff auszukommen hoffe.

2.1 Sprache der Natur und Kausaltheorie der Repräsentation

Die These einer 'Sprache der Natur' besagt, daß die Natur selbst ein umfassendes nichtkonventionelles Zeichensystem oder einen Symbolzusammenhang darstellt, durch den sie sich all denjenigen offenbart, die dieses 'Buch der Natur' zu lesen imstande sind.

Eco (1973, 111ff) hat diese Auffassung treffend als "pansemiotische Metaphysik" bezeichnet. Die Natursprachenthese tritt in der europäischen Geistesgeschichte in verschiedenen Formen auf,[2] ist aber regelmäßig durch eine bestimmte sprachtheoretische Auffassung gekennzeichnet, die in unterschiedlicher Radikalität durchgeführt wird. Gemeinsam ist allen Natursprachentheoretikern ein Protest gegen die seit Platons *Kratylos* immer wieder angegriffene Konventionalitäts- oder Arbitraritätsthese des Zeichens. Radikalere Vertreter lösen darüberhinaus die Zeichenhaftigkeit von Bedeutungsträgern überhaupt aus dem Zusammenhang der menschlichen Interpretantengemeinschaft heraus; das natürliche Zeichen sei weder menschlichen Ursprungs noch sei seine Dechiffrierbarkeit vorab garantiert.

Zunächst einige historische Formulierungen dieses Topos einer objektiven Semiotik der Natur:

---

2 Meine Quellen sind die Studien und Materialsammlungen von Zimmermann 1978, Rothacker 1979, Böhler 1981, Blumenberg 1981 und H. Böhme 1988.

Paracelsus: "[N]ichts ist ohne ein Zeichen; das ist, die Natur läßt nichts von ihr gehen, ohne daß sie das nit bezeichnet, das in ihm ist" (zit. nach H. Böhme 1988, 55).

Jakob Böhme: "Ein jedes Ding hat seinen Mund zur Offenbarung. Und das ist die Natursprache daraus jedes Ding aus seiner Eigenschaft redet und sich immer selbst offenbahret" (Böhme 1622, 276).

Karl Philipp Moritz: "Ist nicht alles in der Natur voller Bedeutung, und ist nicht alles Zeichen von etwas Größern, das in ihm sich offenbaret? [...] Auf diese Weise wird alles, was uns umgiebt, zum Zeichen; es wird bedeutend, es wird zur Sprache" (Moritz 1793, 201f).

Friedrich Schlegel: "Auch die Natur redet in ihrer stummen Bilderschrift eine Sprache; allein sie bedarf eines erkennenden Geistes, der den Schlüssel hat, und zu brauchen weiß" (Schlegel 1828, 39).

Novalis: "Der Mensch spricht nicht allein - auch das Universum *spricht* - alles spricht - unendliche Sprachen" (Novalis 1929, 267f).

Vermittelt sind diese Auffassungen regelmäßig über den *Symbolbegriff* oder ein funktionales Äquivalent, denn es bedarf ja unter Annahme der Nichtkonventionalität einer Begründung dafür, daß es sich überhaupt um eine zeichenhafte Struktur handelt. Die Symbolhaftigkeit eines Zeichens soll im nichtarbiträren Verhältnis zwischen signifiant- und signifié-Seite des Zeichens bestehen. Leider findet sich bei keinem der zitierten Autoren eine semiotisch befriedigende Erläuterung des Symbolbegriffs; die einschlägigen Erläuterungen laufen in der Mehrzahl auf die semiotisch absurde Behauptung hinaus, daß beim Symbol Zeichen und Bezeichnetes *zusammenfallen*. Diese Auffassung läuft, nimmt man sie wörtlich, auf einen Kategorienfehler hinaus, denn Zeichen*körper* und Repräsentiertes können schwerlich identisch sein. Herder erläutert den Symbolbegriff folgendermaßen: "Jedes Ding bedeutet, d.i. es trägt die Gestalt dessen was es ist; die darstellendsten, ausdrückendsten, prägnantesten sind also die *Natursymbole*" (Herder 1800, 322f). Ähnlich heißt es bei A. W. Schlegel: "[J]edes Ding stellt zuvörderst sich selbst dar, d.h. es offenbart sein Inneres durch sein Äußeres, sein Wesen durch die Erscheinung (es ist also Symbol für sich selbst)" (Schlegel 1884, 83).

Die Lehre vom Natursymbol, welches *kraft seiner inhärenten Eigenschaften* bedeutet und sein 'Inneres' durch sein 'Äußeres' offenbart, wird nicht zuletzt dadurch notwendig, daß im 18. Jahrhundert, anders als in der mittelalterlichen Tradition, als Autor des Buches der Natur nicht mehr selbstverständlich Gott eingesetzt werden kann. Während die üppige Buchmetaphorik der christlichen Tradition durch die Lehre von der natürlichen Offenbarung Gottes in der Natur legitimiert war - Gott habe zwei Bücher geschrieben, die Bibel und das Buch der Natur (Augustinus, Paracelsus) -, findet nun eine charakteristische Umdeutung des Prozesses der Zeichengenese statt. Ein Gegenstand muß nicht von einer subjektanalog gedachten Instanz als Zeichen *produziert* und *intendiert* sein, um Bedeutung zu tragen, sondern die Bedeutungshaftigkeit wird als eine Art Emanation der Dinge selbst verstanden, die dadurch ihr Wesen offenbaren. Wie Eco sagt: "[N]icht der Mensch formt die Sprache, um die Dinge zu beherrschen, sondern die Dinge, die Natur oder das Sein manifestieren sich durch die Sprache; Sprache ist die Stimme des Seins, Wahrheit nur das Sichenthüllen des Seins mittels der Sprache. Akzeptiert man diese Annahme, dann bleibt weder Semiotik noch Zeichentheorie; es bleibt nur eine beständige und leidenschaftliche Befragung der Zeichen, die *Hermeneutik*" (Eco 1973, 114). Der Sprachbegriff selbst muß dabei notwendig unscharf bleiben; so gilt A. W. Schlegel als Sprache "alles, wodurch sich das Innere im äußeren offenbart" (1795, 152). - Für die Natursprachentheoretiker ist es auch kein Widerspruch, daß ein Naturgegenstand zugleich Verschiedenes bedeuten kann. Jedes Ding kann, so stellt Huizinga (1941, 219) in bezug auf die mittelalterliche Symbolik fest, "mit seinen verschiedenen Eigenschaften gleichzeitig Symbol für vielerlei sein, es kann auch mit ein und derselben Eigenschaft verschiedenes bezeichnen; die höchsten Dinge haben tausenderlei Symbole".

Es bedarf nun keines besonderen Scharfsinns, die pansemiotische Metaphysik als sprachtheoretisch unaufgeklärt zu kritisieren, wie Eco es mit Recht tut. Dabei ist nichts auszusetzen an der Auffassung, daß alles Zeichen sein *kann*. "Alles kann Symbol des Andern seyn", sagt Novalis (1929, 298), was wir aber aus moderner Perspektive so interpretieren sollten, daß beliebige Gegenstände und Strukturen durch Interpretationsleistungen zu Zeichen *werden* können. In einer unumkehrbar entmythisierten Natur, die wir als uns gegenüber völlig indifferent ansehen müssen, *ist* nichts schlechthin Zeichen eines anderen. Vielmehr muß Schlegels "gegenseitige Verkettung aller Dinge durch ein ununterbrochenes Symbolisieren" (1884, 83) vom Kopf auf die Füße gestellt werden; eine *objektive* Semiotik stünde der Interpretationsoffenheit der Welt, an der den Romantikern nicht zuletzt gelegen ist, geradezu entgegen. Man muß die "[u]nendliche Ausdeutbarkeit der Welt", von der Nietzsche (1956, 495) spricht, nicht leugnen, doch rührt sie zum einen aus der Vielfalt konventioneller Zeichensysteme, zum anderen aus unserer kreativen Fähigkeit, Naturgegenstände immer wieder unterschiedlich zu kontextualisieren und sinnfällige Relationen zwischen ihnen herzustellen. So erhebt sich der Verdacht, daß die Idee der sprechenden Natur sich einer Projektion der Sprachfähigkeit des *animal symbolicum* verdankt. Um uns Exkurse zur historischen Gerechtigkeit zu ersparen, beschränke ich mich auf die Einschätzung, daß man den objektiven Pansemiotismus zumindest *heute* nicht mehr aufgeklärt vertreten kann. Wer auf die theologische Offenbarungsidee nicht mehr zurückgreifen möchte, müßte die verwaiste Stelle des Autors des Buchs der Natur anderweitig besetzen können, und dies scheint unter Bedingungen der Moderne aussichtslos zu sein.

Gleichwohl gibt es einflußreiche zeitgenössische Transformationen der Natursprachenthese. Um zu ihnen überzuleiten, möchte ich eine Differenzierung zwischen einer stärkeren und einer schwächeren Bedingung dafür vorschlagen, daß wir einen Naturgegenstand oder -prozeß als bedeutungshaltig ansehen. Die stärkere ist die *Intentionalitätsbedingung*, die schwächere die *Interpretierbarkeitsbedingung*. Die erstere wird durch Putnams Geschichte von der Ameise verdeutlicht, die im Sand umherkriecht und dabei eine Linie hinterläßt, die wie ein Portrait von Winston Churchill aussieht (vgl. Putnam 1981, 1f). Ähnliche Beispiele sind von vielen Autoren ersonnen worden. Wer kennt ihn nicht, den Affen an der Schreibmaschine, der rein zufällig den *Hamlet* reproduziert. Nach der Intentionalitätsbedingung wäre der Grund dafür, daß wir die Spur der Ameise keine Repräsentation Churchills, das Elaborat des Affen kein literarisches Werk nennen, der, daß mit der Erzeugung *keine Repräsentationsabsicht* verbunden sein konnte, weil der Produzent weder über das Zeichensystem verfügte noch über einen Begriff davon, was er da repräsentierte. Von Sprache im engeren Sinne scheinen wir also nur zu sprechen bereit zu sein, wenn der Produzent ein intentional zeichenverwendendes Subjekt ist. - In anderen Fällen aber scheint die Intentionalitätsbedingung zu stark zu sein: Biologen sprechen zwanglos von einer "Sprache der Bienen", von "Zellkommunikation" und dem "genetischen Code", Chemiker von "chemischen Botenstoffen", Informatiker von Computern als "informationsverarbeitenden Systemen" mit "semantischen Repräsentationen". Es scheint nun überzogen, allen denjenigen, die das Vokabular der Informationsverarbeitung in intentionalitätsfremden Kontexten verwenden, einen Rückfall in den Animismus vorzuwerfen. Grundsätzlich ergeben sich hier zwei Möglichkeiten: Entweder spricht man von einer *metaphorischen* Verwendung des semantischen Vokabulars, oder aber man erweitert den Anwendungsbereich für eine wörtliche Verwendung, indem man die Bedingungen abschwächt und nur noch verlangt, daß der Prozeß als Repräsentation oder Information *interpretierbar* sein muß, sei er nun intentional entstanden oder nicht. Wenn mich meine Intuitionen nicht völlig trügen, reservieren wir den Begriff der Sprache meist für das Erfülltsein der stärkeren Intentionalitätsbedingung, während wir von Information auch in Kontexten der zweiten Art sprechen. Doch will ich nichts präjudizieren. - Was nun oft übersehen wird, ist, daß auf der Ebene der Interpretierbarkeitsbedingungen das Intentionalitätsproblem noch einmal auftritt: Muß, damit wir von Information sprechen können, der *Interpretant* seinerseits ein Subjekt mit intentionalen Zuständen (z.B. mit Überzeugungen und Erwartungen) sein, oder ist es möglich, Informationsverarbeitung völlig in Naturprozessen zu fundieren, d.h. auf Produzenten- *und* auf Rezipientenseite? Nur wenn dies gelänge, wäre es in den o.g. genannten Beispielen ("chemische Botenstoffe" etc.) legitim zu sagen, daß die Information *eine Information für den Adressaten* darstellt, während im ersten Falle die Anwendbarkeit des Diskurses der Informationsverarbeitung von der Existenz von (menschlichen) Beobachtern abhinge, die es aus bestimmten Gründen sinnvoll finden, "den intentionalen Standpunkt einzunehmen" (Dennett). Eine Informations- oder Bedeutungstheorie, die in ihrer objektivistischen Rekonstruktion des Repräsentierens die Intentionalität des Interpreten methodisch ausblendet, kann nicht als naturalistisch gelten. Aus diesem Grunde werde ich im folgenden keine dem behavioristischen Paradigma verhafteten Versuche wie denjenigen Carnaps (1955) behandeln, den Bedeutungsbegriff zu objektivieren. Insofern Carnap nämlich für den Nachweis der Korrelierbarkeit von Bedeutungen und beobachtbarem Sprachverhalten einen Feldlinguisten einführt, dessen eigene Leistungen nicht naturalisiert werden,[3] handelt es sich allenfalls um einen halbierten Naturalismus.

Wer nun gegenüber einem Naturprozeß den intentionalen Standpunkt einnimmt, entschließt sich, den fraglichen Prozeß so zu beschreiben, *als ob* er ein intentionaler wäre. Dies ist nicht von vornherein illegitim. Tatsächlich kommt dem Topos vom Buch der Natur *als Metapher* eine immense heuristische und interpretative Bedeutung zu, wie Blumenberg (1981) eindrucksvoll historisch aufgefächert hat. Mit der Qualifizierung einer Beschreibung als metaphorisch fangen die Probleme allerdings erst an. Man sollte sich davor hüten, die Rolle von Metaphern zu verharmlosen ('*nur* eine Metapher'), solange die kognitive Funktion des metaphorischen *Als ob* nicht genauer untersucht ist.

Die echten Natursprachentheoretiker, die historischen wie die zeitgenössischen, wollen dagegen von Metaphorizität nichts wissen. Viele Autoren, die der wissenschafts- und sprachtheoretischen Naivität unverdächtig sind, bestreiten heute rundweg den metaphorischen Charakter der Rede der Informationsverarbeitung in der Anwendung auf biologische Prozesse (vgl. etwa Küppers 1986). Sie halten die Rede vom "genetischen Code" für eine angemessene wörtliche Beschreibung der fraglichen Naturvorgänge. Dem stehen zunächst sprachtheoretische Intuitionen entgegen, die man wie folgt zusammenfassen könnte:

Der Grund dafür, daß wir den genetischen Code als eine *verschlüsselte Schrift* ansehen, ist der, daß es *uns* Zeit und Mühe gekostet hat, ihn zu knacken. Den Molekülketten sind diese Schwierigkeiten fremd. Zugleich ist die Rede von der Verschlüsselung nur unter der Bedingung sinnvoll, daß ihre Entschlüsselung im Prinzip möglich ist, wenn auch nicht notwendig für den menschlichen Leser. Immerhin könnte die Komplexität des genetischen Codes menschliche Fassungskraft übersteigen. Zur Not muß, um die Rede von Ver- und Entschlüsselung sinnvoll zu machen, der große Verschlüsseler einspringen und sein Korrelat, eine fiktive Weltintelligenz nach Art des Laplaceschen Dämons (vgl. Blumenberg 1981, 376). - Ist der genetische Code denn wenigstens eine *Anweisung*, wenn er schon eine *verschlüsselte* Anweisung nur für den menschlichen Interpreten ist? Die

---

3 So kommt dem Linguisten beispielsweise die Aufgabe zu, Sprachverwendungssituationen geschickt zu arrangieren, ja er soll sogar kontrafaktischen Sprachgebrauch erfragen (vgl. Carnap 1955, 38).

Frage ist schwieriger zu beantworten. Ich werde unten ein Argument dafür vorstellen, daß der Anweisungscharakter einer Information davon abhängt, ob wir dem Adressaten Freiheitsgrade unterstellen können, und sei es deshalb, weil wir sein Verhalten physikalisch nicht vollständig spezifizieren können. Wenn der Adressat der Information sich unter den beschriebenen Bedingungen *nicht* hätte anders verhalten können, fällt die 'Informationsverarbeitung' mit dem kausalen Mechanismus zusammen und das Vokabular der Informationsverarbeitung verliert seine Erklärungskraft.[4] Die Anwendbarkeit dieses Vokabulars wird deshalb unter deterministischen Voraussetzungen vom Grad unserer Unkenntnis der Mikrostruktur des betreffenden Systems abhängen. Tatsächlich gibt es ja bei der Replikation der DNS-Stränge eine minimale Quote an 'Kopierfehlern', deren normative Qualifizierung als *Fehler* aber davon abhängt, welche Beschreibungsebene wir wählen. So ist die explanatorische Kraft der Theorie vom genetischen Code wissenschaftshistorisch keine invariante Größe; sie ist eine abhängige Variable des theoretischen Fortschritts.[5]

Auf die Anwendungsbedingungen des Informationsbegriffs in biologischen Kontexten wird noch zurückzukommen sein. Die Vertreter der romantischen Natursprachenthese haben aber in der Regel den Fall im Sinn, in dem Menschen die Adressaten sind. Tatsächlich gibt es Fälle, in denen wir keine zeichenproduzierenden Subjekte annehmen können und in der Interpretationsleistung auch nicht den intentionalen Standpunkt einnehmen und gleichwohl von 'Zeichen' sprechen, nämlich bei solchen mit einer (mißverständlich) von Grice so genannten "natural meaning". So kann man z.B. sagen, rote Flecken auf der Haut 'bedeuteten' oder seien ein 'Zeichen für' Masern (vgl. Grice 1957, 377f). Der Zeichencharakter der roten Flecken kommt dadurch zustande, daß wir sie auf dem Hintergrund des *Wissens* über einen bestimmten *kausalen* Zusammenhang als Zeichen, besser: als *An*zeichen zu lesen gelernt haben. Eben deshalb wollte

---

4 So kommt Bennett (1964) in seiner eingehenden Analyse der 'Sprache der Bienen' zu dem Ergebnis, daß die Bienentänze keine der menschlichen Sprache analoge Sprache darstellen, weil die Bienen die Regeln ihres Kommunikationssystems nicht produktiv handhaben können. Beispielsweise können sie sie nicht verletzen, was aber zum Verfügen über eine Regel gehört. - Wenn ich gegenüber der Natursprachenthese auf der *Konventionalität* jeder Sprache, die ihren Namen verdient, bestehe, dann soll also keinesfalls impliziert sein, daß diese Konventionen nicht verletzt werden können. Die Einsicht, daß auch im Normalfall gelingender sprachlicher Kommunikation die produktive Abwandlung und Verletzung von Regeln ständig vorkommt, gewinnt auch in sprachphilosophischen Kreisen an Boden, die dieser Einsicht nicht immer aufgeschlossen gegenüberstanden. Ein prominentes Beispiel ist Davidson (1986). Bedingung der Interpretierbarkeit abweichender Äußerungen bleibt allerdings, daß jeweils der größere Teil der von Sprecher und Hörer geteilten Überzeugungen intakt bleiben muß.

5 Dieser Gedanke ist bei Blumenberg ausgeführt: "Wenn begriffen ist, wie das Genom es 'macht', ständig identische Spezialitäten von Eiweißen produzieren zu lassen, braucht es nicht mehr als der Text betrachtet zu werden, nach dessen Rezeptur verfahren wird. Wissenschaft zerstört unausweichlich den Fundus ihrer Rechtfertigungen, die immer anthropotrope Elemente enthalten" (a.a.O., 408; vgl. 405f).

Carnap die "Geste des Herbeiwinkens" mit einer Klasse von Armbewegungen identifizieren: weil er die Geste als *Anzeichen* versteht, nicht als Zeichen. Interpretierbarkeit muß also nicht zwangsläufig auf einer kontrafaktischen, aber heuristisch fruchtbaren Intentionalitätsunterstellung beruhen; bei den 'natürlichen Zeichen', wenn man sie denn so nennen will, reicht das Wissen um eine Kausalverbindung oder um eine regelmäßige Koinzidenz. Zur Vermeidung von Konfusionen und Mißverständnissen sollten wir aber auf eine Unterscheidung von *Zeichen* (konventionell) und *Anzeichen* oder *Symptom* (kausal) nicht verzichten.[6] Der Slogan "Isomorphie schafft Bedeutung" (Hofstadter 1979, 53) ist in dieser Form falsch. Was Bedeutung schafft, ist die *Wahrnehmung* von Isomorphien durch interpretationsfähige Subjekte. Ich möchte behaupten, daß die *Konfusion von Symptom und Zeichen* den Kardinalfehler aller Natursprachentheorien darstellt.

Wir haben insgesamt vier Fälle zu unterscheiden: 1) menschliche Sprache mit voller Sprachkompetenz und Intentionalität auf Sprecher- und Hörerseite; 2) nicht intentional produzierte natürliche Anzeichen, die wir durch Wissen um eine Kausalverbindung als solche interpretieren; 3) nicht intentional produzierte Information, die wir durch Einnahme des intentionalen Standpunkts per analogiam als solche interpretieren (z.B. - nach *meiner* Zuordnung - chemische Botenstoffe, genetischer Code, Repräsentationen im Computer); 4) nicht intentional produzierte Information *ohne* menschlichen Interpretanten, die restlos in Naturprozessen aufgeht. - Die vierte Klasse halte ich im Unterschied zu vielen Naturalisten für leer. Es liegt auf der Hand, daß die Entscheidung für eine der genannten Optionen bezüglich der Anwendungsbedingungen des Sprach- und Informationsbegriffs von größter Bedeutung für die Begründbarkeit von Positionen ist, die sich gegenseitig anthropomorpher oder physiomorpher Projektionen bezichtigen.

Nun kann die Assimilation von Zeichen und Anzeichen, die ich den Natursprachentheoretikern vorwerfe, entweder unabsichtlich oder absichtlich geschehen. Die aktuellen naturalistischen Bedeutungstheorien unterscheiden sich von den älteren Ansätzen dadurch, daß sie das Problem semiotisch durchschauen und daher offensiv darangehen, den Hiatus von kausalem Symptom und konventionellem Zeichen zu überbrücken.

Bevor wir zu diesen Theorien übergehen, verdient die Darstellung der romantischen Natursprachentheorien noch eine historische Abrundung. Wir hatten den pansemiotischen Topos von der 'Sprache der Natur' als Beispiel für eine naturalistische Einführung des Sprachbegriffs ins Spiel gebracht, die die *menschliche*

---

6 Zur Ehrenrettung der Natursprachentheoretiker muß gesagt werden, daß sie mit ihren 'natürlichen Zeichen' in der Regel ein symptomatisches Naturverstehen im Sinn hatten. Sowohl das Entziffern der romantischen Hieroglyphe als auch die mit großem Ernst betriebene Physiognomik (Lavater, Herder, Goethe) beschäftigen sich mit eher mit wie auch immer vermittelten symptomatischen denn mit symbolischen Zusammenhängen. Doch hatten die Naturphilosophen selbst keinen klaren Begriff von diesem Unterschied, weil sie in der Lehre vom Natursymbol den Symbolbegriff so spekulativ überhöhten, daß er das Symptomatische mit umfaßte.

Sprache als Phänomen sui generis zu neutralisieren sucht. Wir dürfen aber die Motivation für den Pansemiotismus nicht unterschlagen. Hinter dem naturalistisch totalisierten Sprachbegriff steht eine bestimmte Auffassung über das *Naturverhältnis des Menschen*, welches seinerseits als für sein Selbstverständnis konstitutiv gedacht wird. Dietrich Böhler hat in einer begriffsgeschichtlichen Studie die "ursprünglich sympathetische Bedeutung des Topos Buch der Natur" herausgestellt. Zur Vorgeschichte des Topos gehört das griechische Mikrokosmos-Makrokosmos-Schema, demzufolge der menschliche Zugang zur Natur im "Verstehen des Kosmos als einem Sinnzusammenhang, dem der Mensch selber angehört", bestand (Böhler 1981, 73).[7] Die dadurch gewährleistete Intelligibilität der Natursphäre konnte erkenntnistheoretisch durch die peripateische These "Nur Gleiches kann Gleiches erkennen" abgestützt werden. In der christlichen Tradition kommt der Gedanke der natürlichen Offenbarung Gottes im *liber naturae* hinzu. Durch das ganze Metaphernfeld wird die menschliche Naturerkenntnis an die kommunikative, quasi-dialogische Einstellung des Sinnverstehens assimiliert (vgl. Böhler 74). Die Suggestion der Buchmetapher war derartig stark, daß sich im 17. Jahrhundert auch die entstehenden exakten Naturwissenschaften noch ihrer bemächtigt haben, freilich nicht in der sympathetischen Version, sondern in einer szientifisch-konstruktivistischen Umdeutung, die ihren locus classicus in Galileis Formulierung findet, das Buch der Natur sei in mathematischen Lettern geschrieben. Den vorläufigen Endpunkt der Karriere der Metapher, für deren Nachzeichnung ich noch einmal auf die eindrucksvolle Arbeit von Blumenberg verweise, markiert die Rede vom genetischen Code.

Für uns ist wichtig, wie in diesem Paradigma der Sprache der Natur die Entstehung und das Wesen der *menschlichen* Sprache untergebracht werden. Insofern der Mensch selbst Natur ist, ist seine Sprache die der *menschlichen Natur*, wobei wiederum die Ablehnung der Konventionalitätsthese die entscheidende Rolle spielt. Der Selbstoffenbarung der natürlichen Gegenstände in ihrer äußeren Gestalt entspricht die Expression der inneren Natur des Menschen in elementaren Lauten und Gebärden. Hier läßt sich die unmittelbar expressive "langue des passions" des "homme sensuel" bei Rousseau anführen, aber auch Herders Gedanke eines unverstellten mimetischen Ausdrucks unserer inneren Natur durch ein "Wörterbuch der Seele" (Herder 1772, 51). Die Idee scheint eine große Faszination auszustrahlen, daß es eine unmittelbare expressive Repräsentation unserer 'inneren Natur' geben müsse, in der sich vorzugsweise der Bereich unserer emotionalen Regungen Ausdruck verschafft; zwar in sprachlicher oder protosprachlicher Form, aber ohne vorgängige Konventionalisierung. Die "Bewegungen der

7 Das Bedürfnis, dieses sympathetische Verhältnis zur Natur zu restituieren, war wohl niemals frei von einer dionysisch-regressiven Sehnsucht nach Selbstentgrenzung und Ich-Auflösung. Hölderlins Hyperion wünscht sich "eines zu sein mit allem, was lebt, in seliger Selbstvergessenheit wiederzukehren ins All der Natur".

Sprechwerkzeuge" werden "durch innere Affektionen veranlaßt"; Schlegel spricht auch hier von "natürlichen Zeichen", d.h. "solchen, die in einem wesentlichen Zusammenhange mit dem Bezeichneten stehen" (Schlegel 1884, 239).

Manche Autoren, beispielsweise Platon, Vico und Schlegel, haben versucht, diesen "wesentlichen Zusammenhang mit dem Bezeichneten" sprachgeschichtlich daraus herzuleiten, daß die expressiven 'Naturlaute' des Menschen *onomatopoetisch* entstanden seien. Dieser spekulativen, doch in evolutionärer Perspektive nicht unplausiblen These zufolge hat sich die menschliche Sprache aus einsilbigen 'Urworten' entwickelt, die entweder einen Naturlaut onomatopoetisch wiedergaben oder als reine Empfindungslaute einen Affekt wie Schmerz, Schreck oder Lust ausdrückten (vgl. Vico 1744, 99 und 193).[8] Dasselbe behauptet Schlegel: die Sprache sei "entweder aus Tönen der Empfindung ganz allein oder aus Nachahmungen der Gegenstände ganz allein oder aus beiden zusammen entstanden" (1795, 151). Auch Herder spricht von einer "Sprache der Empfindung, die unmittelbares Naturgesetz ist" und aus "Naturtönen" besteht (1772, 6 und 9), ohne sich aber der onomatopoetischen Theorie anzuschließen. Condillac treibt die Auffassung vom natürlichen Ursprung der Sprache bis zu der Behauptung, in der Wüste ausgesetzte Kinder könnten eine Sprache erwerben, indem sie lernten, "mit dem Geschrei der Empfindungen die Gedanken zu verbinden, deren natürliche Zeichen jene sind".[9]

Aus dem natürlichen Ursprung der Sprache versuchen zeitgenössische Naturalisten kaum noch Profit zu ziehen, nicht einmal die Evolutionäre Erkenntnistheorie. Auch Quines Spracherwerbstheorie ist völlig anders gelagert. Die Rekonstruktion ist wohl zu spekulativ, der Weg vom expressiven Naturlaut zum hochkomplexen Sprachsystem mit konventionalisierter Semantik zu weit, als daß man durch genetische Argumente die menschlichen Sprache in ihrem heutigen Zustand in einem interessanten Sinne naturalisieren könnte. Insbesondere mit der Rückführung auf Onomatopoese kommt man nicht weit, wie sich im interkulturellen Sprachvergleich schon an einfachen Beispielen wie den Tiernamen zeigen läßt (vgl. dazu Coseriu 1982).

Die Romantiker verbanden mit ihrer fragwürdigen Ausweitung des Sprachbegriffs auf eine Sprache der Natur andere Intentionen: ihr eigentliches Interesse galt einer *ästhetischen Restitution* der *verlorenen* Sprache der Natur durch eine "poetische Ursprache" (Schlegel), die im Zeichen einer Versöhnungsutopie von

---

8 Vico schließt die lautmalerische Natursprache zusätzlich mit einer adamitischen Ursprungssprache kurz, der "heilige[n] Sprache Adams, [...] dem Gott die göttliche Onomathesia, d.i. Namengebung nach dem wahren Wesen jedes Gegenstandes gewährte" (Vico 1744, 168). Die Idee der adamitischen Ursprache findet sich noch bei Hamann und bei Walter Benjamin. Herder weist in seiner *Abhandlung über den Ursprung der Sprache* die Behauptung der göttlichen Herkunft als "Unsinn" zurück (1772, 122).

9 Zitiert nach Herder (1772, 17), der diese Auffassung scharf kritisiert.

Kultur und Natur stand.[10] Zumindest bei den Romantikern dürfte es sich bei der Rede von der Natursprache eher um ein naturalistisches Selbstmißverständnis einer primär ästhetisch und ethisch motivierten Position handeln. Mich überzeugt Zimmermanns Fazit (1978, 244): "Rückblickend erscheint der außerordentliche Einfluß, den die Idee einer 'Sprache der Natur' in der ästhetischen Diskussion jener Zeit gespielt hat, vor allem als ein spekulativ eingekleideter Protest gegen die wachsende Instrumentalisierung des menschlichen Naturverhältnisses". Auch heute wird die Rehabilitierung der Idee der Natursprache eingesetzt, um ein neues, solidarisches, 'kommunikatives' Verhältnis zur Natur anzumahnen (Böhme 1988, Witzany 1990). Sollte ein neues Verhältnis zur Natur wirklich nur um den Preis der semiotischen Naivität möglich sein?

Die neueren naturalistischen Bedeutungstheorien sind so antikonventionalistisch wie ihre romantischen Vorläufer. Ihr Antikonventionalismus ist aber ganz anders begründet. Vom Buch der Natur wollen sie nichts wissen, geschweige denn von dessen Autor, denn intentionale Erklärungselemente sind *auch in metaphorischer Form* ein steter Gefahrenherd für naturalistische Theorien. Ein zweiter Weg, die Konventionalität des Zeichens zu vermeiden, war die Idee eines *ikonischen* Zusammenhanges von Zeichen und Bezeichnetem. Auch dieser Ansatz spielt heute kaum mehr eine Rolle; offenbar erscheint dieser Weg umso aussichtsloser, je mehr man sich mit der jüngeren Geschichte von Semiotik und Sprachtheorie auseinandergesetzt hat. Die zeitgenössischen naturalistischen Bedeutungstheorien sind vielmehr *kausalistisch*. Stampe, Stalnaker, Fodor und andere versuchen die Bedeutungsrelation zu naturalisieren, in dem sie *bestimmte Kausalketten* auszeichnen, die Gegenstände, Ereignisse oder Sachverhalte in der Welt mit den Bedeutungen unserer Äußerungen über die Welt verbinden. Sprachliche wie nichtsprachliche Repräsentationen seien letztlich durch etwas in der Welt *verursacht*, und diese Kausalbeziehung soll explanatorisch ausgebeutet werden.[11] Kausale Theorien sind heute in verschiedenen Bereichen auf dem Vormarsch - es gibt Kausaltheorien der Wahrnehmung, der Handlung, des Wissens, der Evidenz etc.[12] Das Erklärungsziel einer Kausaltheorie der *Bedeutung* oder der *Repräsentation* läßt sich mit Fodor so beschreiben:

> "I want a *naturalized* theory of meaning; a theory that articulates, in nonsemantic and nonintentional terms, sufficient conditions for one bit of the world to *be about* (to express, represent, or be true of) another bit" (Fodor 1987, 98).

---

10 Hier mag man etwa an die Zeilen Eichendorffs denken: "Schläft ein Lied in allen Dingen / Die da träumen fort und fort / Und die Welt hebt an zu singen / Triffst du nur das Zauberwort".

11 Die Überlegenheit des kausalistischen Ansatzes gegenüber dem ikonischen demonstriert ein Beispiel von Stampe: das Foto einer Person, die einen Zwilling hat, ist aufgrund seiner kausalen Genese eine Repräsentation *dieser* Person und nicht des Zwillings, obwohl es beiden Personen gleich ähnlich ist (vgl. Stampe 1977, 82).

12 Einen Überblick bietet Davis (Ed.) 1983.

Mit wünschenswerter Deutlichkeit ordnen die Kausaltheoretiker der Bedeutung ihr Unternehmen in das naturalistische Gesamtprogramm ein. Gesucht sei eine Erklärung dafür, wie intentionale Phänomene Teil der 'natürlichen Ordnung' sein können:

> "The challenge presented to the philosopher who wants to regard human beings and mental phenomena as part of the natural order is to explain intentional relations in naturalistic terms" (Stalnaker 1984, 6).

Neben der kausalistischen Naturalisierung der Repräsentation gibt es noch zwei konkurrierende Projekte, die sich als naturalistisch verstehen: den teleologisch-funktionalistischen Ansatz von Millikan und Papineau sowie den informationstheoretischen Ansatz von Dretske. Millikan und Papineau sind der Auffassung, daß die zur Erklärung der Bedeutungsrelation benötigten Begriffe teleologischer Natur sein müssen und beanspruchen, diese Begriffe in nichtmentalistischer Weise mit Mitteln der Evolutionstheorie einführen zu können. Dretske läßt seine Theorie über den Informationsbegriff laufen und arbeitet mit der Idee einer gesetzmäßigen (nicht notwendig kausalen) Abhängigkeit von Zuständen. Die Studie von Bennett (1976) schließlich kann man als Mischform zwischen der kausalistischen und der teleofunktionalistischen Theorie ansehen. Alle diese Theorien verdienten eine ausführlichere Diskussion als ich sie in diesem Rahmen leisten kann. Auf den Ansatz von Dretske werde ich unten (II, 3.3) kurz eingehen, wenn es um eine Analyse des Informationsbegriffs geht. Die Kausaltheorie und die teleofunktionalistische Theorie stelle ich im folgenden in ihren Grundzügen vor, wobei es nur darum gehen kann, sie an ihrem eigenen, oben von Fodor formulierten naturalistischen Anspruch zu messen.

Methodischer Ausgangspunkt der Kausaltheorien ist nicht die menschliche Sprache. Ausgangspunkt sind die von Grice so genannten Fälle "natürlicher Bedeutung". Als Paradigma können die Jahresringe eines Baumes dienen, die sein Alter anzeigen (vgl. Stampe 1977, 88 und Stalnaker 1984, 12). Kausaltheoretiker der Bedeutung behaupten also, daß Repräsentationen *in der Natur vorkommen*, daß Repräsentation eine natürliche Relation ist, die nichts wesentlich mit menschlicher Sprache zu tun hat.[13] Der Einschluß mentaler oder sprachlicher Repräsentationen in die Theorie ergibt sich dadurch, daß diese als eine Teilklasse dieser natürlichen Repräsentationen angesehen werden.

Die Jahresringe eines Baumes zeigen sein Alter an. Ist diese Relation eine natürliche Relation zwischen einem physischen Zustand des Baumes und seinem Alter, oder ist sie eine *epistemische* Relation, die für einen Beobachter aufgrund eines kausalen *Wissens* um eine bestimmte natürliche Korrelation besteht? Bei-

---

13 "Representation is an altogether 'natural' relation; there is nothing essentially conventional about it. There is nothing essential mentalistic about it, it *may* be a wholly physical relation. Neither is there anything essentially *semantic* about it, in the narrower (proper) sense of the term" (Stampe 1977, 87)

des, meint Stalnaker, denn man könne einen kausalen Begriff der "indication" einführen, in welchem Zeichencharakter und *An*zeichencharakter zusammenfallen. Stalnaker verwechselt *nicht* unmittelbar den Zeichencharakter der Repräsentation mit unserem Wissen um kausale Zusammenhänge. Vielmehr soll dieses Wissen selbst naturalisiert werden. Unsere Überzeugungen würden ihrerseits durch Ereignisse und Zustände in der Welt verursacht (vgl. 1984, 18), so daß die Überzeugungen als ein Indikator ("indication") für das Vorliegenden der betreffenden Zustände in der Welt anzusehen seien. Die natürliche Relation der Indikation sei die fundamentale, intentionale Repräsentation ein Spezialfall davon. Stalnakers Kausaltheorie der Repräsentation schließt sich also an eine andere Kausaltheorie an, an die Kausaltheorie der Überzeugung. Aber ist damit die ursprüngliche Frage beantwortet? Stellt sich nicht erneut die Frage, *für wen* die behauptete Indikationsbeziehung von Überzeugung und Weltzustand besteht, damit überhaupt sinnvoll von Indikation die Rede sein kann? So wendet ein Kritiker ein:

> "The relation instantiated in the several examples is one of causal dependence in contexts where the induced state is one that would not otherwise be likely to occur. In consequence it serves as a reliable indicator of something else. Someone who knows of such a correlation may use it as a source of information, but the states are not themselves on this account representational. *Indication*, *information*, and *representation* only arise where there is a cognitive subject engaged in interpretation or communication" (Haldane 1989, 316).

Haldane meint also, daß bei jeder repräsentationistischen Umdeutung der Kausalbeziehung zwischen Weltzustand und Überzeugung ein Interpretant vorausgesetzt ist, *für den* die Indikationsbeziehung besteht. Diese Präsupposition werde durch die Rede von Indikation nicht eliminiert, sondern nur um eine Ebene verschoben. Die Frage, für wen die Indikation eine Indikation ist, zeige den blinden Fleck von Stalnakers Auffassung an. Um den Bogen zur oben eingeführten Differenz von Intentionalitätsbedingung und Interpretierbarkeitsbedingung zu schlagen: die Rede von Indikation präsupponiert zwar nicht Intentionalität auf der Produzenten-, wohl aber auf der Rezipientenseite. Für die Frage der Einlösbarkeit des naturalistischen Anspruchs der kausalistischen Bedeutungstheorie scheint es also keine große Rolle zu spielen, welchen der beiden Wege wir einschlagen, ob wir auf der strikten Unterscheidung von repräsentierendem Zeichen und kausalem Anzeichen bestehen und den Rauch zwar ein Anzeichen für das Feuer oder die roten Flecken ein Anzeichen für Masern nennen, nicht aber Repräsentationen, oder ob wir der kausalistischen Bedeutungstheorie gegen unsere sprachlichen Intuitionen die Kontinuität von Zeichen und Anzeichen zugestehen. Wenn es richtig ist, daß Indikationsbeziehungen immer nur *für* jemanden, für ein epistemisches Subjekt bestehen, ist eine durchgängige Naturalisierung in beiden Fällen mißlungen.

Aber ist dieser Schluß überzeugend? Die kausale Beziehung zwischen Rauch und Feuer besteht doch völlig unabhängig von unserem Wissen; ist sie nicht die gesuchte natürliche Relation, die nichts Konventionelles und nichts Mentales an sich hat? - Um das Ergebnis vorwegzunehmen: *Wenn* sie eine natürliche Relation ist, kann sie eben deshalb nicht keine Repräsentationsbeziehung sein.

Ein kausales Anzeichen zeichnet sich unter anderem dadurch aus, daß es nicht fehlgehen kann. Was fehlgehen kann, ist unser *Wissen* um Kausalbeziehungen. *Wenn* aber die angenommene Kausalbeziehung zwischen zwei Ereignissen tatsächlich besteht, ist kein Raum für eine Fehlindikation zwischen ihnen: "there can be no *mis*indication" (Dretske 1988, 56); dieser Begriff wäre in kausalistischer Interpretation eine contradictio in adjecto. Dies ist für das Erklärungsziel der Kausaltheorie der Bedeutung aber kein Vorteil, sondern ein immenser Nachteil. Was auch immer die Kausaltheorie rekonstruiert haben mag, sie hat dann nicht den Fall rekonstruiert, in dem wir uns mit Zeichen auf etwas in der Welt beziehen. Unsere Repräsentationen von Gegenständen[14] oder Sachverhalten können nämlich falsch sein; sie können sich auf etwas anderes beziehen, von etwas anderem wahr sein als wir meinen.

Da nun den meisten Autoren dieses Dilemma einleuchtet, wird das Problem der Fehlrepräsentation in der Literatur meist auf andere Art behandelt. Man kehrt die Fragerichtung um und geht davon aus, daß es Fehlrepräsentation *gibt*, um dann zu überlegen, wie eine kausalistische Bedeutungstheorie sie erklären kann.

Es könnte doch auch rote Gesichtsflecken ohne Masern geben und Rauch ohne Feuer; die Anzahl der Jahresringe eines Baumes könnte in einem besonderen Fall nicht mit seinem Alter übereinstimmen. Indizieren Jahresringe nun das Alter des Baumes oder tun sie es nicht?[15] - Sie tun es, aber nur unter *Normalbedingungen*, antworten die Kausaltheoretiker. Es mag Dürrejahre gegeben haben, in denen der Baum keine Ringe ausgebildet hat.[16] Die roten Flecken mögen einen anderen Grund haben. In diesem Sinne gibt es 'richtige' und 'falsche' Kausalketten. Man müsse daher eine ***bestimmte*** kausale Vorgeschichte auszeichnen, um die echten von den falschen Repräsentationen zu unterscheiden.

---

14 Eine gründliche Auseinandersetzung mit den neuen Kausaltheorien der Repräsentation müßte einen Kritikpunkt beinhalten, den ich hier vernachlässige. Gemeint ist der erstaunliche Rückfall in eine Vorstellung sprachlicher Referenz, derzufolge Sprecher sich mit Zeichen auf *einzelne Dinge* in der Welt beziehen. Daß die methodisch primäre Einheit des Repräsentierens, Bedeutens und Wahrseins vielleicht der *Satz* sein könnte, scheint manchen Autoren nicht mehr in den Sinn zu kommen. Hat es die wahrheitskonditionale Semantik nie gegeben?

15 Eine Spielart des Problems der Fehlrepräsentation hat Fodor das *Disjunktionsproblem* getauft. Ein Frosch habe die gleiche retinale oder mentale Repräsentation, wenn ihm a) eine Fliege oder b) ein kleiner beweglicher schwarzer Fleck präsentiert wird. Wie können wir sagen, daß des Frosches Repräsentation eine von "Fliege" ist und nicht von "kleiner schwarzer Fleck"? Muß man nicht zulassen, daß die Repräsentation des Frosches "Fliege *oder* schwarzer Fleck" bedeutet? Sind vielleicht alle Repräsentationen in dieser Weise disjunktiv?

16 Vgl. Stampe a.a.O., 88. - Auf Normal- oder Optimalbedingungen rekurrieren sämtliche Kausaltheoretiker.

Dieser Schachzug steht wiederum in einer ganzen Reihe von "right causal history"-Argumenten anderer Kausaltheorien. So ist etwa die kausale Handlungstheorie darauf angewiesen, abweichende Kausalketten ("deviant causal chains") auszuschließen, in denen Intentionen Körperbewegungen nicht auf die richtige Weise verursacht haben. Alle diese Argumente haben einen gemeinsamen Fehler: sie stehen Naturalisten nicht zur Verfügung. Die Auszeichnung der 'richtigen' Kausalketten ist nur mit Mitteln möglich, die die Naturalisten sich versagt haben. Schon die Ausdrücke 'normale' oder 'optimale Bedingungen' lassen erahnen, daß es sich um normative oder teleologische Begriffe handelt, die Naturalisten nicht unanalysiert verwenden dürfen.[17] Denn worin besteht der Unterschied zwischen einer normalen und einer anormalen Kausalkette? Er besteht darin, daß die eine Kette zum gewünschten Ergebnis führt, die andere nicht. Wenn ein bestimmter Typ von physikalisch ununterscheidbaren Ereignissen unterschiedliche kausale Vorgeschichten haben kann, so daß eines ein Anzeichen für x ist, das andere nicht, dann muß die Identifikation der richtigen Kausalkette selbst auf die teleologische Charakterisierung der Ereignisse Bezug nehmen, weil die Kausalketten physikalisch ebensowenig typverschieden sind wie ihre Resultate; genauer: weil die physikalischen Typen von Kausalketten nicht mit teleologischen Typen korrelieren. Die ausgezeichneten Kausalketten werden daher selbst wieder Ereignisse enthalten, die nur teleologisch zu identifizieren sind.[18] Nur wenn wir die Existenz Typ/Typ-Identitäten von teleologisch und von physikalisch beschriebenen Ereignissequenzen (bzw. von Repräsentationen und Arten von repräsentierten Gegenständen) annehmen könnten, könnten die entsprechenden kausalen Vorgeschichten auf physikalische Weise identifiziert werden (vgl. Baker 1991, 170ff). Mit solchen Typ-Identitäten rechnet aber kaum jemand, am wenigsten Fodor, der bisher immer die Kreuzklassifiziertheit mentaler Repräsentationen und physischer Gegenstände als Grund dafür angegeben hatte, daß man auf eine naturalistische Psychologie und eine naturalistische Bedeutungstheorie wohl ewig warten muß.[19] - Die bei Kausaltheoretikern so beliebte Rede von "kausalen *Rollen*" sollte grundsätzlich stutzig machen, denn "Rolle" ist ein funktionaler Be-

---

17 "Insofar as abnormality is a teleological (as opposed to a merely statistical) idea, these views require a naturalistic account of teleology that does not presuppose intentionality if they are to avoid circularity" (Baker 1987, 101).

18 "[I]t is widely recognized that such histories are not in themselves sufficient for a naturalistic theory, since at every stage of such causal chains there are events [...] that require intentional characterization" (Loewer/Rey 1991, xxiv; vgl. auch Dennett 1988b, 541).

19 Genauer: so lange, bis alle Einzelwissenschaften ihre Arbeit abgeschlossen haben - was auf dasselbe hinausläuft: "Surely, however, characterizing the objects of thought is methodologically prior to characterizing the causal chains that link thoughts to objects. But the theory which characterizes the objects of thought is the theory of *everything*; it's all of science. Hence, the methodological moral [...] seems to be: the naturalistic psychology will inherit the earth, but only after everybody else is finished with it. No doubt it's all right to have a research strategy that says 'wait awhile'. But who wants to wait *forever*?" (Fodor 1984, 298).

griff, kein physikalischer. So dürfte auch Fodors neuer (1987) Lösungvorschlag der asymmetrischen Dependenz von Kausalketten, den ich hier nicht diskutieren kann, tatsächlich in verdeckter Weise teleologisch sein, wenn er denn überhaupt funktionieren soll (vgl. Millikan 1991, 152ff).

Hier tritt nun die teleofunktionalistische Theorie auf den Plan. Millikan kann es sich leisten, scharfsinnig die kryptoteleologischen Anteile der Kausaltheorien aufzudecken, weil sie selbst zwar nicht ohne Teleologie auskommt, aber eine nichtmentalistische Rekonstruktion des Teleologischen zu haben glaubt. Ihre provozierend betitelte Studie *Language, Thought, and Other Biological Categories* (1984) stellt den bisher ambitioniertesten Versuch dar, Repräsentation *und* Teleologie zugleich in nichtmentalen Naturprozessen zu fundieren. Millikan entwickelt ihren imponierenden Begriffsapparat auf der Basis des evolutionstheoretisch erläuterten Grundbegriffs der "proper function". Der Grundgedanke: "Having a proper function is a matter of having been 'designed to' or being 'supposed to' (impersonal) perform a certain function. The task of the theory of proper functions is to define this sense of 'designed to' or 'supposed to' in naturalist, nonnormative, and nonmysterious terms" (Millikan 1984, 17). Die normative Dimension, die zur Erläuterung von Begriffen wie 'Fehlrepräsentation' und 'Normalbedingungen' nötig ist, soll also unmittelbar aus der Evolutionstheorie hervorgehen; das Projekt ist "to let Darwinian natural purposes set the standards against which failures, untruths, incorrectness, etc. are measured" (Millikan 1991, 151). So löse sich das Disjunktionsproblem im oben zitierten Beispiel wie folgt: Da für das Überleben von Fröschen nicht etwa die Wahrnehmung von kleinen schwarzen Flecken kausal verantwortlich war, sondern die Wahrnehmung von Fliegen, ist die Repräsentation des Frosches eindeutig die einer Fliege. Disjunktionen können überhaupt niemals die evolutionäre Ursache von etwas sein, denn in der Natur kommen Disjunktionen nicht vor (vgl. 1991, 160).

Die Pointe des Teleofunktionalismus besteht in einer teleologischen Überbietung der Kausaltheorie der Repräsentation. Kausalen Antezedenzien wird *zugleich* eine teleologische "proper function" zugeschrieben; es soll durch die Auszeichnung von biologischen Funktionen möglich werden, die Arbeitsweise der natürlichen Selektion zugleich kausal und teleologisch charakterisieren.

Ich bin überzeugt, die wesentlichen Teilargumente für eine gründliche Widerlegung des Teleofunktionalismus beisammen zu haben, die in dem Nachweis bestünde, daß in dem so sorgfältig aufgebauten vermeintlich evolutionstheoretischen Begriffsapparat doch wieder unanalysierte intentionalistische Elemente enthalten sind. Die diesbezüglichen Argumente sind allerdings über das ganze Buch verstreut (besonders in II, 3.1 und 3.3 sowie in IV, 3), und ich muß aus Gründen der Darstellungsökonomie darauf verzichten, sie zum Zwecke einer Auseinandersetzung mit Millikan und Papineau noch einmal gesondert zusammenzustellen.[20] - Insbesondere werde ich die Auffassung vertreten, daß der Teleofunktionalismus wie auch andere evolutionstheoretisch inspirierte Ansätze die *logische Inkommensurabilität kausaler und teleologischer Erklärungen* unterschätzen.

Ironischerweise hat Fodor einen ebenso klaren Blick auf die Schwächen des Teleofunktionalismus wie Millikan auf die Schwächen der Kausaltheorie. Glaubte Fodor zeitweise selbst daran "that there can be teleology without intentionality (*natural* teleology, as it were)" (1984, 244), so legt er nun Wert darauf, daß naturalistische Bedingungen für das Vorliegen von Repräsentationen nicht nur in nichtintentionalem und nichtsemantischem, sondern *auch in nichtteleologischem* Vokabular formuliert sein müssen (1987, 126). Seine Devise lautet: "[T]he less Pop-Darwinism the better" (106). In ihren kritischen Parts haben beide, Fodor und Millikan, gegeneinander recht, und sie haben in eben den Punkten recht, die eine Lösung des Repräsentationsproblems im Rahmen sowohl der kausalen als auch der teleofunktionalistischen Theorie unmöglich machen.

Man kann das Ergebnis dahingehend zusammenfassen, daß es den neueren naturalistischen Repräsentationstheorien wie schon den romantischen Natursprachentheorien nicht gelungen ist, den *Übergang* von natürlichen Anzeichen zu konventionellen sprachlichen Repräsentationen plausibel zu machen. Das Dilemma besteht fort: Entweder macht man natürliche Indikation zum Paradigma des Bedeutens und schließt damit die Möglichkeit von Fehlrepräsentation aus; dann ist konventionelle sprachliche Repräsentation damit nicht rekonstruiert, denn diese kann, wie alle intentionalen Phänomene, fehlgehen. Gesteht man demgegenüber die Möglichkeit von Fehlrepräsentation zu, dann reichen die den Naturalisten allein zur Verfügung stehenden nichtsemantischen, nichtintentionalen und nichtteleologischen Theorieelemente nicht hin, ihr Zustandekommen zu erklären.

2.2 Naturalismus als Sprachreformprogramm - Umgangssprache, Wissenschaftssprache, Idealsprache

Die meisten szientistischen Naturalisten versuchen nicht, das Phänomen der menschlichen Sprachfähigkeit selbst zu naturalisieren, sondern sie wollen die etablierten Diskurse über den Menschen naturalistisch reformieren. Sie beschäftigen sich also mit meiner Frage 1 ("Ist die Sprache, in der wir unser Selbst- und Naturverständnis formulieren, einer naturalistischen Philosophie angemessen?") und beantworten sie negativ. Zwar kann die menschliche Sprache außerdem noch Evolutionsprodukt, also Natur sein, aber davon ist die Beantwortung der ersten Frage weitgehend unabhängig.

---

20 Bei Gelegenheit werde ich dies nachholen.

"Sprache" kann nun in Frage 1 zweierlei heißen, nämlich entweder *parole* oder *langue*. Man kann fordern, einzelne etablierte *Diskurse* über den Menschen zu naturalisieren, d.h. naturwissenschaftlich unaufgeklärte Redeweisen entsprechend abzuändern; man kann aber auch den Zustand unseres *Sprachsystems* insgesamt für korrupt und reformbedürftig halten: das Lexikon von intentionalem und teleologischem Vokabular durchsetzt, die Grammatik logisch fehlerhaft, die Begriffe hoffnungslos vage. Im ersten Fall würde ein naturalistisches Sprach-, besser Diskursreformprogramm mit den in der *langue* vorhandenen lexischen und grammatischen Ressourcen auszukommen suchen, indem es sie umschichtet, d.h. naturalistische Redeformen auf den Menschen *anwendet*, oder indem es nichtnaturalistische Redeformen naturalistisch uminterpretiert. Im zweiten Fall muß dagegen die natürliche Sprache selbst reformiert werden. (Der Übergang zu der noch radikaleren dritten Strategie des EM ist dann fließend: Ist die natürliche Sprache unreformierbar falsch, muß sie eben überhaupt abgeschafft werden.)

Die meisten Naturalisten verfolgen die erste Strategie und wollen lediglich unsere Diskurse über den Menschen naturalisieren. Diejenigen Autoren, die die natürliche Sprache in bestimmten Kontexten oder insgesamt durch eine methodisch aufgebaute Idealsprache *ersetzen* wollen, von Leibniz bis zur Erlanger Orthosprache, sind in der Regel keine Naturalisten. Die idealsprachlichen Programme sind eher *formalistisch* oder *logizistisch* und speisen sich aus anderen, allerdings verwandten Motiven. Der Berührungspunkt zwischen Idealsprachlern und Naturalisten liegt dort, wo der Naturalismus *a)* zum Szientismus wird und keinen inhaltlich spezifizierten Begriff von Natur mehr in Anschlag bringt, wo er darüberhinaus *b)* Wissenschaft nicht durch ihre Gegenstände, ihre Funktion oder ihr Erkenntnisinteresse, sondern ausschließlich durch ihre *Verfahren* ausgezeichnet sieht, und wo er *c)* als Paradigma der Wissenschaftlichkeit *logische* und *mathematische* Verfahren ansieht und etabliert sehen möchte. Bei Carnap kommen diese Bedingungen zusammen, weshalb sein physikalistisches Übersetzungsprogramm innerhalb der Grenzen dessen anzusiedeln ist, was man noch als Naturalismus bezeichnen kann. Fraglos ist das Programm des Naturalismus amorph, wie wir eingangs schon feststellten; indessen scheint es mir, als würden wir unter Naturalismus, auch in der zeitgenössischen szientistischen Spielart, meistens 'sachhaltigere' Positionen verstehen, d.h. solche, die sich nicht bloß über Formalwissenschaften, sondern stärker über Realwissenschaften definieren, und die auch gesicherte *materiale Ergebnisse* der Naturwissenschaften zu ihrem Theoriebestand zählen, nicht bloß deren Methodenkanon. - Wie dem auch sei, das Amorphe und die Vagheit des Naturalismusbegriffs sind nicht zu tilgen, und es hat keinen Zweck, den Begriff normativ einzuengen, so daß er vieles von dem, was allgemein unter Naturalismus firmiert, nicht mehr abdeckt. Die Naturalismen, mit denen ich mich auseinandersetze, werden sich als ein loser Theorienverbund erweisen, als dessen Zentrum man den Anspruch ansehen kann, den Diskurs über den Menschen vom intentionalistischen Idiom zu befreien. Ich werde aber aus den genannten Gründen keinen terminologischen Vorschlag zur Verwendung des Naturalismusbegriffs machen.

Das idealsprachliche Programm weist nur lockere Verbindungen zu naturalistischen Diskursreformprogrammen auf. Dennoch sollten wir an dieser Stelle, um eine Folie für die naturalistische Sprach- oder Diskurskritik zu haben, kurz darauf eingehen, was die Idealsprachler der natürlichen Sprache vorwerfen, d.h. weshalb sie sie für reformbedürftig halten. Folgen werden einige Ausführungen zum Verhältnis zwischen wissenschaftlichen Fachsprachen und der Umgangssprache.

Es bietet sich an, grob zwischen *syntaktischen* (logischen, grammatischen) und *semantischen* Unzulänglichkeiten der natürlichen Sprache zu unterscheiden (die pragmatische Ebene spielt bei den Idealsprachlern eine untergeordnete Rolle). Als die beiden Hauptdefekte der natürlichen Sprache werden in der Regel angesehen: auf der syntaktischen Ebene das Fehlen von strikten formalen Verknüpfungsregeln, auf der semantischen Ebene die Vagheit der Bedeutungen (bzw. der Anwendungsbedingungen) der Prädikate, die aus deren Nichtdefiniertheit folgt. Frege beklagt in der *Begriffsschrift* als gravierendste "Unvollkommenheit der Sprache" ihre mangelnde Eindeutigkeit, d.h. die "unscharfen Begrenzungen" der Begriffe. Carnap führt als Fehler der natürlichsprachlichen metaphysischen Scheinsätze an: "Sie enthalten entweder Wörter, die nicht auf Wörter der Protokollsprache zurückführbar sind, oder sind aus zurückführbaren Wörtern syntaxwidrig zusammengesetzt" (1931, 452). Klagen über diese beiden Defekte sind von Leibniz bis zum Logischen Empirismus immer wieder zu hören. Verantwortlich für diese Fehler sei nicht allein die sprachliche Disziplinlosigkeit der hergebrachten Metaphysik, sondern auch der allgemeine Zustand der natürlichen Sprachen mit ihren historisch gewachsenen Anomalien. Zu suchen sei daher nach "einer von den Schlacken der historischen Sprachen befreiten Symbolik" (Carnap, Hahn und Neurath 1929, 15).

Die natürlichen Sprachen sind von Anomalien durchsetzt; Abhilfe schaffen kann dem idealsprachlichen Programm zufolge nur eine vollständige *Formalisierung*, die für Präzision und Eindeutigkeit sorgt. Auch das Metaphernverbot der philosophischen Tradition, das uns in IV, 2.1 beschäftigen wird, ist durch die Forderung nach Eindeutigkeit motiviert. Eine formalisierte Sprache würde zudem, wie Carnap immer betont, Intersubjektivität garantieren, weil sie nicht offen für abweichende Interpretationen wäre. Das Interpretationsproblem stellte sich gar nicht erst. Wenn oben von einer geforderten Präzisierung der Semantik die Rede war, ist das mißverständlich, denn die Idealsprachler folgen allgemein dem formalistischen Motto: "[I]f you take care of the syntax, *the semantics will take care of itself*" (Haugeland 1981, 23). Carnap spricht daher nur vom "Vokabular", welches wir neben der Syntax angeben müßten, um eine Sprache zu charakterisieren; auf Bedeutungen können wir getrost verzichten, wenn nur die in einer

Sprache zulässigen Zeichen*verknüpfungen* angegeben sind. Eine solche Formalsprache wäre überdies wahrheitsfunktional; ein zusammengesetzter Satz ist in ihr genau dann wahr, wenn alle seine Teilsätze wahr sind.

Wenn das Vokabular und die Verknüpfungsregeln einer solchen Sprache erst einmal angegeben sind, heißt es: der Rest ist Rechnen. Jede Zeichenkette kann darauf überprüft werden, ob sie wohlgeformt ist. Es wird "keine Mehrdeutigkeiten und Zweideutigkeiten geben, und alles, was man verständlich sagen wird, wird angemessen gesagt sein" (Leibniz 1677, 92), denn die, modern gesprochen, Grammatikalität einer Äußerung garantiert ihren Sinn und ihre Verständlichkeit. Haben wir, so Leibniz, ein "Alphabet der menschlichen Gedanken" (*alphabetum cogitationum humanarum*) aufgestellt, so können wir es einem der Mathematik nachgebildeten allgemeinen Denkkalkül unterwerfen und müssen uns nicht mehr selbst den Kopf zerbrechen:

> "Wenn man Charaktere oder Zeichen finden könnte, die geeignet wären, alle unsere Gedanken ebenso rein und streng auszudrücken, wie die Arithmetik die Zahlen oder die analytische Geometrie die Linien ausdrückt, könnte man offenbar bei allen Gegenständen, soweit sie dem vernünftigen Denken unterworfen sind, das tun, was man in der Arithmetik und der Geometrie tut" (Leibniz 1677, 90).

Es würde "nicht nötig sein, sich den Kopf ebenso zu zerbrechen, wie man heute gezwungen ist zu tun" (ebd.); die Entwicklung der *characteristica universalis* wäre also "die letzte Bemühung des menschlichen Geistes [...], und wenn der Plan wird ausgeführt sein, wird den Menschen nur noch daran liegen, glücklich zu sein" (92). Für Leibniz sind also die Bedingungen einer idealen Sprache zugleich die Bedingungen einer idealen Lebensform.

Calculemus! - dies ist die Fanfare des formalsprachlichen Programms. Bekanntlich hat Leibniz nur kleine Teile des Planes ausführen können. Schon die Aufstellung des Lexikons war in der Praxis nicht zu bewältigen, denn anders als seine modernen Nachfolger, die die Bedeutung von Sätzen an ihre Wahrheitsbedingungen binden und die Frage der *Feststellung des Erfülltseins* der Wahrheitsbedingungen aus der Sprachphilosophie auslagern, war Leibniz zumindest zeitweilig der Überzeugung, daß für das 'Alphabet des Denkens' zunächst eine vollständige Enzyklopädie erstellt werden müßte. Abgesehen von dieser Schwierigkeit wissen wir heute durch die Arbeiten von Gödel und Church, daß die von Leibniz beanspruchte *Entscheidbarkeit* einer vollständig formalisierten Sprache wider Erwarten nicht gegeben und wohl auch nicht zu haben ist. Damit ist das idealsprachliche Programm über das Antinomienproblem auf das Reflexionsproblem verwiesen, auf die selbstbezüglichen Thematisierungsstrukturen, die heute in der Entwicklung von Computermodellen des Geistes erneut eine wichtige Rolle spielen. Für das Leibniz'sche *Calculemus!* ist das Entscheidbarkeitsproblem natürlich fatal.

Leibniz sieht die zu entwickelnde *mathesis universalis* zugleich als eine Wissenserzeugungsmaschine an, was zu einem Vergleich mit dem Metaphernfeld vom Buch der Natur auffordert. Es gibt hier ein gewisses Spannungsverhältnis, das Blumenberg beschrieben hat. Es besteht zwischen dem enzyklopädischen Zugang zu unserem Weltwissen einerseits und dem mathematischen Ableitungsgedanken andererseits. Wer eine *Weltformel* hätte, bräuchte keine Universalbibliothek mehr und vice versa.[21] Leibniz radikalisiert im *Apokatastasis*-Fragment den Ableitungsgedanken in einer solchen Weise, daß die fiktive Weltintelligenz auf jeden enzyklopädischen Input verzichten kann, im Unterschied zum LaPlaceschen Dämon, der ja mindestens *einen* Weltzustand vollständig kennen muß. Für Leibniz reicht schon die *Existenz* der Welt, weil das Prinzip des zureichenden Grundes garantiert, daß alle anderen Weltzustände daraus ableitbar sind.[22]

Dieser Hyperrationalismus ist dem Geiste des Naturalismus fremd. Naturalisten sind mit ihren Sprachreformvorschlägen weniger radikal als die Philosophen der idealen Sprache und wollen meist nicht das Sprach*system*, sondern bestimmte Diskurse reformieren, wobei sie mit den vorhandenen sprachlichen Ressourcen auszukommen suchen. Die Motivation dafür ist allerdings nicht so verschieden; auch dem szientistischen Naturalismus geht es letztlich um Vereinheitlichung, Universalität und Exaktheit, wenn auch weniger im Namen der Mathematik als im Namen der Naturwissenschaften. Die Möglichkeit eines durchgängig naturwissenschaftlichen Welt- und Selbstverständnisses des Menschen gilt den Naturalisten auch nicht als a priori gesichert, sondern wird als ein kontingentes Resultat unserer Natur- und Wissenschaftsgeschichte angesehen.

Die Stoßrichtung eines großen Teils der naturalistischen Sprachreformvorschläge besteht darin, in den empirischen Humanwissenschaften bereits etablierte naturalistische Diskurse über den Menschen nunmehr philosophisch und kulturell durchzusetzen, so daß sie auch auf unser Selbstverständnis durchschlagen, das durch kulturelle Beharrungskräfte eine gewisse Wissenschaftsresistenz entwickelt habe. Der neuere Naturalismus ist, wie wir am Beispiel der Krikorian-Gruppe gesehen hatten, vor allem antidualistisch (und damit auch antisprachendualistisch). Es soll in Sachen Mensch keinerlei Reservate geben, die einer naturalistischen Beschreibung prinzipiell nicht zugänglich wären. Dies gilt den radikalen Szientisten unter den Naturalisten zufolge nicht nur für den wissenschaftlichen Diskurs

---

21 "Die Pointe des [Apokatastasis-]Fragments steckt nämlich in der haarsträubenden Kontraposition jener imaginären Universalbibliothek einerseits, dieses einen Blattes Papier andererseits, auf dem die 'Theoreme der reinen Wissenschaft' - also des exakt durch Vernunftgründe Beweisbaren - niedergeschrieben sind" (Blumenberg 1981, 144).

22 "[W]as Leibniz für seine Formelsammlung der nachmenschlichen Intelligenz verlangt, ist gerade die Ausschaltung der einen Voraussetzung, die die Intelligenz des Laplace unabweislich erfordern wird: die Kenntnis *eines* vollständigen faktischen Weltzustandes. Die vollkommene *Mathesis* dagegen leitet jeden Weltzustand aus der Begründung für die Existenz der Welt selbst ab. Sie ist, im integrierten Grenzzustand vorgestellt, *die* Weltformel, die alle Bibliotheken über die Welt zu Makulatur macht" (Blumenberg 1981, 143f).

über den Menschen, sondern auch für die kulturell etablierten Selbstverständigungsdiskurse. Nur so erklärt sich die fortgesetzte Polemik gegen die wissenschaftsresistente *Folk Psychology*. Wir werden immer wieder sehen, daß es insbesondere das intentionalistische und teleologische Idiom ist, das dem Naturalismus ein Ärgernis ist und das als anthropomorphes Residuum aus allen naturalistischen Diskursen entfernt werden soll. Was das intentionalistische Idiom in naturalistischen Diskursen zu Sperrgut macht, haben Idealsprachler klar gesehen: Inten*tionale* Begriffe schaffen typischerweise inten*sionale* Kontexte, d.h solche, in denen die Substitution extensionsgleicher Termini nicht immer wahrheitswerterhaltend ist.[23] Wenn ich beabsichtige (intentionales Verb), die ersten drei Leser meines Buches zum Essen einzuladen, beabsichtige ich nicht, die einzigen Leser meines Buches zum Essen einzuladen, wiewohl es sich um denselben Personenkreis handeln mag. Ödipus freut sich darüber, Jokaste zu heiraten; er freut sich aber nicht darüber, seine Mutter zu heiraten. Wie kann ein Satz allein dadurch seinen Wahrheitswert ändern, daß man einen Ausdruck durch einen anderen ersetzt, der denselben Gegenstand bezeichnet?! Psychologisch sind solche Sachverhalte zwar nicht allzuschwer aufzuklären ("Ödipus *wußte* ja nicht, daß . . . "), doch dies nur um den Preis der Verwendung *anderer* intensionaler Ausdrücke. An dieser Eigenart der durch die mentalen Verben erzeugten Kontexte kommt kein zeitgenössischer Naturalist vorbei. In Abwesenheit einer erfolgreichen Reduktion des Idioms der propositionalen Einstellungen bleiben die entsprechenden Sätze *opak*, semantisch undurchsichtig. Aus diesem Grunde identifizieren wir mentale Zustände über ihre semantischen Gehalte und nicht über die 'objektiven' Sachverhalte in der Welt, auf die sie sich 'beziehen', denn eben die Undurchsichtigkeit dieses Bezuges ist das Problem der Intentionalität. Nachdem sich der Pulverdampf über dem Streit zwischen normalsprachlicher und idealsprachlicher Philosophie heute größtenteils verzogen hat, bleibt das Intentionalitäts- bzw. Intensionalitätsproblem eine ständige Herausforderung für das idealsprachliche Programm wie auch für alle Naturalisierungsprojekte. Ob Geist auf Natur reduzierbar ist, entscheidet sich für viele Philosophen am Schicksal der intensionalen Kontexte.

Allgemein stellt sich für die naturalistischen Sprachreformvorschläge ein linguistisches *Vermittlungsproblem*, da ja nicht die natürliche Sprache in toto ersetzt, sondern lediglich bestimmte Diskurse reformiert werden sollen. Es ist das Vermittlungsproblem von naturwissenschaftlichen Fachsprachen und Umgangssprache, wie es in der linguistischen Fachsprachenforschung seit ca. 20 Jahren intensiv untersucht wird. Für unseren Zusammenhang ist vor allem die Frage wichtig, ob es sich bei dem Verhältnis von Fachsprache und Umgangssprache

---

23 Den eigentümlichen Status der "intentionalen Inexistenz" mentaler Objekte hat Chisholm (1957, 170f) in drei Intentionalitätskriterien zu fassen versucht, die in der analytischen Philosophie ausführlich diskutiert wurden.

(bzw. 'Gemeinsprache', wie die meisten Linguisten sagen) um eine horizontale oder um eine vertikale Schichtung handelt. Für die linguistische Fachsprachenforschung, die naturgemäß zunächst mehr an den Unterschieden als an den Gemeinsamkeiten interessiert war, stellte sich das Verhältnis von Fach- und Gemeinsprache lange als ein horizontales Komplementärverhältnis dar.[24] Diese die Schwierigkeiten einer genaueren Begriffsexplikation elegant umgehende Strategie mündete oft genug in zirkuläre Bestimmungen: Fachsprache sei alles, was nicht Gemeinsprache ist und umgekehrt.[25] Diese Verhältnisbestimmung ist natürlich alles andere als befriedigend; auf die unklare Rolle des Begriffes 'Gemeinsprache' in der Fachsprachenforschung ist wiederholt hingewiesen worden (Hoffmann 1976, 162ff; Hartmann 1980, 27ff). Da der Begriff der Gemeinsprache nicht klarer war als der der Fachsprache selbst, wurde vorgeschlagen, diese Opposition durch die von "Fachsprache" und "Nichtfachsprache" zu ersetzen (vgl. Drozd/Seibicke 1973, 82ff), womit das Abgrenzungsproblem natürlich nicht weniger dringlich ist als zuvor.

Die zweite Lösung ist die einer *vertikalen* Schichtung, genauer: einer hierarchischen Unterordnung der Fachsprachen unter die Umgangssprache, aus der sie sich speisen und die als deren Explikationsbasis stets intakt bleiben müsse. Die Umgangssprache ist in dieser Perspektive die *Metasprache* aller Fachsprachen, welche sich historisch abgespalten und ausdifferenziert haben, aber in Syntax, Semantik und Pragmatik stets in einem parasitären Verhältnis zur Umgangssprache bleiben. Dies ist auch die Auffassung der *ordinary language*-Philosophie und der konstruktivistischen Wissenschaftstheorie (vgl. Janich 1975). Die Schwächen dieser Position sind in den Debatten um den ordinary language-Ansatz zur Genüge kritisiert worden: sie hat offenbar eine Tendenz zu dogmatischen Verhärtungen und läuft dann auf begrifflichen Konservatismus und die wissenschaftsfeindliche Kritikimmunisierung der Redeweisen des "man in the street" hinaus. Es ist beispielsweise falsch, daß die Umgangssprache in allen Fällen die letzte Entscheidungsinstanz für Begriffskonflikte ist.[26] In vielen Bereichen ist die sprachliche Emanzipation so weit fortgeschritten, daß die elaborierten Fachsprachen eine gewisse Subsistenz oder begrenzte Autonomie erlangt haben und der Umgangssprache auch für explikative Zwecke überlegen sind.[27]

---

24 "Fachsprache und Gemeinsprache bilden [...] ein komplementäres Begriffspaar" (Ammon 1973, 75).

25 So zum Beispiel Seibicke nach Drozd/Seibicke 1973, 82.

26 Vgl. Maxwell/Feigl 1961 und von Savigny 1969, 359ff.

27 Die wissenschaftsorientierten Kritiker des *ordinary language*-Ansatzes drehen das Parasitismusargument geradezu um. Sie behaupten ihrerseits eine *Kontinuität* von Umgangssprache und Fachsprachen, aber - ich erinnere an Quine - unter umgekehrten Vorzeichen, was die Frage der Schlichtungsinstanz betrifft. Vgl. Maxwell/Feigl 1961, 198: "[T]he language of science is continuous with ordinary language and [...] scientific discoveries are potentially relevant to *any* philosophical problem". Die Umgangssprache habe "the *first* word", aber nicht das letzte.

Aber diese Darstellung beruht schon auf einer falschen Verhältnisbestimmung. Mir erscheint ein dritter Weg jenseits der Gleichrangigkeits- und der Hierarchiethese am vernünftigsten. Wir sollten die Fiktion einer homogenen Umgangs- oder Gemeinsprache überhaupt aufgeben. Eine "allgemein verwendete und allen Mitgliedern einer Sprachgemeinschaft verständliche Sprache"[28] gibt es nicht. Stattdessen sollte man von einer Gliederung der *Gesamtsprache* in Varietäten ausgehen, zu denen u.a. die Fach- und Wissenschaftssprachen zählen. Konstrukte sind beide Begriffe, denn empirisch deckt sich niemandes Sprachkompetenz mit der Umgangs- oder Gesamtsprache. Mit der Etablierung des Konstrukts "Gesamtsprache" in der Linguistik wäre aber zum einen die Homogenitätsvorstellung vermieden und zum anderen die Suggestion von Normalität, die mit dem Begriff einer Gemeinsprache verbunden ist ('*ordinary* language', '*Normal*sprache').[29] - Übrigens bezeichnen Quine und Davidson die kanonische Notation ausdrücklich als eine *Teil*sprache der natürlichen Sprache und machen damit ebenfalls vom Konstrukt einer natürlichen (Gesamt-)sprache Gebrauch, die nicht mit der Umgangssprache zusammenfällt.

Gegenstand der Fachsprachenforschung sind zunehmend die wechselseitigen Transferprozesse zwischen Fachsprachen und - den Begriff der Umgangssprache muß ich nun vermeiden - lebensweltnäheren Varietäten. Die Nichtautarkie der Fachsprachen ist unbestritten; junge Fachsprachen sind beispielsweise immer reich an Metaphern. Die Parasitismusthese darf aber nicht übertrieben werden. Umgekehrt spielen in einer Wissenschaftskultur auch die Rückwirkungen der Fachsprachen auf außerfachliche Diskurse eine große Rolle.

Dieser Exkurs diente dazu, den sowohl die sprachendualistische Naturalismuskritik als auch alle eliminativen Positionen konterkarierenden Gedanken vorzubereiten, daß die naturalistischen und die nichtnaturalistischen Diskurse über den Menschen sich letztlich aus denselben von der Gesamtsprache zur Verfügung gestellten lexikalischen und semantischen Ressourcen speisen, die eine Dichotomisierung im großen Stil nicht mehr zulassen. Es ist mir wichtig, daß diese These nicht mit der These vom methodischen Primat der *Umgangs*sprache verwechselt wird. Die Auffassung, daß wir letztlich nicht nur ontologisch, sondern auch linguistisch nicht mit einem dichotomen Modell durchkommen werden, ändert jedoch nichts daran, daß es 'unterwegs' heuristisch brauchbar ist, zumal es von so vielen Autoren geteilt wird.

---

28 Artikel "Gemeinsprache" im *Duden - Das große Wörterbuch der deutschen Sprache* in sechs Bänden, Mannheim/Wien/Zürich 1976ff, Bd. 3, 987. - Starke Homogenitätsbehauptungen bezüglich der Umgangssprache finden sich auch bei ordinary language-Philosophen, z.B. bei Caton 1963.

29 Zur Überlegenheit eines Gesamtsprache/Subsystem-Modells gegenüber dem horizontalen Komplementaritäts- und dem vertikalen Schichtungsmodell von Fachsprache und Gemeinsprache vgl. Hoffmann 1976, 164ff und Hartmann 1980, 27 und 32ff.

Ich habe das Programm einer naturalistischen Reform unserer Diskurse über den Menschen von dem radikaleren und nicht im engeren Sinne naturalistischen Programm einer formalisierten Universalsprache unterschieden und damit begonnen, den linguistischen Aspekt eines Vermittlungsproblems zu beleuchten, das sich inhaltlich als eines von fachsprachlich formuliertem Wissen über den Menschen in den empirischen Humanwissenschaften und unserem alltagssprachlich formulierten Selbstverständnis darstellt. Damit ist das Feld für einige sprach- und wissenschaftsgeschichtliche Studien bereitet, die nun endlich exemplarisch zeigen sollen, welche Rolle die bisher nur behaupteten Begriffskonflikte in den faktischen Diskursen der empirischen Humanwissenschaften gespielt haben und noch spielen.

3 Naturalismus at work: Begriffskonflikte

Nicht jede naturwissenschaftlich betriebene Disziplin, in der Strukturen und Prozesse erforscht werden, die *auch* im menschlichen Organismus exemplifiziert sind, gehört eo ipso zum Projekt einer naturalistischen Anthropologie. In einem trivialen Sinne sind alle Naturwissenschaften nebenbei Wissenschaften vom Menschen, weil sie Wissen produzieren, zu dessen Gegenstands- oder Anwendungsbereich auch Teilaspekte dessen gehören, was der Mensch ist. Das ändert nichts daran, daß *der Mensch* in den Wissenschaften gar nicht vorkommt, auch nicht in den Humanwissenschaften. Naturalistisch nennen wir die Präsentation naturwissenschaftlichen Wissens über den Menschen erst, wenn sie mit einem bestimmten Anspruch daherkommt: wenn wir aufgefordert werden, unser Selbstverständnis als denkende, erkennende und handelnde Subjekte an die Perspektive der empirischen Naturwissenschaften anzugleichen, in deren Diskurse zu transformieren. Von Naturalismus sprechen wir erst bei einem gewissen Imperialismus, dort nämlich, wo etwas naturalisiert werden soll, von dem nicht ohnehin längst klar ist, daß es in die Zuständigkeit der Naturwissenschaften fällt. Nicht jede naturwissenschaftliche Theorie gefährdet also unser Selbstverständnis in gleicher Weise. Für meine Fallstudien über den Naturalismus *at work* habe ich Disziplinen ausgewählt, in denen die Konfrontation zwischen einem naturalistischen und einem nichtnaturalistischen (hermeneutischen, mentalistischen, intentionalistischen) Verständnis des Menschen besonders deutlich hervortritt.

3.1 Das evolutionstheoretische Paradigma

Im Mittelpunkt meiner Diskussion des evolutionstheoretischen Paradigmas steht zunächst die historische Kontroverse, die Darwin mit seinen zeitgenössischen Kritikern wie Sympathisanten über die Grundbegriffe der Evolutionstheorie hatte, insbesondere über den Selektionsbegriff. Es geht um den wohlbekannten Vorwurf, daß es Darwin nicht gelungen sei, das in Analogie zur künstlichen Züchtungspraxis eingeführte Prinzip der natürlichen Auslese von den Eierschalen seiner intentionalistischen Konnotationen zu befreien. Auch heute sind wir weit davon entfernt, auf diese Debatte aus sicherer historischer Distanz zurückblicken zu können. Die wissenschaftstheoretischen Kontroversen um die Interpretation der Grundbegriffe der Evolutionstheorie sind gerade in den letzten Jahren wieder heftig aufgeflammt.

Der zweite Zusammenhang mit unserem Hauptthema besteht in der Anwendung der Evolutionstheorie auf den Menschen. Nachdem die ersten Jahre nach dem Erscheinen des *Origin of Species* (1859) von erbitterten Auseinandersetzungen zwischen der evolutionstheoretischen Hauptthese der natürlichen Entstehung der Arten und der kreationistischen Gegenposition geprägt waren, verlagerte sich die Debatte später zunehmend auf die Anwendbarkeit und die Erklärungskraft der zugestandenen evolutionären Mechanismen auf den Menschen, seine 'höheren geistigen Fähigkeiten' und Kulturleistungen.[1] Diese Situation finden wir noch heute in der Kontroverse um die Evolutionäre Erkenntnistheorie vor. In dem Maße, wie die Evolutionstheorie als biologische Theorie wissenschaftlich an Boden gewonnen hat und heute in ihren Grundzügen von naturwissenschaftlich aufgeklärten Geistern mangels Alternative nicht mehr kritisiert wird, konzentriert sich die philosophische Diskussion auf die weitergehenden Ansprüche, menschliche Fähigkeiten, Kognitions- und Kulturleistungen evolutionsbiologisch zu erklären, die Darwin im *Origin of Species* noch für außerhalb der Reichweite einer biologischen Theorie gehalten hatte: Sprache, Erkenntnis, Wissenschaft, Moralität. Neue Disziplinen wie die Soziobiologie und die Evolutionäre Erkenntnistheorie (EE) sind auf den Plan getreten. Die EE möchte ein durchgängig naturalistisches Verständnis menschlicher Kognition etablieren, einen Naturalismus ohne Residuen. Dabei spielt erneut der uns vom amerikanischen Naturalismus schon vertraute Schluß von der Kontinuität der Natursphäre auf die Universalität des Erklärungsbereichs der Naturwissenschaften eine große Rolle.[2]

---

1 Der Zoologe Oscar Schmidt schreibt 1873: "Alles Unbehagen an der Abstammungslehre, der Zweifel an derselben, der Zorn über sie concentrirt sich auf ihre Anwendbarkeit und vollzogene Anwendung auf den Menschen. Und wenn man uns auch nothgedrungen die Leiblichkeit preisgibt, so soll wenigstens die geistige Sphäre des Menschen ein Unerforschliches, ein Noli tangere für die Naturforschung sein" (zitiert nach Bayertz 1989, 227f).

2 Das Pathos einer naturalistischen Einheitswissenschaft verband mit der Evolutionstheorie vor allem Darwins Popularisierer und Trivialisierer Haeckel: "Auch derjenige Theil der Naturwissenschaft, welcher bisher am längsten und am hartnäckigsten sich einer mechanischen Auffassung und Erklärung widersetzte, die Lehre vom zweckmässigen Bau der lebendigen Formen, von der Bedeutung und Entstehung derselben, wird dadurch mit allen übrigen naturwissenschaftlichen Lehren auf einen und denselben Weg der Vollendung gebracht. Die Einheit aller Naturerscheinungen wird dadurch endgültig festgestellt" (Haeckel 1868, 29).

Darwins Kontroverse mit seinen Kritikern über die Semantik der evolutionstheoretischen Grundbegriffe ist letztlich eine Kontroverse darüber, ob die Evolutionstheorie, wie oft behauptet wird, dem anthropozentrischen Weltverständnis den Boden entzogen oder ob sie nolens volens dessen Unhintergehbarkeit demonstriert hat. Wir haben also den interessanten Fall vor uns, daß die Evolutionstheorie zur Begründung *beider* Seiten dessen, was ich das anthropomorph-physiomorphen Paradox nenne, angeführt wird. Nach der einen Auffassung etabliert sie ein dezentriertes, naturalistisches Selbstverständnis des Menschen,[3] nach der anderen ein anthropomorphes, weil teleologisches Verständnis des Natur. Darwins zeitgenössische Kritiker haben den Anthropomorphismuseinwand allerdings noch nicht in unserem Sinne einer antinaturalistischen Metakritik verwertet.

Entstehungs- und Rezeptionsgeschichte der Darwinschen Theorie gehören zu den am besten erforschten Gegenständen der Wissenschaftshistorik. Hier kann es nur darum gehen, aus der zeitgenössischen Rezeption das Problem der Metaphorizität des Selektionsbegriffs herauszulösen.[4] Der vollständige Titel von Darwins 1859 erschienenem Werk lautet: *On the Origin of the Species by Means of Natural Selection, or the Preservation of Favoured Races in the Struggle for Life.* In diesem Titel sind mindestens die Begriffe "selection", "favoured" und "struggle for life" anthropomorphen bzw. soziomorphen Ursprungs. Die Frage ist nun die, ob man den Anthropomorphismus mit Darwin als eine harmlose Oberflächenstruktur ansieht oder aber als Indiz für ein gravierendes naturphilosophisches Problem.

Zunächst ist zu bemerken, daß die Analogie zwischen natürlicher und künstlicher Selektion für den *context of discovery* der Darwinschen Theorie eine große Rolle gespielt hat, denn Darwins Überzeugung, daß die biologischen Arten nicht unwandelbar sind, verdankt sich nicht zuletzt einer intensiven Beschäftigung mit der Züchtungspraxis in Agrikultur und Tierzucht.[5] Daran ist nichts Problematisches, solange sich die Analogie auf den Entdeckungszusammenhang beschränkt. Die Probleme beginnen dort, wo Darwin in der Formulierung seiner Theorie beim analogischen Übergang von der künstlichen zur natürlichen "Züchtung" mit der Beibehaltung des Selektionsbegriffs dessen teleologisch-intentionalistische

---

3 So neben Haeckel, Du Bois-Reymond und vielen anderen auch noch die EE, die von sich sagt, sie gebe "einen anthropozentrischen Standpunkt auf" und versuche, "diesen durch einen neutraleren, objektiveren zu ersetzen" (Vollmer 1987, 110).

4 Bei meiner historischen Darstellung stütze ich mich vor allem auf die materialreiche Studie von Young, die sich mit "the crucial role which the analogy between 'artificial' and 'natural' selection played in the development, exposition, and reception of Darwin's theory" beschäftigt (Young 1971, 444). Zu den Metaphern Darwins siehe auch Fellmann 1977 und Pörksen 1986, 126ff.

5 1844 schreibt Darwin, Mitglied verschiedener Tauben-, Schaf- und Blumenzüchtervereine, an seinen Freund Hooker: "I have read heaps of agricultural and horticultural books, and have never ceased collecting facts. At least gleams of light have come, and I am almost convinced (quite contrary to the opinion I started with) that species are not (it is like confessing a murder) immutable." (Brief an J.D. Hooker vom 11.1.1844, *LLD* II, 23).

Konnotationen übernimmt. In der deutschen Übersetzung "natürliche Zuchtwahl" werden diese Konnotationen noch verstärkt, und auch Darwin selbst leistet ihnen kräftig Vorschub. Die Natur als Instanz des Selektion wird personifiziert, der Selektionsmechanismus als planvolles Vorgehen eines Züchters, Handwerkers oder Ingenieurs beschrieben, welcher seine Produkte prüft, aussucht und verwirft. Diese Analogie zieht sich durch das ganze Werk; an dieser Stelle muß ein Beispiel genügen:

> "[N]atural selection is daily and hourly scrutinising, throughout the world, every variation, even the slightest; rejecting that which is bad, preserving and adding up all that is good; silently and insensibly working, whenever and wherever opportunity offers, at the improvement of each organic being in relation to its organic and inorganic conditions of life" (Darwin 1859, 84).

Die metaphorische Redeweise ist nun zu offensichtlich, als daß sie Darwin hätte verborgen bleiben können; er hielt sie aber, wie wir sehen werden, für unproblematisch. Nicht so Bishop Wilberforce, Adam Sedgwick und selbst Darwins Freunde Lyell und Wallace. Sedgwick schreibt an Darwin: "You write of 'natural selection' as if it were done consciously by the selecting agent";[6] Wallace gibt ihm angesichts sich ausbreitender Mißverständnisse den freundschaftlichen Rat, den Begriff der natürlichen Selektion aufzugeben und überhaupt "not to personify 'Nature' too much - though I am very apt to do it myself - since people will not understand that all such phrases are metaphors".[7] Den Rat motiviert Wallace didaktisch: "To the few this is as clear as daylight, and beautifully suggestive, but to many it is evidently a stumbling-block".[8]

Geht es also bloß darum, Rücksicht auf die Naivität des Publikums zu nehmen, das eine klar erkennbare Metapher wörtlich mißversteht, indem es das tiefverwurzelte kreationistisch-teleologische Basisschema beibehält und auch dem Selektionsmechanismus eine zwecksetzende Instanz unterschiebt? Kann man sich nicht mit etwas gutem Willen der Suggestion der Metapher entziehen, wenn Darwin es nun einmal versäumte, die Quelle des Mißverständnisses zu beseitigen? Sollte man nicht meinen, daß "all this is making heavy weather of something which is rather obvious and innocent" (Young 1971, 464, der nicht dieser Meinung ist)?

Nachdem Darwin das Problem der intentionalistischen Interpretation des Selektionsprinzips lange Zeit unterschätzt und unwillig darauf reagiert hat, fügt er in der dritten Auflage des *Origin* eine aufschlußreiche Rechtfertigung ein, die es verdient, insgesamt zitiert zu werden:

> "Several writers [...] have objected that the term selection implies conscious choice in the animals which become modified; and it has even been urged that, as plants have

6 Sedgwick an Darwin, Brief vom 24.12.1859 (*LLD* II, 249).
7 Wallace an Darwin, Brief vom 2.7.1866 (*MLD* I, 269).
8 A.a.O., 267.

no volition, natural selection is not applicable to them! In the literal sense of the word, no doubt, natural selection is a false term; but who ever objected to chemists speaking of the elective affinities of the various elements? - and yet an acid cannot strictly be said to elect the base with which it in preference combines. It has been said that I speak of natural selection as an active power or Deity; but who objects to an author speaking of the attraction of gravity as ruling the movements of the planets? Every one knows what is meant and is implied by such metaphorical expressions; and they are almost necessary for brevity. So again it is difficult to avoid personifying the word Nature; but I mean by Nature, only the aggregate action and product of many natural laws, and by laws the sequence of events as ascertained by us. With a little familiarity such superficial objections will be forgotten" (zit. nach der 6. Aufl., 1872, 63).

Diese Rechtfertigung Darwins enthält vier Argumente: 1) die Rede von der Selektion sei bloß eine Metapher, die um der Kürze willen gewählt wurde; 2) die anderen Naturwissenschaften machten es auch nicht besser; beispielsweise sprechen die Chemiker von "Affinität", ohne daß jemand Einwände erhöbe; 3) es wisse doch jeder, was mit der Metapher gemeint ist; und 4) die Personifizierung der Natur sei überhaupt schwer zu vermeiden.

Zumindest 1) und 4) dürften sich widersprechen. Wenn die Personifizierung der Natur, aus welchen Gründen auch immer, schwer zu vermeiden ist, ist die Selektionsmetapher offenbar nicht bloß "for the sake of brevity"[9] gewählt. Man kann ja fragen, warum Darwin, als sich die Mißverständnisse[10] abzeichneten, nicht einfach einen anderen, angemesseneren Begriff gewählt hat. Tatsache ist, daß Darwin auch in den späteren Auflagen des *Origin* immer noch anthropomorph formulierte Passagen hinzugefügt hat (vgl. Young 1971, 465), und daß es nicht bloß der Selektionsbegriff selbst ist, der für die 'Mißverständnisse' verantwortlich ist, sondern die ständige Analogisierung von natürlicher und künstlicher, absichtsvoller Selektion, die über eine leicht eliminierbare Metapher weit hinausgeht. Darwins Bewußtsein von der Metaphorizität der Selektionsbegriffs war nicht so ausgeprägt, wie die zitierte Passage vermuten läßt. Er war der Überzeugung, im Prinzip der natürlichen Selektion tatsächlich eine der künstlichen Selektion völlig analoge *vera causa* gefunden zu haben.[11] Auch sein Hinweis, daß

9 Wie Darwin an anderer Stelle wiederholt (1859, 127).

10 Übrigens haben nicht zuletzt diese Mißverständnisse der Evolutionstheorie neue Anhänger verschafft. Young (1971, 461) beschreibt, wie in der populären Rezeption "Darwin's supposedly purely scientific hypothesis finds it way back to the fundamental metaphysical position, partly *because* of its anthropomorphic overtones". Durch die Mißverständnisse wurde der Evolutionsgedanke in der Rezeption abgeschwächt und der kreationistischen Gegenposition wieder angenähert.

11 "It is a beautiful part of my theory, that domesticated races of organics are made by precisely same means as species - but latter far more perfectly & infinitely slower" (Notizbuch E, zitiert nach Engels 1989, 413). Von Metaphorizität ist hier keine Rede mehr. Eine "vera causa", die entdeckt zu haben Darwin noch an anderen Stellen reklamiert (z.B. Brief an Bentham vom 22.5.1963, *LLD* III, 25), war im damaligen Verständnis eine Ursache, die nicht bloß ad hoc postuliert, sondern deren Existenz unabhängig nachgewiesen war (vgl. Ellegård 1957, 370ff).

die Personifizierung der Natur schwer zu vermeiden sei, sollte uns aufhorchen lassen. Immerhin war das Problem der Naturteleologie in der Naturphilosophie des 18. und 19. Jahrhunderts ausgiebig diskutiert worden und Kant hatte in der *Kritik der Urteilskraft* einen ambitionierten Lösungsversuch vorgelegt, in dessen Zentrum das Verständnis der Natur "nach der Analogie mit einer Kunst" stand (s.u., IV, 3.1). Darwin setzt sich nicht hinreichend mit der Frage auseinander, *warum* die Personifizierung der Natur sich so stark aufdrängt.

Daß die Rede von Mißverständnissen und "superficial objections" das Problem verharmlost, zeigt auch das Schicksal der vorgeschlagenen funktionalen Äquivalente für den Selektionsbegriff. Huxleys Charakterisierung der Selektion als einer "method of trial and error" ist noch offenkundiger soziomorph als der Selektionsbegriff selbst, und als Darwin dann schließlich den von Spencer geprägten Begriff "survival of the fittest" übernahm[12] (ohne übrigens die Rede von natürlicher Selektion aufzugeben), war das teleologische Element in der Erklärung nur weiter verschoben, denn Darwin benötigte ja nun einen vom Faktum des Überlebthabens unabhängigen Begriff der "fitness", damit die Erklärung nicht zirkulär wurde. Das Problem ist einschlägig bekannt, denn der Zirkel- oder Tautologieeinwand ist gegenüber dieser Formel ebensooft erhoben wie zurückgewiesen worden: survival of the fittest - Wer sind die fittesten? - Die, die überlebt haben - Also: survival of the survivors.[13]

In dieser einfachen Form dürfte der Einwand unberechtigt sein. Der entscheidende Punkt ist, daß "fitness" und "Angepaßtsein" *Dispositionsbegriffe* sind und auch anders ihre Erklärungsfunktion gar nicht erfüllen könnten. Dispositionen lassen sich durch kontrafaktische Konditionale ausdrücken: "fit" oder "gut ange-

---

12 Wie ihm schon Wallace angeraten hatte: "This term is the plain expression of the fact - Natural Selection is a metaphorical expression of it" (Wallace an Darwin, Brief vom 2.7.1866, *MLD* I, 268). - Darwin hatte auch "natural preservation" erwogen; so schreibt er 1860 an Lyell: "[I]f I had to commence *de novo*, I would have used 'natural preservation'" (Brief vom 28.9.1860, *LLD* II, 346). Was schließlich den schon von Lyell verwendeten Begriff "struggle for existence" betrifft, so sieht sich Darwin genötigt, ihn ebenfalls unter Metaphorizitätsvorbehalt zu stellen: "I should premise that I use the term Struggle for Existence in a large and metaphorical sense" (1859, 62).

13 Die panadaptionistische Denkfigur, derzufolge jeder Organismus und jedes beliebige physiologische Merkmal durch ihre pure Existenz ihre perfekte Zweckangemessenheit in der 'besten aller möglichen Welten' erkennen lassen, haben Gould und Lewontin (1978) treffend als "Panglossian Paradigm" karikiert (in Anspielung auf den seinerseits Leibniz karikierenden Dr. Pangloss aus Voltaires *Candide*, der selbst noch das Erdbeben von Lissabon als Manifestation der vollkommenen Einrichtung der Welt ansieht). - Gould und Lewontin weisen darauf hin, daß Darwin selbst, im Unterschied zu Wallace, kein Panadaptionist war, sondern die Beteiligung anderer Faktoren des evolutionären Artenwandels zugestanden hat. Darwin sagt am Schluß der Einleitung: "I am convinced that Natural Selection has been the main but not exclusive means of modification" (1859, 6). An anderen Stellen gibt Darwin dem Tautologievorwurf allerdings Nahrung. So schreibt er an Lyell: "[E]very character which is naturally selected or preserved is in some way an advantage or improvement, otherwise it would not have been selected" (Brief vom 11.10.1859, *LLD* II, 210).

paßt" kann ein Organismus erst dann genannt werden, wenn er nicht bloß *bis jetzt* überlebt hat, sondern auch unter bestimmten Bedingungen zukünftig überleben *würde.* Jede evolutionäre Erklärung der fitness muß in irgendeiner Form dieses kontrafaktische, dispositionale Moment beinhalten. Wenn wir den Hinweis, daß die Evolution keine Ziele setze, so ernst nehmen, wie er genommen werden müßte, um jedes dispositionale Moment auszuschließen, verliert der Anpassungsbegriff seine Erklärungskraft; "angepaßt" hieße soviel wie "hat bis jetzt überlebt" und man wäre wieder beim "survival of the survivors". Wenn der Anpassungsbegriff gehaltvoll bleiben soll, muß seine Explikation *ein vom faktischen Überlebthaben unabhängiges Element* enthalten, eben ein dispositionales. Die entscheidende Frage ist nun, ob dieses dispositionale Element in der Erklärung nur *teleologisch* beschrieben werden kann. Dies würde nach herkömmlicher Auffassung einer intentionalistischen Aufladung gleichkommen, denn ein Telos, so erläutert Thomas von Aquin am Beispiel von Pfeil und Schütze, läßt sich ohne zwecksetzendes Subjekt nicht denken: was nicht selbst Bewußtsein habe, tendiere nur zu einem Ziel, insofern es "von einem erkennenden geistigen Wesen auf ein Ziel hingeordnet" werde "wie der Pfeil vom Schützen".[14] Das *Ziel* eines Vorganges kann ja niemals eine *vera causa* sein, weil die aristotelische *causa finalis* dem modernen Kausalitätsverständnis zufolge überhaupt keine Kausalursache ist. Wie sollte auch das Frühere vom Späteren verursacht werden können? Aber es ist leichter, über die "backward causation" zu spotten, als die Struktur teleologischer oder funktionaler Erklärungen wissenschaftstheoretisch wirklich befriedigend zu rekonstruieren, d.h. ohne Rekurs auf das intentionalistische Element, das nur im Falle mentaler Antizipationen von Zielen unproblematisch ist. In diesem Fall ist eben die mentale Antizipation kausal wirksam, nicht das Ziel selbst als ein zukünftiger Weltzustand. Es könnte sich herausstellen, daß dieser Rekurs tatsächlich eine conditio sine qua non teleologischer Erklärungen ist.

Nun wird vielfach eine Unterscheidung zwischen teleologischen und *funktionalen* Erklärungen vorgeschlagen. Diese Unterscheidung bringt hier jedoch keinen Gewinn. Es ist eine ironische Volte der Teleologiediskussion in der neueren Wissenschaftstheorie, daß etliche Autoren beanspruchen, das teleologische Element funktionaler Erklärungen gerade durch die Einbeziehung der evolutionären *Entstehung* der Funktion wissenschaftlich respektabel zu machen und mit einer kausalen Erklärung zu versöhnen (vgl. Wimsatt 1972, Wright 1976, Millikan 1984), wo doch der Funktionsbegriff in der Kybernetik gerade dazu dienen sollte, den impliziten Teleologismus des evolutionstheoretischen Begriffsapparates zu umgehen. Eine Sichtung der einschlägigen Literatur[15] zeigt, daß das Teleologie-

---

14 "Ea autem quae non habent cognitionem, non tendunt in finem nisi directa ab aliquo cognoscente et intelligente, sicut sagitta a sagittante" (*Summa Th.* qu. 2, a. 3). Thomas hat mit dieser Überlegung das im Sinn, wozu teleologische Argumente bis ins 18. Jahrhundert fast ausnahmslos dienten: einen Gottesbeweis.

15 Vgl. dazu etwa Engels 1982, 206ff.

problem mit der Einführung des Funktionsbegriffs zurückverschoben, aber natürlich nicht gelöst wird. Der entscheidende Punkt ist, daß "in talk of functions we continue to get reference to the future. Even if one adopts my translation of talk of functions into terms of talk of adaptations, one gets reference to the future, since one is now talking of chances of survival and reproduction in the future" (Ruse 1973, 195). Allgemeiner kann man sagen, daß die begrifflichen Probleme deshalb dieselben bleiben, weil Funktionen immer *relativ zu Zielen oder Zwecken* sind (vgl. Woodfield 1976, 110). So schließt sich der Kreis wieder, denn Zwecke sind Naturgegenständen nicht immanent. Die technischen Analogien, die Kybernetiker an dieser Stelle gerne anführen, um den Funktionsbegriff respektabel zu machen, sind erst recht deplaziert. Eine Feder taucht ja nicht automatisch in einer Uhr auf, weil sie dort eine Funktion zu erfüllen hat, sondern weil sie im jemand dort eingesetzt hat, der *weiß*, wie eine Uhr zu konstruieren ist (vgl. Nagel 1977f, 284 und Engels 1981, 213 gegen Wright). Ebensowenig erklärt sich das Vorhandensein eines Organs *kausal* aus seiner Funktion, denn auch mein Herz "was not caused to exist by the fact that it pumps my blood" (Achinstein 1977, 365, ebenfalls gegen Wright).

Oft ähnelt die Debatte einem Verschiebebahnhof. Zur Verteidigung gegen den Teleologievorwurf wird zurecht darauf hingewiesen, daß die Evolution keine Ziele setzt: "[D]ie natürliche Auslese ist unzweifelhaft ein a posteriori bewertender Vorgang, der den gegenwärtigen Erfolg belohnt, aber niemals zukünftige Ziele setzt" (Mayr 1974, 204). Die Evolution erzeugt lediglich, mit einem hübschen Ausdruck von Wuketits (1980, 116), eine "poststabilisierte Harmonie". Doch die Rede von der nachträglichen Bewertungsinstanz ist ebenso intentionalistisch wie das teleologische Modell. Ob die Instanz vorher plant oder nachträglich aussiebt, macht für ihren anthropomorphen Charakter keinen Unterschied. Zwar scheint es zunächst einen großen Unterschied zu machen, "ob ich denselben Vorgang als Erhaltung vorteilhafter oder aber als Vernichtung von der Art abweichender Merkmale interpretiere" (Fellmann 1977, 292). Wenn aber die Vernichtung des Abweichenden einen explanatorischen Wert haben soll, muß seine Defizienz unabhängig vom bloßen Abweichen beschrieben werden können: eben als komparativer *Nachteil*. Dies erfordert eine vom faktischen Überlebthaben unabhängige *Bewertung* des Passungsgrades. Allerdings ist das Modell des Aussiebens immer noch explanatorisch attraktiver als das der Providenz, denn während das Aussieben durch eine Intelligenz nach Analogie mit der unseren vorstellbar ist, müßte die Instanz der *Vorsehung* allwissend und allmächtig sein, was die anthropomorphe Analogie bis an ihre Grenzen strapaziert. Das Selektionsmodell ist lediglich anthropomorph, die vollausgebildete Naturteleologie erfordert den großen Kreator. - Umgekehrt tut es natürlich der Dignität des Schöpfers Abbruch, wenn er andauernd in sein Werk eingreifen und es nachbessern muß. Darwin hat daher listig (oder aufrichtig?) argumentiert, daß, ist der Artenwandel einmal zugestanden, unsere Bewunderung für die Perfektion der Schöpfung eigentlich noch wachsen müsse, wenn wir sie als *aus sich heraus* evolvierend ansehen. Ein sich selbst reparierender Mechanismus ist eben perfekter konstruiert als einer, der bei jeder Störung eines äußeren Eingriffs bedarf.

Man muß sich an dieser Stelle klarmachen, daß es gerade die stupende Zweckangemessenheit der organischen Ausstattung von Lebewesen war, die gegen die Evolutionshypothese zu sprechen schien, und dies nicht nur für die überzeugten Kreationisten, sondern auch für Darwin selbst. Zum Beispiel das Auge: "To suppose that the eye, with all its inimitable contrivances for adjusting the focus to different distances, for admitting different amounts of light, and for the correction of spherical and chromatic aberration, could have been formed by natural selection, seems, I freely confess, absurd in the highest possible degree" (Darwin 1859, 186).[16] - Solche defaitistischen Anwandlungen überwand Darwin, indem er sich klarmachte, daß es ja in der Evolutionsgeschichte unzählig viele graduelle Abstufungen dieser Perfektion gegeben hat (vgl. ebd.), und zweitens durch die heute allgemein geteilte Einsicht, daß ja nicht *jedes einzelne* physiologische Merkmal einen unmittelbaren Überlebensvorteil bieten müsse.[17] Dennoch ist das Problem nicht gelöst, wie der Gedanke der Zweckangemessenheit überhaupt außerhalb eines teleologischen Naturverständnisses zu denken sein soll.[18]

Eine Sprachregelung, die heute unter Biologen weite Verbreitung gefunden hat, ist die von Pittendrigh 1958 eingeführte und vor allem von Mayr propagierte Unterscheidung von "Teleologie" und "Teleonomie": *teleonom* seien Vorgänge, die ihr Zielgerichtetsein nicht einer zwecksetzenden Instanz, sondern dem mechanischen Ablaufen eines (z.B. genetisch fixierten) Programms verdanken (vgl. Mayr 1974, 207). Der Zweck ist also gleichsam eingebaut, so daß beim Ablauf des Programms kein zwecksetzendes Bewußtsein mehr bemüht werden muß.

Damit ist das Problem erneut verschoben, diesmal auf den Programmbegriff. Ein Programm ist für Mayr eine "kodierte oder im voraus angeordnete Information, die einen Vorgang (oder ein Verhalten) so steuert, daß er zu einem vorgege-

---

16 Auch Hume hatte in seiner Auseinandersetzung mit der Physikotheologie das Auge als Beispiel für einen Mechanismus gewählt, angesichts dessen sich geradezu mit der Gewalt einer sinnlichen Wahrnehmung die Existenz eines Konstrukteurs aufdränge (vgl. Hume 1779, 402f).

17 Stöhnt Darwin noch 1860: "The sight of a feather in a peacock's tail, whenever I gaze at it, makes me sick!" (Brief an Asa Gray vom 3.4.1860, *LLD* II, 296), so erklärt er 1871 im *Descent of Man* seine falsche Annahme eines Überlebensvorteils jedes einzelnen Merkmals durch sein fortwährendes unterschwelliges Beeinflußtsein von kreationistischen Vorstellungen: "I was not able to annul the influence of my former belief, then almost universal, that each species had been purposely created; and this led to my tacit assumption that every detail of structure, excepting rudiments, was of some special, though unrecognized, service" (zitiert nach Young 1971, 468).

18 Auf dasselbe Dilemma, wie sich eine zweckmäßige Organisation ohne Zwecksetzer soll denken lassen, antwortet später die fragwürdige Rede von "autopoietischen" oder "selbstorganisierenden" Systemen in Systemtheorie und Kybernetik.

benen Ende führt" (Mayr 1974, 213). Dem auf der Hand liegenden Einwand, daß das Vorhandensein eines solchen Programms einen Programmierer erfordert, versucht Mayr durch die überraschende Behauptung zu begegnen, "daß die Art und Weise, wie ein Programm erworben wurde, mit der teleonomischen Natur des durch das Programm gelenkten Verhaltens ganz und gar nichts zu tun hat" (214). Diese Abstraktion erlaubt es ihm, den Unterschied zwischen einem Computerprogramm und dem genetischen 'Programm' zu verwischen und das Telos aus der Teleonomie zu eliminieren.[19] Die Abstraktion von der Genese des Programms ist aber unzulässig, denn in diesem Falle bleibt das entscheidende Merkmal eines Programmes, eben seine Steuerungsfunktion, unerklärt. Mayr profitiert bei der Einführung des Teleonomiebegriffs von der Analogie mit dem absichtsvoll produzierten Programm, kann dann aber für biologische 'Programme' keinen äquivalenten Mechanismus angeben, der die Rede von Zielen oder Zwecken legitimierte (vgl. Engels 1981, 184ff).

Der Verdacht, es gebe eine in den Metaphern verborgene "kryptotheologische Tiefenstruktur der Evolutionstheorie" (Macho 1987, 194), läßt sich nicht allein auf sprachliche Ungeschicktheiten Darwins abwälzen. Ein weiteres Indiz dafür ist, daß auch andere Evolutionstheoretiker in begrifflichen Nöten waren: "Warum [...] wurde die natürliche Selektion von Dobzhansky mit einem Komponisten verglichen, mit einem Dichter von Simpson, mit einem Bildhauer von Mayr und ausgerechnet mit Mr. Shakespeare von Julian Huxley?" (Gould 1977, 35) - wenn auch diese bewußten Vergleiche eher harmloser sein dürften als die geronnene teleologische Tiefenstruktur der evolutionstheoretischen Theoriesprache.

Manche Autoren scheinen zu glauben, sie könnten sich durch das freimütige Zugeständnis der Metaphorizität ihrer Redeweise bis auf weiteres Dispens verschaffen. Noch Wuketits rechtfertigt seine Rede von "Selbstregulation" und "poststabilisierter Harmonie" durch den Hinweis, daß diese "neuen Evolutionstheorien [...] sich noch im Reifungsprozeß befinden" und daher wie schon Darwins Theorie "nicht frei von metaphorischer Ausdrucksweise" sind. "Eine solche ist symptomatisch für die erste Phase, die 'Anlaufphase' eines neuen Konzepts, einer neuen Theorie" (Wuketits 1980, 117). Die Verteidigung wäre überzeugender, wenn man sie nicht schon so oft gehört hätte und wenn irgendeine Aussicht angedeutet wäre, die Metaphorizität der "Anlaufphase" zu überwinden. Von Selbstorganisation sprach schon Kant. Mit einem Programm, das sich nach 200 Jahren noch in der Anlaufphase befände, müßte irgendetwas faul sein. Das ständige Sprechen in Anführungszeichen, wenn es teleologisch wird, ist unredlich. Schließlich soll die Verwendung von Anführungszeichen, also das Eingeständnis der Metaphorizität, den Anspruch der Biologen andeuten, daß sie "denselben

[19] Mayr selbst schränkt übrigens den Teleonomiebegriff auf einzelne Naturprozesse wie den Ablauf eines genetischen Programms ein; er bezeichnet nicht die Evolution insgesamt als teleonom.

Sachverhalt auch formulieren könnten, ohne daß die Anthropomorphismen darin vorkommen" (Löw 1980, 64). Wenn aber die Einlösung dieses Anspruchs bei jedem Versuch von neuem scheitert, so daß "Biologen überhaupt nur noch in Anführungszeichen schreiben uns sprechen dürfen" (ebd.), muß die Biologie als Wissenschaft sich damit ins Benehmen setzen, woran dies liegen mag.[20]

Bisweilen wird als Grund für die teleologische Kontamination der Darwinschen Theoriesprache angegeben, daß die frühe Evolutionstheorie mit dem Prinzip der natürlichen Selektion ja entgegen Darwins eigener Einschätzung über den wirklichen *kausalen Mechanismus* der Entwicklung der Arten noch gar nicht verfügte, sondern nur über ein abstraktes Prinzip, welches erst durch die Molekulargenetik nachträglich spezifiziert und wissenschaftlich gestützt wurde.[21] Dieser Hinweis macht für das Teleologieproblem aber keinen Unterschied. Die Molekulargenetik liefert zwar Mechanismen, aber die Mechanismen der DNS-Replikation sind keine Mechanismen der Auslese oder des Artenwandels. Das Selektionsprinzip bleibt eine ihrer Theoriesprache inkommensurable Größe. Richard Dawkins' desperate Rede vom "egoistischen Gen" ist noch offenkundiger anthropomorph als der Selektionsbegriff.[22] Genetische Mutationen bringen Individuen

---

20 Der Beobachtung von Geach ist nichts hinzuzufügen: "I have often been amused by the way that an author begins by explaining how Darwin's idea of evolution by natural selection makes teleological talk superfluous and misleading, and then after more or fewer pages steps into language ascribing purposes to 'Nature' or 'evolution'" (Geach 1975, 87).

21 Young stellt zusammenfassend fest: "In proposing the theory of evolution by means of the mechanism of natural selection he was not really supplying a mechanism at all. Rather, he was providing an abstract *account* at a general level of how favourable variations might be preserved. He *had* to keep his account at a certain level of abstraction since, as he confessed, he could neither specify the laws of variation nor the precise means by which variations were preserved. [...] He could neither show evolution at work nor provide a complete example of the stages by which it had worked [...] Darwin's task was to explain *away* the *lack* of evidence while repeatedly stressing the greater plausibility of his theory over that of special creation" (Young 1971, 469). "In short, he lacked genetics and molecular biology" (488). - Daß Darwin einen *Mechanismus* der Evolution gefunden habe, wird aber immer wieder behauptet; stellvertretend für viele Haeckel, Landmann, Ayala, Mayr, Beauchamp und Rosenberg: "[D]urch die Deszendenztheorie lernen wir die wahren wirkenden Ursachen der organischen Formerscheinungen kennen", die "auf mechanischem Wege erklärt" werden (Haeckel 1868, 12f). Darwin "als erster hat den Evolutionismus mechanistisch durchgeführt. [...] Nach Darwin erklärt sich die Entwicklung rein kausalmechanisch. Sie wird nicht von vorn gezogen, sondern von hinten gestoßen" (Landmann 1955, 175). "Natural selection is a purely mechanistic process" (Ayala 1970, 10). Darwin ist "eine mechanistische Erklärung der Angepaßtheit geglückt" (Mayr 1974, 220). "Darwin's influential theory of natural selection provides purely causal, nonteleological descriptions of and explanantions for phenomena previously supposed to be the products of design and purpose" (Beauchamp/Rosenberg 1981, 317). - Der erste, der nachdrücklich darauf hinwies, daß Darwin über einen kausalen Mechanismus der Evolution (noch) gar nicht verfügte, war Wilhelm Roux.

22 Dies bestreitet Dawkins (1981) allerdings vehement und wird von Rosenberg (1986) darin darin unterstützt. Beide verweisen auf die Legitimität wissenschaftlicher *Umdefinitionen* alltagssprachlicher Ausdrücke. Diese Legitimität ist nicht zu bestreiten, wohl aber Dawkins' und Rosenbergs Behauptung, daß eine "rein behavioristische", nichtintentionale Umdefinition von

hervor, von denen einige die Chance haben werden, mehr Nachkommen zu zeugen als andere; der *Zusammenhang* zwischen genetischer Ausstattung und Überlebenserfolg ist aber ein vielfach gebrochener und nur statistisch beschreibbarer.[23] Ein *kausaler Mechanismus*, in dessen Beschreibung Kategorien wie "Überlebenserfolg" oder "Anpassung" vorkommen könnten, existiert nicht. Es kann ihn nicht geben, weil das zugrundeliegende Problem ein begriffliches ist und kein empirisches. Auch eine molekulargenetische Erklärung der *vera causa* der Evolution müßte wieder am antizipatorischen Bedeutungsmoment funktionaler Erklärungen scheitern, welches in einer Kausalerklärung nicht einholbar ist.[24] Darwins Metaphern sind daher auch durch keine noch so verfeinerte Erklärung der angeblichen "Mechanismen" der Evolution eliminierbar (gegen Peters 1972, 347), denn die Erforschung kausaler Prozesse hat mit der interpretativen Leistung der teleologischen *Beurteilung* der Prozesse *als Anpassungsleistungen* gar nichts zu tun.[25] Das teleologische Idiom ist eben ein "Fremdling in der Naturwissenschaft" (Kant, *KU* B 320).

Aber auch unabhängig davon ist die Molekulargenetik kein Ausweg. Obwohl unter Biologen notorisch umstritten ist, welches der 'Angriffspunkt' der Selektion ist - auch dies ist allein ein begriffliches Problem[26] -, scheint es kaum sinnvoll,

---

"Egoismus" und "Altruismus" tatsächlich gelungen sei. Eher hilflos ist der Verweis darauf, daß die ganze Biologie mit solchem Vokabular durchsetzt sei; *gelöst* wird bei Dawkins kein einziges der hier verhandelten begrifflichen Reduktionsprobleme.

23 Die Möglichkeit der Theorienreduktion der Mendelschen Gesetze auf die Molekulargenetik ist ein Thema für sich. Die Situation scheint so zu sein, wie wir sie schon aus Fodors Verteidigung der relativen explanatorischen Autonomie der Einzelwissenschaften kennen. Folgt man Hull und Rosenberg, kann es zwischen Mendelschen Gesetzen und denen der Molekulargenetik aufgrund der inkommensurablen Klassifikationssysteme nur komplexe, "many-many relations" geben, nicht aber die Möglichkeit nomologischer Reduktionen (vgl. Rosenberg 1978, 109ff).

24 Wright (1976) ist in der Tat der Auffassung, mithilfe der Formel "X is there *because* it does Z" die teleologische an die kausale Erklärung assimiliert zu haben. Dieses "because" ist aber erschlichen, denn, so Nagel, "whether an organism survives to reproduce itself, does not depend on whether it has traits that would be advantageous to it in some *future* environment" (Nagel 1977, 286). Und im Hinblick auf molekulargenetische Erklärungen gilt: "*Which* of its genes an organism transmits to its progency, [...] is *not* determined by the *effects* that the genes produce in either the parent or daughter organisms" (ebd.).

25 Vgl. Fellmann 1977, 296: "[D]er Fortschritt in den Faktorenanalysen des Evolutionsgeschehens und die statistische Berechnung des Erhaltungswertes können nicht so interpretiert werden, als seien die Metaphern DARWINS durch 'im naturwissenschaftlichen Sinne eigentliche' Begriffe ersetzt worden. Denn die Metaphern liefern eine Beurteilung von gesetzmäßig geregelten und kausal erforschbaren Vorgängen im Hinblick auf ein Resultat, dessen Zustandekommen für den menschlichen Verstand nicht anders als durch Analogie mit zweckgeleiteten Vorgängen verständlich wird".

26 Als Kandidaten für den 'wirklichen' Angriffspunkt der Selektion sind von Biologen wahlweise genannt worden: der individuelle Phänotyp, der Genotyp, die Population oder die Art (Nachweise bei Williams 1973, 94). Williams argumentiert überzeugend dafür (a.a.O., 94 und 97), daß diese Behauptungen sich bei genauerer wissenschaftstheoretischer Analyse nicht widersprechen müssen.

hier den Genotyp zu nennen. Das, was entweder lange lebt oder vorzeitig stirbt, ist der individuelle Phänotyp. Die selektionistische Erklärung setzt jedoch noch weiter oben an, denn sie kann nur gehaltvoll bleiben, wenn sie auf *Populationen* angewandt wird, und zwar in statistischer Weise (vgl. Mayr 1982, 392). Einzelne schlecht angepaßte Individuen können durchaus das biographische Glück haben, lange zu leben und sich fortzupflanzen, was den Begriff der fitness vor der besagten Zirkularität bewahrt. "Entstehen und Überleben von Arten", so Engels (1989, 142), sind lediglich "ein 'Nebenprodukt' der differentiellen Reproduktionschancen von Individuen", die statistisch beschrieben werden müssen. Dieser Prozeß ist aber kein Mechanismus im engeren Sinne des Wortes. Diesen Vorgang 'Anpassung' und 'Selektion' zu nennen, hat zwar einen unbestreitbaren interpretativen Wert; gleichwohl gehören die Begriffe einer anderen Beschreibungsebene an und sind nur innerhalb der Logik des *Als ob* einer intentionalen, zielgerichteten Handlung verstehbar.[27] Bestürzend kann das nur finden, wer die Sicherung der Wissenschaftlichkeit der Biologie sich immer noch nur durch eine Fundierung in der Physik vorstellen kann. Kant demonstriert aber, daß schon der Begriff des Organismus, auf den die Biologie existentiell angewiesen ist, außerhalb teleologischer Kategorien nicht konzeptualisierbar ist. Dies für eine Schande zu halten und zu behaupten, die Evolutionstheorie habe "mit der Teleologie aufgeräumt und damit basta" (Hull nach Mayr 1974, 199), zeugt allein von einem Minderwertigkeitskomplex der Biologie gegenüber der mechanistischen Physik.[28]

Manche Autoren glauben das teleologische Moment eliminieren zu können, indem sie den Organismusbegriff durch den Systembegriff ersetzen. Systeme strebten danach, sich selbst zu erhalten und zu stabilisieren,[29] weshalb es sogar

---

27 Der einzige interessante und aussichtsreiche Ansatz, den fitness-Begriff zu retten, scheint mir der zu sein, ihn als *theoretischen Begriff* zu bezeichnen, der ohne Zirkularität gar nicht in anderen Begriffen der Theorie definiert werden kann, weil er die Theorie schon enthält (Williams; Rosenberg). Fitness, so Rosenberg (1978, 105), sei ein "theoretical term in science that has great explanatory potential, just because it is not exhausted by, and cannot be translated into, observable properties". Williams stellt nüchtern fest: "Now it is a simple logical fact that it is impossible to define all words of a theory in terms of other words of the theory without introducing a circularity in the theory" (Williams 1973, 89). - Gegenüber physischen Prädikaten ist fitness *supervenient* und deshalb nicht durch sie definierbar (vgl. Rosenberg 1978 und Sober 1985, 105).

28 Die Behauptung einer teleologischen Tiefenstruktur der Evolutionstheorie ist auch die Quintessenz der Arbeit von Spaemann und Löw: Sie konstatieren, "daß die Sprache, derer sich die schärfsten Gegner der Teleologie bedienen, offensichtlich vom Feind verseucht ist" (Spaemann/Löw 1981, 271). Das "große, vollständige Evolutionsprogramm, welches der Teleologie für immer und auf jeder Ebene den Garaus machen sollte", sei "bis in seine *physikalische* Begrifflichkeit von einem teleologischen Horizont umschlossen" (260). - Zum Teleologismus Darwins vgl. auch Cassirer 1950, 173f.

29 Auf diesem Weg sucht Küppers auch seine These zu begründen, daß vom genetischen Code als von einer Sprache zu reden nicht metaphorisch sei: "Wir können aus diesen Überlegungen den Schluß ziehen, daß die Ursemantik biologischer Information durch die Fähigkeit eines le-

möglich werde, Selbstorganisationsleistungen von der Biologie in die Physik zurückverlagern. So behauptet Küppers im Anschluß an spieltheoretische Untersuchungen zur Schwankungsdynamik irreversibler physikalischer Prozesse:

> "Natürliche Selektion ist *keine* irreduzible Systemeigenschaft lebender Systeme, sondern erweist sich als ein physikalisch begründbares Extremalprinzip, das bereits in unbelebten Materiesystemen in Erscheinung tritt, sofern bestimmte materielle und physikalische Voraussetzungen erfüllt sind" (Küppers 1986, 259).

Küppers unterschlägt den Umstand, daß Systeme gerade über eine Stabilisierung ihrer Systemgrenzen *definiert* sind und daß die Rede von Systemerhaltung daher die System/Umwelt-Grenze schon voraussetzt. Diese Grenze ist aber, wie man von Systemtheoretikern lernen kann, *physikalisch* nicht zu spezifizieren. Küppers zitiert sogar eine entsprechende Kritik von Bertalanffys (1970, 18), unterschätzt aber deren Bedeutung. Systembegriffe in der Physik lösen a fortiori keine Fragen, die der Organismusbegriff in der Biologie aufwirft.

Nach wie vor scheint Haldanes berühmtes Bonmot zu gelten: "Die Teleologie ist für den Biologen wie eine Mätresse: er kann nicht ohne sie leben, aber er will nicht mit ihr in der Öffentlichkeit gesehen werden".[30] Ein Stolperstein ist der implizite Teleologismus der Biologie insofern, als gerade der Darwinschen Theorie bis heute immer wieder das Verdienst zugeschrieben wird, das überkommene teleologische Weltbild mit seinen mythisch-animistischen Wurzeln überwunden und durch ein naturwissenschaftlich aufgeklärtes abgelöst zu haben. Natürlich soll man den Aufklärungsfortschritt nicht unterschätzen - zwischen der *objektiven* Naturteleologie und der Kantischen Zurückstufung zu einer unaufhebbaren Analogie besteht ein großer Unterschied -, aber man darf die Emanzipation der Biologie von teleologischen Kategorien eben auch nicht *über*schätzen.[31]

Ich fasse zusammen: Zeitgenössische Biologen beanspruchen, mit der Unterscheidung von Teleologie und Teleonomie das Problem der Naturteleologie endgültig gelöst zu haben, was leider vielen Philosophen bisher entgangen sei (vgl. Mayr 1982, 40ff). Ich zähle mich zu diesen Ignoranten und bin darüberhinaus der Auffassung, daß es sich beim Problem der Naturteleologie wohl um das 'tiefste'

---

benden Systems definiert ist, sich reproduktiv zu erhalten", d.h. "sich möglichst schnell bei gleichzeitig hoher Genauigkeit und Stabilität zu reproduzieren" (Küppers 1986, 220).

30 Zitiert nach Mayr 1974, 210.

31 Eine ganz neue Note kommt durch Dennetts *Instrumentalismus* bezüglich der Intentionalitätszuschreibung in die Diskussion. Für Dennett (und viele andere Theoretiker im Umkreis der KI-Debatte) gibt es keinen Unterschied zwischen *intrinsischer* und *Als ob*-Intentionalität. Intentionalität werde grundsätzlich *zugeschrieben*, und der explanatorische Erfolg heiligt die Mittel. Da nun "the utility - in fact the inescapable utility - of the intentional stance in biology" außer Zweifel steht (Dennett 1987c, 314), ist die Intentionalitätszuschreibung *eo ipso* gerechtfertigt. Es sei also völlig in Ordnung, die Natur als eine Selektionsinstanz anzusehen; die Intentionalität von "mother nature" sei kein Jota uneigentlicher als die unsere (a.a.O., 298ff). - Näheres zur instrumentalistischen Auffassung des Zuschreibens von Intentionalität s.u., IV, 3.2.

Teilproblem dessen handelt, was ich das anthropomorph-physiomorphe Paradox genannt habe. Die Frage ist, ob wir auch im angeblich nachmetaphysischen Zeitalter und unter Bedingungen naturwissenschaftlicher Aufklärung schon beim Verfolgen elementarer Erkenntnisinteressen die Natur nicht anders denn als zweckmäßig organisiert wahrnehmen können, bzw. mit Kant: *als ob* sie zweckmäßig eingerichtet wäre. Und wenn dies der Fall wäre, sollten wir weiter fragen, ob dieser transzendental notwendige Schein etwas mit unserer eigenen physischen Organisation sowie mit unserem Selbstverständnis als zweckorientiert handelnder Subjekte zu tun haben könnte. Was ist dabei die Rolle der Sprache; drückt sich in den anthropomorphen Metaphern unseres Naturverständnisses diese Projektion lediglich aus oder sind sie ihrerseits dafür konstitutiv? Wir werden noch verschiedene Anläufe nehmen, dieses Syndrom zu entzerren und aufzuklären.

Unter der Voraussetzung einer teleologischen Tiefenstruktur des evolutionären Erklärungsmodells ergibt sich eine interessante Perspektive auf das Programm der *Evolutionären Erkenntnistheorie*, das man grob als Anwendung der Evolutionstheorie auf diejenigen mentalen und kognitiven Fähigkeiten des Menschen bezeichnen kann, deren evolutionäre Erklärung, wie übrigens auch die Erklärung der Moralität, Darwin noch als ein "problem for the distant future"[32] angesehen hatte. Wenn das Gesagte richtig ist, könnte man der EE mit Spaemann und Löw einen *Zirkel von anthropomorpher Projektion und biologistischer Rückprojektion* vorwerfen: "Von aus der Selbsterfahrung gewonnenen Voraussetzungen her werden Abstraktionen anthropomorph ins Tierreich übertragen, und danach rekonstruiert man sich selbst aus diesen Abstraktionen mit Hilfe von Selektionstheorien, und das heißt: der Mensch entlarvt sich selbst als Anthropomorphismus" (Spaemann/Löw 1981, 260). Für Macho drückt sich in dieser unbemerkten Rückprojektion ein "szientistisches Selbstmißverständnis" der EE aus (Macho 1987, 194). Im Umkreis dieser Argumentation ist auch der Vorwurf anzusiedeln, in der Begründungsstruktur der Evolutionstheorie sei ihr sozialdarwinistischer Mißbrauch schon vorprogrammiert, weil die Lehre vom Kampf ums Dasein erst aus der bürgerlichen Ökonomie abgeleitet sei.[33]

Sind diese Einwände berechtigt oder ist die EE in der Lage, sie zurückzuweisen? - Ihre zentrale These ist die vom "Passungscharakter der Erkenntnis". Voll-

---

32 Im *Descent of Man*, zitiert nach Engels 1989, 96.

33 Vgl. die vielzitierte Bemerkung von Friedrich Engels: "Die ganze Darwinsche Lehre vom Kampf ums Dasein ist einfach die Übertragung der Hobbesschen Lehre vom bellum omnium contra omnes [...] und der bürgerlichen ökonomischen von der Konkurrenz, sowie der Malthusschen Bevölkerungstheorie aus der Gesellschaft in die belebte Natur. Nachdem man dieses Kunststück fertiggebracht [...], ist es sehr leicht, diese Lehren aus der Naturgeschichte wieder in die Geschichte der Gesellschaft zurückzuübertragen und eine gar zu starke Naivität, zu behaupten, man habe damit diese Behauptungen als ewige Naturgesetze der Gesellschaft nachgewiesen" (Engels 1875, 565).

mer, auf den ich mich im folgenden vorwiegend beziehe,[34] faßt die Passungsthese so zusammen: "Die subjektiven Erkenntnisstrukturen passen auf die Welt, weil sie sich im Laufe der Evolution in Anpassung auf diese reale Welt herausgebildet haben. Und sie stimmen mit den realen Strukturen (teilweise) überein, weil nur eine solche Übereinstimmung das Überleben ermöglichte" (Vollmer 1975, 102).

Gegen die so erläuterte Passungsthese der Erkenntnis ist nun der gleiche Einwand vorgebracht worden wie gegen Spencers und Darwins Formel vom "survival of the fittest". Wenn man den Überlebenserfolg durch die Passung der Erkenntnisstrukturen erklärt, die Passung aber ihrerseits erst durch den Überlebenserfolg feststellt, handelt es sich offensichtlich um einen Zirkel. Vollmers einschränkende Parenthese "teilweise", die den sogenannten "Fehlleistungen" (er nennt das Beispiel des subjektiv geschlossenen Farbkreises) Rechnung tragen soll, scheint mit der Zirkularität zugleich die Erklärungskraft der Passungsthese zu beseitigen, denn wenn "auch die subjektiven Fehlleistungen einen Selektionsvorteil mit sich brachten, verliert die EE bezüglich dessen, was wir normalerweise unter Erkenntnis verstehen, ihre Erklärungskraft: *Nach der Logik der EE wäre Erkenntnis im eigentlichen Sinne des Wortes zum Überleben gar nicht notwendig gewesen*, da hierfür schon die sog. Fehlleistungen hingereicht hätten." (Engels 1987, 246). Es besteht also wie schon bei Quines naturalisierter Erkenntnistheorie ein starker Verdacht, daß die EE unter Erkenntnis gar nicht dasselbe versteht wie diejenige Tradition der philosophischen Erkenntnistheorie, die mit Kant an der Forderung der Beantwortung der quaestio iuris festhält. Dieser Verdacht erhärtet sich, wenn Vertreter der EE (Lorenz, Riedl) Leben überhaupt als "erkenntnisgewinnenden Prozeß" bezeichnen, was dem Erkenntnisbegriff jede Spezifik nimmt.

Vollmer versteht unter Erkenntnis die "adäquate Rekonstruktion und Identifikation äußerer Strukturen im Subjekt" (1987, 85f). Die Bedingung der Adäquatheit enthält allerdings den Bezug auf einen realistischen Standard, der es erst erlaubt, Fehlleistungen als solche zu identifizieren. Es scheint somit in der EE zwei Erkenntnisbegriffe zu geben, einen anthropologisch relativierten und einen realistischen, von denen der zweite innerhalb des evolutionären Paradigmas nicht mehr erklärt werden kann.[35] Ich werde darauf zurückkommen.

Der eigenwillige Erkenntnisbegriff ist natürlich noch kein besonders starkes Argument gegen die EE, zumal unter ihren Vertretern umstritten ist, ob die EE überhaupt eine philosophische Theorie oder vielmehr eine naturwissenschaftliche

---

34 Ich beziehe mich deshalb auf Vollmer, weil er wenigstens die offensichtlichsten von Lorenz' und Riedls Fehlern vermeidet und unter den Vertretern der EE noch über das größte Problembewußtsein bezüglich der *philosophischen* Dimension der EE verfügt.

35 Zugleich vertritt Vollmer eine Art Identitätstheorie: Die EE "geht aus von der naturalistischen These, daß Erkennen eine Gehirnfunktion und als solche zugleich das Ergebnis der biologischen Evolution ist" (1987, 81).

ist.[36] Allerdings gilt wie im Falle von Quine, daß der Erkenntnisbegriff einer naturalistischen Erkenntnistheorie nicht *zu* verschieden von dem derjenigen Theorien sein darf, mit denen sie wissenschaftlich konkurrieren will. Anderenfalls wäre die Situation die, daß die EE schlicht andere Antworten auf andere Fragen gibt und daher keine explanatorische Konkurrenz, sondern allenfalls kulturelle Territorialkonflikte bestehen.[37]

Der Erkenntnisbegriff der EE wird klarer, wenn wir uns Vollmers Replik auf den Zirkelvorwurf zuwenden. Wie die Evolutionstheorie überhaupt, benötigt auch die EE eine vom faktischen Überlebenserfolg unabhängige Explikation des Passungsbegriffs sowie ein unabhängiges Kriterium seiner Feststellung, denn nicht alle erworbenen physiologischen und kognitiven Strukturen sind unmittelbar überlebensrelevant. Anderenfalls hätte per definitionem kein nichtangepaßter Organismus jemals entstehen können - wie tatsächlich vereinzelt behauptet worden ist (Mainx nach Ghiselin 1966, 148). Es ist daher nicht nur der statistische, die Population betreffende Charakter des Angepaßtseins im Auge zu behalten; man muß darüberhinaus die Konsequenz ziehen, Passung als *komparativen* Begriff zu verwenden. Man muß Passungs*grade* ("degrees of adaptedness") einführen und sie unabhängig von ihrem jeweiligen Anpassungs*wert* empirisch bestimmen, wenn der Passungsbegriff nicht leer werden soll (vgl. Ghiselin 1966 und Engels 1989, 134ff). Der Biologe muß also genauer hinsehen als die fiktive Selektionsinstanz; er muß den Passungs*grad* einer organischen Ausstattung zusätzlich ingenieursmäßig beurteilen, wenn das Feststellen von Anpassung einen Erklärungswert haben soll.

Vollmer arbeitet mit der Unterscheidung von Mikro-, Meso- und Makrokosmos und vertritt die These, daß die Passung unserer Erkenntnisstrukturen deshalb nicht schon objektive Außenweltrepräsentation garantiert, weil unsere Erkenntnisstrukturen lediglich an die mesokosmische "kognitive Nische" des homo sapiens angepaßt seien und außerhalb des überlebensrelevanten Erfahrungsbereichs mittlerer Dimensionen durchaus versagen können (vgl. 1983, 77-85). Dieser Zug ist äußerst wichtig, aber er führt aus der EE hinaus. Wie, so ist zu fragen, stellen wir denn dieses Versagen unserer kognitiven Ausstattung fest? Woher wissen wir, an welchen Stellen wir ihr mißtrauen müssen, wie können wir durch Erkenntnis über Erkenntnis hinausgelangen?[38] - Durch Wissenschaft, antwortet

---

36 Es scheint sich aber die Auffassung Vollmers durchzusetzen, daß die EE "eine erkenntnistheoretische Frage durch eine naturwissenschaftliche Theorie - die Evolutionstheorie - beantwortet" (1975, 102), daß sie also eine biologische Theorie ist, die *auch* philosophische Probleme löst (vgl. Vollmer 1987, 83f und Wuketits 1987, 38ff).

37 Für Kambartel ist die EE daher sprachendualistisch zu traktieren. Er geht so weit, sie für einen einzigen Kategorienfehler zu halten: für eine Theorie, die "die grammatische Grenze zwischen physikalischen und humanen Ereignissen" mißachtet (Kambartel 1984, 43).

38 Auf diese Frage läuft auch von Weizsäckers vielzitiertes Selbstanwendungsargument gegen Konrad Lorenz' Rede von der der EE zugänglichen "Rückseite des Spiegels" hinaus: es sei festzuhalten, "daß auch das Bild, das die Naturwissenschaft von der Rückseite des Spiegels

Vollmer. Wissenschaftliche Erkenntnis kann unsere mesokosmische Alltagserkenntnis deshalb transzendieren, weil sie über *Instrumente* verfügt, die unseren Sinnesorganen überlegen sind, sie 'verlängern', testen und korrigieren können (vgl. z.b. 1985b, 307f). Damit nun an dieser Stelle der Selbstanwendungseinwand nicht iteriert werden kann ('Durch welche Erkenntnis rechtfertigen wir denn die Wissenschaft?'[39]), darf natürlich die beanspruchte Adäquatheit wissenschaftlicher Erkenntnis nicht wiederum evolutionär durch ihren Passungscharakter erklärt werden, sondern es sind nichtbiologische Standards der Angemessenheit im Sinne *normativer* Maßstäbe erforderlich. Die Explikation und Begründung dieser Standards läuft aber auf eine "Ausklammerung wissenschaftlicher bzw. theoretischer Erkenntnis aus dem Kompetenzbereich der biologischen EE" hinaus (Engels 1987, 234).

Genau diese Konsequenz zieht Vollmer. Er unterscheidet strikt zwischen mesokosmischer "Erfahrungserkenntnis, die biologisch determiniert ist, und wissenschaftlicher Erkenntnis, die es nicht ist" (1983, 73) und gesteht zu: "Evolutive Gesichtspunkte können viele - auch inhaltliche - Züge mesokosmischer Erkenntnisfähigkeit positiv *erklären* [...]. Die Inhalte wissenschaftlicher Theorien können sie dagegen *nicht* erklären" (1985b, 312). Was die EE dagegen erklären kann, ist, *warum* sie hier nichts erklären kann: auf nicht anwendungsorientierter Erkenntnis einer marginalen Population von überzüchteten Spezialisten lastet kein Selektionsdruck, also gibt es dafür keine fitness-Prämien - was natürlich auch auf die Ausarbeitung genialer Erkenntnistheorien zutrifft. "Kurz gesagt: Ist einmal das Niveau der sprachlichen Argumentation erreicht, kann man in solchen Konzepten die phylogenetische Vergangenheit vergessen" (Oeser 1987, 58f).[40] Der Naturalismus der EE bringt es allerdings mit sich, daß Vollmer mit dem "Niveau der sprachlichen Argumentation" nicht viel im Sinn hat. Wie der Eliminative Materialismus sieht er in unserer Sprache eine prinzipielle *Restriktion* der wissenschaftlichen Erkenntnis,[41] was ich für einen schwerwiegenden Fehlgriff halte.

---

entwirft, ein Bild im Spiegel ist" (von Weizsäcker 1977, 187). - Ebenso Löw: Wenn uns "die Wirklichkeit *nur* durch die Brille unseres ratiomorphen Weltbildapparates gegeben ist, dann ist jede Aussage über die 'wahre' Wirklichkeit auch gleichzeitig eine durch die Brille und um nichts 'wahrer' als andere, und dies gilt auch für die evolutionäre Erkenntnistheorie" (Löw 1983, 336).

39 So argumentiert Janich (1987a) gegen die EE mit der Unmöglichkeit, die Zuverlässigkeit der Repräsentationsfunktion von Meßgeräten allein durch naturwissenschaftliche Erfahrung und ohne Rückgriff auf normative Maßstäbe der Erkenntnistheorie nachzuweisen. - Auch von Weizsäckers Argument ist in bezug auf *wissenschaftliche* Erkenntnis formuliert.

40 Aus diesem Grunde ist auch das Selbstanwendungsargument der eher einfachen und klappernden Machart nicht stichhaltig, welches Kordig gegen Toulmins Version der EE anführt: diese sei "self-referentially inconsistent", weil selbst evolutionär entstanden und auch evolutionär veränderbar. "Toulmin's evolutionary theory itself evolves. Thus, it should someday evolve into a non-evolutionary theory" (Kordig 1982, 449f).

41 "Natürlich bleibt es eine sinnvolle *Aufgabe* zu untersuchen, welchen Einschränkungen (welchen verzerrenden 'Brillen') selbst unsere theoretische Erkenntnis dadurch noch unterliegt,

Vollmer scheint mit Holenstein (1980, 7) der Auffassung zu sein, daß die "kognitive Wende" eine Zurücknahme des *linguistic turn* und insbesondere der Unhintergehbarkeitsthese der Sprache erfordert. Das, was an letzterer verteidigenswert ist, erlaubt indes den Hinweis, daß es die angeblich erkenntnisverzerrende Sprache ist, die die Behauptung ihrer eigenen Unzulänglichkeit sowie den hypothetischen Vergleich mit dem, was denn unverzerrte Erkenntnis wäre, möglich macht.

Es ist Vollmer hoch anzurechnen, daß er die Herleitung der Inhalte wissenschaftlicher Theorien aus den Strukturen unseres evolutionär erworbenen Wahrnehmungsapparates als völlig aussichtslos ansieht.[42] Darin unterscheidet er sich von Quine, der diesen Übergang nicht ausweist und immer nur holistisch von einer kontinuierlichen Anreicherung unseres Wissens von der Welt spricht. Allerdings unterschätzt Vollmer offensichtlich die Tragweite seines Zugeständnisses. Der in diesem Zusammenhang entscheidende Unterschied ist nämlich nicht der zwischen mesokosmischer und wissenschaftlicher Erkenntnis, sondern der zwischen erworbenem Wahrnehmungsapparat einerseits und mit Anspruch auf Geltung vorgetragenen Erkenntnisresultaten und deren Begründungen andererseits. Wenn über Erkenntnisresultate, gleichgültig ob mesokosmischen oder wissenschaftlich elaborierten Charakters, Kontroversen entstehen, kommen wir in keinem Falle mit evolutionären oder anderen genetischen Erklärungen aus, sondern müssen auf normative Standards des Einlösens von Geltungsansprüchen zurückgreifen, die gegenüber ihrer unbestrittenen evolutionären Genese eine relative Autonomie besitzen. Was die Prüfung von Erkenntnis*resultaten* betrifft, wäre jede biologische Erklärung eine eklatante Unterbestimmung. Erst recht der Überlebenserfolg - der zudem nur statistisch ausdrückbar ist - ist für deren Begründung viel zu weitmaschig. Natürlich muß eine Erkenntnistheorie keine materialen wissenschaftlichen Kontroversen schlichten können, wohl aber das Realismus- und das Skeptizismusproblem, und dort stehen Geltung beanspruchende philosophische Thesen zur Debatte. Was die EE gut erklären kann, sind bestimmte Leistungen und Fehlleistungen der Sinneswahrnehmung des homo sapiens. Wenn wir es aber Aufgabe der Erkenntnistheorie ansehen, die Möglichkeit von Erkenntnis zu begründen, indem man sich mit Geltung beanspruchenden philosophischen Theorien über den konzeptuellen Rahmen unserer Konstruktion der Außenwelt auseinandersetzt, ist die EE keine Erkenntnistheorie. Zumindest das Realismusproblem müßte sie lösen; sie müßte einen über die evolutionäre Passung hinausgehenden realistischen Standard richtiger Erkenntnis präsentieren,[43] sonst hat die Rede von "Fehlleistungen" keinen Sinn.

---

daß sie in einer intersubjektiv verständlichen Sprache formuliert werden und intersubjektiv prüfbar (also auf unsere Peripherie projizierbar) sein muß" (Vollmer 1985b, 308).

42 Die *Inhalte* wissenschaftlicher Erkenntnis zu erklären war noch nie die Aufgabe der Erkenntnistheorie, wohl aber deren Möglichkeitsbedingungen und die Begründbarkeit ihres begrifflichen Rahmens zu untersuchen.

43 Sie versucht es, es gelingt ihr aber nicht (dazu Engels 1989, bes. 338).

Nicht zufällig ist Vollmer bei der Auseinandersetzung mit der *quaestio iuris* am schwächsten. Er versucht deren Autonomie durch den Hinweis vom Tisch zu wischen, daß *absolute* Geltung für uns nicht zu haben sei, sondern immer nur hypothetisches, vorläufiges, fallibles Wissen (vgl. 1987, 90ff). Der fallibilistische Verzicht auf Letztbegründungsansprüche hat aber mit der Unterscheidbarkeit von *quid iuris*- und *quid facti*-Fragen überhaupt nichts zu tun. Von Habermas und Apel könnten Quine und die EE lernen, wie man sehr wohl die Autonomie von Geltungsfragen, ja sogar die *Unbedingtheit* von Geltungsansprüchen und den Fallibilismus zugleich vertreten kann, vielleicht sogar muß. Habermas stellt in aller wünschenswerten Deutlichkeit fest, daß der Fallibilitätsvorbehalt im Sinne des Zugeständnisses der Revidierbarkeit selbst derjenigen Gründe, die wir derzeit für die besten halten, "dem Geltungsanspruch, der mit Hilfe dieser Gründe eingelöst wird, kein Jota von seiner Unbedingtheit" nimmt (Habermas 1986, 351). Der Geltungsanspruch revidierbarer Gründe ist gegenüber dem unrevidierbarer Gründe, die es ohnehin nicht gibt, überhaupt nicht reduziert, denn der fallibilistische Vorbehalt gehört nicht selbst zum Behaupteten. Revisionsoffenheit ist in einem rationalen Diskurs immer schon *präsupponiert*. Leider wird dieser Zusammenhang außerhalb der Transzendentalpragmatik selten eingesehen. Selbst Habermas, der es besser weiß, vergißt ihn manchmal.[44]

Wenn aber die EE bei den biologischen Grundlagen der Wahrnehmung stehenbleibt und zu erkenntnistheoretischen Geltungsfragen gar nicht durchdringt, sind ihre Implikationen für das menschliche Selbstverständnis offenbar weniger bedrohlich als die verschreckten Reaktionen mancher Philosophen,[45] aber auch als die kulturrevolutionären Selbststilisierungen innerhalb der EE vermuten lassen. Machen wir uns nichts vor: in einer säkularisierten Kultur, die den Schock der Darwinschen Abstammungslehre viel besser verkraftet hat als seinerzeit ab-

---

44 Meine stärkere Behauptung, den Fallibilitätsvorbehalt *müsse* eine Philosophie sogar vertreten, die die Geltung von Behauptungen an die diskursive Einlösbarkeit von Geltungsansprüchen bindet, hat mit dem Kantischen Kritizismus zu tun, der keine Reservate von Behauptungen zuläßt, die nicht zur Disposition stünden: "Die Vernunft muß sich in allen ihren Unternehmungen der Kritik unterwerfen, und kann der Freiheit derselben durch kein Verbot Abbruch tun, ohne sich selbst zu schaden" (*KrV* B 766). Im Sinne dieses Offenheitspostulats interpretiere ich auch Habermas: "Diskurse sind grundsätzlich offen. Und der Ausgang von Diskursen läßt sich nicht voraussagen [...]. Kurzum, es gehört zur grammatischen Rolle des Ausdrucks 'begründen', daß wir nicht ein für allemal Gründe, oder Sorten von Gründen, in eine Hierarchie bringen können, an deren Spitze 'letzte' Gründe stünden" (Habermas 1986, 351f). Wider die communis opinio möchte ich behaupten, daß auch der "Letzt"begründungsanspruch der Transzendentalpragmatik mit dieser Revisionsoffenheit nicht konfligiert, weil Letztbegründung dort nicht fundamentalistische *Begründung des Letzten* bedeutet, sondern die sinnkritische Auszeichnung *letzter möglicher Gründe* in einem Sprachspiel (vgl. Keil 1987).

45 Oesers Erklärung für diese Reaktionen: "Die ängstliche Einmütigkeit, mit der versucht wird, die vulgären Biologen mit ihren nassen Gummistiefeln von den Gefilden der höheren Philosophie abzuhalten, hat ihren Grund darin, daß schon wieder einmal versucht wird, der Philosophie etwas wegzunehmen. Revierverteidigung um jeden Preis scheint die einzige Rettung zu sein" (Oeser 1987, 51).

sehbar, halten Anwendungen der Evolutionstheorie auf den menschlichen Wahrnehmungsapparat keine allzugroßen Kulturschocks mehr bereit. 'Gefährlicher' für unser Selbstverständnis sind heute Disziplinen, die sich in ihrem Erklärungsanspruch näher am Kernbereich intellektueller Leistungen befinden, die wir als konstitutiv für unsere Identität als rationale, sprachfähige Wesen zu halten gewohnt sind. Angesichts mentaler Phänomene, wie sie in den neueren Kognitionswissenschaften untersucht werden, spricht man bezeichnenderweise innerhalb des evolutionstheoretischen Paradigmas doch wieder von "Emergenz" (Popper) oder gar von "Fulguration" (Lorenz). Die Supervenienz des Mentalen ist aber genau das, was der Naturalismus eigentlich zu erklären angetreten war.[46]

Die EE kann viele ihrer programmatischen Behauptungen nicht einlösen, weil theoretische Erkenntnis, adaptionistisch betrachtet, anders als sensorische Wahrnehmung "ein, wenn nicht gar das auffälligste Redundanzphänomen" darstellt (Engels 1989, 376). Dies kann durch keine Kontinuitätsbehauptung von biologischer und kultureller Evolution aus der Welt geschafft werden. Die Notwendigkeit der Annahme einer relativen Autonomie der kulturellen Evolution gegenüber der biologischen hat ihren entscheidenden Grund darin, daß nur durch die kulturelle Evolution neben dem Akkomodations- auch der Assimilationsanteil der Mensch-Umwelt-Beziehung (in Piagets Termini) befriedigend erklärt werden kann.[47] - Wenn die EE adäquat auf Einwände zu reagieren sucht und, wie Vollmer es tut, ihre Erklärungsansprüche reduziert und zum Teil delegiert, wird sie als Theorie zwar weniger angreifbar, ihr naturalistisches Pathos ist dann aber deplaziert.

---

46 Anders stellt sich das Verhältnis aus praktischer Perspektive dar. Hier fällt auf, daß biologistische Positionen, man denke an die Soziobiologie, gegenüber physikalistischen und auch kognitionswissenschaftlichen allgemein als kulturell bedrohlicher empfunden werden. Der Grund dafür dürfte darin zu suchen sein, daß der Biologismus in besonderer Weise eine Klammer zwischen dem theoretischen und dem praktischen (ethischen) Naturalismus zu bieten verspricht. Der Physikalismus mag unsere Willensfreiheit gefährdet haben; die Gefahren einer biologistischen Reduktion von Moralität auf Selbstbehauptung erscheinen konkreter und dramatischer.

47 Vgl. Vogel 1977, 420: "Von einer bestimmten, zur Zeit noch nicht exakt faßbaren 'Schwelle' an [...] stand ein prinzipiell gleichrichtender, also nicht mehr genetisch differenzierender Selektionsdruck auf die basal identischen Fähigkeiten, die jeweiligen Umweltbedingungen den eigenen Bedürfnissen bewußt zunehmend besser und umfassender anzupassen. So unterblieb offenbar bereits sehr früh in unserem Evolutionsstamm die genetische Speziation, trotz eines sicher hohen Konkurrenzdrucks". - Allein die kulturelle Evolution bei gleichbleibender genetischer Ausstattung hat es etwa ermöglicht, daß der homo sapiens als einzige species alle Lebensräume der Erde besiedeln konnte. Die kulturelle Evolution konnte sich deshalb so stark beschleunigen, weil sie etwas leistet, was die biologische Evolution entgegen der Annahme ihrer frühen Theoretiker nicht leistet: die Weitergabe erworbener Eigenschaften. Vielleicht sollte man auf den mißverständlichen Ausdruck 'kulturelle *Evolution*' überhaupt verzichten, um gar nicht erst den Eindruck der evolutionären Erklärbarkeit kultureller Leistungen aufkommen zu lassen, den die EE erzeugt hat.

Die Frage nach der Reichweite und der begrifflichen Angemessenheit naturalistischer Erklärungen ist aber nur die eine Seite des Verhältnisses von physiomorphem Selbstverständnis und anthropomorphem Naturverständnis. Die andere Seite war die Frage, ob der Begriffsapparat der Evolutionstheorie selbst anthropomorphe Elemente enthält. Daß seine kryptoteleologische oder teleonome Tiefenstruktur innerhalb einer Biologie, die von Organismen handelt, irreduzibel und auch nicht ehrenrührig ist, denke ich plausibel gemacht zu haben. Offen ist aber noch, ob teleologische Erklärungen notwendig *intentionalistisch* und damit anthropomorph interpretiert werden müssen. Diese Frage werden wir im Kybernetikkapitel (II, 3.3) vertiefen und im Teleologiekapitel (IV, 3.1) abschließend zu klären versuchen.

3.2 Das psychologische Paradigma

Ob eine wissenschaftlich betriebene *Psychologisierung* unseres Selbstverständnisses einer Naturalisierung gleichkommt oder nicht, ist umstritten. Einer oft vertretenen Auffassung zufolge ist die Psychologie "schon immer auf der Grenze von Geistes- und Naturwissenschaften angesiedelt" (Hastedt 1988, 9f). Aber schon immer war es auch fraglich, ob es in diesem Grenzgebiet, gewissermaßen im wissenschaftstheoretischen Niemandsland, überhaupt Platz für eine wissenschaftliche Disziplin gibt und ob hier nicht Begriffskonflikte, fragwürdige Metaphern, Kategorienfehler und szientistische oder hermeneutische Selbstmißverständnisse vorprogrammiert sind. Die Psychologie beschäftigt sich mit Gegenständen, auf die man im Falle von Kontroversen über die begriffliche Individuation nicht einfach deiktisch referieren kann. Die Frage nach der angemessenen Begrifflichkeit für psychische Entitäten spielt in psychologischen Theorien deshalb eine so große Rolle, weil sie von der Frage, was diese Entitäten überhaupt sind, kaum abzulösen ist. Als *wie* eng man diese Verklammerung ansieht, hängt allerdings seinerseits davon ab, welche psychologische Theorie man hat. In einer hermeneutischen, 'sinnverstehenden' oder anderweitig am Sprachparadigma orientierten Psychologie ist das Verhältnis enger als in einer naturalistischen, die ihre Gegenstände sprachunabhängig als physische zu konstituieren versucht und dann auf ein anderes Methodenarsenal zurückgreifen kann.

Gegenüber beiden Seiten, sowohl der hermeneutischen als auch der naturalistischen, hat die Psychologie ihren Status immer wieder rechtfertigen müssen. Dies läßt sich am Beispiel der Psychoanalyse exemplarisch studieren, auf die ich meine Darstellung nun einenge. Die Pole werden hier markiert durch den Vorwurf des "szientistischen Selbstmißverständnisses" (Habermas) einer psychoanalytischen Theorie, die Naturwissenschaft sein will, sowie umgekehrt durch den Vorwurf einer "szientophobischen Rekonstruktion" (Grünbaum) der Freudschen

Theorie durch die Hermeneutiker, die deren Erklärungskraft gerade verfehle. Man muß nicht einem der beiden Lager angehören, um eine unleugbare *immanente* Spannung in den Schriften Freuds wahrzunehmen. Es ist verschiedentlich ein Zerfall der psychoanalytischen Theorie in zwei große Komplexe behauptet worden, wenn auch die Ziehung der Grenzlinie variiert. Holt etwa diagnostiziert "a pervasive, unresolved conflict within all of Freud's writings between two antithetical images of man", nämlich dem "*mechanistic image*" und dem "*humanistic image* of man" (Holt 1972, 6). Grossman und Simon halten die "distinction between discourse in terms of 'meaning and motive' and discourse in terms of 'causality'" für die entscheidende, "for each describes fundamentally different sets of data and their related concepts" (Grossman/Simon 1969, 109).

Das Zentrum dieser Kontroverse bildet die Frage nach der angemessenen Begrifflichkeit, denn sie ist, wofür ich in der Einleitung argumentiert habe, der Frage der verschiedenen 'Logiken' der Erklärung vorgelagert. Für meinen Argumentationszusammenhang muß ich mich auf diejenigen Beiträge der Debatte konzentrieren, die den Hebel an dieser Stelle ansetzen. Ich verfahre ähnlich wie im letzten Abschnitt und stelle die Problemlage zunächst am Beispiel des Übervaters vor, um dann anhand der Rezeption und Kritik zu überprüfen, ob es für die diskutierten Begriffskonflikte neue Lösungen gibt.

In seinem frühen, erst 1950 posthum veröffentlichten "Entwurf einer Psychologie" (1895) verfolgte Freud die "Absicht [...], eine naturwissenschaftliche Psychologie zu liefern, d.h. psychische Vorgänge darzustellen als quantitativ bestimmte Zustände aufzeigbarer materieller Teile" (Freud 1950, 379). Genauer: Er hatte eine *neurophysiologische* Beschreibung des psychischen Apparates auf mechanistischer Grundlage im Auge, eine Theorie, in der die schon damals verwendeten Kategorien "Spannung", "Hemmung" und "Abfuhr" Energieverteilungsprozesse im neuronalen System beschreiben. Dieses Programm gab er nach wenigen Jahren wieder auf und bezeichnete später nicht nur jeden neurophysiologischen Reduktionismus als "gründlich gescheitert" (GW 10, 273), sondern vertrat darüberhinaus die Auffassung, daß eine neurologische Erklärung von Bewußtseinsvorgängen "für deren Verständnis nichts leisten" würde (GW 17, 67). Allerdings hatte er in dieser Frage Rückfälle,[48] so daß umstritten ist, wie ernst man seine Ablehnung naturalistischer Reduktionismen nehmen darf.

Was Freud niemals aufgab, war der grundsätzliche Anspruch, die Psychoanalyse als *Naturwissenschaft* etabliert zu haben. Es ist aufschlußreich, daß er diesen Anspruch unmittelbar mit der die unzuverlässige introspektive Bewußtseinspsychologie überwindenden Einführung des "Unbewußten" verknüpft: Erst die "Auffassung, das Psychische sei an sich unbewusst, gestattet, die Psychologie zu einer

---

[48] Zum Beispiel hier: "Das Lehrgebäude der Psychoanalyse, das wir geschaffen haben, ist in Wirklichkeit ein Überbau, der irgend einmal auf sein organisches Fundament aufgesetzt werden soll; aber wir kennen dieses noch nicht" (GW 11, 403; vgl. auch GW 13, 65 u.ö.).

Naturwissenschaft wie jede andere auszugestalten" (GW 17, 80). "Das Psychische an sich, was immer seine Natur sein mag, ist unbewusst; wahrscheinlich von ähnlicher Art wie alle anderen Vorgänge in der Natur, von denen wir Kenntnis gewonnen haben" (GW 17, 144). Freud gründet also sein naturalistisches Verständnis der Psychoanalyse als einer Naturwissenschaft - "Was sollte sie denn sonst sein?" (GW 17, 143) - auf eine Kontinuitätsbehauptung auf der Gegenstandsseite, wie sie uns aus anderen Naturalismen schon gut bekannt ist. Das Psychische sei unbewußt und letztlich ein "Vorgang in der Natur", sein Bewußtseinsanteil lediglich Epiphänomen. Dieses naturalistische Verständnis des Psychischen schlägt dann auf den wissenschaftstheoretischen Status der psychoanalytischen Theorie durch, die "keine neuen Quellen des Wissens oder Methoden des Forschens" zur Verfügung habe, denn "Geist und Seele" seien "in genau der nämlichen Weise Objekte der wissenschaftlichen Forschung wie irgendwelche menschenfremden Dinge" (GW 15, 171).

Auch die Entwicklung des metapsychologischen Begriffsapparates will Freud völlig analog zur Begriffsbildung in den anderen Naturwissenschaften verstanden wissen: "Es kann dabei nicht ohne neue Annahmen und die Schöpfung neuer Begriffe abgehen, aber diese sind nicht als Zeugnisse unserer Verlegenheit zu verachten, sondern als Bereicherungen der Wissenschaft einzuschätzen, haben Anspruch auf denselben Annäherungswert wie die entsprechenden intellektuellen Hilfskonstruktionen in anderen Naturwissenschaften" (GW 17, 81). "In der Psychologie können wir nur mit Hilfe von Vergleichungen beschreiben. Das ist nichts Besonderes, es ist auch anderwärts so" (GW 14, 222). Die offensive Rechtfertigung des eigenständigen Begriffsapparates der Psychoanalyse ist also durch eine außerordentlich moderne Empirismuskritik vermittelt: die Begriffe der Wissenschaft sind für Freud grundsätzlich *theoretische* Begriffe, "Hilfskonstruktionen", die keinen unmittelbaren epistemischen Zusammenhang mit ihren Gegenständen reklamieren können, die Freud als "unerkennbar" bezeichnet (GW 17, 80). In dieser Beziehung sitzen für Freud alle Wissenschaften im selben Boot.

Diese allgemeine wissenschaftstheoretische Einschätzung Freuds hat aber eine antiszientistische Rückseite. Wenn es keine empiristisch privilegierten Verfahren der Begriffsbildung gibt, sind wir in der Wahl unserer Begriffe und Modelle frei oder haben zumindest einen gewissen Spielraum, und es gibt jedenfalls keinen zwingenden Grund, die Psyche in physikalischen oder hydrodynamischen Begriffen zu beschreiben. Wir müssen die Entscheidung für eine Theoriesprache auf unsere eigene Kappe nehmen. In Freuds Metapsychologie sind es die Begriffe "Energie", "Kraft", "Mechanismus", "Druck", "Entlastung", "Widerstand", "Verdrängung" etc., die eine zentrale, geradezu theoriebildende Rolle spielen. Vieles spricht dafür, daß Freud sie nicht bloß als heuristisch fruchtbare Metaphern angesehen hat, die im Prinzip auch durch andere ersetzt werden könnten. Vielmehr schien er das mechanistische Energieverteilungsmodell für eine zwar tentative, aber wörtliche und vorerst alternativlose Beschreibung der Prozesse im "psychischen Apparat" zu halten. "Wir nehmen an, wie wir von anderen Naturwissenschaften her gewohnt sind, dass im Seelenleben eine Art von Energie tätig ist" (GW 17, 86). "Wir wollen die Erscheinungen [...] als Anzeichen eines Kräftespiels in der Seele begreifen, als Äußerungen von zielstrebigen Tendenzen, die zusammen oder gegeneinander arbeiten. Wir bemühen uns um eine *dynamische Auffassung* der seelischen Erscheinungen. Die wahrgenommenen Erscheinungen müssen in unserer Auffassung gegen die nur angenommenen Strebungen zurücktreten" (GW 11, 62). Freud ist also der Auffassung, daß es sich bei der Mechanik des "Kräftespiels der Seele" um die realen energetischen Prozesse handelt, bei der uns präsenten psychischen Oberflächenstruktur des subjektiven Erlebens dagegen um Epiphänomene. Folglich nennt er die dynamischen Prozesse im unbewußten Es "Primärvorgänge", die Abläufe im bewußten Ich dagegen "Sekundärvorgänge".[49] Für sein wörtliches Verständnis des mechanischen oder Energieverteilungsmodells spricht auch, daß er sich, obwohl er den neurophysiologischen Reduktionismus aufgegeben hatte, auf therapeutischer Ebene auch später durchaus eine Ersetzung der Psychoanalyse durch Psychopharmaka vorstellen konnte:

> "Die Zukunft mag uns lehren, mit besonderen chemischen Stoffen die Energiemengen und deren Verteilungen im seelischen Apparat direkt zu beeinflussen. Vielleicht ergeben sich noch ungeahnte andere Möglichkeiten der Therapie; vorläufig steht uns nichts besseres zu Gebote als die psychoanalytische Technik und darum sollte man sie trotz ihrer Beschränkungen nicht verachten" (GW 17, 108).

Wenn die durch psychoanalytische Therapie bewußtgemachten und neu kanalisierten "Energiemengen" dieselben sind wie die chemisch regulierbaren, dann kann von einem bloß modellhaften oder metaphorischen Status der Rede von der Energieverteilung in der Psyche nicht die Rede sein. Dagegen hat Freud die Rede von der psychischen *Lokalität* im Unterschied zur Rede von psychischen Energien sehr wohl als ein "Gleichnis" angesehen und wollte "der Versuchung sorgfältig aus dem Wege gehen, die psychische Lokalität etwa anatomisch zu bestimmen" (vgl. GW 2/3, 541). Die psychischen Energien sollen wörtlich verstanden werden, nicht aber ihre Lokalisierung im psychischen Apparat. Dazu paßt auch die Bemerkung, daß die psychische Energie nicht "durch Analogien mit anderen Energieformen" erklärt werden könne (GW 17, 86), was aber für Freud nichts daran ändert, daß sie eben eine Energie im wörtlichen Sinne ist. Das Problem verschärft sich dadurch, daß bei Freud im Sog des wie auch immer zu verstehenden Energiebegriffs andere mechanistische Begriffe in die psychoanalytische Theoriebildung Eingang finden, deren Metaphorizität nicht mehr reflektiert wird.

Habermas gründet nicht zuletzt auf den Import des Energieverteilungsmodells, das der hermeneutischen Praxis des therapeutischen Gesprächs völlig fremd

---

[49] Vgl. z.B. GW 17, 86 und GW 2/3, 607ff.

sei, seinen Vorwurf eines "szientistischen Selbstmißverständnisses" Freuds. "Das Energieverteilungsmodell erzeugt nur den *Anschein*, als würden sich die psychoanalytischen Aussagen auf meßbare Energieumwandlungen beziehen" (Habermas 1968b, 308), es füge aber der Erinnerungs und Reflexionspraxis des therapeutischen Gesprächs, welches der Durcharbeitung und reflexiven Aneignung der eigenen Lebensgeschichte dient, an Erklärungskraft nichts hinzu (vgl. 299).[50] Habermas' Diagnose eines "Selbstmißverständnisses" Freuds (statt etwa einer einfachen Inkonsistenz in der Theorie) läßt sich dadurch rechtfertigen, daß Freud selbst die "Beobachtungen" der klinischen Praxis wiederholt als eigentliches Standbein der Psychoanalyse, seine Metapsychologie dagegen als "spekulativen Überbau" bezeichnet hat, "von dem jedes Stück ohne Schaden und Bedauern geopfert oder ausgetauscht werden kann, sobald eine Unzulänglichkeit erwiesen ist" (GW 14, 58). Habermas folgert:

> "Daß Freud [...] am analytischen Gespräch als der einzigen Erfahrungsbasis [...] unbeirrt festhält, verrät [...] ein Bewußtsein vom wirklichen Status dieser Wissenschaft. Freud ahnte wohl, daß die konsequente Verwirklichung des Programms einer 'naturwissenschaftlichen' oder auch nur streng verhaltenswissenschaftlichen Psychologie eben *die* Intention hätte opfern müssen, der die Psychoanalyse allein ihre Existenz verdankt: die Intention der Aufklärung, derzufolge aus Es Ich werden soll" (Habermas 1968b, 309).

Leider kann kein Zweifel darüber bestehen, daß Freud mit dem "Festhalten am analytischen Gespräch als der einzigen Erfahrungsbasis", von dem Habermas spricht, etwas anderes meint als sein Interpret. Er meint damit, daß die psychoanalytische Theorie *allein auf der Basis klinischer Beobachtungen*, d.h. ohne Rückgriff auf den theoretischen Überbau der Metapsychologie begründet werden könne: "[D]as Fundament der Wissenschaft, auf dem alles ruht", sei "allein die Beobachtung" (GW 10, 142); die "Psychoanalyse [ist] fest auf den Beobachtungen der Tatsachen des Seelenlebens begründet" (GW 14, 302). Grünbaum betont aufgrund des privilegierten Status' der klinischen Beobachtung in der Begründung der psychoanalytischen Theorie, daß "Freuds Kriterium für *Wissenschaftlichkeit* die ganze Zeit über *methodologisch* und *nicht* ontologisch reduktiv" gewesen sei (Grünbaum 1988, 19). Damit glaubt Grünbaum ein entscheidendes Argument gegen Habermas' und Ricoeurs "exegetische Legende vom 'szientistischen Selbstmißverständnis'" (12ff) in der Hand zu haben. Dies ist aber kaum einleuchtend, richtet sich doch die einschlägige hermeneutische Szientismuskritik, zumal bei Habermas, mindestens ebensosehr gegen methodologische wie gegen ontologische Reduktionismen.

---

50 Was beim Neurotiker vorliege, ist Habermas zufolge eine "Kommunikationsstörung in sich selber" (1968b, 279). Er schließt sich Lorenzers sprachtheoretischer Rekonstruktion der Psychoanalyse an: "Das Ziel der analytischen Deutung ist, hermeneutisch gesehen, die Aufklärung des unverständlichen Sinns symptomatischer Äußerungen" (Habermas 1970, 85).

Freuds Behauptung einer explanatorischen Autonomie der klinischen Beobachtungen ist aber mehr als fragwürdig, denn damit nimmt er eine Trennung von klinischer Beobachtung und metapsychologischem Überbau in Anspruch, die hinter seine oben zitierten wissenschaftstheoretischen Überlegungen zurückfällt, denenzufolge in der Entwicklung wissenschaftlicher Theorien ohne theoretische Begriffe ("intellektuelle Hilfskonstruktionen") nicht auszukommen ist. Die Trennung ist umso weniger überzeugend, als Freud als den "Grundpfeiler, auf dem das Gebäude der Psychoanalyse ruht", die Verdrängungslehre ansieht, die "als theoretischer Extrakt aus unbestimmt vielen Erfahrungen gewonnen" sei (GW 10, 54f). Die Lehre von der Verdrängung ist aber im von Habermas und anderen kritisierten mechanistischen bzw. hydrodynamischen Modell der Psyche formuliert und gehört mitnichten einer neutralen Beobachtungssprache an, die die "Tatsachen des Seelenlebens" phänomenologisch beschreibt. Damit will ich nicht behaupten, daß die Verdrängungslehre klinisch unzureichend belegt wäre, sondern nur auf eine Folge des eingangs erwähnten engen Zusammenhanges von begrifflichen und empirischen Fragen in der Psychologie hinweisen. Psychische Entitäten sind mehr oder weniger überzeugende Abstraktionen oder theoretische Konstrukte, über deren begriffliche Systematisierung Kontroversen entstehen können, die man nicht am grünen Tisch entscheiden kann, ebensowenig aber durch den unvermittelten Rekurs auf klinische "Beobachtung". Die Geschichte der Psychoanalyse ist selbst das beste Beispiel dafür, daß die Konstrukte, wenn sie einmal kulturell etabliert sind, unsere Selbsterfahrung tatsächlich in einem Maße präformieren können, daß die klinischen "Beobachtungen" als "Grundpfeiler" einer *allgemeinen* Metapsychologie so wenig tauglich sind wie die Träume, die Patienten deshalb träumen, weil die Analytiker eben diese Träume von ihnen erwarten.[51] Aus diesen Überlegungen folgt, daß man sich Fragen nach der Angemessenheit des metapsychologischen Begriffsapparates nicht einfach durch Verweis auf angeblich schlagende empirische Evidenz entziehen kann.

Ich werde einen neuen Anlauf nehmen und mit Bezug auf die sprachkritische Studie Roy Schafers (1976) Freuds Energieverteilungsmodell des psychischen Apparates genauer untersuchen, um es dann mit seinem Strukturmodell der drei Instanzen zu konfrontieren. Dabei geht es mir nicht darum, Freud die Metaphorizität einiger seiner Begriffe vorzuhalten; völlig ohne Metaphern wird in der Psychologie nicht auszukommen sein, das zeigt ihre Geschichte seit Platon. Aber welchen Status das Energieverteilungsmodell in Freuds Metapsychologie auch immer hat, irgendwie muß es auf das Instanzenmodell beziehbar sein, wenn die Freudsche Theorie nicht in inkommensurable Teiltheorien zerfallen soll. Zunächst aber sei die hermeneutische Rekonstruktion der Psychoanalyse und die damit verbundene Kritik am Energieverteilungsmodell etwas eingehender referiert. Ich werde mich dabei auf Schafer konzentrieren, weil er mehr als andere

---

[51] Ein Problem, das Freud selbst anführt (z.B. GW 13, 307f).

aus dem hermeneutischen Lager (Ricoeur, Habermas) *begriffliche* Probleme in den Mittelpunkt stellt; er fordert bündig eine "neue Sprache für die Psychoanalyse" (Titel).

Schafer kritisiert mit vielen anderen Autoren "Freuds Begriffsgemisch aus den physikochemischen und biologischen Fachsprachen seiner Zeit" (Schafer 1976, 16f) und hält die Rede von "psychischen Energien" für eine der psychoanalytischen Theorie, mit deren Intentionen er solidarisch bleiben möchte, äußerliche Metapher. Schafers Ausdruck "Begriffsgemisch" ist nicht zu hart, denn bei näherer Betrachtung ist unverkennbar, daß Freud sich bei der Wahl seiner Grundbegriffe unbefangen aus verschiedenen naturwissenschaftlichen Disziplinen bedient: "Energie", "Kraft", "Mechanismus" stammen aus der allgemeinen Mechanik, "Spannung", "Entladung", "Widerstand" aus der Elektrodynamik, "Besetzung", "Sublimierung", "Neutralisierung" aus der Chemie, "Druck", "Stau", "Verdrängung" aus der Hydraulik - um nur die wichtigsten Begriffe, nämlich die terminologisch verfestigten mit theoriebildendem Status zu nennen; daneben verwendet Freud zahllose okkasionelle Metaphern wie die Eisbergmetapher, die archäologische Metapher, die topologische Metapher von den beiden Zimmern der Seele oder die Metapher vom Ich als Zensor unserer Träume.[52]

Für Schafer führen diese Metaphern, als substantivische, zunächst zu einer falschen *Verdinglichung* psychischer Entitäten (die Verdinglichungskritik ist ein Ostinato, das die Geschichte der Psychologie und insbesondere die der Psychoanalyse von Anfang an begleitet). Das, wovon die Psychologie spricht, sind für Schafer überhaupt keine eigenständigen Entitäten, sondern *Modi des Handelns*, die angemessener durch Verben und Adverbien zu beschreiben sind (zu Schafers Alternative einer "Handlungssprache" der Psychoanalyse s.u.). Das Gefährliche der verdinglichenden Metaphern bestehe nicht bloß in einzelnen falschen Suggestionen, sondern, so heterogen die Metaphern sind, auch in durch sie ausgeübten Systemzwängen, die zu die Metaphern fortsetzenden falschen Analogiebildungen und unnötigen Postulaten führen:

> "Wir haben in unser theoretisches Denken unnötige Komplikationen hineingetragen; wir gebrauchen Raummetaphern, aus denen wir nur allzuleicht in konkretistisches Denken verfallen; sobald wir uns einmal auf eine Metapher eingelassen haben, füh-

---

52 Vgl. etwa die Zusammenstellungen bei Thalberg 1974, 243f und Lohmann 1988. - Auch manche dieser nicht systematisch ausgeführten Metaphern haben für die Freudsche Theorie eine große Bedeutung. Blumenberg und Hannah Arendt haben Freuds suggestive Eisbergmetapher, in der das Unbewußte dem größeren, unter Wasser verborgenen Teil entspricht, gerade wegen ihrer Suggestionskraft scharf kritisiert: "Nicht nur ist die Theorie niemals bewiesen worden, sie ist an und für sich unbeweisbar: sobald ein Stück des Unbewußten an die Spitze des Eisbergs gekommen ist, ist es bewußt geworden und hat alle Eigenschaften seines angeblichen Ausgangspunkts verloren. Doch die Beweiskraft der Eisbergmetapher ist so überwältigend, daß die Theorie gar keine Argumente oder Beweise braucht. Man hätte ja nichts gegen die Metapher, wenn man sie in dem Sinne präsentiert bekäme, daß es sich um Spekulationen über etwas Unbekanntes handle" (Arendt 1971, 117).

len wir uns in der Regel verpflichtet, im Bilde zu bleiben und verwickeln uns in ausgefallen spitzfindige Formulierungen; und vielleicht führen wir auch noch eine zusätzliche Annahme in die Theorie ein, wo keine nötig wäre. Die wechselvolle Geschichte der pseudoquantitativen Energiemetapher in der Freudschen Metapsychologie macht deutlich, was ich meine" (Schafer 1976, 114f).

Wenn Freud beispielsweise an zahllosen Stellen damit arbeitet, daß zwei Energiebeträge "einander entsprechen" müßten[53], so ist die Abkunft vom Ersten Hauptsatz der Thermodynamik, dem Energieerhaltungssatz, nicht zu übersehen. Warum aber sollte sich die Verarbeitung psychischer Konflikte ausgerechnet nach den Gesetzen der Thermodynamik vollziehen (von der Fragwürdigkeit der zusätzlichen Implikation, daß die Psyche dann ein geschlossenes System darstellen müßte, einmal ganz abgesehen)? Vom zweiten thermodynamischen Hauptsatz macht Freud ebenfalls impliziten Gebrauch, wenn er dem psychischen Apparat eine natürliche Tendenz zum Zustand des Spannungsausgleichs, der "Entladung", der "Abfuhr" unterstellt. Wenn man das Energieverteilungsmodells teilt, sind diese Implikationen natürlich überzeugend. Man muß sich allerdings klarmachen, daß der Ausgleich von Energieniveaus in thermodynamischen Systemen *automatisch* erfolgt (und tatsächlich operiert Freud in der Trieblehre mit einer solchen in unsere biologische hardware eingebauten Lust/Unlust-Hydraulik), nicht aber in der therapeutischen Praxis, wo es bewußter und zielgerichteter äußerer Eingriffe bedarf. Wenn jede Abweichung vom Zustand des Äquilibriums tatsächlich durch einen Automatismus korrigiert würde, könnten die vermeintlichen therapeutischen oder selbsttherapeutischen Eingriffe nur Illusionen oder Epiphänomene sein. Ein Schlaglicht wirft hier der Begriff des Widerstandes: weil Freud ihn zwischen einer intentionalistisch-voluntaristischen und einer mechanistischen bzw. elektrodynamischen Lesart schillern läßt, kann er den Widerspruch zwischen Automatismus und Beeinflußbarkeit verdecken. Da aber die Annahme eines unbeeinflußbaren geschlossenen psychischen Mechanismus in höchstem Maße kontraintuitiv ist und Freud auch fernliegt, muß die ursprünglich naturalistische Energieverteilungsmetapher soziomorph uminterpretiert werden. Und genau dies tut Freud: "Das Ich ist durch den inneren Konflikt geschwächt, wir müssen ihm zur Hilfe kommen. Es ist wie in einem Bürgerkrieg, der durch den Beistand eines Bundesgenossen von aussen entschieden werden soll. Der analytische Arzt und das geschwächte Ich des Kranken sollen, an die reale Aussenwelt angelehnt, eine Partei bilden gegen die Feinde, die Triebansprüche des Es und die Gewissensansprüche des Überichs" (GW 17, 98). An anderer Stelle vergleicht er das Überich mit einer "Besatzung in der eroberten Stadt" (GW 14, 483).

53 Beispielsweise soll die Stärke des Überichs genau der Stärke der Abwehr entsprechen, die gegen den Ödipuskomplex aufgewandt werden mußte (GW 17, 137). Oder "der Energiebetrag, den wir zu unseren Gunsten beim Patienten mobilisieren können" muß etwas größer sein als die "Summe der Energien der Mächte, die gegen uns wirken" (GW 17, 108).

Hier sind wir unversehens an dem für unser Hauptthema zentralen Punkt des Verhältnisses von Anthropomorphismus und Physiomorphismus angelangt. Es stellt sich die Frage, wie sich in Freuds Auffassung der Psyche das naturalistische Energieverteilungsmodell und das soziomorphe Instanzenmodell (hier: die Bürgerkriegsmetapher) zueinander verhalten. Theoriegeschichtlich ist bekanntlich das Instanzenmodell von Ich, Es und Überich das jüngere; Freud verwendet es erst in den 20er Jahren, ohne aber die Rede vom Energieverteilungsapparat aufzugeben.

Schafer hat eine Antwort auf diese Frage. Er nimmt in der Architektur der Theorie eine *Stufung* von Mechanismus und Anthropomorphismus an, weil innerhalb des mechanistischen Energiemodells, grob gesprochen, Intentionalität nicht erklärt werden könne.[54] Durch eine nachträgliche Personifizierung der "Instanzen" als *dramatis personae* werde dann der Mechanismus uminterpretiert, ohne daß dabei ein kohärentes Modell entstünde.

> "Wir benennen eine Reihe von Instanzen oder Abteilungen im sogenannten psychischen Apparat einer Person und sprechen von diesen so, als ob jede von ihnen sich nach Art eines Individuums verhielte, mit einer umschriebenen Gruppe von Zielen, mit einer bestimmten Art und Menge von Energie, mit einer Strategie und einem bestimmten Einfluß. [...] Jedenfalls wird die Seele als eine potentielle oder tatsächliche Vielheit mehr oder weniger aufsässiger, mehr oder weniger weisungsgebundener oder weisungsberechtigter Individuen behandelt" (Schafer a.a.O., 181).

So ist für Schafer der Anthropomorphismus des Instanzenmodells "eine unausweichliche Konsequenz oder ein Korrelat zu Freuds mechanistischer und organismischer Denkweise" (a.a.O., 30). Das mechanistische Modell der Psyche wird durch das Instanzenmodell anthropomorh bzw. soziomorph uminterpretiert, nicht nur um den Abstand zwischen Metapsychologie und Selbsterfahrung zu verkürzen, sondern um überhaupt erst eine Verbindung zwischen den logisch inkommensurablen Ordnungen eines kausalen Zusammenhanges verborgener psychischer "Energien" und eines Systems von Intentionen und Handlungsgründen herzustellen. Mit dieser auch von anderen geteilten Diagnose,[55] die für Schafer

---

[54] "Was zum Beispiel soll ein hypothetischer und geistloser Trieb mit einem auf die Erscheinungswelt gerichteten Gedanken zu tun haben? [...] Wenn wir den Trieben Ziele zuschreiben, weisen wir dann nicht auch ihnen ein kognitives Moment zu, in manifestem Widerspruch zu ihrer formalen Definition [...] ? Als Freudianische Analytiker haben wir traditionellerweise, statt auf diese Fragen zu antworten, personifizierte Darstellungen all dieser substantivischen Größen aufgeboten [...]. Aber eine befriedigende Erklärung dafür, wie die Wesenheiten der einen Art mit denen einer anderen Art in Beziehung treten könnten, haben wir nie gegeben" (Schafer a.a.O., 28).

[55] Vgl. Grossman/Simon 1969, 104ff und die dort angegebene Literatur. Vgl. auch Nash 1962, 26: "Freud thought in terms of man-made and man-regulated structures, superimposed on the natural scene, which actively alter the course and rate of fluid flow". - Wenn wir aber die Energien irgendwie beeinflussen, umlenken oder uns zunutze machen können, sind die energetischen Prozesse der Psyche nicht kausal geschlossen und wir können die beiden Hauptsätze der Thermodynamik vergessen.

eine grundlegende begriffliche Revision der Psychoanalyse notwendig macht, übernimmt Schafer die einflußreiche Argumentation Ryles (1949) wider das "Gespenst in der Maschine" und bezieht sich darüberhinaus auf die 'Gründe vs. Ursachen'-Debatte in der analytischen Handlungstheorie. Auch das einschlägige 'Logische Beziehungs-Argument' übernimmt er in diesem Zusammenhang (a.a.O., 253f). Den Dualismus von Gründen und Ursachen haben in den 50er und 60er Jahren viele Autoren (Flew, MacIntyre, Peters, Taylor) gegen die angebliche Begriffsverwirrung in der Psychologie ins Feld geführt. Dieser Dualismus befindet sich heute zunehmend in der Defensive. Grünbaums diesbezügliche Kritik an Habermas und Schafer (Grünbaum 1988, 24ff und 122ff) scheint mir den wesentlichen Punkt aber zu verfehlen. Grünbaum wirft den Vertretern der hermeneutischen Lesart vor, übersehen zu haben, daß nicht nur physische Ereignisse, sondern auch z.B. verdrängte Wünsche und Motive kausal wirksam sein können, womit er sich mit Freud einig weiß. Es ist zwar unbestreitbar, daß durch einen liberaleren Kausalitätsbegriff der Dualismus von Gründen und Ursachen in Schwierigkeiten gerät, aber der für Habermas und Schafer entscheidende Punkt ist doch der, daß, wenn wir Motive und erst recht Handlungsgründe als Subklasse von Ursachen zulassen (Davidson!), ein reflexionsfähiges, intentional handelndes Subjekt in die psychologische Erklärung eingeführt werden muß, anderenfalls man die Begriffe der Handlungssprache gar nicht erst bemühen dürfte und konsequenter Mechanist bleiben müßte. In den mechanistischen Begriffen des Energieverteilungsmodells kann das Handeln eines solchen Subjekt nicht erklärt werden. Mit dem Hinweis auf diese Spannung hat der Gründe/Ursachen-Dualismus, dessen dogmatische Verhärtungen ich nicht übersehe, nach wie vor recht.

Schafer führt darüberhinaus noch ein Argument Habermas'schen Zuschnitts an, wenn er die kommunikative Praxis des therapeutischen Gesprächs mit ihren Rationalitätsunterstellungen als völlig außerhalb des mechanistischen Begriffsapparates angesiedelt betrachtet: Schließlich müsse der Analytiker ja im Sinne des "therapeutischen Bündnisses" an das "rationale Ich", die "Einsicht" o.ä. des Patienten appellieren. "Früher oder später müssen diese Begriffe dem Zweck dienen, eine ungenannte Instanz anzudeuten, die mehr oder weniger außerhalb des sogenannten Kräftespiels, der sogenannten Wechselbeziehungen der Funktionen, des sogenannten Determinantenfeldes steht" (49). "Das pronominale 'ich' oder das handelnde Subjekt muß außerhalb des naturwissenschaftlichen Vokabulars bleiben" (40).[56] Die Vernünftigkeit des reflexions- und handlungsfähigen Subjekts müsse also irgendwann einmal präsupponiert werden, wozu man aber ein kleingeschriebenes "ich" *außerhalb* des mechanistisch verstandenen Kräftespiels der psychischen Instanzen anerkennen müsse. Diese Analyse konvergiert mit

56 Was das therapeutische Gespräch betrifft, behauptet Schafer sogar, daß der präsupponierte "Drahtzieher im psychischen Apparat" (30) - ein in Anlehnung an Ryle eingeführter Ausdruck - kein anderer sei als der Psychoanalytiker selbst, der den Patienten objektiviert (vgl. 50).

Habermas' Einwand, daß für die reflektierende Kraft des Subjekts in Freuds Metapsychologie kein Platz freigelassen ist: "Aber die Bewegung der Reflexion [...], die eigentümlich emanzipatorische Anstrengung der Kritik, die den pathologischen Zustand des Zwangs und der Selbsttäuschung transformiert [...] - *sie* tritt auf der metapsychologischen Ebene unter den Ichfunktionen nicht auf. Es ist eigentümlich: das Strukturmodell verleugnet die Herkunft der eigenen Kategorien aus einem Aufklärungsprozeß" (Habermas a.a.O., 300).

Schafers Alternative ist die Entwicklung einer *Handlungssprache*, die auf allen Ebenen der psychoanalytischen Theorie und Praxis konsequent anzuwenden sei und deren oberste Regel lautet: "Man soll alle psychischen Prozesse, Ereignisse, Erlebnisse, Reaktionen oder Verhaltensweisen als Handlungen betrachten, und man soll jede Handlung mit einem aktiven Verb und, sofern notwendig und angebracht, mit einem Adverb oder einer adverbialen Bestimmung bezeichnen, die den Modus dieser Handlung angeben" (a.a.O., 280; Übersetzungsbeispiele vgl. 111). Auf substantivische Ausdrücke wie "das dynamische Unbewußte", "starkes Ich", "starre Abwehrhaltung", "autonome Ichfunktion" solle verzichtet werden, weil sie unangemessene Verdinglichungen beinhalten (vgl. 22).[57] Dasselbe gilt für die Hypostasierungen des Mentalen in umgangssprachlichen Redewendungen wie "mein Geist sträubte sich gegen die Vorstellung", "ich schlug es mir aus dem Kopf", "meine Phantasie hat mir einen Streich gespielt": "Alle solche Wendungen besagen oder deuten an, daß es ein Subjekt oder einen Handelnden gebe, der getrennt von seinen inneren Regungen existiere oder existieren [...], seinen Geist beobachten, kommentieren, bei der Arbeit halten" könne (62f).

Schafer argumentiert gegen Freud exakt wie Ryle gegen Descartes. Psychologische Begriffe müßten aus dem Grunde adverbial zur Kennzeichnung von Modi des Handelns oder Handlungsdispositionen verwendet werden, weil es keine "bestimmte Kategorie von Vorgängen" gibt, "die eine psychische Tätigkeit vorbereiten oder antreiben" (26, vgl. 170). Gefährlich sei daher vor allem das "Innen"- und "Außen"-Vokabular (vgl. 106). Den Dispositionsbegriff führt Schafer ein, weil der Begriff des Handelns für ihn "konditionale oder 'würde'-Handlungen ebenso wie tatsächlich ausgeführte" umfaßt (283). Er legt verschiedene Einzelanalysen vor, wie die Übersetzung psychoanalytischer Grundbegriffe wie "Trieb", "Widerstand", "Verdrängung", "Übertragung", "Sublimierung" in die Handlungssprache unter Bewahrung ihrer explanatorischen Funktion durchzuführen sei. Beim Widerstand beispielsweise "vollzieht die Person zwei einander widersprechende Handlungen zugleich" (63); "Triebregungen" sind in der Handlungssprache "konditionale oder 'würde'-Handlungen", die wir mit mehr oder

57 Bekanntlich sind auch neofreudianische Konzepte wie "das Selbst" oder Eriksons Begriff der "Identität" umgehend wieder der Hypostasierung anheimgefallen, was Schafer beklagt. "Die Identität wird zu einem Gegenstand, den man hat oder verliert oder nach dem man sucht" (a.a.O., 43, vgl. 47).

weniger Anstrengung unterlassen (188f). Nicht nur die psychoanalytischen, sondern auch viele unserer common sense-Begriffe für Psychisches sind für Schafer revisionsbedürftig: "Stimmungen" beispielsweise seien "zeitweilig verstärkte, lebensgeschichtlich verständliche Dispositionen, alles, was man tut, auf eine bestimmte emotionale Weise zu tun" (264).

Das allen Sprachreformvorschlägen Schafers gemeinsame Prinzip ist das "Prinzip, Aktivität in der scheinbaren Passivität festzustellen" (60), wodurch der alltagssprachliche Handlungsbegriff beträchtlich ausgeweitet wird. Der Grund für die oftmalige *Verleugnung* des Handlungscharakters von Aktivitäten (oder Unterlassungen), die wir uns selbst zuschreiben sollten, ist für Schafer selbst ein psychologisch zu erklärender. Es sei das Gemeinsame von Redeweisen wie "ein Verlangen überkam mich", "mein Gewissen quält mich", "Zweifel beschleichen mich", "es strömt über meine Lippen", daß sie dazu eingesetzt werden, Handlungen zu verleugnen, für die das Subjekt keine Verantwortung übernehmen möchte. Die Alltagssprache habe viele Formen gefunden, Verantwortlichkeit abzustreiten und gebe "verleugnenden Ausdrücken reichlich Raum [...], damit die Menschen das Quantum an emotionalen Belastungen, denen sie sich selbst und andere von einem Augenblick zum nächsten aussetzen wollen, abmessen und regulieren können" (81). Damit formuliert Schafer ein Komplement zu Freuds suggestiver Kränkungsthese: für ihn "liegt das Problem nicht nur darin, daß die Vorstellung der Menschen von ihrem persönlichen Einfluß und Gesichtskreis unangenehm *verengt*, sondern auch darin, daß sie bedrohlich *ausgeweitet* wird", worin er eine "zusätzliche Wahrheit über die Unbeliebtheit der Psychoanalyse" sieht (86). Wir seien also viel öfter Herr im eigenen Haus, als uns lieb ist.

Spätestens an dieser Stelle erhebt sich natürlich der Verdacht, daß mit einer begrifflichen Revision der Psychoanalyse im Sinne Schafers auch eine erhebliche theoretische Revision verbunden ist. Schafer bestreitet dies, indem er mit einigem Recht darauf hinweist, daß die von Freud angestrebte Stärkung des Ich gerade beinhaltet, daß der Patient seinen Trieb und seine Abwehr annimmt und sich damit identifiziert, anstatt sie nach außen zu verlagern oder zu autonomen Instanzen zu hypostasieren (vgl. 79).[58] Auch paßt es gut in Schafers Handlungsparadigma, daß wir uns Freud zufolge "selbstverständlich" für unsere Trauminhalte verantwortlich zu halten haben (GW 1, 567). Auch Freuds Rede von der "Flucht in die Krankheit" folgt dem Handlungsparadigma.

Wie Habermas verfolgt Schafer die Strategie, die therapeutische Praxis der Psychoanalyse von Freuds Metapsychologie versuchsweise abzulösen, und gründet seine Wertschätzung der Psychoanalyse nur auf die erstere. Er behauptet, daß in der therapeutischen Praxis "die Handlungssprache schon immer die Muttersprache der Psychoanalyse gewesen ist, obwohl sie vernachlässigt, gering geschätzt und nicht systematisiert wurde" (278). "In ihrer eigentlichen Arbeit, die

---

[58] Vgl. z.B. GW 16, 59-99; siehe dazu Habermas 1968b, 286.

sich der klinischen Methode der psychoanalytischen Deutung bedient, haben sich die Analytiker immer mit Sinnbezügen und Gründen befaßt" (173), was aber in die Sprache der Metapsychologie aufgrund von Freuds naturwissenschaftlichen Ambitionen nicht hinreichend Eingang gefunden habe.

Wir können hier nicht diskutieren, ob und inwiefern Schafers Vorschlag einer sprachlichen Revision der Psychoanalyse einer theoretischen Revision gleichkommt. Ich erinnere aber daran, daß sein Ausgangspunkt die Kritik an der Unstimmigkeit der Montage heterogener Metaphernkomplexe war, die auch intakt bleibt, wenn man seine "neue Sprache für die Psychoanalyse" nicht überzeugend findet. Schafers Position sollte uns allein dazu dienen, exemplarisch das Grundsatzproblem der Metaphorizität des psychologischen Diskurses zu thematisieren, das nicht nur in der Psychoanalyse auftritt, sondern auch in allen anderen psychologischen Theorien. Schafer plädiert in seinem Alternativvorschlag einer Handlungssprache offenkundig dafür, auf Metaphern überhaupt zu verzichten.[59] Andere Autoren halten dies nicht für realistisch und geben zu bedenken, daß nicht nur Freuds Metapsychologie, sondern auch der klinische Diskurs und überhaupt unsere Alltagspsychologie mitnichten metaphernfrei sind.[60] Die Psychologie kann deshalb nicht metaphernfrei sein, weil wir über einen originären mentalistischen Diskurs schlicht nicht verfügen (vgl. z.B. Grossman/Simon 1969, 84ff). Freud selbst war sich über diesen Umstand im klaren und hat ihn damit in Verbindung gebracht, daß unsere Sinnesorgane für die Wahrnehmung der Außenwelt, nicht aber für Introspektion ausgelegt sind.[61] Freud hat das Metaphernproblem gesehen, aber er hat es unterschätzt. Er nimmt eine Haltung ein, die Darwins Verteidigungslinie nicht unähnlich ist:

> "Für die Unvollkommenheiten dieser und aller ähnlichen Bilder [es geht um das Instanzenmodell, G.K.] Entschuldigung zu erbitten, halte ich für überflüssig. Diese Gleichnisse sollen uns nur bei einem Versuch unterstützen, der es unternimmt, uns die Komplikation der psychischen Leistung verständlich zu machen, indem wir diese Leistung zerlegen, und die Einzelleistung den einzelnen Bestandteilen des Apparats zuweisen. [...] Ich meine, wir dürfen unseren Vermutungen freien Lauf lassen, wenn wir dabei nur unser kühles Urteil bewahren, das Gerüste nicht für den Bau halten" (GW 2/3, 541).

---

59 Freuds Metaphern sind nicht nur von hermeneutischer, sondern ebenso von szientistischer Seite kritisiert worden, hier aber wegen ihrer angeblichen Vieldeutigkeit, die zur empirischen Unüberprüfbarkeit der psychoanalytischen Theorie führe (so etwa bei Nagel 1959, bes. 41). Selten findet man ein so entschiedenes Plädoyer für Metaphernverzicht wie bei Kubie 1975, 14: "Unfortunately, psychoanalytic literature is infested with metaphors and psychoanalytic theory will not make basic advances until it is freed from this plague of metaphorical language, which has been mistaken for scientific theory".

60 Hartmann, Kris und Loewenstein nehmen Freud in diesem Sinne in Schutz: "[N]ot the concepts which Freud introduced are anthropomorphic, but [...] the clinical facts he studied and described led us to understand what part anthropomorphism plays in introspective thinking" (Hartmann/Kris/Loewenstein 1946, 17).

61 Nach Grossman/Simon 1969, 85.

Aber was *ist* der Bau im Unterschied zum Gerüst? Freud unterschlägt einen entscheidenden Unterschied zu anderen Fällen wissenschaftlicher Modellbildung, auf die er sich wie Darwin beruft. Es gibt in der Psychologie "no independent way to characterize the unconscious mental process" (Nagel 1974, 232), so daß tatsächlich die gesamte Begründungslast auf dem jeweils verwendeten Modell liegt. Aus Freuds Perspektive sieht die Sache freilich anders aus. Weil er das Energieverteilungsmodell eben *doch* für eine wörtliche Beschreibung der psychischen Prozesse hält, kann er andere, nicht so zentrale Metaphern als bloß heuristisch verteidigen.[62] Die begrifflichen Schwierigkeiten der Eingliederung eines intentionalen Handlungssubjekts in sein Modell der Psyche (und der Anthropomorphisierung der Instanzen des psychischen Apparates) hat Freud nicht so dramatisch gesehen wie beispielsweise Schafer. Als einem stilistisch souveränen Autor waren ihm sprachendualistische Skrupel fremd. So findet Freud beispielsweise, unbewußte Vorgänge könnten "mit all den Kategorien beschrieben werden, die wir auf die bewußten Seelenakte anwenden, als Vorstellungen, Strebungen, Entschließungen u. dgl." (GW 10, 267). Auch behauptet er, "daß die kompliziertesten Denkleistungen ohne Mittun des Bewußtseins möglich sind" (GW 2/3, 598), was für die meisten Philosophen mit der Semantik von "Denken" nicht vereinbar ist.[63] Andere Autoren bescheinigen Freud gerade, den Anwendungsbereich mentalistischen Vokabulars in interessanter Weise erweitert zu haben: "[W]e must credit Freud with extending, through the concept of the unconscious, the range of application of the concepts of belief and desire, and hence of the scope of the pattern of the naturalistic explanation of human action" (Bhaskar 1979, 123).

Das Metaphernproblem ist keinesfalls nur dasjenige Freuds. Die Geschichte der Psychologie ist die Geschichte ihrer Leitmetaphern für die Organisation und Funktionsweise der Psyche, von Platons Wagenlenkergleichnis bis zur Computer-

---

62 Manchmal rechtfertigt Freud die Unzulänglichkeiten der heuristisch notwendigen "Bildersprache der Psychologie" (GW 13, 65) auch wieder durch eine vage Reduktionshoffnung, die er sich doch eigentlich versagt hatte: "Die Mängel unserer Beschreibung würden wahrscheinlich verschwinden, wenn wir anstatt der psychologischen Termini schon die physiologischen oder chemischen einsetzen könnten" (ebd.).

63 Searle hat jüngst kritisiert, daß in der neueren Kognitionspsychologie der Status unbewußter mentaler Zustände völlig ungeklärt sei. "The naive notion of the unconscious that we have inherited from Freud is that unconscious mental states are just the same as conscious mental states only minus the consciousness. [...] But, to repeat, what exactly is the conception of unconscious mental processes which is supposed to account for, say, visual information processing or language understanding? How, for example, are we to distinguish between *un*conscious *mental* phenomena in the brain and those *non*conscious phenomena in the brain which are not mental at all, but are just blind, brute, neurophysiological states and processes?" (Searle 1990b, 586). Searle folgert, daß unbewußte mentale Phänomene *im Prinzip* dem Bewußtsein zugänglich sein müssen, um überhaupt mental zu sein. Damit war Freud wohl d'accord. Leider hat sich, klagt Searle, in den Kognitionswissenschaften die Rede vom unbewußten Regelbefolgen seit Chomsky so ausgebreitet, daß diese Bedingung übersehen wird.

metapher des Geistes in der Kognitionspsychologie, die uns noch beschäftigen wird. Daß überdies schon die Wagenlenkermetapher ein personifizierendes Mehrinstanzenmodell enthält, ist zumindest ein Indiz dafür, daß die modellhafte Repräsentation psychischer Konflikte durch die Postulierung verschiedener subpersonaler Instanzen heuristisch nicht ganz unfruchtbar ist und in vielen Fällen unserer Selbsterfahrung entgegenkommt (die freilich ihrerseits mit Sedimenten psychologischer, mittlerweile auch psychoanalytischer Theorien kontaminiert ist). So ist unsere Selbsterfahrung der Gewissensinstanz als einer inneren Stimme einfach zu stark, als daß sie 'falsch' sein könnte: unser Gewissen *ist* die innere Stimme. Diese Erfahrung zu erklären verpflichtet uns aber noch nicht auf ein weitreichendes Instanzenmodell. Doch selbst die vielkritisierte Konkretisierung der Instanzen zu homunculi bietet neben ihren theoretischen Komplikationen gewisse explanatorische Vorteile. Davidson hat eine bedenkenswerte Argumentation dafür vorgelegt, daß wir Phänomenen des Irrationalen (wie z.B. Handeln wider besseres Wissen oder wishful thinking) theoretisch nicht anders Rechnung tragen können als durch die Annahme eines zweiten, partiell autonomen, subpersonalen, in sich kohärenten Systems von Überzeugungen.[64] Und doch halte ich die von Ryle und Skinner erneuerte Verfemung des homunculus berechtigt, solange es keine überzeugende Antwort auf das Iterationsproblem gibt: den subpersonalen Agenten müssen wir jeweils wieder eine eigene Psyche und ein eigenes Bewußtsein zuschreiben, um sie überhaupt als handlungsfähig verstehen zu können (vgl. Thalberg 1982, 259).[65] Eine gewisse Zeit schien darüber in der Psychologie Einigkeit zu bestehen, bis Fodor, Dennett und andere den homunculus

---

64 Davidsons (1982) Argument hängt mit seiner starken Kohärenzunterstellung bezüglich jedes Systems von Überzeugungen zusammen bzw. mit der Dialektik von "truth" und "meaning": Äußerungen sind nur interpretierbar, wenn wir dem Sprecher eine große Menge von wahren Überzeugungen unterstellen, die zudem in Abhängigkeit voneinander wahr sein müssen. Irrationale Motive können nicht zu einer holistisch verstandenen Menge der Überzeugungen und Wünschen einer Person gehören; andererseits können sie auch nicht bloß naturalistisch als 'blinde Triebnatur' o.ä. beschrieben werden, denn sonst wäre die Forderung absurd, es solle Ich werden, wo Es war (vgl. zu diesem Argument Rorty 1986, 47ff). Es und Ich müssen also einander kommensurabel sein, ohne aber rational miteinander zu kommunizieren; deshalb rehabilitiert Davidson das Modell der Departementalisierung der Psyche in halbautonome subpersonale Instanzen. Autonom sind sie bezüglich ihrer internen Rationalität, *kausal* wirken sie dagegen aufeinander ein. Die Grenze zwischen zwei Instanzen wird durch den Zusammenbruch rationaler Verbindungen markiert, die Aufspaltung ist ihrerseits nötig "to explain how a thought or impulse can cause another to which it bears no rational relation" (Davidson 1982, 303). Das ist Davidsons Auflösung des Paradoxes der Irrationalität. Allerdings: Homunculi im Sinne von "independent agents" möchte Davidson diese Instanzen doch nicht nennen (vgl. 304). - Bedenkenswert ist sein Argument, daß eine Theorie der Irrationalität schon deshalb nötig sei, um Phänomene der Selbstdistanzierung, Selbstkritik und des Lernens zu erklären (vgl. 305). Siehe auch das zustimmende Davidson-Referat bei Rorty 1986, 43ff.

65 Und soviel ist klar: "Freud cannot treat the mental states of his homunculi heuristically: the real mental states of his molar persons are no more than a small manifestation, at the level of reflexive consciousness, of the real mental states of his largely subterranean persons" (Margolis 1980, 251f).

in transsubstantiierter Form auferstehen ließen, um die Rede von unbewußter Regelbefolgung und intramentaler Informationsverarbeitung zu retten (dazu unten).

Wenn es ganz ohne Metaphern in der Psychologie offenbar nicht geht, so ist damit noch nicht ausgemacht, ob nicht vielleicht bestimmte Metaphern geeigneter sind als andere. Leider läßt sich in diesbezüglichen Diskussionen die Nietzscheanische Tendenz beobachten, aus der desillusionistischen Überzeugung, daß 'alles nur Metapher' sei, zu folgern, daß nun in unserer Selbstinterpretation alles möglich und alles erlaubt sei und zudem alle Wahrheitsansprüche als lebensdienliche Fiktionen eines Willens zur Macht entlarvt werden können. Hinter diesem Kurzschluß verbirgt sich aber nicht die zunehmend reklamierte Wertschätzung, sondern gerade eine Geringschätzung der interpretativen und exploratorischen Funktion von Metaphern. Ich werde demgegenüber darauf bestehen, daß die Einsicht in die Metaphorizität des psychologischen Diskurses uns nicht eingehender Untersuchungen über die Angemessenheit, Reichhaltigkeit, Fruchtbarkeit, Kohärenz und die möglicherweise mißverständlichen Implikationen bestimmter Metaphernkomplexe enthebt (um einige wichtige Akzeptabilitätsbedingungen zu nennen). Freuds Begriffsapparat ist, wie wir gesehen haben, nicht monolithisch; man kann daher manche seiner Metaphern für angemessen, andere für unglücklich halten.[66]

Was das Beispiel Freuds und insbesondere sein Energieverteilungsmodell zeigt, ist die Tendenz zur Verselbständigung und Reliteralisierung gerade solcher Metaphern, die als besonders zwingend angesehen werden. Es scheint einen fließenden Übergang von der ***heuristischen Fruchtbarkeit*** psychologischer Metaphern über ihre ***Modellfunktion*** bis zu ihrem ***wörtlichen Verständnis*** zu geben, das sich am Ende aufdrängt, wenn ihre Stellung in der Theoriearchitektur so zentral geworden ist, daß sie nicht mehr wegzudenken sind.

Der metapsychologische Begriffsapparat Freuds muß an dieser Stelle als *pars pro toto* für den psychologischen Diskurs über den Menschen überhaupt stehen. Daß meine exemplarische Behandlung Freuds nicht ganz abwegig ist, wird sich vor allem an der Universalität des homunculus-Problems erweisen, von dem offenbar jede psychologische Theorie an irgendeiner Stelle betroffen ist.

Für Schafer als erklärten Sprachendualisten stellt sich das Metaphernproblem nicht; von einer notwendigen Metaphorizität des psychologischen Diskurses ist bei ihm nicht die Rede. Innerhalb dualistischer Wissenschafts- oder Diskursklassifikationen ist der Aufweis von Metaphern stets kritisch gemeint. Man muß einen Schritt zurücktreten und den hermeneutischen *bias* der meisten Sprachendualisten einmal vergessen, um sich klarzumachen, daß in dualistischen Konzeptionen das Metaphernproblem prinzipiell in symmetrischer Form auftritt. Wenn

---

66 Solche Unterscheidungen finden sich etwa bei Nash 1962. Viele Metaphern hält Nash für fruchtbar, das Instanzenmodell der "intrapersonal persons" lehnt er dagegen ab (53); ebenso Nagel 1959, 47.

man die Psychologie nämlich 'im anderen Lager' verortet, ist natürlich der hermeneutische Diskurs über Psychisches ein unzulässiger Übergriff. Die Kritik des Eliminativen Materialismus an der Sprachfixierung der Alltagspsychologie weist in diese umgekehrte Richtung. In naturalistischer Perspektive spricht aus der Konfusion des Psychologismus, der logische Operationen und Kognitionsprozesse miteinander kurzschließt, die Falschheit traditioneller Psychologie überhaupt. Psychische Entitäten dürften eben nicht als von der Art gedacht werden, daß sie logisch oder rational miteinander verbunden sein könnten, denn tatsächlich sind sie kausal verbunden. Auch das Logische-Beziehungs-Argument kann man also in umgekehrter Richtung lesen; für die Sprachendualisten entstehen unangenehme Bumerang-Effekte, wenn man das Schema übernimmt und lediglich die Bereichszuordnungen ändert. - Für Schafer kann es über die Zuordnung der Psychologie im dualistischen Schema natürlich keinen Zweifel geben: sie gehört dem bei ihm handlungstheoretisch eingeführten hermeneutischen Diskurs an, weshalb alle mechanistischen und naturalistischen Konzeptualisierungen psychischer Entitäten metaphorisch oder kategorienfehlerhaft sein müssen.

Die Frage, ob die Psychologie eine naturwissenschaftliche oder eine hermeneutische Disziplin sei, fällt übrigens entgegen Freuds Auffassung (GW 17, 80; s.o.) nicht unbedingt mit der Entscheidung zusammen, ob wir das Psychische als wesentlich unbewußt ansehen oder nicht. Nicht nur Lorenzer und Habermas, auch Lacan und seine Schüler arbeiten mit der Annahme, das Unbewußte sei wie eine Sprache strukturiert. Wenn dies stimmt, wäre auch dann noch eine hermeneutisch oder diskursanalytisch orientierte Psychoanalyse möglich, wenn man dem Unbewußten großen Raum zugesteht.[67] - Freuds Auffassung wird unterstützt von Davidson und Grünbaum. Weil die Motive unbewußt seien, könnten sie nicht rational mit Handlungen verbunden sein, sondern seien nur kausal wirksam. Diese Auffassung hat aber einen entscheidenden Nachteil: ihre Statik. Erklärungsbedürftig sind ja gerade die *Übergänge* von Irrationalität zu Rationalität,

[67] Die Differenzen zwischen Lacan und Habermas sind allerdings enorm. Wenn "nicht einfach der Mensch spricht, sondern Es in dem Menschen und durch den Menschen spricht" (Lacan 1966, 124), wenn die Signifikantenkette sich ihre Signifikate selbst sucht und die "Conditio humana" die "Passion des Signifikanten" ist (ebd.), sind das Sprachparadigma und die hermeneutische Orientierung entkoppelt. Lacan beschreibt die Passion des Menschen in der geradezu naturalistischen Weise, daß "seine Natur eingewoben ist in Wirkungen, in denen die Struktur der Sprache, zu deren Material er wird, wieder auftaucht" (ebd.). Die alten Fronten verschieben sich. Lang meint, "daß die Freudsche 'Energetik' auch für Lacans Denken nicht nur einen gewissen heuristischen Wert besaß, sondern sich glänzend in seinen ganz von der Sprachlichkeit geprägten Strukturbegriff einordnen läßt" (Lang 1973, 74). - Im Kapitel über die Sprache der Natur habe ich angedeutet, daß ich jede Entkopplung einer sprachlichen Ordnung von der Interpretationsgemeinschaft ihrer Sprecher, die sprachlichen Sinn erst konstituiert, für verfehlt halte. Wenn die Sprache weiser ist als alle ihre Sprecher, wie Freud sagt, dann besteht diese Weisheit in nichts anderem als der geronnenen Interpretationsleistung vergangener Generationen von Sprechergemeinschaften. Semantische Potentiale, die nicht immer neu angeeignet würden, wären verschüttet und könnten zu dieser Weisheit nichts beitragen.

von Unbewußtheit zu Bewußtheit, von Unverständlichkeit zu Verständlichkeit. Der hermeneutische Ansatz Lorenzers und Habermas' kann die Möglichkeit von Aufklärungs-, Reflexions- und Aneignungsprozessen besser erklären als eine Auffassung, die das Unbewußte völlig entrationalisiert.

Mit sprachendualistischen Grenzbefestigungen werden wir in der Psychologie am Ende nicht durchkommen. Jede Metapher ist ein kleiner Affront gegen den Sprachendualismus, der die Grenzen des Sinns ein für allemal abstecken möchte. Wir werden uns darüber klarwerden müssen, welche Affronts wir hinzunehmen bereit sind und welche nicht.

3.3 Das kybernetische Paradigma

Unter dem "kybernetischen Paradigma" in den Humanwissenschaften fasse ich alle Ansätze zusammen, die an dem Unternehmen beteiligt sind, die Grundstrukturen unseres Denkens und Handelns in Begriffen der Informationsverarbeitung zu beschreiben und zu erklären. "Der Mensch ist ein informationsverarbeitendes System", heißt es unisono in den allgemeinen Systemtheorien der Jahrhundertmitte (z.B. von Bertalanffy), den kybernetischen Anthropologien (z.B. Bateson, Steinbuch) und im Computermodell des Geistes der neueren Kognitionswissenschaften. Dieser Bestimmung ist durchaus zuzutrauen, daß man sie im Rückblick auf unser Jahrhundert einmal in die Phalanx der berühmten Definitionen des Menschen als *zôon lógon échon, zôon politikón, animal rationale, animal laborans, animal symbolicum, homo faber, homo creator, homo compensator* einreihen wird.

Die explanatorischen Vorteile eines Ansatzes, der statt mit der physischen Affektion unserer Sinnesorgane gleich mit dem Informationsbegriff beginnt, liegen auf der Hand. So würde beispielsweise die Energie, die der Fall einer Erbse aus drei Zentimetern Höhe enthält, vollständig in Lichtenergie umgewandelt, genügen, die Sehnerven sämtlicher Menschen zu stimulieren, die bis heute gelebt haben. Und doch ziehen Physikalisten den schweren und langen Weg vor . . .

Nun impliziert die Rede vom "kybernetischen Paradigma" etwas mehr als bloße Informationsverarbeitung, nämlich den Gedanken der *Steuerung*. Dieser Gedanke muß in der Anwendung auf Organismen ohne Rückgriff auf ein Steuerungssubjekt formuliert werden. Wir können also als weitere Bestimmung des kybernetischen Paradigmas in der Anthropologie hinzunehmen, daß die Informationsprozesse, in denen sich unser Denken und Handeln vollzieht, jeweils als *selbstgesteuerte Regelkreise* begriffen werden. Damit ist regelmäßig eine Dezentrierungsthese verbunden, derzufolge für ein Subjekt im Sinne eines autonomen und zwecksetzenden Agenten in einer kybernetischen oder systemtheoretischen

Anthropologie kein Platz mehr ist.[68] Das Theorem der Selbstorganisation fungiert dabei als Teleologie- und Intentionalitätsersatz, insofern traditionell dem Handlungssubjekt zugeschriebene Steuerungsfunktionen nun in objektivierter Form auf einer übergeordneten Systemebene wiederkehren. Die Steuerungsfunktionen werden also nicht einfach aufgegeben - anderenfalls verlöre der ganze kybernetische Diskurs seine Erklärungskraft -, sondern sie sollen ohne die Annahme eines intentionalen Handlungssubjekts rekonstruiert werden. Bewußtsein und Intentionalität wird der Status von *emergenten Systemeigenschaften* zugeschrieben, die der von allen Kybernetikern geteilten funktionalistischen Hintergrundüberzeugung zufolge von ihren konkreten physischen Realisierungen unabhängig sind. Alle explanatorische Kraft des kybernetischen Diskurses bezieht sich auf die Ebene der abstrakten funktionalen Prozesse, sei das materielle Substrat wie es wolle. Dieser Dualismus von Funktion und Materie findet in der hardware/software-Analogie des Computermodells seinen sinnfälligen Ausdruck: unser Gehirn entspreche der hardware, unsere mentalen Prozesse einem Computerprogramm, welches grundsätzlich auch in einer nichtbiologischen Maschine implementiert sein könne (Theorem der "multiple realizability"). Im Hinblick auf die funktionalistische Geringschätzung der Physis gibt es eine gewisse Verkehrung der Fronten, d.h. es ergibt sich eine partielle Frontstellung zu naturalistischen Überlegungen, die ihrerseits, etwa von Searle, dafür in Anspruch genommen werden, Spezifika des Menschen zu verteidigen, die mit seiner biologischen hardware zusammenhängen. Inwieweit die funktionalistische Auffassung des Mentalen im Widerspruch zum Physikalismus steht, ist unter Funktionalisten allerdings notorisch umstritten (vgl. dazu Block 1980, 176ff). Es scheint, als wäre zumindest der schwächere token-Physikalismus mit dem Funktionalismus vereinbar.

Natürlich sollen mit dem Obertitel "kybernetisches Paradigma" keine relevanten Unterschiede verdeckt werden. Von großer Bedeutung ist für unseren Zusammenhang etwa der Umstand, daß die Rede von den "selbstorganisierenden Systemen" bislang im Computermodell des Geistes eine geringere Rolle spielt als in der allgemeinen Systemtheorie, weil beim Computer die zentrale Steuerungsfunktion im Rekurs auf den Programmierer erklärt werden kann. Der bloße Algorithmus erfüllt noch gar keine Funktion, sondern er muß erst interpretiert werden, weshalb das 'Telos' des Programms in der Regel außerhalb des Erklärungsbereichs der Computermetapher bleibt (wenn auch oft nicht außerhalb des Erklärungs*anspruchs*). So kann man sagen, daß die kybernetische Beschreibung maschinaler Prozesse erst dann erklärungskräftig ist, wenn man die Genese und die

---

68 "Der Mensch" kommt im kybernetischen Paradigma schon gar nicht eigens vor, denn, so heißt es bündig bei Luhmann (1984, 68), "er ist kein System". Vom Menschen quer zu allen Kontexten kann Luhmann zufolge nur noch ein ethisch und sozial motivierter Humanismus reden, der unfähig ist, die Sachdimension und die Sozialdimension auseinanderzuhalten (a.a.O., 119). Tatsächlich gehöre der Mensch zur System*umwelt* sozialer Systeme, wobei seine Einheit in Funktionen aufgespalten wird (vgl. dazu Dziewas 1992).

Interpretation des Programms mit in die Beschreibung hineinnimmt. Ich werde übrigens behaupten, daß dies für den kybernetischen Diskurs überhaupt gilt und daß die Rede von den selbstorganisierenden Systemen hier ihren blinden Fleck hat.

Der schon in den allgemeinen Systemtheorien behauptete Primat der funktionalen gegenüber der materiellen Ebene besitzt innerhalb des kybernetischen Paradigmas durchaus ontologische Kapazität. Luhmanns wiederholte Versicherung, es *gebe* Systeme, nicht aber systemunabhängige Letztelemente, zeigt, wie weit der von Cassirer beschriebene Übergang von einer Substanz- zu einer Funktionsontologie in diesen Kreisen fortgeschritten ist. Die Rede von Systemen soll mitnichten bloß 'analytisches Instrument' sein, für sie wird uneingeschränkt ontologischer Status reklamiert (vgl. Luhmann 1984, 30f und 599). Analog wird von verschiedenen Kognitionswissenschaftlern und KI-Theoretikern behauptet, daß die Computermetapher des Geistes eben keine Metapher sei, sondern schlicht die angemessenste zur Verfügung stehende und daher wörtliche Beschreibung mentaler Prozesse.

Da viele der dem kybernetischen Paradigma zuzurechnenden Theorien nicht im engeren Sinne naturalistisch sind, muß ich noch einige erläuternde Überlegungen anfügen. Der Zusammenhang zu unserem Hauptthema ist zum einen über das Metaphernproblem vermittelt. Mein Zugriff auf die kybernetischen Anthropologien und ihre Relevanz für unser Selbstverständnis als denkende und handelnde Wesen wird in dem Versuch bestehen, die kybernetischen Grundbegriffe "Information", "Regulation", "Steuerung" und "Selbstorganisation" im Spannungsfeld von anthropomorpher Naturinterpretation und naturalistischer Selbstinterpretation des Menschen zu verorten. Ähnlich wie beim evolutionstheoretischen Diskurs wird zu fragen sein, wie das Erklärungsmodell 'Steuerung ohne intentionalen Agenten' jeweils eingeführt und begründet wird und ob nicht ein unbemerktes Syndrom von anthropomorpher Projektion und physiomorpher Rückprojektion vorliegt. Im Rahmen des kybernetischen Paradigmas selbst entsteht eine Spannung von Anthropomorphismus und Physiomorphismus freilich nicht, da die von seinen Vertretern selten genauer explizierte, nur in Absetzung von einem kruden Materialismus formulierte funktionalistische Hintergrundontologie dafür sorgt, daß die Frage, *aus welchen Erfahrungsbereichen* das kybernetische Vokabular sich speist, nicht aufkommt. Die kybernetischen und die systemtheoretischen Kategorien seien ontologisch neutral, es *gebe* halt informationsverarbeitende Systeme in der Welt (Luhmann) und der Mensch sei eines davon. - Diese Darstellung mag etwas ungerecht sein; natürlich wird die Existenz von Systemen nicht einfach behauptet, ohne daß ihr Systemcharakter expliziert würde. Charakteristisch für die Kybernetik und die Systemtheorie ist aber, daß der Systemcharakter von Systemen ontologisch objektiviert wird. Etwas soll unabhängig von seiner zweckhaften Organisation, die nur durch menschlichen Eingriff zu denken wäre, ein System sein können.[69]

Wissenschaftsgeschichtlich ist die Kybernetik bekanntlich nicht als Humanwissenschaft entstanden; darin gleicht sie allen universalwissenschaftlichen Vorläuferprogrammen. Obgleich später auch spezielle kybernetische Anthropologien oder Teildisziplinen davon entwickelt wurden (Bateson, Steinbuch, Watzlawick), verstanden sich doch die frühen kybernetischen und systemtheoretischen Programme als universal- und einheitswissenschaftliche, mit denen das Projekt der "unity of science" vom Physikalismus abgekoppelt und auf neue Füße gestellt werden sollte.[70] Der Einschluß des Menschen ergibt sich dabei nur als Nebenprodukt des universalwissenschaftlichen Anspruchs, welcher durch die Behauptung der strukturellen Isomorphie von basalen Relationen, die in verschiedensten Systemen realisiert sind, begründet ist.[71] - Auch die neue Speerspitze des kybernetischen Paradigmas, der Autopoiesis-Gedanke, ist nicht davon verschont geblieben, mit großem einheitswissenschaftlichem Pathos als Universalschlüssel zur Beantwortung der Frage stilisiert zu werden, was die Welt "vom Urknall bis zum menschlichen Geist" (Jantsch) im Innersten zusammenhält. Wonach alle Wissenschaften immer gesucht hätten, sei endlich gefunden: "The new paradigm of self-organization, and with it the focal concept of autopoiesis, ends the alienation of science from life. It forms the backbone of an emergent science of life that *in*-

---

69 Luhmann versucht, "den Zweckgedanken prinzipiell aus der Handlungstheorie in die Systemtheorie zu übertragen" (1968, 17) und will dabei den Zweckbegriff auf den Funktionsbegriff zurückführen (16; vgl. auch Luhmann 1981). Warum mit der beliebten Unterscheidung zwischen Zweck und Funktion im Hinblick auf das Teleologieproblem nichts gewonnen ist, habe ich oben begründet; vgl. dazu auch Sober 1985, der auf die Ambiguität zwischen mathematischer und teleologischer Bedeutung des Funktionsbegriffs hinweist und alle Biologen, Systemtheoretiker und KI-Funktionalisten daran erinnert, daß sie natürlich auf den teleologischen Funktionsbegriff angewiesen sind. Es geht ihnen ja nicht um bloße Zuordnungen von Größen wie in der Mathematik, sondern jeweils um Funktionen von etwas *für* etwas - mit anderen Worten: um Zwecke.

70 Dazu bekennt sich ausdrücklich von Bertalanffy: "The integrative function of general system theory can perhaps be summarized as follows. [...] A unitary conception of the world may be based, not upon the possibly futile and certainly far-fetched hope finally to reduce all levels of reality to the level of physics, but rather on the isomorphy of laws in different fields. [...] Speaking in 'material' language, it means that the world, i.e., the total of observable events, shows structural uniformities, manifesting themselves by isomorphic traces of order in the different levels or realms" (von Bertalanffy 1968, 48f). Die Einheit der Wissenschaft soll also nicht durch physikalistische Reduktion hergestellt werden, sondern durch das Aufsuchen struktureller Isomorphien zwischen verschiedenen Systemen. - Für Luhmann ist klar, daß aus dem Universalitätsanspruch auch die Selbstanwendung folgt: "Supertheorien sind Theorien mit universalistischen (und das heißt auch: sich selbst und ihre Gegner einbeziehenden) Ansprüchen" (1984, 19).

71 Dies ist auch Luhmanns Strategie. Für ihn kann "die Systemtheorie auf sehr verschiedenartige Systeme bezogen werden", ohne daß etwa soziale Systeme und Organismen direkt miteinander analogisiert werden müßten: "Methodisch gesehen wählen wir [...] nicht den Weg der Analogie, sondern den Umweg der Generalisierung und Respezifikation" (1984, 32). Auch Selbstreferenz ist für Luhmann kein Sondermerkmal des menschlichen Bewußtseins.

cludes a science of our own lives, the biological as well as the mental and the spiritual aspects, the physical as well as the social and the cultural" (Jantsch 1981, 87). Heureka!

Ob wir nun speziell die Computermetapher des Geistes naturalistisch nennen wollen, hängt davon ab, welcher Naturbegriff in unser Verständnis von Naturalismus eingeht. Wenn man einen inhaltlich spezifizierten naturphilosophischen Begriff von Natur zugrundelegt, ist die Computermetapher nicht naturalistisch, weil dann die Antithesen 'Natur vs. Technik' und 'Natur vs. Kunst' greifen (aus demselben Grunde ist die ältere Maschinenmetapher zwar technizistisch, aber nicht ohne weiteres naturalistisch). Wenn man dagegen den modernen methodologisch ausgezeichneten und darüberhinaus völlig unspezifischen Naturbegriff ansetzt - Natur ist alles, was Gegenstand der Naturwissenschaften ist, die sich wiederum über ihre 'scientific methods' definieren -, dann steht die Computermetapher des Geistes in völliger Kontinuität zu den meisten neuzeitlichen Naturalisierungsbestrebungen, die sich weniger aus dem ökologisch-naturalistischen Motiv speisen, den Menschen mit seiner Naturhaftigkeit zu versöhnen und ihm seinen Platz in seiner natürlichen Mitwelt anzuweisen, als vielmehr von dem szientistisch-naturalistischen Interesse, ihn unter die erforschbaren Gegenstände der Naturwissenschaft einzureihen. Die überragende wissenschaftsgeschichtliche Stellung der Maschinenmetapher bei den Aufklärungsmaterialisten des 17. und 18. Jahrhunderts sowie die heute in den Kognitionswissenschaften allgegenwärtige Computermetapher des Mentalen erklären sich in der Perspektive eines szientistischen Naturalismus daraus, daß die maschinale Konstruktion eines Systems das *Paradigma der Durchschaubarkeit und der Regularität* abgibt (vgl. Baruzzi 1973), wodurch das Maschinenmodell seine Gegenstände zu Gegenständen exakter mathematisch-naturwissenschaftlicher Beschreibung prädestiniert. In diesem Sinne ist Maschinisierung Naturalisierung. Daß die Durchschaubarkeit der Maschine allererst über ihre Konstruierbarkeit vermittelt ist - ein Anwendungsfall des *verum et factum convertuntur*-Theorems -, gibt einen aufschlußreichen Kontrapunkt zu der von Vico ausgehenden Auffassung ab, daß wir die Natur deshalb nicht verstehen können, weil wir sie nicht gemacht haben. Der moderne szientistische Naturalismus hat diesen Gedanken umgekehrt, wobei der Maschinenbegriff den Umschlagspunkt markiert. Mit der aristotelischen Unterscheidung von natürlichen und erzwungenen Bewegungen bricht bei Bacon und Descartes die Differenz von Mechanik und Physik überhaupt zusammen. Die Natur selbst wird als mechanisches System, als Weltmaschine konzeptualisiert, so daß ihre Durchschaubarkeit und Berechenbarkeit garantiert ist; den Menschen verstehen wir folglich umso besser, je mehr wir ihn in diesem mechanistischen Sinne naturalisieren. Aber wir müssen darauf achten, nicht vorschnell die mechanische mit der informationsverarbeitenden Maschine zu identifizieren. Manche Autoren sehen in der "kognitiven Wende" der jüngsten Wissenschaftsgeschichte, also in der Abkehr von Mechanismus und Physikalismus und der Zuwendung zum kognitiven Paradigma der Informationswissenschaften geradezu eine *Umkehrung* des Verhältnisses von naturalistischen und hermeneutisch-mentalistischen Kategorien, was die gegenseitigen Gebietsansprüche von Natur- und Humanwissenschaften betrifft. Der Imperialismus der alten, an der mechanistischen Physik orientierten naturalistischen Kategorien sei historisch überwunden, umgekehrt setzten nun Begriffe und Erklärungsformen den Standard, die in den Humanwissenschaften gewonnen wurden (vgl. etwa Holenstein 1987b, 145). Diesen Prozeß kann man aber nicht als einfache Umkehrung ansehen. Tatsächlich geht er mit einer tiefgreifenden Uminterpretation der hermeneutischen und mentalistischen Kategorien einher. Die Kybernetiker der Jahrhundertmitte beanspruchen ja gerade, die zentrale Kategorie der Zielgerichtetheit von Systemen dem Mentalismus entrissen und in bewußtseinsfreien Naturprozessen verankert zu haben. Bei allem berechtigten Insistieren auf der mit der Führungsrolle der Informationswissenschaften verbundenen Umorientierung darf man die Kontinuität zum naturalistischen Gesamtprogramm nicht übersehen. Es könnte ja sein, daß es sich bei der kognitiven Wende um eine Art Rückzugsgefecht des Naturalismus handelt, der nun endlich vom explanatorischen Potential mentalistischer Kategorien profitieren will, ohne aber die traditionell damit verbundenen ontologischen Verpflichtungen einzugehen, die dem naturalistischen Programm widersprechen. Ob der kybernetische Diskurs über den Menschen noch in Kontinuität zum naturalistischen Programm steht, scheint nun paradoxerweise davon abzuhängen, ob Maschinen mentale Zustände haben, denn in diesem Falle wäre die traditionelle Auffassung unterminiert, daß 'Geist zu haben' den Menschen aus der Natur heraushebt.

Auf die Funktion der Maschinenmetapher für eine Naturalisierung unseres Selbstverständnisses werden wir noch ausführlich zurückkommen, ebenso auf das Verhältnis zwischen Maschinen- und Computermetapher. Wenden wir uns zunächst den Grundbegriffen des kybernetischen Paradigmas zu. Wer mit dem Programm einer kybernetischen Anthropologie naturalistische Ansprüche verbindet, muß zunächst versuchen, die theoriekonstitutiven Begriffe der *Information* und der *Regulation* in Naturprozessen selbst zu fundieren.

Kein Begriff ist für das kybernetische Paradigma historisch und systematisch wichtiger als der der Information. An den kybernetischen loci classici (Wiener 1948, Shannon/Weaver 1949) wird der Informationsbegriff im Kontext der Nachrichtentechnik eingeführt und ausdrücklich nichtsemantisch verstanden: "The word *information*, in this theory, is used in a special sense that must not be confused with its ordinary usage. In particular, *information* must not be confused with meaning" (Shannon/Weaver 1949, 8). Der Informationsgehalt einer Botschaft wird quantifiziert und bezeichnet das *statistische Maß der Auftretenswahrscheinlichkeit einer bestimmten Zeichenkette*. Der Informationsgehalt einer beliebigen Zeichenkette läßt sich also in einer mathematischen Formel ausdrücken, der Shannon-Formel, die allein von der statistischen Auftretenswahrscheinlichkeit Gebrauch macht. Grob gesprochen: je geordneter eine Zeichenkette, desto weniger erwartbar ist ihr Auftreten, desto mehr Information enthält sie. Ordnung ist unwahrscheinlicher als Unordnung, da Systeme dem thermodynamischen Entropiesatz zufolge immer einem Zustand größerer Unordnung zustreben. Somit kann die "Information eines Ereignisses [...] auch definiert werden als die Anzahl völlig unentschiedener einfacher Alternativen, die durch das Eintreten des Ereignisses entschieden werden" (von Weizsäcker 1971, 347). Als nichtsemantisch wird dieser quantitative mathematische Informationsbegriff angesehen, weil er es nicht erlaubt, bedeutungsvolle von bedeutungslosen Zeichenketten zu unterscheiden (vgl. Shannon/Weaver 1949, 8). Auch ist oft zu lesen, daß er die Erwartungen und das Vorwissen des Hörers nicht einbeziehe - im Unterschied zum umgangssprachlichen Informationsbegriff, demzufolge eine Nachricht, die der Hörer schon kennt, für ihn keine Information mehr darstellt. Doch dies ist nur eingeschränkt richtig. Der Unterschied zwischen dem 'objektiven' Informationsgehalt einer Nachricht und der 'subjektiven' Bedeutung von Information im umgangssprachlichen Sinne wird in der Literatur oft überschätzt, weil der Umstand übergangen wird, daß auch der 'objektive' quantitative Informationsbegriff schon ein *gemeinsames Zeichenrepertoire* von Sender und Empfänger unterstellt. Nur unter dieser Voraussetzung lassen sich Auftretenswahrscheinlichkeiten überhaupt angeben. Die Existenz eines gemeinsamen Lexikons, das erst festlegt, welche Aktivität im Kanal überhaupt als Nachricht zählt und wieviel Alternativen in Abhängigkeit von der Länge der Zeichenkette möglich sind, wird deshalb leicht vergessen, weil das Zeichensystem in die einschlägigen nachrichtentechnischen Medien (z.B. Fernschreiber) gleichsam schon eingebaut ist. Über das konventionelle Zeichensystem findet der Parameter der "Erwartbarkeit" einer Information Eingang, wenn er auch vermittels der statistischen Wahrscheinlichkeit auf den ersten Blick adressatenunabhängig objektiviert wird. Die strikte Entgegensetzung von objektivem und subjektivem Informationsbegriff ist daher trügerisch, weil der Wahrscheinlichkeitsbegriff selbst kontextualisiert werden muß, denn "[a]uch der objektive Wahrscheinlichkeitsbegriff ist [...] subjektbezogen" (von Weizsäcker 1971, 348). Die Frage nach dem objektiven kontextfreien Informationsgehalt einer bestimmten Situation oder eines Weltzustandes ist im Rahmen der mathematischen Theorie der Information sinnlos. Man denke an den Wurf eines Würfels: auch hier geht es, so von Weizsäcker (a.a.O., 348f), nur um "einen Teil der formal möglichen kontingenten Eigenschaften" des Würfels, nämlich um seine Augenzahl und deren Auftretenswahrscheinlichkeit: diese ist "Information für den Würfelspieler [...] nur kraft einer Semantik, in welche sehr viel Wissen [...] schon investiert ist". Der quantitative Informationsbegriff objektiviert also nur die Informationsmenge der Zeichenkette eines gegebenen Lexikons, nicht aber die Erstellung des Lexikons selbst bzw. die zugrundeliegende Semantik. Versucht man, auch die Semantik zu objektivieren, beispielsweise über eine Meßapparatur, die die Information automatisch 'abliest' und verarbeitet, ist nichts gewonnen, sondern die konventionelle Komponente nur verschoben auf die Installation und die Normierung des Meßapparates sowie die Interpretation seiner Ergebnisse. Es muß definiert sein, 'worum es überhaupt geht'. Zwar kann man "durch 'Verschiebung des Schnitts' auch den Meßapparat noch einmal durch einen Meßapparat beobachten", es wird sich aber "bei dieser Iterierung der Objektivierung der Semantik nichts Neues mehr ergeben" (a.a.O., 350).

Damit ist klar, daß auch der mathematisch-nachrichtentechnische Informationsbegriff nicht das möglich macht, was den Kausaltheorien der Bedeutung mißlungen war: eine Naturalisierung von Information im Sinne einer Verankerung in objektiv repräsentatierenden Naturprozessen.[72]

Die vielbeachtete Studie von Dretske kann man als einen weiteren Versuch lesen, den Informationsbegriff zu naturalisieren. Dretske betrachtet Information als "an objective commodity, as something defined in terms of the network of lawful relationships holding between distinct events and structures" (1981, x). Ein künstliches oder natürliches Signal beinhaltet Dretske zufolge eine bestimmte Informationsmenge unabhängig davon, ob ein Beobachter daraus etwas lernt oder nicht (vgl. 56f). Dretskes Erklärung für das Vorhandensein 'objektiver' Information in der Natur ist aber spezifischer als die der Natursprachentheoretiker und der Kausalisten. Ihm zufolge enthält *x* Information über *y* genau dann, wenn eine *gesetzmäßige Abhängigkeit* der beiden Größen, Zustände, Ereignisse etc. besteht (75ff). Mit dieser Bedingung sind die möglichen historischen Genesen von Information in einer Weise restringiert, die die Affen an der Schreibmaschine und die Ameise mit der Churchill-Spur ausschließt. Zufällige Zusammenhänge zählen nicht, denn Gesetze müssen kontrafaktische Konditionale stützen können. Ein defektes Thermometer, das zufällig gerade die Temperatur anzeigt, die tatsächlich in meinem Zimmer herrscht, enthält *keine* Information über diese Temperatur, weil seine Anzeige kein kontrafaktisches Konditional legitimiert.

Die Details und Komplikationen von Dretskes Theorie können wir wiederum vernachlässigen, weil schon im Grundgedanken der für den Naturalisierungsanspruch entscheidende Punkt enthalten ist. Bekanntlich generiert Nomologizität, in Form von Modaloperatoren, selbst intensionale Kontexte. Gesetze (d.h. *notwendige* Verknüpfungen) kommen in der Natur 'an sich' nicht vor. Nur unter bestimmten Beschreibungen stehen Naturphänomene unter Gesetzen, und diese Beschreibungen enthalten Abstraktions- und Generalisierungsleistungen. So mögen zwei Ereignisse unter einer bestimmten Beschreibung ein Gesetz exemplifizieren,

---

[72] Diese Auffassung vertritt auch Janich. Er gelangt zu dem Schluß, "daß wir kein Verständnis von Information in technischen oder natürlichen Systemen hätten, wenn diesem nicht ein Verständnis eines technikfreien Informationsaustausches im Bereich der menschlichen Kommunikation zugrunde läge" (Janich 1992, 140).

unter einer anderen Beschreibung aber nicht. Dretske ist sich darüber völlig im klaren: "[S]ince a lawful connection between two properties or magnitudes is itself an intentional phenomenon, information inherits its intentional feature from the nomic regularities on which it depends" (77). Und auch die Anschlußfrage stellt Dretske noch: "But (it may be asked) from whence comes the intentional character of laws?" (ebd). Diese Frage ist in der Tat entscheidend, und umso erstaunlicher ist es, daß Dretske sich mit der Bemerkung begnügt, dies sei "a controversial topic in the philosophy of science" und es sei "[f]or our purposes [...] not important *where* natural laws acquire this puzzling property" (ebd.). Diese Frage *darf* ein Naturalist wie Dretske nicht auf sich beruhen lassen, hat er doch den Anspruch erhoben, man könne "bake a mental cake using only physical yeast and flour" (xi).

Die Antwort, die wir in anderem Zusammenhang auf die Frage geben werden, woher der intentionale Charakter von Gesetzesaussagen stammt, wird es uns erlauben, den Gesetzesbegriff und selbst den Kausalitätsbegriff dem Naturalismus zu entreißen und deren Abhängigkeit vom *Handlungs*begriff nachzuweisen. Dies konterkariert Dretskes Behauptung bezüglich der Objektivität natürlicher Informationsgehalte, allerdings auf sehr indirekte Weise.[73]

Es kommt ein zweites Problem hinzu. Dretske vertritt ein "Xerox principle" (57ff) der Informationsübertragung, demzufolge Information in einer mehrgliedrigen Kette von *A* über *B* nach *C* nur dann übertragen wird, wenn der Informationsgehalt vollständig erhalten bleibt. Information habe zu 100 Prozent transitiv zu sein. Damit ist klar, daß Dretske nur mit *strikten* Gesetzen gedient ist, d.h. mit solchen ohne jede ceteris paribus-Klauseln. Nun kann man einerseits daran zweifeln, ob es solche strikten Gesetze überhaupt gibt bzw. ob sie von irgendetwas in der Welt exemplifiziert werden, und selbst in der Wissenschaftstheorie der Physik wird dies mittlerweile mit guten Gründen bestritten (vgl. V, 2). Nehmen wir aber an, es gebe solche Gesetze. In diesem Fall stellte sich die Frage, ob das Vokabular der Informationsverarbeitung überhaupt noch benötigt wird. Eine starke physische Determinierung *gefährdet* nämlich letztlich die Informationstheorie, statt sie auf den sicheren Weg der Wissenschaft zu bringen. Ein vollständig naturalisierter Informationsbegriff würde, wie ich unten behaupten werde, den gesamten

[73] Um das Problem der Fehlrepräsentation zu lösen, arbeitet Dretske überdies mit einem Repräsentationsbegriff, der mit der Beziehung der natürlichen Indikation nicht mehr viel gemeinsam hat. Auch dieser Schritt führt aus dem Naturalismus heraus, denn Dretske schaltet eine Lernphase zwischen, um Zeichen bestimmte Repräsentations*funktionen* zuschreiben zu können, die die aktuellen kausalen oder nomologischen Abhängigkeiten transzendieren. Damit beschränkt er aber die Anwendbarkeit dieses Teils seiner Theorie auf erlernte Symbole, was mit einem naturalistischen Theorieziel nicht vereinbar ist (vgl. Fodor 1987, 103). Dretske kommt der teleofunktionalistischen Theorie gefährlich nahe, ohne über eine unabhängige nichtintentionale Reduktion des Teleologischen zu verfügen.

kybernetischen Diskurs in den Physikalismus zurückfallen lassen, was aus informationstheoretischer Perspektive kein Fortschritt, sondern ein Rückschritt wäre.

Auch in den kybernetischen Anthropologien, die den Menschen als ein informationsverarbeitendes System beschreiben, wird die nichteliminierbare semantische bzw. interpretative Komponente auch eines quantitativen, vermeintlich objektiven Informationsbegriffs nicht immer klar gesehen. Viele Autoren überspringen dieses Problem, indem sie den Informationsbegriff undefiniert verwenden. Einigkeit besteht aber, soweit ich sehe, über drei Merkmale:

a) Informationsübertragung muß bei der Rezeptionsinstanz *Auswirkungen* haben, die sich ihrerseits fortsetzen und nicht verpuffen. Analog dem Energieerhaltungssatz gilt in geschlossenen Regelkreisen ein Informationserhaltungssatz. In Batesons Worten: "Ein 'Bit' Information läßt sich definieren als ein Unterschied, der einen Unterschied macht", und zwar einen "Unterschied, der sich fortpflanzt und der stetigen Transformation in einem Kreislauf unterliegt" (1972, 408). Durch dieses Erfordernis der *Effektivität* von Information ist zugleich der common sense-Auffassung Rechnung getragen, daß die identische Wiederholung einer Botschaft für den Rezeptor keine Information mehr darstellt, denn sie macht eben *keinen* Unterschied mehr (vgl. Luhmann 1984, 102). A fortiori ist mit der Rede von Information impliziert, daß überhaupt irgendwo ein Rezeptor existiert, *für den* die Information einen Unterschied macht.[74]

b) Obgleich die Transformationen von physischen Prozessen begleitet sind,[75] ist doch die physikalische Spezifikation des Übertragungsmediums und der Botschaft nicht entscheidend; Information ist *symbolisch vermittelte* Transformation, die physisch verschieden instantiiert sein kann. Nur so ist die beanspruchte Eigenständigkeit der Information als 'dritter Grundgröße' neben Materie und Energie[76] gewährleistet. Symbolische Vermittlung muß hierbei nicht sprachliche heißen.

c) Es ist kein Platz für eine dem Informationskreislauf enthobene Steuerungsinstanz. Dies folgt aus der Geschlossenheit des informationellen Regelkreises. Der Steuermann, dem die Kybernetik ihren Namen verdankt, ist nicht autonom, er ist seinerseits ein Gesteuerter.

In diesem letzten Punkt, der vor allem von Bateson betont wird, liegt die Sprengkraft des kybernetischen Diskurses in der Anthropologie. Frühe Kybernetiker hatten diese Stelle einer übergeordneten Steuerungs- oder Kontrolleinheit, die Freiheitsgrade besitzt und daher Zwecke setzen kann, noch offengehalten

---

74 Vgl. Dennett 1969, 186: "[S]omething is a message or a signal only when it goes on to effect functions in some self-contained intentional system. The freezing of a pond is not in itself a signal to the effect that the temperature of the water is below the freezing point".

75 "Information ist stets getragen von irgendwelchen physikalischen Sachverhalten" (Steinbuch 1972, 64).

76 "Information is information, not matter or energy. No materialism which does not admit this can survive at the present day" (Wiener 1948, 155).

bzw. außerhalb der kybernetischen Erklärung angesiedelt. Bateson zieht diese Instanz, die ja nichts anderes ist als das autonome Handlungssubjekt, selbst noch in den informationell geschlossenen Regelkreis hinein. Daher wären alle beteiligten Instanzen auch korrekter als "Umwandler" denn als "Regler" zu bezeichnen (Bateson 1972, 408), denn für eine kybernetische Erklärung entscheidend sei, "daß kein Teil eines solchen in sich interaktiven Systems eine einseitige Kontrolle über den Rest oder über irgendeinen anderen Teil haben kann" (ebd).[77]

Bateson zufolge sollten wir uns auch als Handlungssubjekte grundsätzlich als *nichtsteuernde Elemente eines größeren Systems* betrachten. Dafür gibt er folgendes Beispiel:

> "Man denke an einen Mann, der einen Baum mit einer Axt fällt. Jeder Hieb der Axt wird entsprechend dem Aussehen der Schnittkerbe des Baumes, die durch den vorherigen Schlag hinterlassen wurde, modifiziert oder korrigiert. Dieser selbstregulierende (d.h. geistige) Prozeß wird herbeigeführt durch ein Gesamtsystem - Baum-Augen-Gehirn-Muskeln-Axt-Hieb-Baum" (a.a.O., 410).

Deutlich werde unsere Heteronomie, wenn wir die Grenzen des Systems, in dem unsere Aktivität sich vollzieht, angemessen ausweiten:

> "Die gesamte selbstregulierende Einheit, die Informationen verarbeitet oder, wie ich sage, 'denkt', 'handelt' und 'entscheidet', ist ein System, dessen Grenzen keineswegs mit den Grenzen des Körpers oder dessen, was man gewöhnlich als 'Selbst' oder 'Bewußtsein' bezeichnet, zusammenfallen". "Das 'Selbst' ist eine falsche Verdinglichung eines unrichtig eingegrenzten Teils dieses viel größeren Gebiets von ineinandergreifenden Prozessen" (a.a.O., 412 und 428).

So scheint die Qualifizierung eines Systems als "selbststeuernd" allein von seiner Größe abzuhängen: wenn wir die Systemgrenzen nur umfassend genug ansetzen, ist jedes System selbststeuernd. Da es nun in der natürlichen Welt keine energetisch geschlossenen Systeme gibt - darin liegt die Wahrheit des vulgärkybernetischen Topos, daß alles mit allem zusammenhänge -, scheint es bei der Ausweitung der Systemgrenzen kein Halten zu geben. Ist nicht die "gesamte selbstregulierende Einheit", von der Bateson spricht, erst die Welt in ihrer Totalität? Aber der Holismus ist für den kybernetischen Diskurs selbstzerstörerisch. Mit ihm bräche die System/Umwelt-Relation zusammen und damit der Systembegriff selbst. Das weiß auch Luhmann: "Die Welt kann nicht als System begriffen werden, weil sie kein 'Außen' hat, gegen das sie sich abgrenzt. Wollte man Welt als System denken, müßte man sogleich eine Umwelt der Welt mitdenken, und der das Denken leitende Weltbegriff verschöbe sich auf diese Umwelt" (Luhmann 1967, 115). Der kybernetische Regelkreis fiele mit der Weltmaschine zusammen. Die Weltmaschine kann aber allenfalls noch als physischer Mechanis-

---

77 Auch in Luhmanns Systembegriff (vgl. etwa 1984, 63) sind Kontrolleinheiten nicht vorgesehen.

mus begriffen werden, nicht mehr als kybernetisches System. Die Kybernetik war gerade angetreten, Mechanismus und Physikalismus zu überwinden, indem sie Information nachdrücklich als neue, nichtphysikalische Grundgröße einführte ("weder Materie noch Energie"). Informationsübertragung im System soll etwas anderes sein als bloße Energieumwandlung; nur so kann die kybernetische Erklärung gegenüber der physikalischen spezifisch bleiben. Schon die Differenz von System und Umwelt ist ja physikalisch nicht zu identifizieren, sondern nur funktional: Systemgrenzen lassen sich "nicht als invariante Zustände des physischen Substrats definieren [...]; sie lassen sich nur als Sinngrenzen begreifen, als Elemente eines Bestandes von Informationen, deren Aktualisierung auslöst, daß Informationen nach bestimmten systeminternen Regeln behandelt werden" (Luhmann 1967, 117).

Der Schlüssel liegt in der Unterscheidung von informationeller und energetischer Geschlossenheit. Die informationelle Transformation besitzt eine gewisse Autonomie gegenüber der Energieumwandlung. Diese Autonomie folgt aus dem symbolischen Charakter der Informationseinheiten, d.h. aus ihrer nicht-physikalischen Codierung in einer dem System eigenen 'Sprache'. Nur so ist es möglich, daß ein informationsverarbeitendes System zugleich autopoietisch ist und mit der Umwelt interagieren kann: es ist zwar *thermodynamisch offen*, aber *informationell geschlossen*, denn es läßt nur diejenigen Umwelteinflüsse als input zu, die es gemäß seines systeminternen Codes verarbeiten kann.[78] Alle anderen Einflüsse werden nicht als Information erkannt und verpuffen.

Informationsverarbeitung soll kein bloßer physischer Mechanismus sein, aber andererseits auch keiner zwecksetzenden Instanz bedürfen: Steuerung ohne Steuermann, Organisation ohne Organisator, eben *Selbst*steuerung, *Selbst*organisation. Zu fragen ist nun, ob in dieser Schere zwischen Physikalismus und Intentionalität überhaupt Platz ist für eine dritte Erklärungsstrategie, d.h. ob der kybernetische Diskurs ohne teleologische und intentionalistische Elemente überhaupt zu haben ist. Fraglos sind "Selbststeuerung" und "Selbstorganisation" zunächst einmal poietische Metaphern, deren Legitimation nachgewiesen werden muß, indem man die intentionalistischen Elemente naturalisiert.

Oben habe ich im Hinblick auf eine 'Sprache der Natur' dafür argumentiert, daß die Verwendung des Sprachbegriffs und des umliegenden Wortfeldes ohne die Annahme zeicheninterpretierender, vielleicht sogar zeichengenerierender Subjekte nicht konsistent ist. Diesen Punkt können wir jetzt vertiefen, indem wir der Frage nachgehen, ob für die Annahme einer informationellen Geschlossenheit von Systemen und des Fehlens einer "control unit" nicht doch der zu hohe Preis

[78] Maturana (1982, 14) spricht von "operational geschlossenen Systemen", Varela nennt sie "organizationally closed". Die rekursiven Interaktionen der Informationen, die dem systeminternen Code entsprechen, machen die Organisation des Systems aus. Luhmann bezeichnet ein System als selbstreferentiell, welches "die Elemente, aus denen es besteht, als Funktionseinheiten selbst konstituiert" (1984, 59).

gezahlt werden muß, daß Informationsverarbeitung trotz aller gegenteiligen Beteuerungen ihre Trennschärfe gegenüber dem physischen Mechanismus verliert und damit der Informationsbegriff zur irreführenden Metapher wird. Da an der Ablehnung der externen Kontrolle und Zwecksetzung immerhin das ganze Autopoiesis-Theorem und zugleich die kybernetische Spielart der Dezentrierungsthese des Subjekts hängen, ist die Frage von einiger Dramatik.

Das Argument, das ich im Auge habe, ist schon vollständig bei MacKay (1962) entwickelt. MacKay fragt sich, unter welchen Bedingungen wir einem einfachen Regelkreis, beispielsweise einem Thermostaten, ein "zielgerichtetes" oder "selbstregulierendes" Verhalten zuschreiben können. Der kybernetischen Standardbeschreibung zufolge regelt der Thermostat die Raumtemperatur, indem er eine Abweichung des Ist-Zustands von der Zielgröße wahrnimmt und diese Differenz zu minimieren sucht: "From its repertoire or range of 'possible' activity, it is said to make a 'selection' by adjusting a 'control' or 'switch' on the basis of 'information' as to the disparity or 'mismatch' between the current state of affairs and what is termed the 'goal-state'" (MacKay 1962, 92). Das heißt: als regelnd oder zielgerichtet bezeichnen wir das Verhalten des Thermostaten deshalb, weil er aus einem Repertoire mehrerer *möglicher* Zustände genau einen auswählt oder aktualisiert. Aber, so fragt MacKay, welches ist der Sinn von "möglich", in dem für den Thermostaten ein anderes Verhalten möglich war? Nun, "'Had the control or the switch been in a different position, the flow of heat would have been different' - but it was not, and could not be, for good, well-determined, physical causes. So in what sense was any other activity 'possible'?" (a.a.O., 92f). Nur unter anderen als den gegebenen Bedingungen hätte der Thermostat anders reagieren können. MacKay folgert, daß die kybernetische Erklärung seines Verhaltens als zielgerichtet nur dann Sinn macht, wenn wir die Situation *physikalisch unterspezifizieren* und nicht berücksichtigen, daß nur jeweils *ein* Mikrozustand des Schalters mit der Vorgeschichte des Systems vereinbar ist. Wenn wir die Vorgeschichte dagegen in die Beschreibung einbeziehen, "the concept of a 'range of possibilities' evaporates. It is not the physical situation that possesses a range of possible states, but our specification of it" (ebd.).

Vielleicht noch klarer wird MacKays Argument am Beispiel des Informationsbegriffs: "Upon what conditions is it meaningful to speak of 'information-flow', or to say that an event B *betokens* or *conveys information as to* the occurence of another, A? Clearly, once again, only when we can say that B 'might have been otherwise'" (a.a.O., 94). Diese "might have been otherwise"-Bedingung betrifft *jeden* Informationsbegriff, denn auch dem mathematischen Informationsbegriff Shannons zufolge enthält ja eine Zeichenkette nur insofern Information, als sie eine in bestimmtem Grade unwahrscheinliche Auswahl aus einer großen Menge *anderer möglicher* Zeichenketten darstellt. Damit die Rede von der Informationsübertragung sinnvoll bleibt, muß daher eine Instanz angenommen werden, die mit Freiheitsgraden operiert, deren informationsgenerierende Aktivität nicht vollständig physisch spezifiziert ist und auch nicht aus vorhergehenden informationellen Systemzuständen abgeleitet werden kann. Wollte man dagegen die Situation so genau spezifizieren, daß eine solche Ableitung (ob physikalisch oder algorithmisch, ist nun unerheblich) möglich ist, verliert der Informationsbegriff seine Pointe, denn, so MacKay,

> "we have just seen that the meaningfulness of such talk depends entirely on the degree of underspecification of the situation. [...] To say that 'information is conveyed to the switch' would be meaningless, if by 'the switch' we meant 'that particular molecular array of brass and porcelain'. To talk the language of information-flow is to deflect discussion from the physical situation" (94).[79]

Wir hatten oben im Anschluß an Baruzzi die Verbindung einer maschinalen Anthropologie mit dem Naturalisierungsprojekt daran festgemacht, daß die Maschine ein Paradigma der Durchschaubarkeit abgibt, wodurch die Anwendungsobjekte des Maschinenmodells zu idealen Gegenständen exakter naturwissenschaftlicher Beschreibung werden. Diesen Gedanken müssen wir nun im Lichte unserer Analyse des informationstheoretischen Vokabulars revidieren. Wir müssen zwischen der informationsverarbeitenden kybernetischen Maschine und dem physischen Mechanismus unterscheiden. Wird eine Maschine in ihren physikalischen Mikroprozessen vollständig beschrieben, so wird sie nicht mehr als informationsverarbeitende kybernetische Maschine beschrieben, sondern als deterministisches physisches System, das sich so verhält, wie es sich gemäß seiner kausalen Einbettung in die Körperwelt eben verhält. Die Rede von Information, Zwecken und Funktionen ist seiner Struktur äußerlich und gehört ausschließlich der Sprache seines Konstrukteurs oder seines Interpreten an. - Wie wir später sehen werden, betrifft dieses Argument der Externalität der Funktionszuschreibung nicht nur die informationsverarbeitende, sondern die Maschine überhaupt. Zugleich kann man auf diese Funktionszuschreibung nicht verzichten, denn dem *Begriff* der Maschine ist ihre Funktionalität inhärent. Keine Maschine geht in ihren reinen Physikalität auf, der Maschinenbegriff hat immer schon kybernetische Anteile. Die Proponenten sowohl der Maschinenmetapher wie der Computermetapher des Geistes sind genau dann in großen Schwierigkeiten, wenn sie zugleich von Aspekten des kybernetischen und des physikalistischen Paradigmas profitieren möchten - in dem Glauben, es handele sich um *ein* konsistentes Modell.

---

79 Mit einem analogen Argument ist übrigens auch der Begriff der Selbstorganisation problematisiert bzw. auf den Grad der Unkenntnis eines Beobachters bezogen worden. Atlan (1981, 191ff) vertritt die Auffassung, daß die Qualifizierung eines Systems als selbstorganisierend nur solange Sinn macht, wie der Beobachter sich in Unkenntnis über die genauen früheren Systemzustände und die internen Mechanismen befindet, die gleichwohl kausal wirksam sind und den Anschein des Emergierens von Organisiertheit erzeugen.

Wenn wir nicht bereit sind, einer kybernetischen Maschine ein Operieren mit Freiheitsgraden zuzuschreiben, haben wir im Hinblick auf die Frage nach der Möglichkeit einer kybernetischen Anthropologie ein unerwartetes Ergebnis. MacKays m.E. überzeugende Analyse der Semantik des Informationsbegriffes läßt keine andere Folgerung zu, als daß in einem geschlossenen Regelkreis, der als physischer Mechanismus beschrieben wird, überhaupt keine Information verarbeitet wird. Was in einem Computer geschieht, ist die automatische Abarbeitung eines Algorithmus, nicht aber die Übermittlung von Informationen, denn der Computer transformiert Zeichenketten, die *für ihn* nicht im eigentlichen Sinne Informationen darstellen. Es wäre also nicht zu bestreiten, daß der Mensch ein informationsverarbeitendes System ist, wohl aber, daß die Maschine eines ist. "Menschen informieren sich, Computer aber gestalten bedeutungslose Symbolketten nach Regeln um", meint Krämer-Friedrich (1986, 87) und plädiert deshalb dafür, "die unreflektierte Redeweise von der Informationstechnologie fallenzulassen zu Gunsten des präziseren Ausdrucks, daß der Computer ein Instrument mechanischer Symboloperation ist" (ebd.).

Ein naheliegender Einwand gegen die Reservierung des informationstheoretischen Vokabulars für menschliche Kommunikation besagt, daß auch der Mensch nicht wirklich mit Freiheitsgraden operiere. Unter deterministischen Voraussetzungen, die MacKay ja offenbar macht, hätten auch wir niemals anders handeln können, so daß nichts wirklich 'einen Unterschied macht'. MacKays Antwort darauf besteht in seinem *epistemischen Indeterminismus*: MacKay sieht es als konstitutiv für menschliche Wesen an, daß sie aus epistemischen Gründen über keine vollständige Beschreibung ihres physikalischen Zustandes verfügen und deshalb die *eigenen* Handlungen niemals voraussagen können. Der Grund dafür bestehe in der jeweiligen zeitlichen Uneinholbarkeit des status quo in jeder Selbstbeschreibung: eine vollständige Beschreibung meines physischen Zustandes müßte ja auch noch ihr eigenes Korrelat in meiner Physiologie enthalten. Könnte ich dieses in die Beschreibung mitaufnehmen, wäre die Zeit schon wieder fortgeschritten, mein Zustand schon wieder ein anderer. Aus diesem Grunde kann ich mich selbst niemals als vollständig determiniert begreifen (vgl. etwa MacKay 1967, 306f).

Dieser Versuch, dem kybernetischen Diskurs sein eigenes Vokabular zu entfremden, ist nicht unwidersprochen geblieben, und wir werden uns noch mit einigen Gegenargumenten auseinandersetzen. An dieser Stelle möchte ich nur festhalten, daß wir die Kybernetiker durchaus fair behandelt haben, indem wir die beanspruchte Eigenständigkeit von Information als einer dritten Grundgröße neben Materie und Energie ernstgenommen haben. Gerade *weil* Informationsübertragung nicht im physischen Mechanismus aufgeht, ist es nicht möglich, alle steuernden und zwecksetzenden Instanzen aus der kybernetischen Erklärung zu eliminieren, indem man sie in den geschlossenen Regelkreis hineinzieht. Etwas von der begrifflichen Paradoxie eines 'Regel'kreises, das ausschließlich aus abhängigen Variablen besteht, hat Bateson geahnt, als er vorschlug, alle beteiligten Elemente nur noch "Umwandler" statt "Regler" zu nennen (s.o.). Was er aber nicht sieht, ist, daß mit dieser Entteleologisierung weit mehr über Bord geht als der verhaßte autonome Agent: gefährdet wird die Anwendbarkeit des kybernetischen Diskurses überhaupt. - Was Bateson betrifft, so besteht ein Grund für die drohende Selbstzerstörung kybernetischer Erklärungen darin, daß er in seiner Ablehnung einer autonomen Steuerungsinstanz verschiedenartige Determinationen vermischt. Er sagt:

> "Einschränkungen vieler verschiedener Arten können gemeinsam diese einzigartige Determination hervorbringen. Beispielsweise ist die Auswahl eines Stücks für eine gegebene Stelle in einem Puzzle-Spiel durch viele Faktoren 'eingeschränkt'. Seine Form muß der seiner verschiedenen Nachbarstücke und vielleicht dem Rand des Puzzles entsprechen; seine Farbe muß dem Farbmuster seines Gebietes angemessen sein; die Ausrichtung seiner Ecken muß den topologischen Regelmäßigkeiten genügen, die durch die Stanzmaschine, aus denen das Puzzle stammt, gesetzt wurden; und so weiter" (Bateson 1972, 516).

Es ist evident, daß ein Puzzle-Teil durch den Stanzvorgang in anderer Weise determiniert ist als durch die Form seiner Nachbarteile. Batesons "Einschränkungen" sind eine klare Überdetermination: das Passen des Teils in die Lücke *ist* doch zugleich das Ergebnis des Stanzprozesses. Bateson vermischt kausal-genetische Determination mit synchronen Strukturbeschreibungen, in denen die Genesis überhaupt keine Rolle spielt. Nach heutigem Kausalitätsverständnis können wir aber die von Aristoteles so genannte (bzw. mißverständlich so ins Lateinische übersetzte) *causa formalis* und die *causa materialis* nicht mehr im eigentlichen Sinne als *causae* ansehen, d.h. mit der *causa efficiens* auf eine Stufe stellen. Solange Bateson diese Äquivokationen nicht beseitigt, können seine vielfältigen "Einschränkungen" auch nicht dazu dienen, bei der Beschreibung von Handlungsprozessen den menschlichen Agenten zu einer abhängigen Variable zu machen. Hier müßte er sich schon für die kausale Determination entscheiden. (Allerdings dürfte er dann nicht mehr von uns *fordern*, uns als nichtregelnde Elemente eines größeren Zusammenhanges zu begreifen.) - Begriffliche Unklarheiten bezüglich unterschiedlicher Determinationsarten findet man häufig bei Theoretikern selbstorganisierender Systeme. So spricht man in biologischen und systemtheoretischen Kontexten von einer "downward causation" (Campbell, Popper) oder "Makrodeterminiertheit" von Elementen seitens des Systems, dem sie angehören. Strukturelle Restriktionen werden begrifflich an kausale Prozesse assimilert, wohl um den Schein einer gelungenen Naturalisierung der teleologischen Komponente in der Beschreibung selbstorganisierender Systeme zu erzeugen.

Es wäre unklug, die verschiedenen Teilprojekte, die ich zum kybernetischen Paradigma rechne, theoretisch zu stark aneinander zu assimilieren. Gegenüber den allgemeinen Systemtheorien, dem kybernetischen Regelkreismodell und dem Autopoiesis-Modell kommen im "computational approach" der Kognitionswissenschaften und der Künstlichen-Intelligenz-Forschung noch wichtige neue Argumente hinzu, die eine eigene Würdigung verlangen. Die Charakterisierung des menschlichen Geistes als eines informationsverarbeitenden Systems bekommt im Kontext der Computermetapher des Geistes eine neue Nuance, wenn von "information-*processing* systems" die Rede ist. Wo nicht mehr der Informationsbegriff im Mittelpunkt steht,[80] sondern die abgewandelte These, daß Denken in Wirklichkeit *Rechnen* sei (wie schon Leibniz und Hobbes meinten), dort greifen unsere Argumente nicht mehr ohne weiteres. Genau davon sind aber die meisten KI-Theoretiker überzeugt: "Cognition *is* a type of computation" (Pylyshyn 1984, xiii)) und nicht bloß ein möglicherweise andersgearteter Prozeß, der sich nach Durchführung bestimmter Abstraktionsschritte als Berechnungsprozeß beschreiben oder simulieren läßt. Hinter dieser Behauptung steht die These des Funktionalismus, daß kognitive Prozesse wesentlich *funktionale* Prozesse sind, die auf verschiedene Weisen und in verschiedenartiger hardware physisch realisiert sein können, unter anderem in Computern und in menschlichen Gehirnen.

Die These, daß mentale oder neuronale Prozesse und der Ablauf eines Computerprogramms gleichermaßen Berechnungsprozesse sind, kann auf zwei verschiedene Arten angegriffen werden. Man kann zugestehen, daß der Computer rechnet, aber bestreiten, daß unser Geist oder unser Gehirn rechnet; oder man kann umgekehrt behaupten, daß Computer gar nicht im eigentlichen Sinne rechnen können, sondern dies nur simulieren.

Beginnen wir mit der zweiten Strategie. Diese versuchen KI-Theoretiker wie Dennett und Hofstadter durch eine *reductio ad absurdum* zu kontern. Es gebe Ereignisse in der Welt, die eine bloße Simulation oder Repräsentation eines "eigentlichen" Prozesses zu nennen keinen Sinn macht, weil diese Simulationen nichts anderes sind als die Ereignisse selbst. Dennett gesteht zu, daß die Computersimulation einer Kuh keine Milch geben kann. Auch wird bei der Simulation eines Hurrikans nicht das Innere des Computers verwüstet. "Aber nehmen wir nun an, wir simulierten mittels Computers einen Mathematiker und der funktionierte bestens. Würden wir uns darüber beschweren, daß wir *mathematische Beweise* hätten haben wollen, aber leider nur *Repräsentationen* mathematischer Beweise gekriegt hätten? Repräsentationen mathematischer Beweise *sind* doch mathematische Beweise, oder etwa nicht?" (Dennett 1981c, 98). - Die Frage ist, auf welche Seite der menschliche Geist gehört. Sind mentale Prozesse wie Milchgeben oder wie mathematische Beweise?

---

80 So ist von verschiedenen Informatikern neuerdings zu hören, daß entgegen der communis opinio der Informationsbegriff für die Informatik keine große Rolle spiele und daß man auf eine genaue Definition wohl verzichten könne. Solcher Nonchalance gegenüber bin ich mit Janich (1992, 139) der Auffassung, daß hier eine Not zur Tugend stilisiert wird.

Wie Beweise, denn sie sind *abstrakte* Prozesse, sagt die KI und sagt auch Dennett. Hofstadter unterstützt ihn darin und gibt zu bedenken, daß der Logik des Simulationsargumentes zufolge nicht einmal eine Registrierkasse Berechnungen ausführt, da sie lediglich ihre Zahnräder ineinandergreifen läßt. Aber, so fragt Hofstadter, tut sie denn das wenigstens 'wirklich'? Nein, sie folge letztlich nur physikalischen Gesetzen; alles andere wäre ein Anthropomorphismus (vgl. Hofstadter 1981, 79f, von Dennett angeregt). Das Argument ist als *reductio* gedacht. Analog könnte nämlich man vom Menschen behaupten, daß er nicht wirklich rechne, sondern lediglich seine Neuronen aktiviere bzw. nur den Naturgesetzen entsprechend funktioniere (vgl. ebd.). Wenn man also den Anthropomorphismuseinwand gegenüber dem nur metaphorisch rechnenden Computer erst einmal zuließe, würde der Mensch am Ende selbst zum Anthropomorphismus. Die neurologische oder physikalistische Reduktion bringen die KI-Theoretiker allerdings nur ins Spiel, um das Argument umzukehren. Dem Menschen sollen sein Rechnenkönnen, seine Intelligenz und seine Kreativität gerade nicht abgesprochen werden. Hofstadter, Dennett und Haugeland behaupten nur, daß man sie ihm mit dem gleichen Recht absprechen *könnte*, wenn man sie dem Computer abspricht. Auch wir funktionierten nur unserer physischen Organisation entsprechend. Da wir uns aber dabei aber intelligent fühlen, warum sollte es nicht der Computer ebenfalls sein?

Der von der funktionalistischen Auffassung getragene Gegenvorschlag besteht darin, Ausdrücke für mentale Fähigkeiten und Prozesse sowohl auf Menschen als auch auf Computer immer dann anzuwenden, wenn die physikalischen Verhältnisse so kompliziert werden, daß es erklärungskräftiger ist, die Darstellungsebene zu wechseln und "den intentionalen Standpunkt einzunehmen" (Dennett). In diesem Sinne könne man einem Computer oder einem Thermostaten durchaus in nichtmetaphorischem Sinn Überzeugungen und Absichten zuschreiben. Das System zeigt ein Verhalten, welches, *würde es beim Menschen auftreten*, als intelligentes, zielgerichtetes Problemlösungsverhalten beschrieben werden müßte. Dies ist bekanntlich im Umkreis der KI die gängige Arbeitsdefinition von "Intelligenz" bei Maschinen: intelligent kann die Bewältigung einer Aufgabe genannt werden, die, würde sie von Menschen geleistet, Intelligenz erforderte. Nun scheint dieses Verhältnis asymmetrisch zu sein; der Mensch ist die Explikationsbasis für den Computer, nicht umgekehrt. Diese Asymmetrie löst sich für den Funktionalisten dadurch auf, daß der Grund dafür, daß sich die Einnahme des intentionalen Standpunkts aufdrängt, in beiden Fällen der gleiche sei. Der fragliche Vorgang spiele die gleiche funktionale Rolle in der Transformation von input zu output. Mentale Charakteristika erhalten dabei den Status von *emergenten Systemeigenschaften*.

Die funktionalistische Entkoppelung von Physis und Funktion läuft also darauf hinaus, daß wir mit der Einnahme des intentionalen Standpunkts eine *ontolo-*

gisch neutrale Beschreibungsebene erreicht hätten, auf der unser Physiomorphismus/Anthropomorphismus-Schema nicht mehr anwendbar ist.[81] Putnam und Fodor, die Pioniere des Funktionalismus, haben sogar die ursprünglich ethische Motivation der Reservierung des mentalistischen Diskurses für den Menschen umgedreht und es als "Artenchauvinismus" kritisiert, Computern oder Marsmenschen mentale Zustände abzusprechen, nur weil sie nicht aus der gleichen hardware bestehen wie wir. Es sei also nicht die Computermetapher des Geistes dehumanisierend, sondern unser Bestreben, den Geist für uns zu behalten, chauvinistisch.

Aber ist der Funktionalismus tatsächlich ontologisch neutral? Lassen sich Bestimmungen wie "etwas berechnen", "einer Regel folgen", "einen Algorithmus abarbeiten" wirklich *jeder* Art von hardware in gleicher Weise zuschreiben, wenn nur die Prozesse bestimmte strukturelle Isomorphien aufweisen, oder wenn sogar nur das Ergebnis der Prozesse typidentisch ist?

Polanyi hat sich einmal gefragt, welcher Regel ein Mensch eigentlich folgt, wenn er beim Fahrradfahren versucht, die Balance zu halten. Nach der Befragung von Physikern, Ingenieuren und Fahrradherstellern ist er zu dem Schluß gekommen, daß die Regel für die Lenkbewegung des Fahrradfahrers etwa so lautet:

> "When he starts falling to the right he turns the handlebars to the right, so that the course of the bicycle is deflected along a curve towards the right. This results in a centrifugal force pushing the cyclist to the left and offsets the gravitational force dragging him down to the right. This manoeuvre presently throws the cyclist out of balance to the left, which he counteracts by turning the handlebars to the left; and so he continues to keep himself in balance by winding along a series of appropriate curvatures. A simple analysis shows that for a given angle of unbalance the curvature of each winding is inversely proportional to the square of the speed at which the cyclist is proceeding", wobei noch einige zusätzliche Faktoren mitberechnet werden müssen (Polanyi 1958, 49f).

Nun steht außer Zweifel, daß wir diese 'Regel' beim Fahrradfahren nicht bewußt befolgen. Interessanter ist die Frage, ob *das Gehirn* im Verborgenen diese Berechnungen ausführt. In begrenztem Umfang kann man diese Frage empirisch behandeln.[82] Ein hardcore-Funktionalist wäre durch eine negative Antwort allerdings nicht zu überzeugen, weil er die Problemlösung nur funktional und nicht

---

81 "Cognitive scientists can be materialists (nondualists) and mentalists (nonbehaviorists) at the same time; and they can offer explanations in terms of meaning and rule-following, without presupposing any unexplained homunculus. It all depends on a marvelously rich analogy with computers" (Haugeland 1981, 4; vgl. Pylyshyn 1980, 113).

82 Dreyfus verneint sie. Tatsächlich muß ja das Gehirn die Formel nicht kennen, weil es nicht den gesamten Prozeß im voraus berechnen muß, sondern feedback-gesteuert mit laufenden minimalen Korrekturen arbeiten kann. Den *Beweis*, daß das Gehirn die Aufgabe analog und nicht digital löst, könnte man führen, wenn der erforderliche Rechenaufwand zu groß wäre, um den Prozeß in Echtzeit zu berechnen (vgl. Dreyfus 1972, 144).

physiologisch charakterisiert.[83] Genau die Angemessenheit bzw. die behauptete Neutralität der funktionalen Beschreibung steht aber in Frage. Es steht in Frage, ob es mit der Semantik von "einer Regel folgen" vereinbar ist zu sagen, daß man einer Regel folgen kann, ohne es zu wissen, ja ohne die Regel überhaupt zu kennen. Fodor stützt seine Mensch-Computer-Analogie mit dem Argument, wir könnten Regeln befolgen, ohne es zu wissen; in diesem Fall hätten wir ein "*tacit* knowledge of them" (Fodor 1968, 636). Der einflußreiche Regelbegriff Chomskys zeigt, daß dieser Sprachgebrauch auch außerhalb des Computerparadigmas nicht unüblich ist. Nach Chomskys Auffassung menschlicher Sprachkompetenz als eines Systems von internalisierten generativen Regeln und Transformationsregeln verfügen wir nur über ein implizites *knowing how* bezüglich dieser Regeln, nicht aber über ein explizites *knowing that.*[84]

Zum Nachteil des Funktionalismus lassen sich recht einfach Beispiele finden, die diesen Sprachgebrauch ad absurdum führen. Man könnte etwa mit funktionalistischer Begründung behaupten, die Planeten müßten Differentialgleichungen lösen, um ihre Umlaufbahnen um die Sonne beizubehalten (vgl. Dreyfus 1972, 115).[85] Der Grund dafür, daß wir diese Behauptung absurd finden, hat offenbar doch etwas mit der Organisation der hardware zu tun, die von der Funktion, deren Ausführung man ihr sinnvollerweise zuschreiben kann, nicht völlig zu trennen ist. Soviel stimmt, daß die Planeten sich auf Bahnen bewegen, die *wir* nur mithilfe bestimmter Formeln berechnen können. Die Aufrechterhaltung der Balance beim Fahrradfahren können *wir* kognitiv nur genau nachvollziehen, indem wir die 'Regel' angeben, der sie entspricht. Dennoch muß es nicht in allen Fällen eine Instanz geben, die diese Berechnungen tatsächlich ausführt. "Obwohl die *Wissenschaft* verlangt, das Ausüben einer Fertigkeit als regelgeleitete Tätigkeit zu *beschreiben*, brauchen diese Regeln an der Handlung überhaupt nicht *beteiligt* zu sein" (Dreyfus 1972, 202). Kein Naturprozeß ist intrinsisch regelbefolgend; regelbefolgende Aktivität ist vielmehr Aktivität unter einer bestimmten Beschreibung. Was wir sagen können, ist, daß ein bestimmter Prozeß sich so vollzieht, *als ob* er regelgeleitet wäre. Aufgeben würden wir den Vorbehalt des 'als ob', wenn wir unabhängig den Nachweis führen könnten, daß die beteiligten Instanzen mit Repräsentationen arbeiten und analog Handlungssubjekten, die einer Anweisung

---

83 Anders Pylyshyn, der die Anforderungen an das Vorliegen einer "strong equivalence" von kognitiven Modellen und dem, wofür sie Modelle sind, dahingehend verschärft, daß er zusätzlich fordert, daß nicht nur das Ergebnis, sondern auch die einzelnen Operationen, die zu dem Ergebnis geführt haben, die gleichen sind (s.u., IV, 3.2).

84 In späteren Arbeiten wird Chomskys Regelbegriff zunehmend biologistisch: die Regeln seien im Gehirn biologisch inkorporiert, ohne daß der Sprecher Kenntnis von ihnen hat (vgl. Chomsky 1980). Trotz seines schönen Fahrrad-Beispieles scheint auch Polanyi dieser Auffassung zu sein, wenn er sagt, daß "the aim of a skilful performance is achieved by the observance of a set of rules which are not known as such to the person following them" (a.a.O., 49).

85 Ähnlich Searle 1990a, 29: "A parallel question would be, 'How do nails compute the distance they are to travel in the board from the impact of the hammer and the density of the wood?'"

folgen, funktionieren, was wir aber nicht ohne Rücksicht auf die interne Organisation einfach unterstellen dürfen. Die Universalität dieser Unterstellung ist es jedoch, die den funktionalistischen Regel- und Berechnungs-Diskurs trägt. Die bewußt eingeführte begriffliche Übertragung der KI - "intelligent" ist, was beim Menschen Intelligenz erfordern würde - ist bei vielen Autoren zum blinden Fleck geworden, hinter dem sich der Projektionscharakter der unkontrollierten Proliferation intentionalistischen Vokabulars verbirgt.

Ähnlich argumentiert mittlerweile Searle. Er weist, wie im Freud-Kapitel schon zitiert, den Begriff der "deep unconscious rule" scharf zurück. Mentales Regelbefolgen sei bewußt, und die zugrundeliegenden "brute, blind neurophysiological processes" (Searle 1990b, 589) seien kein Regelbefolgen. Tertium non datur, der halb intentionalistische, halb naturalistische Begriff einer dem Bewußtsein nicht zugänglichen Regel sei unverständlich. Searle zufolge ist kein physischer Prozeß *intrinsisch* regelbefolgend oder "computational". Man bemerke die Verschärfung gegenüber seinem berühmten Argument des Chinesischen Zimmers. Nicht bloß sei die Semantik niemals in der Syntax enthalten, "I am now making the separate and different point that syntax is not intrinsic to physics" (1990a, 27). Auf der Ebene der physiologischen Prozesse eines Organismus oder der mechanischen Prozesse einer Maschine gebe es keine syntaktischen Verkettungen, sondern "[t]he ascription of syntactical properties is always relative to an agent or observer who treats certain physical phenomena as syntactical" (a.a.O., 26). Die Syntax ist der Physis deshalb nicht intrinsisch, weil "'symbol' and 'same symbol' are not defined in terms of physical features" (35). Physischen Prozessen wird also Regelbefolgung nur aus explanatorischen Gründen *zugeschrieben*, während mentale Prozesse intrinsisch regelbefolgend sein können.[86]

Auch Searle teilt die oben vertretene Auffassung, daß die *cognition is computation*-These letztlich nur durch die Einführung von Instanzen, die wie menschliche Handlungssubjekte funktionieren, aufrechterhalten werden kann. Die Postulierung von am Kognitionsprozeß beteiligten subpersonalen Instanzen, die Berechnungen anstellen, Informationen verarbeiten, Regeln befolgen, Entscheidungen treffen, dient dazu, diesen Zuschreibungscharakter zu verdecken; Searle

---

[86] Der entschiedenste Gegner einer nicht-realistischen Auffassung syntaktischer Verkettungen ist wiederum Fodor. Seit seiner *Language of Thought* (1975) arbeitet Fodor an einer Theorie des Mentalen, die den Hiatus von Physis und Syntax überwindet. Schon Quine hatte, wir erinnern uns, logische und kausale Verknüpfung miteinander parallelisiert, dies aber allein mit der gemeinsamen Genese logischen und kausalen Wissens im Spracherwerbsprozeß begründet. Fodor macht nun Ernst mit diesem Parallelismus und behauptet "that the sequence of events that causally determines the mental state of an organism will be describable as a sequence of steps in a derivation" (1975, 198). Fodor hat aber bis heute keine überzeugende, den Verdacht des Kategorienfehlers zerstreuende Erklärung dafür gegeben, wie *Ereignisse* auf *syntaktische* Weise miteinander verkettet sein können. Die Gegenposition, daß wir natürlichen Vorgängen die Syntax nur attribuieren, mag zwar die weniger originelle sein, hat aber dafür vielleicht größere Chancen, wahr zu sein.

spricht hier vom homunculus-Fehlschluß. Die Einführung subjektanaloger Instanzen kann man innerhalb der Kognitionswissenschaften besonders gut in Handbüchern zur Wahrnehmungstheorie beobachten. Dort ist zu lesen, visuelle Wahrnehmung sei ein Prozess, bei dem aus einem zweidimensionalen Netzhautbild eine dreidimensionale Beschreibung der Außenwelt abgeleitet werde (Marr 1982). Eine *Beschreibung*? *Wer* beschreibt? Und *für wen*? Der homunculus-Fehlschluß[87] ist in der "computational theory of vision" außerordentlich verbreitet und hartnäckig. Es handelt sich um die Praxis, Prädikate, die wörtlich nur auf ganze Personen anwendbar sind, auf Teile von Personen oder auf physische Prozesse innerhalb unseres Körpers anzuwenden. Vorgänge im menschlichen Gehirn werden mit psychologischen Verben beschrieben, was nicht nur nichts erklärt, sondern, wie Kenny, Hacker und Hyman demonstriert haben, eine Menge von Begriffsverwirrungen und Pseudoproblemen nach sich zieht. Die "computational theory of vision" wiederholt einen alten Fehler der Erkenntnistheorie, den der Iteration des Repräsentationsverhältnisses, wodurch immer neue Wahrnehmungsinstanzen nötig werden, die nach der Analogie von Subjekten begriffen werden müssen. Dazu Wittgenstein: "Ist das eben nicht eine irreführende Metapher: 'Mein Auge gibt mir Kunde davon, daß dort ein Sessel stehe?'" (*PU* § 356).

Allerdings gibt es im Hinblick auf das homunculus-Problem eine irritierende Komplikation. Kommt die Entdeckung eines "ghost in the machine" in der Psychologie normalerweise einem vernichtenden Urteil gleich (man denke nur an Ryle, Skinner und an Schafers Freud-Kritik), so gibt es unter den KI-Theoretikern einige, darunter Dennett und Fodor, die sich offensiv zur Einführung von homunculi bekennen und einen "homuncular functionalism" (eine Bezeichnung von Lycan) für eine völlig legitime und adäquate Beschreibung kognitiver Prozesse halten.[88] Was den homunculus respektabel machen soll, ist für diese Autoren seine Teilung und Vermehrung, d.h. die Einführung immer kleinerer subpersonaler Agenten, die immer speziellere Aufgaben im Kognitionsprozeß ("Subroutinen") übernehmen. Auch diese Strategie überrascht, war doch der Vorwurf des unvermeidlichen infiniten Regresses immer der Standardeinwand gegen die Postulierung von homunculi. Die Antwort des homunkularen Funktionalismus (HF) besteht darin, daß dieser Regreß kein infiniter sei, sondern auf einer untersten Stufe zu einem Ende komme. Durch die "top-down strategy" der rekursiven Dekomposition der zu lösenden Aufgabe, d.h. durch die Einführung von endlich vielen, immer dümmeren homunculi mit immer begrenzteren Teilaufgaben gelange man am Ende auf eine Ebene, auf der keinerlei Intelligenz mehr erforderlich sei und wo der pure Mechanismus herrsche:

---

87 Den Ausdruck "homunculus fallacy" hat, soweit ich sehe, Kenny (1971) eingeführt und ihn schon auf Begriffsverwirrungen in der Theorie der Wahrnehmung angewandt. Vgl. auch Hacker 1991 und Hyman 1991.

88 Vgl. Attneave 1960, Fodor 1968, Wilkes 1975, DeSousa 1976, Dennett 1978, Lycan 1990.

"The AI researcher starts with an intentionally characterized problem (e.g., how can I get a computer to understand questions of English?), breaks it down into sub-problems that are also intentionally characterized (e.g., how do I get the computer to recognize questions, distinguish subjects from predicates, ignore relevant parsings?) and then breaks these problems down still further until finally he reaches problem or task descriptions that are obviously mechanistic. [...] When the level is reached where the homunculi are no more than adders and subtractors, by the time they need only the intelligence to pick the larger of two numbers when directed to, they have been reduced to functionaries 'who can be replaced by a machine'" (Dennett 1978, 80f).

Ebenso argumentiert der frühe Fodor (1968, 629): durch den Rekurs auf eine Ebene, wo die "little men" nur noch "*elementary* instructions" ausführen, die nicht noch einmal überwacht werden müssen, könne man dem Einwand des infiniten Regresses begegnen. Nur ein homunculus, der die gesamte Arbeit allein machen muß, sei in der Psychologie unakzeptabel. Noch einmal Dennett:

"In fact, homunculus talk is ubiquitous in AI, and almost always illuminating. AI homunculi talk to each other, wrest control from each other, volunteer, sub-contract, supervise, and even kill. [...] Homunculi are *bogeymen* only if they duplicate *entire* the talents they are rung in to explain [...]. If one can get a team or committee of *relatively* ignorant, narrow-minded, blind homunculi to produce the intelligent behavior of the whole, this is progress" (Dennett 1978, 123).

Diese Rehabilitierung der homunculi via Vermehrung bei gleichzeitiger Beschneidung ihrer intellektuellen Fähigkeiten geht aber völlig am Problem vorbei. Es ist überhaupt nicht zu sehen, warum ein hinreichend dummer homunculus keiner mehr sein soll. Der entscheidende Unterschied ist nicht der zwischen anspruchsvollen und weniger anspruchsvollen Aufgaben oder intelligenten und weniger intelligenten Instanzen, sondern der zwischen einer *physikalischen* Beschreibung des Systems und einer *funktionalen* Beschreibung in terms von zu lösenden Aufgaben. Solange die Funktion der Instanzen so beschrieben wird, daß sie eine ihnen zugewiesene *Aufgabe* erfüllen, wie anspruchslos auch immer, kann von einer "obviously mechanistic" (Dennett) Beschreibung nicht die Rede sein.[89] Ebenso wie dumme Menschen Menschen sind, bleiben auch dumme homunculi homunculi. Ich möchte sogar behaupten, daß die *hierarchische* Anordnung der homunculi in einer vertikalen Befehlsstruktur erst recht anthropo- bzw. soziomorph ist. Der HF lehnt eine metaphorische Interpretation aber ausdrücklich ab. So erklärt Lycan:

"What is *homuncular* about HF is that it interprets 'function' very robustly, in terms of the job descriptions of sub- and sub-sub-. . . personal agencies that compose the bureaucracy that realizes a psychological subject. Nor does HF regard this as fiction

---

[89] Unten (IV, 3.1) werden wir sehen, daß auch der Begriff des Mechanischen, der ja mit dem Maschinenbegriff verwandt ist, auf zweckangemessenen Werkzeuggebrauch verweist, daß also die starke Opposition von "mechanisch" und "funktional" nicht aufrechtzuerhalten ist.

or mere metaphor, but takes its explicitly teleological characterizations seriously as such" (Lycan 1990, 7).[90]

Dennetts Rehabilitierung des homunculus verwundert umso mehr, als er es schon einmal besser wußte. Er hatte sich früher ausdrücklich gegen die "notorious non-solution" der Postulierung von homunculi ausgesprochen, und zwar mit den einschlägigen Argumenten.[91]

Der HF hat immer noch dasselbe Problem wie die Kybernetiker, die den Thermostaten zugleich als Regler und als abhängige Variable im geschlossenen Regelkreis ansehen wollen. Zur Semantik von 'eine Aufgabe erfüllen', 'etwas regeln', selbst von 'eine Regel anwenden' gehört eben, daß der Agent die Erfüllung der Aufgabe *auch verweigern kann* und der Regel gegebenenfalls *nicht folgen* kann. Vielleicht gehört sogar die Kompetenz zur kreativen Erweiterung und Abwandlung von Regeln dazu, aber in diesem Zusammenhang reicht die Negationsmöglichkeit. Um einer Regel folgen zu können, muß man Adressat von Anweisungen sein können, und die Relation zwischen Anweisung und Befolgung ist eine *normative*.[92] Der normative Charakter von Regeln und Anweisungen drückt sich eben darin aus, daß sie auch dann bestehen bleiben können, wenn ihnen nicht gefolgt wird. Regeln sind etwas, dessen Nichtbefolgung logisch möglich ist;

---

90 Der Grund, den Lycan dann für die Nichtmetaphorizität dieser Rede angibt, sollte uns bekannt vorkommen: "If one protests this as presumptuous or wild, the HFist replies that biology is already shot through with ascriptions of natural teleology and that such ascriptions are not going to go away, for without them we would lose valuable generalizations - indeed the generalizations that do most to make sense of biological phenomena" (ebd.). Lycan trifft den Nagel auf den Kopf; ohne teleologische Konzepte gäbe es keine Biologie. Nur ist die Unverzichtbarkeit bestimmter Begriffe für die Generalisierungen einer bestimmten Wissenschaft keine Garantie dafür, daß diese Begriffe nicht metaphorisch sind. Es könnte ja so sein, wie Kant sagt: daß wir Organismen aus quasi-anthropologischen Gründen teleologische Bestimmungen *beilegen müssen*, obwohl wir wissen, daß die Natur selbst keine Zweckmäßigkeit kennt, d.h. ohne daß diese Bestimmungen konstitutive wären. - Inwieweit die Computermetapher des Geistes den HF stützt, ist umstritten. Es findet sich auch Einschätzungen wie: "One of the great triumphs of the computer model is that it has decisively kicked the little man out of the brain" (Wilkes 1990, 64).

91 "The temptation must be resisted", sagt Dennett, denn die "roles played by the little man in the brain are merely specialized roles projected inwards from the details of our initial analysanda", weshalb Konzepte wie "the internal decision-maker [...] serve only to postpone analysis" (Dennett 1969, 190). "Of all the common analogies used to describe the brain, the analogy of a community of correspondents (which is the inevitable suggestion whenever there is talk of codes and languages in the brain) is the most far-fetched and least useful. It has the disadvantage of merely postponing the central problem before us by positing unanalysed man-analogues as systematic elements in that which we are trying to analyse, namely Man. The 'little man in the brain', Ryle's 'ghost in the machine', is a notorious non-solution to the problems of mind" (a.a.O., 87). - Zur Kritik an Dennetts Rehabilitierung des homunculus vgl. Margolis 1980, 250ff.

92 So werden wir ein System, dem es *physisch unmöglich* ist, eine bestimmte Regel zu verletzen, eben aus diesem Grunde nicht mehr regelbefolgend nennen. Vgl. Hyman 1991, 16: "The point is that if I am causally constrained from breaking a rule (or, for that matter, from obeying it), then I can no longer obey or break the rule at all".

dafür gibt es kein Äquivalent bei faktischen, nicht-normativen Relationen. Die Auszeichnung einer Aktivität als regelbefolgend ist somit pragmatisch gehaltvoll; nur handelnde und damit intentionale Subjekte können Regeln folgen. Schon die Adjektivbildungen "regelgemäß" und "regelgeleitet" lassen uns diesen Zusammenhang leicht übersehen; Naturalisten benutzen sie, um den Schein zu erzeugen, Regelbefolgen ließe sich als intrinsisches Merkmal von Naturprozessen objektivieren. Als Argument für die Bindung des Regelbegriffs an menschlichen Handlungskontexte will ich nicht die Etymologie (lat. *regula*, Richtschnur) anführen, sondern noch einmal an MacKays Argument erinnern, daß die Möglichkeit des *Auswählens* einer Aktivität aus einem Verhaltensrepertoire, die wir einem kybernetischen Regler zuschreiben müssen, das Operieren mit Freiheitsgraden erfordert.[93] Wenn wir einem elektronischen Schaltkreis oder einer Gruppe von Neuronen keine Freiheitsgrade zuschreiben wollen, kann die Rede von Regulation und Aufgabenerfüllung keine wörtliche Beschreibung der fraglichen Prozesse sein. Das heißt nicht, daß wir die intentionale Beschreibung unbedingt fallenlassen müßten. Wir müssen uns aber über ihren Status klarwerden.

Das Gesagte betrifft ebenso den Begriff des *Programms*, den Biologen wie Mayr für eine Naturalisierung des Teleologischen einsetzen wollten (s.o.). Ein Programm ist nichts anderes als eine "eindeutige Anweisung für die Lösung einer Aufgabe".[94] Möglicherweise kann man das Abarbeiten eines Programms oder eines Algorithmus als mechanischen Prozeß beschreiben - in diesem Falle wäre maschinales Rechnen kein Regelanwenden -, aber damit ist die intentionalistische Komponente der Erklärung nicht völlig aus dem Spiel. Sie verlagert sich lediglich auf den Programmierer, der mit der Erstellung und Implementierung des Programms einen Zweck verfolgt, d.h. den Computer benutzt, um mit seiner Hilfe eine Aufgabe zu lösen.

Dabei liegt der vernünftige Sinn der funktionalistischen Auszeichnung des abstrakten Programms gegenüber der Physis gar nicht so fern, geht man nur auf Turing zurück. Dessen Behauptung war ja nicht, das jeder Prozeß in der Welt als ein Computerprogramm beschrieben werden kann, sondern daß ein Computer aus jedem beliebigen Material *hergestellt* werden kann; dies und nichts anderes ist der vernünftige Sinn der These der "multiple realizability". Wir können eine Turing-Maschine, wenn das Problem des Antriebs gelöst ist, aus Holzklötzen herstellen oder aus Steinen und einer Rolle Toilettenpapier (Weizenbaum 1976, 80ff) und können mit ihrer Hilfe Berechnungen anstellen. Wir können dann auch legitimerweise sagen, daß die Maschine selbst rechnet, denn wir haben sie dazu konstruiert; es handelt sich dann um "derived intentionality" im Sinne von Searle (1984b, 5). Nicht aber können wir von Planeten sagen, sie berechneten ihre Um-

93 Wohlgemerkt: ich argumentiere *nicht* damit, daß einer Regel zu folgen in jedem Falle von mentalen Akten begleitet sein muß, was Wittgenstein und Ryle überzeugend bestritten haben.

94 G. Klaus nach Engels 1982, 195.

laufbahnen. Weil die Syntax der Physis nicht intrinsisch ist, sondern ihr *zugeschrieben* werden muß, hängt die Legitimität der Beschreibung eines nichtmentalen Prozesses als des Abarbeitens eines Programms letztlich davon ab, ob das fragliche System dazu konstruiert wurde, eine bestimmte Funktion zu erfüllen. Die Funktion, die ein Computerprogramm erfüllt, kann als das Lösung einer Aufgabe oder Verfolgen eines Ziels nur deshalb beschrieben werden, weil jemand dieses Ziel in das Programm eingebaut hat, *für den* es ein Ziel darstellt.[95] In diesem Zusammenhang haben wir auch wieder Verwendung für den Regelbegriff, denn falsch war nur das Verbum: Turing-Maschinen *folgen* nicht Regeln, sondern sie *verkörpern* Regeln, d.h. ihr Aufbau ist eine Materialisierung von algorithmischen Verknüpfungen. "Wenn Maschinen richtig funktionieren, so folgen sie nicht einfach einem Gesetz; sie sind Verkörperungen von Gesetzen. Wenn man sagt, daß eine bestimmte Maschine 'richtig funktioniert', so bestätigt man damit, daß sie die Verkörperung eines Gesetzes darstellt, das wir kennen und anwenden wollen" (Weizenbaum 1976, 66).

In manchen Kontexten kann man die Anforderungen vielleicht noch etwas herabsetzen und den Konstrukteur bzw. den Programmierer aus dem Spiel lassen. Es mag für die Beschreibung der Maschine als regelbefolgend, problemlösend, aufgabenerfüllend auch hinreichend sein, daß jemand die Maschine zu einem bestimmten Zweck *benutzt* (wir erinnern uns an unsere abgestuften Bedingungen dafür, etwas als ein Zeichen für etwas anderes anzusehen). Auch in diesem Falle ist die intentionalistische Komponente der Beschreibung aber in einem menschlichen Handlungssubjekt verankert. Die Analogie von Computer und Geist oder Gehirn ist in einem entscheidenden Punkt nicht aufrechtzuerhalten, den der HF übersieht. Nicht nur haben wir uns nicht selbst konstruiert wie wir Maschinen konstruieren, auch die Stelle des *Benutzers* bleibt im Falle der menschlichen Maschine unbesetzt, weshalb es sich eben doch um eine Metapher handelt.[96] Der Benutzer, den wir uns automatisch hinzudenken, bringt genau die mentalen Fähigkeiten ein, die durch die Maschinenmetapher eigentlich erklärt werden sollten.

Ich beende dieses Kapitel über das kybernetische Paradigma in den Humanwissenschaften mit einem Zwischenergebnis, das Parallelen zu den beiden voran-

---

95 Aus diesem Grunde ist das Zuschreiben von Funktionen in hohem Maße kontextabhängig: "[I]f we remove a resistor from a radio which then emits a howl, this does not justify calling the resistor a 'howl inhibition centre'" (Gregory nach Arbib 1972, 8). Unter einer bestimmten Beschreibung ist eine Katze funktional isomorph mit einer Mausefalle, unter vielen anderen Beschreibungen nicht. Kalke (1969) zeigt an diesem Beispiel gegen den frühen Funktionalismus Fodors und Putnams, daß die Beschreibung der funktionalen Organisation eines Systems nicht unabhängig von einer Festsetzung der Systemgrenzen und von der Wahl einer bestimmten Ebene der Abstraktion möglich ist.

96 Auch auf diesen Punkt weist Searle hin: "For real computers of the kind you buy in the store, there is no homunculus problem, each user is the homunculus in question. But if we are to suppose that the brain is a digital computer, we are still faced with the question 'And who is the user?'" (1990a, 29).

gegangenen Kapiteln erkennen läßt. Anhand des evolutionstheoretischen, des psychoanalytischen und des kybernetischen Diskurses über den Menschen habe ich mit dem Versuch begonnen, das Syndrom von anthropomorphen und physiomorphen Elementen im Wechselspiel von Natur- und Selbstverständnis des Menschen aufzuklären. Als zentrales Problem erwies sich in leichten Variationen die Spannung von mechanistisch-physikalistischen und intentionalistisch-teleologischen Sprachspielen. Im evolutionstheoretischen Paradigma können die zentralen Kategorien 'natürliche Selektion' und 'fitness' letztlich nicht ohne Rückgriff auf teleologische Erklärungsanteile expliziert werden; die weitergehende Frage, ob jede Art von Teleologie notwendig Intentionalität impliziert, hatte ich noch offengelassen. Im Psychologie-Kapitel habe ich mit Schafer und Habermas das ungeklärte Verhältnis von mechanistischem Energieverteilungsmodell und homunculus-gefährdetem Instanzenmodell in Freuds Metapsychologie kritisiert, ohne aber die Metaphorizität des psychologischen Diskurses schlechthin anzugreifen. Das Kybernetik-Kapitel hat über eine Analyse des Informationsbegriffs zu dem Schluß geführt, daß der kybernetische Diskurs ohne die Annahme von über partielle Autonomie verfügenden Steuerungsinstanzen nicht aufrechtzuerhalten ist, sondern in den Physikalismus zurückfällt, den er überwinden wollte. In Auseinandersetzung mit dem funktionalistischen Erklärungsmodell der KI habe ich schließlich dafür argumentiert, daß kein physikalischer Prozeß intrinsisch ein regelbefolgender oder ein Berechnungsprozeß ist, und daß sich entsprechende Beschreibungen eines Mechanismus vielmehr der Funktion verdanken, zu deren Erfüllung er konstruiert wurde oder benutzt wird. Die neuerliche Einführung von homunculi mit anschließender rekursiver Dekomposition hat sich als nicht geeignet erwiesen, die Kluft zwischen intentionalistischer und mechanistischer Beschreibung zu überbrücken.

Der Zusammenhang mit unserem Titelthema ist leicht zu sehen. Falls es tatsächlich so sein sollte, daß die reputationsreichsten wissenschaftlichen Stützen des Naturalisierungsprojekts an zentralen Punkten zu anthropomorphen Metaphern Zuflucht nehmen, um ihre explanatorischen Ziele zu erreichen, dann ist das ein schwerer Schlag für das Naturalisierungsprojekt.

Was das bisherige Schlüsselproblem betrifft, wie sich Zweckmäßigkeit ohne zwecksetzende Instanz, d.h. wie sich Mechanismus und Teleologie zugleich denken lassen sollen, so habe ich erkennen lassen, daß mich weder die evolutionstheoretische noch die kybernetische Lösung überzeugt, und meine Auffassung angedeutet, daß uns die antinomische 'Zweckmäßigkeit ohne Zweck' als notwendig anthropomorphe Komponente unseres Naturverständnisses erhalten bleiben wird. Ich stelle diesen Komplex aber noch einmal bis zum Schluß des IV. Kapitels zurück, weil es keinen Sinn macht, ihn weiterhin unterhalb des kantischen Thematisierungsniveaus abzuhandeln.

III Die Antwort des Sprachendualismus

1 Ist der naturalistische Diskurs über den Menschen kategorienfehlerhaft?

In der Auseinandersetzung mit naturalistischen Positionen habe ich bisher an verschiedenen Stellen Argumente verwendet oder referiert, die man *implizit sprachendualistisch* nennen könnte, insofern es jeweils um die Zurückweisung bestimmter begrifflicher Transfers, Diskursvermengungen und Metaphern ging. Bekanntlich ist der Sprachendualismus (SD) eine aus der Oxforder *ordinary language school of philosophy* hervorgegangene Position zur Lösung des Geist/Körper-Problems, die in einer linguistischen Transformation des älteren Aspektdualismus behauptet, es gebe in den natürlichen Sprachen eine Zweiteilung in für Mentales und Physisches reservierte Diskursbereiche, die allerdings nicht ontologisch überhöht werden dürfe. Letztlich scheint das ganze Anthropomorphismus/Physiomorphismus-Schema, von dem ich bisher mehr oder weniger unausgewiesen Gebrauch gemacht habe, auf dieser Unterstellung einer unüberbrückbaren Kluft von Diskursuniversen zu beruhen. Nun könnte diese Annahme ja falsch sein. Tatsächlich ist die Haltbarkeit sprachendualistischer Argumentationen sowohl in der lexikalischen Version (verschiedene Vokabulare) wie auch in der im weiten Sinne grammatischen Version (verschiedene 'Logiken') grundsätzlich bezweifelt worden, was den SD als Speerspitze gegen den Naturalismus nicht gerade geeignet erscheinen läßt. Allerdings möchte ich festhalten, daß keinesfalls alle meine Argumente aus den vorigen Kapiteln an einem impliziten oder gar expliziten SD hängen. Unter einem "expliziten SD" verstehe ich einen, der die beiden Diskursuniversen tatsächlich sprachsystematisch auszeichnet (lexikalisch oder durch ein operationales Kategorienfehler-Kriterium). Ein impliziter SD begnügt sich dagegen mit kasuistischen Zurückweisungen von Diskursvermengungen, ohne dafür eine systematische sprachtheoretische Unterfütterung zu haben.

Ob explizit oder implizit, der SD verdient mit seinem zentralen Argument des Kategorienfehler-Verdiktes in unserem Zusammenhang eine eingehende Untersuchung. Wie in der Einleitung erläutert, halte ich die Verbindung des Kategorienfehlerthemas mit dem Metaphernthema für den Schlüssel zur Lösung des anthropomorph-physiomorphen Paradoxes, denn nur hier kann, wenn überhaupt, die entscheidende semantische Frage der Kompatibilität von Diskursen bzw. der Angemessenheit von Begriffen für bestimmte Gegenstandsbereiche geklärt werden.

Selbstverständlich werde ich den SD nicht historisch darstellen, sondern systematisch, und auch das nur teilweise. Dieses Vorgehen drängt sich auch deshalb auf, weil das für den SD zentrale Argument des Kategorienfehlers (KF), um das es mir vor allem geht, weit über die Grenzen der ordinary language-Philosophie hinaus verwendet wird. Daher ist übrigens auch das Junktim von KF-Argument und Naturalismuskritik ein sehr loses, was sich einerseits daran zeigt, daß auch ein Physikalist wie Carnap von KF-Argumenten Gebrauch macht (bei ihm heißen die KF "Sphärenvermengungen"). Zum anderen muß nicht jeder Naturalist, der Diskurse vermengt, auch KF im engeren Sinne begehen, denn diese treten erst dort auf, wo die Diskursvermengung syntaktisch sehr eng zusammengezogen ist. Gleichwohl bleibt das KF-Verdikt ein für den SD unentbehrliches Instrument; ob vom SD noch viel bleibt, wenn seine Hauptwaffe versagen sollte, ist fraglich. Ich werde das KF-Argument, das man in Anlehnung an eine andere traditionsreiche philosophische Waffe "Ryle's razor" nennen könnte, in der Fassung seines Inaugurators vorstellen und problematisieren, um dann die weitere Diskussion bis hin zur Transformationsgrammatik zu verfolgen.

1.1 Zur Verortung des Sprachendualismus in der *ordinary language*-Philosophie: Ist die Umgangssprache unhintergehbar?

Vorauszuschicken sind einige Überlegungen zur behutsamen Entkopplung des KF-Arguments vom ordinary language-Ansatz bzw. von dessen einschlägiger Rezeption. Eine solche Entkopplung hat vor allem den Vorteil, daß nicht jeder Verwender eines KF-Argumentes sich eo ipso auf die Unhintergehbarkeitsthese der Umgangssprache verpflichten muß, für die die Oxford-Philosophen ja berüchtigt sind und die vielfach für die Überholtheit des ordinary language-Ansatzes verantwortlich gemacht wird. Dazu müssen einige kritische Anmerkungen erlaubt sein: Mit schöner Regelmäßigkeit wird in diesem Zusammenhang Wittgensteins Bemerkung aus den *Philosophischen Untersuchungen*, die Philosophie dürfe "den tatsächlichen Gebrauch der Sprache in keiner Weise antasten" (*PU* § 124),[1] zitiert, um die ordinary language-Philosophie insgesamt der Wissenschaftsfeindlichkeit, des "begrifflichen Konservativismus" (Bieri 1981, 16) und der "prohibition of precision" (Russell) zu überführen. Unbestreitbar ist, daß einige Oxford-Philosophen - etwa Austin, Caton, Flew, Urmson - ein gewisses *man in the street*-Pathos entwickelt und damit die Einschätzung befördert haben, dem ordinary language-Ansatz zufolge dürften etablierte Sprachspiele *qua Etabliertsein* nicht kritisiert werden. Eine solche Immunisierung kann man natürlich nicht

1 "Sie läßt alles, wie es ist", kann "am Ende also nur beschreiben" (ebd.), denn es "ist klar, daß jeder Satz unsrer Sprache 'in Ordnung ist, wie er ist'" (*PU* § 98). "Alle *Erklärung* muß fort, und nur Beschreibung muß an ihre Stelle treten" (§ 109).

verteidigen, denn in diesem Falle würde der dogmatische Weg beschritten und nicht der allein noch offene kritische. Schon ein zweiter Blick zeigt aber, daß für einzelne überzogene Formulierungen einer dogmatisierten Unhintergehbarkeitsthese der Umgangssprache nicht der ordinary language-Ansatz insgesamt und insbesondere nicht Ryle haftbar gemacht werden können. Ryle zufolge besteht die Aufgabe der Philosophie gerade nicht darin, alles zu lassen, wie es ist, sondern in "the replacement of category-habits by category-disciplines" (Ryle 1949, 8). Die Kategorienfehler, die er im *Concept of Mind* kritisiert, gehören schließlich auch zum "tatsächlichen Gebrauch der Sprache", den man Wittgenstein zufolge nicht antasten darf. Aber auch gegenüber Wittgensteins Quietismus sind Zweifel angebracht, ob man ihn allzu wörtlich nehmen sollte, geht doch Wittgensteins emphatische Forderung nach einem *bloßen Beschreiben* der Sprache mit einem unausdrücklichen, aber unübersehbaren Normativismus einher. Wittgenstein kritisiert sehr wohl bestimmte Sprachspiele als unangemessen oder begriffsverwirrt; dazu dienen ihm die sogenannten "grammatischen Sätze", deren Vorschriften bezüglich der faktischen Sprachpraxis zum Teil konservativ, zum Teil aber auch revisionär sind.[2] Der Normativismus des ordinary language-Ansatzes ist unbestreitbar, doch wird er oft falsch dargestellt. Wittgensteins "grammatische Sätze" sind ebenso wie Ryles Berichtigungen der "logischen Geographie" unseres Wissens (Ryle 1949, 7) nicht lexikalische Auszeichnungen eines umgangssprachlichen Vokabulars gegenüber fachsprachlichen Präzisierungen; vielmehr sind sie zum Teil auf eigene Rechnung formulierte, zum größeren Teil aber *rekonstruierte Begriffsverwendungsregeln*. Ich möchte daher im Anschluß an Ryles (1953) interne Differenzierung von "ordinary" vorschlagen, den vernünftigen Sinn des ordinary language-Ansatzes nicht darin zu sehen, daß *nur gewöhnliche Wörter* verwendet werden dürfen, sondern darin, daß Wörter *in gewöhnlicher Weise* verwendet werden sollen. Die Philosophie darf die Bedeutungspotentiale der Wörter nicht zu weit über ihre konventionellen Verwendungen hinaus strapazieren, da anderenfalls künstliche Paradoxien entstehen. "Concepts which do not clash during their working hours may generate imaginary conflicts as they idle through the speculative mind" (Strawson 1970, 189) - *dies* haben Wittgenstein und Ryle im Sinn, wenn sie die Philosophie davor warnen, sich von der 'normalen' Sprache zu entfernen, und darin besteht ihre kritische Spitze gegenüber gewissen metaphysischen Fragen der philosophischen Tradition.

Die Frontstellung von normalsprachlichem und idealsprachlichem Ansatz spielt in der philosophischen Landschaft heute keine große Rolle mehr. Vielleicht ist sie in ihrer systematischen Bedeutung auch früher überschätzt worden, jedenfalls was die besseren Vertreter der beiden Lager betrifft. Wo sollte man etwa

---

2 Übrigens beinhaltet Wittgensteins Normativismus eine deutliche antinaturalistische Pointe. Für Wittgenstein ist es eine Quelle der schlechten Metaphysik, wenn Philosophen wie Naturwissenschaftler fragen.

Davidson einordnen? "I dream of a theory that makes the transition from the ordinary idiom to canonical notation purely mechanical" - dieser Traum ist zwar für den ordinary language-Philosophen ein Alptraum, doch dann fährt Davidson fort: "The point of canonical notation so conceived is not to improve on something left vague and defective in natural language, but to help elicit in a perspicuous and general form the understanding of logical grammar we all have that constitutes (part of) our grasp of our native tongue" (Davidson 1967a, 123). Die natürliche Sprache soll nicht verbessert, sondern in ihrer logischen Struktur transparent gemacht werden. Das hätte Ryle auch sagen können, wenn er auch die Aussichten für die *systematische* Durchführung eines solchen Projekts pessimistischer einschätzte.

Genug der Apologie. Auch wenn man den ordinary language-Ansatz in Schutz nimmt, weil man der Auffassung ist, daß er mit einer entschärften Fassung der Unhintergehbarkeitsthese ganz gut leben kann (vgl. Keil 1988, 195f), bleiben noch viele Unzulänglichkeiten übrig, die in erster Linie auf die wenig elaborierten Semantiktheorien der ordinary language-Philosophen zurückzuführen sind (vgl. zu diesem Einwand Fodor/Katz 1964). Ihnen hat ein ausgearbeiteter bedeutungstheoretischer Rahmen gefehlt,[3] mithilfe dessen man das teilweise virtuose, aber oft auch unbefriedigende Zufluchtnehmen zu Intuitionen hätte einschränken können. Auch zeugen die vorherrschenden Einzelwortanalysen von einer Unterschätzung der kontextuellen Variabilität von Wortbedeutungen; der Übergang von einer isolativen Wortsemantik zu einer Kontextsemantik wurde trotz Wittgenstein nicht vollzogen. Diese sprachtheoretischen Mängel sind auch für den Begriff des KF nicht ohne Folgen, wie wir sehen werden.

Was nun den SD als systematische und nicht als historische Position betrifft, so kann man zwischen einem *normativen* und einem *deskriptiven* SD unterscheiden. Der letztere wird zwar kaum unabhängig vertreten, kann aber als linguistische These durchaus auf eigenen Füßen stehen. Man könnte in der Sprache eine faktische Dualität von Diskursbereichen diagnostizieren, *ohne* zukünftige Sprecher auf die Einhaltung der Diskursgrenzen zu verpflichten - deren Überschreitung man sich ja beispielsweise als eine Bereicherung der Sprache vorstellen könnte (Metaphern!). Der *normative* SD kann entweder *konservativ* oder *revisionär* sein. Die erste Position drängt auf die Einhaltung bestehender Kategoriengrenzen, die zweite geht von der Erkenntnis eines bestehenden kategorialen Wildwuchses aus, den es durch eine Disziplinierung der Sprecher zu beschneiden gilt. Wittgenstein schwankt zwischen konservativer und revisionärer Sprachkritik, wenn er einerseits die Überschreitung bestehender grammatischer Grenzen

---

3 Beispielsweise ist es den ordinary language-Philosophen selten gelungen, die primäre Verwendung ("primary use") von Wörtern, mit der oft argumentiert wurde, genauer gegenüber abgeleiteten Verwendungen auszuzeichnen (vgl. von Savigny 1969, 431ff). Auch eine Explikation des Sinnbegriffs sucht man vergeblich - es muß ja nicht immer gleich ein Sinn*kriterium* sein.

als sprachwidrig kritisiert, andernorts aber die Sprachverwirrung erst durch eine Extrapolation aus dem bestehenden Sprachgebrauch herbeigeführt sieht, zu der die Sprache geradezu verleite. Einerseits ist die Fliege selbst schuld, andererseits ist ein Fliegenglas wirklich eine tückische Falle. Es ist eben die kontextuelle Variabilität der Wortbedeutungen, die Wittgenstein als "eine Hauptquelle unseres Unverständnisses" ansieht: "daß wir den Gebrauch unserer Wörter nicht *übersehen*" (*PU* § 121). So sind auch die Begriffsverwirrungen der philosophischen Tradition zu erklären: "Auf die Frage, ob die Philosophen bisher immer Unsinn geredet haben, könnte man antworten: nein, sie haben nur nicht gemerkt, daß sie ein Wort in ganz verschiedenen Bedeutungen gebrauchen" (1964, 55). Für Wittgenstein ist Sinnkritik wesentlich Ambiguitätskritik; hierin zeigt sich die charakteristische Verbindung von sprachkonservativen und -revisionären Elementen in seinem therapeutischen Programm.

Eine 'Widerlegung', die eine Dualität von Diskursbereichen für in der natürlichen Sprache linguistisch nicht nachweisbar erklärt, würde den normativ-revisionären SD nicht unmittelbar treffen. Aber selbst für eine revisionäre Position wäre es nicht ratsam, den Stand der linguistischen und sprachphilosophischen Forschung völlig zu ignorieren; woher sonst wollte man Kriterien für die Abgrenzbarkeit von Diskursuniversen beziehen. Das Schicksal des KF-Argumentes ist vielleicht nicht allesentscheidend, aber ihm kommt doch für die Haltbarkeit sprachendualistischer Positionen ein großer Indizwert zu.

1.2 Das Kategorienfehler-Argument: Ryle und die Folgen

In einer Fernsehsendung, in der Kinder zu erratende Begriffe umschreiben müssen, gab ein Kind folgende Erklärung ab: "Manchmal ist es rund wie Bonbons, manchmal ist es eckig wie Würfelzucker". Der gemeinte Begriff lag deshalb außerhalb einer normalen Suchstrategie, weil der Erklärung eine Kategorienvermengung zugrundelag. Das Kind hatte ein konkretistisches Verständnis von "Kalorien" und reihte sie unter die sichtbaren Gegenstände ein.

Eben diesen Fehler wirft Ryle im *Concept of Mind* der "offiziellen Lehre" des Geist/Körper-Dualismus vor: der Geist werde explizit oder implizit, jedenfalls fälschlich, in die Kategorie der raumzeitlich ausgedehnten Gegenstände eingeordnet, wodurch eine Menge unsinniger Fragen nach der wechselseitigen Beeinflussung von mentalen und psychischen Entitäten entstünden. Ryle nennt den Cartesianischen Dualismus das "Dogma vom Gespenst in der Maschine"; die Analyse ist heute so bekannt, daß wir sie nicht wiederholen müssen.

Was genau sind nun Kategorienfehler oder, wie sie bei anderen Autoren heißen, "Sphärenvermengungen" (Carnap), "Verstöße gegen Selektionsregeln" (Chomsky), "type crossings" (Drange) oder "sortally incorrect sentences" (Lappin), und woran kann man sie erkennen? Im *Concept of Mind* gibt Ryle nichts als eine Reihe von intuitiv plausiblen Beispielen (1949, 16ff), nicht aber ein Kriterium, ja nicht einmal eine genauere Erläuterung des Begriffs. Er begnügt sich mit der Bestimmung: "The logical type or category to which a concept belongs is the set of ways in which it is logically legitimate to operate with it" (a.a.O., 8).

Ein Kriterium hatte er 1938 in seinem Aufsatz "Categories" angegeben. Dort geht er zunächst auf das Aristotelische Verfahren ein, die Kategorien über die Arten von Prädikaten zu bestimmen, die man mit den einschlägigen alltagssprachlichen Fragewörtern erfragen kann - Was? , Wann?, Wo? etc. Obgleich Aristoteles mit diesem Verfahren schon "on the right track" gewesen sei, hält Ryle es zur Bestimmung von KFn für zu ungenau, weil es sich nur auf den common sense verläßt und die grammatische Interaktion der einzelnen Phrasen im Satz nicht berücksichtigt (vgl. Ryle 1938, 70f). Ryle schlägt dann seinerseits folgendes Kriterium vor: Zwei Ausdrücke sollen genau dann verschiedenen Kategorien angehören,

> "if there are sentence-frames such that when the expressions for these factors are imported as alternative complements to the same gap-signs, the resultant sentences are significant in one case and absurd in the other" (a.a.O., 77f).

Insofern man also in den Satzrahmen "In der 80. Minute verwandelte ... einen Elfmeter" zwar "der Mittelstürmer" einsetzen kann, ohne daß der Satz absurd wird, nicht aber "der Mannschaftsgeist", gehören diese beiden Ausdrücke verschiedenen Kategorien an. Mit der Operationalisierung der KF-Diagnose durch die Substitutionsprobe nimmt Ryle Verfahren der modernen Linguistik vorweg.

Zunächst ist festzuhalten, daß dies ein Kategorienbegriff nach dem *linguistic turn* ist. Die Kategorien werden im linguistischen, nicht im ontologischen Idiom eingeführt.[4] Welcher Kategorie ein Ausdruck angehört, zeigt sich daran, in welchen Sätzen und an welcher Stelle man ihn verwenden kann, ohne Unsinn zu reden. Allerdings will Ryle nicht bestreiten, daß der Aufweis eines KFs zugleich Aufschluß über "the 'nature of things'" verschafft, wenn man denn am ontologischen Idiom festhalten will (81). - Natürlich konnten Bemerkungen wie diese nicht verhindern, daß die scholastische Frage, ob Kategorien eine linguistische, eine logische oder eine ontologische Ordnung ausdrücken, innerhalb der KF-Diskussion einen großen Raum eingenommen hat (vgl. etwa Thompson 1957, Cross 1959, Harrison 1965, Routley/Routley 1969).

Zweitens ist festzuhalten, daß für Ryle der KF auf der Ebene der *Semantik* angesiedelt ist. Ein kategorienfehlerhafter Satz ist semantisch absurd, während

---

4 Auch das mentalistische Idiom lehnt Ryle ab. Mit dem Argument, daß Absurdes undenkbar ist, spricht er sich dagegen aus, den Begriff der kategorialen Absurdität auf Gedanken oder Überzeugungen anzuwenden: "Only expressions can be affirmed or denied to be absurd. Nature provides no absurdities; nor can we even say that thoughts such as beliefs or supposals or conceptions are or are not absurd. For what is absurd is unthinkable" (a.a.O., 76).

seine grammatische Struktur regelgerecht ist (vgl. Ryle 1938, 73). Ryle teilt nicht Wittgensteins weiten, äquivoken Gebrauch von "Grammatik", der Syntax und Semantik zugleich umfaßt bzw. dazwischen schillert. Er spricht, kaum weniger mißverständlich (vgl. Strawson 1970, 185), von "logischen Rollen", die Wörter in Sätzen spielen, womit er aber semantische meint und nicht syntaktische.

Drittens ist der KF ein Phänomen, das erst auf der Ebene der Mehrwortphrase oder des Satzes entsteht. Einzelne Wörter, dies ist trivial, können nicht kategorienfehlerhaft sein. Die Kategorialstruktur eines Lexikons muß daher aus den substitutiven Rollen abgeleitet werden, die Wörter in Sätzen spielen: "[D]ifferences of category amongst words and phrases are derived from differences amongst the sentences in which they can occur" (Baker 1956, 14 über Ryle).

Viertens ist festzuhalten, daß Ryle im Unterschied zu Aristoteles und Kant keine Liste von Kategorien und auch keine positive Kategorienlehre anbietet, sondern lediglich ein negatives Kriterium zur Bestimmung von Kategorien*fehlern*. Dies läuft mitnichten auf dasselbe hinaus, wie man einem klappernden Kontrastargument zufolge annehmen könnte. Ryle behauptet nur von jeweils zwei Ausdrücken, daß sie, wenn es mindestens einen Satzrahmen gibt, in den nur einer von beiden hineinpaßt, kategorienverschieden sind. Er ist vorsichtig genug, nicht wie Russell positiv zu behaupten, daß sie derselben Kategorie angehören, wenn sie denselben Satzrahmen komplettieren können.[5] Diese Asymmetrie von KF-Diagnose und positiver Kategorienbestimmung hat damit zu tun, daß in natürlichen Sprachen die Begriffe nicht in *exklusive* semantische Kategorien fallen. Die gegenteilige Annahme führt zu unannehmbaren Konsequenzen, was Ryle selbst allerdings nicht klar genug gesehen hat.

Mit Ryles Verfahren kann man überhaupt niemals nachweisen, daß zwei Ausdrücke derselben Kategorie angehören (vgl. Drange 1966, 76f). Dafür müßte man ja zeigen, daß *kein* Paar von Satzrahmen existiert, in denen die Substitution nicht möglich ist. Ein solcher Nachweis kann aber wegen der unendlich großen Zahl möglicher Satzrahmen nicht geführt werden. Daß etwas *nicht* existiert, kann man bekanntlich nicht in gleicher Weise, nämlich ostensiv, nachweisen wie seine Existenz.

Ryle vertritt also eine Theorie des KFs ohne Kategorienlehre. Die Kategorien, von denen er notgedrungen spricht, sind so geartet, daß überhaupt kein Grund zu der Hoffnung besteht, eine überschaubare oder auch nur endliche Liste von ihnen angeben zu können (vgl. 1938, 75). - Der Einwand liegt nahe, daß, wer von Kate-

---

5 Auf diese Asymmetrie weisen Baker (1956, 13) und Smart (1953, 227) hin, während Sommers (1963, 329f) und die Routleys (1969, 232) diesen Punkt übersehen und daher Ryle zu Unrecht kritisieren. - Black schlägt übrigens in seiner Auseinandersetzung mit Russells positiv klassifizierender Typentheorie dieselbe Abwandlung vor: "The new procedure consists in asserting that two typographically distinct words are syntactically *dissimilar* if there is *at least one* context in which one cannot be substituted for the other without generating nonsense" (Black 1944, 238).

gorien nicht reden will, von Kategorienfehlern schweigen soll. Damit verfehlte man aber die Ryles Verfahren zugrundeliegende nicht ganz falsche Intuition, die man vielleicht so zusammenfassen kann: um angeben zu können, wann bestimmte Wörter in Sätzen *nicht* zusammenpassen, muß man weniger über die Sprache zu wissen beanspruchen, als wenn man systematisch angeben wollte, welche Wörter denn mit welchen zusammenpassen. Freilich wird dadurch die Beantwortung der Frage, *warum* die Wörter denn nicht zusammenpassen, an welchem Maßstab gemessen also kategorienfehlerhafte Sätze semantisch absurd sind, umso schwieriger.

Kommen wir zu den Problemen des Ryleschen Testverfahrens. Ein erster, von Smart vorgebrachter Einwand besagt, daß Ryles Substitutionsprobe zu restriktiv sei, ja daß "this test, if pushed to the limit, may [...] show every expression to be of a different logical category from every other", weshalb "we should be wise not to take it too seriously" (Smart 1953, 227). Beispielsweise könne man in den Satzrahmen "the seat of the ... is hard" das Wort "chair" einsetzen, nicht aber "table", was Smart im Hinblick auf eine Kategorisierung kontraintuitiv findet: "[I]f furniture words do not form a category, we may well ask what do" (ebd.).[6] Wir erhielten also zuviele Kategorien, am Ende gar so viele, wie wir Wörter haben, was das Verfahren unbrauchbar macht.[7] - Aber *warum* kann man "table" hier nicht einsetzen? Welche Art von Fehler ergibt sich, wenn man es versucht? Smarts Einwand kann man dadurch zu entkräften suchen, daß man den entstehenden Satz nicht als kategorial absurd bezeichnet, sondern als empirisch falsch. Das Schicksal des KF-Verdiktes wird nicht zuletzt davon abhängen, ob diese Unterscheidung möglich ist.

Doch selbst für den Fall, daß Absurdität und Falschheit sich hinreichend unterscheiden lassen, bliebe der entscheidende Grund für eine hemmungslose Multiplikation von Kategorien noch unangetastet: deren beanspruchte Exklusivität. Immer dann, wenn man mit der Zuordnung eines Ausdrucks zu einer Kategorie die Implikation verbindet, er könne nicht zusätzlich einer anderen Kategorie angehören, wird sich die von Smart kritisierte Konsequenz nicht vermeiden lassen. Einen exklusiven Kategorienbegriff hat Russell vertreten und nach den Routleys (1969) auch Ryle - eine Behauptung, die Ryles Text aber nicht zweifelsfrei hergibt.

---

6 Weitere Beispiele für die Nichtsubstituierbarkeit vermeintlich kategoriengleicher Wörter in verschiedenen Kontexten bei Strawson 1970, 184 und 187.

7 Das Ironische der wundersamen Kategorienvermehrung besteht darin, daß Ryle an anderer Stelle gerade die Entitätenvermehrung durch "systematisch irreführende" quasi-ontologische Ausdrücke durch Sprachanalyse verhindern will (vgl. Ryle 1931). Ryles Position bleibt hier etwas unklar. Zum einen meint er, daß es Klassen von Ausdrücken gibt, die jeweils dieselben "logical powers" haben (1946, 331). Dann aber sieht er ein, daß ein Wort in verschiedenen Kontexten "will [...] express ideas of an indefinite range of differing logical types and, therefore, with different logical powers. And what is true of single words is also true of complex expressions and of grammatical constructions" (339).

Carnap, bei dem KF "Sphärenvermengungen" heißen, ist in der Tat der Auffassung, daß man "vielleicht mehrere Tausende verschiedene Wortgattungen in der deutschen Sprache unterscheiden muß" (1934, 9), vielleicht sogar *unendlich* viele (1928, 42), weil auch er von der Disjunktion der syntaktischen Leerstellen ausgeht, die jeweils nur von Wörtern einer Gattung ausgefüllt werden können.[8] Von Ryle und Wittgenstein gibt es ähnlich defaitistische Äußerungen zur Anzahl der einzuführenden Kategorien.[9] Es ist klar, daß das KF-Argument nicht mehr handhabbar ist, wenn es die begriffliche Komplexität der natürlichen Sprache nicht mehr reduzieren kann, wozu eine Kategorienlehre ja eigentlich dienen soll. Müßte man unendlich viele Kategorien annehmen, wäre der Systematisierungsgewinn dahin. Kategorisierung soll die Extrapolation von Merkmalsgleichheiten ermöglichen, und dieses Ziel würde unerreichbar.

Für eine arbeitsfähige Kategorienlehre gibt es nur zwei Auswege. Entweder muß sie *inklusive* Kategorien zulassen, in Carnaps Worten "unreine Gegenstandssphären", oder sie muß bei Wahrung exklusiver Kategorien behaupten, daß zahllose Prädikate in den natürlichen Sprachen mehrdeutig sind. Wählt man den zweiten Weg, müßte man beispielsweise behaupten, daß in den Sätzen "Peter ist 80 Kilo schwer" und "Die Kiste ist 80 Kilo schwer" das Prädikat "80 Kilo schwer" jeweils einen verschiedenen Sinn hätte, weil Personen und physische Gegenstände, wie durch andere Satzrahmen erweisbar, kategorial verschieden sind. Dies ist aber einigermaßen kontraintuitiv (vgl. Routley/Routley 1969, 221); schon das Faktum der Vergleichbarkeit von Größen und Gewichten spricht dagegen. Die ad hoc-Postulierung von Ambiguitäten ist unbefriedigend, denn sie "involves the making of ever finer distinctions of 'meaning' between words not customarily regarded as ambiguous", wie Black (1944, 239) gegen Russell einwendet.[10] Die Postulierung von Ambiguitäten ist auch aus methodischen Grün-

---

8 Auch Carnap hat natürlich einen exklusiven Kategorien- bzw. Typenbegriff: "Aus der Typentheorie folgt, daß Eigenschaften sphärenfremder Gegenstände selbst sphärenfremd sind" (1928, 40). Die faktische "Sphärenunreinheit" der Wörter der natürlichen Sprache beunruhigt ihn nicht, weil diese in einer rational rekonstruierten Universalsprache, in der alle Ambiguitäten beseitigt wären, verschwinden würde (vgl. 41f). In einer "korrekt aufgebauten Sprache" würde Sinnkritik überflüssig, denn kategorienfehlerhafte "Scheinsätze" wie "Caesar ist eine Primzahl" könnten dort gar nicht gebildet werden; sinnlose Wortreihen wären "gewissermaßen automatisch ausgeschaltet" (1931, 228).

9 "The truth is that there are not just two or ten different logical *métiers* open to the terms or concepts we employ in ordinary and technical discourse, there are indefinitely many dimensions of these differences" (Ryle 1954, 10). "Die Wortgattung wird erst durch *alle* grammatischen Regeln bestimmt, die von einem Wort gelten, und so betrachtet, hat unsere Sprache eine Unmenge verschiedener Wortarten" (Wittgenstein 1964, 118).

10 Black hat deshalb überhaupt Zweifel, ob sich eine exklusive Typentheorie auf die natürliche Sprache anwenden läßt: die erwähnte Konsequenz "may be regarded as a *reductio ad absurdum* of a point of view which seeks to apply to ordinary language segregatory criteria appropriate to an artificially constructed calculus" (1944, 240). - Pap (1960, 42ff) weist überdies nach, daß Russells exklusiver Typenbegriff mit dafür verantwortlich ist, daß innerhalb des Begriffsapparates der *Principia Mathematica* Typenfehler überhaupt nicht diagnostiziert wer-

den nicht akzeptabel, insofern die ihm zugrundeliegende Bedeutungstheorie sich gegen jede Behauptung kategorialer Unangemessenheit immunisiert und unprüfbar ist. Auf diesen Defekt haben die Routleys (1969, 221f) nachdrücklich hingewiesen.

Darüberhinaus gibt es noch eine spezielle Klasse von Prädikaten, die für jede Kategorienlehre Probleme aufwerfen, und zwar die sogenannten "high predicates" wie "is thought about", "is interesting", "belongs to a category". Diese hochstufigen Prädikate kann man Gegenständen der verschiedensten Kategorien zuschreiben. Solche Prädikate nun, wie Russell es gegenüber Black tut, *aus eben diesem Grunde* als systematisch mehrdeutig aufzufassen, ist natürlich eine petitio (vgl. Erwin 1970, 54). Das Prädikat "is thought about" ist in Sätzen wie "Continuity is thought about" und "Bertrand Russell is thought about" Gegenständen zuschreibbar, die intuitiv kategorienverschieden sind. Russell scheut sich nicht, daraus zu schließen, daß das Prädikat systematisch mehrdeutig ist. Dieser Schluß folgt aber nur unter einer zusätzlichen Prämisse: "Clearly it does not follow without the aid of at least one additional assumption: that terms of different types cannot share predicates (in the same sense)" (Erwin 1970, 44).[11] Kurz: die Ambiguitätsstrategie ist keine *Lösung* des KF-Problems, vielmehr sind die Postulierung von Ambiguität und die Behauptung kategorialer Absurdität zwei alternative Reaktionen auf dieselbe Klasse von Phänomenen. Die einschlägigen Beispiele für KF lassen grundsätzlich die disjunktive Behauptung zu, daß kategoriale Absurdität *oder* Ambiguität vorliegt (Erwin a.a.O., 45 et passim).[12]

Das bisherige Ergebnis läßt sich in einem Trilemma zusammenfassen: *a)* Wir behandeln Ryles Testverfahren allein als negativen Test für KF und versagen uns jede Behauptung über Kategorien*gleichheit*. Da sich immer ein Satzrahmen finden lassen wird, in dem die Substitution nicht funktioniert (Smarts Einwand), sind alle Ausdrücke untereinander kategorienverschieden. *b)* Wir behandeln Ryles oder eine ähnliche Substitutionsprobe als positiven Test für Kategoriengleichkeit. In Satzrahmen mit hochstufigen Prädikaten ergibt sich, daß beliebige zwei Begriffe zur selben Kategorie gehören. *c)* Wir arbeiten mit einem positiven

---

den können, weil nämlich dazu eine unsinnige Prädikation nötig wäre, aus der ein sinnvoller Satz *über* ihre Unsinnigkeit nicht deduziert werden könnte. Diesem Problem kann man Pap zufolge nur entkommen, wenn man Sätze wie "Socrates is a prime number" *nicht* als sinnlos, sondern als "simply false" bezeichnet (47) und das Konzept der "meaninglessness" überhaupt aufgibt (52). Eben diese Konsequenz zieht Quine (1960, 229).

11 Leider findet sich die Behauptung auch bei Ryle, daß "only subjects belonging to the same type can share predicates" (1945, 2).

12 Neben den ad hoc postulierten gibt es freilich auch echte *systematische Ambiguitäten*, und es gibt, pace Quine, brauchbare Testverfahren, um die einen von den anderen zu unterscheiden. Die wichtigsten dieser Tests behandelt Aristoteles in seiner *Topik*. Im Falle von "hard", den Quine heranzieht, kann man beispielsweise die komparative Frage stellen: "Are chairs harder than questions?", um zu dem Schluß zu kommen, daß es sich wohl um eine echte Ambiguität handelt. Zu den aristotelischen Ambiguitätstests vgl. Erwin a.a.O., 57ff.

Test, fordern aber, um *b)* zu entgehen, Substituierbarkeit in *allen* Kontexten. In diesem Falle werden sich keine zwei kategoriengleichen Begriffe finden lassen.

Soweit ich sehe, gibt es nur noch eine Möglichkeit, dieses Trilemma zu umgehen. Wir müssen den exklusiven Kategorienbegriff aufgeben und die Möglichkeit von Inklusionsverhältnissen zwischen Kategorien zulassen. Es ist nicht wahr, daß Ausdrücke, die nach Ryles Kriterium kategorienverschieden sind, keine univoken Prädikate teilen können. Die Aussichtslosigkeit eines exklusiven Kategorienbegriffs für die Semantik natürlicher Sprachen zeigt sich nicht erst an den hochstufigen Prädikaten (die man immerhin noch durch typentheoretische Prädikationsverbote versuchen könnte auszuschließen). Wir können auch bei den für unseren sprachendualistischen Zusammenhang interessantesten Fällen bleiben. Die Entität, auf die ich als eine Person referieren kann, gehört zugleich der Kategorie der materiellen Körper an, weshalb ich ihr Prädikate zuschreiben kann, die Prädikate von materiellen Körpern sind (vgl. Strawson 1959, 87-116). Ich kann Aussagen über die Körpergröße oder das Gewicht einer Person machen, ohne KF zu begehen. Wenn aber ein Gegenstand (oder ein Ausdruck) mehreren Kategorien zugleich angehören kann, dann ist die Formulierung "*A* gehört derselben Kategorie an wie *B*" unvollständig. Es muß dazugesagt werden, um *welche* Kategorie es sich handelt (vgl. Routley/Routley 1969, 228f). Ryle scheint davon eine Ahnung zu haben, wenn er es vermeidet, aus dem Nichtvorliegen eines KF die Kategoriengleichheit zu folgern; andernfalls nämlich müßte er Farbe bekennen. Indessen hilft hier auch sein Trick der bloß negativen Bestimmung nicht weiter; "*A* und *B* gehören *nicht* derselben Kategorie an" verlangt bei Annahme eines inklusiven Kategorienbegriffs ebenfalls eine zusätzliche Spezifikation. Für nahezu jedes Paar *A*, *B* wird sich eine Kategorie finden lassen, der nicht beide angehören. Um angeben zu können, ob in einem aktuellen Satz ein KF vorliegt, muß man also zusätzlich feststellen, ob die Inkongruenz der multiplen Kategorienzugehörigkeiten von *A* und *B* in diesem speziellen Kontext KF-generierend ist oder nicht. Wie wirkt sich die Kategorienverschiedenheit der Verben "existieren" und "galoppieren" aus? Die Sätze "Pferde galoppieren" und "Pferde existieren" sind wohl beide sinnvoll, wohingegen von den Sätzen "Was fehlt einem Pferd, das nicht galoppiert?" und "Was fehlt einem Pferd, das nicht existiert?" einer absurd ist.[13] Der Kardinalfehler der bisher behandelten Ansätze, den Bar-Hillel schon bei Husserl kritisiert, ist eben die Vernachlässigung der Kontextsensibilität substitutiver Testverfahren; der Fehler liegt in der Annahme "that if two strings are interchangeable in some context *salva beneformatione*, they must be so in all contexts" (Bar-Hillel 1967, 58). Nicht jede Kategoriengleichheit ist extrapolierbar, nicht jede Kategorienverschiedenheit führt automatisch zu Unsinn. Man

---

[13] Das Beispiel stammt von von Savigny 1969, 92. Solche Beispiele sind einfach zu konstruieren: "Ich hasse meinen Bruder" - "Ich hasse Weihnachten", aber "Mein Bruder liegt im Bett" - "Weihnachten liegt im Bett".

kann versuchen, dieser Kontextabhängigkeit des Entstehens von KFn durch eine Verfeinerung der Substitutionsprobe Rechnung zu tragen, nämlich indem man die Substitution mehrmals vornimmt und dabei die Kontexte variiert (dies versucht Hillman 1963, 229f).[14] Dann aber schwindet der Systematisierungsgewinn des KF-Verdikts enorm.

Darüberhinaus sind auch solche verfeinerten Testverfahren nicht dazu geeignet, ein Problem zu lösen, das von vielen Kritikern Ryles als das entscheidende angesehen wird. Dieses Problem hängt damit zusammen, daß die Ryleschen KF *semantische* Absurditäten sind und nicht grammatisch inkorrekte Sätze, die angebbare Regeln verletzen. Inwiefern kann eine Substitutionsprobe überhaupt als ein *Test*verfahren zur Ermittlung semantischer Absurdität gelten? Woher *wissen* wir, daß ein gegebener Satz unsinnig ist? Worin genau besteht das Nichtbestehen der Substitutionsprobe?

Es ist kaum zu bestreiten, daß Ryle kein im strengen Sinne operationales Verfahren zur Diagnose semantischer Absurdität anzubieten hat - was er selbst am besten weiß, wenn er seinen frühen Aufsatz mit dem Stoßseufzer beschließt: "But what are the tests of absurdity?" (1938, 81). Letztlich verbirgt sich in der Forderung nach einem operationalen Verfahren der KF-Diagnose nichts anderes als die leidige Frage nach einem allgemeinen Sinnkriterium. Wollte Ryle diese Suche ernsthaft aufnehmen, so säße er mit den Logischen Empiristen in einem Boot, und bekanntlich war dort die Stimmung an Bord damals schon nicht mehr die beste. Aber natürlich denkt Ryle nicht im Traum daran, sich in diese Gesellschaft zu begeben. Im Rahmen des ordinary language-Ansatzes kann es ein Sinnkriterium in Form eines allgemeinen Testverfahrens nicht geben, weil man dort die Irreduzibilität der Semantik auf Syntax vertritt und darüberhinaus im Bereich der Semantik bereit ist, mit gewissen Kontingenzen und Irregularitäten einer historisch gewachsenen natürlichen Sprache zu rechnen - zumal diese Anomalien aus anderer Perspektive betrachtet gerade die Flexibilität und den Reichtum der natürlichen Sprachen begründen (so auch Ryle 1946, 340). Daher ist der kasuistische Charakter von Ryles Analysen, ist das oft kritisierte Angewiesensein auf "bloße Intuitionen" innerhalb des ordinary language-Ansatzes überhaupt nicht überwindbar. Damit kann derjenige gut leben, der sich mit Ryle klarmacht, daß das Angewiesensein auf Intuitionen nichts anderes ist als das Angewiesensein auf philosophische *Argumente*, wo ein effektives Entscheidungsverfahren nicht zur Verfügung steht. Die Bemühungen um ein formalisiertes Verfahren der KF-Diagnose sind daher auch sämtlich *außerhalb* der ordinary language-Philosophie unternommen worden, von Hillman, Sommers und Drange bis hin zur generativen Transformationsgrammatik, auf die wir noch eingehen werden. Gleichzeitig ist aber die über Logik und Linguistik hinausgehende philosophische Relevanz des KF-Problems, d.h. die argumentative Verwendung des KF-Verdikts gegen-

[14] Weitere Verfeinerungen des Ryleschen Verfahrens hat Cornman (1968) vorgeschlagen.

über interessanten philosophischen Begriffsverwirrungen, immer weiter aus dem Blick geraten.

Was man Ryle allenfalls vorwerfen kann, ist, daß er mit seiner pseudosyntaktischen Substitutionsprobe den *Schein* der Operationalisierbarkeit der KF-Diagnose erzeugt und sein Angewiesensein auf einem nichtformalen Begriff semantischer Absurdität nicht deutlich genug gemacht hat. So kritisiert etwa Warnock, durchaus ein Sympathisant Ryles, dessen Gebrauch des Kategorienbegriffs als "an idiom which has none at all of the precise backing which it naturally implies" (Warnock 1958, 97). Warnock hat völlig recht, wenn er bemerkt, daß Ryle "uses the expressions 'same category' and 'different category' without being at all prepared to say what category or which two categories are in question" (96), was ja nicht eben eine abseitige Frage ist. Daher habe Ryles Rede von KFn "at least the deficiency of being liable to arouse expectations which are left unsatisfied" (ebd.).[15] Ryle hat solcher Kritik durch den zitierten Schlußsatz von "Categories" und später durch eine Klarstellung in den *Dilemmas* den Wind aus den Segeln zu nehmen versucht. Er gebrauche den Kategorienbegriff 'amateurhaft' und 'unexakt', und das KF-Verdikt sei auch mitnichten ein Universalschlüssel zur Lösung philosophischer Probleme, sondern eher ein "coal-hammer", welcher "will make a satisfactory knocking noise on doors which we want opened to us" (Ryle 1954, 9). Dadurch werde keine unserer Fragen beantwortet, aber die Philosophen würden in produktiver Weise aufgeschreckt.[16]

Für Ryle ist die KF-Diagnose kein Selbstzweck. Er ist auch nicht wie die anderen Teilnehmer der KF-Debatte primär an einer genauen logischen oder linguistischen Abgrenzung des KFs interessiert. Vielmehr sind es die *unbemerkten* und daher philosophisch interessanten Begriffsverwirrungen, die Ryles Interesse am KF-Problem motivieren. Läßt man dagegen die nicht zuletzt durch Ryle ausgelöste linguistische Debatte über KF und "Ungrammatikalität" bis hin zur gTG Revue passieren, so dominieren rührend harmlose Beispiele wie "Saturday is in bed" und "Caesar ist eine Primzahl", deren einziger faktischer Verwendungskontext der sein dürfte, Philosophie- oder Linguistikstudenten ein Beispiel dafür zu geben, was ein KF ist. Für Ryle dagegen sind nur die heimtückischen, weil unbemerkten und von Begriffsverwirrungen zeugenden generierenden KF philosophisch interessant (vgl. 1938, 76), also diejenigen, deren Absurdität nicht schon

---

15 Ähnlich argumentieren Hampshire (nach Hillman 1963, 225) und Cross 1959, 269f.

16 Diese aufschlußreiche Bemerkung lautet im Kontext: "This idiom can be helpful as a familiar mnemonic with some beneficial associations. It can also be an impediment, if credited with the virtues of a skeleton-key. I think it is worth while to take some pains with this word 'category', but not for the usual reason, namely that there exists an exact, professional way of using it, in which, like a skeleton-key, it will turn all our locks for us; but rather for the unusual reason that there is an inexact, amateurish way of using it in which, like a coal-hammer, it will make a satisfactory knocking noise on doors which we want opened to us. It gives the answer to none of our questions but it can be made to arouse people to the questions in a properly brusque way" (Ryle 1954, 9).

schmerzhaft ins Auge sticht, sondern erst durch eine *reductio ad absurdum* aufgedeckt werden muß. Hier liegt natürlich auch der Bezug zum Naturalismusproblem. Kein Naturalist begeht absichtlich KF durch anthropomorphe Projektionen und physiomorphe Rückprojektionen, d.h. im vollen Bewußtsein, daß es welche sind. Es wird unten noch auf die Frage zurückzukommen sein, worin eigentlich der argumentative Gewinn des KF-Verdikts und überhaupt sprachendualistischer Argumentationen gegenüber anderen, direkteren antinaturalistischen Argumentationsstrategien bestehen soll.

Allerdings sind nicht alle philosophisch interessanten KF unbemerkt und unbeabsichtigt. Hier liegt die Verbindung des KF-Problems mit dem Metaphernthema. Metaphern sind ohne Zweifel oft kategorienfehlerhaft (und werden von manchen Theoretikern sogar dadurch definiert), ohne dadurch schon illegitim zu sein. Es entsteht das schwierige Abgrenzungsproblem zwischen von begrifflicher Verwirrung zeugenden KFn und heuristisch fruchtbaren Metaphern, die die Kategoriengrenzen in produktiver Weise verletzen und vielleicht sogar revidieren. Ich erinnere nur an das homunculus-Modell in Dennetts, Fodors und Lycans Philosophie des Geistes. Natürlich wissen diese Autoren, daß die Einführung von homunculi wissenschaftstheoretisch verrufen ist, weil sie sich einer Metapher verdankt. Gleichwohl halten sie daran fest, weil sie die Metapher für theoretisch fruchtbar und sich selbst für vorsichtig genug halten, ihren falschen Suggestionen zu entgehen. Deshalb habe ich den homunkularen Funktionalismus auch nicht *qua Metaphorizität* verurteilt, sondern habe versucht, genauer anzugeben, welche Elemente der Metapher bei eingehender Betrachtung irreführend sind und bleiben müssen. Wenn wir also über die linguistische Beschreibung des KF hinaus an der argumentativen Verwertung der KF-Diagnose in philosophischen Kontroversen interessiert sind, müssen wir uns vor einer Haltet den Dieb-Politik hüten, die die Kontroverse schon siegreich beendet glaubt, hat man erst den Opponenten eines KFs überführt.

Bei aller Sympathie für Ryles taktischen Rückzug aus Logik und Linguistik zugunsten der philosophischen Sinnkritik sollten wir nicht versäumen, ersatzweise weitere Autoren zwecks genauerer Abgrenzung des KFs gegenüber anderen sprachlichen Anomalien zu konsultieren.[17] Weitgehende Einigkeit besteht darüber, daß es sich beim KF nicht um eine grammatische, sondern um eine semantische Abweichung handelt. Selbst die Vertreter der gTG, die den theoretischen Status der semantischen Komponente der Spracherzeugungsregeln gegenüber der syntaktischen so niedrig wie möglich veranschlagen, gestehen zu, daß die Menge der syntaktisch wohlgeformten Sätze einer Sprache größer ist als die Menge der semantisch akzeptablen. Das oben schon einmal zitierte formalistische Motto - "if you take care of the syntax, *the semantics will take care of itself*" (Haugeland

[17] Einen Überblick über die KF-Debatte in Sprachphilosophie und Linguistik bieten die Arbeiten von Drange (1966) und Lappin (1981).

1981, 23) - kann erst in einer künstlich konstruierten Formalsprache Anwendung finden.

Umstrittener ist die Abgrenzung von kategorienfehlerhaften gegenüber *a)* selbstwidersprüchlichen und *b)* empirisch falschen Sätzen. Die Abgrenzung gegenüber logisch widersprüchlichen Sätzen ist deshalb schwierig, weil viele KF Widersprüche *generieren* (darauf hat neben Ryle besonders Baker 1956 hingewiesen). Nun ist es aber zumindest in argumentationstheoretischer Perspektive ein großer Unterschied, ob ein Widerspruch erst durch eine reductio ad absurdum zutage gefördert werden muß oder ob er schon in der sprachlichen Oberflächenstruktur explizit enthalten ist. Einen Satz "A und non-A" würde niemand einen KF nennen.[18] Wenn der KF nun in Ryles Sinne philosophisch interessant sein soll, dann darf es sich nicht nur nicht um einen formalen Widerspruch handeln, sondern es darf auch die semantische Absurdität nicht *so* offenkundig auf der Hand liegen, daß sie keinem möglichen Sprecher hätte verborgen bleiben können. Zwar hindert uns niemand daran, auch Äußerungen der letzteren Art kategorienfehlerhaft zu nennen (und dann vielleicht zwischen eklatanten und philosophisch interessanten KFn zu unterscheiden). Allein, etwas spricht dagegen. Angesichts zu offenkundig absurder Äußerungen werden wir regelmäßig nach einer Interpretation suchen, die die Rationalität des Sprechers rettet, d.h. die es uns erlaubt, dem Sprecher eine gewisse Regelhaftigkeit der Wortverwendungen und eine gewisse Kohärenz der geäußerten Überzeugungen *nach seinen eigenen Standards* zuzuschreiben. Damit ist klar, daß der Begriff des KFs neben der semantischen auch eine pragmatische Komponente hat. Die Abgrenzung des KFs sowohl gegenüber dem Selbstwiderspruch als auch gegenüber der empirischen Falschheit hängt davon ab, welchen Grad eines absurden Glaubens wir dem (aufrichtigen, nicht ironischen, nicht zitierenden usw.) Verwender einer devianten Äußerung zuzuschreiben bereit sind. Wir sind hier etwas vorsichtiger geworden, seit wir durch Davidson gelernt haben, daß Wahrheit, Bedeutung und Überzeugungen auf das engste zusammenhängen und daß wir eine Sprachtheorie brauchen, die diesen Abhängigkeiten Rechnung trägt. Bei *zu* absurden Äußerungen können wir einfach nicht sagen, was der Fall sein müßte, damit die Äußerung wahr ist. Für den Absurditätsgrad der einem Sprecher zuschreibbaren Überzeugung gibt es Grenzen, da wir den Ausdruck einer zu absurden, von unseren eigenen zu weit abweichenden Überzeugung nicht interpretieren könnten. Das heißt aber, wir könnten diese Äußerung nicht als Satz irgendeiner Sprache ansehen.

In der frühen analytischen Philosophie galten solche Überlegungen als unzulässige Vermischung von Psychologie und Sprachtheorie. Warum sollten wir uns über die Gründe überhaupt kümmern, aus denen absurde Äußerungen entstehen? Und warum sollten wir nicht "simply say that a sentence like ['The number five is green'] is empirically false and anyone who asserts it holds rather strange beliefs

---

[18] Zur Abgrenzung von semantischer Anomalie und Kontradiktion siehe auch Katz 1972, 90ff.

about the world" (Lappin 1981, 33, der nicht dieser Meinung ist)? Diesen Weg werden diejenigen Autoren wählen, die im Russellschen Geiste auch die bloß *präsupponierten* Existenzbehauptungen eines Satzes ausbuchstabieren ("Es gibt ein x, von dem gilt . . . "); so daß in allen kategorienfehlerhaften Sätzen eben falsche Prädikationen und somit falsche Existenzbehauptungen enthalten sind, wodurch der ganze Satz falsch wird. Daß kategorienfehlerhafte Sätze "simply false" sind, behaupten beispielsweise Baker (1956, 16) Goldstick (1974, 342ff) und, wen wundert es, auch Quine, der überhaupt nicht einsieht, wozu man denn Russells Typenregeln braucht, wenn doch alle einschlägig absurden Sätze, ebenso wie Selbstwidersprüche, schlicht falsch sind, so daß wir der Einfachheit halber auf jede Kategorienlehre verzichten können (vgl. Quine 1960, 229).[19]

In dieser aus wahrheitssemantischer Sicht attraktiven Strategie, die Eigentümlichkeit des KF zu nivellieren, wird aber etwas übersehen. Bei Phänomenen wie nicht erfüllten Präsuppositionen und KFn *geht es gerade darum*, ob die von der zweiwertigen Logik diktierte Zuschreibung eines Wahrheitswertes eine angemessene Behandlung darstellt, oder ob nicht ein kategorienfehlerhafter Satz schon unsinnig ist, *bevor* er wahr oder falsch sein kann, so daß man im Stile von Strawson sagen müßte: "The question does not arise". In diesem Einwand stimme ich daher Lappin zu: "The problem with Goldstick's line of reasoning is that it presupposes bivalence at the outset when it is precisely the policy of bivalence which is in question. [...] The issue of whether sortally incorrect sentences are truth-valueless or false is inseparable from the issue of whether we require a non-bivalent semantic framework in order to represent these sentences" (Lappin 1981, 32).

Es geht bei der Interpretation eines kategorienfehlerhaften Satzes darum, welche Überzeugung wir dem Sprecher zuzuschreiben bereit sind. Im Falle von "The number five is green" dürfte es sich stärker als im Falle nichterfüllter Präsuppositionen aufdrängen, dem Sprecher einen abweichenden Wortgebrauch, einen *lapsus linguae* oder eine Metapher[20] statt einfach einer falschen Überzeugung zu unterstellen. Über die gegenwärtige Existenz eines Königs von Frankreich kann man sich immerhin im Irrtum befinden. Wer dagegen vollen Ernstes Äußerungen über im Bett befindliche Samstage oder grüne Zahlen macht, hat nicht einfach falsche Überzeugungen bezüglich der fraglichen Entitäten, sondern verwirrte oder völlig andere *Begriffe* von ihnen und der kategorialen Ordnung, der sie angehören. Jede Sprachtheorie, die aus welchen Gründen auch immer sich der Fähigkeit beraubt, diesem Unterschied Rechnung zu tragen, ist eine schlechte

---

19 Seine Ablehnung jedes Begriffes kategorialer Absurdität hat Quine wiederholt bekräftigt, und zwar mit der ihm eigenen Kompromißlosigkeit: "Nothing but vagueness and complexity is lost by declaring it simply and trivially false, rather than meaningless, to say that the breeze was cooler than the reception or vice versa" (Quine 1987, 192).

20 "If a speaker utters such a predication, and one has evers reason to believe that he is sane, knows the language, and intends to make an assertion, then one has no alternative but to take his claim metaphorically" (Lappin 1981, 127).

Sprachtheorie. Aber für den Unterschied zwischen empirisch falschen und absurden Überzeugungen eines Sprechers hat Quine nur souveräne Mißachtung übrig, gehört der behavioristisch nicht erfaßbare psychologische Hintergrund unserer Überzeugungen doch zu den mentalistischen Residuen, die in einer anständigen Sprachtheorie keinen Platz haben sollten. Das Desinteresse am Inhalt der mentalen black box (vgl. z.B. Quine 1970, 2) verbindet sich trefflich mit der bereits oben kritisierten Künstlichkeit der einschlägigen Beispielsätze, zu denen sich kaum ein aktueller Kontext denken läßt, in dem ein kompetenter Sprecher sie nichtmetaphorisch und nicht zitathaft äußern könnte. Aus diesem Grunde ist dann auch behauptet worden, daß es KF strenggenommen gar nicht geben kann, weil sie nichts anderes als "unthinkable propositions" wären, die wörtlich gemeint niemand äußern könnte (Drange 1966, 211f).[21] Auch diesem Dilemma liegt natürlich die Offenkundigkeit der Absurdität in den Beispielsätzen zugrunde.

Etwas anders stellt sich das Problem dar, wenn man sich entschließt, anstelle von Sätzen *Äußerungen* als das anzusehen, was kategorienfehlerhaft sein kann. Immerhin stellen sich Fragen der Interpretierbarkeit grundsätzlich angesichts von Äußerungen, nicht von Sätzen, und man kann von dem Umstand beeindruckt sein, daß mit kategorial absurden Sätzen oft informative Äußerungen gemacht werden. Die Behauptung, daß es strenggenommen keine KF geben kann, drückt dann den Gedanken aus, daß ernstgemeinte kategorial absurde *Äußerungen* psychologisch nicht erklärbar sind. Dann liegt es aber nahe, doch wieder auf den Satz als Absurditätskandidaten zurückzugreifen und die Absurdität eines Satzes daran zu binden, daß sich kein Kontext denken läßt, in dem der Satz zu einer verstehbaren Äußerung verwendet werden könnte (vgl. Erwin 1970, 106). Diese Lösung kommt derjenigen Lappins nahe, nur daß dieser von Wahrheitsfähigkeit spricht statt von Verständlichkeit. Systematisch ist mit dieser terminologischen Verschiebung aber nicht viel gewonnen, weshalb ich sie im folgenden wieder vernachlässige. Wir würden dann bei der Frage landen, wie wir vom Satz zur Äußerung gelangen, und wären damit an Probleme verwiesen, die sich angesichts der Interpretation von KFn ohnehin stellen.

---

21 Vgl. auch Lappin 1981, der kategorienfehlerhafte Sätze als *uninterpretierbare* Sätze auffaßt, denen unter keinen möglichen Bedingungen ein Wahrheitswert zugeschrieben werden kann. Lappin meint "that sortally incorrect sentences are uninterpretable and that this uninterpretability consists in the fact that there are no possible circumstances in which we can imagine them either being true or false" (a.a.O., 67). Sein "criterion of sortal incorrectness" lautet daher: "A sentence is sortally incorrect if and only if it is syntactically well-formed and lacks truth-value in all possible worlds" (ebd.). - Gegen dieses Kriterium gibt es mindestens einen guten Einwand: es erlaubt nicht, KF von *pragmatisch inkonsistenten* Behauptungen wie "Ich spreche kein Wort Deutsch" zu unterscheiden - es sei denn, man wäre der Auffassung, daß solche Behauptungen einfach falsch sind. - Spezifischer ist Lappins zusätzliche Bestimmung, die auf Sprecherüberzeugungen Bezug nimmt: "Semantic ill-formedness [...] arises when sentences purport to express relations among entities in a way which violates the beliefs of speakers concerning the categorial structure of their universe of discourse" (101).

Am Begriff des KFs kann man in verschiedenen Zusammenhängen interessiert sein. In unserem Zusammenhang, der die Einbeziehung der psychologischen und pragmatischen Dimension der Sprachverwendung verlangt, plädiere ich in Anlehnung an Ryle dafür, nur diejenigen kategorial falschen Äußerungen als KF anzusehen, deren Absurdität nicht schon geradezu schmerzhaft ins Auge sticht, sondern erst durch Präsuppositions- und Implikationsanalysen ermittelt werden muß.

Die Behauptung, daß kategorienfehlerhafte Sätze nicht einfach empirisch falsch sind, darf nicht mit der weitergehenden Behauptung verwechselt werden, daß man zu ihrer Zurückweisung nur begriffliche, nicht aber empirische Evidenz anführen müßte. Daß in Kontroversen, in denen es hart auf hart geht, die Autonomie der *matters of meaning* gegenüber den *matters of fact* nicht mehr aufrechtzuerhalten ist, hat Quine überzeugend aufgewiesen - und aus diesem Aufweis zu starke Schlußfolgerungen gezogen.[22] Wenn man sich mit dem Verdikt "semantische Absurdität" nicht zufriedengibt und auf einer Begründung insistiert, *warum* ein bestimmtes Prädikat denn nicht auf einen bestimmten Gegenstand angewandt werden kann, wird die Erklärung letztlich auf empirische Erläuterungen über die 'Natur der Dinge', jedenfalls über matters of fact hinauslaufen (vgl. Baker 1956, 17; Harrison 1965, 312). Als einer der wenigen, der sich mit der Frage der diskursiven Einlösbarkeit kategorienfehlerhafter Behauptungen überhaupt beschäftigt, versucht Baker kategorienfehlerhafte von empirisch falschen Behauptungen dadurch zu unterscheiden, daß derjenige, der die ersteren zu verteidigen versucht, schnell in völlig haltlose, weil widersprüchliche oder antinomische Positionen gerät, wohingegen sich bei empirisch falschen Sätzen der Dissens immer noch einigermaßen eingrenzen läßt (vgl. Baker 1956, 19ff). Baker bemerkt richtig, daß die KF-Diagnose immer nur der Anfang einer philosophischen Kontroverse sein kann; es bleibt jeweils zu ermitteln, *welche* Widersprüche und Konfusionen involviert sind.

Andere Autoren haben weitere Vorschläge zur Abgrenzung zwischen kategorial absurden und empirisch falschen Behauptungen gemacht. Herausheben möchte ich die Auffassung, daß im Falle einer kategorialen Absurdität zwischen Subjekt und Prädikat nicht nur die Zuschreibung, sondern auch die Negation der Zuschreibung dieses Prädikates, d.h. die ausdrückliche Aberkennung, a priori zurückzuweisen sei.[23] Aber was heißt "a priori zurückzuweisen"? Ein Bivalenz-

22 Man ist, dies zu Quine, in der Philosophie gut beraten, wenn man sich ab und zu vor Augen führt, daß "we miss too much if we refuse to try to draw distinctions at one level of philosophical analysis because of a persuasion that viewed from another, sufficiently lofty, level, those differences will appear simply as differences of degree" (Strawson 1970, 190).

23 "We might try to define the category-inappropriateness of a predicate to an individual directly as follows: an individual *i* and a predicate *P* are category-mismatched if, and only if, *P* and the denial of *P* are alike a priori rejectable for every adequate identifying designation of *i*" (Strawson 1970, 201). - Im selben Geiste behauptet Sommers (1963, 351), daß, wenn ein Prädikat *P* auf einen Gegenstand sinnvoll anwendbar ist, dann auch non-*P*, woraus sich vielleicht eine Negationsprobe ableiten ließe: ein negierter KF bleibt ein KF, ein negierter fal-

hardliner wird den Satz "The number five is *not* green" schlicht für wahr erklären. Was kann man ihm am Ende entgegenhalten? - Wenn wir zu einer materialen Behauptung von der Art Zuflucht nehmen, daß Zahlen einfach nicht zu den Gegenständen gehören, die grün sein können, dann führen wir die Idee der Zuordnung eines Prädikates zu einer *Klasse* von Gegenständen ins Feld.[24] Man könnte den Begriff eines höherstufigen "*categorial* predicate" wie z.B. "having spatial dimensions" bilden (Strawson 1970, 191), um diesen intuitiv plausiblen Unterschied zwischen einer empirischen und einer kategorialen Nichtzuschreibbarkeit zu markieren. Man kann diese Unterscheidung auch in den Begriff der Negation verlegen. So führt Pap eine Unterscheidung zwischen einer "limited" und einer "unlimited negation" ein, wobei die erstere den ganzen Satz und die letztere die Anwendbarkeit von Prädikaten auf bestimmte Gegenstände negiert. Dies entspricht der gebräuchlichen Unterscheidung von "interner" und "externer" Negation, mit der Strub (1991, 105ff) in diesem Zusammenhang arbeitet. Kategorial absurde seien dadurch von falschen Sätzen unterschieden, daß ihre Absurdität durch interne Negation nicht aufgehoben wird.[25] Mit der Einführung zweier Negationstypen soll Reaktionen wie dieser begegnet werden: "If I deny that my thoughts are in my brain, I am likely to be challenged to specify their true location, though my intent was to deny that thoughts have any spatial location at all" (Pap 1960, 54). Und genau dies geschieht nicht selten im philosophischen Diskurs. Durch Putnams berühmte Feststellung, daß Bedeutungen nicht im Kopf seien, fühlten sich zahllose Sprachphilosophen aufgerufen, nach dem wahren Ort der Bedeutungen in der Welt zu suchen. Eine *kategoriale* Negation hätte demgegenüber den Sinn, die Falschheit einer Präsupposition aufzudecken, die eine philosophischen These noch mit ihrer Negation teilt.

Mit der KF-Diagnose stecken wir tief in der Ontologie. Es ist völlig in Ordnung, hier von der Natur der Dinge zu reden, denn mit der Zuschreibung von Prädikaten zeichnen wir bestimmte Gegenstandsklassen gegenüber anderen aus. Eine Klasse von Gegenständen ist geradezu dadurch definiert, daß allen Gegenständen dieser Klasse ein bestimmtes Prädikat zuschreibbar ist. "Every predicate determines a class", sagt Russell. Was aber heißt 'zuschreibbar'? Bei Russell ist gemeint, daß das Prädikat den Gegenständen tatsächlich zukommt. Wir aber

---

scher Satz wird dagegen wahr. Diese Überlegungen entsprechen Ryles "certain familiar style of elaborated disjunctive negation" (Strawson 1970, 189), der im *Concept of Mind* in begrifflichen weder-noch-Bemerkungen wie dieser seinen Ausdruck findet: "Letters are not easy to spell nor insuperably hard to spell" (Ryle 1949, 206).

24 "When category-points are made with that 'proper brusqueness' which Ryle commends, it is the inappropriateness of some range of *predicates* to some class of *subjects* that is normally stressed in the style of the making" (Strawson 1970, 193).

25 "Die Negation des gesamten absurden Satzes ist wahr, die Negation nur des Prädikats ist aber genauso absurd wie dessen Affirmation. [...] Ein Satz ist dann absurd, wenn durch ihn begriffliche Implikate seiner Termini verletzt sind *und* wenn die (interne) Negation eines der beiden Termini seine Absurdität nicht aufhebt" (Strub 1991, 110f).

brauchen neben dem Begriff der zutreffenden Zuschreibung einen abgeschwächten Begriff der *sinnvollen Zuschreibbarkeit*, wenn wir bei der KF-Kritik nicht regelmäßig auf höherstufige kategoriale Prädikate zurückgreifen wollen, was *question-begging* wäre. Nun sind aber unsere grundlegenden ontologischen Kategorien wie die der raumzeitlich ausgedehnten Körper, der Personen oder der diversen abstrakten Gegenstände genau dadurch ausgezeichnet, daß bestimmte Prädikate in ihnen sinnvoll zuschreibbar sind, ohne doch notwendigerweise auf jedes Exemplar zuzutreffen. Entscheidend ist, daß das fragliche Prädikat dem Gegenstand zukommen *könnte*, ohne daß dieser dafür die Kategorie wechseln müßte.[26] Damit ist der Unterschied zwischen empirischer Falschheit und kategorialer Absurdität markiert. "Caesar war stupsnasig" ist empirisch falsch, denn Caesar *könnte* stupsnasig gewesen sein, wenn er eine andere Person gewesen wäre. Er könnte aber keine Primzahl gewesen sein und zugleich der Kategorie der Personen angehört haben. Kategorial absurd ist die Zuschreibung eines Prädikates dann, wenn das Prädikat auf keinen existierenden oder möglichen Gegenstand der fraglichen Kategorie zutrifft, wobei man dieses Nichtzutreffen nur in Form einer *externen* Negation ausdrücken kann. - Aber ist diese Erläuterung nicht hoffnungslos zirkulär? Sie ist es und muß es sein, denn wir dürfen nicht erwarten, den Begriff der ontologischen Kategorie unabhängig von der Idee der möglichen Prädizierbarkeit erläutern zu können. Die kategoriale Einordnung eines Gegenstandes *besteht* in der Angabe der Prädikate, die dem Gegenstand sinnvoll zuschreibbar sind. Dazu noch einmal Strawson: "[T]he idea of a predicate is correlative with that of a *range* of distinguishable individuals of which the predicate can be significantly, though not necessarily truly, affirmed" (Strawson 1959, 99).[27]

Der KF muß noch zu einer anderen Seite hin abgegrenzt werden, nämlich zu den ungrammatischen, weil syntaktisch nicht wohlgeformten Sätzen. Der KF darf nur eine begrenzte Regelverletzung sein, Drange (1966, 38) zufolge eine solche, die man durch den Austausch einer Nominalphrase wieder in Ordnung bringen kann. Aus diesem Grunde sei "The theory is blue" ein KF, "The theory is but" hingegen nicht. Damit ist eine wichtige Unterscheidung angesprochen, die nicht

---

26 Wittgensteins spricht in den *Philosophischen Bemerkungen* (1964) von verschiedenen "Räumen" (etwa dem Raum der Farben und dem der Töne), die sich dadurch auszeichnen, daß Wörter, mit denen ein Gegenstand aus einem Raum beschrieben werden kann, durch andere Wörter aus demselben Raum ersetzt werden können, ohne daß Unsinn entsteht. Es mag empirische Falschheit entstehen, nicht aber grammatischer Unsinn (in Wittgensteins Sinn von "grammatisch"); ohne diese Differenz ist ein Begriff des KF nicht zu haben.

27 Und an anderer Stelle: "For what constitutes our grasp of the *general* criterion of identity for men, or for that for horses, or for planets or storms or buildings or battles - or indeed for any kind of particulars - is precisely our grasp of the general concepts under which they respectively fall or (what comes to the same thing) our grasp of the senses of the general terms for the kinds in question" (Strawson 1990, 315). Vgl. auch Pap 1960, 48: eine Kategorie sei "a class such that there are families of predicates which can be significantly, i.e. correctly or (limitedly) false(ly), ascribed to all and only members of it".

nur mit dem Abgrenzungsproblem von Syntax und Semantik zu tun hat, sondern darüberhinaus durch das Bedürfnis motiviert ist, einen Begriff des KF zu entwickeln, der es dem Interpreten erlaubt, dem Sprecher unter Anwendung des *principle of charity* noch irgendeine Art von Überzeugung zuzuschreiben. In der Terminologie der generativen Transformationsgrammatik, welcher wir uns nun abschließend zuwenden, handelt es sich bei "The theory is but" um einen Verstoß gegen strikte Subkategorisierungsregeln, bei "The theory is blue" dagegen um einen Verstoß gegen eine Selektionsbeschränkung (zu diesen Termini Chomsky 1965, 127).[28] Wie Chomsky bemerkt, ist es im letzteren Fall meist einfacher, den Sinn der Äußerung durch eine metaphorische Interpretation zu retten (vgl. a.a.O., 189).[29] Aber keinesfalls hat er eine duale Zuordnung von Anomalien zu den Bereichen Syntax und Semantik im Sinn, im Gegenteil. Die semantische Komponente der Spracherzeugungsregeln hat in der Standardversion der gTG (Chomsky 1965) bekanntlich nur eine untergeordnete Bedeutung; Chomsky hält die Semantik für "rein interpretativ", insofern alle in ihr enthaltene Information in anderer Form schon in der allein generativen syntaktischen Komponente enthalten sei (vgl. etwa 103). Er will zwar nicht ausschließen, daß in einer vollständigen Sprachtheorie auch die Semantik ihren Platz erhalten wird (151), hält aber die Abgrenzung der Semantik gegenüber der Syntax für noch zu wenig erforscht (201) und möchte einstweilen die syntaktische Analyse so weit vorantreiben, daß man auf "unanalysierte semantische Intuition" verzichten kann (103) Die Notwendigkeit der Annahme einer der syntaktischen Oberflächenstruktur zugrundeliegenden semantischen Tiefenstruktur macht allerdings deutlich, daß die Behauptung der Autarkie bzw. des generativen Primats der Syntax einstweilen wieder einmal nur auf dem Papier steht. Was die Klassifizierung der verschiedenen Anomalien betrifft, so offeriert Chomsky eine Abstufung von "Graden der Grammatikalität".[30] Diese Abstufung betrifft nicht nur das Interpretierbarkeitsgefälle bei der Verletzung von entweder Subkategorisierungs- oder Selektionsregeln, sondern auch die Selektionsregeln selbst. Für Chomsky sind die in den Selektionsregeln enthaltenen lexikalischen Merkmale ihrerseits hierarchisch geordnet, so daß sich bei Mißachtung von Merkmalen wie ± abstrakt, ± belebt, ± menschlich, die in dieser Hierarchie weit oben stehen, besonders schwerwiegende Anomalien ergeben. Diese Anomalien schlügen auf jeden Fall auf die syntaktische

---

[28] Die durch einen Verstoß gegen eine Selektionsbeschränkung entstehende semantische Anomalie kann man mit Fodor und Katz genauer als "the limiting case of selection" beschreiben, als "the case where there is a lexical item in a sentence whose paths are *all* excluded by selections due to other material in the sentence" (Fodor/Katz 1963, 188).

[29] Dies ist eine spätere Einsicht Chomskys. Noch in *Syntactic Structures* (1957) hatte er den Satz "Colourless green ideas sleep furiously" als "meaningless" bezeichnet, woraufhin Jakobson eine metaphorische Interpretation präsentierte und ein anderer Kollege sogar ein Gedicht, in dem der Satz vorkam.

[30] Beispiellisten für solche Grammatikalitätsabstufungen im Hinblick auf das KF-Problem finden sich auch bei Drange 1966, 16 und Lappin 1981, 2f und 90f.

Wohlgeformtheit des Satzes durch, wie eng man die syntaktische Komponente auch fasse (vgl. 190f). Diese generelle These scheint mir unhaltbar zu sein, weil sie die Behauptung einschließt, daß *Personifikationen* auf jeden Fall ungrammatisch, also syntaktisch nicht wohlgeformt sind. Da aber unbestreitbar ein großer Teil dieser 'Anomalien' längst in den Korpus der Sprache eingedrungen ist, und zwar in das System der *langue*, nicht bloß in die *parole*, können Personifikationen nicht zugleich schwere syntaktische Fehler sein.[31] - Es liegt auf der Hand, daß Personifikationen, als anthropomorphe Übertragungen, für unseren Zusammenhang besonders interessant sind.

Chomsky faßt sein Theorem von den "Graden der Grammatikalität" in der Erläuterung zusammen: "Die Abweichung ist um so größer, je höher in der Dominanz-Hierarchie das Merkmal steht, auf das sich die durchbrochene Regel bezieht" (193). Leider beläßt er es bei der intuitiven Skizze der Hierarchie von Merkmalen und gibt die Ordnung nicht im einzelnen an. Das verwundert kaum, kann man doch mit Weinreich bezweifeln, "ob eine einzige durchgängige Hierarchisierung der semantischen Merkmale einer Sprache möglich ist" (Weinreich 1966, 31). Man wird in den kategorialen Inklusionsverhältnissen neben der Subklassifikation auch Kreuzklassifikationen zulassen müssen, wodurch der Regelapparat überaus kompliziert würde.[32] Erneut sind die Kreuzklassifikationen der große Stolperstein für das Vereinheitlichungsprogramm; wir erinnern uns an Fodors Reduktionismuskritik, mit der ich gegen Quines holistische Variante der Idee der Einheitswissenschaft argumentiert habe.

In der Weiterentwicklung der gTG durch Fodor und Katz, die auch unter dem Namen "interpretative Semantik" bekannt ist, wird die grundsätzliche Syntax-Fixierung Chomskys beibehalten. Die semantische Komponente bleibt in bezug auf die syntaktische rein interpretativ. Die Kategorien bzw. die zulässigen lexikalischen Kombinationen werden durch "markers" und "distinguishers" bestimmt; dies sind den einzelnen Lexikoneinträgen zugehörige syntaktische und semantische Merkmale, die die jeweils möglichen Selektionspfade angeben. Notiz am Rande: Katz bezeichnet die Lehre von den Selektionsbeschränkungen ausdrück-

---

31 An dieser Unhaltbarkeit ändert auch Chomskys Bemerkung (191f) nichts, daß der Grad der Grammatikalität eines Satzes nicht automatisch mit dem Grad seiner Interpretierbarkeit koinzidiert, insofern der Hörer die Abweichung oft wohlwollend interpretativ korrigieren kann. Gerade die im Hinblick auf metaphorischen Sprachgebrauch formulierte Behauptung, wir interpretierten abweichende Äußerungen grundsätzlich in Analogie zu wohlgeformten (vgl. 104 und 106), geht in die Irre.

32 Auf die Widerspenstigkeit der Kreuzklassifikationen hat z.B. Katz 1972, 64f hingewiesen. Schon die einfachsten Substantive können in einer Weise kreuzklassifiziert werden (abstrakt/konkret, maskulin/feminin/neutrum, zählbar/nicht zählbar, Eigenname/Gattungsname etc.), die man nicht einfach in eine Hierarchie bringen, d.h. als Subklassifikationen behandeln kann, wie die frühe gTG es wollte. Zu Chomskys Behandlung dieses Problems vgl. Chomsky 1965, 108ff. - Dem Mythos der durchgängigen Subklassifizierbarkeit hängt auch Sommers mit seinem "law of categorial inclusion" an: "[W]henever two categories have some common membership, one of the two is included in the other" (Sommers 1963, 355).

lich als eine neue und genauere Explikation des KF-Begriffs von Ryle (Katz 1972, 92).

In der *generativen Semantik* schließlich, die sich von der gTG abgespalten hat, wird der Unterschied zwischen syntaktischen und semantischen Anomalien nicht nur gradualisiert, sondern überhaupt aufgehoben, aber nun unter umgekehrten Vorzeichen: Semantische Strukturen werden nicht mehr epiphänomenal als bloße Interpretationen von syntaktischen Strukturen verstanden, sondern ihrerseits als direkt generierbar betrachtet. Der Sprache wird eine semantisch-generative Basiskomponente zugesprochen. Dadurch läßt sich der Regelapparat vereinheitlichen, wenn auch nicht vereinfachen. Hinfällig wird die Unterteilung in syntaktische Transformationsregeln und semantische Interpretationsregeln.

Von den Problemen der gTG und ihrer Weiterentwicklungen interessieren uns neben dem Kreuzklassifikationsproblem nur noch zwei grundsätzliche. Das erste ist die Frage, wo eigentlich die semantischen Regeln oder die "markers", die die Selektionspfade angeben, aufbewahrt sind. Den ordinary language-Philosophen war vorgeworfen worden, bei der KF-Diagnose letztlich auf Sprecherintuitionen angewiesen zu sein, weil die Substitutionsprobe nur pseudosyntaktisch ist und tatsächlich eine Art Sinnkriterium voraussetzte, wenn man sie operationalisieren wollte. "But what are the tests of absurdity?", hatte Ryle rhetorisch gefragt und war in dieser Frage ohne Illusionen. Es ist zu fragen, ob Chomsky und seine Nachfolger demgegenüber so viel weitergekommen sind. Die gTG hat ein Verständnis der syntaktischen und semantischen Regeln - ob sie nun als im Sprachsystem selbst oder als in unserer idealisierten Sprecher/Hörer-Kompetenz kodifiziert zu denken sind -, in dem der *Weltbezug* der Sprache grundsätzlich ausgeklammert ist. Der Weltbezug der Sprache bringt es aber mit sich, daß das Sprachsystem in einer ständig sich wandelnden Umgebung offen für Anpassungen sein muß. Diese Bedingung kann ein System von strikten Regeln nicht erfüllen. Eine als Regelsystem begriffene Sprache setzt Subjekte voraus, deren regelanwendende *und regelverändernde* Aktivität nicht selbst noch einmal nach einem strikten Regelbefolgungsmodell erklärt werden kann. Die durch Sprachregeln beschriebene Kompetenz steht im Dienste unserer kognitiven und kommunikativen Orientierung in einer wesentlich offenen Welt. Das Regelsystem Sprache läßt sich zur Weltseite hin nicht abschotten, und in einem offenen System können Regeln nicht ihre eigene Anwendung regeln. Es muß kaum eigens betont werden, daß Veränderungen in der Welt oft auch die Revision von kategorialen Zuordnungen nach sich ziehen.

Lappin sieht in der falschen Autarkieunterstellung der Semantik den entscheidenden Grund dafür, daß die gTG und ihre Nachfolger am KF-Problem scheitern müssen:

> "The theories of linguistic semantics examined here are not designed to capture the relations holding among the expressions of a language and objects in the universe of

discourse. It is for this reason that they are unable to provide a general and principled characterization of sortal incorrectness, or an account of the relation between sortal well-formedness and reference". Ihr Fehler liegt darin "to treat significance as dependent only upon the coupling of expressions, and totally unrelated to things in the world" (Lappin 1981, 27f und 83).

Weil die Sprache gegenüber der Welt nicht autark ist, kann ihre Gegenstandsklassifikation nicht in einem strikten Regelsystem kodifiziert sein. Schließlich sind *wir* es, die aufgrund unserer Überzeugungen über die Beschaffenheit der Gegenstände den Lexikoneinträgen semantische Merkmale zuschreiben. So schließt Lappin: "Semantic marker theory does not supply a general method for distinguishing sortally incorrect sentences but [...] it presupposes such a method as the basis of its operation" (a.a.O., 19).

Mit der falschen Semantik-Konzeption hängt auch ein zweites, spezifischeres Problem zusammen, nämlich die Unmöglichkeit, innerhalb des Begriffsrahmens der gTG zwischen unakzeptablen, etwa auf mangelnder Sprachkompetenz beruhenden Abweichungen einerseits und *kommunikativ intendierten* Abweichungen andererseits, etwa Metaphern, zu unterscheiden.[33] Den letzteren kann die gTG nicht Rechnung tragen, weil auch sie sich wie die meisten Teilnehmer der KF-Debatte nicht für Sprecherintentionen interessiert und trotz ihrer generativen Orientierung[34] Anomalien ausschließlich in bezug auf die Rekonstruktionsleistungen des *Hörers* behandelt, welcher, "wenn er mit Störungen in der Übertragung oder einer schlecht funktionierenden Quelle von Mitteilungen konfrontiert ist, einwandfreie Prototypen rekonstruieren muß. Die Theorie von Katz ist daher völlig unfähig, gewollte Abweichung als ein Mittel der Kommunikation zu erfassen" (Weinreich 1966, 32). Die gTG und ihre Nachfolger sind notorisch am schwächsten, wenn es gilt, den kreativen und innovativen Elementen der Sprachkompetenz Rechnung zu tragen, und mit dieser Schwäche sind sie unter den Sprachtheorien dieses Jahrhunderts nicht allein. Schon der Prager Strukturalismus hat die Metapher allein negativ als Abweichungsphänomen bestimmt, während in der analytischen Philosophie die Tendenz zu beobachten ist, die Erklärung metaphorischer Rede in die Pragmatik auszulagern und sie dort zu psychologisieren, auf daß die systematische Sprachtheorie nicht mit den tatsächlichen Subtilitäten der Semantik natürlicher Sprachen belastet werde.[35]

---

33 Ich spreche von kommunikativer Intendiertheit und vermeide den Begriff der Interpretierbarkeit, denn manchmal sind die Abweichungen des ersten Typs (z.B. Malapropismen) sogar einfacher zu interpretieren als die des zweiten, indem man sie nämlich stillschweigend korrigiert.

34 Generativ ist die gTG nur im eingeschränkten Sinne. Es ist von Vertretern der gTG wiederholt bemerkt worden, daß die Spracherzeugungsregeln entgegen dem Mißverständnis der Psycholinguisten nicht unmittelbar psychische Prozesse beschreiben. Allerdings wird der späte Chomsky zunehmend biologistisch.

35 Selbst bei Habermas wird die metaphorische Rede in die Kategorie der indirekten Verständigung abgedrängt, die sich zum verständigungsorientierten Originalmodus der Sprachverwendung parasitär verhalte. Metaphorische Rede kann aber perfekt verständigungsorientiert sein.

Solange die grundsätzliche Orientierung nicht überwunden wird, Sprachkompetenz im Stile der gTG nach einem strikten Regelbefolgungsmodell zu erklären, so daß Regelverletzungen automatisch die Postulierung von Abweichungsregeln nach sich ziehen, drängt sich die Auslagerungsstrategie in die Pragmatik geradezu auf. Black bringt den Grund dafür auf den Punkt: "[T]here can be no rules for 'creatively' violating rules" (Black 1977, 438). Tatsächlich war die Einsicht in die kreative Dimension des Metapherngebrauchs andernorts längst erreicht. Nieraad ist darin zuzustimmen, "daß die [...] Metaphernerklärungen der Transformationsgrammatik weit hinter das mit den Beiträgen von *Black* und *Richards* [...] abgesteckte Problembewußtsein zurückfallen" (Nieraad 1977, 55). Ohnehin sollte eine ambitionierte Sprachtheorie unabhängig vom Metaphernproblem in der Lage sein, der kreativen und innovativen Dimension der Sprachverwendung theoretisch Rechnung zu tragen.

Weinreich und Oomen versuchen dagegen, die gTG dahingehend weiterzuentwickeln, daß kommunikativ funktionalisierte Anomalien wie Metaphern "nicht mehr in erster Linie negativ definiert [werden] als Verstöße gegen Regeln, sondern positiv als Ausdrücke, die sich durch eine besondere Bedeutungsstruktur auszeichnen" (Oomen 1973, 16). Zwar gibt es innerhalb der KF- bzw. Grammatikalitätsdebatte einige Autoren, die die enge Verbindung von KF- und Metaphernproblem erkennen - manche Metapherntheoretiker *definieren* Metaphorizität gerade über kategoriale Absurdität -, aber dieser Zusammenhang wird wie schon bei Chomsky regelmäßig nach dem engen Schema aufgefaßt, daß Sätze, die bei wörtlicher Lesart als kategorienfehlerhaft eingestuft werden müßten, durch metaphorische Interpretation 'gerettet' werden können (vgl. Drange 1966, 13f u. 169ff; Lappin 1981, 102ff). Der sprachsystematische Status von Metaphern kann infolge dieses Schismas von Metaphorizität und Literalität nicht in den Blick geraten; es entsteht entweder ein Jargon der Uneigentlichkeit, der die Semantik der Metapher mystifiziert, oder aber die Metapher wird aus der Semantik in die Pragmatik verschoben, die wiederum psychologisiert wird. Bevor wir uns aber ausführlich dem Metaphernthema zuwenden, sollen die Möglichkeiten einer informellen Handhabung des KF-Arguments noch weiter erkundet werden sowie dessen Bedeutung für diejenige antinaturalistische Position, zu deren Stützung die KF-Kritik in der ordinary language-Philosophie verwendet wurde: für den Sprachendualismus.

1.3 Ist der Sprachendualismus noch zu retten?

Zunächst eine kurze Zwischenbetrachtung: Ich hatte der communis opinio folgend das KF-Verdikt als argumentatives Herzstück des SD bezeichnet und diesen

---

Habermas verfällt einem Kurzschluß von wörtlicher *Bedeutung* und verständigungsorientierter *Rede*, den Seel (1990) überzeugend kritisiert hat (s.u., IV, 2.2).

seinerseits als eine der wichtigsten zeitgenössischen Argumentationsstrategien der Naturalismuskritik. Eine kritische Sichtung der einschlägigen Diskussionsbeiträge von Ryle bis zur gTG hat ergeben, daß bisher keine befriedigende Operationalisierung der KF-Diagnose vorliegt. Dies stellt jedoch keinen entscheidenden Einwand dar, wenn man das KF-Argument mit Ryle als ein *sinnkritisches* Argument auffaßt, welches nicht auf mangelnde syntaktische Wohlgeformtheit abzielt, sondern auf semantische Absurdität, und wenn man weiterhin die Suche nach einem allgemeinen operationalen Sinnkriterium als gescheitert ansieht. Es bleibt dem sinnkritischen Philosophen nichts anderes übrig, als die behauptete Absurdität im Einzelfall durch philosophische Argumentation zu erweisen, wobei der *reductio ad absurdum*-Figur eine große Bedeutung zukommt. Das gilt umso mehr, als die philosophisch interessanten KF nicht vom Typ "Caesar ist eine Primzahl" sind, sondern vielmehr *versteckte* Verletzungen der Grenzen des Sinns enthalten, die auf der sprachlichen Oberflächenstruktur nicht deutlich zutagetreten. Wer dieses Angewiesensein auf philosophische Argumentation als Flucht in unausweisbare semantische Intuitionen denunziert, hat nicht begriffen, wie in Anbetracht der Verfallsgeschichte des Sinnkriteriums im Logischen Empirismus philosophische Sinnkritik heute nur aussehen kann. Die Ironie in der Karriere des KF-Verdikts in der ordinary language-Philosophie besteht darin, daß das Argument, soll es operationalisierbar sein, eigentlich dem Gegenlager (Russell, Carnap) zugehört, insofern es nur in formalisierten Sprachen die Schärfe eines Rasiermessers gewinnen kann.[36]

Das Junktim von KF-Argument und SD wird von beiden Seiten her gelockert werden müssen, denn der Sprachendualist behauptet zugleich mehr und weniger als ein Verwender von Ryles stumpfem Rasiermesser. Mehr behauptet er, insofern er eine *Dualität* von Diskursuniversen annimmt, worauf nicht jeder, der KF kritisiert, eo ipso verpflichtet ist (es könnte ja auch eine *Pluralität* von Diskursuniversen geben oder kontextuelle Variabilität von Kategoriengrenzen). Weniger behauptet der Sprachendualist, insofern sich die von ihm kritisierten Positionen nicht unbedingt KF im engeren Sinne zuschulden kommen lassen müssen; gerade unter Wittgensteinianern gibt es viele Sprachendualisten, die einen außerordentlich laxen und unterminologischen Gebrauch vom Begriff des KF, der "grammatischen Grenze" o.ä. machen.[37] Ich kann dies, im Glashaus sitzend, kaum verurteilen; problematisch wird diese Praxis aber dann, wenn der Sprachendualist nur vom philosophischen Prestige eines Idioms zu profitieren sucht, das sich einer Sprachtheorie verdankt, die er selbst nicht mehr vertreten kann. Im Zweifelsfall

---

[36] Die Geschichte der gTG hat, so Köller, gezeigt, daß "sich die Selektionsregeln offenbar nur in formalisierten Sprachen in der Strenge handhaben lassen, die Chomsky anstrebt". Eben deshalb mußte "die selektionale Subkategorisierung aus der syntaktischen Komponente herausgelöst und der semantischen Komponente zugewiesen" werden (Köller 1975, 134).

[37] So etwa Waismann 1953 und Kambartel 1984. Ryle bekennt sich ja, wie zitiert, ausdrücklich zu einem "unexakten" und "amateurhaften" Gebrauch des KF-Arguments.

sollte man eher - ich erinnere an Warnocks Bemerkung zu Ryle - auf das Kategorien-Idiom verzichten, als eine Operationalisierbarkeit und einen Exaktheitsanspruch zu suggerieren, zu deren Einlösung einem das Instrumentarium fehlt.

Es gibt aber gleichwohl eine offensive Begründung für Ryles amateurhaften und unexakten Kategorienbegriff. Wenn man sich einmal fragt, worin denn eigentlich der argumentative Vorteil des KF-Verdikts im Unterschied zu älteren Einwänden gegen den Mechanismus (und den Substanzendualismus!) bestehen soll, so kann dieser Fortschritt ja nicht in der treuherzigen Forderung bestehen, daß alle redlich Denkenden Kategoriendisziplin üben sollten. An den *Vorsatz* müssen die meisten Naturalisten nicht eigens erinnert werden. Vielmehr bleibt als einziger erfolgversprechender Anwendungsfall des KF-Arguments diejenige Diskurssituation übrig, in der sich ein KF *eingeschlichen* hat, den der Opponent bisher nicht bemerkt hat und der erst ausbuchstabiert werden muß (vgl. Strawson 1970, 209f). Möglich ist dieser Fall, weil auch kompetente Sprecher einer Sprache nicht in jedem aktuellen Anwendungsfall die "logical powers" (Ryle) oder die latenten Implikationen der verwendeten Begriffe und ihrer Konstellation vollständig übersehen können; diese müssen vielmehr erst durch philosophische Analyse aufgedeckt werden (vgl. Ryle 1946, 331ff). So erklärt sich auch Ryles Vorliebe für die *reductio ad absurdum*-Figur. Es ist wichtig, diesen genuin argumentationstheoretischen (und nicht bloß logisch-beweistheoretischen) Kontext des Ryleschen Verfahrens im Blick zu behalten: es geht um sinnkritische Begriffsanalyse, von der man nicht schon vorab wissen kann, ob sie tatsächlich zu der angestrebten reductio führen wird.

Diese Unabsehbarkeit wird durch das Metaphernproblem noch verschärft. Viele metaphorische Prädikationen sind nicht nur akzeptabel, sondern erschließen neue semantische Potentiale, obwohl sie bei wörtlicher (Fehl)interpretation KF sind. Schlösse man metaphorische Rede, wie nicht selten vorgeschlagen, a priori aus dem seriösen philosophischen Diskurs aus, müßte ein immenser Teil unserer Sprachspiele zumal in der philosophischen Psychologie aufgegeben werden, und es ist, wie ich im Vorgriff behaupte, sehr fraglich, inwieweit eine solche Diskursreform überhaupt vorstellbar ist. Der Zusammenhang des Metaphernproblems mit einem *inklusiven* Kategorienbegriff, für den ich oben argumentiert habe, ist jedenfalls der, daß wir bei vermuteten KFn die komplexe Prädikationsstruktur der sich einander Kontext gebenden Begriffe jeweils en detail kontrollieren müssen, um über die Akzeptabilität entscheiden zu können. "What is important is patience in tracing out the actual subtleties of language. [...] A crossing of categories may not always produce nonsense" (Cross 1959, 270). Jedem Gegenstand kann eine Vielzahl von Prädikaten sinnvoll zugeschrieben werden, und die Verwender der Computermetapher des Geistes oder der homunculus-Metapher in der Psychologie sind eben der Überzeugung, daß die Kategorialstrukturen der beiden Gegenstände einen genügend großen Isotopiebereich aufweisen.

Der *Sprachendualismus*[38] ist nun eine Position, die über die Kritik einzelner KF hinaus behauptet, es gebe in der natürlichen Sprache eine rigide Grenze des Sinns, die die Sprache in zwei monolithische Diskursuniversen teilt (ich überzeichne etwas, um später Spielraum für Abstufungen und Kompromißvorschläge zu haben). Vom älteren Substanzendualismus unterscheidet sich der SD dadurch, daß er sich gegen eine ontologische Überhöhung dieser Dualität von Diskursbereichen wehrt und damit der Idee einer Einheit der Natur, die im Naturalismus eine so große Rolle spielt, entgegenkommt oder zumindest nicht mit ihr konfligiert. Man hat den SD, weil er sich gegenüber der ontologischen Frage indifferent verhält, als eine Position bezeichnet, die lediglich die Streitenden in verschiedene Zimmer sperrt. - Der Gegenstand des SD ist das Geist/Körper-Problem, die einschlägigsten Kandidaten für die beiden Diskursbereiche heißen je nach Theoriesprache mentalistischer und physikalistischer Diskurs, Handlungssprache und Ereignissprache oder intentionalistisches und mechanistisches Idiom. Die wichtigsten Einzeluntersuchungen gelten der begrifflichen Spannung zwischen Gründen und Ursachen in der analytischen Handlungstheorie. Es gibt eine eher wissenschaftstheoretisch oder im weiten Sinne grammatisch orientierte Version des SD - die Behauptung verschiedener 'Logiken der Erklärung' -, in deren Rahmen auch das 'Logische-Beziehungs-Argument' angesiedelt ist, sowie eine lexikalische Version, die den Dualismus der Diskursbereiche an der Inkommensurabilität der jeweils verwendeten Vokabulare festmacht. Ich habe in der Einleitung dafür argumentiert, warum ich die lexikalische Version, obwohl mit schlechterer Reputation ausgestattet, in unserem Kontext für die interessantere und fundamentalere halte. Ein prototypischer lexikalischer Sprachendualist präsentiert uns wie Taylor (1966, 261) zwei Listen von Begriffen, die bei Strafe des KFs nur in jeweils einem der beiden Diskursbereiche vorkommen dürfen.

Der SD ist niemals zu einer Theorie im engeren Sinne ausgearbeitet worden. Da es zu weit führen würde, verschiedene Sprachendualisten mit ihren Argumenten hier einzeln vorzustellen, mag die folgende Skizze als Exempel einer sprachendualistischen Argumentation dienen. Zur Debatte stehe die Semantik des Wortfelds "Freiheit", "Zwang", "Gesetz" und "Notwendigkeit". Vertreter des Determinismus, beispielsweise die französischen Aufklärungsmaterialisten, haben die menschliche Willensfreiheit durch den Verweis auf "Naturgesetze" geleugnet, von denen auch der Mensch nicht suspendiert sei; dieser werde, so Holbach, "beständig durch dieselben Gesetze geregelt [...], die die Natur allen Dingen vorschreibt". Seine Selbsttäuschung bestehe darin, "daß er glaubte, er setze sich selbst in Bewegung und wirke immer durch seine eigene Energie; daß er glaubte, er sei in seinem Wirken und im Willen, der die Triebfeder des Wirkens ist, von den allgemeinen Gesetzen der Natur und der Gegenstände unabhängig" (Holbach 1770, 69f).

38 Zum Überblick über den SD vgl. Hastedt 1988, 93-106.

Ein Sprachendualist wird mit einigem Recht die unreflektierte *soziomorphe Präskriptionsmetaphorik* dieser und zahlloser ähnlicher Formulierungen deterministischer Philosophen kritisieren: "Gesetz", "regeln", "vorschreiben", "zwingen" sind Begriffe, die in der Beschreibung einer sozialen Praxis von Handlungsregulationen ihren Ort haben; hier sind Gesetze tatsächlich "gesetzt" und "regeln" unser Handeln, indem sie den ihnen unterstehenden Subjekten, im allgemeinen unter Sanktionsandrohung, etwas "vorschreiben". Nichts dergleichen gilt von Naturgesetzen. Das Gravitationsgesetz schreibt dem Stein sowenig vor, daß er zu fallen habe, wie es ihm für die Nichtbefolgung eine Sanktion androht.[39] Das Attribut "frei" in "freier Fall" kann anders als in der Anwendung auf menschliches Handeln keinen Kontrast zu einer "unfreien", "erzwungenen" oder "gestörten" Bewegung ausdrücken, denn für den Stein stellt sich diese Alternative nicht. Zwar ist zuzugeben, daß der Freiheitsbegriff einen sehr weiten und vielgestaltigen Anwendungsbereich hat. Man wird dem SD entgegenhalten, daß die Qualifikation "*freier* Fall" im Gravitationsgesetz sich nicht auf den autonomen Willen des fallenden Körpers bezieht, sondern auf die Ungestörtsein seiner Bewegung von anderen Kräften. Doch selbst die Idee des Ungestörtseins enthält einen Rest von immanenter Teleologie, denn von einer *Störung* einer Bewegung können wir nur reden, wenn wir die Bewegung mit der kontrafaktischen vergleichen, die dem Gegenstand 'eigentlich' oder natürlicherweise bestimmt war. Der Natur selbst ist aber nach neuzeitlichem Naturverständnis der Unterschied zwischen freien und erzwungenen Bewegungen fremd. Die Natur kennt auch die Modalkategorie der Notwendigkeit nicht, denn deren Anwendung setzt einen mentalen Abgleich mit einem anderen möglichen Lauf der Dinge voraus. Philosophen, die den Anthropomorphismus in unserer Naturauffassung bekämpfen, drängen deshalb darauf, auch den Begriff der kausalen Notwendigkeit fallenzulassen:

> "Der Begriff der kausalen Notwendigkeit ist nichts anderes als ein letzter Rest einer animistischen Weltauffassung; denn wenn dabei daran gedacht wird, daß ein Weltzustand einen folgenden *kausal hervorruft*, so deutet man dabei die Notwendigkeit im Sinne einer Nötigung, also eines psychischen Zwanges, wie wir ihn aus der Selbsterfahrung kennen; der Weltablauf wird dabei bildlich so vorgestellt, als übe stets ein Weltzustand auf den folgenden einen Zwang aus" (Stegmüller 1960, 166f).

Der Einwurf liegt nahe, bei der Ablehnung des Anthropomorphismus hätte man in den mechanistischen Philosophen seine besten Verbündeten, und der Unterschied zwischen Naturgesetzen und sozialen Gesetzen sei jedem Verwender dieses Vokabulars klar. Doch dem ist nicht so. Im französischen Aufklärungsmaterialismus, und nicht nur dort, wird die Rede von als präskriptiv vorgestellten Naturgesetzen beständig und umstandslos zur Widerlegung der Willensfreiheit

---

39 Diese Kritik am soziomorphen Charakter des Begriffs des Naturgesetzes findet sich in scharfer Form in Mauthners *Beiträgen zu einer Kritik der Sprache* (1902, 561ff) sowie bei Nietzsche (1879, 20); später u.a. bei Schlick (1932) und bei Topitsch (1958).

eingesetzt, ohne zu bemerken, daß die deterministischen und freiheitsbeschneidenden Konnotationen des Begriffs des Naturgesetzes sich allein einer vorgängigen soziomorphen Projektion verdanken. Wenige Sprachendualisten oder dem SD nahestehende Autoren lassen es sich entgehen, einen auf diese Art begründeten Determinismus begrifflich zurückzuweisen.[40] Schier hoffnungslos wird die Konfusion, wenn aus einer deterministischen Naturphilosophie überdies eine stoizistisch-fatalistische Ethik gefolgert wird, derzufolge der Mensch gut beraten sei, der Natur zu folgen und sich nicht dem zu widersetzen, was ohnehin mit Notwendigkeit geschehe. Es wird an seine Freiheit und Einsichtsfähigkeit appelliert, auf daß er erkenne, daß sie nicht existiert. Holbach behauptet dann in einer nochmaligen Volte, daß uns die Natur, wenn wir ihr nur folgen, zu unserer freien Verfügung stünde.[41] Bekanntlich wird in ethischen Diskussionen die Natur auch heute noch als eine normative Instanz ins Feld geführt (vgl. Birnbacher 1991); die begriffsverwirrte Berufung auf Natur behauptet hartnäckig den ihr nicht zustehenden Platz im Diskurs der Ethik.

Wie aber läßt sich der Vorwurf der soziomorphen Präskriptionsmetaphorik semantisch oder etymologisch näher begründen? Der Naturalist könnte dem lexikalischen Sprachendualisten entgegenhalten, daß Wörter wie "zwingen" oder, eine Lieblingsvokabel der Moralphilosophie des 18. Jahrhunderts, "Triebfeder" ursprünglich konkrete physische Vorgänge oder Mechanismen beschrieben und die psychologische oder handlungstheoretische Verwendung demgegenüber abgeleitet ist.[42] Auch die behauptete kategoriale Differenz zwischen Gründen und Ursachen läßt sich philologisch schwerlich begründen. Warum sollte der Begriff des Grundes mit seiner topologischen Herkunft ausgerechnet zum Ausdruck eines rationalen Zusammenhanges prädestiniert sein, warum sollte der ursprünglich temporale Ursachenbegriff speziell einen kausalen Zusammenhang ausdrücken? Die umgekehrte Zuordnung wäre nicht weniger motiviert. Es scheint, als sei für den lexikalischen SD von seiten etymologischer Untersuchungen wenig Unterstützung zu erwarten. Wenn man lange genug gräbt, läßt sich ein originärer mentalistischer Diskurs auf der lexikalischen Ebene nicht mehr ausmachen. Man gerät in spekulative Sprachursprungstheorien, in denen am Ende sogar die Differenz von literal und metaphorisch zusammenbricht.

Die scharfsichtigeren unter den ordinary language-Philosophen sind sich darüber im klaren. Ryle ist Behaviorist genug, die Existenz eines für Mentales oder Sensuelles reservierten Vokabulars abzustreiten (vgl. 1949, 201ff), und Wittgen-

---

40 "But the billiards player asks for no special indulgences from the laws of physics any more than he does from the rules of billiards. Why should he? They do not force his hand" (Ryle 1949, 80).

41 Zu Holbachs praktischer Philosophie vgl. Baruzzi 1973, 94ff.

42 Vgl. McReynolds 1980, 105ff zur Begriffsgeschichte von "Triebfeder" und "Motiv" in der Psychologie. McReynolds versucht zu zeigen, daß der psychologische Begriff des Motivs sich erst aus der Uhrenmetapher herleitet.

Die scharfsichtigeren unter den ordinary language-Philosophen sind sich darüber im klaren. Ryle ist Behaviorist genug, die Existenz eines für Mentales oder Sensuelles reservierten Vokabulars abzustreiten (vgl. 1949, 201ff), und Wittgenstein sagt: "Alle unsere Redeformen sind aus der normalen physikalischen Sprache hergenommen" (1964, 88). In Anbetracht solcher Äußerungen kann man mit Recht daran zweifeln, ob der Begriff "SD", der ja immer eine Fremdetikettierung war, überhaupt eine korrekte Bezeichnung für Positionen innerhalb der ordinary language-Tradition ist.

Was aber ist die "normale physikalische Sprache", von der Wittgenstein spricht? Die lexikalische Differenz von mentalistischer und physikalischer Sprache wird umso spekulativer, je eingehender man sich mit der Etymologie beschäftigt. Sprachgeschichtlich kann der Primat einer physikalischen Sprache ebensowenig behauptet werden wie der einer mentalistischen. Ist also der deskriptive SD in seiner lexikalischen Version zum Scheitern verurteilt, weil weder mentalistischer noch physikalistischer Diskurs sich aus eigenen Ressourcen speisen? Sich mit dieser Quintessenz bescheiden heißt die Pointe der diesbezüglichen Bemerkungen Wittgensteins und Ryles verpassen. Diese besteht gerade darin, daß wir uns von lexikalischer und oberflächengrammatischer Isomorphie zwischen Sätzen über Physisches und solchen über Mentales nicht täuschen lassen dürfen: "Wenn Wörter in unserer Umgangssprache *prima facie* analoge Grammatiken haben, sind wir geneigt zu versuchen, sie analog zu deuten; d.h. wir versuchen, die Analogie durchweg bestehen zu lassen" (Wittgenstein 1970, 23). Dies ist aber genau der Fehler, den zurückzuweisen ein Lieblingsthema Wittgensteins in den *Philosophischen Untersuchungen* ist: zu glauben, ein Wort müsse in jedem Anwendungsfall denselben Kriterien folgen. Wittgenstein spricht von einer "*grammatischen* Fiktion" (*PU* § 307), die uns fälschlich glauben läßt, wir bezögen uns mit mentalen Prädikaten auf einen eigenen nichtphysischen 'inneren' Gegenstandsbereich. Und Ryle wird nicht müde zu betonen, daß eine Parallelität sprachlicher Oberflächenstrukturen keine Identität logischer Kategorien garantiert (z.B. 1931 und 1946, 333).

Für Ryle und Wittgenstein bleibt nur ein Ausweg, wodurch ihr SD zu einem *impliziten* wird: der der systematischen Ambiguität. "There are at least two quite different senses in which an occurrence is said to be 'explained'; and there are correspondingly at least two quite different senses in which we ask 'why' it occurred and two quite different senses in which we say that it happened 'because' so and so was the case" (Ryle 1949, 88).[43] In dem wiederholten "at least" verbirgt sich, um es unfreundlich zu sagen, das ganze schlechte Gewissen eines ordinary language-Philosophen, der ohne jede sprachanalytische Rechtfertigung lexikalische Ambiguitäten postuliert. Die unkontrollierte Einführung von Ambiguitäten haben wir oben bereits mit Black und den Routleys kritisiert. Natürlich sind

---

43 Die Ambiguitätslösung propagiert Ryle auch in "Categories" (1938, 78).

schen episodischen und dispositionalen Verwendungsweisen mentaler Prädikate sind plausibel, weil Ryle viel Material beibringt und über eine sensible sprachphänomenologische Wahrnehmung verfügt. Unbefriedigend ist nur, daß diese Distinktionen mit viel Sympathie gelesen werden müssen, weil sie eigentlich mehr argumentativen Aufwand erforderten, als Ryle für nötig hält.

Ich halte als Zwischenergebnis fest, daß der SD auf die Möglichkeit einer disjunkten Zuordnung des Lexikons natürlicher Sprachen zu zwei monolithischen Diskursuniversen, nenne man sie wie man will, nicht rechnen darf. *Dieser* SD ist also *nicht* zu retten. Ich weise noch einmal auf die Ironie hin, daß die Komplexität und Vielschichtigkeit der natürlichen Sprachen für die ordinary language-Philosophie ja gerade den Grund abgab, die logischen Regeln formalisierter Sprachen für die Analyse der natürlichen Sprache für unzureichend zu halten. Der SD kann zum Zwecke der Departementalisierung des Lexikons auf Typentheorien von Russellscher Strenge oder auf strikte Selektionsregeln im Sinne der gTG nicht zurückgreifen und sollte ihnen auch nicht nachtrauern. Damit ist ein vernichtendes Urteil über die Möglichkeit von KF-Argumenten nicht gefällt, denn es könnte ja dennoch *kontextuell variable* Kategoriengrenzen geben. Die behauptete Inkommensurabilität von Sprachspielen müßte dann, wie ich unten vorschlagen werde, kontextabhängig modifiziert werden.

Was die ersatzweise Strategie der Differenzierung von Verwendungsweisen betrifft - soll man sie noch sprachendualistisch nennen? -, so ist die Lage besser, als es am grünen Tisch den Anschein hat, denn einige Naturalisten liefern hier unfreiwillig Argumente frei Haus, indem sie von begrifflicher Ambiguität so offen zu profitieren suchen, daß die Inkonsistenz mit Händen zu greifen ist. Erinnern wir uns an Quine, Freud und die Kybernetiker, die wir jeweils dafür kritisiert hatten, daß sie für ihre Theorien zentrale Begriffe ("stimulus meaning" und "sensory evidence", "psychische Energie", "Information") zweideutig einführen und sie schillern lassen, um in manchen Theorieteilen von der einen, in manchen von der anderen Lesart zu profitieren. Manche Behauptungen Quines sind nur plausibel, wenn er mit dem langen Weg von der sensorischen Information zur Wissenschaft eine Kausalkette meint, andere nur, wenn er damit einen rationalen Begründungszusammenhang meint. Um kein Mißverständnis aufkommen zu lassen: Es kann natürlich nicht darum gehen, bestimmte Konnotationen und Implikate der verwendeten Begriffe auszuschließen, idealsprachlich zu normieren oder gar die ambiguitätsgefährdeten Begriffe aus dem Verkehr zu ziehen. Die Implikate müssen allerdings reflektiert werden, und in denjenigen Kontexten, in denen andernfalls Mehrdeutigkeiten entstehen, muß der Verwender darauf festgenagelt werden, sich für eine Lesart zu entscheiden. Daß solche versteckten Begriffskonflikte überhaupt möglich sind, wo doch der lexikalische SD nicht zu halten ist, liegt eben an der Nicht-Exklusivität und Nicht-Transitivität der Kategorien in natürlichen Sprachen. Es ist nicht der Fall, daß zwei Gegenstände, denen Prädikate derselben Kategorie zuschreibbar sind, automatisch auch in allen anderen Kategorien, denen sie darüberhinaus angehören, übereinstimmen. Es kommt also, ohne das Kategorienidiom ausgedrückt, darauf an, ob die im jeweiligen Kontext aktualisierten Bedeutungsanteile der verwendeten Begriffe in ihrer Konstellation Absurdität generieren oder nicht. Philologischen und etymologischen Untersuchungen kommt hierbei allenfalls ein gewisser heuristischer Wert zu, mehr nicht. Wörter haben ihre Geschichte und ihren Eigensinn; dieser ist aber nicht so stark, daß er dem lexikalischen SD Legitimation verschaffte und jeden weiteren argumentativen Aufwand überflüssig machte. Selbst in meinen oberflächlichen Ausführungen zum Gesetzesbegriff habe ich mich ja nicht allein auf die Wortgeschichte verlassen. Es kommt nicht nur darauf an, welche Wörter verwendet werden, sondern vor allem darauf, wie sie explanatorisch eingesetzt werden.

2 *"Under a Description" - Vom Sprachendualismus zur Pluralität von Beschreibungskontexten*

Warum harrte der zum Tode verurteilte Sokrates im Gefängnis aus, anstatt die Möglichkeit zur Flucht zu nutzen? Der Naturphilosoph und Mathematiker Anaxagoras würde, so Sokrates, eine naturalistische Erklärung dergestalt geben, "daß ich jetzt deswegen hier säße, weil mein Leib aus Knochen und Sehnen besteht, und die Knochen sind dicht und durch Gelenke voneinander geschieden, die Sehnen aber so eingerichtet, daß sie angezogen und nachgelassen werden können" usw., "und aus diesem Grunde säße ich jetzt hier mit gebogenen Knien" (*Phaidon* 98 c-d). Eine solche Erklärung aber hält Sokrates für eine große "Untauglichkeit der Rede" (99b) und möchte sein Verhalten stattdessen durch vernünftige Handlungsgründe erklärt wissen. Auf welche Entitäten beziehen sich nun diese alternativen Erklärungen? Könnte man sagen, daß hier durch zwei intensional verschiedene Beschreibungen verschiedene Aspekte extensional identischer Ereignisse, d.h. *eines und desselben Ereignisses* erklärt werden? Wie aber läßt sich die numerische Identität dessen, wovon die Beschreibungen Beschreibungen sind, überhaupt feststellen, falls es der Fall sein sollte, daß wir ein Ereignis immer nur unter einer bestimmten Beschreibung identifizieren können? Und wenn sich die Identität eines gemeinsamen Substrats feststellen ließe, welchen ontologischen Status hätte dieses? Und wäre schließlich, verträte man eine physikalistische Ontologie, eine Erklärung durch Handlungsgründe grundsätzlich auf eine Erklärung durch Kausalursachen reduzierbar?

Dieser Fragenkomplex hat in der analytischen Handlungstheorie eine ausführliche Diskussion erfahren, an die ich im folgenden anknüpfe. Unter anderem hat diese Diskussion von der Einführung der Formel "under a description" (Anscombe 1957, Davidson 1963) profitiert. Mit diesem Erklärungselement suchte man den von Joel Feinberg so genannten "Akkordeon-Effekt" in den Griff zu bekommen, den Umstand, daß man mit ein und derselben Körperbewegung eine große Zahl von unterschiedlich zu beschreibenden Handlungen zugleich vollziehen kann: den Finger krümmen, den Lichtschalter betätigen, das Zimmer beleuchten, die Glühbirne abnutzen, dem Einbrecher signalisieren, daß jemand im Hause ist, eine Gasexplosion auslösen - mit etwas Phantasie, an der es den analytischen Handlungstheoretikern selten mangelt, lassen sich weitaus längere Beispielketten konstruieren. Wie leicht zu sehen ist, ist es möglich, daß jemand unter *einer* Beschreibung dessen, was er tut, weiß, was er tut, und die Handlung somit absichtlich vollzieht, unter einer anderen Beschreibung aber nicht. Daraus ergeben sich interessante Verwicklungen für die Begriffe des Handelns und des Beabsichtigens sowie für die Frage der Identität von Handlungen und Ereignissen. Unter anderem folgt, daß eine wahrheitswerterhaltende Substitution verschiedener Beschreibungen einer Handlung oder eines mentalen Ereignisses nicht immer möglich ist, denn während wahr ist, daß Ödipus absichtlich den Verkehrsrowdy erschlug, ist es unwahr, daß er absichtlich seinen Vater erschlug. In Fällen wie diesem hat also, wie Davidson (1971b, 194f) bemerkt, die Rede von einer Handlung "unter einer Beschreibung" den Sinn, darauf hinzuweisen, daß ein intensionaler Kontext vorliegt, in dem das Prinzip der Substituierbarkeit extensionsgleicher Termini nicht gilt.

Ich werde die *under a description*-Formel teilweise aus ihrem handlungstheoretischen Kontext herauslösen und sie dazu benutzen, ein grundsätzliches Problem zu beleuchten, das mit dem naturalistischen Verfahren der Neubeschreibung, Reformulierung oder Übersetzung von im intentionalistischen Idiom formulierten Erklärungen des Mentalen verbunden ist.[1] Es soll daraus ein Argument hervorgehen, das zur Verfeinerung und zugleich zur Modifizierung unserer bisher nur unzureichend begründeten sprachendualistischen Intuitionen dienen kann.

Das Theorem, das ich zum Ausgangspunkt nehme, besagt, daß jede Erklärung ihren Gegenstand nur relativ zu der Beschreibung, unter der er in ihr vorkommt, erklärt. Die Handlungstheorie ist dabei nur ein Anwendungsfall dieses Theorems

---

1 Ich beziehe mich im folgenden ausschließlich auf Davidson. Der Einfluß, den Davidsons "anomaler Monismus" in der analytischen Philosophie des Geistes gewonnen hat, ist gar nicht zu überschätzen. Die Reputation des anomalen Monismus als einer der attraktivsten Positionen auf dem Markt ist so groß, daß selbst Quine und Rorty sich zu ihm bekennen, obwohl weder ein ontologisch depotenzierter Kontextualismus noch ein mit dem Eliminativismus sympathisierender Physikalismus mit dem anomalen Monismus vereinbar sind. Dessen Attraktion besteht natürlich in seinem Versprechen, ein nichtreduktiver Naturalismus zu sein. Wie Rorty vollmundig erklärt: "a picture of the relations between the human self and the world which, though 'naturalized' through and through, excludes nothing" (Rorty 1987a, 278). Überhaupt ist an Publikationen, die sich einen "nichtreduktiven Physikalismus" oder einen "Naturalismus ohne Reduktionismus" auf ihre Fahnen geschrieben haben, in den letzten Jahren kein Mangel (vgl. etwa Quine 1977; Bhaskar 1979; Boyd 1980; Rorty 1987a; Baker 1987, 172; Holenstein 1991, 331).

von der Beschreibungsrelativität. Womit wir es zunächst zu tun haben, ist die auf den ersten Blick nicht eben anspruchsvolle Behauptung, daß man auf ein und dasselbe Ereignis mit verschiedenen Beschreibungen Bezug nehmen kann. Eben dies ist der Sinn der Rede von Ereignissen "unter einer Beschreibung": die gleichzeitige Behauptung von extensionaler Identität des Beschriebenen und intensionaler Nichtidentität der Beschreibungen. Hiervon versuchen sowohl der Naturalist wie der Sprachendualist argumentativ zu profitieren, der eine von der Extensionsgleichheit, der andere von der intensionalen Irreduzibilität. 'Warum sollte unser Diskurs über den Menschen nicht naturalisierbar sein, wenn wir doch von denselben Gegenständen sprechen wie zuvor?', fragt der Naturalist. 'Wie kann der Diskurs über den Menschen naturalisierbar sein, wenn nicht einmal koextensive Ausdrücke ersetzt werden können?', fragt sein Opponent.

Die Relevanz der *under a description*-Formel für unseren Zusammenhang liegt auf der Hand, wenn man sich die zahlreichen Verbindungen zu oben bereits behandelten Problemen klarmacht: zu Carnaps Extensionalitätsthese und dem Programm der Einheitswissenschaft via physikalistische Sprachreform, zu Quines Behauptung, naturalisierte Erkenntnistheorie beantworte dieselben Fragen wie die traditionelle, zu Fodors Verteidigung der wegen der unterschiedlichen Gegenstandsklassifikation nicht reduzierbaren Vielfalt einzelwissenschaftlicher Erklärungen, zum Anspruch des Funktionalismus, über eine ontologisch neutrale Sprache zur Beschreibung des Mentalen zu verfügen. Auch die Verbindung zum Kategorienfehlerthema liegt auf der Hand, denn manchmal entstehen aus der Implementierung anderer Beschreibungen eines Ereignisses in einen gegebenen Kontext KF.

Die entscheidende Frage für unseren Zusammenhang ist die, inwiefern sich eigentlich verschiedene Beschreibungen auf dasselbe Ereignis beziehen können.[2] Um bei den Handlungsbeschreibungen zu bleiben: Was ist es, auf das sich die Beschreibungen gemeinsam beziehen? Was ist ihr *tertium quid?* Wohl kaum die Handlung, denn von Handlungen sprechen wir nur dann, wenn sie intentional vollzogen werden. Unter manchen Beschreibungen ist ein Ereignis keine Handlung mehr, also ist die Handlung als Kandidat für den gemeinsamen Referenten einer gegebenen Menge von Beschreibungen nicht neutral genug. Also "das Getane" oder "das Ereignis"? Alle diese Ausdrücke "have, at least in some contexts, a strange ring when coupled with the wrong sort of description", bemerkt Davidson richtig (1963, 5) und gibt dann gleichwohl dem Ereignis den Vorzug. Das Problem dabei ist, daß wir für Ereignisse keine singulären Termini besitzen. "Jones did it slowly, deliberately, in the bathroom, with a knife, at midnight" - nämlich sich einen Toast schmieren (Davidson 1967a, 105): Während die logi-

2 Davidson nennt das Verhältnis zwischen Beschreibungen und dem, wovon sie handeln, nicht Bezugnahme (*reference*), sondern Entsprechung (*correspondence*), weil er "reference" für die Beziehung von singulären Termini auf ihre Gegenstände reserviert (vgl. Davidson 1967a, 129). Wenn ich zuweilen doch unterminologisch von "sich beziehen auf" spreche, dann ohne diesen Unterschied verwischen zu wollen.

sche Form des Satzes vermuten läßt, wir könnten für "it" einen singulären Terminus einsetzen, der eine Entität benennte, von der Verschiedenes ausgesagt wird, gibt es diesen Terminus in der natürlichen Sprache nicht.

Stimmen wir Davidson in seiner ontologischen Privilegierung der Ereigniskategorie um des Argumentes willen vorläufig zu. Gesucht wären dann die Identitätsbedingungen für Ereignisse. Nun ist die Rede von extensionaler (oder numerischer) Identität überhaupt äußerst klärungsbedürftig, denn, wie Wittgenstein im *Tractatus* "beiläufig" anmerkt: "Von *zwei* Dingen zu sagen, sie seien identisch, ist ein Unsinn, und von *Einem* zu sagen, es sei identisch mit sich selbst, sagt gar nichts" (*Tract.* 5.5303). Eine zweistellige Relation kann der Identitätsbegriff nicht sein, als einstellige ist er trivial; eine Analyse, der Davidson (1969, 163) ausdrücklich zustimmt. Einschlägig ist hier auch die Bemerkung von Geach, es mache keinen Sinn, von zwei Dingen zu sagen, sie seien dasselbe, ohne einen generellen Terminus hinzuzufügen: dasselbe *was*?[3]

Zwar kann der Identitätsbegriff, was Wittgenstein hier unter den Tisch fallen läßt, immer noch den Sinn behalten, den er in der Frage nach numerischer Identität in der zeitlichen Sukzession hat: Ist dieser Gegenstand hier derselbe, den ich gestern sah? Dieser Fall ist aber für unseren Zusammenhang nicht interessant, weil der gemeinsame Bezugspunkt der Ereignisbeschreibungen ein simultaner sein muß. Ereignisse sind in Davidsons Ontologie "dated particulars". Die einzige Möglichkeit, die Rede von identischen Ereignissen der sinnkritischen Destruktion zu entreißen, ist der Übergang zur Metasprache. Zu fragen, ob *zwei* Ereignisse identisch sind, klingt zwar etwas schief, ist aber dann sinnvoll, wenn man sie als elliptische Formulierung für die Frage ansieht, ob zwei Beschreibungen von bisher nicht für identisch gehaltenen Entitäten nicht tatsächlich ein und demselben Gegenstand zukommen.[4] In dieser Interpretation konfligiert die Frage nicht mit der Einsicht, daß etwas im strikten Sinne nur mit sich selbst identisch sein kann. Bedingungen anzugeben, die erfüllt sein müssen, damit zwei Ereignisse miteinander identisch sind, macht keinen Sinn, denn *wenn* Identität vorliegt, gibt es nur *ein* Ereignis. Die Frage nach den Identitätsbedingungen muß also sinnvollerweise als Frage nach den *Identifizierungs*bedingungen interpretiert werden: unter welchen Bedingungen können wir von zwei Beschreibungen sagen, daß sie tatsächlich koreferent sind, d.h. wie können wir die Identität *feststellen*?

---

3 "I maintain that it makes no sense to judge whether x and y are 'the same', or whether x remains 'the same', unless we add or understand some general term - 'the same *F*'. That in accordance with which we thus judge as to the identity, I call a *criterion* of identity" (Geach 1962, 39). Und zur Begründung: "When the same name is used in two acts of naming, we can always ask whether the same thing is named. It follows that a general term can occur as a name only if it makes sense to prefix the words 'the same' to it" (38).

4 Auch für Davidson ist der einzige Weg, Wittgensteins Dilemma zu umgehen, "to substitute for questions about identities questions about sentences about identities. Then instead of asking when events are identical, we may ask when sentences of the form '$a = b$' are true" (1969, 163).

Die Rede von numerischer Identität steht hier also nicht in einem ontologischen, sondern in einem erkenntnistheoretischen Kontext.[5] Diese Lesart ist auch der vernünftige Sinn der in der psychophysischen Identitätstheorie verbreiteten Rede von "kontingenter Identität", die durch empirische Reduktion hergestellt werde. Natürlich hat Kripke recht, daß numerische Identität nur notwendigerweise vorliegen kann und nicht kontingenterweise. Es gibt keine kontingenten Identitäten, sondern allenfalls kontingente Identitäts*aussagen* (s.o., II, 1.4). Wäre der Gang der Wissenschaft anders verlaufen, wäre uns die Identität des Morgensterns mit dem Abendstern verborgen geblieben. Interpretieren wir die materialistische Identitätsbehauptung der Identitätstheorie also wohlwollend und sagen, daß im Falle von empirischen Reduktionen nichtkontingente Identität durch kontingente Identitätsaussagen festgestellt wird (bzw. festzustellen versucht wird; wir wollen das Wohlwollen nicht übertreiben). Auch Davidson bekennt sich zu einer Version der Identitätstheorie (z.B. 1970b, 209). Da er sich aber allein auf die Behauptung beschränkt, daß jedes einzelne mentale Ereignis identisch mit einem physischen Ereignis ist, ohne daß das Mentale begrifflich oder gar nomologisch auf das Physische reduzierbar wäre, hat Davidson mit dem für die Identitätstheorie so unangenehmen Reduktionsproblem nichts weiter zu tun.[6] Für ihn "it is possible to know that a mental event is identical with some physical event without knowing which one" (1970b, 224). Die Attraktion des anomalen Monismus besteht also darin, daß er offenbar "den Primat des Physikalischen aus dem sinkenden Schiff der [Typ-]Identitätstheorie" rettet (Metzinger 1985, 247).

Davidson lehnt also die Typ-Identitätsthese ab, weil sie begriffliche Reduktionen erfordert. Aber auch die schwächere token-Identitätsthese muß erst einmal eingelöst werden. Unsere Frage nach den Identitäts- bzw. Identifikationsbedingungen für Ereignisse lautet: Unter welchen Bedingungen können wir von zwei intensional verschiedenen Beschreibungen sagen, daß sie Beschreibungen ein und desselben Ereignisses sind?

Wie man inzwischen errät, wird meine Strategie darin bestehen, hartnäckig auf der Frage herumzureiten, ob die intensionale Verschiedenheit nicht am Ende doch auf die Ontologie durchschlagen muß. Diese Konsequenz wäre dann unausweichlich, wenn es keine beschreibungsunabhängigen Verfahren der Ereignisidentifikation gibt, so daß man im Falle einer initialen Inkommensurabilität von Beschreibungen aus dieser nicht mehr herauskäme. Davidsons Problem ist, daß die Rede von der Beschreibungsrelativität ein Identisches präsupponiert, *wovon* die disparaten Beschreibungen handeln, ohne doch ein neutrales Vokabular zur Verfügung zu haben, mit dem man dieses Substrat identifizieren könnte. Bei

---

5 Ich setze voraus, daß die Kategorie des Ereignisses schon in unsere Ontologie eingeführt ist.

6 Sein anomaler Monismus enthält nur "a very general, and so very weak, concept of reduction, what might be called ontological reduction. It is trivially obvious that ontological reduction does not entail definitional reduction [...], nor does is entail nomological reduction" (Davidson 1985b, 243).

Dennett heißt es über intensionale Kontexte: "[T]o change the description is to change the object. What sort of thing is a different thing under different descriptions? Not any object. Can we not do without the objects altogether and talk just of descriptions?" (Dennett 1969, 29).

Anscombe, die Inauguratorin der *under a description*-Formel, vermeidet im Unterschied zu Davidson die Rede über Ereignisidentität und das gemeinsame Substrat verschiedener Beschreibungen. Sie zieht sich auf die defensive Formulierung zurück, daß der Handelnde (z.B. im Falle des Lichtanknipsens) eben nicht *mehrere Handlungen nacheinander* vollziehen mußte, um den besagten Akkordeon-Effekt zu erzielen. Dies ist zweifellos richtig, aber Anscombes Zurückweisung aller weitergehenden Fragen als metaphysische Scheinfragen (vgl. 1979, 220) scheint mir durch nichts gerechtfertigt; damit wird bloß wie bei Rorty ein *schlechter* Wittgensteinianismus[7] perpetuiert.

Davidson *hat* dagegen ein Kriterium für Ereignisidentität, und dieses soll auch für mentale Ereignisse gelten. Zunächst zieht er in Erwägung, daß Ereignisse ebenso wie materielle Gegenstände durch die Einnahme eines bestimmten Ortes und Zeitabschnittes individuiert[8] werden, läßt diese Bestimmung aber wieder fallen, weil sich Fälle denken lassen, in denen an einer Raum-Zeit-Stelle mehrere als Ereignisse zu beschreibende Veränderungen zugleich stattfinden (1969, 178f). Nach Erwägung einiger weiterer Vorschläge formuliert er schließlich folgendes "criterion for the identity of events", das er als notwendig und hinreichend ansieht: "[E]vents are identical if and only if they have exactly the same causes and effects" (1969, 179). Ereignisse sind also Davidson zufolge durch ihre *kausale Position* im Flux der Veränderungen der Welt eindeutig identifiziert. Die Identifizierung eines Ereignisses durch die Angabe der Summe seiner Ursachen und Wirkungen soll gegenüber der mental/physisch-Differenz neutral sein, da gilt: "If events are related as cause and effect, they remain so no matter in what vocabulary we choose to describe them" (1982a, 299).

---

7 Auch Wittgenstein selbst vertritt ab und zu einen schlechten Wittgensteinianismus, wie er sich in der überzogen pragmatistischen Bemerkung ausdrückt: "Was wir '*Beschreibungen*' nennen, sind Instrumente für besondere Verwendungen" (*PU* § 291). Und Rorty: "[W]e think of beliefs as tools for handling reality" und müßten uns mit ontologisch depotenzierten Unterscheidungen zufriedengeben "between sentences which serve a certain purpose and those which serve other purposes" (1987a, 287 und 282).

8 Manche Autoren, etwa Myles Brand, bestehen auf dem Unterschied zwischen *Identitäts*bedingungen und *Individuations*kriterien. Der Unterschied, um den es dabei geht, scheint der folgende zu sein: während durch die Angabe von Identitätsbedingungen eine neue ontologische Kategorie eingeführt wird - "no entity without identity" (Quine) -, dienen Individuationskriterien dazu, einzelne Gegenstände eines gegebenen Typs herauszugreifen. Ich werde diese Unterscheidung terminologisch vernachlässigen, weil in meiner Kritik an Davidson beide Dinge verwoben sind. Ich will auf die Frage hinaus, ob diejenigen Gegenstände, die im mentalistischen Diskurs individuiert werden, Gegenstände desjenigen Typs sind, für den Davidson Identitätsbedingungen angibt, nämlich physische Ereignisse.

Was ist mit diesem "criterion for the identity of events" in unserem Zusammenhang gewonnen? Wenig, denn es ist kein *Kriterium* im epistemologischen Sinn, sondern eine Identitätsbedingung im üblichen ontologischen Sinn. Es gibt uns keinerlei Verfahren an die Hand, *festzustellen*, ob Ereignisidentität vorliegt. Über den Umweg der kausalen Rolle expliziert Davidson sein Verständnis der Ereigniskategorie, ohne daß aber die ontologische Identitätsbedingung zu einem Verfahren der Identifizierung taugte. Diesen Mangel, den Quine und andere (Anscombe, Wilson, Platts, Brand und Tye) folgenreich kritisiert haben, kann man sich leicht klarmachen, indem man sich fragt, was denn die Ursachen und Wirkungen von Ereignissen sind: sie sind nach Davidsons Kausalitätsverständnis ihrerseits Ereignisse, deren Identitätsbedingungen angegeben werden müssen. Obwohl Davidsons Kriterium nicht *formal* zirkulär ist (vgl. Quine 1985, 166), ist es doch zirkulär genug, um es als ein 'way of telling' zu disqualifizieren, ob sich zwei Beschreibungen auf ein und dasselbe Ereignis beziehen. Noch einmal: daran ändert nichts, daß für Davidson "causality and identity are relations between individual events no matter how described" (1970b, 215), denn es geht hier nicht um die logische Relation der Identität, sondern um das epistemologische Problem der Identifizierung, und hier sind wir keinen Schritt weiter, solange wir kein neutrales Vokabular zur Verfügung haben, in dem wir formulieren können, daß das Ereignis *p* unter der Beschreibung *X*, dessen kausale Rolle wir angeben, dasselbe Ereignis ist, auf das wir uns mit der Beschreibung *Y* beziehen. Ich brauche auf der Unzulänglichkeit von Davidsons Kriterium nicht länger herumzureiten, denn Davidson hat sie längst eingesehen und in einer "Reply to Quine" das Kriterium in aller Form zurückgezogen (vgl. 1985c, 175). Dabei hat er Quines Alternativvorschlag adoptiert, den er früher mit guten Gründen selbst verworfen hatte, nämlich die Identifikation durch die Raum-Zeit-Zone, die ein Ereignis okkupiert. Leider geht er nicht mehr auf seine früheren Bedenken ein und stellt er auch nicht klar, wie sich das raumzeitliche Kriterium zu dem kausalen verhält. Auch sollte es Davidson mit seinem dezidierten Bekenntnis zur Ereignisontologie zu schaffen machen, daß mit der Assimilierung der Identitätsbedingungen Ereignisse ihre Spezifik gegenüber physischen Gegenständen verlieren (was Quine mit seinem sehr weiten, auch Ereignisse umfassenden Begriff vom "physical object" gelassen in Kauf nehmen kann).[9]

---

9 In seiner Antwort an Quine sagt Davidson: "Occupying the same portion of space-time, event and object differ. One is an object which remains the same object through changes, the other a change in an object or objects" (1985c, 176). Nun war es aber eben diese Eigenschaft materieller Körper - durch Raum und Zeit dieselben bleiben zu können -, die Strawson zu der Einsicht kommen ließ, daß unser begrifflicher Rahmen von Raum, Zeit und materiellen Körpern aus einem Stück ist. Diese Einsicht begründet das raumzeitliche Identitätskriterium in transzendentaler Weise und stützt Strawsons Auffassung, daß materielle Körper ontologisch fundamentaler sind als Ereignisse - eine Konsequenz, die Davidson immer abgelehnt hat. Davidson sollte sich nun bei Akzeptanz des raumzeitlichen Kriteriums die Frage vorlegen, was

Aber auch diese Diskussion können wir abbrechen, denn unser Interesse ging in eine andere Richtung. Uns ging es um eine Begründung für die token-Identitätsthese von Ereignissen unter mentalen und unter physischen Beschreibungen. Um diese These anzugreifen, müssen wir tiefer ansetzen. Selbst wenn Davidson durch eine Identitätsbedingung die Ereigniskategorie in seine Ontologie einführen kann, beantwortet das noch nicht die Frage, ob *mentale* Entitäten überhaupt Ereignisse sind, d.h. ob das, worauf wir uns mit mentalen Beschreibungen beziehen, Ereignisse sind oder vielmehr etwas anderes.

Davidson hat ein unabhängiges Argument für die token-Identitätsthese. Dieses Argument schließt von der kausalen Rolle mentaler Ereignisse auf die Identität jedes mentalen Ereignisses mit einem physischen. Wenn ein mentales Ereignis *m* (wie eine Absicht, eine Entscheidung, eine Wahrnehmung) ein physisches Ereignis *p* verursacht oder von ihm verursacht wird, müssen *m* und *p* unter irgendeiner Beschreibung ein striktes Gesetz instantiieren (das folgt aus dem nomologischen Charakter der Kausalität). Strikte Gesetze können aber nur physikalische Gesetze sein (Anomalismusthese des Mentalen). Wenn *m* unter ein physikalisches Gesetz fällt, muß es eine physikalische Beschreibung von ihm geben, ergo ist es ein physisches Ereignis (Davidson 1970b, 224). Mentale Ereignisse bilden also für Davidson keine eigene ontologische Kategorie; "the mental is not an ontological but a conceptual category" (1987a, 46). Was an mentalen Ereignissen mental ist, ist, daß sie mental *beschrieben* werden können: "[A]n event is mental if and only if it has a mental description" (1970b, 211). Die mentale Beschreibbarkeit ändert nichts daran, daß "all events are physical" (214). Mentale Ereignisse sind "at the same time neurophysiological and ultimately physical, events" (1982a, 299).

An diesem Argument aus "Mental Events" überzeugt mich alles außer einer der drei Prämissen und der Konklusion. Die "causal role of mental events in the physical world" (1970b, 207) begründet Davidson nicht eigens, sondern nennt sie ein "undeniable fact" (ebd.). Die anderen beiden Prämissen - den anomalen Charakter des Mentalen und den nomologischen Charakter der Kausalität - begründet er zwar nicht hier, aber an anderer Stelle. Wenn wir die token-Identitätsthese akzeptieren, ist die kausale Wirksamkeit mentaler Ereignisse in der Tat unbestreitbar, aber in einem uninteressanten Sinne: daß *physische* Ereignisse kausal wirksam sind, wußten wir bereits. Man könnte fragen, ob mentale Ereignisse *als* mentale ("in virtue of" being mental) kausal wirksam sind, aber diese Frage hat Davidson wiederholt als unsinnig zurückgewiesen (vgl. z.B. 1991, 10ff). Ereignisse verursachten Ereignisse nicht *qua* oder *in virtue of* irgendetwas, sondern sie verursachen sie simpliciter. Davidson hat ein dezidiert extensionalistisches Verständnis von singulären Kausalbeziehungen. Es bleibt die Frage, warum er über-

---

denn dieses Kriterium in der Anwendung auf Ereignisse stützt - wo doch Ereignisse *datierte*, unwiederholbare Einzeldinge sind, also *nicht* in Raum und Zeit dieselben bleiben.

haupt betont, daß es *mentale* Ereignisse sind, die eine kausale Rolle in der Welt spielen, wenn es für ihre kausale Wirksamkeit schon ausreicht, daß sie schlicht Ereignisse sind. Man sollte meinen, wer von "the efficacy of thought and purpose in the material world" (1970b, 224f) spricht und von "the endless ways in which the mental interacts with the physical" (1985b, 249), habe etwas Interessanteres im Sinn als die alte epiphänomenalistische These, daß allein physische Ereignisse kausal wirksam sind und mentale Ereignisse nur insofern, als sie eben physische Ereignisse unter anderen Beschreibungen sind. Es ist allerdings schwierig, den Epiphänomenalismusvorwurf unmißverständlich zu formulieren. Es ist behauptet worden (Kim, Honderich, Stoutland, Sosa, Dretske), daß für Davidson ein mentales Ereignis auch dann kausal wirksam wäre, wenn es die mentalen Eigenschaften *nicht* hätte. Dieser Einwand konfligiert aber mit Davidsons Supervenienzprinzip des Mentalen und macht ihm eine Antwort einfach. Ein Ereignis, daß die mentalen Eigenschaften nicht hätte, wäre auch in physischer Hinsicht nicht dasselbe Ereignis, denn mentale Eigenschaften sind wiederum nur physische Eigenschaften unter mentalen Beschreibungen (vgl. 1991, 12). Die Antwort ist entwaffnend, aber nicht ganz fair. Eben weil das Mentale für Davidson keine ontologische, sondern eine begriffliche Kategorie ist, sollte er nicht länger auf der mißverständlichen These bestehen, der anomale Monismus behaupte sehr wohl die kausale Wirksamkeit des Mentalen. Schließlich sind Ereignisse die Relata der Kausalrelation, nicht unsere Arten, sie zu beschreiben.

Man sieht nun, daß die Pointe des anomalen Monismus - abgesehen von der Anomalismusthese - nicht in der Behauptung liegt, daß mentale Ereignisse kausal wirksam sind, sondern vielmehr in der Behauptung, daß physische Ereignisse mentale Beschreibungen haben können, d.h. daß das, worauf wir uns mit mentalen Beschreibungen beziehen, tatsächlich physische Ereignisse sind. Solange Davidsons Kritiker dies nicht als den springenden Punkt erkennen, wird der Epiphänomenalismuseinwand weiterhin am Supervenienzprinzip scheitern. Wenn wir Davidson darin folgen, daß mentale Entitäten überhaupt Ereignisse sind, ist die Frage nach dem ontologischen Status des Mentalen schon physikalistisch vorentschieden. Das Unbefriedigende an seinem Argument in "Mental Events" besteht darin, daß Davidson in den Prämissen noch zum Schein die Frage offenhält, ob er einen ontologischen und nicht bloß interpretativen Begriff von mentalen Ereignissen hat, dabei aber durch die als "undeniable fact" vorausgesetzte Kausalismusthese bereits vorentschieden hat, daß sie Entitäten sind, die mit Ereignissen der Körperwelt kausal interagieren. Die token-Identitätsthese folgt problemlos, wenn man sein Kausalitätsverständnis hinzunimmt. Ob man wie Davidson von der Kausalismusthese auf die Identitätsthese schließt oder umgekehrt, macht keinen großen Unterschied, wenn man sich schon in der Prämisse darauf verpflichtet, daß mentale Entitäten eben Ereignisse sind (vgl. auch die gründliche Diskussion bei Johnston 1985). - Natürlich wird es einfacher sein, die Identitätsthese zu bestreiten, wenn man eine alternative Erklärung für unsere feste Überzeugung bezüglich der kausalen Wirksamkeit des Mentalen in der Körperwelt hat.

Wie kann man begründen, daß mentale Beschreibungen sich auf physische Ereignisse beziehen? Einfacher hätte es, wer nicht nur eine physikalistische Ontologie, sondern einen physikalistischen Wissenschaftsbegriff vertritt. Hier entsteht die Frage nach dem ontologischen Status dessen, was mentale Beschreibungen beschreiben, gar nicht erst, weil mentale Beschreibungen entweder durch Übersetzungen auf physikalische reduziert oder von vornherein nicht zugelassen werden. Aber dieser Ausweg ist für Davidson versperrt, denn er glaubt nicht an die Reduzierbarkeit mentaler auf physikalische Prädikate, weder durch Übersetzung noch durch empirische Reduktion.[10] Schon gar nicht hält er die *Eliminierung* mentaler Prädikate aus unserer Sprache für möglich. Er hat lediglich einen ontologischen *bias* zugunsten des physischen Charakters von Ereignissen, gegen den ich keine Einwände habe. Wenn etwas ein Ereignis ist, ist es ein physisches Ereignis. Wir sehen nun, warum wir mit Davidsons Identitätsbedingung oben nicht weiterkamen: Identitätsbedingungen für Ereignisse anzugeben, macht im Falle des Gelingens Ereignisse als ontologische Kategorie respektabel, trägt aber noch nichts zur Beantwortung der Frage bei, ob mentale Entitäten überhaupt Ereignisse sind.[11]

Davidsons Argument in "Mental Events" versucht in merkwürdiger Weise vom nomologischen Charakter der Kausalität zu profitieren. Davidson unterscheidet zwischen kausalen *Relationen*, die zwischen Ereignissen bestehen, wie auch immer man die Ereignisse beschreibt, und kausalen *Erklärungen*, die durch Gesetze gestützt werden, wobei "laws are linguistic" (1970b, 215). Es gilt also: "[L]aws (and nomological explanations) do not deal directly (i.e. extensionally) with events, but with events as described in one way or another" (1974b, 242). Da wir nun in vielen singulären Kausalaussagen ("Dieser Stein hat dieses Fenster zerbrochen") keine strikten Gesetze angeben können, behauptet Davidson nur,

---

10 "I have resisted calling my position either materialism or physicalism because, unlike most materialists or physicalists, I do not think mental properties (or predicates) are reducible to physical properties (or predicates)" (1985b, 244). "There is no important sense in which psychology can be reduced to the physical sciences" (1973a, 259). Ebensowenig glaubt Davidson an die *behavioristische* Reduzierbarkeit von mentalen auf Verhaltensbegriffe (vgl. 1970b, 216), was ihn von Quine unterscheidet.

11 Die ontologische Entkopplung mentaler und physischer Entitäten könnte man auch auf einem anderen Wege betreiben, nämlich über den Ereignisbegriff selbst. Es ist nicht ausgemacht, daß der umgangssprachliche Ereignisbegriff tatsächlich physikalistisch rekonstruiert werden kann, wie ich Davidson zugestanden habe. Katz (1977, 85), Metzinger (1985, 117ff) und Hastedt werfen Davidson vor, von einer Äquivokation im Begriff des Ereignisses zu profitieren: "In der umgangssprachlichen Redeweise sind Ereignisse in der Tat zunächst neutral; in Davidsons [...] Ereignis-Ontologie kommt aber nicht dieser umgangssprachliche Ereignis-Begriff zum Tragen, sondern ein technischer Ereignisbegriff, der in Anlehnung an die Physik gewonnen ist [...]. Damit präjudiziert die Ereignis-Ontologie in ihrem impliziten Physikalismus einen Epiphänomenalismus" (Hastedt 1988, 171).

daß solche Gesetze *existieren* müssen, ob wir sie kennen oder nicht. Man könnte dies die These von der *impliziten Nomologizität* von Kausalaussagen nennen. Es reiche zu wissen, daß es ein Beschreibungen der beiden Ereignisse *gibt*, unter denen sie ein Gesetz exemplifizieren, wir müßten die Beschreibungen und das Gesetz aber nicht angeben können.[12] So kann Davidson auch zugleich den anomalen Charakter des Mentalen und den nomologischen Charakter der Kausalität behaupten. Das Mentale selbst, als Beschreibungskomponente, ist nicht nomologisch mit dem Physischen verbunden. Da mentale Ereignisse aber eine kausale Rolle spielen, müssen sie mit physischen Ereignissen gesetzmäßig verbunden sein, ohne daß wir aber psychophysische Gesetze jemals angeben könnten. - Was aber sollen Gesetze sein, die wir niemals angeben können? Wenn nomologische Relationen ebenfalls extensional wären, wie kausale Relationen es Davidson zufolge sind (d.h. wenn sie unabhängig davon bestünden, wie die Ereignisse beschrieben werden), wäre diese Behauptung verständlich. Da aber "laws are linguistic", läuft die Rede von *existierenden, aber nicht formulierbaren* Gesetzen auf die Behauptung hinaus, daß es im Englischen Sätze gibt, die kein Sprecher jemals kennen kann.[13] Ebenso merkwürdig platonistisch ist die Behauptung, ein mentales Ereignis *habe* eine physikalische Beschreibung. Was *ist* denn eine Beschreibung, die niemand geben kann?[14]

Ein Ausweg könnte darin bestehen, den Kausalitätsbegriff mit Hume völlig auf die explanatorische Seite zu bringen. In einem ersten Schritt sollte man nicht mehr vom "nomological Character of Causality" sprechen (1970b, 208), sondern vom nomologischen Charakter kausaler *Erklärungen*. Damit wäre Davidson

---

12 Die entscheidende Passage aus "Causal Relations" lautet: "[I]t does not follow that we must be able to dredge up a law if we know a singular causal statement to be true; all that follows is that we know there must be a covering law. And very often, I think, our justification for accepting a singular causal statement is that we have reason to believe an appropriate causal law exists, though we do not know what it is" (1967b, 160).

13 Im Unterschied zu Carnap und Quine wählt Davidson nicht den Ausweg, auf zukünftige Wissenschaft zu verweisen. Die Angabe strikter psychophysischer Gesetze hält er im Prinzip für unmöglich, und zwar zum einen wegen des Holismus des Mentalen - "Too much happens to affect the mental that is not itself a systematic part of the mental" (1970b, 224), so daß "psychological events clearly cannot constitute a closed system" (1974b, 231) -, zum anderen wegen des irreduzibel normativen Charakters mentaler Beschreibungen (z.B. 1990c, 24ff). Die Holismusthese des Mentalen besteht genaugenommen aus zwei Thesen. Gemeint sind sowohl die unüberschaubaren externen (d.h. psychophysischen) Abhängigkeiten wie die intern mentalen. Intern holistisch ist das Mentale, insofern sich mentale Zustände nicht in Form einzelner Überzeugungen, Wünsche, Absichten etc. Personen zuschreiben lassen, sondern nur *en masse* und in systematischer Weise, d.h. unter Wahrung rationaler Kohärenz. Diese Kohärenz *darf* durch eine Naturwissenschaft des Geistes nicht gefährdet werden, hierin zeigt sich der normative Charakter mentaler Zuschreibungen (vgl. 1970b, 221ff). - Manche Autoren sehen die token-Identitätsthese wie auch die Lokalisierbarkeit mentaler Zustände allein schon durch den internen Holismus des Mentalen widerlegt (vgl. etwa Haugeland 1990, 396).

14 Darüber stolpert auch Steiner (1983, 128). Was sollen Beschreibungen sein, "known by me to exist", aber "*not* known by me to exist in present-day English, even when supplemented by all the scientic argot presently current"?

wahrscheinlich einverstanden, weil er strikt zwischen kausalen Relationen, die zwischen Ereignissen selbst bestehen, und kausalen Erklärungen von Ereignissen unter einer Beschreibung unterscheidet. In einem zweiten Schritt sollte man auch die Extensionalitätsthese bezüglich der Kausalrelation aufgeben. Was soll sie besagen? Sollen wir neben den Ereignissen auch die Relationen zwischen ihnen in unsere Ontologie aufnehmen? Davidsons Behauptung, daß "causal relations [...] hold between events however described" (1974b, 243), verwischt den Unterschied zwischen dem nur auf Sätze bzw. sprachliche Kontexte anwendbaren Extensionalitätsprinzip und der Behauptung, daß kausale Relationen *selbst* "are extensional relations" (1991, 4). Da seine Analyse erklärtermaßen nur die logische Form von Kausalaussagen betrifft und nicht das Wesen der Kausalität (vgl. 1967b, 161), ist Davidson überhaupt nicht legitimiert, die kausale Relation selbst in einem Sinne extensional zu nennen, der es erlaubte, ihr Vorliegen in der Welt zu behaupten, wie auch immer wir die Welt beschreiben. Davidsons Extensionalitätsthese der Kausalität ist nur verständlich, wenn wir sie auf sprachliche Kontexte beschränken, also auf singuläre Kausalaussagen. Was sollten auch extensionale Relationen *in der Welt* sein? Relationen haben, als abstrakte Gegenstände, keine Extension (im Sinne von 'räumliche Ausdehnung'). Ausgedehnt sind die Relata, nicht die Relation. Es gibt im Rahmen einer Ontologie konkreter Gegenstände nicht zusätzlich zu den Dingen und Ereignissen noch ihre kausalen Verbindungen, ihr *propter hoc*. Kausal ist die Erklärung, nicht irgendetwas in der Körperwelt. Mit Hume ist daran zu erinnern, daß das, was Erklärungen zu kausalen macht, ihre Allgemeinheit oder Nomologizität, in keiner *einzelnen Situation* anzutreffen ist, sondern erst durch eine Generalisierung entsteht. Es ist also nur in einem ungenauen Sinne richtig, die kausale Relation als zwischen einzelnen Ereignissen bestehend anzusehen. Allerdings ist es schwierig, diesen Punkt unmißverständlich auszudrücken. Gut gelungen ist es Strawson:

> "So the causal relation regarded as holding between particular 'objects' (as Hume would call them) has a quite unique character; it is a dependant of generality; it is not, one is tempted to say, something actually present in the particular situation involving the particular objects at all. Or, to put the point in another way, causal generalizations are not generalizations of particular instances of causality; rather, particular instances of causality are established as such only by the particularizing of causal generalizations" (Strawson 1985b, 119).

Natürlich bestreite ich Davidson nicht, daß der Lauf der Welt nicht dadurch beeinflußt wird, unter welcher Beschreibung wir die Ereignisse erklären und ob wir Gesetze angeben können oder nicht. Fraglos: "It is *events* that have the power to change things, not our various ways to describe them" (1991, 10). Aber die Welt enthält eben keine kausalen Relationen, die in irgendeinem Sinne extensional wären. Wenn das Verursachte *notwendig* eintreten soll, muß Kausalität ein explanatorischer Begriff sein, denn die Natur kennt keine Modalkategorien.

Intrinsisch ist der Natur ihre Faktizität, nicht ihre Gesetzmäßigkeit oder Kausalität. Die ontologische Option in Sachen Kausalität ist nicht mehr offen. Davidsons virtuell animistische Formulierung "have the power to change things" zeigt an, daß es außerhalb eines rein explanatorischen Kausalitätsverständnis kaum möglich ist, einen Kausalbegriff zu explizieren, der nicht am Paradigma menschlicher Handlungskausalität orientiert ist. Dies könnte eine tiefe Wahrheit über den Kausalbegriff sein, läuft aber Davidsons Intentionen zuwider.

Der Kausalbegriff ist der Angelpunkt von Davidsons Philosophie des Geistes. So ist es kein Wunder, wenn auch die token-Identitätsthese aus der Kausalismusthese des Mentalen gefolgert wird und mit ihr steht und fällt. Davidson sagt es selbst: "Cause is the cement of the universe; the concept of cause is what holds together our picture of the universe, a picture that would otherwise disintegrate into a diptych of the mental and the physical" (1980b, xi). Der Ausdruck "cement of the universe" ist bemerkenswert, war es doch gerade die Metapher vom "kosmischen Leim", die empiristischen Philosophen von Hume bis Schlick zur Karikatur von Kausalitätsauffassungen diente, die Kausalverbindungen metaphysisch hypostasieren.

An ein anderes Hauptmotiv des anomalen Monismus, die Anomalismusthese des Mentalen, kann ich gut anknüpfen. Aus Davidsons Ablehnung strikter psychophysischer Gesetze folgt seine Behauptung einer begrifflichen und explanatorischen Autonomie der mentalistischen Psychologie, die ihn an manchen Stellen in die Nähe des Sprachendualismus bringt.[15] Allerdings schwächt er die Anomalismusthese wieder ab, indem er eine zweite, schwächere Art von Gesetzen einführt, in denen sich doch gewisse Korrelationen zwischen physikalistisch und mentalistisch beschriebenen Ereignissen ausdrücken lassen. Gemeint sind schwache induktive Generalisierungen, die unter ceteris-paribus-Klauseln stehen.[16] So versucht Davidson die These der kausalen Interaktion des Mentalen mit dem Physischen zusätzlich abzusichern, um nicht die ganze Begründungslast der token-Identitätsthese und dem Argument aus "Mental Events" anvertrauen zu müssen. Die schwachen psychophysischen Gesetze sind für den Erklärungswert zuständig, die strikten, nicht angebbaren, für die metaphysische Fundierung.

Da es hier ausschließlich um den ontologischen Status des Mentalen geht und nicht um psychologische Erklärungen, kann ich diese Konstruktion, die man un-

---

15 Vgl. etwa: "[M]ental and physical predicates are not made for one another" (1970b, 218); oder: "[T]here is a permanent conceptual divide between the psychology of the mental and various other explanatory systems" (1990c, 19). Die Unmöglichkeit strikter psychophysischer Gesetze hängt aufs engste mit der prinzipiellen Extensionsverschiedenheit mentaler und physischer Prädikate zusammen: "[N]o physical predicate, no matter how complex, has, as a matter of law, the same extension as a mental predicate" (1970b, 215).

16 "Still, why should it not happen that there are inductively established correlations between physical and psychological events? Indeed, do we not already know that there are? We do, if by laws we mean statistical generalizations" (1973a, 250).

plausibel finden mag,[17] vernachlässigen. Ich nehme die virtuell sprachendualistische Autonomiethese des Mentalen sehr ernst und bestehe deshalb so nachdrücklich auf dem Fehlen eines Verfahrens zur transdiskursiven Feststellung des ontologischen Status mentaler Entitäten. Es geht nicht nur um den Status von *Handlungen* wie das Anknipsen von Lichtschaltern, die man noch am ehesten mit physischen Ereignissen zu identifizieren bereit ist, es geht um mentale Entitäten überhaupt. Die *under a description*-Formel ist bei Davidson ausdrücklich auf das intrikate Verhältnis von rationalen Gründen und Kausalursachen zugeschnitten. Bestimmte Zustandsveränderungen in einer Person sollen *zugleich* Gründe und Ursachen sein können. Hier müssen wir das *principle of charity* in Anschlag bringen, denn nicht immer macht Davidson hinreichend deutlich (z.B. 1963, 19; 1974b, 233), daß allein das *Haben* von Gründen gemeint sein kann. Gründe sind zunächst einmal *Begründungen*, und diesen Entitäten wird kein token-Physikalist kausale Wirksamkeit zuschreiben wollen. Uns geht es nun um die Ontologie des Mentalen, also um das die Frage, ob mentale Entitäten physische Ereignisse unter anderen Beschreibungen sind oder nicht. Zu entscheiden ist, ob man mentale Gegenstände wie z.B. Handlungsgründe, die über ihre semantischen Gehalte individuiert werden, gleichberechtigt als Entitäten zulassen will oder nur halbherzig als Epiphänomene physischer Ereignisse.

Wenn unsere Ontologie nur physische Gegenstände und Ereignisse enthält, ist das kanonische Verfahren der Gegenstandsidentifikation die raumzeitliche Lokalisierung. Die Zirkularität dieses Verfahrens ist dann keine vitiöse, wenn man es mit Strawson (1959) in Form einer transzendentalen Argumentation rekonstruiert. Unser begrifflicher Rahmen von Raum, Zeit und materiellen Gegenständen ist aus einem Stück; wir können daher nicht erwarten, das fundamentalste Identitätskriterium unserer Metaphysik ohne Rückgriff auf diejenige Gegenstandskategorie zu formulieren, auf die es zugeschnitten ist. Nicht einmal die Absenz eines diskursübergreifenden Vokabulars zur physikalischen Beschreibung des Mentalen müßte im Rahmen einer physikalistischen Ontologie ein unüberwindliches Problem bleiben. Man könnte dafür argumentieren, daß das Verfahren der raumzeitlichen Lokalisierung nicht schon eine bestimmte Beschreibungssprache voraussetzt, sondern am Ende auf *deiktische* Elemente verweist, die für viele Autoren die ultima ratio der Identifikation raumzeitlich ausgedehnter Gegenstände darstellen (obwohl Wittgenstein recht haben dürfte, daß pure Ostension ohne deskriptive Komponente nicht ausreichen kann, einen Gegenstand zu identifizieren).

Aber mentale Entitäten könnten ja *abstrakte* Gegenstände sein. Wenn man es wirklich ernst meint mit der empirisch-intelligiblen Doppelnatur des Menschen,

---

17 Vgl. Føllesdal 1985, 317: "Davidson seems to think that his double set of laws will do the trick. One set, the heteronomic ones, will provide the illumination, the other set, the physical ones, will secure the truth. Against this I will maintain that we need one set of regularities, and they have to be both illuminating and true".

wird man am Ende um irgendeine Form der - horrible dictu - Zwei-Reiche-Lehre nicht herumkommen und genau das tun müssen, wogegen sich der Sprachendualismus stets gewehrt hat: ihn ontologisch überhöhen.[18] Unannehmbar klingt das nur deshalb, weil wir uns an ein konkretistisches Ontologieverständnis gewöhnt haben. Was es gibt, sind Dinge, und in der Körperwelt ist natürlich nirgends ein Platz frei für abstrakte Gegenstände. Aber abstrakte Gegenstände brauchen keinen Platz in der Körperwelt. Mentale Entitäten wie rationale Gründe oder propositionale Einstellungen gehören der intelligiblen Welt an.[19] Die topologische Suggestion der Kantischen Rede von "zwei Reichen" oder vom "Bürger zweier Welten" ist natürlich unglücklich, insofern sie die Existenz eines eigenen Gegenstandsbereichs zu reklamieren scheint; aber das wäre noch nicht so fatal, wenn man bei Gegenständen nicht sogleich an materielle, raumzeitlich ausgedehnte Gegenstände dächte. Tatsächlich meint Kant, auf dessen Behandlung der Freiheitsantinomie sich Davidson übrigens einmal bezieht (1970b, 225), mit dem "Bürger zweier Welten" lediglich, "daß wir den Menschen in einem anderen Sinne und Verhältnisse denken, wenn wir ihn frei nennen, als wenn wir ihn, als Stück der Natur, dieser ihren Gesetzen für unterworfen halten" (*GMS*, BA 115/116). Es liegt nahe, die Kantische Position einen "Aspektdualismus" zu nennen; allein ist diese Bezeichnung, wie auch "Perspektivendualismus" unglücklich, als sie, hier über die optische Metaphorik vermittelt, erneut die Existenz eines identischen Bezugsgegenstandes suggeriert, der dann jeweils aspekthaft, perspektivisch gebrochen wahrgenommen und thematisiert wird. Daß den Perspektiven ein gemeinsamer Fluchtpunkt entspricht, wird also schon vorausgesetzt.[20] Tatsächlich

---

18 Auch Ryle hat übrigens nichts gegen eine ontologische Rede von mentalen Entitäten: "It is perfectly proper to say, in one logical tone of voice, that there exist minds and to say, in another tone of voice, that there exist bodies" (1949, 23).

19 Es gibt eine Passage in "Adverbs of Action", in der Davidson ein Zugeständnis in diese Richtung zu machen scheint. Es heißt dort über mentale Adverbien wie "intentionally" und "inadvertently": "[S]uch adverbs are not to be treated as predicates of events or actions at all. If they are predicates, then they are predicates of propositions, sentences, or utterances [...]. To say someone did something intentionally is not to speak of a manner of doing but of a way an agent viewed his action" (1985a, 234). Was heißt das anderes, als daß zumindest manche mentale Prädikate nur auf *abstrakte* Entitäten zutreffen? Wenn "intentionally" kein Prädikat eines Ereignisses ist, kann es auch nicht Prädikat eines mentalen Ereignisses sein. Wenn Ereignisse aus kategorialen Gründen überhaupt nicht absichtlich sein können, sind sie auch nicht absichtlich "qua" oder "in Hinsicht auf" irgendetwas (gegen Künne 1991). Allein zur Aufklärung der logischen Form von Handlungssätzen brauchen wir also mentale Entitäten, denen wir die verwaisten Prädikate zuschreiben können. Um den Dissens einzugrenzen: Davidson glaubt, daß er eine Charakterisierung des Mentalen in terms von propositionalen Einstellungen, die intentionale Zustände ausdrücken (1970b, 210f), geben und *zugleich* eine physikalistische Ereignisontologie haben kann, in der keine Kategorie für mentale Gegenstände vorgesehen ist. Ich meine, daß er dann die zusätzliche token-identitätstheoretische Behauptung, daß mentale Beschreibungen sich überhaupt auf etwas Physisches beziehen, aufgeben muß.

20 Diese Suggestion ist schon in die Aspektmetapher eingebaut, so daß man auf den Aspektbegriff verzichten müßte, um ihr zu entgehen. - Auch Searles neueste Kritik der KI krankt noch an dieser Metapher. Searle bemerkt nicht, daß seine Behauptung intrinsisch intentionaler Zu-

ist die Art der Bezugnahme bei Kant, wie die Formulierung "in einem anderen Sinne" zeigt, *semantisch* ausgezeichnet; mit dieser Formulierung ist also ein *Übergang vom Aspektdualismus zum Sprachendualismus* bzw. zum *Dualismus von Beschreibungskontexten* markiert, der bei Kant leider nur ansatzweise vollzogen wird. Ich halte den SD im Unterschied zu Hastedt (1988, 95) für etwas anderes als bloß einen Aspektdualismus nach dem *linguistic turn*, denn er ist der erste Dualismus, der nicht mehr die gemeinsame Bezugnahme auf einen extensional identischen Gegenstand impliziert und der unterschiedliche Verfahren der Individuation *und Konstitution* von Gegenständen zuläßt. Dabei sollten wir den berühmten Satz Quines, existieren heiße der Wert einer gebundenen Variable zu sein, sehr ernst nehmen - ernster als Quine selbst ihn nimmt. Wenn wir in unseren besten (kognitions)wissenschaftlichen Theorien über diverse mentale Gegenstände quantifizieren, macht es schlicht keinen Sinn mehr zu fragen, ob es diese Gegenstände denn auch 'wirklich' gibt. Die Frage zeigt schon einen bias zugunsten eines konkretistischen Ontologieverständnisses, der mit der Quineschen Maxime nicht vereinbar ist. Das Unwohlsein, welches viele Philosophen mit der Behauptung haben, daß Geistiges existiere, kann völlig aufgefangen werden durch die Unterscheidung zwischen abstrakten und konkreten Gegenständen. Ich plädiere deshalb dafür, mentalen Entitäten, als abstrakten Gegenständen, überhaupt keine physische Extension zuzuschreiben und konsequenterweise auf jede *Lokalisierung* zu verzichten.[21] Es ist zwar richtig, daß einige mentale Begriffe auch episodisch verwendet werden können. Das *Fassen* einer Absicht oder das *Verwerfen* eines Grundes sind in Raum und Zeit lokalisierbar, aber nur in dem uninteressanten Sinn, daß sie irgendwie 'am Orte der Person' stattfinden. Identifizieren können wir mentale Entitäten *als mentale* nur über ihre propositionalen Gehalte und diese nur über ihre logischen Relationen zu anderen propositionalen Gehalten. Davidson ist in der Lokalisierungsfrage eine gewisse Halbherzigkeit vorzuwerfen; er lokalisiert mentale Ereignisse am Orte der Person und hält eine genauere Bezeichnung des Ortes für überflüssig (vgl. 1969, 176). Damals glaubte er aber noch an das kausale Kriterium der Ereignisindividuation. Nach dessen Verwerfung müßte die raumzeitliche Lokalisierung dessen Aufgaben übernehmen können, wenn mentale Entitäten überhaupt Ereignisse sein sollen. Ich halte die Lokalisierung des Mentalen dagegen für eine Diskursvermengung. "Wir wissen wenig voneinander", sagt Büchners Danton zu Julie. "Einander kennen? Wir müßten uns die Schädeldecken aufbrechen und die Gedanken einander aus den Hirnfasern zerren." Es wäre vergebens, sie würden dort nicht fündig.

---

stände des menschlichen Geistes durch die Rede vom "aspectual character of intentional states" (1990b, 587) Lügen gestraft wird, weil damit implizit schon eine Vorentscheidung zugunsten einer konkretistischen Ontologie gefallen ist.

21 Die Nichtlokalisierbarkeit mentaler Entitäten behauptet neben Ryle auch Strawson (1985a, 94).

Zu welcher Klasse von abstrakten Gegenständen sollen mentale Gegenstände gehören? Propositionale Einstellungen, für Davidson die Paradigmen des Mentalen, sind ja nicht selbst Propositionen. Sind sie Eigenschaften? Relationen? Klassen? Wenn es unter diesen auszuwählen gilt - mentale Entitäten könnten ja auch abstrakte Gegenstände sui generis sein -, würde ich mich unter Verzicht auf jeden Originalitätsanspruch für *Relationen* entscheiden. Propositionale Einstellungen sind Relationen zwischen Personen und propositionalen Gehalten. Eine Person, die etwas glaubt, beabsichtigt, vermutet, hofft, steht in Beziehung zu einer Proposition, in einer Beziehung des Fürwahrhaltens, Beabsichtigens etc. Der Schein der Lokalisierbarkeit entsteht dadurch, daß eines der beiden Relata ein Konkretum ist, nämlich die Person. Die Existenz des abstrakten mentalen Gegenstands ist natürlich an das Vorhandensein der Person in der Körperwelt gebunden. Es handelt sich also nicht um eine "freie", sondern um eine "gebundene Idealität", um Husserls Begriffe zu gebrauchen. Wenn ich tot bin, kann ich nichts mehr glauben. Wenn eines der beiden Relata nicht mehr existiert, existiert die Relation nicht mehr.[22] Gleichwohl ist die Relation selbst, da das eine Relatum abstrakt ist, so wenig lokalisiert wie das Größenverhältnis zwischen zwei Zahlen.

Was aber ist mit der "causal role of mental events in the physical world" (Davidson 1970b, 207), welcher Rechnung zu tragen ja ein starkes Motiv für die token-Identitätsthese des anomalen Monismus war? Ist unser Denken und Handeln in der Körperwelt nicht in ihren umfassenden Kausalnexus eingebunden? Müssen wir uns als intentional handelnde Subjekte nicht auch im Nexus der physischen Veränderungen in der Welt situieren, sei der begriffliche Dualismus von Gründen und Ursachen so gut begründet wie er wolle? Natürlich müssen wir das, und der schlechte Ruf des orthodoxen SD als wissenschaftsfeindlich und empirieignorant ("armchair philosophy", "umso schlechter für die Tatsachen") ist ja nicht zuletzt darauf zurückzuführen, daß er sich um dieses Problem gern herumgedrückt hat.[23] Ich mache hier keine Ausnahme, denn an dieser Stelle möchte ich nur die defensive Antwort geben, daß abstrakte mentale Entitäten nicht kausal wirksam sein können,[24] sondern nur die physischen Ereignisse, die mit ihnen ir-

---

22 Aber reden wir nicht so, daß meine Gedanken, meine Absichten, meine Hoffnung fortleben können, wenn ich nicht mehr bin? Nun, das andere Relatum, der propositionale Gehalt, ist ja selbst ein abstrakter Gegenstand. Wenn ich, das eine Relatum, nicht mehr bin, verschwindet mit mir die Relation. Das andere Relatum, der propositionale Gehalt, kann überleben. Andere Personen können zu ihr propositionale Einstellungen einnehmen. Sie können sich meiner Hoffnungen annehmen, die darin - als Typen, nicht als tokens - 'fortleben' mögen.

23 Am Rande: Wenn wir abstrakte Gegenstände in die Ontologie aufnehmen, muß ich wohl meine Behauptung revidieren, Kausalität käme in der Welt nicht vor, sondern müßte auf die explanatorische Seite gebracht werden. Diese Behauptung richtete sich nur gegen ein im schlechten Sinne metaphysisches Kausalitätsverständnis. Es ist völlig in Ordnung zu sagen, daß kausale Verbindungen *als Relationen*, d.h. als abstrakte Gegenstände, 'in der Welt' sind. Sind die Relata in der Welt, ist es auch die Relation, nur hat sie eben keine physische Ausdehnung.

24 Daß abstrakte Gegenstände keine kausale Rolle spielen können, dürfte die philosophische Mehrheitsmeinung sein. Ab und zu wird allerdings das Gegenteil behauptet, etwa von Popper,

gendwie einhergehen, ohne mit ihnen identisch zu sein. Das kann allerdings nicht das letzte Wort sein, denn unsere Erfahrung der "efficacy of thought and purpose in the material world" (Davidson 1970b, 224f) ist zu stark, als daß sie sprachendualistisch wegerklärt werden könnte. Mir scheint die einzige Lösung darin zu bestehen, *Handlungen* als missing link zwischen dem Mentalen und Veränderungen in der physischen Welt aufzufassen. Man wird irgendeine Verknüpfung des Handlungsbegriffs mit dem Kausalitätsbegriff brauchen, um unsere Existenz als Bürger zweier Welten verständlich zu machen. Ich werde im Schlußkapitel dafür argumentieren, daß nur ein *interventionistisches Verständnis der Kausalität*, wie von Wright es ausgearbeitet hat, hier weiterhelfen kann. Unsere feste Überzeugung von der kausalen Effektivität des Mentalen erlangen wir eben nicht auf dem Umweg über die Identifikation mentaler Entitäten mit physischen Ereignissen, denen wir dann kausale Rollen in der physischen Welt zuschreiben. Der Zusammenhang ist unmittelbarer. Wir erfahren uns als Agenten, die durch ihr intentionales Handeln Effekte in der Körperwelt herbeiführen können, Effekte, von denen wir denken müssen, daß sie nicht entstanden wären, wenn wir es nicht gewollt hätten. Wir erfahren unsere primitive Fähigkeit, im Lauf der Dinge der Körperwelt zu intervenieren, als kausal effektiv. Die interventionistische Kausalitätstheorie betrachtet diesen Fall nicht bloß als epistemisch paradigmatischen Fall von Kausalität, sondern sie führt den Kausalitäts*begriff* selbst in Abhängigkeit vom Handlungsbegriff ein, weil nur so das Notwendigkeitselement einer Kausalitätsbehauptung zu begründen sei.

Ist eine konstitutionstheoretisch verschärfte, transzendentale Lesart des SD wissenschaftsfeindlich oder gar ein Rückfall in den Substanzendualismus? Es sei mir an dieser Stelle ein polemischer Einwurf gestattet: Auf keinen Fall sollten wir im Hinblick auf den SD die naturalistische Stilisierung einer Frontstellung zwischen wissenschaftlich Aufgeklärten und Hinterwäldlern übernehmen und den Sprachendualisten als empirieignoranten Diskurspolizisten denunzieren, der aus dem Lehnstuhl über die Einhaltung antiquierter Diskursgrenzen wacht (Davidson nehme ich hier ausdrücklich aus; er hat sich an der Stilisierung dieser Front nie beteiligt). Die präskriptivistische Aufladung ist hier völlig deplaziert, denn wenn vom SD etwas zu retten ist, dann sind die verschiedenen Diskurse natürlich durch *konstitutive* Regeln separiert, nicht durch normative. Und was das kulturelle Altern betrifft, so bleiben auch naturalistische Positionen nicht davon verschont. Heute, wo die meisten von uns in ontologischen Fragen ohnehin materialistische Hintergrundüberzeugungen haben und wo naturwissenschaftliche Erklärungen in den meisten Bereichen unseres Weltwissens zu Recht als Standard theoretischer Erkenntnis akzeptiert sind, könnte es ja sein, daß diejenigen Positionen inzwischen die avancierteren sind, die in Form eines Minderheitenvotums einen zu-

---

der seiner "Welt 3" kausale Wirksamkeit zuschreibt. Seine Begründung dafür ist aber mangelhaft (vgl. dazu Künne 1983a, 69f und 145ff).

sammengeschrumpften Restbestand dualistischer Argumente wieder zu Gehör bringen. Adornos Diktum mag über das Ziel hinausschießen, der Wert eines Gedankens bemesse sich an der Distanz zur Kontinuität des Bekannten, aber soviel ist doch wahr: davon, daß es nur eine Natur gibt und wir in einem uninteressanten Sinne ein Teil davon sind, muß heute niemand mehr überzeugt werden. Dadurch wird der Gedanke nicht falsch, aber er büßt an Erkenntniswert ein. Viele von Darwins Zeitgenossen waren tatsächlich noch der Überzeugung, Geist und Bewußtsein *könnten* einfach nicht naturgeschichtlich entstanden sein. In einer Wissenschaftskultur sind wir davon überzeugt, daß sie so entstanden sein *müssen*. Heute verlaufen die Fronten anders, und sowenig wir zum mittelalterlichen Supranaturalismus oder zum vielgescholtenen cartesianischen Substanzendualismus zurückkönnen und -wollen, sowenig können wir unter Bedingungen eines ausdifferenzierten Wissenschaftsspektrums zum reduktiven Materialismus zurück. Szientisten sollten zur Kenntnis nehmen, daß heute weniger denn je alle Nicht-Szientisten naturwissenschaftlich unaufgeklärte Hinterwäldler sind. Es gibt heute einen zweiten Diskussionsstand, den wir nicht mehr unterbieten sollten, einen sprach- und konstitutionstheoretischen. Jenseits von konstitutionstheoretischer Naivität reichen die alten Etiketten Monismus und Dualismus einfach nicht mehr aus, interessante Positionen zu markieren. - Damit verlasse ich das Niveau dieser kleinen Polemik wieder.

Ich hatte die *under a description*-Formel aus der analytischen Handlungstheorie herangezogen, deren Attraktivität darin liegt, daß sie die Möglichkeit verschiedener und in intensionalen Kontexten sogar inkommensurabler Beschreibungen verständlich zu machen scheint, die gleichwohl Beschreibungen eines und desselben Ereignisses sind. Die multiple Beschreibbarkeit von Ereignissen und die Beschreibungsrelativität von Erklärungen dienen dem anomalen Monismus dazu, unsere Intuition einer nicht weiter qualifizierten ontologischen Einheit der Natur mit dem nicht minder berechtigten Gedanken einer explanatorischen Autonomie von im mentalistischen Idiom formulierten Handlungserklärungen zu verbinden. Unglücklicherweise erschien mir sowohl Davidsons Kriterium der Ereignisidentität als auch sein Argument für die token-Identitätsthese unzureichend, um die Behauptung zu stützen, daß im mentalistischen Diskurs überhaupt Ereignisse individuiert werden. Es ist nicht zu sehen, worin das identische Substrat des Gegenstandes einer mentalistischen Beschreibung und eines als Ortsveränderung träger Massen beschriebenen physischen Ereignisses bestehen könnte. Davidsons Behauptung, daß "the mental is not an ontological but a conceptual category" (1987a, 46), läßt eine wichtige Frage offen. Selbst wenn mentale Prädikate bei Davidson keinen eigenen Gegenstandsbereich konstituieren, muß doch die Frage beantwortet werden, auf welche Arten von Gegenständen sie anwendbar sind. Nicht jedem Gegenstand kann jedes Prädikat zugeschrieben werden, nicht alle physischen Ereignisse können mentale Beschreibungen haben. Was *ist* es denn an

Ereignissen, das eine mentale Beschriebung möglich macht? Davidson würde die Frage, was denn die *intrinsischen Eigenschaften* von Ereignissen sind, die die Zuschreibbarkeit mentaler Prädikate erst ermöglichen, als unverständlich zurückweisen. Aber nicht überall beschränkt er sich auf die karge Auskunft, daß mentale Ereignisse eben physische Ereignisse unter mentalen Beschreibungen seien. In "Mental Events" gibt er eine Charakterisierung des Mentalen via "what Brentano called intentionality" (1970b, 211) und eine Exemplifikation von Intentionalität durch die Aufzählung von Verben, die propositionale Einstellungen ausdrücken (believe, intend, desire, hope, know etc.). Aber was sind die Anwendungsbedingungen des intentionalen Idioms? Wenn intentionale Zustände paradigmatisch mental sind, das Mentale aber nur in der Beschreibbarkeit durch mentale Begriffe besteht, sind dann, so fragt ein Kritiker, "intentional states also mental only in virtue of being given a certain description? I think the answer must be yes, if anomalous monism is to survive" (Melchert 1986, 269). Die Antwort muß ja lauten, wenn mentale Entitäten tatsächlich physische Ereignisse sind. Aber was soll denn das Mentale sein, bevor es intentional beschrieben wird? Der Zusammenhang von Beschreibung und Existenz ist hier enger als bei materiellen Körpern (vgl. Searle 1984b, 7). Nur wenn wir Intentionalität, als das Spezifikum des Mentalen, konsequent in terms von propositionalen Einstellungen konzeptualisieren, kann das Mentale *intrinsisch* intentional sein. In meiner Auseinandersetzung mit Dennett (IV, 2.1) werde ich auf diesen Punkt zurückkommen.

Die Zange, in der wir uns nun befinden, scheint allerdings eng zu sein. Wenn der SD zu einer Dualität oder Pluralität von Sprachspielen ohne gemeinsamen Bezugspunkt herabgestuft wird, landen wir bei Rortys ontologisch depotenziertem Pragmatismus und seinem friedlichen Nebeneinander von "sentences which serve a certain purpose and those which serve other purposes" (1987a, 282), d.h. bei einer Reduktion der Repräsentationsleistung von Beschreibungen auf ihren Werkzeugcharakter für verschiedene Verwendungszwecke. Wenn wir dagegen den Gedanken, daß mentale Entitäten nicht beschreibungsunabhängig individuiert werden können, zu einer transzendentalen, nämlich gegenstandskonstitutiven Lesart verschärfen, wird der ursprünglich nur methodologisch gemeinte SD ontologisiert und scheint vom älteren Substanzendualismus nicht mehr unterscheidbar zu sein.

Wenn wir von Beschreibungen reden, muß es etwas geben, wovon sie Beschreibungen sind. Wir können aber nicht sagen, was es ist, ohne Beschreibungen zu verwenden. Der casus ist bekannt: Wenn Kant von transzendentalen Erkenntnis- und Anschauungsformen spricht, durch die Gegenstände konstituiert werden, muß es auch konstituierbare Gegenstände geben, denn konstituieren heißt 'als etwas bestimmen', nicht 'erzeugen'. Eine *creatio ex nihilo* oder auch nur *ex lingua* ist bei Kant nicht vorgesehen. Über Gegenstände vor aller Konstitution können wir aber nichts weiter sagen. Müssen wir neben dem Grenzbegriff des Dinges an sich, ohne den, folgt man Kant, nicht auszukommen ist, auch noch ein "Ereignis an sich" einführen, von dem sich als unkonstituiertem nichts weiter aussagen läßt, das aber gleichwohl unsere Rezeptivität kausal affiziert? Davidson selbst hat in einem berühmten Aufsatz den Dualismus von Schema und Inhalt, von "organizing system and something waiting to be organized" (1974a, 189) als unverständlich verworfen. Wir können die konzeptualisierte Welt nicht mit einer unkonzeptualisierten vergleichen. An anderer Stelle habe ich Davidsons Position versuchsweise als einen "negativen Transzendentalismus" charakterisiert, welcher in einer Radikalisierung der Unhintergehbarkeitsthese der Sprache positive transzendentale Thematisierungen für unmöglich erklärt, und zwar gerade *aufgrund* der Nichtdistanzierbarkeit unseres holistisch verstandenen Begriffsschemas (vgl. Keil 1987). Damit hat Davidson aber nicht, wie Rorty behauptet, "found a transcendental argument to end all transcendental arguments" (Rorty 1979b, 78) - hier war wohl eher Rortys Wunsch Vater des Gedankens. Vielmehr bleibt das, was 'immer schon' bei allen Thematisierungen dabei ist, immerhin noch *negativ* thematisierbar. Dann nämlich, wenn sich jemand transzendente Übergriffe über den Bereich möglicher Erfahrung bzw. über die Grenzen des Sinns hinaus gestattet, kann man nach wie vor transzendentale petitio tollendi-Argumente anbringen. Davon sind verschiedene relativistische und skeptizistische Positionen betroffen. Aus einem negativen Transzendentalismus folgt lediglich, daß wir nicht mehr wie Kant beanspruchen können, "das reine Vernunftvermögen in seinem ganzen Umfange und Grenzen" (*Prol.* A 16) positiv darzustellen. Explikationen der Grenzen der Erkenntnis oder der Grenzen des Sinns müssen, wie schon Wittgenstein im Vorwort des *Tractatus* sagt, grundsätzlich "von innen" erfolgen; andernfalls müßten wir ja "denken können, was sich nicht denken läßt".

Wie wir diesen Ausflug in die Transzendentalphilosophie argumentativ verwerten können, ist nicht ohne weiteres klar. Ich möchte aber behaupten, daß sich die gegenstandskonstitutive Funktion des mentalistischen Diskurses für den Naturalisten noch fataler auswirkt als für den Sprachendualisten. Ein Weg, auf dem man die Koppelung heterogener Idiome in der Beschreibung von Ereignissen jedenfalls *nicht* mehr rechtfertigen kann, ist der Verweis auf angebliche extensionale Identität. Man kann den Unterschied zwischen dem Mentalen und dem Physischen nicht allein auf die "Art des Gegebenseins" abwälzen. Die Idee einer extensionalen Identität von mentalen und physischen "tokens" ist unverständlich. Die mit der Anomalismusthese verbundene Inkommensurabilitätsbehauptung mentaler und physischer Prädikate ist ontologisch nicht harmlos; sie gefährdet am Ende die token-Identitätsthese (vgl. Antony 1989). In seiner berechtigten Kritik an den Typ-Identifizierungen der Identitätstheorie vergißt der token-Physikalismus, daß auch die Identifikation von tokens stets typengeladen ist. Auch der token-Physikalist kommt nicht am Konstitutionsproblem vorbei, denn reine Vorkommnisse kennt unsere Sprache nicht, auch nicht im physikalistischen Diskurs.

Überzeugend hat dies Haugeland gegen Davidson herausgearbeitet. Er kommt zu dem Ergebnis, daß

> "the individuals, or 'tokens,' of which our sentences are true are just as 'relative' to the level of description as are the kinds or, 'types,' into which those sentences sort them. The world does not come metaphysically individuated, any more than it comes metaphysically categorized, prior to and independent of any specific description resources" (Haugeland 1982, 101).[25]

Aber Haugeland beeilt sich hinzuzufügen: "which is not to say that these individuals (and categories) aren't perfectly genuine and objective, once the language is specified" (ebd.). Vielleicht macht dieser Zusatz es leichter, Abschied von der token-Identitätsthese zu nehmen. Für den Status der Gegenstandsklassifikationen und -individuationen gilt nach Davidsons Zurückweisung der Idee einer "uninterpreted reality, something outside all schemes and science" (1974a, 198) dasselbe wie für die vermeintliche Sprachrelativität des Wahrheitsprädikats: "Of course truth of sentences remains relative to language, but this is as objective as can be" (ebd.). Auch die in den begrifflichen Rahmen unserer Sprache eingelassenen Gegenstandsklassifikationen sind "as objective as can be"; eine andere Objektivität ist nicht zu haben. Es ist diese Überlegung, die den Nominalismus, oder besser, den Konzeptualismus bezüglich des Universalienproblems mit der Akzeptanz abstrakter Gegenstände vereinbar macht. Die Frage danach, *was es gibt*, wird immer schon in einer Sprache gestellt und beantwortet. Die Gegenstände, von denen wir sprechen, ob abstrakte oder konkrete, sind konstituierte Gegenstände, und zum kategorialen *framework* einer gegebenen Sprache ist eine globale Alternative innerhalb dieser Sprache nicht vorstellbar. Unsere ontologischen Verpflichtungen gehen wir aber nicht im kosmischen Exil ein, sondern eben innerhalb einer Sprache. Quines Formel, existieren heiße der Wert einer gebundenen Variable sein, war nie anders gemeint (vgl. seine Klarstellung in 1960, 243 Fn.).

Zum Substanzendualismus müssen wir bei einer gegenstandskonstitutiven Dramatisierung des SD nicht zurück, weil wir mentale Gegenstände als abstrakte Gegenstände auffassen. Dabei bleibt eine wichtige Asymmetrie zwischen mentalen und physischen Entitäten intakt, die unseren Intuitionen vom ontologischen Primat des Physischen Rechnung trägt. Abstrakte Gegenstände sind nicht subsistent, sondern eben von der physischen Welt abstrahiert, während die physische Welt subsistent ist. Davidsons Supervenienzprinzip - "there cannot be two events alike in all physical respects but differing in some mental respect" (1970b, 214) - kann daher in modifizierter Form bestehen bleiben. Unhaltbar ist der Bezug auf

---

25 Vgl. zur Unmöglichkeit der typfreien token-Identifizierung auch Cartwright 1979 und Leder 1985. Leders Fazit (93): "[T]okens are always 'type-laden'. As individual events predicated within a given science, tokens will be picked out and defined according to the types that science provides".

Ereignisse, der die token-Identitätsthese schon voraussetzt,[26] doch muß die "central intuition that 'fixing' the physical fixes everything or that nothing could have been otherwise withou. something physical having been otherwise" (Haugeland 1982, 96f), nicht zusammen mit der token-Identitätsthese fallen. Wir müssen nur die Supervenienzbasis erweitern und, wie Haugeland es vorschlägt, das Supervenienzprinzip "world-wide" formulieren, so daß wir nicht mehr darauf angewiesen sind, das Mentale auf das Prokrustesbett der physikalistischen Gegenstandsklassifikation zu zwingen. "The idea that 'fixing the physical fixes everything' need not be broken down on an individual-by-individual basis", so daß ein revidiertes Supervenienzprinzip lauten könnte: "It could not have been the case that the world was just as it is in all physical respects, but different in some mental respect; or, the world cannot alter in some mental respect without in some physical respect" (Haugeland a.a.O., 97). - Es ist klar, daß eine solche Globalisierung das Supervenienzprinzip für Zwecke physikalischer *Erklärungen* des Mentalen noch unbrauchbarer macht als es in Davidsons Fassung ohnehin schon ist. Das globale Supervenienzprinzip gibt nur noch einer metaphysischen Grundsatzüberzeugung Ausdruck, ohne irgendeine Korrelierung mentaler und physischer Zustände oder Eigenschaften zu erlauben. Wenn man an letzterem interessiert ist und zugleich am Gedanken der Supervenienz des Mentalen festhalten möchte, bleibt nur die Möglichkeit, die Supervenienzbasis wieder behutsam zu verkleinern. Man müßte in der Formulierung des Prinzips einen Mittelweg zwischen der weltweiten und der auf Einzelereignisse bezogenen Supervenienz suchen.[27] Dabei ist allerdings zu bedenken, daß jede Spezifizierung der Supervenienzbasis wiederum die Holismusthese und die Anomalismusthese des Mentalen gefährdet, die den anomalen Monismus so attraktiv machen. Vielleicht gibt es die für eine eingegrenzte Supervenienzbasis erforderliche Teil-Welt einfach nicht.

Jede Erklärung ist relativ zu den Beschreibungen, unter denen die Gegenstände der Erklärung vorkommen. Darüberhinaus präjudiziert die gewählte Beschreibungssprache das Individuationsverfahren für die Gegenstände im betreffenden Diskursbereich. Im Unterschied zum orthodoxen SD halte ich es aber für aussichtslos, Beschreibungssprachen allein lexikalisch auszuzeichnen. Vielmehr sollte man von Beschreibungs*kontexten* im *funktionalen* Sinne reden. Damit geht eine zweite Zurückstufung des SD einher: Ich sehe keine Notwendigkeit dafür, sich auf eine *Dualität* von Beschreibungskontexten zu verpflichten. Zwar hat die mental/physisch-Dichotomie einen besonderen Stellenwert, aber es könnte eben-

---

26 Vgl. Haugeland 1982, 96: Davidsons Formulierung "takes the token-identity thesis for granted. Thus it says, if two events are alike physically, then they (the very same two events) cannot differ mentally".

27 Eine solche Formulierung hat Metzinger (1985, 258) vorgeschlagen: "Die mentalen Eigenschaften eines Organismus supervenieren auf seine physikalischen Eigenschaften, sowie auf alle physikalischen Eigenschaften der Welt, mit denen der Organismus im Lauf seiner Lebensgeschichte in kausalen Kontakt gekommen ist".

so eine *Pluralität* von Beschreibungskontexten geben, in denen Gegenstände inkommensurabel klassifiziert werden. (Daß abstrakte und konkrete Entitäten nicht on par sind, ist ja von dem Unterschied zwischen mentalen und physischen Gegenständen zunächst einmal unabhängig - wenn auch die meisten der KF-Argumente Ryles im *Concept of Mind* eben auf die falsche Assimilierung von abstrakten und konkreten Gegenständen abheben.) Ich plädiere also bezüglich des SD dafür, die Sprachen zu Beschreibungskontexten und den Dualismus zum Pluralismus herabzustufen. Dabei will ich mich mit der Rede von Beschreibungskontexten nicht auf ein hierarchisches Modell von Schichten oder Ebenen verpflichten, wie es im Umkreis des SD zuweilen vertreten wird (z.B. von Waismann 1953). Mit einem Schichtenmodell wäre erneut die topologische Metaphorik involviert, wegen deren Mißverständlichkeit ich die Bezeichnungen Aspekt- und Perspektivendualismus abgelehnt habe. Schichtenmodelle suggerieren die Existenz einer objektiven *ordo naturae*, der sich unsere Wissenschaftsklassifikation anzupassen hat. Beschreibungskontexte im funktionalen Sinne beziehen ihre Berechtigung und ihre Irreduzibilität dagegen aus der Vielfalt der explanatorischen Ziele, die in Natur- und Humanwissenschaften verfolgt werden. Wissenschaftstheoretisch entspricht dieser Vielfalt der Umstand, den Fodor mit seiner Verteidigung der "disunity of the special sciences" anspricht, daß uns nämlich im Begriffsrahmen *x* interessante Generalisierungen entgehen, die wir im Begriffsrahmen *y* treffen können. Dies kann man sich durch eine kontrafaktische Variation des Sokrates-Beispiels klarmachen: "Hätte Sokrates am Tage seines Todes an der Tür gestanden, statt auf seinem Bett zu sitzen, so hätte Anaxagoras eine andere Erklärung für ein anderes Ereignis geben müssen; die Erklärung, warum Sokrates so und nicht anders handelte, wäre dieselbe gewesen" (Beck 1975, 84). Es ist wegen der Vielfalt der Erklärungskontexte und -ziele aussichtslos, die Angemessenheit einer bestimmten Beschreibungssprache *quer zu allen Kontexten* reklamieren zu wollen; das wäre gerade der dogmatisch verfestigte SD, der überwunden werden muß. So kann es natürlich Kontexte geben, in denen das Verhalten einer Person angemessener in wahrnehmungsphysiologischem Vokabular beschrieben werden kann als durch die Angabe von rationalen Handlungsgründen. Dies ist beispielsweise der Fall, wenn in einer experimentellen psychologischen Versuchsanordnung der Versuchsleiter entscheidende Zusatzinformationen über die Situation hat, die dem Probanden fehlen. So kann es auch geschehen, daß der Versuchsleiter das Verhalten der Testperson besser voraussagen kann als diese selbst (vgl. Beck 1975, 118ff). Nur darf man aus solchen Situationen nicht, wie der Naturalismus es tut, eine prinzipielle Überlegenheit von naturwissenschaftlichen Kausalerklärungen gegenüber Erklärungen durch rationale Handlungsgründe extrapolieren, denn eine solche Überlegenheit besteht immer nur relativ zu einem bestimmten Kontext und einem bestimmten Erklärungsziel. Diese Relativität gilt für alle Diskursuniversen. In manchen Kontexten ist es sinnvoll, gegenüber der

Arbeitsweise von Computern mit Dennett den intentionalen Standpunkt einzunehmen, in anderen nicht.

Oben habe ich Rortys schlechten Wittgensteinianismus kritisiert, jetzt gerate ich in bedenkliche Nähe zu ihm. Daher ist klarzustellen, daß eine kontextualistische Relativierung aller *Geltungsansprüche* nicht aus dem hier skizzierten Beschreibungspluralismus folgt. Die Sprache ist nicht dazu gemacht, die eine Welt, die es gibt, in toto und quer zu allen Kontexten zu repräsentieren, und doch gibt es eine Einheit der Sprachspiele. Diese besteht nicht in ihrer Funktion oder gar in ihrer Referenz, sondern in der gleichen grammatischen Rolle, die die Idee der Begründung, d.h. der diskursiven Einlösbarkeit von Geltungsansprüchen überall spielt (Habermas). Deshalb folgt aus der Inkommensurabilität von Klassifikationen keine kognitive Inkommensurabilität von Diskursen. Man kann interkontextuell dafür argumentieren, *warum* in bestimmten Kontexten bestimmte Beschreibungsformen angemessen sind.

Kategorienfehler entstehen, wenn inkommensurable Gegenstandsklassifikationen in einer Beschreibung zusammengezwungen werden. Dies kann unbemerkt geschehen oder absichtlich. Kategorien gehören zu den historisch vergleichsweise stabilen Strukturen einer Sprache, aber sie sind nicht invariant. Jede neue Metapher enthält eine kleine Kategorienrevision. Schon im Anschluß an Ryle habe ich dafür argumentiert, daß über die Legitimität des Verstoßes gegen Kategoriengrenzen nicht am grünen Tisch der Sprachphilosophie entschieden werden kann, sondern nur durch eine Güterabwägung im Einzelfall, in der die Verluste an Konsistenz mit dem möglichen Gewinn an heuristischem Wert verrechnet werden müssen. An sinnkritischen Analysen in einem weiten Sinne führt kein Weg vorbei. Man wird mit Präsuppositions- und Implikationsanalysen arbeiten und auch semantische Merkmalslisten heranziehen, um angesichts kommunikativ beabsichtigter, kalkulierter KF zu entscheiden, welche Überschreitungen der Grenzen des Sinns, welche Redeskriptionen und Neukategorisierungen akzeptabel sind und welche nicht.

Die Suche nach dem identischen Gegenstand inkommensurabler Beschreibungen ist außerhalb des Rahmens einer rein materialistischen Ontologie die Jagd nach einem Phantom. Wir müssen uns von der Hoffnung verabschieden, heterogene Beschreibungen zu vermeintlich ontologisch neutralen *Minimal*beschreibungen ("das Ereignis") oder zu ontologischen *Total*beschreibungen quer zu allen Kontexten zusammenzwingen zu können. Solche Beschreibungen sind nicht zu haben. Mehr noch: es gibt ihren Gegenstand gar nicht, weil wir nur in funktional spezifizierten Kontexten aus dem amorphen Kontinuum des Existierenden Gegenstände individuieren können.

IV Anthropomorphe und physiomorphe Metaphern

1 Der Naturalismus und das Metaphernproblem

Die Metapher erfährt in der Gegenwartsphilosophie vielfältige Aufmerksamkeit, denn viele Autoren haben erkannt, daß im Metaphernthema zentrale Fragen der Sprachphilosophie, der Erkenntnistheorie und der Wissenschaftstheorie zusammenfließen. Es sind Fragen wie: Welche semantischen und pragmatischen Rollen spielen Metaphern in natürlichen Sprachen? Vermittelt uns diese Rolle vielleicht neue Einsichten über die Funktionsweise von Sprache überhaupt? Warum wird metaphorische Rede überhaupt verstanden? Worin unterscheiden sich konventionelle und poetische Metaphern? Haben Metaphern erkenntnistheoretische Bedeutung; erfüllen sie kognitive oder zumindest heuristische Funktionen? Was sind überhaupt Metaphern? Kann man sie durch nichtmetaphorische Rede ersetzen? Kann man sie aus dem philosophischen und/oder wissenschaftlichem Diskurs eliminieren oder nicht? Wenn sie nicht eliminierbar, vielleicht sogar ubiquitär sind, fällt dann die Grenze zwischen Wissenschaft und Literatur? Wie kann man Metaphern kontrolliert und nachvollziehbar verwenden? Erhebt metaphorische Rede Wahrheitsansprüche? Kann sie diese einlösen?

Nur einige dieser Fragen werden im folgenden eine Rolle spielen. Ich werde zunächst einen losen Faden aus dem Sprachendualismus-Kapitel wiederaufnehmen und für die Behauptung, daß wir in lexikalischer Hinsicht über keinen originären mentalistischen Diskurs verfügen, einiges Material beibringen. Dabei wird auch zu fragen sein, ob denn umgekehrt der physikalistische Diskurs lexikalisch subsistent ist. Wir werden sehen, daß es durch mehrfache Verschachtelungen zu Prädikationsstrukturen kommen kann, bei denen kaum noch zu entscheiden ist, ob nun die anthropomophe oder die physiomorphe Projektionsrichtung die primäre war.

Danach wende ich mich der Frage nach der heuristischen oder gar erkenntniskonstitutiven Funktion von Metaphern in der wissenschaftlichen Modellbildung zu. Zur sprachtheoretischen Ausweitung der dortigen Befunde wird ein Exkurs in die *Theorie* der Metapher nötig. Leider besteht infolge einer unglücklichen disziplinären Arbeitsteilung genau dort eine Forschungslücke, wo ich gerne angeknüpft hätte. Diejenigen Autoren, die am eindringlichsten auf die konstitutive Rolle von Metaphorik für unser Selbst- und Naturverständnis hinweisen (Nietzsche, Blumenberg, Lakoff und Johnson)[1] oder die die unkontrollierte Metaphernproliferation am schärfsten kritisieren (z.B. Topitsch), haben keine elaborierte Metaphern*theorie* und geben sich mit einem sprachtheoretisch unzureichenden Alltagsverständnis des Metaphorischen zufrieden. Diejenigen Autoren, die eine Metapherntheorie haben, scheinen damit so ausgelastet zu sein, daß sie sich für erkenntnistheoretische und transzendentalhermeneutische Anwendungsfragen wenig interessieren. Infolge dieser Arbeitsteilung zwischen theorieloser Anwendung und anwendungsloser Theorie (ich überzeichne etwas)[2] sind wir gezwungen, den Umweg über die wissenschaftstheoretische Diskussion zu gehen, wo die Metapher meist über die Begriffe der *Analogie* und des *Modells* eingeführt und in diesem Zusammenhang teilweise sprachtheoretisch ambitioniert behandelt wird. Die dort vertretenen vorsichtigen Thesen einer *heuristischen* Funktion der Metapher müssen wir mit den stärkeren Kognitivitätsthesen der Metapher konfrontieren.

Mehrfach ist uns schon die Frage begegnet, ob das teleologische oder intentionalistische Idiom in seiner Anwendung auf Naturprozesse anthropomorph ist oder nicht. Am Beispiel der Maschinenmetapher des Menschen und der Computermetapher des Geistes werde ich ausführlich die Frage diskutieren, die ich gegenwärtig für den Angelpunkt des Naturalismusproblems halte: ob gelungene Versuche vorliegen, Teleologie und Intentionalität zu naturalisieren.

Ab und zu werde ich auf eine Dreifachklassifizierung der Metapherntypen in *lexikalische*, *konventionelle* und *innovative* Metaphern zurückgreifen, die nicht allgemein verbreitet ist, weshalb ich sie kurz durch Beispiele erläutere. *Lexikalische* Metaphern (auch 'Katachrese', 'tote Metapher', 'notwendige Metapher') nenne ich Metaphern wie "Flaschenhals", "Flußbett", "Hochstapler", "großspurig", "kaltblütig", "niedergeschlagen sein", die in den Wortschatz der Sprache eingegangen sind, die also lexikalische Lücken ausfüllen. Sprecher verwenden sie in der Regel ohne Bewußtsein ihrer Metaphorizität, welche allein etymologisch bzw. durch ihre Motiviertheit noch zurückzuverfolgen ist. *Konventionelle* Metaphern wie "die Segel streichen", "ein Buch verschlingen", "Dampf ablassen", "hinkender Vergleich", "sich im Zaum halten", "einen Computer füttern" sind nicht als eigene Lexikoneinträge in der Sprache verankert, sondern als usuelle Kopplungen in der Sprachpraxis der Sprechergemeinschaft. Auch sie müssen daher von kompetenten Sprechern nicht eigens dekodiert werden. *Innovative* ('poetische', 'emphatische') Metaphern schließlich sind idiolektale Neubildungen,

---

1 Blumenbergs langjähriges Projekt einer historischen "Metaphorologie" möchte ich besonders herausheben. Es ist als Teil einer "Theorie der Unbegrifflichkeit" darauf angelegt, Ideen- und Geistesgeschichte als Geschichte von erkenntniskonstitutiven Hintergrundmetaphern - die Welt als ein Buch zum Lesen, das Leben als Schiffahrt, die Zeit als Fluß, der Mensch als Maschine - aufzuarbeiten.

2 Am ehesten zur Schließung dieser Lücke geeignet erscheint mir die Studie von Strub (1991).

die jedoch nicht nur in der Poesie, sondern auch in anderen Bereichen vorkommen.[3]

Dazu noch eine Klarstellung: Da Metaphern erst durch kontextuelle Kopplungen entstehen, ist natürlich kein Lexem intrinsisch eine Metapher, denn "Fuchs", "Entgleisung", "Glashaus" werden in entsprechenden Kontexten weiterhin wörtlich verwendet. Insofern ist die Formulierung "ist eine Metapher", auf einzelne Lexeme angewandt, als Verkürzung von "wird in diesem Kontext metaphorisch verwendet" zu lesen. Allerdings kann der metaphernbildende Kontext seinerseits konventionell fixiert und dabei von so geringem Umfang sein, daß beide Elemente morphologisch zusammenwachsen, eben zu Kompositionsmetaphern ("Flaschenhals", "Explosionszeichnung", "Salonlöwe"). Die grundsätzliche metaphernkonstitutive Dualität von "Bildspende-" und "Bildempfangsbereich" (Trier, Weinrich), "vehicle" und "tenor" (Richards), "frame" und "focus" (Black) bleibt von der konkreten morphologischen Realisierung metaphorischer Prädikationen unberührt.

Die Abgrenzung der Metapherntypen hat natürlich auch eine historische Dimension. Manche innovative Metaphern werden sehr schnell kulturell etabliert und sinken zu konventionellen herab, andere nie. Ob die lexikalischen Metaphern, wie oft behauptet wird, abgestorbene konventionelle sind, ist umstritten. Obwohl es absurd klingt, könnte es der Fall sein, daß viele lexikalische Metaphern entweder nie gestorben sind oder immer schon tot waren. Das Absterben einer konventionellen zu einer lexikalischen Metapher ist jedenfalls nur selten überzeugend nachgewiesen worden. Meist muß das Beispiel des Wolkenkratzers herhalten, das jedoch die hochspekulativen Sprachentwicklungstheorien, die mit der Absterbensthese oft verbunden werden, nicht tragen kann. Die Gebrauchsfrequenz allein scheint jedenfalls für das Absterben nicht verantwortlich sein. Leatherdale bezeichnet Metaphern wie "cut the conversation short", "low spirits" oder "on tenterhooks" als "permanent metaphors", die sich von "skyscraper" dadurch unterscheiden, daß sie nicht erlernt werden können, ohne ihre Motiviertheit, d.h. die fortbestehende Analogie zu bemerken. Das sei bei "skyscraper" anders, weil das Wort *ostensiv* erlernt werden kann, so daß "[w]e can understand what 'skyscrapers' are and use the word efficiently without ever having to reflect on the significance of 'scraping skies', but we cannot understand or use 'cut short' (of conversations) unless we recognize the analogy with 'cutting short' a tree, for example" (Leatherdale 1974, 110f).

Viele Autoren nehmen nicht drei, sondern nur zwei Metapherntypen an. Entweder fassen sie die lexikalischen und die konventionellen Metaphern unter einer

---

3 Neubildung heißt nicht eo ipso Neologismus, denn Neubildungen können, da die Metapher ein Kontextphänomen ist, auch in einer abweichenden Verbindung vorhandener Begriffe bestehen. Ohnehin sind ja die meisten Neologismen Komposita, so daß der Unterschied von Neubildung und neuer Konstellation verschwimmt.

Rubrik zusammen oder aber sie bestreiten, daß die lexikalischen überhaupt Metaphern sind. Dadurch werden aber m.E. relevante Unterschiede nivelliert.[4] Die Bedeutungskonstitution von "sich niedergeschlagen fühlen" müßte bei Leugnung lexikalischer Metaphorizität durch die Annahme von Ambiguität erklärt werden. Dieser Ausweg ist umso weniger plausibel, je enger der semantische Zusammenhang der metaphorischen und der wörtlichen Interpretation jeweils ist. Da der Zusammenhang der beiden Verwendungen bei lexikalischen Metaphern fraglos enger als ist bei "Bank" als einem Paradigma von Ambiguität, sollte man diesen Unterschied nicht verwischen. Goodman bemerkt zum Unterschied zwischen Metapher und Ambiguität: "[T]he several uses of a merely ambiguous term are coeval and independent; none either springs from or is guided by another. In metaphor, on the other hand, a term with an extension established by habit is applied elsewhere under the influence of that habit" (1969, 71). Oft wird ein psychologisches Kriterium dafür angegeben, daß eine lexikalische Metapher keine mehr sei. Wenn der Ausdruck den Hörer keine Ähnlichkeit der beiden Gegenstände mehr *bemerken* lasse, wie etwa "Flußmündung", habe man es mit einer normalen Ambiguität oder mit einem einzigen Begriff mit weiter Extension zu tun (vgl. Davidson 1978, 252). Hier wird die Unreflektiertheit der flüssigen Kommunikation gegen die lexikale Metapher ausgespielt. Legte man dieses psychologische Kriterium zugrunde, müßte man auch vielen konventionellen Metaphern ihre Metaphorizität absprechen. Unter den Tisch fällt der Umstand, daß der Hörer die Ähnlichkeit bei Bedarf ohne Mühe *rekonstruieren* kann. *Yet there is method in it:* Wir werden sehen, warum eine pragmatische Metapherntheorie wie diejenige Davidsons daran interessiert sein muß, die Menge der Metaphern möglichst klein zu halten.

Andererseits gibt es gute Gründe dafür, den Metaphernbegriff nicht so stark auszuweiten. Meine Argumente gegen den Naturalismus werden am Ende nicht darauf angewiesen sein, daß man systematische Ambiguitäten zu den Metaphern zählt.

1.1 Physiomorphe Metaphern

Ich hatte die den SD herausfordernde Behauptung Wittgensteins zitiert: "Alle unsere Redeformen sind aus der normalen physikalischen Sprache hergenommen" (1964, 88). Zur Fundierung dieser Behauptung soll jetzt etwas einschlägiges Material beigebracht werden, wobei wir uns vorerst mit einem intuitiven Vorverständnis von "normale physikalische Sprache" bescheiden müssen. Möglicherweise werden wir über dieses Vorverständnis nicht hinauskommen. Es könnte sich ja herausstellen, daß die These nur in ihrer kritischen Intention einer Prü-

4 Das Problem der lexikalen Metapher diskutiert ausführlich Cooper 1986, 118ff.

fung standhält, nämlich in der Behauptung, daß wir in lexikalischer Hinsicht über keinen originären mentalistischen Diskurs verfügen.

Als die allgemeinste Form des in den mentalistischen Diskurs eingebauten Physiomorphismus ist die Konkretisierung oder Topologisierung mentaler Akte zu nennen: etwas "begreifen", "auffassen", "auf ein Problem stoßen", eine Meinung "bilden", eine Idee "festhalten"; etwas "bewegt", "berührt", "beeindruckt" uns. Fast ausnahmslos räumlich-topographisch werden Sprechakte bzw. die sprachlichen Ausdrucksformen intellektueller Operationen charakterisiert: etwas "feststellen", "ausdrücken", "aufgreifen", "darlegen", "einen Standpunkt einnehmen". Diese Physiomorphismen sind so stark lexikalisiert, daß man darüber streiten kann, ob man sie noch Metaphern nennen sollte. Im Gegenzug haben verschiedene Autoren, wie wir sehen werden, die Konsequenz nicht gescheut, daß letztlich die *ganze* Sprache "ein Wörterbuch erblasseter Metaphern" (Jean Paul) darstelle. Dabei handelt es sich zunächst um einen sprach*historischen* Befund, demzufolge "we can find no word or description for any of the intellectual operations which if its history is known, is not seen to have been taken, by metaphor, from a description of some physical happening" (Richards 1936, 91). Kurz: es scheint so zu sein, daß "we typically conceptualize the nonphysical *in terms of* the physical" (Lakoff/Johnson 1980, 59).[5]

Bei näherer Betrachtung handelt es sich bei vielen Topologisierungen des Mentalen um etwas Spezifischeres als bloß um physiomorphe Metaphern, nämlich um solche aus der *sensuellen* Sphäre, in der schon eine gewisse Vermittlung von Physischem und Mentalem stattfindet. In der Philosophie ist immer wieder auf die *visuelle* Metaphorik in unserem erkenntnistheoretischen Vokabular hingewiesen worden, die sich seit Platon durch die abendländische Begriffsgeschichte zieht (etwas "einsehen", "Licht der Vernunft", "Aufklärung", "Evidenz", "Introspektion", "Reflexion", "Perspektive", etwas "erhellen" oder "verdunkeln", etwas "leuchtet ein"). Man könnte fragen, warum ausgerechnet das Sehen und nicht etwa, wie partiell in der hermeneutischen Tradition, das Hören zur Leitmetapher der Erkenntnistheorie geworden ist. Hans Jonas und Hannah Arendt haben in diesem Zusammenhang die eminenten epistemischen Vorteile des Gesichtssinnes beschrieben, der eine sichere Distanzierung des Objekts ermöglicht und uns damit eine gewisse Unabhängigkeit von dem einstürmenden sinnlichen Material verschafft, während uns die anderen Sinneseindrücke unmittelbarer affizieren.[6]

---

5 Dieser Befund wird vielfach geteilt; meine Quellensammlung umfaßt Zitate von Vico, Locke, Max Müller, Cassirer, Klages, Urban, Whorf, Ryle, Wittgenstein, Waismann, Gipper, Shibles und von Kutschera.

6 Vgl. Arendt 1971, 115ff. Arendt hat in diesem Zusammenhang allerdings auch den Konflikt beschrieben, der durch die "Unverträglichkeit zwischen der Anschauung - der Leitmetapher für die philosophische Wahrheit - und der Sprache" entsteht (122) und der für den philosophiegeschichtlich einflußreichen Topos der 'Unaussprechlichkeit' der Wahrheit verantwortlich ist. Wenn sich dagegen im Zuge des *linguistic turn* die Prioritäten vertauschen und das

Heute ist der sprachhistorische Stellenwert sensueller Metaphern genauer erforscht. Am Beispiel der synästhetischen Adjektive konnte in verschiedenen Sprachen die schon von Aristoteles vertretene Auffassung nachgewiesen werden, daß es eine *Hierarchie* der Sinne gibt, in welcher der Tastsinn der grundlegende ist, gefolgt vom Geschmacks-, Geruchs-, Gesichts- und Hörsinn (vgl. Williams 1976). Synästhetisch verwendete Adjektive (ein scharfer Geschmack, eine warme Farbe, eine weiche Stimme, hartes Licht, kalter Glanz) wandern historisch regelhaft, vom taktilen Sinn ausgehend, die genannte Kette entlang, aber nur in verschwindend wenigen Ausnahmefällen in umgekehrter Richtung. Daß dieser auch in anderen indoeuropäischen Sprachen nachgewiesenen linguistischen Universalie eine evolutionäre bzw. phylogenetische Entwicklungsdynamik zugrundeliegt, liegt auf der Hand.[7]

Die optische Metaphorik mag also für die Erkenntnistheorie der neueren abendländischen Philosophiegeschichte zentral sein; sie ist aber mitnichten das einzige oder etymologisch grundlegende Metaphernreservoir für den mentalistischen Diskurs. Neuere lexikalische Untersuchungen zur konventionellen und lexikalen Metaphorik des Mentalen bestätigen die genannte Hierarchie der Sinne. Jäkel (1990) zeigt anhand eines Korpus' von 688 Phrasen der englischen Alltagssprache, daß das *haptische* Modell der Geistestätigkeit als eines Begreifens (MENTAL ACTIVITY IS MANIPULATION) wohl noch tiefer in der Sprache verankert ist als das visuelle Modell.[8] Dafür spricht auch, daß das Manipulationsmodell eine hohe Integrationskraft bezüglich der alternativen Modelle aufweist, denn es ist in vielen Fällen möglich, konkurrierende Konzeptualisierungen des Mentalen im Rahmen des Manipulationsmodells zu synthetisieren (vgl. Jäkel 1990, 57).[9] Es dürfte unkontrovers sein, daß mit der Dominanz einer bestimmten Metaphernbasis für das Mentale entsprechende philosophische und kulturelle Imprägnierun-

---

Sprachparadigma gegenüber dem optischen dominant wird, ist es nur konsequent, daß heute zunehmend die 'Sichtbarkeit' der Wahrheit in Frage gestellt wird (vgl. a.a.O., 126). Nicht erst seit Rortys Aufforderung, den "Spiegel der Natur" zu zerschlagen, läßt sich ja in der zeitgenössischen Philosophie ein erheblicher Reputationsverlust der optischen Metaphorik verzeichnen.

7 "Sensory words in English have systematically transferred from the physiologically least differentiating, most evolutionary primitive sensory modalities to the most differentiating, most advanced, but not vice versa" (Williams 1976, 464; vgl. auch Neisser 1976, 22). Zur physiologischen Basis dieser Universalie in der Entwicklung des menschlichen Gehirns vgl. Williams a.a.O., 472.

8 Übrigens überlagert schon bei Platon das haptische Modell teilweise das visuelle (vgl. Edie 1963, 552ff). - Vico führt die 'handgreiflichen' Konnotationen des lateinischen Vokabulars für intellektuelle Operationen auf die Dominanz des agrikulturellen Wortfelds bei den Römern zurück, aus dem Wörter wie *intelligere, disserere, recolligere, observare* stammen (vgl. Collingwood 1946, 70).

9 Die gute Anschließbarkeit des visuellem Modells an das Manipulationsmodell hat fraglos ihren Sitz im Leben: "Die erstaunliche Leistungsfähigkeit unseres Greifapparates wird ja gerade dadurch so ungeheuer vorangetrieben, daß wir den Aktionen unserer Hände nicht nur zusehen, sondern sie auf diesem Wege erst optimal koordinieren können" (Jäkel a.a.O., 54).

gen verbunden sind. So betont die Manipulationsmetapher gegenüber der visuellen Metapher die aktive, produktive Rolle des Erkenntnissubjekts (vgl. Edie 1963, 554f mit Bezug auf Sokrates).

Eine Art Schnittstelle zwischen dem Sensorischen und dem Mentalen scheint der *emotive* Diskurs darzustellen. Im Doppelsinn von "fühlen" bleibt dieser Zusammenhang präsent: "Die sensorische Bedeutung von fühlen liegt den taktilen Metaphern zugrunde, die manchen Emotionswörtern die trügerische Autorität des körperlich Greifbaren verleihen" (Schafer 1976, 235). Was von Schafer, dem Sprachendualisten, hier kritisch gemeint ist, stellt tatsächlich ein hartnäckiges Abgrenzungsproblem der Diskurse dar. Eine lexikalisierte Metapher wie "sich niedergeschlagen fühlen" verdankt ihre Plausibilität ja tatsächlich einer sachlichen Kontiguität und nicht bloß einer semantischen Übertragung; es handelt sich um eine Metapher im Grenzbereich zur Metonymie. Die Verbindung des emotionalen Niedergeschlagenseins mit dem physischen beruht nicht bloß auf einer Sprachkonvention, sondern auf einem kausalen Zusammenhang, auch wenn sich die aktuelle Verwendung der Emotionsbezeichnung längst davon emanzipiert hat. Die somatische Basis vieler Physiomorphismen ("ein dickes Fell haben"), die im halbmentalen, halbphysiologischen Übergangsbereich des emotiven Diskurses noch nachzuvollziehen ist und auch bei intellektnäheren Fähigkeiten und Dispositionen noch eine Rolle spielt ("Fingerspitzengefühl haben", "kaltblütig sein"), widerlegt nicht bloß jede Subsistenzbehauptung des mentalistischen Diskurses, sondern stellt darüberhinaus eine Herausforderung für das Anthropomorphismus/Physiomorphismus-Schema überhaupt dar, denn die somatische Basis, um die es hier geht, ist ja zugleich eine physische und eine humane.[10] Tatsächlich geht schon die Beschreibung der physischen Basis des emotiven Diskurses über die reine Physiologie hinaus; ein Kaltblüter ist nicht in demselben Sinne kaltblütig, wie ein Mensch metaphorisch kaltblütig sein kann; nicht jedes Wesen mit physiologisch leicht erregbaren Tastorganen hat Fingerspitzengefühl. Übertragungs- und Substitutionstheorien der Metapher scheitern schon an solchen scheinbar einfachen Beispielen. Die somatische Basis des Physiomorphismus kann man also nicht umstandslos als Argument für den Naturalismus verwenden. Der szientistische Naturalismus hat einen entqualifizierten Naturbegriff, während die Physis des somatischen und des emotiven Diskurses immer schon die *menschliche* Natur ist, die psychophysische Doppelnatur des Menschen. Auf die immanente Spannung im Naturbegriff, der ja neben den *rerum naturae* immer auch die *natura*

---

10 Hier liegt ein reiches Feld für phänomenologische Forschungen (vgl. etwa Edie 1963, Lakoff/ Johnson 1980). Lakoff und Johnson führen etwa die allgemeine Wertbesetztheit unserer up/down-Metaphern auf die physische Basis unseres aufrechten Ganges zurück; aus diesem Grunde ist "up" jeweils gut, glücklich, gesund, "down" das Gegenteil davon (vgl. 14ff; dort auch viele Beispiele wie "I'm feeling up", "That boosted my spirits", "My spirits sank", "He's in a superior position", "He is under my control", "He does high-quality work", "That was a low trick", "That would be beneath me").

rerum, die "Natur der Sache" und damit auch die Natur des Menschen umfassen mußte, wird noch zurückzukommen sein (V, 1).

Zurück zu den physiomorphen Metaphern für mentale Prozesse. Die eingangs genannten lexikalisierten Physiomorphismen machen Gebrauch von Verben für unspezifische physische Verrichtungen wie stellen, legen und greifen. Neben diesen lexikalen Metaphern gibt es *konventionelle* Metaphern wie "ein Problem wälzen", "sich den Kopf zerbrechen", "Hoffnung schöpfen", "einen Gedanken entwirren", "sich zu einer These versteigen", "sich etwas ins Gedächtnis einprägen". Insofern die in diesen Metaphern vorkommenden Verben sich in wörtlicher Verwendung auf *spezifischere* physische Prozesse beziehen, kann die Herkunft der Metaphern im Bewußtsein des Sprachverwenders stärker präsent bleiben als bei denen der ersten Gruppe. Faktisch werden aber auch diese konventionellen Metaphern als fixe usuelle Kopplungen ohne Bewußtsein ihrer Metaphorizität verwendet. Allerdings kann man sie schon durch leichte Variation wiederbeleben.

Noch spezifischer sind diejenigen Physiomorphismen, die bestimmten abgrenzbaren Bildspendebereichen[11] entstammen. Einflußreiche Bildfelder[12] sind in der abendländischen Kultur die Seele als Landschaft, unsere Triebnatur als ein ungebärdiges Tier, der Geist als Maschine. Das traditionelle Bildfeld der Seelenlandschaft enthält Metaphern wie "Wüste der Einsamkeit", "Garten der Gefühle", "abgrundtiefer Haß". Auch auf die intellektuelle Sphäre greift die Landschaftsmetaphorik über: der "Fluß der Gedanken", ein "tiefer Gedanke", die Methode (griech.) als Weg. Für das metaphorische Verständnis unserer Emotionalität als eines ungebärdigen Tieres verweise ich nur auf Platons Seelenwagenmetapher und das reiche Bildfeld, das sich darum gruppiert: "sich im Zaum halten", "sich zügeln", "ungezügelt", "an die Kandare nehmen", "Scheuklappen anlegen", "sich am Riemen reißen", "es gehen mir die Nerven durch". Psychologisch interessant ist dieser Metaphernkomplex vor allem wegen des faktischen Zusammenfallens der Instanzen in einer Person, die im Ursprungsbereich ja auf Pferde und Wagenlenker verteilt sind. *Uns selbst* sollen wir ja im Zaum halten. Die triebhaften Anteile unserer inneren Natur werden in der Metapher als partiell autonome, subpersonale, gleichsam animalische Agenten aus dem Ich ausgelagert, aber eben nur partiell. Das Ich soll die Kontrollfunktion übernehmen, was nur dann möglich ist, wenn die Instanzen zu einem System gehören, wenn also Pferd und Wagen[13] aneinander gekoppelt bleiben. Es spricht für die große Suggestivkraft eines solchen Instanzenmodells der Psyche, daß es sich bis zu Freud und darüberhinaus durchgehalten hat.

---

[11] Ich werde diesen Ausdruck ab und zu verwenden, ohne mich damit auf die Charakterisierung der Metapher als "sprachliches Bild" zu verpflichten, die ich für ein großes Unglück halte (dazu unten, IV, 1.4).

[12] Den Ausdruck "Bildfeld" hat Weinrich (1967) in Analogie zu "Wortfeld" eingeführt.

[13] Bei Platon sind *zwei* Pferde angespannt; diese Komplexität ist in unserer Alltagspsychologie verlorengegangen.

Die Maschinenmetapher des Geistes tritt in der Sprachgeschichte in vielfältigen Ausprägungen auf. Diese Vielfalt ist darauf zurückzuführen, daß der Mensch die Arbeitsweise seines Geistes "stets im Hinblick auf die neuesten technischen Erfindungen" interpretiert hat (Dreyfus 1972, 107). Zu denken ist an die aristotelischen Handwerksmetaphern, an die durch die Entwicklung der klassischen Mechanik inspirierten Maschinenmodelle des Menschen im 17. und 18. Jahrhundert, an die Elektrometaphern des 19. Jahrhunderts ("eine lange Leitung haben", "Kontakt suchen", "abschalten", "Kurzschluß"),[14] an Freuds hydraulisches Modell der Psyche. Am Beispiel der aktuellen Computermetapher des Geistes und ihrer Verästelungen sieht man, wie rapide innovative Metaphern, die kulturell bedeutsam sind, zu konventionellen werden können. Die Computermetapher, aber auch schon die älteren Maschinenmetaphern sind für unseren Zusammenhang vor allem deshalb aufschlußreich, weil in ihnen das physiomorphe Moment mit einem *technomorphen* (und insofern anthropomorphen) konvergiert. Die mechanisch funktionierende, allein den Naturgesetzen unterworfene Maschine ist ja zugleich ein zu einem bestimmten Zweck konstruierter und verwendeter Apparat, dessen Telos aus seiner Bestimmung nicht so leicht zu eliminieren ist und dessen Funktionsweise in Analogie zu denjenigen menschlichen Leistungen beschrieben wird, die der Apparat ersetzt. Gleichwohl sind mit der im Aufklärungsmaterialismus verbreiteten Maschinenmetapher des Menschen Naturalisierungsansprüche verbunden. Die komplexe Verschachtelung von anthropomorphen und physiomorphen Elementen in der Maschinenmetapher wird noch zu untersuchen sein.

Schon in unserer ersten Metapherngruppe (begreifen, auffassen, darlegen) handelte es sich nicht um *irgendein* physisches Vokabular, sondern spezieller um Verben für physische *Verrichtungen*. Nicht die reine Physis dient also bei den lexikalen physiomorphen Metaphern als Bildspendebereich, sondern unser aktives *Manipulieren* der physischen Welt. Davon sollten wir beeindruckt sein, denn solches Manipulieren ist ein Prozeß, der schon ein proto-intentionales Moment enthält. Ich möchte daher gegen Jäkel (1990) behaupten, daß der Metaphernkomplex MENTAL ACTIVITY IS MANIPUALTION gerade *nicht* die These der dominanten Übertragungsrichtung vom Physischen zum Mentalen stützt. Im Begriff des Manipulierens bricht die Differenz von physisch und mental überhaupt zusammen, weil das Manipulieren von Gegenständen eine wesentlich intentionale Tätigkeit ist. Dies wird deutlich an Jäkels Modellkomponenten MENTAL CONTROL IS PHYSICAL CONTROL (19) und UNDERSTANDING STARTS WITH ATTEMPTS AT FINDING AND CATCHING THE PROBLEM-OBJECTS (17). Was wäre denn physische "Kontrolle", was wäre physisches "Suchen" und "Finden" ohne intentionalen Anteil? Alle diese physischen Verrichtungen involvieren schon Geistestätigkeit; sie gehen in ihrer reinen Körperlichkeit nicht auf.

---

14 Viele Beispiele bei Mackensen 1956, 25ff.

Vielleicht gibt es den reinen Physiomorphismus nicht, weil es die reine Natur nicht gibt?

1.2 Anthropomorphe Metaphern

Der These von der in die natürliche Sprache eingebauten physiomorphen Konzeptualisierung des Mentalen ist die These vom notwendig anthropomorphen Verständnis der Natur diametral entgegengesetzt. Die Anthropomorphismusthese ist in der Philosophiegeschichte öfter und ausgiebiger thematisiert worden als die Physiomorphismusthese, allerdings nur selten in sprachtheoretischem Kontext. Das Thema ist stark normativ und weltanschaulich aufgeladen; die meisten Arbeiten sind entweder ideologiekritischer Natur - der Animismus und die anthropomorphe Naturdeutung müßten endlich durch naturwissenschaftliche Aufklärung überwunden werden - oder vertreten im Gegenteil eine prononcierte Notwendigkeitsthese des Anthropomorphismus. Einen dritten Strang bilden die Arbeiten aus kulturanthropologischer, religionssoziologischer und entwicklungspsychologischer Perspektive, die den Anthropomorphismus einem entweder phylo- oder ontogenetischem Frühstadium der menschlichen Kognition zuordnen, ohne ihn damit schon normativ abzuwerten oder auszuzeichnen.

Was ist nun Anthropomorphismus? Im weiten Sinne wird jede Beschreibung anthropomorph genannt, in der einem nichtmenschlichen Gegenstand ein Prädikat zugeschrieben wird, das normalerweise nur auf Menschen zutrifft.[15] "Normalerweise" heißt hier aber nicht "in den meisten Fällen", sondern "im eigentlichen Sinne". Einen Naturprozeß anthropomorph beschreiben heißt ihn *metaphorisch* beschreiben, d.h. *als ob* der Gegenstand der Beschreibung in irgendeiner Hinsicht menschlich wäre. Als Beispiele für anthropomorphe Beschreibungen von Naturprozessen werden gemeinhin Ausdrücke wie "die Quelle murmelt", "der Sturm wütet" oder "das Wetter ist freundlich" genannt. Die meisten dieser Metaphern sind konventionell, manche auch lexikal.

Es erscheint nun sinnvoll, eine gegenüber der aus dem Griechischen abgeleiteten Nominaldefinition von "anthropomorph" - nach *Gestalt* des Menschen - eingeengte Verwendung auszuzeichnen, denn viele Prädikate, die auf die äußere Gestalt des Menschen zutreffen, lassen sich durchaus im wörtlichen Sinne nichtmenschlichen Gegenständen zuschreiben. Wenn man einen zu weiten Anthropomorphismusbegriff hat, wird einem die Pointe des Anthropomorphismus*vorwurfes* entgehen. Die anderen einschlägigen Attribute "animistisch" und "personifi-

---

15 Landmann definiert: "Im weiteren Sinne [...] ist Anthropomorphismus jedes Begreifen der Welt ex analogia hominis. [...] Im engeren Sinne versteht man unter Anthropomorphismus nur, daß der Mensch in Naturdingen höhere Wesen nach menschlichem Vorbild erblickt und daß er überhaupt Göttern seine eigene Gestalt leiht" (1955, 17f).

zierend" bieten für eine Spezifizierung keine nennenswerte Hilfe, denn die Prädikate "belebt" oder "beseelt" sind in taxonomischer Hinsicht noch weniger spezifisch als "menschlich", während "personal" nahezu koextensiv mit "menschlich" sein dürfte, aber auch keine *intensionale* Spezifizierung bietet, die für unsere Zwecke brauchbar wäre.

Mit Topitsch (1958), Sellars (1962) und Dux (1982) bin ich der Auffassung, daß als systematischer Kern eines interessanten Begriffes von Anthropomorphismus die Zuschreibung des *Handelnkönnens* anzusehen ist. Anthropomorph beschriebene Naturprozesse werden primär als *Agenzien* vorgestellt. Da Handelnkönnen Intentionalität impliziert, ist es das Modell des intentionalen, zielgerichteten Handelns in seiner Anwendung auf nichtmenschliche Gegenstände, das dem Anthropomorphismus zugrundeliegt. Diese Eingrenzung wird plausibel, wenn wir uns an die Problemgehalte der sinnkritischen Debatten um den evolutionstheoretischen, den psychoanalytischen und den kybernetischen Diskurs erinnern. Die Konzeptualisierung der Evolution als eines selegierenden Agenten, der Instanzen im psychischen Apparat als Bürgerkriegsparteien, des Thermostaten als eines Reglers, des Computers als eines mit Repräsentationen arbeitenden problemlösenden Mechanismus und der intramentalen homunculi als einer Armee von Agenten mit begrenzten Aufgaben mündete jeweils in das Intentionalitätsproblem. Es ist es die kontrafaktische Intentionalitätsunterstellung, die diese Beschreibungen zu anthropomorphen Metaphern macht.

Betrachtet man die konventionellen Personifizierungen von Naturprozessen, bzw. die Agentivierungen, wie wir nun spezifischer sagen können, so bietet sich ein Bild von abgestuften Intentionalitätsgraden. In "der Sturm wütet", "die Natur tut nichts umsonst", "die Sonne lacht mich an" ist in stärkerem Maße Absichtlichkeit impliziert als in "der Nebel steigt", "die Sonne wandert über den Himmel" oder "das Wasser geht zurück". Dies liegt offenbar an den Verben. Es gibt Verben, die geradezu für menschliche Handlungen reserviert sind, weil sie einen hohen Grad an Absichtlichkeit ausdrücken. Andere Verben sind so unspezifisch, daß wir ihre Anwendung auf Naturprozesse kaum noch als metaphorisch empfinden. Bei allen Abstufungen aber drücken alle Verben *qua Verben* eine *Tätigkeit* aus, die dem Subjekt des Satzes zugeschrieben wird. Insofern der Wind "weht", *tut* er etwas. Diese Konzeptualisierung ist weder selbstverständlich noch alternativlos; aus anderen Sprachen sind nominalistischere, weniger agentivierende Beschreibungsformen bekannt, die man etwa als "das Wehen des Windes" übersetzen müßte. Die philosophische Kinderfrage, was der Wind denn tue, wenn er nicht weht (Erwachsenenantwort: Er schläft), erinnert uns an die Fragwürdigkeit des universalen Täter-Aktions-Schemas. Mit Nietzsche kann man in der Subjekt-Verb-Struktur der indoeuropäischen Sprachen, die die Suggestion eines Täter-Aktions-Verhältnisses erzeugt, der wir uns kaum entziehen können, einen gleichsam grammatisch eingebauten Fundamentalanthropomorphismus sehen. Nicht erst die Agentivierung durch spezielle Handlungsverben, sondern schon die unvermeidbare grammatische Aufspaltung *eines* Prozesses in ein Subjekt und etwas ihm Zugeschriebenes (den Wind und sein Wehen) scheint in vielen Fällen metaphysisch irreführend.[16]

Der Grad der Metaphorizität hängt auch von der Art des beschriebenen Gegenstandes ab. Die Einstufung als "Nichtmenschliches" oder "Naturgegenstand" ist zu allgemein. Man wird unterscheiden müssen, ob es sich um Organismen, um Artefakte oder um anorganische Objekte handelt. Anscombe bemerkt beispielsweise: "Trees, we may say, drop their leaves or their fruit (as cows drop calves); this is because they are living organisms (we should never speak of a tap as dropping its drips of water" (1957, 86). Tieren billigen wir handlungsähnlicheres Verhalten zu als Pflanzen, diesen wiederum mehr als anorganischen Gegenständen. Mit Artefakten ist es komplizierter; sie gehören einerseits zu den anorganischen Gegenständen und stehen zum anderen wegen ihrer eingebauten Funktionalität den Organismen nahe. Darum sagt Anscombes Beispiel nur die halbe Wahrheit über den Wasserhahn: wir sagen zwar nicht, er werfe seine Tropfen ab, aber üblich ist immerhin der Ausdruck, der Hahn "spende" Wasser. Dies muß daran liegen, daß es sich im zweiten Fall um die Funktion handelt, zu deren Erfüllung der Hahn konstruiert wurde. Auf die abgeleitete Intentionalität technischer Funktionen komme ich noch ausführlich zurück, auf den Organismusbegriff ebenfalls. Bezüglich des Unterschieds zwischen organischen und anorganischen Objekten kann man sagen, daß wir diejenigen Gegenstände am unmetaphorischsten als Handelnde konzeptualisieren, denen wir am ehesten zugestehen, das 'Prinzip der Bewegung in sich selbst' zu haben, um mit Aristoteles zu sprechen.

Ich möchte meine Generalthese, daß den Kern des Anthropomorphismus das intentionalistische Handlungsmodell bildet, am Beispiel der Arbeiten von Topitsch (1958) und Dux (1982) vertiefen. Die Studie von Topitsch gehört zum oben erwähnten ideologiekritischen Diskussionsstrang, die von Dux zum kulturanthropologisch-entwicklungspsychologischen.

Piaget hatte den kindlichen Animismus als eine ontogenetische Entwicklungsstufe beschrieben, auf der zunächst alle Gegenstände als belebt und mit Bewußtsein ausgestattet erfahren werden. Er unterscheidet vier Stadien, in denen für das Kind mehr und mehr Gegenstandsklassen aus diesem Schema herausfallen, weil

---

[16] Piaget erwägt F. Max Müllers Auffassung, daß der Animismus eine "Krankheit der Sprache" sei, besteht dann aber auf der entwicklungspsychologischen Einsicht, daß die Denkweise von Kindern und Naturvölkern diesem in der Sprache verborgenen Animismus zumindest entgegenkomme (vgl. Piaget 1926, 203). - Stenius (1964, 211ff) und H. J. Schneider (1990) haben zur Bezeichnung des Umstands, daß die normalerweise ein Akteur-Handlungs-Verhältnis ausdrückende Subjekt-Verb-Struktur auch zum Ausdruck andersartiger Zusammenhänge dienen kann (wie z.B. in "Das Kämpfen hörte auf"), den Begriff der "syntaktischen Metapher" eingeführt. Syntaktisch wird eine Parallelität suggeriert, die semantisch nicht besteht. - Das Griechische unterscheidet immerhin die Verben nach Aktionsarten (Zustands-, Ereignis- und Ergebnisverben).

seine Anforderungen an Belebtheit und Bewußtheit spezifischer und höher werden. Der Animismus löst sich also schrittweise auf, bis am Ende nur noch diejenigen Gegenstände als belebt und bewußt begriffen werden, die - diese Formel scheint nicht so leicht ersetzbar - das Prinzip der Bewegung in sich selbst haben, nämlich Organismen (vgl. Piaget 1926, 145ff).[17] Neben dem Animismus identifiziert Piaget im kindlichen Denken das komplementäre Schema des "Artifizialismus". Der Artifizialismus läßt das Kind jeden Gegenstand als Produkt einer menschlichen Tätigkeit betrachten; alles auf der Welt wird als menschengemacht erfahren (die Projektion auf den Schöpfergott erfolgt erst später). Auf den ersten Blick widersprechen sich Animismus und Artifizialimus hinsichtlich des unterstellten Ursprungs der Aktivität: Selbstbewegung versus Fremdbewegung, immanente versus externe Teleologie. Doch die "Kinder scheinen, zumindest in den ersten Stadien, keinerlei Schwierigkeit dabei zu sehen, wenn sie die Dinge und Lebewesen gleichzeitig als lebendig und als fabriziert betrachten" (a.a.O, 285). Der Widerspruch zwischen Animismus und Artifizialismus ist nur scheinbar, denn das Kind hat organische Selbstbewegung und technische Fremdbewegung noch gar nicht ausdifferenziert, es sieht vielmehr "zuerst überall Intentionen, erst sekundär beschäftigt es sich damit, diese nach Intentionen der Dinge selbst (Animismus) und Intentionen der Hersteller der Dinge (Artifizialismus) zu klassieren" (284). - Piagets Untersuchungen bestärken mich in meiner Auffassung, den Intentionalismus als das fundamentale Schema anzusehen, das dem Animismus noch zugrundeliegt. In der Intentionalitätsunterstellung haben Animismus und Artifizialismus ihre gemeinsame Basis.

Dux geht es nun um den Aufweis einer parallelen Entwicklungslogik in der Phylogenese, um die Rekonstruktion einer kulturellen "Logik der Weltbilder". Grundlegend ist dabei der Begriff des "kognitiven Schemas" (Dux 1982, 96ff). Kognitive Schemata seien "operante Mechanismen im Umgang mit der Wirklichkeit" (96), die als interpretative Paradigmen fungieren. "Operant" heißt, daß diese Mechanismen sich hinter dem Bewußtsein des Subjekts selbsttätig zur Geltung bringen. Das sowohl ontogentisch wie phylogenetisch fundamentale kognitive Schema sei nun das "subjektivische Schema", durch welches Objekten der Außenwelt grundsätzlich Handlungszentren nach dem Modell intentional handelnder Subjekte zugeschrieben werden (108ff), wenn auch dieser Zuschreibungscharakter nicht bewußt ist. "Das einmal ausgebildete Schema fungiert dann als operanter Mechanismus. Es holt ein, was überhaupt an Objekten und Ereig-

---

[17] Ohne Rückgriff auf Piaget entwickelt Sellars die analoge story eines allmählichen Verfalls, d.h. einer "gradual depersonalization" (1962, 10) des anfänglich universalen agentivistischen "original image" in der phylogenetischen Entwicklung. Das aufgeklärte "manifest image", in dem nicht mehr wie ursprünglich "*all* the objects are capable of *the full range* of personal activity" (12), versteht er ausdrücklich als "a sophistication and refinement" (18) des ursprünglichen Agentivismus. Damit vertritt er eine Kontinuitätsthese von anthropomorphem und wissenschaftlichem Naturverständnis.

nissen aufscheint. Auf eben diese Weise wird das anfängliche Schema zum universalen interpretativen Paradigma der Wirklichkeit überhaupt" (102). Wenn nun, wie Dux nach Sichtung einschlägiger ethnologischer und kulturanthropologischer Literatur behauptet, das subjektivische Schema in "primitiven Gesellschaften" völlig "ungebrochen" als interpretatives Paradigma fungiert (108), dann ist klar, daß die Diagnose des Anthropomorphismus erst aus der Außenperspektive eines differenzierteren Schemas Sinn macht, denn man muß ja schon über unterschiedliche Schemata für Objekte und personale Akteure verfügen, um überhaupt das Vorliegen einer Projektion zu behaupten (vgl. 109ff). Allerdings wäre es falsch zu behaupten, daß Merkmalsunterschiede schlechterdings nicht wahrgenommen würden, denn auch in 'primitiven' Kulturen würden vielfältige Subkategorisierungen innerhalb des Basisschemas vorgenommen. "Es ist wirklich nur das Schema, das universal ist, und nicht eine inhaltsgleiche anthropomorphe Ausstattung der Objekte selbst. Die Universalität des Schemas hindert mit anderen Worten nicht, Unterschiede im Objektbereich wahrzunehmen" (97). Schließlich gingen Naturvölker in der Lebenspraxis erfolgreich und zweckrational mit Naturkausalität um, wie schon Lévy-Bruhl trotz seiner heute stark kritisierten Auffassung vom "prälogischen Denken" erkannte. Dem erfolgreichen Umgang mit natürlichen Kausalketten tut es keinen Abbruch, daß den Kausalbeziehungen zugleich eine agentivistische Interpretation unterlegt wird. Diese Interpretation sei auch nicht einfach nur Mythologie. "Dem Rückgriff auf die Subjektivität des handelnden Agens kommt ein wirklicher Erklärungswert zu" (126), behauptet Dux unter Hinweis auf Kant und auf die interventionistische Deutung der Kausalität, die uns noch beschäftigen wird.[18]

Die Studie von Topitsch soll etwas ausführlicher zu Wort kommen, weil dort, was selten ist, eine *interne Differenzierung* des anthropomorphen Schemas angeboten wird. Topitsch arbeitet in seiner Arbeit über *Ursprung und Ende der Metaphysik*, die er eine "Studie zur Weltanschauungskritik" nennt, in ideologiekritischer Absicht den Gedanken aus, daß man bis in die frühesten Zeugnisse der menschlichen Geistesgeschichte "bestimmte Denkformen verfolgen [kann], die das Weltall nach dem Muster der nächsten Umwelt des Menschen, zumal aber nach dem seines Fühlens und Handelns verständlich machen" (Topitsch 1958, 6). Entwickelt habe sich "eine scheinbar geschlossene 'intentionale' Weltauffassung, die nach dem Leitbild unseres Wollens und Handelns gestaltet ist" (3) und die trotz der Emanzipation von mythischen Weltbildern in der Philosophiegeschichte immer weiter ausgestaltet und verfeinert und dabei in ihrem Projektionscharakter immer weniger durchschaut worden sei (vgl. 7) - bis uns die Wissenschaft aus

---

[18] Deshalb ist auch Duxens späteres Fazit zu simpel, das vorneuzeitliche "Denken vom Vorrang des Geistes" sei heute durch ein Denken vom "Vorrang der Natur" abgelöst, insofern "mit Beginn der Neuzeit jede sinnhaft intentionale Deutung nach Art menschlichen Handelns in der Natur eliminiert" werde (Dux 1990, 162f).

diesem Wahn erlöste. Topitsch behauptet mit ungebrochenem szientistischen Pathos, daß uns die neuzeitliche Naturwissenschaft die Welt endlich so zeige, wie sie wirklich ist, so daß wir nach mehrtausendjähriger Verblendung unsere "vorwissenschaftlichen" Auffassungen endlich ad acta legen können (vgl. 93 und 282).

In nuce findet sich die massive Ideologiekritik der intentionalistischen Metaphysik, freilich ohne die Wendung zum Wissenschaftlichen Realismus, schon bei Nietzsche. Unter den "großen Irrthümern" der durch die "älteste und längste Psychologie" verunstalteten Metaphysik führt Nietzsche auf: "[A]lles Geschehen war ihr ein Thun, alles Thun Folge eines Willens, die Welt wurde ihr eine Vielheit von Thätern, ein Thäter (ein "Subjekt") schob sich allem Geschehen unter" (1889, 85).[19]

Topitschs ideologiekritische Erklärung der Genese des intentionalen Weltbildes ist nun eher grobgestrickt. Es sei "in vielen Menschen die Sehnsucht nach etwas Beständigem" vorhanden, "das als ein Unbedingtes und Absolutes allem Wandel entzogen ist" (a.a.O., 4), obgleich es doch heute auf eine Haltung ankäme, "die nüchtern und tapfer die harte Wirklichkeit zur Kenntnis nimmt" (5) usw. Wir kennen diesen Heroismus schon von Carnap. Die Selbststilisierung des Wissenschaftlers als eines illusionslosen Metaphysikkritikers läßt auch an den Appell Jacques Monods denken, der Mensch müsse "endlich aus seinem tausendjährigen Traum erwachen und seine totale Verlassenheit, seine radikale Fremdheit erkennen. Er weiß nun, daß er seinen Platz wie ein Zigeuner am Rande des Universums hat, das für seine Musik taub ist und gleichgültig gegen seine Hoffnungen, Leiden oder Verbrechen" (Monod 1970, 210). Es ist leicht zu sehen, daß diese Stilisierung des Menschen als eines kosmischen outcast sich selbst einer verunglückten Metapher, einer soziomorphen Projektion verdankt. Das Universum ist nicht taub für unsere Unternehmungen, ebensowenig blind, denn diese Kategorien sind ihm fremd. Es taub zu nennen präsupponiert schon die Anwendbarkeit der Kategorie der sinnlichen Rezeptivität, die doch gerade negiert werden soll.[20]

---

[19] Wir haben uns wie selbstverständlich an philosophische Texte gewöhnt, in deren Narrationen als grammatische Subjekte an Agentenstelle alle möglichen Instanzen fungieren, nur nicht menschliche Handlungssubjekte. Es finden Selbstbewegungen der Geschichte, der Ideen, der Begriffe statt, ohne daß Philosophen einen nennenswerten Erläuterungsbedarf bezüglich dieser Rede verspüren. Die poststrukturalistische Selbstbewegung des Diskurses ist nur ein Reflex darauf, über den sich nicht beschweren darf, wer diese spekulativen Grundfiguren andernorts widerspruchslos hinnimmt, und sei es bei Benjamin oder Adorno.

[20] Eine Randbemerkung zur Metaphorologie des Naturalismus: Quine hatte den Naturalismus gerade als eine Position bestimmt, die uns keinen Standpunkt im "cosmic exile" erlaubt. Mit der outcast-Metapher Monods, die im Namen einer Animismus- und Anthropozentrismuskritik (vgl. a.a.O., 42ff) einen tragischen Hiatus von Mensch und Welt behauptet, ist der Immanenzthese des Naturalismus ein schlechter Dienst erwiesen.

Ich übergehe die ideologiekritischen Motive bei Topitsch,[21] weil sie für unseren Zusammenhang wenig interessant sind. Von großem Interesse ist dagegen Topitschs Ausdifferenzierung des Anthropomorphismus-Schemas. Als einer der wenigen, die hier überhaupt Differenzierungen vornehmen, bietet er eine Unterscheidung in *biomorphe*, *soziomorphe* und *technomorphe* Modelle an (3 et passim). Die wichtigsten Analogien, mithilfe derer wir die Welt interpretieren, seien die des Organismus, der Gesellschaft und des Artefakts. *Technomorph* sind alle Vorstellungen, die die Welt als handwerkliches Produkt eines göttlichen Weltenbaumeisters auffassen. Das Universum ist demzufolge ein Gebäude, ein Gewebe oder ein anderes Werkstück. Der Mensch wird in vielen Mythen vom demiurgischen Töpfer geformt oder geknetet (22). Einige Werkstücke mißlingen natürlich, denn das Material setzt der Bearbeitung Widerstand entgegen - das ist die technomorphe Version der Theodizee, die bei Aristoteles ausgeführt ist (149). Im *soziomorphen* Modell wird das Universum als Staat begriffen, Gott als Herrscher oder König (71), der ein Weltgesetz erlassen hat (116), dem die Menschen als Untertanen zu folgen haben. All diese Mythologeme sind weit verbreitet und vielfältig dokumentiert; Topitsch präsentiert umfangreiches Material aus Mythologie und Religion verschiedener Kulturen.

Der Soziomorphismus und der Technomorphismus fügen sich zwanglos in das intentionalistische Handlungsmodell. Ob es sich bei der paradigmatischen Handlung um die Herstellung eines Artefakts oder um soziales Handeln handelt, macht für die Intentionalitätspräsupposition keinen Unterschied. Interessant ist die Frage nach dem Status der *biomorphen* Analogien, denn diese sind nicht im engeren, agentivistischen Sinne anthropomorph. Sie scheinen im Gegenteil physiomorph zu sein und Intentionalität zu negieren, so zum Beispiel die organizistische Staatsmetapher, für Topitsch eine der wichtigsten biomorphen Metaphern überhaupt. Aber das läßt sich nicht quer zu allen Kontexten entscheiden, denn es gibt auch intentionalistische Uminterpretationen der Organismusmetapher und Verschmelzungen mit dem Technomorphismus, die über die Maschinenmetapher vermittelt sind (29). Nicht umsonst geht der Organismusbegriff auf das *organon*, auf das Werkzeug zurück. Wenn wir einen Organismus als ein zweckmäßig eingerichtetes ("organisiertes") System ansehen, das bestrebt ist, einen Gleichgewichtszustand aufrechtzuerhalten, dann stellt sich sogleich wieder die Frage nach der Legitimität unserer Rede von Zweckmäßigkeit und wir sind erneut auf das Teleologieproblem verwiesen. Wie läßt sich natürliche Zweckmäßigkeit ohne zwecksetzende Instanz denken? Viele biomorphe Modelle sind, wie Topitsch

---

[21] Später (1979) setzt Topitsch die "Weltanschauungskritik" fort, befestigt die Dichotomie zwischen "Tatsachenaussagen" und "Werturteilen" (1979, 14) und fordert die "Verabschiedung einer menschheitsgeschichtlichen Illusion" (8). Die ideologiekritische Motivation tritt noch stärker in den Vordergrund und nimmt teilweise sektiererische Züge an. - Ebenfalls ideologiekritisch, wenn auch weniger aggressiv, traktiert Nicolai Hartmann (1951) teleologische Naturauffassungen.

feststellt, eher anthropomorphen als physiomorphen Ursprungs, weil das Konzept des Organismus über die menschliche Erfahrung seines noch nicht dualistisch gegenüber dem Mentalen ausdifferenzieren Körpers vermittelt war (15f).

Topitsch ist angesichts des Biomorphismus nicht ganz konsistent, was ich zum Anlaß nehme, die Brauchbarkeit unserer Anthropomorphismus/Physiomorphismus-Disjunktion noch einmal grundsätzlich zu überprüfen. Topitsch arbeitet nicht durchgängig mit dem Vorwurf der anthropomorphen bzw. intentionalistischen Projektion, sondern ab und zu mit der allgemeineren These, der Mensch sei immer bestrebt, sich Fernerliegendes nach der Analogie des Näherliegenden zu erklären, Fremdes durch Vertrautes, Abstraktes durch Konkretes (92 u.ö.). Diese verbreitete Erklärungsfigur der Funktion von Metaphern scheint quer zu unserem Anthropomorphismus/Physiomorphismus-Schema zu liegen, jedenfalls dann, wenn wir nicht per definitionem voraussetzen wollen, daß das Naheliegende, Bekannte, Vertraute eben das Menschliche ist. Bei vielen Autoren fallen Anthropomorphismus und die Fremdes durch Vertrautes-Figur in der Tat zusammen. So erklärt Hume (1757, 317): "There is an universal tendency among mankind to conceive all beings like themselves, and to transfer to every object, those qualities, with which they are familiarly acquainted, and of which they are intimately conscious".[22]

Die Tatsache, daß andere Autoren die Unbekanntes durch Bekanntes-Figur im Gegenteil mit dem Physiomorphismus zusammenfallen lassen,[23] ist ein Indiz dafür, daß diese Figur zu unspezifisch ist, um irgendeine Klasse von Metaphern gegenüber anderen als fundamental auszuzeichnen. Offenbar ist "das Bekannte" nicht eindeutig einem bestimmten Erfahrungsbereich zuzuordnen. Das Problem hat eine historische Dimension: Agentivistischer Anthropomorphismus und die allgemeinere Fremdes durch Vertrautes-Figur fallen dann nicht zusammen, wenn die Menschen "noch nicht zu dem Bewußtsein erwacht sind, in der eigenen Seele den Ursprungsort eigener Kräfte zu besitzen", wie Snell (1946, 42) über das Selbstverständnis der griechischen Menschen zur Zeit Homers behauptet. Wenn es also, wie manche Philosophen meinen, in der Antike noch kein Subjekt gab, insofern Subjektivität und Objektivität im menschlichen Bewußtsein noch nicht auseinandergetreten waren,[24] erscheint es nicht unplausibel, die Fremdes durch

---

22 Vgl. auch die Studie von Biese (1893), für den das Metaphorische schlicht "das Anthropozentrische" ist.

23 So Lakoff und Johnson: "[W]e typically conceptualize the nonphysical *in terms of* the physical - that is, we conceptualize the less clearly delineated in terms of the more clearly delineated" (Lakoff/Johnson 1980, 59; vgl. 109, 112, 177).

24 Vgl. dazu Oehler 1962. Aufgrund des "Parallelismus-Schemas von Sein, Denken und Sprache", wie Oehler es nennt, seien für den antiken Menschen seine Bewußtseinsinhalte "kein originär Produziertes, sondern nachgebildete Wirklichkeit" gewesen (251), auf die man eine objektivierende Außenperspektive einnahm. Oehler argumentiert aber auch dafür, daß Platon und Aristoteles entgegen einer verbreiteten Auffassung schon sehr nahe vor der 'Entdeckung' des Selbstbewußtseins gestanden hätten. - Zur Historizität des Selbstbewußtseins hat Julian

Vertrautes-Figur als die erkenntnistheoretisch fundamentale anzusehen.[25] Diese Figur darf man allerdings nicht mit dem Physiomorphismus verwechseln, denn den neuzeitlichen Begriff der Natur gab es auch noch nicht. Die Natur im Sinne eines Inbegriffs dessen, was wir nicht gemacht haben und was in seiner Totalität unabhängig von uns besteht, wird erst spät in der Humangeschichte ausdifferenziert und thematisiert; diese Historizität des Naturbegriffs als Totalitätsbegriff haben Blumenberg (1975) und Picht (1989) beschrieben.

Wenn wir also spekulativ auf das Selbstverständnis des Menschen in antiker oder gar mythischer Zeit zurückgehen wollen, können wir weder mit der Anthropomorphismus- noch mit der Physiomorphismus-Figur ohne weiteres arbeiten. Abgesehen davon, daß der Anspruch meiner Arbeit sich auf diese Frühzeit der Humangeschichte nicht erstreckt, möchte ich allerdings mit Dux gegenüber der These eines präsubjektiven Stadiums des homo sapiens Zweifel anmelden. Wenn man den Anthropomorphismus ausdrücklich als *Handlungs*schema einführt und nicht als bewußtseinsphilosophisches *Subjekt*schema, verliert die Annahme eines diesem Schema phylogenetisch noch Vorausliegenden an Plausibilität. Bekanntlich wird auch in der historischen Religionssoziologie behauptet, etwa von Comte und Max Weber, daß es ein präanimistisches Stadium gegeben habe, in dem das Subjektschema noch nicht ausgebildet war und alle Kräfte noch den Körpern selbst oder anderen Mächten zugeschrieben wurden. Hier sind Differenzierungen vonnöten. Das Subjektschema, wie ich es verstehe, ist in der *praktischen Handlungskompetenz* fundiert, die bereits in spätpaläolithischer, spätestens in neolithischer Zeit ausgebildet war (vgl. Dux 1982, 186), und über die der Handelnde sich schlechterdings nicht auf Dauer hinwegtäuschen kann. Schließlich wird die Erfahrung der primitiven Fähigkeit, eine Handlung von selbst zu beginnen, in jeder individuellen Ontogenese erworben und kann dann nicht einfach interpretativ wieder beseitigt werden. Dux kritisiert scharf die überzogene Behauptung Döberts, daß in frühen Jäger- und Sammler-Gesellschaften "die Menschen sich nicht als Subjekte ihres eigenen Denkens und Handelns wissen, sondern sich als *Objekte des Einwirkens von Geistern* [...] begreifen" (Döbert 1973, 100). Ein "*gänzliche*[s] *Fehlen eines Begriffs von menschlicher Autonomie und Spontaneität*", von dem Döbert spricht (ebd.), ist für Dux nicht vorstellbar. Bestätigt sieht er sich durch den Umstand, daß intentionalistische Modelle auch in Gesellschaften anzu-

Jaynes (1976) eine originelle Studie vorgelegt. Jaynes zufolge kann man dem menschlichen Geist bis vor ca. 3000 Jahren überhaupt kein Bewußtsein zusprechen. Es habe "a bicameral mind" gegeben mit einer Dezisionsinstanz und einer Ausführungsinstanz, beide seien aber nicht im modernen Sinne bewußt und reflektiert gewesen.

25 So mit leichter Variation Steinvorth 1985, 585: "[T]he world of early men must have been divided not into the physical and the psychic world, but into the realm of things seizable, more or less controllable, accessible to everybody, and into the realm of things both uncanny and fascinating, not accessible to everybody, but, if at all, accessible only after complicated procedures".

treffen sind, die sie eigentlich noch nicht haben dürften. Gerade die Mächte, Götter und Geister, die zur Illustration eines präanimistischen Stadiums ins Feld geführt werden, sind ja nach dem agentivistischen Schema anthropomorph konzeptualisiert (vgl. Dux 262). Nur wenn man am wolkigen *animistischen* Anthropomorphismusbegriff festhält, statt ihn durch den intentionalistisch-agentivistischen zu ersetzen, erscheint das Selbst- und Naturverständnis des frühen Menschen so radikal verschieden von dem unseren. - Snell (1930) spricht allerdings den Figuren Homers tatsächlich die Fähigkeit zu Handlungsentscheidungen ab. Diesem Befund aber, der überdies exegetisch umstritten ist (vgl. dazu Gaskin 1990), liegt ein eigenwilliger Handlungsbegriff zugrunde.[26] - Ich war sowenig dabei wie alle anderen Teilnehmer dieser Debatte, kann mich aber Duxens simpler Feststellung nicht entziehen:

> "Alle menschlichen Gesellschaften, die wir kennen, haben den Schritt aus der Naturgeschichte lange hinter sich. Das aber heißt: Sie haben ein mit den symbolischen Mitteln der Sprache hinreichend durchorganisiertes System der Natur. Sie haben ebenfalls ein System sozialer Beziehungen; sie haben unter den Anforderungen dieser kulturellen Systeme auch eine hinreichende Triebkontrolle entwickelt. Das aber kann nichts anderes heißen, als daß Menschen auch in diesen Gesellschaften als Subjekte handeln und sich als handelnde Subjekte wahrnehmen" (a.a.O., 261).

Das sich seines Vermögens, eine Handlung von selbst zu beginnen, bewußte Subjekt ist keine Erfindung der Moderne. Wer das Gegenteil behauptet, kritisiert in der Regel etwas von der hier vertretenen These Verschiedenes. Was dieses Verschiedene ist, ist zumal in der poststrukturalistischen Subjektkritik nicht immer leicht auszumachen, denn deren Verbalradikalismus kann sich leider selten auf eine entsprechend radikale Anstrengung des Begriffs stützen. Vergleichsweise klar formuliert ist die Auffassung Foucaults, daß der Mensch eine junge Erfindung sei, eine "Falte in unserem Wissen", die überdies im Begriff sei, wieder zu verschwinden. Ob Foucault die von ihm kritisierten Auffassungen zutref-

---

26 Wahrhaft autonom gilt Snell nur der dezisionistische Akt in einer Situation, in der alle Optionen gleichwertig sind und der Handelnde sich ihnen gegenübersieht wie Buridans Esel den beiden Heuhaufen. Wenn einer der Gegenstände "als der Bessere erscheint", geht für Snell (1930, 21) die Entscheidung schon vom Objekt aus und nicht vom Handelnden. Snell spielt die *Freiheit* einer Handlung gegen ihre *Rationalität* aus. Warum aber sollte nur eine irrationale Wahl frei sein und ein Handeln nach vernünftigen Gründen heteronom? Handlungsgründe haben *qua* Gründe eine objektive und allgemeine Komponente. Gründe können nicht radikal individuell sein, gleichwohl nennen wir das Handeln nach Gründen frei. Ein Handeln völlig ohne Gründe ist wahrscheinlich überhaupt kein Handeln, wie Gaskin gegenüber Snell ins Feld führt: "Action which is chosen *for no reason at all* - action on an existentialist model - is simply not recognisable as anything falling under the title of genuine self-conscious agency: it looks much more like movement occasioned by brute irrational impulse" (Gaskin 1990, 7). Gaskins Fazit, dem ich mich anschließe: "Homer's agents live in a world which repeatedly and generously serves them up preponderating reasons for action. So far from enslaving or doing away with the agent, such a world - this is the paradox of freedom - can alone set him free" (15).

fend rekonstruiert, ist aber mehr als fraglich.[27] Etwas anders liegt der Fall bei Nietzsche, weil er in seinem Nekrolog auf den Menschen in kosmischen Dimensionen denkt, nicht bloß in humangeschichtlichen (s.u., V, 2).

An dem Ausgang dieser Kontroversen hängt aber für meine Argumentation nichts, die synchron und nicht diachron angelegt ist. Die Figur 'Fremdes durch Vertrautes' konkurriert deshalb nicht mit dem Anthropomorphismus/Physiomorphismus-Schema, weil sie viel zu unspezifisch ist und eher das Wesen des Metaphorischen oder des Analogischen überhaupt bezeichnet. Insofern nivelliert sie viele interessante Differenzen, insbesondere die fundamentale Rolle der Intentionalitätsunterstellung.

Zu Topitsch ist noch nachzutragen, daß er seine Analyse der intentionalistischen Weltauffassung mit einer Kritik an der *Rückprojektion* in die menschliche Lebenswelt verbindet, die er an vielen Beispielen aufzeigt.[28] Damit hat er insbesondere die normative Aufladung der zuvor sozio- oder technomorph begriffenen Natur im Sinne des Naturrechts im Visier. Jede naturalistische Argumentation, wie etwa die der stoizistischen Ethik, derzufolge wir uns in die Natur 'einfügen' oder ihr 'folgen' sollen, ist natürlich in Topitschs Perspektive ein Zirkelschluß, der sich der unbemerkten Rückprojektion aus einer Sphäre verdankt, die an sich ethisch völlig indifferent ist und vom Menschen erst entsprechend aufgeladen wurde. Leider verfügt Topitsch über keine Metaphern- und Modelltheorie, mithilfe derer er diese für uns natürlich interessanten Rückprojektionseffekte genauer analysieren könnte.

Wie unauffällig das Wechselspiel von anthropomorpher Projektion und physiomorpher Rückprojektion linguistisch repräsentiert sein kann, zeigt eine von Snell zitierte Metapher Homers. Homer sagt über eine Gruppe von Kriegern: "sie hielten aus [...] wie ein Fels im Meer, der Wind und Wellen zum Trotz verharrt". Felsen "trotzen" aber nicht im wörtlichen Sinne. Snell kommentiert:

> Daß der Fels ein menschliches Verhalten deutlich macht [...], beruht darauf, daß dieser tote Gegenstand anthropomorph gesehen wird: das unbewegliche Stehen der Klippe in der Brandung wird gedeutet als Ausharren, so wie der Mensch ausharrt in einer bedrohten Situation. Der Gegenstand wird also tauglich, im Gleichnis etwas zu veranschaulichen, dadurch, daß in diesen Gegenstand das hineingesehen wird, was er dann seinerseits illustriert (Snell 1946, 268f).

---

27 Tatsächlich wird von Foucaults Kritik des anthropologischen Diskurses der Moderne nur ein vergleichsweise schmaler hegelianischer Traditionsstrang getroffen, insbesondere Marx und Feuerbach. Foucaults theoretischer Antihumanismus ist in erster Linie Subjektkritik, die nur schlüssig ist, wenn man der Versuchung nicht widersteht, die empirische und die transzendentale Bestimmung des Menschen in einer Theorie zusammenfallen zu lassen. Kant hat dieser Versuchung widerstanden; die transzendentale Erkenntniskritik *ist* eine Kritik an der Vermengung der Thematisierungsweisen. Die "empirisch-transzendentale Doublette" der modernen Subjektphilosophie insgesamt vorzuwerfen ist eine projektive Lektüre Foucaults (vgl. dazu Schnädelbach 1989b).

28 Vgl. Topitsch 1958, 14; 94; 162ff; 204f; 278; 284; 288ff u.ö.

Die wechselseitige Durchdringung von anthropomorphen und physiomorphen Elementen in unserem Selbst- und Naturverständnis ist verschiedentlich bemerkt, aber selten genauer beschrieben worden. Topitsch denunziert sie als Relikt eines zu überwindenden mythisch-animistischen Weltbildes. Ebenso Habermas; er diagnostiziert als Grundzug "mythischer Weltbilder"

> "die eigentümliche Nivellierung der verschiedenen Realitätsbereiche: Natur und Kultur werden auf dieselbe Ebene projiziert. Aus der wechselseitigen Assimilierung der Natur an die Kultur, und umgekehrt der Kultur an die Natur, geht einerseits eine mit anthropomorphen Zügen ausgestattete, in das Kommunikationsnetz der gesellschaftlichen Subjekte einbezogene, in diesem Sinne humanisierte Natur hervor, und andererseits eine Kultur, die gewissermaßen naturalisiert und verdinglicht in den objektiven Wirkungszusammenhang anonymer Mächte aufgesogen wird" (Habermas 1981 I, 78).

Im Hintergrund dieser Diagnose steht natürlich die Einschätzung, daß in modernen Gesellschaften mit ihrer Ausdifferenzierung der Erfahrungsbereiche diese "*Konfusion von Kultur* und *Natur*" (a.a.O., 79), diese "*konzeptuelle Vermengung*" (81) grundsätzlich überwunden sei. Meine Arbeit gilt dem Nachweis, daß diese Diagnose viel zu oberflächlich ist.

2 *Metapher und Erkenntnis*

2.1 Von der heuristischen Funktion bis zur starken Kognitivitätsthese der Metapher

Das Metaphernthema ist für unseren Zusammenhang nur dann nicht deplaziert, wenn Metaphern irgendeine kognitive Funktion zukommt. Wenn Metaphern, wie der Jargon der Uneigentlichkeit behauptet, ornamentale rhetorische Figuren sind, die man immer durch wörtliche Rede ersetzen kann und in epistemischen Kontexten auch sollte, können sie schwerlich ein naturalistisches Selbstverständnis oder ein anthropomorphes Naturverständnis des Menschen präformieren oder auch nur stabilisieren. Um für die Theorien, in denen der Metapher eine heuristische oder eine kognitive Funktion zugesprochen wird, eine Kontrastfolie zu haben, präsentiere ich zunächst die extreme Gegenposition, die Ächtung der Metapher in einem rhetorikfeindlichen Strang der philosophischen Tradition. Seit Platons Verdikt über die Dichter von Zeit zu Zeit erneuert, erreichte das Metaphernverbot einen Höhepunkt in empiristischen und rationalistischen Positionen des 17. und frühen 18. Jahrhunderts, bis es im Zuge neuer historischer und 'dynamischer' Theorien der Sprachentstehung und des Sprachwandels (Vico, Herder, Humboldt) an Bedeutung verlor. Diese Aufwertung der Metapher vollzog sich zunächst außerhalb der mainstreams empiristischer und rationalistischer Philosophie und kulminierte in der Omnipräsenzthese der Metapher und der ästhetisch motivierten These von ihrer "welterschließenden Kraft" in der deutschen Romantik. "Lerne den Zauberstab der Analogie gebrauchen", rät uns Novalis. Heute, nachdem in der Wissenschaftstheorie die für die wissenschaftliche Modellbildung historisch und systematisch zentrale Rolle der Metapher entdeckt wurde, scheint die Metapher endgültig salonfähig geworden zu sein. Vom Metaphernverbot ist gegenwärtig nichts zu hören; das Pendel ist in manchen Kreisen vielmehr ins andere Extrem ausgeschlagen.

Die Aufweichung des Metaphernverbots in Philosophie und Wissenschaft geht mit der Entwicklung neuerer *Theorien* der Metapher einher. Die Kritiker der Metapher orientierten sich ausnahmslos an der rhetorischen Auffassung, derzufolge die Metapher eine "uneigentliche" Redeweise ist, die als im Prinzip durch einen wörtlichen Ausdruck, ein *verbum proprium* ersetzbar angesehen wird. In der auf Cicero und Quintilian (nicht aber auf Aristoteles!) zurückgehenden rhetorischen Auffassung reduziert sich die Funktion der Metapher auf ihren Beitrag für die Ausschmückung, Anschaulichkeit und Einprägsamkeit der Rede, was in den Augen ihrer philosophischen Kritiker heißt: auf ihre Ungenauigkeit, das Irreführende ihrer Anspielungen und ihren Appell an die Leidenschaften. Für nahezu alle zeitgenössischen Metapherntheoretiker sind dagegen die rhetorische Reduktion und der damit verbundene Jargon der Uneigentlichkeit das bevorzugte Kritikobjekt. Es sind semantische und pragmatische Theorien der Metapher entwickelt worden, die nicht mehr mit der Unterscheidung zwischen eigentlicher und uneigentlicher Bedeutung arbeiten.

Mit dem bedenklichen Ausschlag des Pendels in die andere Richtung meine ich die annoncierte "Wiederkehr der Metapher", insofern sie einer "Wiederkehr des Mythos" und einer "Suche nach einer neuen Unmittelbarkeit des Selbst- und Weltverständnisses" zugeschlagen wird (Oelmüller 1988, 81). Mit dieser Remythisierung der Metapher habe ich nichts zu tun. Sie spielt dem szientistischen Metaphernverbot in die Hände, weil sie das falsche Mythos-Logos-Schema wiederbelebt und unter diesem Vorzeichen nur verlieren kann. Aus diesem Grunde habe ich auch mit Blumenbergs Rede von der "Unbegrifflichkeit" der Metapher Schwierigkeiten. Ich werde später dafür argumentieren, daß die *Unmittelbarkeits-* oder *Anschaulichkeitsthese* ein großes Unglück für die Metapherntheorie ist, weil sie das Wesen der Metapher so gründlich verkennt wie nur denkbar.

Exemplarisch für die philosophische Ächtung der Metapher seien Hobbes, Locke und Samuel Parker zitiert. Für Hobbes ist "the use of metaphors, tropes, and other rhetorical figures, instead of words proper", allenfalls "in common speech" zulässig, wohingegen "in reckoning, and seeking of truth, such speeches are not to be admitted" (1651, 34). Es sei das Grundübel der "eloquence", daß die Redner nicht bemüht sind "to fit their speech to the nature of the things they speak of", sondern "to the passions of their minds to whom they speak" (1642,

123). Der Appell an die Leidenschaften ist verständlich, hat der eloquente Redner doch "not truth (except by chance) but victory" im Sinn (ebd.). Solange die Metapher ausschließlich als rhetorische Figur, als Illustration oder Ornament gesehen wird, ist das Metaphernverbot nichts anderes als ein Teil des allgemeinen Rhetorikverbots und muß nicht gesondert gerechtfertigt werden. Wo es um die Wahrheitssuche geht, darin sind sich die philosophischen Bilderstürmer im Namen der nackten Wahrheit einig, hat figurative Rede nichts zu suchen. Eine eindrucksvolle und oft zitierte Philippika stammt von Locke:

> "[I]f we would speak of things as they are, we must allow that all the art of rhetoric, besides order and clearness; all the artificial and figurative application of words eloquence hath invented, are for nothing else but to insinuate wrong ideas, move the passions, and thereby mislead the judgment; and so indeed are perfect cheats: and therefore, however laudable or allowable oratory may render them in harangues and popular addresses, they are certainly, in all discourses that pretend to inform or instruct, wholly to be avoided; and where truth and knowledge are concerned, cannot but be though a great fault, either of the language or person that makes use of them" (Locke 1690, Bk. III. Ch. X, 34)

"Nichts könnte eloquenter sein als diese Denunziation der Eloquenz", stellt de Man (1978, 416) belustigt fest und deutet damit einen Konterangriff an, den die philosophische Metakritik des Metaphernverbots sich selten entgehen läßt: die Bilderstürmer verwenden selbst Metaphern, und dies oft genug unkontrolliert und unbemerkt.[1] Samuel Parkers Ächtung der Metapher liest sich, als wäre sie eigens verfaßt worden, um diesem Einwand Nahrung zu geben:

> "All those Theories in Philosophy which are expressed only in metaphorical Termes, are not real Truths, but the meer products of Imagination, dress'd up (like Childrens babies) in a few spangled empty words. [...] Thus their wanton and luxuriant fancies climbing up into the Bed of Reason, do not only defile it by unchaste and illegitimate Embraces, but instead of real conceptions and notices of Things, impregnate the mind with nothing but Ayerie and Subventaneous Phantasmes" (Samuel Parker 1666, zit. nach Lakoff/Johnson 1980, 191).

Die Metaphorik der sexuellen Unzucht ist hier mit Bedacht eingesetzt, um den philosophischen Metaphernverwender, der aus dem "Bed of Reason" ein Lotterbett macht, *moralisch* zu kompromittieren. Dieser Effekt wäre ohne die Metapher nicht so einfach erreichbar gewesen.

Das tu quoque-Argument ist natürlich zunächst nichts weiter als ein Einwand *ad personam*, dessen systematisches Gewicht erst noch ermittelt werden muß. Allerdings sollte es nachdenklich machen, daß auch gerade Autoren wie Bacon oder Descartes, die einen dezidierten Wissenschaftsanspruch bezüglich der Philosophie hatten, an zentralen Stellen nicht ohne Metaphern auskommen - um vom

---

1 Vgl. zu dieser Metakritik z.B. Blumenberg 1960a; Turbayne 1962; Leatherdale 1974, 225 und 230ff; Nieraad 1977, 88f; de Man 1978, 416f.

Poetenkritiker und Mythenmeister Platon ganz zu schweigen. Dies springt typischerweise umso mehr ins Auge, je intensiver man sich mit dem Metaphernthema auseinandersetzt: "Die Anzahl der wahrgenommenen Metaphern steigt rapide an, wenn man sich eine Weile mit Metapherntheorien beschäftigt hat" (Schöffel 1987, 205). - Da ich eine Metapherntheorie vertreten werde, die neben pragmatischen auch semantische Anteile hat, habe ich keine Schwierigkeiten mit der Behauptung, daß jemand eine Metapher verwenden kann, ohne es zu bemerken. Gerade bei etablierten "Hintergrundmetaphern" (Blumenberg)[2] ist dies oft der Fall, weshalb die Vertreter rein pragmatischer Metapherntheorien, für die der unabsichtliche Metapherngebrauch ein Widerspruch in sich ist, bestrebt sind, konventionelle und lexikale Metaphern aus dem Metaphernbegriff überhaupt auszuschließen.

Die Frage drängt sich auf, warum die Bilderstürmer von Platon bis Locke sich über die Erfolgsaussichten eines Metaphernverbots so grundlegend täuschen konnten. Ein wichtiger Grund dürfte ihre einseitige Ernährung gewesen sein, nach Wittgenstein eine "Hauptursache philosophischer Krankheiten - einseitige Diät: man nährt sein Denken mit nur einer Art von Beispielen" (*PU* § 593). Tatsächlich ist ja die rhetorische Auffassung der Metapher durch eine bestimmte Art des Metapherngebrauchs gedeckt, der in erster Linie illustrative Funktion hat.[3] In solchen Fällen ist die 'Uneigentlichkeit' der Rede klar erkennbar und die kognitive Funktion der Metapher nahe Null. Die rhetorische Auffassung und damit einhergehend auch die Substituierbarkeitsthese haben durchaus ihre Anwendungsfälle. Was die einseitig ernährten Bilderstürmer nicht gesehen haben, ist der für die rhetorische Auffassung fatale Umstand, daß es in der natürlichen Sprache offenbar ein *Kontinuum von Metaphorizität und Literalität* gibt. Gleichgültig, ob wir die Grenze zur Wörtlichkeit zwischen dem Bereich der konventionellen und dem der lexikalen Metaphern anzusetzen versuchen oder noch jenseits der lexikalen: Sobald wir die "wörtlichen" oder "buchstäblichen" Wortbedeutungen im Lichte der historischen Philologie etwas drehen und wenden, zerfließen sie uns unter den Händen wie Wachs. Auf der Ebene der Wortbedeutungen werden wir die stabilen, allen metaphorischen Prozessen zugrundeliegenden Bedeutungskerne vergebens suchen. Ob wir die Kontinuität von Wörtlichkeit und Metaphorizität im Sinne der *Omnipräsenzthese des Metaphorischen* interpretieren wollen wie Vico, Jean Paul, Nietzsche, Richards, Lakoff und Johnson, ist eine zweite Frage.

---

2 "Metaphorik kann auch dort im Spiele sein, wo ausschließlich terminologische Aussagen auftreten, die aber ohne Hinblick auf eine Leitvorstellung, an der sie induziert und 'abgelesen' sind, in ihrer umschließenden Sinneinheit gar nicht verstanden werden können" (Blumenberg 1960a, 69).

3 Die gequälte Lyrik der Artikelüberschriften im Wirtschaftsteil unserer Tageszeitungen gibt haufenweise Beispiele: "Der Textilkonjunktur droht ein Fadenriß", "Melitta filtert Arbeitsplätze weg", "Lufthansa-Aktie im Sinkflug".

Das Blatt hat sich heute gewendet. In der Wissenschaftstheorie[4] sieht man sich einer großen Zahl von Autoren gegenüber, die die Metapher nicht nur nicht verbieten oder als unvermeidliches Übel der natürlichen Sprache in Kauf nehmen, sondern ihr im Gegenteil eine besondere *kognitive Funktion* zusprechen. Durch Arbeiten aus dem Bereich der Kognitionspsychologie wird diese These gestützt.[5] Zur kognitiven Funktion der Metapher ein Zitat zur Einstimmung:

> "In kognitiven Akten zur Kategorisierung von Sachverhalten können Metaphern verschiedene pragmatische Funktionen übernehmen. Sie können in Form von Provokationen auf initiale Weise zur Auflösung von verfestigten semantischen Ordnungsschemata beitragen; sie können das Fundament für neue Denkstrukturen und Erfahrungen legen; sie können neuartige Abstraktionen konzeptualisieren; sie können völlig neue Sachverhalte sprachlich objektivieren; sie können auf analoge Weise von solchen Sachverhalten reden, die prinzipiell jenseits aller möglichen sinnlichen oder empirischen Erfahrung liegen; sie können komplexe und unübersichtliche Sachverhalte modellhaft vereinfachen" (Köller 1975, 259f).

Um diese Komplexität gleich wieder zu reduzieren, schlage ich eine Differenzierung zwischen einer *schwachen* und einer *starken Version* der Kognitivitätsthese der Metapher vor. Die schwache, heuristische Version behauptet, daß Metaphern uns objektive Ähnlichkeiten und Zusammenhänge in der Welt *erkennen lassen*; die starke, emphatisch kognitive Version behauptet, daß die Metapher die Zusammenhänge erst *herstellt*, daß sie "creates the similarity" (Black 1954, 37).

Der schwachen heuristischen Version zufolge sind Metaphern vor allem an der Front des wissenschaftlichen Fortschritts nützlich, d.h. für den *context of discovery*. Wenn es darum geht, einen neuen Gegenstandsbereich zu erschließen, noch unbegriffene Zusammenhänge auszudrücken oder auch einen bisher im Begriffsrahmen einer anderen Theorie beschriebenen Sachverhalt neu zu konzeptualisieren, seien Metaphern am Platze. Diese heuristische Rolle gesteht sogar Quine der Metapher zu:

> "[M]etaphor [...] flourishes in playful prose and high poetic art, but it is vital also at the growing edge of science and philosophy. [...] Along the philosophical fringes of science we may find reasons to question basic conceptual structures and to grope for ways to refashion them. Old idioms are bound to fail us here, and only metaphor can begin to limn the new order. If the venture succeeds, the old metaphor may die and be embalmed in a newly literalistic idiom accommodating the changed perspective" (Quine 1978a, 187f).

Die Metapher wird also für heuristisch fruchtbar gehalten und zugleich kognitiv depotenziert, denn ihr Wert sei temporär. "Paradoxically it is often those who deny any essential role of models and analogies in science who stress the heuri-

---

4 Zum Überblick über die wissenschaftstheoretische Diskussion vgl. Leatherdale 1974; Nieraad 1977, 80-111; Boyd 1979; Kuhn 1979; Hoffman 1980; Gentner 1982.

5 Einen Überblick über die erkenntnistheoretischen und kognitionspsychologischen Forschungen zur Funktion der Metapher verschafft der Band von Honeck/Hoffman (Eds.) 1980.

stic role of models in the processes of invention and discovery" (Leatherdale 1974, 62). Bei manchen Autoren, die sich mühsam die heuristische Auffassung abringen, fällt diese schon mit dem Metaphernverbot für den Bereich der reifen wissenschaftlichen Theorie zusammen. Wenn sie ihre Schuldigkeit getan hat, kann die Metapher abdanken.[6] Hierzu ist anzumerken, daß der Begriff "heuristisch" in der Wissenschaftstheorie nicht einheitlich verwendet wird. Der Gebrauch schwankt von 'für den Entdeckungszusammenhang nützlich, aber später dispensierbar' bis zu 'für das Verständnis unerläßlich, aber nicht gegenstandskonstitutiv'.[7]

Eine Position zwischen der schwachen und der starken Kognitivitätsthese der Metapher nimmt Mary Hesse ein. Sie fordert "that the deductive model of scientific explanation should be modified and supplemented by a view of theoretical explanation as metaphoric redescription of the domain of the explanandum" (1966, 157). Hesse entwickelt ihre einflußreiche Auffassung der Metapher als einer Neubeschreibung des Explanandums im Anschluß an Max Blacks Interaktionstheorie, widerspricht aber der überzogenen Behauptung Blacks, die Metapher könne die Ähnlichkeit *erzeugen*. Dies dürfe jedenfalls nicht für Metaphern gelten, die als wissenschaftliche Modelle gebraucht werden, denn: "Such a view would imply that theoretical models are irrefutable" (a.a.O., 161). Eine "assimilation of poetic and scientific metaphor" (168) müsse vermieden werden. Dies leuchtet ein: Wenn Metaphern "demiurgische Werkzeuge" wären (Weinrich 1963, 338) und sich ihren Kosmos selbst schafften, wäre ihre Angemessenheit nicht mehr überprüfbar.

Für Hesse ist der entscheidende, den kognitiven Wert einer metaphorischen Neubeschreibung ausmachende Punkt der, daß wir nicht vorab wissen, wie weit sich die durch die Metapher behauptete Analogie erstreckt (a.a.O., 162). In mancher Hinsicht mag die Welt wie ein Uhrwerk sein, in anderer nicht. In mancher Hinsicht gleicht die natürliche Selektion der künstlichen, das Molekül einem Billardball, der menschliche Geist einem Computer, die psychischen Instanzen Bürgerkriegsparteien, in anderen nicht. Damit Metaphern und Modelle unser Ver-

---

6 Ein gutes Beispiel ist Bunge: "While we are willing to let analogy guide our preliminary explorations [...], we feel it is wrong to allow it to play any role in mature theory: we want to depict the thing itself rather than something that superficially looks like it". Kurz: "metaphors and analogies are at best didactic props, at worst didactic traps, always *Ersätze* for the real thing" (Bunge 1967, 281). - Zum Quine-Zitat besteht aber ein Unterschied, denn dort wird die Metapher nicht ersetzt, sondern sinkt zur Wörtlichkeit herab.

7 Vgl. dazu Leatherdale 1974, 201: "'Heuristic' can be used to mean merely 'employed in the process of discovery' (but not necessary to that process), or it can be used to mean 'necessary for the process of discovery' (but thereafter dispensable). On the other hand it is sometimes used (as, for example, by Vaihinger) to mean 'aiding the understanding' or even 'necessary to the understanding'. In the latter sense, to claim that models or metaphors are merely heuristic would not be to regard them as inessential to science, but perhaps only to enter some ontological disclaimer".

ständnis dessen, wofür sie Metaphern und Modelle sein sollen, befördern können, müssen sie eine "richer substructure"[8] und dadurch einen "surplus content"[9] gegenüber der nichtmetaphorischen Beschreibung des Gegenstandes haben. Manche dieser zusätzlichen Bedeutungsanteile des Bildspenders (bzw. "subsidiary subject" bei Black, "vehicle" bei Richards) dürfen allerdings in das Verständnis des Bildempfängers ("principal subject", "tenor") *nicht* eingehen; anderenfalls entsteht ein literales Mißverständnis der Metapher. Hesse unterscheidet daher zunächst zwischen einer "positiven" und einer "negativen Analogie",[10] wobei die positive Analogie den Merkmalsbereich angibt, den beide Gegenstände gemeinsam haben (das *tertium comparationis* der klassischen Metapherntheorie). "Negative Analogie" sind die Restmengen der nicht übereinstimmenden Merkmale. Das Originelle an Hesses Position ist nun die zusätzliche Einführung eines Bereiches einer "neutralen Analogie". Damit ist genau der Merkmalsbereich gemeint, von dem man bei der Einführung der Metapher noch nicht weiß, ob er zur Bedeutungskonstitution beiträgt oder nicht. Genau in dieser Unabsehbarkeit besteht der heuristische Wert der Metapher: "[T]here will generally be some properties of the model about which we do not yet know whether they are positive or negative analogies; these are the interesting properties, because, as I shall argue, they allow us to make new predictions" (Hesse, a.a.O., 8). Arbib spricht in diesem Sinne von "exploratory metaphors", mit deren Hilfe "both the *similarities* and the *differences*" erforscht werden können (1972, 4). Die Auffassung, daß es einen solchen Bereich der neutralen Analogie überhaupt gibt, markiert den Unterschied zwischen einem Schnittmengen- oder Filtermodell der Metapher à la Bühler und Weinrich und der Interaktionstheorie von Richards und Black (ich muß für die Details auf das nächste Kapitel verweisen). Der Interaktionstheorie zufolge stellt sich durch die befruchtende Wechselwirkung, durch die "interanimation" (Richards) von *tenor* and *vehicle*, ein Drittes ein, das nicht einfach mit der nach mechanischem Aussortieren von Merkmalen übrigbleibenden Schnittmenge identisch ist. "It is central to any interaction view of metaphor that the effect of the context is not wholly negative, but that it has an important positive role. [...] It is the virtue of good models or metaphors that they tend to exploit their novel contexts rather than be frustrated by them" (Leatherdale 1974, 195).

Hesse versucht, ihre Auffassung der heuristischen Funktion von metaphorischen Neubeschreibungen des Explanandums im Spektrum der wissenschaftstheoretischen Diskussion zu verorten, und kommt zu dem Schluß, daß ihre Auffassung nur in die ohnehin schwachen Stellen einer orthodox deduktiv-nomologischen Konzeption wissenschaftlicher Theorien stößt (vgl. Hesse 1966, 172ff; vgl.

---

8 Swanson nach Leatherdale 1974, 146.

9 McMullin nach Leatherdale 1974, 60.

10 Die Begriffe hat J. M. Keynes eingeführt (vgl. Leatherdale 1974, 41). - Lakoff und Johnson (1980, 52ff) sprechen von "used" und "unused parts" der Metapher.

auch Leatherdale 1974, 152). So müsse z.B. der unhaltbare Dualismus von Theoriesprache (oder uninterpretiertem Kalkül) und Beobachtungssprache[11] durch eine der Struktur und Funktionsweise natürlicher Sprachen angemessenere Auffassung ersetzt werden, derzufolge wissenschaftliche Erklärungen sich aus den semantischen Ressourcen *einer* Gesamtsprache speisen, die keine Dualisierungen im großen Stil mehr zuläßt: "There is *one* language, the observation language, which like all natural languages is continually being extended by metaphoric uses and hence yields the terminology of the explanans" (Hesse a.a.O., 175). Nicht zuletzt durch metaphorische Ausweitungen könne unser Sprachsystem weltoffen und hinsichtlich wechselnder Anforderungen flexibel bleiben, worin gerade seine Rationalität bestehe: "[R]ationality consists just in the continuous adaptation of our language to our continually expanding world, and metaphor is one of the chief means by which this is accomplished" (176f). Dabei unterscheide sich die Kategorisierungsleistung der Metapher nur graduell von derjenigen genereller Termini überhaupt, denn, so Hesse (1987, 311), "*all* applications of general terms, however apparently literal, depend on perceptions of similarities between their referents". Klassifizieren heißt ja selbst schon, bestimmte gemeinsame Merkmale als relevant auszuzeichnen und dabei von Unterschieden, die in anderen Hinsichten zwischen den zu einer Klasse zusammengefaßten Gegenständen bestehen, zu abstrahieren: "Contrary to Aristotle's belief, no two particular objects or events share *exactly* the same properties", und deshalb muß Sprache "contain general terms that classify objects together that are in detail different" (Arbib/Hesse 1986, 151). Mit anderen Worten: "Jegliche Sprache, eingeschlossen die 'normale beschreibende Sprache', ist metaphorisch in dem Sinn, daß die Verwendung allgemeiner Begriffe eine normative Klassifizierung der extrem unterschiedlichen Vielfalt der Dinge beinhaltet" (Hesse 1984, 144).

Ich habe bisher die Begriffe "Metapher", "Modell" und "Analogie" nicht trennscharf verwendet, weil eine rigide Unterscheidung im Hinblick auf die *wissenschaftstheoretische* Diskussion künstlich und nicht durchzuhalten wäre (vgl. Leatherdale 1974, 1). Vieles von dem, was dort über Modelle gesagt wird, wird von anderen Autoren über Metaphern gesagt. Vielleicht kann man den Zusammenhang grob so beschreiben, daß Metaphern in der Wissenschaft in der Regel als Modelle fungieren. Für Black ist ein Modell eine "sustained and systematic metaphor" (1960, 236) und eine Metapher "the tip of a submerged model" (1977, 445).[12] Außerhalb der Wissenschaft verwendete Metaphern sind oft keine Model-

11 "If the deductive account is developed, as it usually is, in terms either of an uninterpreted calculus and an observation language, or of two distinct languages - the theoretical and the observational, it follows that the correspondence rules linking terms in these languages cannot be derived deductively from the explanans alone" (Hesse 1966, 174).

12 Manche Autoren sehen den Unterschied zwischen Metapher und Modell im *systematischen* Charakter des Modells, woraus seine theoretische Fruchtbarkeit folge: "It is in fact a great virtue of a good model that it does suggest further questions, taking us beyond the phenomena

le, wie auch manche Modelle (z.B. Maßstabsmodelle)[13] keine Metaphern sind. Wenn hier von Modellen die Rede ist, ist nur der Überschneidungsbereich von Metaphern und Modellen gemeint. Die *Analogie* ist ein Verfahren, das - einer bestimmten Metapherntheorie zufolge - aller Metaphernbildung zugrundeliegt. Manchmal wird die Analogie nicht als Operation, sondern, wie bei Hesse, als Analogie*bereich* im Sinne eines gemeinsamen Merkmalsbestands verstanden; dann wäre sie dasjenige in der Welt, was Metaphern- und Modellbildung ermöglicht. - Für Aristoteles, der die Analogie als ein Verhältnis von Verhältnissen nach dem Muster der Proportionalgleichung $a:b = c:d$ bestimmt, ist die Analogie die Metapher par excellence (vgl. *Rhet.* 1411).

Meine Rede vom Überschneidungsbereich zwischen Metaphern und Modellen ist aber ungenau, denn der Modellbegriff liegt auf einer anderen Ebene. Er läßt sich nur funktional, nicht strukturell bestimmen, wie ein kleiner modelltheoretischer Exkurs zeigt.

Es scheint eine verblüffend einfache Spaltung in unserem Sprachgebrauch von "Modell" zu geben, nämlich zwischen "Modellen *von* etwas" und "Modellen *für* etwas" (vgl. Brezinka 1984, 853f). Die ersteren kann man als strukturell vereinfachte oder im Maßstab veränderte Repräsentationen von Gegenständen oder Sachverhalten ansehen, die wir schon modellunabhängig konzeptualisiert haben. Modelle *für* etwas sollen dagegen Gegenstände repräsentieren, von denen eine modellunabhängige Beschreibung aus irgendwelchen Gründen nicht zur Verfügung steht. Den Modellen selbst kann man diesen Unterschied natürlich nicht ansehen, denn der Modellbegriff ist ein funktional-pragmatischer. Ein maßstäbliches Schiffsmodell mag zunächst ein Modell *von* etwas sein; wenn wir es aber in einen Strömungskanal setzen, um seinen Wasserwiderstand und sein Strömungsverhalten zu testen und auf das Original hochzurechnen, wird es zum Modell *für* etwas. Ob etwas ein Nachbild oder ein Vorbild ist, entscheidet der Verwendungskontext.[14] So ist zu erklären, wie sich die beiden zentralen Topoi der Modelltheorie zueinander verhalten: *a)* Modelle vereinfachen, abstrahieren, bilden die Realität selektiv ab; und *b)* Modelle befördern unser Verständnis von etwas und "help us to see new relationships" (Chapanis 1961, 121). Wenn Modelle die letztere Funktion erfüllen sollen, dürfen sie sich von ihrem Original nicht nur durch den *Verzicht* auf irrelevante Merkmale unterscheiden, sondern sie müssen *zusätzliche*

---

from which we began, and tempts us to formulate hypotheses which turn to be experimentally fertile [...] Certainly it is this suggestiveness, and systematic deployability, that makes a good model something more than a simple metaphor" (Toulmin 1953, 38f). Genau diese Funtkion schreibt aber Hesse schon der Metapher zu.

13 Black unterscheidet vier Arten von Modellen: Maßstabmodelle, Analogmodelle, mathematische Modelle und theoretische Modelle (vgl. 1960, 220ff).

14 Daß ein Modell nur funktional charakterisiert ist, übersieht Brezinka (ebd.) in seinem Plädoyer dafür, den Modellbegriff auf "Modelle *von*" zu beschränken und "Originale" niemals Modelle zu nennen.

Information enthalten, die wir ohne das Modell nicht gewinnen können. Nur dann können sie heuristisch fruchtbar, d.h. Modelle *für* etwas sein; nichts anderes ist mit Hesses Rede von einem Bereich der neutralen Analogie gemeint.

Damit geraten wir nun in die Nähe von Blacks Kreativitätsthese bezüglich modellhaft verwendeter Metaphern. Black behauptet, daß es in manchen Fällen "would be more illuminating [...] to say that the metaphor creates the similarity than to say that it formulates some similarity antecedently existing" (1954, 37). Ähnlich sprechen Lakoff und Johnson (1980, 144) von "the power of metaphor to create a reality rather than simply to give us a way of conceptualizing a preexisting reality".

Gelingt also innovativen Metaphern und Modellen eine creatio ex nihilo? Diesen Verdacht, der wohl ein Einwand gegen die starke Kognitivitätsthese wäre, hat Leatherdale:

> "The only way in which such a similarity can antecedently exist is if it has already been perceived, and either literally or metaphorically expressed. [...] Black's way of putting it [...] suggests that the metaphor 'creates' in the sense of 'formulates a similarity out of nothing' whereas one feels that the 'two contexts' must be at least potentially interpretable as similar" (Leatherdale 1974, 99).

Das hier beschriebene Dilemma ist ein Spezialfall des sophistischen Innovationsparadoxes: Wie kann Neues überhaupt entstehen, wenn nicht aus Existierendem - doch inwiefern ist es dann noch das Neue? Im konkreten Fall haben wir es mit einem Kreationsszirkel zu tun. Die Metapher, so wird gesagt, kann keine Ähnlichkeit ausdrücken, die nicht zuvor als Ähnlichkeitsrelation 'in der Welt' existierte und wahrgenommen worden wäre. Zum anderen soll aber die Metapher, wenn die starke Kognitivitätsthese wahr ist, für den Sprecher allererst das Medium sein, das ihn die Ähnlichkeit erkennen läßt. Zirkel, die ebenso unauflösbar wie unvermeidlich sind, muß man zu hermeneutischen erklären; meistens sind sie es auch. Gute Metaphern fallen nicht vom Himmel, sondern müssen von Sprechern eingeführt werden, die schon ein rudimentäres Verständnis von der epistemischen Fruchtbarkeit der Ähnlichkeitsaussagen haben, die die Metapher transportiert. Wie Aristoteles sagt: "[G]ute Metaphern zu bilden bedeutet, daß man Ähnlichkeiten zu erkennen vermag" (*Poet.* 1459a, 94; vgl. auch *Rhet.* 1410b und 1412a). Zugleich ist es möglich, daß durch die von der Metapher in Gang gesetzte Interaktion der Kontexte Beziehungen exploriert werden, die über das ursprünglich intendierte oder auch nur vermutete *tertium comparationis* hinausgehen. Auch das Gegenteil ist möglich: Vergleichshinsichten können sich als unfruchtbar, die Metapher sich als unangemessen erweisen. So kann man eine Metapher gerade dazu einsetzen, sich über die Grenzen ihrer Anwendbarkeit klar zu werden (vgl. Meyer 1969, 134; Arbib 1972, 4; Hoffman 1980, 400ff). Wäre dies nicht möglich, nähme man also die "creates the similarity"-These Blacks beim Wort, müßte man in der Tat Hesses Kritik zustimmen, daß solche Metaphern schlechterdings kritikimmun wären. Auch für Kategorienfehler-Argumente wäre es natürlich fatal, wenn durch Metaphern Kategoriengrenzen *unkontrollierbar* verschoben würden. So fehlt in kaum einer einschlägigen Arbeit der Hinweis auf die Gefahren, die mit suggestiven Metaphern verbunden sind, wenn ihr hypothetischer Status vergessen wird und die Metapher über nicht durchschaute Analogiezwänge eine Eigendynamik entwickelt.[15]

Bei genauerer Betrachtung haben wir es mit *drei* verschiedenen Ähnlichkeitsrelationen zu tun: mit derjenigen, die der Sprecher wahrgenommen hat, mit der, die die Metapher ausdrückt und dem Sprecher möglicherweise erschließt, und mit der zwischen 'den Dingen selbst'. Nun ist es eine alte ontologische Frage bezüglich des Status von Ähnlichkeiten, ob man sie für eine Menge von objektiven Relationen hält, die 'draußen in der Welt' zwischen den Dingen bestehen. Nur in diesem Falle wäre die "creates the similarity"-These eine ontologisch gehaltvolle These. Allerdings scheint sie dann trivial zu sein, denn "everything is like everything, and in endless ways" (Davidson 1978, 254; ähnlich Goodman 1968, 77). Der Operation des Vergleichens setzt die Natur der Dinge kein Limit. Leatherdales kritisch gegen Black angeführte Bedingung, daß die Gegenstände "must be at least potentially interpretable as similar" (s.o.), ist immer erfüllt, weil sich in jedem Falle zahllose Vergleichshinsichten finden lassen.[16] Daraus folgt aber noch nicht, daß metaphorische Beschreibungen unkritisierbar wären, denn erstens geht eine *materiale* Ähnlichkeitsbehauptung über die triviale Behauptung des *Vorliegens* von Vergleichshinsichten hinaus und kann daher falsch sein, und zweitens geht es in explanatorischen Kontexten nicht um die Existenz, sondern um die *Relevanz* oder die *Fruchtbarkeit* der Vergleichshinsichten.[17] Die "creates the similarity"-Behauptung ist also weniger stark als es den Anschein hat. Sowohl die Folgerung, daß die Metapher "überkognitiv", nämlich ontologisch sei, wie

---

15 "Wir sehen, wo die Gefahr liegt. Nicht das Hinzukommen des Fremden an sich, sondern die Schwäche des Gedankens in der Aneignung, die Unterdrückung der begrifflichen Arbeit durch das Bild ist es, was Störung und Hemmung bereitet", wenn nämlich das Bild sich "verfestigt und durch unvermerkte und ungeprüfte Associationen in die Erkenntnißarbeit einfließt" (Eucken 1880, 35 und 30). - Zu "this transition from using metaphor with awareness to being used or victimized by it" und dem damit einhergehenden Unterschied von "category-fusion" und "category-confusion" vgl. besonders Turbayne 1962, 22; 26 et passim.

16 Peirce demonstriert "that any plurality or lot of objects whatever have some character in common (no matter how insignificant) which is peculiar to them and not shared by anything else" (Peirce 1935, 287). Angenommen, daß Prädikat *A* komme nur dem Gegenstand *x* zu, daß Prädikat *B* nur dem Gegenstand *y*. Dann haben *x* und *y* zumindest die Eigenschaft gemeinsam, *A oder B* zu sein. Dies gilt für jedes beliebige Paar von Gegenständen. Wie gesagt: eine Gemeinsamkeit "no matter how insignificant" . . .

17 Leider gibt es im politischen Diskurs zumal in Deutschland eine weitverbreitete Unfähigkeit, rational mit Vergleichen umzugehen. Die Ebene der Differenzierung möglicher Vergleichshinsichten und ihrer Relevanz wird überhaupt nicht erreicht, weil jeder nicht genehme Vergleich reflexartig mit der ärgerlichen Behauptung tabuisiert wird, dies und jenes "könne man doch nicht vergleichen". Man kann!

auch die entgegengesetzte Folgerung Davidsons, daß sie überhaupt nicht kognitiv sei, bedürfen einer zusätzlichen Begründung.

Nun gibt es tatsächlich eine selten genauer ausgeführte Lesart der starken Kognitivitätsthese, derzufolge der Metapher oder zumindest manchen Metaphern eine *ontologische Kapazität* zukommt. Bestimmte Metaphern hätten eine gegenstandskonstitutive Funktion, insofern sie uns Gegenstände präsentieren können, die für uns nicht anders als metaphorisch erkennbar oder beschreibbar sind. Erkenntniskonstitution via Metaphorik und Gegenstandskonstitution fallen dann im Sinne eines linguistisch transformierten und zugleich radikalisierten Transzendentalismus zusammen. Wenn man die Unhintergehbarkeitsthese der Sprache derartig verschärft (und sie dabei trivialisiert wie z.B. Shibles 1971, 78f), bleibt wie bei Nietzsche als einzige Forderung an das Erkenntnissubjekt diejenige übrig, sich über seine Metaphernverstricktheit wenigstens nicht zu täuschen. Auf das Konstitutionsproblem und dessen Zusammenhang mit der starken Kognitivitätsthese komme ich später am Beispiel von Nietzsche zurück.

Eine metapherntheoretische These, die oft zur Stützung der starken Kognitivitätsthese aufgeboten wird, ist die *Ubiquitätsthese* der Metapher. Eine Vorstufe der Ubiquitätsthese ist die *Notwendigkeitsthese*, die eine notwendige Metaphorizität der Sprache in dem Sinne behauptet, daß man bestimmte Propositionen nicht anders als metaphorisch ausdrücken kann. Sie lebt von der Nichtsubstituierbarkeitsthese der Metapher, die viele zeitgenössische Metapherntheoretiker in irgendeiner Form teilen, nur wenige allerdings in ihrer stärksten Form, der Nicht*paraphrasierbarkeits*these (s.u., IV, 2.2). Die Ubiquitätsthese der Metapher entsteht durch eine Ausweitung der Notwendigkeitsthese von einzelnen Propositionen auf die Sprache insgesamt. Sie tritt in drei Formen auf: als *synchrone lexikographische* These, derzufolge alle oder fast alle Wörter unseres Lexikons Metaphern sind; als *Sprachursprungsthese*, derzufolge die Metaphernbildung das fundamentale Prinzip der Sprachentstehung und des Sprachwandels ist (Vico); sowie als *erkenntnisanthropologische These*, derzufolge der menschliche Weltbezug durch und durch metaphorisch, der Mensch das auf Metaphern angewiesene Lebewesen ist (Blumenberg).

Die Ubiquitätsthese hat sich anders als die Notwendigkeitsthese mit dem Einwand auseinanderzusetzen, daß sie die Differenz von Literalität und Metaphorizität in der Sprache überhaupt zusammenbrechen lasse. Das scheint fatale Konsequenzen für den Metaphernbegriff selbst zu bergen, denn soviel ist klar: wenn alles metaphorisch ist, ist nichts mehr metaphorisch. Dieses Kontrastargument bildet den ständigen Hintergrund für eine Auseinandersetzung mit den Ubiquitätstheoretikern. Oft werden die drei genannten Versionen der Ubiquitätsthese in Personalunion vertreten; das ändert nichts daran, daß sie getrennte Thesen sind, die man der Übersicht halber nacheinander diskutieren sollte.

Die synchrone lexikographische Ubiquitätsthese illustriert ein Zitat von Ludwig Tieck:

> "'Der Morgen erwacht'. Es giebt keinen Morgen. Wie kann er schlafen? Es gibt ja nichts als die Stunde, in der die Sonne aufgeht. Verflucht! Die Sonne geht ja nicht auf; auch das ist ja schon Unsinn und Poesie. O dürft' ich nur einmal über die Sprache her und sie so recht säubern und ausfegen! O verdammt! Ausfegen! Man kann in dieser lügenden Welt es nicht lassen, Unsinn zu sprechen" (zitiert nach Biese 1893, 84).

Jean Paul hat die Sprache in einer vielzitierten Bemerkung als "ein Wörterbuch erblasseter Metaphern" bezeichnet (1804, 195). Bei Richards heißt es zur Begründung der Ubiquitätsthese: "That metaphor is the omnipresent principle of language can be shown by mere observation. We cannot get through three sentences of ordinary fluid discourse without it, as you will be noticing throughout this lecture" (1936, 92).[18] - Nun besteht zwischen der Behauptung, daß wir "keine drei Sätze" ohne Metaphern auskämen, und der Ubiquitätsthese noch ein beträchtlicher quantitativer Unterschied, was die behauptete Metaphernfrequenz angeht. So reicht es für die Ubiquitätsthese, will sie sich keine maßlose Übertreibung vorwerfen lassen, nicht aus, lediglich die Metaphorizität der Nomina und Verben nachzuweisen. Sie wird für die Partikel ein Gleiches tun müssen, und in der Tat gibt es etwa für die Präpositionen entsprechende Ansätze.[19] Die Ubiquitätsthese ist in jüngerer Zeit von Lakoff und Johnson wiederbelebt worden, die in ihrem vieldiskutierten Buch *Metaphors We Live By* die Auffassung vertreten, daß "most of the conceptual structure of a natural language is metaphorical in nature" (Lakoff/Johnson 1980, 196f). Mit der Quantifizierung "most of" darf man es aber hier wiederum nicht allzu genau nehmen. Das Verdienst, das Lakoff und Johnson zukommt, besteht darin, daß sie über die eher impressionistischen Ubiquitätsdiagnosen à la Tieck und Jean Paul hinaus den *systematischen Charakter* der Metaphorizität ganzer Diskursbereiche aufgewiesen haben.[20] Es ist die Stoßrichtung

---

18 So auch Goodman: "Metaphor permeates nearly all discourse; thoroughly literal paragraphs without fresh or frozen metaphors are hard to find even in the least literary texts" (1979, 129f; vgl. 1968,80).

19 Alle Präpositionen sind ursprünglich lokal, wie schon Leibniz bemerkte. Die kausalen Konjunktionen *weil* und *da* gehen auf temporale und lokale Präpositionen zurück, ebenso wie die kausal verwendeten Präpositionen (*by, of, from, through* im Englischen; dazu Radden 1985 im Anschluß an Lakoff).

20 Metaphern wie ARGUMENT IS WAR, TIME IS MONEY, THE MIND IS A MACHINE, THEORIES ARE BUILDINGS, IDEAS ARE FOOD, LIFE IS A GAME zeichnen sich dadurch aus, daß sie nicht isoliert sind, sondern in der Sprache kohärente Systeme zusammenhängender Metaphern bilden, die durch gemeinsame Implikationen und z.T. sogar durch Subkategorisierungen zusammengehalten werden (vgl. Lakoff/Johnson 1980, 87ff). Vgl. zur Systematizität von Metaphern auch Goodman 1968, 71ff, Bachelard nach Derrida 1971, 252ff, Gentner 1982, Kittay 1987 und Lakoff 1987, 380ff. - Darüberhinaus thematisieren Lakoff und Johnson auch das Problem der *Inkohärenz* unterschiedlicher metaphorischer Konzeptualisierungen desselben Gegenstandsbereiches. LOVE IS WAR, LOVE IS MAGIC, LOVE IS MADNESS, LOVE IS A PHYSICAL

des Buches, daß Lakoff und Johnson ihre Ubiquitätsthese ausdrücklich nicht bloß als lexikographische These verstanden wissen wollen, sondern als kognitionspsychologische bzw. erkenntnistheoretische: "[M]etaphor is not just a matter of language, that is of mere words. We shall argue that, on the contrary, human *thought processes* are largely metaphorical" (6 et passim). - Leider haben Lakoff und Johnson keine Metapherntheorie, die auch nur bescheidenen sprachtheoretischen Ansprüchen genügte. Zum Begriff der Metapher erfährt man nur: "The essence of metaphor is understanding and experiencing one kind of thing in terms of another" (5).

Wenn wir nun weiter fragen, wie die Behauptung der Metaphorizität des größten Teils unseres Lexikons eingelöst wird, werden wir in der Regel an die Etymologie verwiesen. Wo dieser Verweis systematisch ausgebaut wird, berührt sich die synchrone lexikographische Ubiquitätsthese mit der *sprachursprungstheoretischen* Version. Der locus classicus dieser These vom metaphorischen Charakter der Sprachentstehung ist Vicos *Scienza Nuova*. Vico zufolge haben sich alle natürlichen Sprachen aus 'Urworten' entwickelt, d.h. aus einsilbigen Wurzeln, die entweder einen Naturlaut onomatopoetisch wiedergaben oder als reine Empfindungslaute einen Affekt ausdrückten. Damit meint Vico Interjektionen für Schmerz, Schreck, Lust etc. (vgl. 1744, 99 und 193). Wie oben bereits kurz dargestellt (II, 2.1), beinhaltet die Behauptung des Zusammenhanges zwischen Naturlaut oder Onomatopoese und Sprachentstehung semiotisch eine Ikonizitätsthese. Darüberhinaus schließt Vico seine Auffassung einer lautmalerischen Natursprache mit der Annahme einer adamitischen Ursprungssprache kurz: Gott habe Adam die "Namengebung nach dem wahren Wesen jedes Gegenstandes" gewährt (168). Es schließt sich eine Drei-Stadien-Theorie der Sprachentwicklung an, die Urban in diesem Jahrhundert noch einmal wiederbelebt hat.[21]

Weniger spekulativ, dafür umso aufschlußreicher für den Zusammenhang von Metaphorizität der Sprache und Anthropomorphismus ist die Verbindung zur Fremdes durch Vertrautes-Figur. "Die Menschen interpretieren von Natur die zweifelhaften oder dunklen Dinge, mit denen sie zu tun haben, nach ihrem eige-

FORCE haben unvereinbare Implikationen (a.a.O., 49 und 139ff). Leider glorifizieren sie solche Inkonsistenzen unnötig: "To operate only in terms of a consistent set of metaphors is to hide many aspects of reality" (221), ohne sich in der gebotenen Radikalität zu fragen, wodurch denn die Einheit des Gegenstandes gewährleistet ist, auf den die verschiedenen Metaphern "Aspekte" eröffnen. Der erkenntnistheoretische Schlußteil des Buches mit seiner Philippika wider den "myth of objectivism" der abendländischen Philosophie ist quälend flach und geht über alle Probleme hinweg.

21 Bei Urban heißen die drei Stadien: "adherent" oder "copy stage", "analogical" oder "metaphorical stage" und "symbolic stage". Urban gesteht allerdings zu: "For any but the most primitive and naive views of language the word is never identical with the thing, and the relation is therefore, in some sense and to some degree, symbolic" (Urban 1939, 46; vgl. dazu Shibles 1971, 17ff). - Von einer "metaphorischen Periode" in der Menschheitsgeschichte spricht auch F. Max Müller 1861, 429ff.

nen Wesen und den daraus entspringenden Leidenschaften und Sitten", sagt Vico (1744, 97; vgl. 74).[22] Dieselbe Figur findet sich auch in physiomorpher Lesart: "[I]n allen Sprachen [...] werden die Ausdrücke von den Körpern und Eigenschaften der Körper übertragen, um die Dinge des Geistes und der Seele zu bezeichnen" (100). Als tertium von Anthropo- und Physiomorphismus fungiert dabei der *menschliche* Körper. Vico nennt Begriffe wie Flaschenhals, Sägezähne, Wasserader, die von Bezeichnungen für Körperteile abgeleitet sind (171).

Nun ist die lautmalerische Ursprache gerade *nicht* metaphorisch. Die Pointe von Vicos spekulativer Sprachentstehungstheorie ist, daß die bildhaften und tropischen Ausdrucksformen einstmals *eigentliche* Bedeutung besaßen, d.h. daß sie "nicht, wie man bisher geglaubt hat, geistreiche Erfindungen der Schriftsteller gewesen sind, sondern Ausdrucksarten, die für die ersten poetischen Völker Bedürfnis waren, und daß sie ursprünglich ihre eigentümliche Bedeutung ganz besaßen" (175). Erst "bei wachsender Aufklärung des Menschengeistes", im Zuge der Entwicklung abstrakter Begriffe, "wurden die Ausdrucksweisen der ersten Völker zu Übertragungen" (ebd.). Diese Auffassung konvergiert mit der von Dux (s.o.) angeführten kulturanthropologischen Einsicht, daß der 'primitive' Anthropomorphismus seinen Projektionscharakter erst retrospektiv aus der Perspektive eines weiter ausdifferenzierten Weltverständnisses erhält; aus der Teilnehmerperspektive war der Anthropomorphismus noch keiner. Diese Auffassung vertritt auch Cassirer.[23]

Die Sprachursprungsversion der Ubiquitätsthese hat in den Sprachtheorien des 18. und 19. Jahrhunderts große Verbreitung gefunden (vgl. z.B. Müller 1861, 388-461), so daß die Metapher zunehmend "als *das* Prinzip der Sprachgenese gelten konnte" (Strub 1991, 484). Die These wird auch heute noch ab und zu vertreten, besonders in einer auf die Ableitung des mentalistischen aus dem physikalistischen Diskurs abzielenden Version,[24] die allerdings mit Vicos Auffassung nur noch entfernte Ähnlichkeit hat. Die Vertreter der historisch begründeten Ubiquitätsthese der Metapher teilen einige fundamentale sprachtheoretische Annahmen.

---

22 Diese Figur hängt ihrerseits lose mit dem Vico-Axiom zusammen, demzufolge der Mensch nur das verstehen kann, was er selbst gemacht hat. Zu diesem Zusammenhang vgl. Fellmann 1976, 169ff.

23 Cassirer bemerkt, "daß dasjenige, was unserer nachträglichen Reflexion als bloße Übertragung erscheint, für ihn [den Mythos] vielmehr echte und unmittelbare Identität ist" (Cassirer 1925, 153). Zu Cassirers Begriff der "radikalen Metapher", auf den er in diesem Zusammenhang besser verzichtet hätte, vgl. Schöffel 1987, 109ff. - Auch Jean Paul, dessen Bemerkung ich oben aus dem Zusammenhang gerissen habe, vertritt diese *genetische* Erklärung des Ubiquität der Metapher: "Ursprünglich" waren "die Metaphern [...], wie bei Kindern, nur abgedrungene Synonymen des Leibes und des Geistes. Das tropische Beseelen und Beleiben fiel noch in eins zusammen, weil noch Ich und Welt verschmolz. Daher ist jede Sprache in Rücksicht geistiger Beziehungen ein Wörterbuch erblasseter Metaphern" (Jean Paul 1804, 195 [§ 50]).

24 "I propose that all mental concepts are metaphors for the functions of our bodies, and that all mental events actually consist of memory traces of these functions." (Newton 1985, 240).

Erstens gehen sie davon aus, daß die Semantik wenigstens zum Teil eine diachrone Disziplin ist, also historisch betrieben werden muß. Zusammen mit der Auffassung, daß eine Einzelwortsemantik möglich ist, ergibt sich die Behauptung, daß in den aktuellen Bedeutungen der Wörter ihre semantische Geschichte sedimentiert ist: "The words of a given culture become its store of 'sedimented meanings' [...]. Reference to their original meaning is *there* in the sedimented history of the words themselves" (Edie 1963, 542f). Schließlich haben diese Autoren einen Metaphernbegriff, der ausdrücklich die lexikalen Metaphern einschließt. Die verschiedenen Metapherntypen werden dabei als in Kontinuität zueinander aufgefaßt, und diese Kontinuität wird wiederum historisch begründet. Im Lexikon der Sprachen seien deren Stadien auf dem Wege von der Metaphorizität zur Wörtlichkeit[25] in Form einer Schichtung aufbewahrt: "[N]early the whole of extant, historical language consists of built up layers of metaphorical expression" (Edie 1963, 545).

Die für den Zusammenhang von Metapher und Kognition interessanteste Version der Ubiquitätsthese der Metapher ist die *erkenntnistheoretisch-anthropologische*, die ich mit einem Zitat von Blumenberg einführen möchte:

> "Der menschliche Wirklichkeitsbezug ist indirekt, umständlich, verzögert, selektiv und vor allem 'metaphorisch'. [...] Der metaphorische Umweg, von dem thematischen Gegenstand weg auf einen anderen zu blicken [...], nimmt das Gegebene als das Fremde, das Andere als das vertrauter und handlicher Verfügbare. [...] Das *animal symbolicum* beherrscht die ihm genuin tödliche Wirklichkeit, indem es sie vertreten läßt; es sieht weg von dem, was ihm unheimlich ist, auf das, was ihm vertraut ist" (Blumenberg 1971, 115f). "[D]er Mensch hat zu sich selbst kein unmittelbares, kein rein 'innerliches' Verhältnis. Sein Selbstverständnis hat die Struktur der 'Selbstäußerlichkeit'. [...] Der Mensch begreift sich nur über das, was er nicht ist, hinweg. Nicht erst seine Situation, sondern schon seine Konstitution ist potentiell metaphorisch" (134f).

Blumenberg repetiert also nicht die Fremdes durch Vertrautes-Figur, sondern kehrt sie in gewisser Weise sogar um. Das Entscheidende für die "metaphorische Konstitution" des Menschen sei die *Mittelbarkeit* und *Distanziertheit* seines Weltverhältnisses. Der Mensch sei existentiell darauf angewiesen, sich die Wirklichkeit nicht zu nahe auf den Leib rücken zu lassen. Die Distanzierungsthese

[25] Daß Vico diese Entwicklung gerade umgekehrt beschreibt, ist nur scheinbar ein Widerspruch. Vico zufolge sind Wörter, die "ursprünglich ihre eigentümliche Bedeutung ganz besaßen", infolge eines objektiven Abstraktionsprozesses der Sprache heute Metaphern. Das behauptete Absinken von Metaphorizität zur Wörtlichkeit ist hingegen ein psychologischer Prozeß; es besteht im *Vergessen* der ursprünglichen Bedeutungen. Die angebliche Metaphorizität früherer Sprachstadien besteht aber nur aus heutiger Perspektive. Der Begriff der "eigentlichen" Sprache ist also bei Vico zweideutig (vgl. Strub 1991, 483). Eben durch die Ausbeutung solcher Ambiguität kann Nietzsche *jede* Begriffsbildung metaphorisch nennen, um seine Version der Ubiquitätsthese aufrechterhalten zu können (s.u.). Leider werden diese Zusammenhänge bei den Ubiquitätstheoretikern selten reflektiert. Ihre sprachtheoretischen Ausführungen kann man oft nur als dunkel bezeichnen.

wird ihrerseits durch die aus der Philosophischen Anthropologie bekannte *Kompensationsthese* gestützt (vgl. a.a.O., 104ff). Blumenberg fragt sich, "wie dieses Wesen trotz seiner biologischen Indisposition zu existieren vermag. Die Antwort läßt sich auf die Formel bringen: indem es sich nicht unmittelbar mit dieser Wirklichkeit einläßt" (115).

Die meisten Autoren, die eine notwendige Metaphorizität, Analogizität oder Modellhaftigkeit des menschlichen Weltbezuges behaupten, begnügen sich mit einer allgemeinen erkenntnisanthropologischen Erwägung im Stile von Cassirer. Der Mensch sei das "animal symbolicum", das die Welt, in der es lebt, immer nur symbolisch oder analogisch vermittelt thematisieren kann.

> "Any history of thought might begin and end with the statement that man is an analogical animal" (Buchanan, zitiert nach Leatherdale 1974, 127).

> "Es führt keine andere Brücke von dem Denken zum Sein als die Analogie; und daher ist Denken und Sprechen metaphorisch" (Biese 1893, 106).

Einschlägige Fundorte für solche Thesen sind Arbeiten aus der Modelltheorie:

> Es "ist alle Erkenntnis *Erkenntnis in Modellen* oder *durch Modelle*, und jegliche menschliche Weltbegegnung überhaupt bedarf des Mediums 'Modell'" (Stachowiak 1973, 56).

Wiederum scheinen Metapher, Analogie und Modell im selben Boot zu sitzen; die Termini sind in den Zitaten austauschbar. Ich konzentriere mich in meiner Diskussion auf die Metapher.

Unglücklicherweise machen die wenigsten der Autoren, die die Ubiquitätsthese der Metapher erkenntnistheoretisch begründen, einen Unterschied zwischen einer allgemeinen Sprachvermitteltheitsthese der Erkenntnis und einer spezifischeren Metaphorizitätsthese. Dies ist vor allem Nietzsche vorzuwerfen, der die Ubiquitätsthese der Metapher zu einer explosiven Mischung mit dem erkenntnistheoretischen Skeptizismus verbindet. Besonders eindrucksvoll ist eine vielzitierte Passage aus "Über Wahrheit und Lüge im außermoralischen Sinne":

> "Was ist also Wahrheit? Ein bewegliches Heer von Metaphern, Metonymien, Anthropomorphismen kurz eine Summe von menschlichen Relationen, die, poetisch und rhetorisch gesteigert, übertragen, geschmückt wurden, und die nach langem Gebrauche einem Volke fest, canonisch und verbindlich dünken: die Wahrheiten sind Illusionen, von denen man vergessen hat, dass sie welche sind; Metaphern, die abgenutzt und sinnlich kraftlos geworden sind, Münzen, die ihr Bild verloren haben und nun als Metall, nicht mehr als Münzen in Betracht kommen. Wir wissen immer noch nicht, woher der Trieb zur Wahrheit stammt: denn bis jetzt haben wir nur von der Verpflichtung gehört, die die Gesellschaft, um zu existiren, stellt, wahrhaft zu sein, d.h. die usuellen Metaphern zu brauchen, also moralisch ausgedrückt: von der Verpflichtung nach einer festen Convention zu lügen, schaarenweise in einem für alle verbindlichen Stile zu lügen. Nun vergisst freilich der Mensch, dass es so mit ihm steht; er lügt also in der bezeichneten Weise unbewusst und nach hundertjährigen Gewöhnun-

gen - und kommt eben *durch diese Unbewußtheit*, eben durch dies Vergessen zum Gefühl der Wahrheit" (Nietzsche 1873, 374f).

Alle Autoren, die wir bislang konsultiert haben, haben entweder eine affirmative oder eine kritische Einstellung zur Metapher. Nietzsches Verhältnis zur Metapher ist eigentümlich gespalten, wie es für Ideologiekritik charakteristisch ist. Nietzsche hält die universale Metaphorizität der Sprache, jedenfalls der konventionellen, für unhintergehbar und zugleich für kritikwürdig. Sieht man genauer hin, worauf die Kritik sich richtet, löst sich die Spannung etwas: der eigentliche Fehler ist ja, daß der Mensch "nach hundertjährigen Gewöhnungen" *vergessen* hat, "dass es so mit ihm steht". Der Vorwurf lautet, daß die Menschen die Herkunft der Metaphern verdrängen und sie "als die Dinge selbst" nehmen (a.a.O., 377). Dieser Topos fehlt in keiner philosophischen Metaphernkritik.[26]

Der von Nietzsche behauptete Übergang von ursprünglicher Metaphorizität zur Wörtlichkeit durch "das Hart- und Starr-Werden einer Metapher" (378) scheint die exakte historische Umkehrung der Vico/Jean Paul/Cassirer-These zu sein. Dort war die Sprachentwicklung ja dergestalt rekonstruiert worden, daß ursprünglich 'eigentliche' Redeweisen erst später, infolge von Abstraktionsprozessen und Ausdifferenzierungen von Erfahrungsbereichen, zu Metaphern geworden seien. Wir hatten gesehen, daß diese Umkehrung zum einen auf einem Perspektivenwechsel, zum anderen auf einen Unterschied im Metaphernbegriff beruht. Die Aufklärung des scheinbaren Widerspruchs zwischen Literalisierungsthese und Metaphorisierungsthese gestaltet sich deshalb schwierig, weil bei den meisten dieser Autoren zwei auf den ersten Blick gegenläufige Tendenzen zusammenspielen. So auch bei Nietzsche: "Nietzsche views man's development as an unusually complex process because he sees two contradictory tendencies at work in history, a tendency for man to spiritualise his ideas, and to literalise them" (Cantor 1982, 79).[27] Zudem kommt bei Nietzsche noch eine Totalisierung des Metaphern*begriffs* hinzu. Er behauptet nicht eigentlich eine Entwicklung von der Metapher zur Wörtlichkeit, sondern vielmehr eine Entwicklung von der kreativen Metapher zur lexikalisierten ("starren"), deren Metaphorizität in Vergessenheit geraten sei. Was sich ändert, ist nur unsere Einstellung zu unserer Sprache, die immer schon metaphorisch war. *Alle* Wörter sind für Nietzsche Metaphern, denn er nennt schon die *erste* sprachliche Konstitution eines Gegenstandes metapho-

26 Ich verweise noch einmal auf Turbayne (1962), dessen zentraler Vorwurf gegenüber Newton, Descartes und viele andere lautet, daß sie ihre eigenen mechanistischen Metaphern wörtlich genommen hätten und so zu ihren Opfern geworden seien.

27 Cantor ordnet Nietzsches Ablehnung der Differenz von Metaphorizität und Wörtlichkeit in einen größeren Zusammenhang ein: "One reason for Nietzsche's refusal to abide by the conventional division of literal and figurative language is that it reflects a more basic division of the material from the spiritual spheres of life, a division which he rejected and hoped to overcome in his philosophy" (a.a.O., 84).

risch. Den Unterschied zwischen Metaphorizität und Wörtlichkeit reformuliert Nietzsche als denjenigen zwischen usuellen und exzeptionellen Metaphern:

> "Nun aber giebt es keine 'eigentlichen' Ausdrücke und *kein eigentliches Erkennen ohne Metapher.* Aber die Täuschung darüber besteht, d.h. der *Glaube* an eine *Wahrheit* des Sinneneindrucks. Die gewöhnlichsten Metaphern, die usuellen, gelten jetzt als Wahrheiten und als Maaß für die selteneren. An sich herrscht hier nur der Unterschied zwischen Gewöhnung und Neuheit, Häufigkeit und Seltenheit" (1872/73, 79).

An anderen Stellen spricht er statt von der Metaphorizität vom fundamentalen "Anthropomorphismus" des Erkennens, was den erkenntnisanthropologischen Hintergrund seiner Ubiquitätsthese der Metapher erhellt. Es seien "alle Weltconstruktionen Anthropomorphismen" (1872/73, 47), die Philosophie nichts als "die Fortsetzung des Triebes, mit dem wir fortwährend, durch anthropomorphische Illusionen, mit der Natur verkehren" (a.a.O., 51).

Mit seiner Rede von der "Verpflichtung nach einer festen Convention zu lügen" dürfte Nietzsche allerdings Wahrheit und Wahrhaftigkeit verwechseln, denn tatsächlich gilt seine Entlarvung ja nicht der subjektiven Unaufrichtigkeit der Sprecher, deren Metapherngebrauch er ausdrücklich "unbewußt" nennt, sondern der Unwahrheit des durch die korrumpierten Wörter Ausgedrückten. Schwerer als die Verwechslung von Wahrheit und Wahrhaftigkeit wiegt der Umstand, daß er den Wahrheitsbegriff auf *einzelne Wörter* anwendet. Wahrheit und Falschheit kommen aber Sätzen oder Äußerungen zu, nicht einzelnen Wörtern. Nietzsche bleibt eine Erklärung für diese eigenwillige Verwendung des Wahrheitsprädikats schuldig.

Aus welchem Grund gingen nun die Menschen die Verpflichtung ein, "schaarenweise in einem für alle verbindlichen Stile zu lügen"? Es war der Druck der Vergesellschaftung. Der Mensch will "zugleich aus Noth und Langeweile gesellschaftlich und heerdenweise existiren" (1872, 371). So entstand Verbindlichkeit des Sprachgebrauchs und zugleich die Möglichkeit, Machtinteressen durch den geschickten Mißbrauch der Sprachkonventionen durchzusetzen (371f). Nach "hundertjährigen Gewöhnungen" geschah dies schließlich unbewußt. Somit sind die Metaphern für Nietzsche Ideologie im Marxschen Sinne eines notwendig falschen Bewußtseins, welches gesellschaftlichen Bedingungen entspringt. Metaphern sind, wie der "Trieb zur Wahrheit" überhaupt, lebensdienliche Fiktionen einer sozialen Existenz und letztlich unseres Willens zur Macht. Neben den ideologiekritischen finden sich bei Nietzsche, der Triebbegriff zeigt es an, auch dezidiert naturalistische Formulierungen zum "Trieb zur Metapherbildung" (381), den er einen "Fundamentaltrieb des Menschen" nennt (ebd.).[28]

---

[28] Diese Formulierungen liegen auf der Linie seiner naturalistischen Kritik der Transzendentalphilosophie. Nietzsche behauptet gegenüber Kant, wir produzierten unsere Anschauungsformen "mit jener Notwendigkeit, mit der die Spinne spinnt" (379). Und an anderer Stelle: "Die Kategorien sind 'Wahrheiten' nur in dem Sinne, als sie lebensbedingend für uns sind [...], die

Wie sich die unterschiedlichen Herleitungen des "Triebes zur Metaphernbildung" bei Nietzsche zueinander verhalten, läßt sich am Text nicht klären. Ob Ideologiekritik, Biologismus oder Erkenntniskritik, die These muß sich begrifflich ausweisen können. Der Generalverdacht gegen Ubiquitätsthesen der Metapher lautet: Wo alles Metapher ist, ist nichts mehr Metapher, denn mit der Differenz von literal und metaphorisch bricht der Metaphernbegriff selbst zusammen. Trifft dieses Kontrastargument?

Zunächst ist darauf hinzuweisen, daß das Argument nicht zu schematisch angewandt werden darf, um nicht ins Leere zu laufen. Es muß zwischen *Extension* und *Intension* des Metaphernbegriffs und seines Kontrastbegriffs der wörtlichen Bedeutung unterschieden werden. Das Problem ist aus vielen Argumentationen für den Skeptizismus bekannt. Es könnte ja sein, daß wir zwar einen *Begriff* von sicherer Erkenntnis haben, daß diese Klasse aber aus irgendeinem Grunde leer ist. Ebenso könnte die Klasse der wörtlichen Bedeutungen[29] heute aus irgendeinem vielleicht nur historischen Grunde leer sein. Daher wird ein Kontrastargument, das sich auf intensionale begriffliche Relationen beschränkt, zur Widerlegung der Ubiquitätsthese nicht ausreichen. Im Falle von Nietzsche kommt hinzu, daß es für ihn in der *poetischen* Sprache tatsächlich eine Alternative zum "schaarenweisen Lügen" gibt.

Im Hinblick auf die anderen zitierten Autoren dürfen wir aber den ursprünglich erkenntnistheoretischen Gehalt der These, alle menschliche Erkenntnis sei Erkenntnis durch Metaphern und Modelle, nicht aus den Augen verlieren. Ich behaupte, daß, wo diese These vertreten wird, regelmäßig derselbe Fehler vorliegt. Metaphern können semiotisch als Superzeichen angesehen werden; sie entstehen dadurch, daß existierende Zeichen noch einem weiteren semiotischen Prozeß unterworfen werden. Insofern kann man die Metapher mit Eco als "*übercodierten* Ausdruck" (1984, 153) bezeichnen. Die These von der notwendigen Metaphorizität des Erkennens behauptet demnach mehr, als daß wir das Ding an sich nicht erkennen können. Sie behauptet, daß wir auch den sprachlich konstituierten Gegenstand noch nicht erkennen können, sondern erst dann, wenn er ein zweites Mal, nämlich metaphorisch, konstituiert worden ist (Dies ist eine Rekonstruktion, der Nietzsche natürlich nicht zustimmen würde). Es ist schwer zu

---

Vernunft [...] eine bloße Idiosynkrasie bestimmter Tierarten [...] Die subjektive Nötigung, hier nicht widersprechen zu können, ist eine biologische Nötigung: der Instinkt der Nützlichkeit, so zu schließen, wie wir schließen, steckt uns im Leibe, wir *sind* dieser Instinkt" (1956, 729f). - Mir scheint es klar zu sein, daß eine naturalistische Perspektive auf unsere sprachlichen Konstitutionsleistungen nicht ohne weiteres mit einer *kritischen*, die Nietzsche doch einnehmen will, vereinbar ist.

29 Verfechter einer pragmatischen (im Unterschied zu einer semantischen) Theorie der Metapher werden sich an der Gegenüberstellung von Metapher und wörtlicher Bedeutung stoßen, weil es ihnen zufolge keine metaphorischen *Bedeutungen*, sondern nur metaphorische *Verwendungen* wörtlich bedeutender Worte gibt. Ich werde unten eine modifiziert semantische gegenüber einer rein pragmatischen Auffassung der Metapher verteidigen.

sehen, was für diese Auffassung spräche. Wenn der Grund dafür, daß wir *x* nicht erkennen können, der ist, daß wir niemals etwas direkt und unmittelbar erkennen können, dann wäre durch die These von der notwendigen Metaphorizität oder Analogizität des Erkennens nichts gewonnen. Wenn Metaphern semiotische Iterationen sind, stellt sich auf dieser zweiten Ebene sich dasselbe epistemische Vermittlungsproblem erneut: Können wir denn den metaphorisch konzeptualisierten Gegenstand unmittelbar erkennen? Diese Frage korrespondiert einer bekannten antiskeptischen Figur. Wenn wir angeblich nur das *Bild* des Gegenstandes sehen oder die Art, in der er uns *erscheint*, sehen wir dann zumindest das Bild unmittelbar, oder sehen wir, der Logik des Scheins folgend, wiederum nur das Bild des Bildes? Die Annahme einer solchen mehrfachen Mittelbarkeit erscheint wenig attraktiv, wenn nicht gar absurd, denn sie gibt uns kein Mittel an die Hand, weitere Iterationen abzublocken. Auf jeder neuen Ebene, auf der die Erkenntnis dann stattfinden soll, kann sie aus demselben Grund wie zuvor doch nicht stattfinden, denn sie hat das ihr Auswärtige nicht unmittelbar. Diesem Argument müssen wir im Hinblick auf Nietzsche überhaupt nichts mehr hinzufügen, denn er nennt nicht erst die zweite epistemische oder semiotische Vermittlung Metapher, sondern schon die erste und sogar schon die vorsprachliche physiologische:

> "Ein Nervenreiz zuerst übertragen in ein Bild! erste Metapher. Das Bild wieder nachgeformt in einem Laut! Zweite Metapher. Und jedesmal vollständiges Ueberspringen der Sphäre, mitten hinein in eine ganz andere und neue. [...] Wir glauben etwas von den Dingen selbst zu wissen, wenn wir von Bäumen, Farben, Schnee und Blumen reden und besitzen doch nichts als Metaphern der Dinge, die den ursprünglichen Wesenheiten ganz und gar nicht entsprechen" (a.a.O., 373).

Tatsächlich fällt also Nietzsches Begriff der Metapher mit dem der kognitiven oder sprachlichen Vermitteltheit unseres Zugangs zu den Dingen überhaupt zusammen: "[D]ecken sich die Bezeichnungen und die Dinge? Ist die Sprache der adäquate Ausdruck aller Realitäten?" (372). Kurz: Bei Nietzsche bezeichnet der Metaphernbegriff "kein exzeptionelles sprachliches Phänomen, sondern kennzeichnet die Sprache als Ganze in ihrem Verhältnis zu den Dingen; [...] den Hiatus zwischen Wort und Ding" (Schöffel 1987, 102f). Der Hiatus zwischen Sprache und Welt erscheint als nicht überbrückbar, wobei Nietzsche die Sprache als eine gewaltsame, anthropozentrische Zurichtung der Dinge ansieht. In diesem Zeichen steht auch seine ziemlich flache Kant-Kritik (379f). Mit dem Kurzschluß von Metaphorizität und Sprachvermittlung überhaupt steht Nietzsche leider nicht allein.[30]

---

[30] So gibt Turbayne als Grund für die Nichteliminierbarkeit von Metaphern an: "We cannot say what reality is, only what it seems like to us, imprisoned in Plato's cave, because we cannot get outside to look. [...] We are always victims of adding some interpretation" (1962, 64). Ähnlich Edie 1963, 561: "To say that we cannot escape metaphor, is to say that we cannot escape seeing reality from *some* point of view, that we cannot escape the 'human condition'". Und ganz in Nietzsches Diktion spricht Biese (1893) von der "anthropocentrischen Nötigung,

Ich fasse zusammen: Aus der Verbindung der Ubiquitätsthese und der starken Kognitivitätsthese der Metapher entsteht die These vom *transzendentalen Status* der Metapher. Transzendentalität beinhaltet Gegenstandskonstitution im Kantischen Verständnis - die Bedingungen der Möglichkeit der Erfahrung von Gegenständen sind *zugleich* die Bedingungen der Möglichkeit der Gegenstände selbst. Damit kann man sich entweder abfinden wie die meisten Vertreter der Ubiquitätsthese, oder man kann die konstitutive Funktion wie Nietzsche noch einmal im Namen der Dinge selbst kritisieren. Dann hat man natürlich kein Kantisches Verständnis von transzendentaler Gegenstandskonstitution, denn für Kant wäre Nietzsches Kritik ein transzen*denter* Übergriff über den Bereich möglicher Erfahrung hinaus. Wenn überhaupt, kann Nietzsche seine *kritische* Diagnose der universalen Uneigentlichkeit nur durch die Aufwertung der ästhetischen gegenüber der wissenschaftlichen Erfahrung und der "ganz fremden" poetischen Sprache[31] gegenüber der Alltagssprache plausibel machen.

Wenn die erkenntnistheoretische Ubiquitätsthese aus begrifflichen Gründen nicht aufrechtzuerhalten ist, müssen wir uns vor einer vorschnellen Transzendentalisierung der Metapher in jedem Fall hüten, ob sie nun unter affirmativem oder unter kritischem Vorzeichen auftritt. Es dürfen jedenfalls, um es vorsichtig zu sagen, *nicht alle* Metaphern transzendental sein. Vorsichtig muß ich mit der Ablehnung der Transzendentalitätsthese sein, weil ich oben mit den Interaktionstheoretikern behauptet habe, daß bei bestimmten innovativen Metaphern durch die semantische Interaktion der metaphernbildenden Begriffe 'ein Drittes' entstehen könne, dessen semantische Struktur sich nicht einfach einer negativen Selektion von Merkmalen verdankt. Die Behauptung einer solchen Emergenz neuer Bedeutungen impliziert aber offenbar, daß deren 'Gegenstände' noch nicht vorgängig sprachlich konstituiert sind. Eine solche Behauptung, die die Interaktionstheorie allerdings noch einlösen muß, ist der Transzendentalitätsthese gefährlich nahe; daher beschränke ich mich wie Schöffel vorerst auf die Ablehnung einer *totalisierten* Transzendentalitätsthese der Metapher:

> "Der Erkenntnisskeptizismus Nietzsches [...] ergibt sich aus der Einsicht in die Symbolizität aller Erkenntnis; dieser Skeptizismus läßt sich unterlaufen, *wenn die These von der Metaphorizität der ganzen Sprache in die These von der relativen Transzendentalität einiger Metaphern verwandelt wird*" (Schöffel 1987, 216).

Schöffel bezeichnet die Metapher daher als ein "kleines Apriori" (5 et passim) und schreibt ihr, ähnlich wie Blumenberg, die Funktion einer *Pluralisierung der*

---

die uns zum Metaphorischen treibt" (37), von der "Nötigung, uns zum Maß aller Dinge zu machen" (124). Auch Vaihingers Philosophie des universalen "Als Ob" gehört in diese Reihe der Kurzschlüsse eines trivialiserten Kantianismus.

31 "[Z]wischen zwei absolut verschiedenen Sphären wie zwischen Subjekt und Objekt giebt es [...] höchstens ein *ästhetisches* Verhalten [...], eine nachstammelnde Uebersetzung in eine ganz fremde Sprache" (Nietzsche a.a.O., 378).

Transzendentalphilosophie zu (222). Die Metapherntheorie möchte er als einen "Beitrag zu einer Konstitutionstheorie der wissenschaftlichen Erkenntnis" verstanden wissen (193).

Ich habe in der Präsentation der verschiedenen Kognitivitätsthesen referiert, welche legendären Leistungen der Metapher zugeschrieben werden. Es ist aber noch alles andere als klar, *wie* die Metapher diese Leistungen vollbringen soll, weshalb es nun geboten ist, einen Exkurs zur Theorie der Metapher anzuschließen, der das bisherige sprachtheoretische Defizit dieses Kapitels auffüllt. Dies wird ein Exkurs gegen den Forschungstrend sein, denn in den Publikationen der letzten Jahre ist leider ein Abwandern des Metaphernthemas in die Psychologie und die Kognitionsforschung zu beobachten (so beklagt auch Strub 1991, 249). Für diese Entwicklung und die damit einhergehende Geringschätzung der sprachtheoretischen Problemebene ist nicht zuletzt das Buch von Lakoff und Johnson verantwortlich.

An manchen Stellen habe ich meine Sympathien für die Interaktionstheorie der Metapher erkennen lassen. Die Haltbarkeit der Interaktionstheorie ist für meine Argumentation von eminenter Bedeutung, denn die mit dem Interaktionsmodell verbundene Behauptung, daß innerhalb des metaphorischen Prozesses die Determinationsrichtung mehrfach wechseln kann, scheint mir geradezu dafür prädestiniert zu sein, dem für unseren Zusammenhang so wichtigen Wechselverhältnis von Anthropomorphismus und Physiomorphismus sprachtheoretisch Rechnung zu tragen. Diese schon in scheinbar einfachen Metaphern aufweisbare reziproke Struktur von Projektion und Rückprojektion - ich erinnere nur an Snells Homer-Beispiel - wird dann abschließend anhand der Maschinen- und der Computermetapher des Geistes zu diskutieren sein, die eine besonders subtile, enge und oft unbemerkte Verklammerung von intentionalistischen und mechanistischen Elementen enthält.

2.2 Exkurs zur Metapherntheorie

Es gilt, die Interaktionstheorie der Metapher im Spektrum ihrer Konkurrenten zu verorten und in ihrer Leistungsfähigkeit zu überprüfen.

Zuvor ist noch eine Flurbereinigung erforderlich: Neben den sprachtheoretischen Metapherntheorien wird zuweilen eine *Anschaulichkeitsthese* vertreten, in der die Qualifizierung der Metapher als "sprachliches Bild" fortlebt. Diese Anschaulichkeitsthese ist sprachtheoretisch unaufgeklärt und nicht zu halten.[32] Metaphern sind nicht die ikonischen Elemente der Sprache, sondern im Gegenteil die hyperbegrifflichen. Sie haben keinen höheren Grad von Unmittelbarkeit oder

[32] Zur Kritik an der Rede vom "sprachlichen Bild" vgl. schon Richards 1936, 98 und 129f.

Anschaulichkeit als andere Begriffe,[33] sondern sind im Gegenteil in der Lage, wie Kant sagt, einen Begriff auszudrücken, dem "nie eine Anschauung direkt korrespondieren kann" (*KU* B 257). Kant hat keinen eigenen Metaphernbegriff, sondern spricht von *Analogien*; Blumenberg und andere haben aber erkannt, daß Kants Ausführungen hier einschlägig sind. Eine Analogie ist für Kant "nicht etwa, wie man das Wort gemeiniglich nimmt, eine unvollkommene Ähnlichkeit zweener Dinge, sondern eine vollkommene Ähnlichkeit zweener Verhältnisse zwischen ganz unähnlichen Dingen" (*Prol.* A 176). Diese Ähnlichkeit von Proportionen bestimmt Kant wie schon Aristoteles nach dem Modell der Verhältnisgleichung $a:b = c:d$, wobei einer der vier Terme 'errechnet' werden kann, ohne jemals gegeben zu sein. Die einzelnen Gegenstände können dabei sehr unähnlich sein; "zwischen einem despotischen Staat und einer Handmühle ist zwar keine Ähnlichkeit, wohl aber zwischen der Regel, über beide und ihre Kausalität zu reflektieren" (*KU* B 256). Ebenso errechnen wir den demiurgischen Gott, indem wir sein *Verhältnis* zur Welt nach der Analogie des Verhältnisses eines menschlichen Handwerkers zu seinem Artefakt begreifen. Die Analogie ist demnach eine "Übertragung der Reflexion über einen Gegenstand der Anschauung auf einen ganz andern Begriff, dem vielleicht nie eine Anschauung direkt korrespondieren kann." (B 257). Über diese wesentliche Unanschaulichkeit der Metaphern, auch der physiomorphen, kann man sich leicht täuschen, wenn man die physischen Prädikate für bare Münze nimmt. Heraklit gebraucht die räumliche Metapher von der unauslotbaren "Tiefe der Seele" gerade, um deren Unbegrenztheit zu bezeichnen, die sie von allem Körperlichen unterscheidet (vgl. Snell 1946, 37). Eine unmetaphorische Anschauung zu suchen, die der Metapher "mein Blut kocht" korrespondierte, ist der sicherste Weg, die Metapher nicht zu verstehen. Es gibt keinen Zugang zur Metapher, der nicht über das Sprachverstehen vermittelt wäre.

Mit der Zurückweisung der Anschaulichkeitsthese sollte der Weg frei sein für eine Diskussion derjenigen Theorien, die die Metapher als ein *sprachliches* Phänomen erklären. Zunächst werde ich eine grobe Übersicht geben, von der ich hoffe, daß sie für unsere Zwecke ausreicht. Die Einschränkung "für unsere Zwecke" ist wichtig, denn in sprachphilosophischen Kreisen ist die Metapher, mit Seels gelungener Formulierung, "zum trojanischen Turnierpferd geworden, aus dem mit allen Listen für und wider die Festung einer systematischen Bedeutungstheorie gestritten wird" (Seel 1990, 237).

Wer an der Frage interessiert ist, wie Metaphern *funktionieren*, sieht sich fünf sprachtheoretisch ernstzunehmenden Theorien gegenüber, davon dreien, deren Schwächen größer sind als ihre Vorzüge, und zweien, bei denen es umgekehrt ist. Zur ersten Gruppe zähle ich die *Vergleichstheorie*, die *Substitutionstheorie* und die *Filtertheorien*, zur zweiten die *Interaktionstheorie* und die *pragmatische*

33 Am Rande: Wenn Metaphern die ikonischen Elemente in der Sprache wären, dann wären sie die idealen Instrumente für jede Beobachtungssprache und das Metaphernverbot der philoso-

Theorie der indirekten Mitteilung. Es gibt andere Klassifikationen,[34] die aber, soweit ich sehe, nicht in über die Haltbarkeit der einzelnen Theorien präjudizierender Weise von der meinen abweichen.

(1) Die *Vergleichstheorie* gehört zusammen mit der Substitutionstheorie zu den Prügelknaben des zeitgenössischen metapherntheoretischen Diskurses. Ich schließe mich hier der Mehrheit an. In der Vergleichstheorie wird die Metapher als ein *verkürzter* oder *elliptischer Vergleich* verstanden (Quintilian: "brevior est similitudo"), bei dem die Vergleichspartikel "wie" sowie der Vergleichs*punkt*, das *tertium comparationis* (tc), weggefallen sind. Wenn man beides ergänzt, erhält man wieder den vollständigen Vergleich: "Er ist ein Fuchs" → "Er ist *wie* ein Fuchs" → "Er ist *schlau wie* ein Fuchs". Manche Autoren zählen das tc nicht zum Vergleich dazu, so daß schon der Satz "Er ist *wie* ein Fuchs" den vollständigen Vergleich repräsentiert. Damit ist auch schon das Kardinalproblem der Vergleichstheorie markiert. Sie verschafft uns kein Verfahren, das tc zu ermitteln, d.h. die angebliche Verkürzung wieder rückgängig zu machen und die Metapher zu einem *nichttrivialen* Vergleich zu erweitern - denn jeder Vergleich der offenen Form "x ist wie y", wir erinnern uns an Davidsons "everything is like everything"-Bemerkung, ist trivialerweise wahr. Dieses Defizit der Vergleichstheorie wird sofort offenbar, wenn man es mit nichtkonventionellen Vergleichen zu tun hat. Wenn der explanatorische Anspruch der Vergleichstheorie darin bestehen sollte, die kompliziertere Operation des Metaphernverstehens auf die vermeintlich einfachere Operation des Vergleichens zurückzuführen, ist sie unbrauchbar. Sie trivialisiert die Operation des Vergleichens, denn das Rückgängigmachen der Verkürzung funktioniert nur, wenn das tc schon bekannt ist. Wenn die Metapher undurchsichtig ist, ist es der ihr korrespondierende Vergleich nicht minder. "Das Problem, das in einer Metapher indirekt Mitgeteilte zu erfassen, ist kein anderes als: das zu erfassen, kraft dessen der entsprechende Vergleich nicht trivial ist, - die im Kontext relevanten Vergleichshinsichten" (Künne 1983b, 196). Ich favorisiere daher die Auffassung Goodmans (1968, 77f) und Davidsons (1978, 255), daß kein nennenswerter Unterschied zwischen einem Vergleich und einer Metapher besteht,[35] solange wir die Angabe der jeweils relevanten Vergleichshinsicht nicht zur Struktur des Vergleiches hinzuzählen. Der Vergleichstheoretiker hat die

---

phischen Tradition wäre fehl am Platze.

34 Vgl. etwa Black 1954; Beardsley 1962; Scheffler 1979, 79ff; Künne 1983b; MacCormac 1985, 24ff. - Meine Klassifikation orientiert sich an der *Funktionsweise* der Metapher. Manche Autoren differenzieren noch feiner im Bereich der Filtertheorien, etwa MacCormac, der zwischen "tension", "controversion" und "deviance theories" unterscheidet. Oft wird auch die "Kategorienfehler-Theorie" genannt. Ich führe diese Theorien nicht eigens auf, weil sie keine eigene Erklärung für die Bedeutungskonstitution der Metapher anbieten, sondern auf halbem Wege stehenbleiben, nachdem sie die semantische Spannung oder Abweichung konstatiert haben. Die Metapher einen KF zu nennnen ist allenfalls die halbe Wahrheit über sie.

35 Ähnlich schon Aristoteles, *Rhet.* 1406b.

Wahl: gehört das tc *nicht* zum Vergleich ("offener" Vergleich), erklärt die Theorie nichts; gehört es aber dazu ("geschlossener" Vergleich), brauchen wir eine zusätzliche, über die syntaktische Transformation hinausgehende Erklärung dafür, wie es zu ermitteln ist.[36] Wenn der Vergleichstheoretiker eine solche Erklärung anbietet, kann er behaupten, daß die figurative Bedeutung der Metapher nichts anderes sei als die wörtliche Bedeutung des ausgeführten Vergleichs, durch den sie folglich ersetzt werden könne. *Diese* Theorie wäre allerdings nichts anderes als eine Variante der Substitutionstheorie, unter welche Black (1954, 35) die Vergleichstheorie deshalb überhaupt subsumiert.[37]

(2) Als *Substitutionstheorie* kann man mit Black jede Auffassung bezeichnen "which holds that a metaphorical expression is used in place of some equivalent *literal* expression [...] which would have expressed the same meaning, had it been used instead" (Black 1954, 31). Die Metapher steht also der Substitutionstheorie zufolge *anstelle* von etwas, was 'eigentlich' dort stehen müßte. Diese Theorie kann ihre Abkunft von der lange vorherrschenden rhetorisch-stilistischen Auffassung der Metapher nicht verleugnen, derzufolge die Metapher eine Stilfigur, eine bloße Ausschmückung der Rede und somit ein Mittel ist, *dasselbe anders zu sagen*. In der einfachsten und unhaltbarsten Version der Substitutionstheorie ist das, was durch die Metapher substituiert wird, ein einzelnes Wort, das seit Cicero so genannte *verbum proprium*.[38] Das Problem dieser Auffassung ist schnell genannt: es *gibt* dieses verbum proprium, das für den metaphorisch gebrauchten Terminus einsetzbar wäre und semantisch dasselbe leistete, in den meisten Fällen nicht. Aus dieser Not haben manche Substitutionstheoretiker eine Tugend zu machen versucht und dabei den Jargon der Eigentlichkeit noch weiter über die Grenzen des Sinns hinausgetrieben. Sie haben die Rede vom eigentlichen *Wort* durch die Rede von der eigentlichen *Bedeutung* ersetzt und haben dem metaphorisch verwendeten Wort neben seiner eigentlichen Bedeutung noch eine uneigentliche zugeschrieben, welche es in diesem Fall annehme. Dieser Auffassung gilt mit Recht die vernichtende Kritik Davidsons (1978). - Nun muß das durch die Metapher Substituierte ja kein einzelnes Wort sein. Vielleicht steht die Metapher für ein Stück Text, das größer als ein Wort ist. Man könnte, die Substitutionsrichtung zu Erklärungszwecken umkehrend, die Frage stellen, ob sich die Metapher vielleicht durch eine wörtliche *Paraphrase* ersetzen lasse. Oft ist in diesem Sinne die Halt-

36 Wir sollten, so Strub gegen Künne und Davidson, die rhetorische Tradition nicht dümmer machen als sie ist und ihr daher nicht die erste Version unterschieben. Es sei "absurd anzunehmen, die klassische Rhetorik habe jemals die These vertreten, die übertragene Bedeutung einer Metapher sei die buchstäbliche Bedeutung eines *offenen* Vergleichs - und nur eines offenen; sie ist natürlich die eines geschlossenen, denn sonst wäre jede Metapher trivial wahr" (Strub 1991, 304).

37 Zur Konvergenz von Vergleichs- und Substitutionstheorie vgl. auch Strub 1991, 340-3.

38 So bei Gottsched: "*Die Metaphore* ist eine verblümte Redensart, wo man anstatt eines Wortes, das sich in eigentlichem Verstande zu der Sache schicket, ein anderes nimmt" (1730, 264). - Aristoteles hat die verbum proprium-Lehre übrigens nicht vertreten.

barkeit der Substitutionstheorie an der Frage gemessen worden, ob eine mehr oder weniger umfangreiche Paraphrase oder Übersetzung die semantische Leistung des Originals erreichen könne. Es ist von verschiedenen Autoren aufgezeigt worden, daß schon bei scheinbar harmlosen Metaphern die vorgeschlagenen Paraphrasen insofern inadäquat sind, als sie bestimmte Implikationen über-, andere unterbetonen und insgesamt hinter der semantischen Leistung der Metapher zurückbleiben (vgl. etwa Searle 1979, 103ff). Black legt besonderes Gewicht auf die Feststellung, daß die Paraphrase nicht bloß umständlich, langweilig, stilistisch unbefriedigend ist, sondern tatsächlich "a loss in cognitive content" bedeutet: "[I]t fails to be a translation because it fails to give the insight that the metaphor did" (1954, 46).

Allerdings wird man mit der Behauptung der Nichtparaphrasierbarkeit vorsichtiger sein müssen als mit der Behauptung der Nichtsubstituierbarkeit durch ein verbum proprium. Der Grund dafür, daß ein einzelner Ausdruck anstelle der Metapher nicht dieselbe Leistung erbringen kann, könnte immerhin derselbe sein, der die semantische Ersetzbarkeit von Ausdrücken in natürlichen Sprachen überhaupt fraglich erscheinen läßt, nämlich der Mangel an streng synonymen Wörtern. Nichtsubstituierbarkeit wäre dann kein Spezifikum der Metapher.[39] Daß die Metapher nicht substituierbar ist, muß nicht heißen, daß sich ihre Bedeutung jeder Erläuterung entzieht. Es heißt aber, daß die Metapher nicht ohne Grund dasteht: Sie wurde verwendet, weil etwas anderes an ihrer Stelle nicht genau dasselbe bedeuten könnte. Der strukturalistischen Semiotik zufolge kann jedes sprachliche Zeichen nur dadurch etwas bedeuten, daß es etwas anderes bedeutet als alle anderen Zeichen. Wenn dieses Saussuresche Theorem der Zeichenbedeutung via Distinktivität richtig ist, zeigt die Nichtsubstituierbarkeit keine besondere Leistung der Metapher an. Was die darüberhinausgehende Behauptung der Nicht*paraphrasierbarkeit* betrifft, so ist zu fragen, ob für ihre Aufrechterhaltung nicht ein zu hoher Preis gezahlt werden muß. In Anlehnung an Habermas möchte ich behaupten, daß die grundsätzliche Erläuterbarkeit sprachlicher Äußerungen zu eng mit der Einlösung des Anspruches der Verständlichkeit zusammenhängt, als daß man ihre Möglichkeit in einem wichtigen Segment der Sprache bestreiten könnte. Man darf von einer Paraphrase als einer semantisch 'äquivalenten' Formulierung nichts verlangen, was sie von vornherein nicht leisten kann. Sie soll die paraphrasierte Formulierung nicht ersetzen, sondern sie *erläutern* und so ihr Verständnis *befördern*. Eine unsubstituierbare Metapher könnte sich, so Black (1960, 237) und Strub (1991, 155f), immerhin *explizieren* oder *kommentieren* las-

---

39 Dies ist die Auffassung Schefflers und Goodmans: "[T]he claim that metaphorical expressions always have literal replacements within their respective languages is no more convincing for metaphorical than it is for literal expressions" (Scheffler 1979, 90). "[P]araphrase of many literal sentences also is exceedingly difficult, and indeed we may seriously question whether any sentence can be translated exactly into other words in the same or any other language" (Goodman 1979, 126; vgl. auch Erwin 1970, 120).

sen. Es muß die bei gewissen Literaturwissenschaftlern verbreitete desperate Rede von den "absoluten Metaphern"[40] oder "Chiffren" vermieden werden, die unauflösbar seien und sich jeder Erläuterung entzögen. Wenn dieser mystifizierende Jargon der Unsagbarkeit die einzige Alternative zum substitutionstheoretischen Jargon der Uneigentlichkeit wäre, stünde es schlecht um die Metapherntheorie. Ich plädiere demgegenüber dafür, das Verhältnis von unersetzbarer kognitiver Funktion der Metapher und ihrer Einführung in die *langue* als ein dialektisches anzusehen, d.h. es hermeneutisch zu dynamisieren: Im emphatischen Sinne innovative Metaphern *eröffnen* uns erst jenen Erfahrungsbereich, der ihr Verständnis ermöglicht und *schaffen* sich damit die semantische Lücke im Sprachsystem, die sie dann unsubstituierbar ausfüllen mögen.[41]

(3) Diejenigen Theorien der Metapher, die ich zusammenfassend *Filtertheorien* nenne - andere Autoren nennen sie Theorien der "Abschattung" oder "Abblendung" semantischer Merkmale -, zeichnen sich dadurch aus, daß sie die atomistische Wortsemantik überwinden und die Bedeutungskonstitution der Metapher konsequent als ein Kontextphänomen beschreiben. Unbestreitbar ist Metaphorizität ja keine inhärente Eigenschaft einzelner Lexeme, sondern eine Funktion der Verwendung eines Wortes in einem linguistischen Kontext, der in gewisser Weise nicht zu dem Wort paßt.[42] Weinrich definiert die Metapher als "ein Wort in einem konterdeterminierenden Kontext", wobei er mit "Konterdetermination" den Umstand bezeichnet, daß "die tatsächliche Determination des Kontextes gegen die Determinationserwartung des Wortes gerichtet ist" (Weinrich 1967, 6). Mit "Determination" ist gemeint, daß die Wörter in Texten, indem sie einander Kontext geben, gegenseitig ihren möglichen Bedeutungsumfang reduzieren (vgl. 4). *Omnis determinatio est negatio*, zitiert Weinrich. Die kontextuelle Bedeutung eines Wortes stellt eine partielle Aktualisierung seiner potentiellen lexikalischen Bedeutung dar. In dieser wichtigen Hinsicht wird also die Bedeutungskonstitution von Metaphern an die Art und Weise, wie Bedeutung in Texten überhaupt entsteht, aneinandergerückt.[43] Das Besondere der Metapher besteht nun den Filtertheorien zufolge darin, daß die semantische Spannung zwischen

---

40 Belege bei Nieraad 1977, 28ff.

41 Vgl. zu dieser Dialektik eine Formulierung von Black: "[S]ome metaphors enable us to see aspects of reality that the metaphor's production helps us to constitute. But that is no longer surprising if one believes that the 'world' is necessarily a world *under a certain description* - or a world seen from a certain perspective. Some metaphors can create such a perspective" (1977, 454). Zur Metapher als "perspektivenartikulierender Rede" vgl. auch Seel 1990 und Kittay 1987, 22ff. - Ich habe oben dargelegt, was an der Rede von "Perspektiven" konstitutionstheoretisch unbefriedigend ist.

42 Unten werde ich diese Formulierung modifizieren.

43 Der Grundgedanke des Kontextprinzips ist geradezu eine banale Wahrheit über die Funktionsweise natürlicher Sprachen: "There is nothing peculiar about the context taking back part of what is implied by a word, because this happens whenever we use language, be it literal, metaphorical, or what have you. One does not string words together like beads on a thread for words modify each other in a way beads do not" (McCloskey 1964, 221).

metaphorisch verwendetem Wort und Kontext größer ist als bei nichtmetaphorischer Verwendung. Diese Spannung kann so groß sein, daß von einem Kategorienfehler gesprochen werden muß, weshalb neben Weinrichs Konterdeterminationstheorie, Bühlers Theorie des Doppelgitters und den merkmalssemantischen Theorien im Anschluß an die gTG auch die Kategorienfehler-Theorie der Metapher zu den Filtertheorien zu zählen wäre. Da aber die Charakterisierung der Metapher als KF oder als *kalkulierter* KF (Goodman 1968, 73)[44] noch nicht die Bedeutungsstruktur und die Funktionsweise der Metapher erklärt, sondern im Vorfeld davon verbleibt, führe ich sie hier nicht eigens auf. Jede Bestimmung der Metapher, die sich auf deren semantische "Anomalie", "Abweichung", "Verstoß gegen Selektionsregeln" o.ä. beschränkt, dürfte eine Unterbestimmung der Metapher sein, weil sie nicht erklärt, worin das Spezifische eines KFs besteht, der mit kommunikativer Intention eingesetzt wird und zum Erfassen dieser Intention eine metaphorische Interpretation verlangt.[45] Führt man die KF-Theorie in diesem Sinne weiter, landet man bei einer der anderen Theorien, unter die man sie deshalb subsumieren kann.

Die Filtertheorien suchen den metaphorischen Prozeß durch einen *operanten Mechanismus* zu erklären. Ein frühes Beispiel ist Karl Bühlers Modell der "selektiven Wirkung der Sphärendeckung". Bühler zufolge weist die Metapher eine semantische "Untersummativität" ihrer Elemente auf, die dadurch zustandekommt, daß bestimmte semantische Merkmale der beiden beteiligten Begriffe ausgelöscht oder abgeschattet werden. Diesen Vorgang vergleicht Bühler mit der Lichtprojektion durch zwei übereinandergelegte Gitterscheiben, wobei auf dem Projektionsschirm besagte "selektive Wirkung der Sphärendeckung" entstehe (Bühler 1934, 348f). Die potentielle Bedeutung der Metapher wird also doppelt gefiltert, so daß nur diejenigen Bedeutungsanteile der beteiligten Begriffe aktualisiert werden, die der jeweils andere Begriff passieren läßt. Die restlichen Merkmale werden abgedeckt, wie Bühler am Beispiel der Metapher "Salonlöwe" demonstriert.

In diesem Modell fällt zunächst das *symmetrische* Verhältnis auf, das zwischen den Determinationsfunktionen der beiden Begriffe angenommen wird. Hierin unterscheiden sich die Filtertheorien von allen älteren einsinnigen Übertragungsmodellen. Eine reziproke Determination besteht bei metaphorischen wie

---

44 Andere Autoren, die die Metapher als KF bezeichnen, sind Henle 1958, Srzedinicki 1960, Beardsley 1962, Turbayne 1962, Guenther 1975, Martin/Harré 1982, Strub 1991.

45 Diese fehlende Erklärung der KF-Theorien mahnt besonders Köller an. Seine eigene Arbeitsdefinition der Metapher lautet: "Die Metapher ist ein sprachliches Superzeichen, das auf der ungewohnten und als anormal empfundenen Kombination anderer Zeichen beruht, wobei diese anomale Kombination der Zeichen aber so strukturiert ist, daß sie nicht kommunikationsblockierend wirkt, sondern eine spezifische kommunikative Funktion erfüllt, die möglicherweise nicht durch andere sprachliche Organisationsmuster zu ersetzen ist" (Köller 1975, 6).

bei nichtmetaphorischen Prädikationen schon dadurch, daß in der Prädikation präsupponiert ist, "daß der Bestimmungsbegriff in sinnvoller Weise auf den Gegenstandsbegriff anwendbar ist [...]. In normalen Prädikationen wird uns diese reziproke Determination nicht bewußt, weil uns der Bestimmungsbegriff in seinen potentiellen Anwendungsmöglichkeiten meist sehr vertraut ist" (Köller 1975, 177f). Bei Metaphern müssen wir dagegen, so Köller (179), die präsupponierte Zuschreibbarkeit des Prädikats erst durch versuchsweise Neukategorisierung der beteiligten Begriffe *herstellen*, um die Prädikation als sinnvoll verstehen zu können. So enthält etwa die Metapher "Gehirnwäsche" die kategoriale Präsupposition "Das Gehirn ist waschbar". Die ausbuchstabierte Präsupposition bezüglich der Zuschreibbarkeit des Prädikats ist als kategorialer Satz die genaue Negation der kategorialen Unverträglichkeit der beiden Begriffe. Wenn wir uns aber allein an die konventionellen semantischen Merkmale klammern, bleibt die kategoriale Absurdität bestehen und wir können die Metapher nicht interpretieren. Um in Bühlers Analogie zu bleiben: es bliebe dunkel auf dem Projektionsschirm.

Hier rächt es sich nun, daß Bühler den metaphorischen Prozeß durch eine *Mechanik* zu erklären sucht. Diesen Zug teilen alle Filtertheorien, so auch die merkmalssemantische Theorie (z.B. Oomen 1973) sowie Weinrichs Konterdeterminationstheorie. Es gehört zur inneren Logik des Filtermodells, den metaphorischen Prozeß als einen Mechanismus anzusehen. So kommt es bei Bühlers Modell nur zu einer "mechanischen Amalgamierung von Begriffssphären [...], die in ihrer Ordnungsstruktur nicht verändert, sondern nur ergänzt werden" (Köller a.a.O., 201). Mit dem Filtermodell kann nicht erklärt werden, wie sich "bei solchen Projektionen sowohl Strukturen verstärken als auch gegenseitig zerstören oder abdecken können" (ebd.). Den als Filter wirkenden semantischen Strukturen der Begriffe wird nur eine *negativ* selegierende Rolle zugesprochen; eine kreative Rolle der metaphorischen Prädikation im Sinne einer Emergenz neuer, aus der Interaktion hervorgehender Bedeutungsstrukturen ist nicht vorgesehen und widerspricht der Logik des Filtermodells. Kennzeichnend für die Schwäche der Filtertheorien ist, daß die semantischen Emergenzphänomene sich nicht auf den Bereich der innovativen ("kühnen", "poetischen") Metaphern beschränken lassen, vor denen viele Metapherntheorien ohnehin kapitulieren. Bei näherer Betrachtung reicht die Erklärungskraft der Filtertheorien nicht einmal dort aus, wo sie besonders stark zu sein scheinen, bei den konventionellen Metaphern. Nehmen wir die Metapher "Sein Blut kocht": Wo ist hier das gemeinsame Merkmal, das beide Filter passiert? Welche Eigenschaft haben das Kochen einer Flüssigkeit und der Wütende wörtlich gemeinsam? Wird das Prädikat "kochend" von einer Flüssigkeit (Wasser) auf die andere (Blut) übertragen? Nein, sonst müßte sich der Wütende schwere Verletzungen zuziehen. Die Wahrheit ist, daß sich kein Merkmal finden lassen wird, daß in beiden Kontexten in gleicher Weise *wörtlich* zutrifft. Ironischerweise hatte Vico gerade diese Metapher als Beispiel für ein "Sprechen nach natürlichen Eigenschaften [...], wie es den Menschen zu allen Zeiten und überall eigentümlich ist", herangezogen (Vico 1744, 198). Es scheint, als müßte die Metaphertheorie neben dem verbum proprium auch noch das liebgewonnene tertium comparationis aufgeben. Gemeinsame Merkmale im strikten Sinne lassen sich bei vielen Metaphern ebensowenig angeben wie ein eigentliches Wort. "Zwischen Wahrheit und Licht gibt es kein *tertium*, das nicht selber metaphorisch wäre", sagt Weinrich (1963, 331). Es ist oft bemerkt worden, daß viele Tiere die Eigenschaften gar nicht besitzen, die man Menschen durch die entsprechenden Tiermetaphern zuschreibt.[46] Dagegen mag man einwenden, daß biologische und ethologische Erkenntnisse hier nicht relevant sind und daß es eher kulturelle Stereotypen sein dürften, die in unsere Tiermetaphern eingehen. Doch dieser Rekurs auf etablierte "commonplaces" (Black) erklärt nicht die Bedeutungskonstitution konventioneller Metaphern. In vielen Fällen kann nicht nur von einer einsinnigen Übertragung einer nichtmenschlichen Eigenschaft auf eine menschliche keine Rede sein, oft ist ein *gemeinsames*, beide Filter passierendes Merkmal überhaupt nicht angebbar. Holz ist nicht in dem Sinne hölzern, wie ein Mensch hölzern sein kann. Einen Menschen hölzern zu nennen, sagt von ihm etwas anderes aus als das Prädikat von einem materiellen Gegenstand aussagt. Das vermeintliche tc trifft also nicht univok zu. Jemandes Wille ist nicht in demselben Sinne eisern wie das Metall eisern ist, denn die Prädikate der Härte und Unzerbrechlichkeit sind in der Anwendung auf Nichtmaterielles selbst schon metaphorisch (vgl. Beardsley 1978, 13). Wer ein Herz aus Eis hat, besitzt nicht im wörtlichen Sinne Eigenschaften des Eises. Die Interaktionsstruktur der Metapher verbietet es, die Prädikate so zu behandeln, als stünden sie außerhalb des metaphorischen Kontextes. Danto (1981, 269ff) beschreibt diesen Umstand so, daß Metaphern *intensionale Kontexte* schaffen. Dies würde erklären, daß die einzelnen Elemente der Metapher sich nicht substituieren lassen.

Manche Filtertheoretiker und Merkmalssemantiker suchen diesen Schwierigkeiten Rechnung zu tragen, indem sie die Merkmale qualitativ gewichten, etwa zwischen 'zentralen' und 'peripheren' Merkmalen unterscheiden, also diese in einer Form manipulieren, die nicht aus der Merkmalsstruktur selbst hervorgeht. Auch wird versucht, auf "Konnotationen" oder gar auf die angeblich abgeschatteten Merkmale zurückzugreifen. Diese Rückzugsmanöver stehen aber sämtlich im "Widerspruch zur inneren Logik der Theorie" (Schöffel 1987, 43), deren Unzulänglichkeit damit offenbar wird.

(4) Die *Interaktionstheorie* der Metapher, die mit den Namen Richards und Black verbunden ist, beginnt mit einem *Kontexttheorem der Bedeutung*, aber nicht auf der paradigmatischen Achse (wie Saussures Theorem der Zeichenbedeutung via Distinktivität), sondern auf der syntagmatischen. Richards sagt: "[W]hat a word means is the missing parts of the contexts from which it draws its

---

[46] Z.B. Löwith 1928, 35; Danto 1981, 286; Schöffel 1987, 151.

delegated efficacy" (1936, 35). Da diese Kontexte sehr verschiedenartig sein können, räumt Richards dem Phänomen lexikaler Ambiguität viel Platz ein (40). Ambiguität sei nicht nur nicht eliminierbar, sondern geradezu die notwendige Bedingung jeder Bedeutungskonstitution. Die Wortbedeutung *entsteht* für Richards erst durch die wechselseitige Determination der semantischen Rollen, die Wörter in Sätzen spielen. Die Annahme eines Standardkontexts, der eine fixe oder zumindest eine zentrale lexikalische Bedeutung eines Wortes generierte, lehnt Richards ab; sie habe uns schon zu lange in die Irre geführt (71). Er möchte die Idee einer separaten Wortbedeutung überhaupt aufgeben, denn "a completely isolated word would be meaningless" (70f).[47]

Die entscheidende Differenz zur Filtertheorie besteht nun in der produktiven und nicht bloß negativen Funktion, die Richards dem Kontext zuschreibt. Er spricht von "interanimation"[48] im Sinne einer wechselseitigen Belebung der Wörter im Kontext (47ff). Diese produktive Rolle der Interaktion betont auch Black: die Metapher "filters and transforms: it not only selects, it brings forward aspects [...] that might not have be seen at all through another medium" (1954, 42).[49] Wichtig ist, wie schon in der Filtertheorie, das symmetrische Verhältnis der interagierenden Begriffe. Die Einsinnigkeit des herkömmlichen Übertragungsmodells wird endgültig verabschiedet: "Richards' Theorie ist eine Theorie der mikrologischen Wechselwirkung der Wörter. [...] Die mikrologische Perspektive aber macht zwingend klar, daß die Übertragungsrichtung innerhalb einer Metapher mehrfach wechseln kann" (Schöffel 1987, 134f).[50] Richards' Metapherndefinition lautet: "In the simplest formulation, when we use a metaphor we have two thoughts of different things active together and supported by a single word, or phrase, whose meaning is a resultant of their interaction" (1936, 93). Die Formulierung macht klar, daß die Interaktion für Richards letztlich eine *mentale* ist und

---

47 Auf ein Kontexttheorem der Bedeutung baut auch Kittay (1987) ihre Metapherntheorie auf. Sie fordert eine "*relational* theory of meaning", die dem Umstand Rechnung trägt "that the specific sense of a given word emerges from its relation to other words in a language" (122). Gemeint sind sowohl die syntagmatischen wie die paradigmatischen Relationen.

48 Im Text steht wiederholt "interinanimation", was ich mit Schöffel (1987, 130) für sinnentstellend halte und deshalb korrigiere.

49 Schöffel (1987, 147f) weist mit Recht darauf hin, daß der Filterbegriff hier nicht angebracht, weil mit der Interaktionsthese nicht verträglich ist. Man kann nicht zugleich wechselseitige Belebung und wechselseitige Beschneidung haben; vgl. zu dieser Inkonsistenz bei Black auch Martin/Harré 1982, 91.

50 Das Changieren der Übertragungsrichtung steht insbesondere in den Texten Blacks nicht so im Vordergrund wie meine Darstellung es vermuten läßt. Ich lege so großen Nachdruck darauf, weil es mir mehr um eine idealtypische Rekonstruktion der Interaktionstheorie geht als um historische Gerechtigkeit für Black. In meinen Augen gehört das virtuell reziproke Determinationsverhältnis (*völlige* Gleichberechtigung besteht nicht) zu den essentials einer Interaktionstheorie, die ihren Namen verdient. - Zur Frage der Symmetrie oder Asymmetrie metaphorischer Determinationen vgl. Strub 1991, 165ff, der allerdings mit einer strikten Unterscheidung zwischen Prädikation und Referenz arbeitet und deshalb die Interaktionstheorie ablehnt.

keine linguistische (vgl. explizit 94).[51] Das führt uns zu der Frage nach dem Status der Merkmale, Eigenschaften oder Aspekte, von denen die Interaktionstheoretiker sprechen. Bei Richards sind es eindeutig mentale Entitäten wie Gedanken oder Vorstellungselemente. Bei Black ist der Fall nicht so klar. Black setzt sich mit dem Problem auseinander, daß die Bedeutung etwa der Metapher "Der Mensch ist ein Wolf" durch semantische Merkmale oder durch im Lexikoneintrag "Wolf" enthaltene enzyklopädische Information nicht hinreichend rekonstruiert werden kann. Für eine merkmalssemantische Metapherntheorie, die mit "markers" à la Fodor/Katz arbeitet, ist dies ein gravierendes Problem. Black versucht es zu umgehen, indem er nicht von semantischen oder enzyklopädischen Merkmalen spricht, sondern von einem "system of associated commonplaces" (1954, 40), welches *kulturell* definiert sei und wissenschaftlich betrachtet "may include half-truths or downright mistakes" (ebd.). Ob diese Gemeinplätze mentale oder linguistische Entitäten sein sollen, läßt sich schwer entscheiden; Black spricht abwechselnd von "beliefs", "implications" und einem "set of statements". Später (1977, 441f) wird er die Leistung der Interaktionstheorie vor allem darin sehen, daß sie mit *Systemen* von Implikationen rechnet statt mit isolierten Merkmalen.[52]

Es ist klar, daß das Ausweichen auf kulturelle Stereotypen - abgesehen von dem oben diskutierten Problem der Angabe des tc[53] - noch nichts zur Beantwortung der Frage beiträgt, *wie* denn durch die Interaktion die Bedeutung der Metapher entsteht. Wir haben nicht einmal ein Verfahren, um festzustellen, welche von Blacks "Gemeinplätzen" denn im Einzelfall relevant sind. Daß etwa "wolves are larger than mushrooms is not only true but also commonly held to be true by laymen within our culture" (Scheffler 1979, 114), ohne daß unser Wissen um diese Eigenschaft Wesentliches zum Verständnis der Metapher beitrüge.

Bisher haben wir nicht viel mehr als Richards' starke Version des Kontexttheorems der Bedeutung und dessen Anwendung auf die Metapherntheorie. Worin die differentia specifica der Metapher bestehen könnte, ist weit und breit nicht zu sehen. Die Interaktionstheorie assimiliert die Bedeutungskonstitution der Metapher an die von Sprache überhaupt, wie Ricoeur (1972, 366) und Schöffel (1987, 129ff) bemerken. Aber ist dies eo ipso ein *Einwand* gegen die Interaktionstheorie? Der 'Fehler' ist zu offensichtlich, als daß Richards und Black ihn hätten übersehen können. Man darf ihnen die Auffassung unterstellen, daß die Notwendigkeit der Angabe einer differentia specifica der Metapher in dem Maße abnimmt, in dem eine am interaktionistischen Kontexttheorem orientierte allgemeine Textsemantik entwickelt wird, die in der Lage ist, der Komplexität und Of-

---

51 Lakoff und Johnson überdehnen diesen Mentalismus: "Metaphor is primarily a matter of thought and action and only derivatively a matter of language" (1980, 153).

52 Zum systemischen Charakter metaphorischer Merkmalstransfers s.o., Anm. 20.

53 Die Interaktionstheorie ist von diesem Problem nicht in gleicher Weise betroffen wie die Filtertheorien, denn auf *gemeinsame* Merkmale hat sie sich nie verpflichtet.

fenheit der Verfahren Rechnung zu tragen, durch die sich in natürlichen Sprachen Wort-, Satz- und Äußerungsbedeutungen konstituieren. Die emergenten Bedeutungen innovativer Metaphern kommen ja nicht auf okkulte Weise zustande, sondern dadurch, daß Lexeme unserer Sprache, die bisher nicht miteinander kombiniert worden sind, in neue Konstellationen treten. Und kommen nicht in der *parole* und zum Teil auch in der *langue* minimale Bedeutungsverschiebungen durch Neukontextualisierung ständig vor, auch unterhalb der Metaphorizitätsschwelle? Dies ist die Auffssung von Mary Hesse (1984, 133): "Die Verwendung eines Prädikats in einer neuen Situation verschiebt im Prinzip, wie geringfügig auch immer, die Bedeutung jedes anderen Wortes und Satzes einer Sprache".

Warum also nicht den metaphorischen Prozeß an die allgemeine Funktionsweise der Sprache oder an die Texthermeneutik (Ricoeur) ankoppeln? "Wir konstruieren die Bedeutung eines Textes auf ähnliche Weise, wie wir alle Ausdrücke einer metaphorischen Aussage sinnvoll verbinden", behauptet Ricoeur (1972, 367).[54] In diesem Sinne ist sogar vorgeschlagen worden, die Arbeit an der Metapherntheorie solange auszusetzen, bis die Textsemantik einen befriedigenden Stand erreicht habe (Nieraad 1977, 79). Wenn man das Kontexttheorem der Bedeutung ernstnimmt, wird das Entstehen der Bedeutungen wörtlicher und metaphorischer Äußerungen in einer wichtigen Hinsicht aneinandergerückt: "[T]he mechanisms involved in the interpretation of metaphors are nothing over and above the mechanisms needed in the interpretation of 'literal' discourse". Wir müssen "integrat[e] the study of metaphor into a theory of natural language semantics" (Bosch 1985, 142).[55]

Die einzige Möglichkeit, das Phänomen der Metapher aus der allgemeinen Semantik herauszuheben, scheint im Rahmen der Interaktionstheorie das Insistie-

---

54 Ein starkes Argument für Ricoeurs Ansatz besteht darin, daß wir in manchen Texten nicht einmal wissen, *wovon überhaupt die Rede ist*, bevor wir nicht die Metapher verstanden haben (vgl. Schöffel 1987, 179 mit einem eindrucksvollen Beispiel aus der *Dialektik der Aufklärung*).

55 Ein interessanter Weg, die Metapherntheorie in die allgemeine Semantik zu integrieren, ist die *fuzzy set theory*, die MacCormac (1985, 85ff) für die Metapherntheorie fruchtbar zu machen versucht. Der Grundgedanke ist der, daß die Gegenstandsklassifikationen in natürlichen Sprachen nicht "clear-cut" sind, sondern "fuzzy". Die Anwendungsbedingungen der Prädikate sind an den Rändern verschwommen, und es wird vorgeschlagen, *Grade* der Klassenzugehörigkeit von Gegenständen anzugeben (vgl. Zadeh 1965). Diese Auffassung berührt sich mit Roschs Theorie der "natural categories", derzufolge sich die Kategorienzugehörigkeit eines Gegenstandes an seinem Abstand von einem Prototyp bemißt (s.o., II, 1.3). - Eine Implikation dieser Auffassung ist, daß die Metapher nicht mehr als KF bezeichnet werden muß, weil Kategorienzugehörigkeit ja gradualisiert wird (vgl. MacCormac 1985, 94). Natürlich ist die *fuzzy set theory* als Semantik der natürlichen Sprache nicht mehr als ein Programm. An MacCormacs Anwendung auf die Metapherntheorie wird klar, daß das Unternehmen, die an den Rändern zerfransten Klassenzugehörigkeiten tatsächlich anzugeben, mindestens ebenso sisyphushaft ist wie die Entwicklung einer allgemeinen Interpretationsmechanik für Metaphern (und wohl aus denselben Gründen scheitern muß). Als Attraktion bleibt der Vereinheitlichungsgewinn für die Sprachtheorie.

ren auf ihrem *innovativen* Charakter zu sein. Als eine nicht-usuelle Prädikation, die gegen die konventionellen Determinationserwartungen gerichtet ist, ist die Metapher in der Lage, Neukategorisierungen vorzuschlagen und dadurch die semantischen Ressourcen der Sprache fortlaufend an neue Anforderungen anzupassen. Die Innovationsleistung unterscheidet die Metapher freilich nur graduell, folgt man der Herder/Humboldt-Tradition, vom Wesen der Sprache überhaupt: *enérgeia*, nicht *érgon* zu sein.[56]

Richards kehrt in hermeneutischer Perspektive das Abhängigkeitsverhältnis von Innovation und Konvention geradezu um und sieht in der Offenheit und Revidierbarkeit unserer Interpretationen den Kern unserer Sprachkompetenz (vgl. etwa a.a.O., 53). Dadurch wird "das Verstehen der Metaphern Paradigma für das Verstehen der Sprache überhaupt" (Schöffel 1987, 129). Die Stabilität von Wortbedeutungen könnte dabei als Grenzfall einer semantisch offenen, flexiblen und 'wesentlich metaphorischen' Sprache erhalten bleiben. Eine scharfe Grenze zwischen Metaphorizität und Literalität gibt es nicht. In Richards' Perspektive besteht die Wörtlichkeit von Wortbedeutungen lediglich in einer *relativen kontextuellen Stabilität* (vgl. Leatherdale 1974, 101). Im gleichen Sinne behauptet Hesse (1984, 130), daß die Unterscheidung von Wörtlichkeit und Metaphorizität "eigentlich eine pragmatische und keine semantische Grundlage hat", insofern wir als sogenannte wörtliche Bedeutung eines Wortes lediglich diejenige Funktion auszeichneten, die das Wort in seinem häufigsten, stabilsten und am einfachsten lehrbaren Verwendungskontext hat (vgl. auch Arbib/Hesse 1986, 152).

Aber diese Skizze kann nicht so stehenbleiben. Oben habe ich mit dem Kontrastargument von Metaphorizität und Literalität gegen diejenigen Ubiquitätstheoretiker argumentiert (insbesondere gegen Nietzsche), die die kognitive Funktion von Metaphern mit der erkenntnistheoretischen Konstitutionsleistung von Sprache überhaupt zusammenfallen lassen. Irgendeine Art von Parasitismus oder Zweistufigkeit muß in der Metapherntheorie erhalten bleiben, wenn sie ihren Gegenstand nicht verlieren soll. Dazu ist es, soweit ich sehe, unabdingbar, Richards' starke Version des Kontextprinzips zurückzuweisen und zwar nicht zu fixen vorkontextuellen Wortbedeutungen, aber doch zu Spektren *potentieller* lexikalischer Bedeutungen zurückzukehren, aus denen in Kontexten Bedeutungsanteile aktualisiert werden.[57] Die Eigenart der metaphorischen Bedeutungskonstitution kann

56 Humboldt betont die Flexibilität der Verbindung zwischen Begriff und Gegenstand und nennt sie "eine Unbestimmtheit, ohne welche die Selbstthätigkeit des Denkens unmöglich wäre", weil sie uns erst erlaubt, die Welt zu distanzieren und den Gegenständen immer neue "Beziehungen, Verhältnisse, Ansichten" abzugewinnen und sie zu verknüpfen (Humboldt 1806, 169f).

57 Ein Friedensangebot an Richards und Ricoeur: Der Grenzfall stabiler konventioneller Wortbedeutungen in einer Menge von Kontexten, die durch Familienähnlichkeiten zusammengehalten werden, mag aus der Perspektive einer radikalen Hermeneutik der *sprachtheoretisch abgeleitete* Fall sein. Zugleich ist er aber in der Sprachpraxis der *quantitativ überwiegende* Fall, so daß das Kontrastargument intakt bleiben kann.

dadurch gerettet werden, daß entgegen der Filtertheorie die abgeschatteten Bedeutungsanteile nicht vollständig getilgt werden, sondern *latent* erhalten bleiben und im Sinne von Hesses "neutraler Analogie" zur Bedeutung der Metapher beitragen können. Die Bedeutung der Metapher entsteht sehr wohl parasitär zu den potentiellen lexikalischen Bedeutungen der beteiligten Begriffe, ohne aber aus ihnen ableitbar zu sein. Die semantische Emergenz der Metapher ist überhaupt nur möglich, weil die wörtlichen Bedeutungen ihrer Komponenten in Kraft bleiben und in der neuen Konstellation interagieren. Jede Schöpfung hat ihre passiven Seiten; Sartre hat dies beschrieben. In der Sprache sind Konvention und Regelverletzung dialektisch aufeinander bezogen. Jede Emphase bezüglich der innovativen Funktion der Metapher, die dies nicht zur Kenntnis nimmt, ist leer. Die reine Kreativität des metaphorischen Sprachgebrauchs ist eine Fiktion.[58]

Ist es nun der Interaktionstheorie gelungen, konkret zu beschreiben, wie der behauptete Interaktionsprozeß funktioniert? Wir müssen darauf achten, die Interaktionstheorie nicht mit Unklarheiten davonkommen zu lassen, die wir an den anderen Metapherntheorien kritisiert haben. Die Vergleichstheorie war nicht in der Lage, aus sich heraus die Vergleichshinsichten zu spezifizieren; die Filtertheorie hatte nur eine *Mechanik* für die Selektion von Merkmalen anzubieten, die an vielen Metaphern scheitert. Auch die Interaktionstheorie verfügt aber über kein operatives Verfahren, aus gegebenen Begriffen die Bedeutung der metaphorischen Kombination zu konstruieren. Die Anforderungen an einen 'echten' Mechanismus der Metapher wären außerordentlich hoch. So reicht es keinesfalls aus, zu behaupten, daß in metaphorischen Prädikationen bestimmte Selektionsbeschränkungen aufgehoben würden,[59] solange nicht angegeben wird, *wer* dies tut, *welche* Selektionsbeschränkungen es sind und *wie* man sie ermittelt. Das Verfahren der Filtertheorie war unzulänglich, die Interaktionstheorie hat überhaupt keines. Wir sollten uns nicht länger sträuben, dies als ein Indiz dafür zu betrachten, daß die Suche nach einem solchen Verfahren aussichtslos ist. Einen Mechanismus der Metapher kann es nicht geben.[60] Was die beiden Begriffe mit in die Ehe

---

58 Vgl. Schöffel 1987, 97f; 162; 176. - Goodman (1978) beschreibt überzeugend, wie unsere "*Ways of Worldmaking*" stets im Anschluß an bestehende Gegenstandskonstitutionen funktionieren. Welten erzeugen heißt bestehende Welten transformieren. Goodmans Überlegungen sind eher erkenntnistheoretischer Natur; sprachphilosophisch hat die unaufhebbare Dialektik von Konvention und Innovation H. J. Schneider (1992) jüngst eindrucksvoll herausgearbeitet. Er spricht von einer "Polarität von Phantasie und Kalkül in der Sprache".

59 Wie etwa Cohen/Margalit 1972, 735: "The metaphorical meanings of a word or phrase in a natural language are all contained, as it were, within its literal meaning or meanings. They are reached by removing any restrictions in relation to certain variables from the appropriate sections of its semantical hypothesis". - Eine solche Theorie nennt Cooper (1986, 113) "the Russian Doll theory of hidden meanings".

60 Macht Black in seinem ersten Metaphernaufsatz noch einen wenig überzeugenden Vorstoß in diese Richtung (1954, 41), so stellt er später klipp und klar fest: "[T]here can be no rules for 'creatively' violating rules" (Black 1977, 438). Ähnlich Eco 1984, 189: "Es gibt keinen Algorithmus für die Metapher". Und für Rorty (1987b, 289) ist die Frage "How do metaphors

bringen, oft auch nur in die Liaison, ist zu verschiedenartig, als daß sich das Schicksal der Verbindung voraussagen ließe.

An dieser Stelle müssen wir nachhaken. Was ist eigentlich mit dem 'Entstehen neuer Bedeutungen' gemeint? Sind nicht Äußerungsbedeutungen etwas, was von Sprechern konstruiert und von Hörern interpretiert werden muß? Kommt nicht die Rede von 'semantischer Emergenz' der Auffassung gleich, daß die Sprache selbst spricht, die zwar heute vielfach vertreten wird, nicht aber in diesem Buch? Wenn es die Metapher selbst wäre, die Vergleichshinsichten spezifizierte, Merkmale selegierte, neue Bedeutungen konstruierte etc., hätte dann nicht die Filtertheorie oder eine ihr eng verwandte Theorie recht?

(5) Auf diese Fragen, deren Berechtigung Black 1977 retrospektiv einräumt,[61] ist die *pragmatische Theorie der indirekten Mitteilung* zugeschnitten. Der Protagonist der pragmatischen Theorie ist Davidson. Er räumt mit der desperaten Rede von uneigentlichen Bedeutungen radikaler auf als die Filter- und die Interaktionstheoretiker, indem er das Phänomen der Metapher, genauer des metaphorischen Sprachgebrauchs, überhaupt aus der Semantik auslagert und in die Pragmatik verlegt: "What distinguishes metaphor is not meaning but use" (Davidson 1978, 259). Es sei völlig ungeklärt, wie Metaphern "two different kinds of meaning at once" haben sollten, "a literal and a figurative meaning" (250). Tatsächlich bedeute eine Metapher nichts anderes als "what the words, in their most literal interpretation, mean, and nothing more" (245).[62] Was wie eine Eliminierung des Phänomens der Metapher aussieht, ist natürlich nur eine Verschiebung. Was Metaphern auszeichnet, muß Davidson zufolge eben woanders gesucht werden als in der Beantwortung der Frage "what metaphors mean" (Titel). Davidson arbeitet mit einer strengen Unterscheidung zwischen Semantik und Pragmatik: "I depend on the distinction between what words mean and what they are used to do. I think metaphor belongs exclusively to the domain of use" (247). Gleichwohl hängt natürlich der kommunikative Zweck, zu dem man eine Äußerung verwenden kann, mit ihrer Bedeutung zusammen. Im Falle der metaphorischen Sprach-

---

work?" unbeantwortbar. Ebensogut könne man fragen "How do surprises work?" - Strubs (1991, 256ff) Rede von "halbfunktionalen Regeln", die den Interpreten, grob gesprochen, ein Stück weiterbringen, nicht aber sicher zum Ziel, ist aus der Not geboren; diese Regeln sind weit davon entfernt, einen Interpretationsmechanismus zu bieten.

61 Er kommentiert seine Rede von der Interaktion des "primary" mit dem "secondary subject": "Although I speak figuratively here of the *subjects* interacting, such an outcome is of course produced in the minds of the speaker and hearer: it is they who are led to engage in selecting, organising and 'projecting'" (Black 1977, 442). Sprach er früher von "shifts in meaning of words" (1954, 45), fügt er nun hinzu: "I meant, of course, a shift in the *speaker's* meaning - and the corresponding *hearer's* meaning - what both of them understand by the words, as used on the particular occasion" (1977, 443). Damit nähert sich Black der pragmatischen Theorie an.

62 Dies hatte schon Schleiermacher behauptet: daß "die übertragenen Worte ganz ihre eigentlichste Bedeutung behalten" (1839, 59). Schleiermacher bezieht sich hier übrigens speziell auf konventionelle Metaphern, was Künne (1983b, 192), der diese Stelle zustimmend zitiert, verschweigt.

verwendung stellt sich der Zusammenhang für Davidson so dar (vgl. 258f): Sätze, in denen Metaphern vorkommen, sind in ihrer wörtlichen Bedeutung, und eine andere gibt es nicht, in der Regel *eklatant falsch*. Manchmal sind sie auch eklatant wahr wie "Niemand ist eine Insel". Der Effekt ist in beiden Fällen der gleiche: die Wahrheit oder Falschheit des Satzes ist in der betreffenden Äußerungssituation *zu offenkundig*, als daß der Interpret annehmen könnte, diese Trivialität sei alles, was der Sprecher ihm mitteilen wollte. Es wäre also eine Gricesche Konversationsmaxime verletzt, entweder die der Qualität ("Sage nur Wahres!") oder die der Relation ("Sei relevant!") oder beide zugleich. Damit setzt beim Hörer das einschlägige Grice-Räsonnement ein. Unter der Annahme, daß der Sprecher das Kooperationsprinzip befolgt, d.h. verständigungsorientiert ist - und dies *muß* ich Grice (und Habermas) zufolge annehmen -, ist eine Interpretation des Gesagten zu suchen, die die absichtliche Verletzung der Konversationsmaxime in ihrem kommunikativen Zweck erklärt und das Kooperationsprinzip rettet. Davidson selbst greift in seinem Metaphern-Aufsatz zwar nicht auf Grice zurück, wohl aber seine Sympathisanten Künne (1983b) und Puster (1989). Künne nennt seine Metapherntheorie eine der "indirekten Mitteilung". Was Davidson betrifft, ist damit fast schon zuviel gesagt, denn dieser schreckt davor zurück, der Metapher irgendeinen "cognitive content" zuzusprechen. Wozu sie anrege, seien fruchtbare Assoziationen und die Wahrnehmung von interessanten Ähnlichkeiten (a.a.O., 261), Effekte jedenfalls, die "not propositional in character" seien (263). Davidson arbeitet hier mit einer Unterscheidung zwischen "sehen als" und "sehen daß", die er anhand von Wittgensteins Hasen/Enten-Kippfigur erläutert. Zudem gibt es Davidson zufolge für die induzierten Assoziationen "no limit" (ebd.) und damit auch keine Angemessenheitsmaßstäbe. Er ist trotz gegenteiliger Versicherung (246) einer emotivistischen Metapherntheorie sehr nahe.[63] Ich schlage vor, Davidsons Theorie eine "Theorie der indirekten Stimulation" zu nennen und den Titel "Theorie der indirekten Mitteilung" für Metapherntheorien zu reservieren, die der metaphorischen Äußerung den kognitiven Gehalt nicht völlig absprechen. Der Theorie der indirekten Mitteilung zufolge ist eine Äußerung genau dann metaphorisch zu interpretieren, "wenn diese Interpretation eine korrekte Erklärung der sprachlichen Handlung nach dem Grundsatz von der zu unterstellenden Zweckrationalität ermöglicht" (Künne 1983b, 196), wenn sie also die Kooperativität[64] des Sprechers retten kann.[65]

---

63 Die emotive Theorie der Metapher ist niemals detailliert ausgearbeitet, dafür aber überzeugend kritisiert worden; vgl. Scheffler 1979, 87ff. Vgl. auch Beardsley 1967, 285: "[S]ince the Emotive Theorists do not explain how emotive meaning can rise out of the ruins of cognitive meaning, this theory does not seem very promising".

64 Künnes Rede von der "zu unterstellenden Zweckrationalität", mit der er das Gricesche Kooperationsprinzip im Sinn hat, zeigt an, daß dieses Prinzip (vgl. Grice 1975, 45) nicht genau dasselbe meint wie Habermas' Prinzip vom Primat des verständigungsorientierten Sprachgebrauchs. Die Gricesche Maxime ist, in der Logik der intentionalistischen Semantik, eine *For-*

Für die pragmatische Theorie werden also die Vergleichshinsichten nicht durch eine semantische Leistung der Metapher spezifiziert, sondern durch eine interpretative Leistung des Hörers. Damit löst die pragmatische Theorie offenbar ein Problem, das in allen semantischen Metapherntheorien, auch in der Interaktionstheorie, ungelöst geblieben war. Die Metapher muß nicht mehr für ihre eigene Interpretation sorgen, was offenbar über ihre Kräfte geht. Die pragmatische Theorie setzt Ricoeurs Hermeneutisierung der Metapher fort; der metaphorische Mechanismus wird durch ein Räsonnement auf Hörerseite ersetzt, welches durch die Metapher lediglich stimuliert wird.

Die Frage ist nun, ob diese 'Lösung' durch die Abdrängung in die Pragmatik nicht zu teuer erkauft ist und ob sie nicht letztlich eine Kapitulation vor der semantischen Komplexität der Metapher darstellt. Die Geschichte der linguistischen Pragmatik sollte uns mißtrauisch stimmen. Die Rolle, die der Pragmatik in der neueren Sprachphilosophie und Linguistik in der Regel zugeschrieben wurde, war, überspitzt gesagt, die undankbare einer Papierkorbdisziplin, in die Probleme abgeschoben wurden, die man (nachdem man es lange genug versucht hatte!) mit syntaktischen und semantischen Mitteln nicht lösen konnte. Der Erfolg der Auslagerungsstrategie erweist sich aber nicht schon durch die unbestreitbaren Flurbereinigungseffekte für die Bedeutungstheorie (auf die Davidsons Programm allerdings existentiell angewiesen ist), sondern erst durch die Art und Weise, in der die 'pragmatifizierten' Probleme nun weiterbehandelt werden. Oft sind solche Problemverschiebungen in die Pragmatik "nicht Indiz einer fortgeschrittenen Problemerhellung, sondern [...] ein vergebliches Weiterreichen von Anomalien" (Schöffel 1987, 189).

Können wir über das Räsonnement, das der Interpret einer metaphorischen Äußerung anstellen muß, noch etwas sprachtheoretisch Interessantes sagen? Ist der Preis, den wir für die Ablehnung einer Mechanik der Metapher zu zahlen haben, die Annahme einer völligen Regellosigkeit freier Assoziationen? Es gibt viele Arten von Pragmatik. Ricoeur geht den hermeneutischen Weg, während

---

derung an den Sprecher, das Ziel der Kommunikation nicht zu gefährden. Habermas dagegen möchte mit seiner These vom Primat der Verständigungsorientierung auf eine *konstitutive* Bedingung des Sprachgebrauchs aufmerksam machen.

65 Pusters Metapherndefinition ist etwas länger: "Eine Metapher ist eine sprachliche Äußerung, durch deren (innerhalb eines bestimmten Kontextes stattfindenden) Vollzug das Gricesche Kooperationsprinzip so lange verletzt scheint, als man sie in ihrer wörtlichen Bedeutung versteht, und für die sich als Interpretation eine Aussage der folgenden Art finden läßt (diese Aussage stellt die metaphorische Bedeutung der Äußerung dar): Aus der Menge derjenigen Eigenschaften, die in einer Kulturgemeinschaft üblicherweise mit P assoziiert werden, werden S diejenigen Eigenschaften zugesprochen, für die gelten: (i) Sie sind auf S widerspruchsfrei anwendbar; (ii) durch ihr Attribuiert-Werden auf S ergibt sich eine Aussage, deren Äußerung im gegebenen Kontext keine Verletzung des Kooperationsprinzips darstellt" (Puster 1989, 96f). Im Unterschied zu Künne und Davidson spricht Puster also *nach* der Durchführung des Grice-Räsonnements wieder von der "metaphorischen Bedeutung"; sie hält also die pragmatische Theorie mit einer semantischen für vereinbar.

Davidson die Pragmatik *psychologisiert.*[66] Die Theorie der indirekten Mitteilung gibt dem Interpreten keinerlei Anhaltspunkte, *wie* er den kommunikativen Sinn retten soll. Der Erfolg heiligt hier die Mittel,[67] wie in Künnes zitierter 'Definition' besonders deutlich wird. Eine Metapher ist genau das, was erfolgreich als eine solche interpretiert werden kann. Man beachte, daß man in Künnes Formulierung ebensogut alle anderen Formen indirekter Mitteilung einsetzen kann: eine Äußerung ist ironisch zu verstehen, wenn diese Interpretation das Kooperationsprinzip rettet, eine Äußerung ist hyperbolisch, wenn diese Interpretation erfolgreich ist etc.

Dieser Theorie ist nicht vorzuwerfen, daß sie falsch wäre, sondern, daß sie die Metapher *unterbestimmt.* Das warnende Beispiel der semantischen Theorien vor Augen, nivelliert die pragmatische Theorie aus lauter sprachtheoretischer Vorsicht den Unterschied zwischen indirekten Mitteilungen im allgemeinen und solchen, die durch Metaphern vollzogen werden. Und nicht nur dies: Davidsons Stimulationstheorie erlaubt es nicht einmal, zwischen Stimulationen via Sprache und solchen durch den Genuß geistiger Getränke oder durch leichte Schläge auf den Hinterkopf zu unterscheiden.[68] Daß kreative Prozesse, die durch gute Metaphern oder aber durch Alkoholgenuß angeregt werden, sich in ihrer Spezifik und in ihrem kognitiven Gehalt überhaupt nicht voneinander unterscheiden, kann man kaum ernsthaft vertreten. Und in der Tat *ist* Davidsons Beschreibung der Leistung von Metaphern kognitiv gehaltvoll; eine Formulierung wie "makes us attend to some likeness" (a.a.O., 247) benennt trotz gegenteiliger Versicherung einen kognitiven Effekt.

66 Allerdings unterläuft ihm an einer Stelle der Lapsus, doch wieder affirmativ von der Filter- bzw. Gittermetapher Gebrauch zu machen: "[M]etaphors [...] do provide a kind of lens or lattice, as Black says, through which we view the relevant phenomena" (a.a.O., 261). Dafür tadelt ihn Rorty (1987b, 290), weil Davidson damit denjenigen, die an einen Mechanismus der Metapher glauben, zu weit entgegenkomme.

67 Auch Grice selbst, der eine Anwendung seiner Theorie auf die Metapher vorschlägt (1975, 53), gibt hier nicht einmal eine Heuristik an. Der Griceschen Theorie zufolge befindet sich der Hörer angesichts einer Äußerung, die bei wörtlicher Interpretation das Kooperationsprinzip verletzt, an einer mehrfachen Weggabelung, an der ihm viele Interpretationsmöglichkeiten offenstehen - Ironie, Metapher, Übertreibung etc. *Aufgrund welcher Indizien* wir denjenigen Weg wählen, der zum Ziel führt (und in der Regel *nicht* alle Möglichkeiten durchprobieren), wird in der Theorie der indirekten Mitteilung nicht erklärt, sondern der Psychologie überantwortet.

68 Scheffler wider den "myth of suggestiveness": "Associations of ideas, after all, occur in response to all sorts of verbal (let alone non-verbal) stimulation. [...] What this myth overlooks is that metaphorical statements that initiate new classifications and categories do so not, as nonsense syllables stimulate, by adventitious means, but through their own novel assertive content" (Scheffler 1986, 188). Diesen Punkt machen auch Davies (1983) und Seel (1990, 245), während für Rorty (1987b) eben dies der Vorteil von Davidsons Theorie ist: daß sie den Unterschied zwischen "*causes* of changing beliefs" (284) und rationalen Gründen dafür nivelliere. Neue Metaphern seien nichts weiter als "unfamiliar noises", an die wir uns allmählich gewöhnen (293f).

Die Unterbestimmung äußert sich noch in anderen Hinsichten. Wie bereits erwähnt, bleiben die Erfolgsbedingungen der Interpretationsleistung des Hörers unerklärt. Davidson stellt die Assoziationen, die die Metapher auslöst, sogar der Beliebigkeit anheim. Mit Metaphern kann man aber sehr wohl etwas *behaupten* und nicht nur nahelegen oder indirekt mitteilen. Dabei gibt es allerdings einen wichtigen Unterschied zu einigen anderen Formen indirekter Mitteilungen wie versteckten Anspielungen. Bei metaphorischen Äußerungen gehört die wörtliche Lesart des Gesagten nicht zur Äußerungsbedeutung.[69] Der Sprecher hat ja nicht intendiert, eine falsche oder triviale Aussage zu machen. Wird seine Äußerung so interpretiert, wird sie mißverstanden. Nur bei einem wahrheitssemantisch verengten Verständnis von "behaupten" kann man bestreiten, daß man mit metaphorischer Rede Behauptungen aufstellen und Wahrheitsansprüche erheben kann. In diesem verengten Verständnis wird das Behauptete auf Gedeih und Verderb an den linguistischen Sinn des Satzes selbst um den Preis gekettet, daß das wörtliche Verständnis ein Mißverständnis ist.[70] Sehen wir dagegen als das assertorische Sprechakte Auszeichnende die *Begründungsverpflichtungen* an, die der Sprecher mit seiner Äußerung übernimmt, kann man Äußerungen, in denen Metaphern vorkommen, ihren Behauptungscharakter nicht absprechen. Man kann dem, was durch eine metaphorische Äußerung behauptet wird, *mit Gründen zustimmen oder es ablehnen.*[71] Ob jemand ein Don Juan oder ein Don Quichotte ist, mag sogar einfacher zu entscheiden sein als die Frage, ob er ein Schizophrener oder ein Paranoiker ist (vgl. Goodman 1979, 127). Eine eigene 'metaphorische Wahrheit' muß dafür nicht angenommen werden, denn die Überprüfung ihres Wahrheitsan-

---

69 Zur Verwischung dieses Unterschiedes bei Künne vgl. Puster 1989, 95f.

70 Für Davidson ist das wörtliche Verständnis der Metapher dagegen kein Mißverständnis, sondern das einzig richtige Verständnis, das allerdings anzeigt, daß die Metapher ihre spezifische nichtkognitive Leistung nicht durch ihre Bedeutung erbringt. Zugleich behauptet er, daß die Assoziationseffekte "depend[ ] entirely on the ordinary meanings of those words and hence on the ordinary meanings of the sentences they comprise" (247). Mit diesem "depend" hat er völlig recht, aber er kann es selbst nicht einlösen, weil er Pragmatik und Semantik zu stark entkoppelt und die Pragmatik psychologisiert.

71 Vgl. die Antwort Blacks auf Davidson (Black 1979, 135). - Hesse hält fest, daß "we *do* know how to respond appropriately to tropical talk, we do not flounder about in morasses of uncommunication until we miraculously come upon the cleared space of the literal" (1987, 309). Und Seel bemerkt, "daß wir eine Metapher genau dann *verstehen*, wenn wir wissen, ob und in welchem Grad wir ihr zustimmen oder nicht zustimmen können" (1990, 245), womit die Metapher wiederum an die allgemeine Bedeutungstheorie, diesmal an diejenige von Habermas, angeschlossen werden soll. Seel kritisiert den überzogenen Gebrauch, den die pragmatische Theorie vom Prinzip des Primats des Literalen macht: "Die Andeutungstheorie schließt vom begrifflichen Primat der wörtlichen *Bedeutung* auf einen begrifflichen Primat der wörtlichen *Rede*" (a.a.O., 240). Dagegen sei "davon auszugehen, daß die gesprächskooperative und verständigungsorientierte figürliche Rede überhaupt keine Verletzung der Bedingungen gelungener Rede darstellt", denn die "Anforderung *hinreichend artikulierter* Rede" könne auch durch metaphorische Rede erfüllt werden (266). Es besteht also eine *"Parität der Leistungen"* mit der wörtlichen Rede (264). - Für die Wahrheitsfähigkeit der Metapher argumentieren auch Binkley (1974), Bergmann (1982) und Puster (1989).

spruches funktioniert, *ist die Metapher als solche erkannt und die Neukategorisierung für diesen Fall akzeptiert*, nicht anders als bei nichtmetaphorischen Äußerungen. "'Metaphorical truth' does not mean that the truth of the sentence is metaphorical but that the sentence taken metaphorical is true" (Goodman 1979, 125; vgl. auch Scheffler 1986, 189). Der ganze Streit um die Wahrheitsfähigkeit von Metaphern kann sich vernünftigerweise nur um die Frage drehen, ob man die Anwendung des Wahrheitsprädikats grundsätzlich auf den wörtlichen Sinn von Äußerungen beschränken sollte oder nicht. Gesteht man zu, daß man metaphorischen Behauptungen mit Gründen zustimmen oder sie ablehnen kann, so ist der anti-kognitivistische Affekt schon abgewehrt, ist der reine Emotivismus vermieden. Entscheidend ist, daß "[m]etaphorical truth and falsity are as distinct from - and as opposite to - each other as are literal truth and falsity" (Goodman a.a.O., 126). Um diese Einsicht zu bewahren, müssen nicht zwei verschiedene Arten von Wahrheit angenommen werden - dies wäre desaströs für eine Wahrheitstheorie -, vielmehr handelt es sich bei metaphorischer Rede um einen Spezialfall von Ambiguität. Natürlich hat Davidson recht, in der *einen* Interpretation ist die metaphorische Äußerung eklatant falsch. Was aber hindert uns daran, *nachdem* wir die Äußerung metaphorisch interpretiert haben, *noch einmal* nach ihrer Wahrheit zu fragen? Bei gewöhnlichen Ambiguitäten wie "Hier steht eine Bank" bescheiden wir uns schließlich auch nicht mit der Feststellung, die Behauptung sei eklatant falsch, wenn wir zufällig zuerst auf die falsche Lesart verfallen waren. Vielmehr schreiben wir der Äußerung *nach* der Desambiguierung erneut einen Wahrheitswert zu.

Ob wir letztlich von der Wahrheitsfähigkeit der Metapher sprechen oder nur von ihrer Akzeptabilität, ihrem heuristischen Wert o.ä., hängt davon ab, ob das nach der Desambiguierung entstehende Gebilde eine propositionale Struktur hat oder nicht. Für Davidson sind die durch die Metapher ausgelösten Effekte grundsätzlich "not propositional in character" (a.a.O., 263); es gebe neben der wörtlichen Lesart des Gesagten nichts, nach dessen Wahrheit oder Falschheit man fragen könne. Dabei unterschlägt er aber die von der Metapher in Gang gesetzte Dynamik, ihre spracherweiternde Funktion, ihre - partielle und temporäre, bei Strafe des Absterbens - kategorienrevisionäre Rolle. *Nachdem* die Zulässigkeit der metaphorischen Prädikation akzeptiert ist, ist die metaphorische Äußerung nicht mehr trivial falsch. Für die lexikalischen Metaphern muß dies ja ohnehin zugegeben werden, weshalb Davidson nichts anderes übrigbleibt als zu bestreiten, daß lexikalische Metaphern überhaupt welche sind. Sein Kriterium dafür ist ein psychologisches: was uns keine Ähnlichkeit mehr bemerken läßt, sei keine Metapher mehr (vgl. 252). Wie kann Davidson die Wahrheit eines Satzes - wenn die Metapher literal ist, kann der Satz wahr sein, ist sie innovativ, ist der

Satz eklatant falsch - an die psychologische Frage binden, ob der Satz uns auf irgendetwas aufmerksam macht oder nicht?![72]

Die Vertreter der pragmatischen Theorie können daher auch nicht zugeben, daß es eine Kontinuität zwischen lexikalen, konventionellen und innovativen Metaphern gibt. Sie müssen nicht nur den literalen, sondern auch einem großen Teil der konventionellen Metaphern ihre Metaphorizität absprechen, um nicht den größten Teil unserer alltäglichen Rede als indirekte Kommunikation bezeichnen zu müssen, bei der wir ständig grübeln, was der Sprecher uns denn zu verstehen geben will. De facto verstehen wir aber viele Metaphern, ohne ein Räsonnement à la Grice anstellen zu müssen. Weil das Grübel-Szenario so unglaubwürdig ist, muß die pragmatische Theorie bestrebt sein, den Bereich der Metaphern möglichst klein zu halten. Aus demselben Grunde muß der *Übergang* von einer innovativen oder konventionellen zu einer lexikalen Metapher sehr plötzlich geschehen. Weil Sätze, sofern sie grammatisch sind, nur entweder wahr oder falsch sein können, muß die pragmatische Theorie behaupten, daß ein vormals eklatant falscher Satz ohne jede Übergangszeit plötzlich zu einem wahren werden kann, wenn die Metapher stirbt. Um dies zu behaupten, muß die pragmatische Theorie jede sprachhistorische Evidenz mit Füßen treten. Nähme sie sie zur Kenntnis, müßte sie die Differenz von Metaphorizität und Wörtlichkeit gradualisieren. *Daß* Metaphern sterben, kann die pragmatische Theorie nicht bestreiten, *wie* dies passiert, kann sie nicht erklären. Eines Tages, so Künnes launige Nichterklärung, "lesen wir die Todesanzeige für eine Metapher", wenn wir unter "Fuchs" im Wörterbuch finden: "metaphorisch für listig" (a.a.O., 187). Wer hätte gedacht, daß Sprachgeschichte so einfach ist?

Ich möchte behaupten, daß in der Nichtabgrenzbarkeits- bzw. Kontinuitätsbehauptung von Metaphorizität und Wörtlichkeit der rationale Kern und die eigentliche Stärke dessen liegt, was ich die Ubiquitätsthese der Metapher genannt habe. Metaphorizität und Wörtlichkeit sind die nur äußeren *Pole* eines Kontinuums, dessen Existenz zu leugnen wir uns schon aus sprachhistorischen Erwägungen

---

72 In seinem revolutionären späteren Aufsatz, in dem er die ständige Regelverletzung geradezu als Normalfall natürlichsprachlicher Kommunikation ansieht, was aber der Interpretierbarkeit von Äußerungen keinen Abbruch tue, gibt Davidson dann in der Tat eine Erklärung, in der Literalität von Wortbedeutungen an deren Akzeptanz gebunden wird: "Every deviation from ordinary usage, as long as it is agreed on for the moment [...], is in the passing theory as a feature of what the words mean on that occasion. Such meanings, transient though they may be, are literal; they are what I have called first meanings" (1986, 442f). Wenn Davidson akzeptierte okkasionelle Bedeutungen als wörtliche Bedeutungen ansieht, muß dies auch für Metaphern gelten: *akzeptierte* Metaphern müßten ihre abweichende Bedeutung wörtlich haben. Metaphorische Äußerungen müßten dann entgegen Davidsons früherer Behauptung auch nichttrivial wahr sein können. - Ich werde unten dafür argumentieren, daß Davidson in seiner Kritik an der Annahme metaphorischer Bedeutungen der entscheidende Punkt entgeht: der Unterschied zwischen den Bedeutungen der einzelnen *Wörter*, aus denen die Metapher besteht, und der Bedeutung der *metaphorischen Sequenz* als einer Prädikation.

nicht leisten können.[73] Daß die Nichtabgrenzbarkeitsbehauptung von Metaphorizität und Literalität gerade die Stärke einer Metapherntheorie ist, die die Auslagerung der Metapher aus der allgemeinen Semantik natürlicher Sprachen verweigert, ist auch die Auffassung von Mary Hesse:

> "[I]t does on the face of it strange to hold that an explanation of natural language has to make a radical distinction between our cool, dry, literal speech [...], and the lush proliferation of metaphor, metonymy, hyperbole, irony and the rest, when all these are intimately woven with the literal use in *all* use of natural language" (Hesse 1987, 298). "Die Bedeutungserweiterungen, die durch Ähnlichkeiten und Unterschiede in Metaphern auftreten, sind im Grunde nur besonders augenfällige Beispiele dessen, was in dem sich verändernden, ganzheitlichen Netzwerk, das sie Sprache ausmacht, unablässig vor sich geht" (Hesse 1984, 130).

Die Kontinuität von Metaphorizität und Wörtlichkeit besteht in zweifacher Hinsicht, sowohl auf der Ebene der *parole* als auch auf der Ebene der *langue*. Zum einen gerät unsere *Rede* ständig in eine Grauzone zwischen den beiden Reichen, zum anderen ist auch das Reich der wörtlichen Bedeutungen nur bei starker Idealisierung, die das Phänomen der lexikalen Metapher übersieht, metaphernfrei. Kurz: "The literal use with which the philosopher of language begins is only a fragment of our total linguistic practice; and in fact, it is something of an idealisation of that fragment" (Davies 1983, 67). - Gegenüber der verbreiteten Neigung, aus der Unmöglichkeit einer trennscharfen Abgrenzung zu folgern, daß die Unterscheidung überhaupt überflüssig oder gegenstandslos sei, möchte ich allerdings darauf bestehen, daß meine *Kontinuitäts*these von Wörtlichkeit und Metaphorizität keine *Identitäts*these ist. Aus demselben Grunde möchte ich mich auch zur oft mißverständlich formulierten Ubiquitätsthese nicht bekennen.

Um die Vertreter semantischer Theorien zu verwirren, hat sich die pragmatische Theorie einige Lieblingsmetaphern zugelegt. Es sind dies die in der Praxis nicht eben häufigen Fälle, in denen die metaphorische Äußerung im gegebenen Kontext auch bei wörtlicher Interpretation wahr ist - weshalb sie natürlich nicht kategorial absurd sein könne; dies ein Standardargument gegen alle KF-Theorien der Metapher. Solche "twice-true metaphors", wie Cohen (1976) sie nennt, sind etwa "Niemand ist eine Insel", "Moskau ist eine kalte Stadt", oder - jeweils in den entsprechenden Kontexten - "Der Außenverteidiger ist ein Holzhacker", "Ich sitze im Glashaus". Diese Beispiele sollen zeigen, daß das, was die Metapher indirekt mitteilt, nicht durch eine semantische Spannung erzeugt wird, denn die Metapher ist ja bei wörtlicher Interpretation zugleich ein semantisch völlig normgerechter und konventioneller Satz. Kurz: nicht alle Metaphern seien Kategorienfehler.

---

[73] Dies ist eine partielle Rehabilitierung von Nietzsche, dessen Ubiquitätsthese der Metapher wenigstens zum Teil sprachhistorisch motiviert war (siehe dazu Cantor 1982). Zur Kontinuitätsthese vgl. auch Beardsley 1978, 11.

Die erste Gruppe der "twice true"-Metaphern sind diejenigen mit negiertem metaphorischen Terminus. Hier sollten wir zunächst darauf achten, *wer* den "twice true"-Einwand jeweils vorbringt, denn oft verdeckt die Argumentation der pragmatischen Theorie den eigentlichen Dissens bezüglich des Begriffs kategorialer Absurdität. Ein Satz wie "Niemand ist eine Insel" kann der pragmatischen Theorie zufolge nicht semantisch absurd sein, weil der Satz schlicht wahr ist. Dieses Argument ist aber unredlich im Munde desjenigen, der gar keinen *Begriff* vom KF hat, sondern, wie Davidson, bei grammatisch wohlgeformten Sätzen nur Wahrheit und Falschheit kennt. Mit Autoren, die dieser Auffassung sind, müßte also zunächst allgemein über KF diskutiert werden, statt die Metapherntheorie damit zu belasten. *Wenn* man dagegen der Auffassung ist, daß es KF gibt, dann zählen Sätze mit negiertem metaphorischen Terminus zu den ersten Kandidaten. In diesen Fällen greift nämlich die oben eingeführte Unterscheidung von interner und externer Negation. Wenn man einen Satz wie "Die Quersumme von zwölf wiegt sieben Kilo" für kategorial absurd hält, dann ist auch seine interne Negation " . . . wiegt nicht sieben Kilo" absurd und nicht etwa wahr. KF beruhen auf kategorialer Nichtprädizierbarkeit, die durch interne Negation nicht aufgehoben wird. Verstehen wir die Negation in einer negierten "twice true"-Metapher dagegen als externe, die gleichsam metasprachlich die Anwendbarkeit des Prädikats bestreitet, so würde uns die Pointe der Metapher entgehen. Die Metapher "Niemand ist eine Insel" präsupponiert gerade, daß das Prädikat "ist eine Insel" sinnvoll auf Menschen anwendbar ist. Mit einer anderen Interpretation würden wir den intendierten Sinn der Äußerung verfehlen. Die Negation in einer Metapher mit negiertem metaphorischem Terminus ist also grundsätzlich als interne aufzufassen (vgl. Strub 1991, 238).

Anders liegt der Fall bei der zweiten Gruppe von Gegenbeispielen gegen die KF-Bedingung. An zweifach wahren Sätzen wie "Der Außenverteidiger ist ein Holzhacker", "Er steht mit dem Rücken zur Wand" oder "Ein rollender Stein setzt kein Moos an" ist auf den ersten Blick nun gar nichts Kategorienfehlerhaftes entdecken. Und auch nicht auf den zweiten - kein Wunder, handelt es sich hier doch noch gar nicht um vollständige Metaphern. Wer der behaupteten Absurdität oder Inkongruenz auf die Spur kommen will, muß die metaphorische Prädikation zunächst einmal korrekt identifizieren. Möglicherweise ist ja "the sentence [...] too large or too small a unit to determine whether some expression is to be identified as a metaphor" (Kittay 1987, 24). Und in der Tat kranken die meisten Gegenbeispiele gegen die KF-Bedingung daran, daß die Metapher falsch identifiziert wird, daß man nämlich, so Beardsley (1978, 3f), statt der gesamten metaphorischen *Sequenz* nur einzelne metaphorisch gebrauchte Phrasen oder Sätze ("metaphorical segments") in den Blick nimmt. Oft ergibt sich die kategoriale Absurdität einer Prädikation erst im Kontext eines größeren Textstückes, das über die Satzgrenze hinausreicht. Zur Aufdeckung solcher transphrastischer Prädikationsstrukturen ist die *Text*semantik gefordert (grammatische Verfahren sind hier aussichtslos, weil Metaphern semantische, nicht syntaktische Abweichungsphänomene sind).[74] Überhaupt haben auch morphologisch vermeintlich einfache Metaphern oft eine so komplizierte Prädikationsstruktur, daß die Identifizierung von *focus* und *frame* schwierig ist. Metapherntheoretiker, die das Absurditätstheorem retten wollen, werden daher die Transformation undurchsichtiger Metaphern in eine kanonische prädikative Form vorschlagen, in der die "x ist P"-Struktur der metaphorischen Zuschreibung offen zutagetritt.[75]

Den KF-Begriff muß man für transphrastische Metaphern angemessen erweitern. Kategoriale Absurditäten müssen nicht als Verstöße gegen Selektionsbeschränkungen auf der sprachlichen Oberflächenstruktur manifest sein. Es trifft sich daher gut, daß wir oben aus unabhängigen Gründen zu dem Schluß gekommen waren, daß sich die Diagnose philosophisch interessanter KF nicht schematisch handhaben läßt, sondern erheblichen argumentativen Aufwand erfordern kann. Die Gründe dafür, daß philosophische Sinnkritik nicht formalisierbar und nicht operationalisierbar ist, werde ich hier nicht wiederholen.

Für die pragmatische Theorie wird das Räsonnement des Hörers nicht durch eine semantische Spannung in Gang gesetzt, sondern durch die eklatante Falschheit oder Wahrheit der Metapher im Äußerungskontext, also durch ihre Situationsunangemessenheit. Dies erklärt die Vorliebe der pragmatischen Theorie für mündliche Metaphernbeispiele, denn dort ist die Absurdität keine *ko*textuelle, sondern eine *kon*textuelle. In schriftlich situierten Metaphern muß dagegen der sprachliche Kotext die Rolle des Kontexts übernehmen und die Absurdität ist in irgendeiner Form linguistisch repräsentiert. Für metaphorisch zu interpretierende Sequenzen, denen trotz schriftlicher Form der semantisch unpassende Rahmen völlig fehlt, haben wir immer noch den Begriff der *Allegorie*. Ob man Allegorien unter den Begriff der Metapher subsumieren sollte, ist umstritten; dagegen spräche, daß bei Allegorien beide Interpretationen zur intendierten Äußerungsbedeutung gezählt werden müssen, während bei Metaphern die wörtliche Interpretation eine Fehlinterpretation ist. Es könnte sein, daß zumindest einige der "twice true"-Metaphern in diesem Sinne allegorisch sind, insofern sie "*sowohl* auf ihrer wörtlichen *als auch* auf ihrer übertragenen Ebene *in der gleichen Sprechsituation* sinnvoll verstanden werden können" (Strub a.a.O., 230).

Es ist für sprachliche Äußerungen nicht untypisch, daß pragmatische Äußerungskontexte die desambiguierende Rolle von sprachlichen Kotexten übernehmen. Daher ist die Frage, ob und wie etwaige Absurdität sprachlich repräsentiert sein muß, für die Auseinandersetzung mit den Kritikern der KF-Bedingung nicht die entscheidende. Die Kontroverse kann sich vernünftigerweise nur darum dre-

---

74 Vgl. zur Identifizierung metaphorischer Sequenzen Kittay a.a.O., 68ff.

75 Vgl. Strub a.a.O., 199ff, der für verschiedene Metapherntypen Verfahren der Reduktion auf "metaphorische Elementarsätze" entwickelt.

hen, ob wir den Absurditätsbegriff überhaupt brauchen oder ob wir mit eklatanter Wahrheit und Falschheit auskommen.

Das "twice true"-Problem betrifft die Problemebene der Identifikation von Metaphern und nicht die der Interpretation (vgl. Strub a.a.O., 240ff). Sobald wir eine metaphorische Sequenz als eine solche identifiziert haben, wird die durch die "twice true"-Fälle motivierte Kritik an der KF-Bedingung gegenstandslos. Die fraglichen, gegebenenfalls angemessen erweiterten Sequenzen weisen nämlich, wenn man sie *nicht* literal (miß)versteht, sehr wohl die semantische Spannung auf, die für Metaphern charakteristisch ist: die *Spielweise* des Fußballers wird als Holzhacken beschrieben. Wie sollte der Hinweis darauf, daß die fragliche Äußerung in nichtmetaphorischer Interpretation nicht kategorial absurd ist, ein Argument dafür sein, daß Metaphern keine KF sind? Die pragmatische Theorie muß unterstellen, der Interpret griffe erst zu der wörtlichen Lesart, bemerkte dann ihre kontextuelle Unangemessenheit und begebe sich auf die Suche nach einer metaphorischen Interpretation. Diese Suche wird dann in die Psychologie abgedrängt. Für die kategoriale Absurdität gilt aber dasselbe wie für die Wahrheitsfrage: es gibt keinen vernünftigen Grund dafür, die Meßlatte nur *vor* der Desambiguierung anzulegen bzw. nur gegenüber der falschen, kontextuell gar nicht aktualisierten Lesart. Wir müssen, da kategoriale Absurdität nicht wortsemantisch definiert ist, danach fragen, ob die im jeweiligen Kontext *aktualisierte* Lesart eine absurde Prädikation erfordert oder nicht.

Die pragmatische Theorie hat noch ein weiteres Problem. Die Rede von der *eklatanten* Falschheit ("patent falsity") ist schwierig zu erläutern im Rahmen einer Wahrheitssemantik, die keinen Begriff der Absurdität kennt. Die Offenkundigkeit der Falschheit (oder Wahrheit) muß einspringen, um das Stutzen des Hörers zu erklären, das ihn zum Grice-Räsonnement veranlaßt. Was aber sind "patently" falsche Sätze? Eine Sprachtheorie wie diejenige Davidsons *kann* innerhalb der falschen Sätze keine Klasse von "patent falsehoods" auszeichnen. Es handelt sich um eine unausgewiesene *psychologische* Kategorie, die zu einem Metaphernkriterium nicht taugt. Auch die Situationsunangemessenheit der Äußerung, die sich in der Verletzung der Grice'schen Konversationsmaximen zeigt, erlaubt es nur generell, indirekte Sprechakte von direkten zu unterscheiden. Alles weitere ist unanalysierte Intuition, die Metapher bleibt unterbestimmt. Verließe sich Davidson allein auf die Theoriebausteine, die ihm zur Verfügung stehen, könnte er metaphorische Sprachverwendung nicht einmal als solche identifizieren und von anderen "unfamiliar noises" (Rorty) abgrenzen. So sagt Rortys radikale Reduktion der Metapher auf unvertraute Geräusche mit kausalem Stimulanzwert die Wahrheit über die pragmatische "Theorie" der Metapher.

Trotz dieser langen Mängelliste habe ich die pragmatische Theorie eingangs unter diejenigen Metapherntheorien eingereiht, deren Vorzüge größer sind als ihre Nachteile. Sie enthält eine immens wertvolle Einsicht, die allerdings implizit bleibt und die sie im Rahmen ihrer sprachtheoretischen Grundannahmen selbst nicht systematisch ausarbeiten kann. Die Insistenz auf der Notwendigkeit einer über die semantische Merkmalsanalyse hinausgehenden Interpretationsleistung des Hörers weist auf eine *Verknüpfung von Sprachwissen und Weltwissen* hin, an der jede *nur* semantische Metapherntheorie scheitern muß (vgl. Scheffler 1979, 128ff). Die Kompetenz des Metaphernverstehens beinhaltet die Fähigkeit, Vergleichshinsichten zu spezifizieren, die sich aus semantischen Merkmalslisten nicht ableiten lassen, sondern allenfalls nachträglich daraus zu rekonstruieren sind. Die Fruchtbarkeit dieser Vergleichshinsichten, die man 'draußen in der Welt' überprüfen muß, wird dem Interpreten erst in dem Maße bewußt, in dem er die Metapher versteht, nicht schon vorher. Deshalb wird jeder Versuch, den behaupteten Mechanismus der Metapher durch eine *Gewichtung* der Merkmale zu retten, zirkulär sein.[76]

Ricoeur hat recht, wir brauchen eine *Hermeneutik* der Metapher. Es ist aussichtslos, Metaphern wie "Strohwitwer" oder gar "Blümchenkaffee" nur mithilfe von semantischen Merkmalslisten interpretieren zu wollen. Gerade bei Metaphern im Grenzbereich zur Metonymie müssen wir auf Weltwissen zurückgreifen und uns nötigenfalls sogar neues Weltwissen aneignen, um die Metapher zu verstehen. Daß wir keinen Mechanismus der Metapher gefunden haben, sollte uns nicht weiter beunruhigen. Die Nichtautomatisierbarkeit des semantischen Interaktionsprozesses ist nicht einmal ein Spezifikum der Metapher. Auch bei wörtlicher Rede gibt es schließlich keinen Mechanismus, durch dessen Anwendung man von den lexikalen Wortbedeutungen zu Satz- und Äußerungsbedeutungen gelangte.

Die Bedeutungskonstitution der Metapher kann und sollte durchaus als eine Interaktion beschrieben werden, aber als eine Interaktion zwischen *Kontexten* oder "Implikationssystemen" (Black), nicht bloß zwischen semantischen Merkmalsmengen. Implikationssysteme von Begriffen mögen um kulturelle Stereotypen zentriert sein, sie sind aber zur enzyklopädischen Seite hin offen. Man kann es einer Metapher nicht von vornherein ansehen, welche Teile unseres Weltwis-

---

[76] Dieser Versuch ist nicht nur bei den merkmalssemantischen Theorien unternommen worden, sondern auch im Umkreis der pragmatischen Theorie. Bergmann, die ähnlich wie Puster eine pragmatische Theorie im Grice-Stil mit der Rede von metaphorischen Bedeutungen und der These der Wahrheitsfähigkeit metaphorischer Äußerungen versöhnen will, spricht von "salient characteristics associated with (at least) part of the expression", deren "*direct* function" die Bedeutung der Metapher sei (Bergmann 1982, 234). Da Bergmann zugleich zugesteht, daß die "salience" von Merkmalen kontextabhängig sei (237), will ich meinen Dissens zu ihrer Position nicht überbetonen. Der Dissens scheint mir darauf hinauszulaufen, daß Bergmann (245 u.ö.) wie auch Puster (gesprächsweise) im Zusammenhang mit dem Grice-Räsonnement nach wie vor von einem "Mechanismus" der Metapher bzw. ihrer Interpretation sprechen, während ich zwecks Abgrenzung von allen Filter- und merkmalssemantischen Theorien diesen Begriff vermeide. Siehe auch oben, Anm. 60.

sens zu ihrem Verständnis herangezogen werden müssen.[77] Die Interaktionstheorie muß sich von den verbliebenen Verbindungen zur Merkmalssemantik lösen. Zudem darf sie nicht den Eindruck zu erwecken suchen, es sei *die Sprache selbst* anstelle der sprachverwendenden Subjekte, die die Vergleichshinsichten spezifiziert und neue Bedeutungen emergieren läßt. Der Eindruck, daß eine innovative Metapher reicher sein kann als ihre Verwender abgesehen haben, daß sie also Überraschungen für uns bereithält, ist gleichwohl nicht falsch. Eine Metapher kann, wie Lichtenberg sagt, klüger sein als ihr Autor. Trotzdem spricht die Sprache nicht selbst. Paradox ist das nur für eine zu enge Theorie der Sprachkompetenz, die das Sprachwissen zu fixieren und vom Weltwissen abzuschotten versucht. Ebenso wie die Welt ein unendliches Reservoir sinnfälliger Vergleichshinsichten bereithält, sind in der Vielfalt und Unabsehbarkeit der Kombinatorik einer historisch gewachsenen Sprache semantische Potentiale 'aufbewahrt', die aber erst *erschlossen* werden müssen und unabhängig von jeder Sprechergemeinschaft nicht existieren. Die Rede von semantischen Potentialen macht nur Sinn, weil Sprecher vorausgesetzt sind, die sie aktualisieren können.

Die zwischen der Interaktionstheorie und der pragmatischen Theorie umstrittene Frage, ob durch die Metapher "neue Bedeutungen" entstehen oder nicht, läßt sich auf verblüffend einfache Weise klären. Der vernünftige Sinn der Kritik der pragmatischen Theorie am Jargon der Uneigentlichkeit besteht darin, daß die Annahme zweier verschiedener Arten von *Wortbedeutungen* unverständlich ist. Während diese Kritik an den "neuen" Bedeutungen also auf der Konstanz des linguistischen Sinns der Wörter besteht, aus denen die Metapher zusammengesetzt ist, bezieht sich die Innovativitätsthese der Interaktionstheorie auf die *ganze Metapher*, also auf die Bedeutung der Phrase oder Sequenz, die durch die metaphorische Prädikation entsteht.[78] Ob die *einzelnen* Wörter in der neuen Konstellation ihren linguistischen Sinn behalten oder nicht, ist für Richards eine müßige Frage, denn deren Bedeutung ist für ihn ja nichts anderes als eine Funktion der Kontexte, in denen sie verwendet werden können. Isolierte Wortbedeutungen gibt es bei Richards nicht; "a completely isolated word would be meaningless". Die Innovationsleistung einer Metapher besteht in der Kategorienrevision, die uns dadurch angesonnen wird, daß die abweichende Prädikation als sinnvoll behaup-

[77] MacCormac argumentiert dafür, daß eine angemessene Metapherntheorie nicht in Sprachphilosophie und Erkenntnistheorie verbleiben kann, sondern auch realistische Anteile über das Beschaffensein der Welt enthalten muß, um aus dem Verweisungszirkel von Metapher und Kognition herauszukommen: "An adequate theory of metaphor presents not only semantic, syntactic, and cognitive theories that explain how unusual combinations of words can produce new concepts but also contextual theories about the external world that provide depositories of associations of words and interactions between individuals and their environment that produce knowledge. [...] The circularity of self-reference between metaphor and cognition can be overcome only by appeal to the objectivity of the external world" (MacCormac 1985, 21). Dieses Programm dürfte allerdings zu weit angelegt sein, um Aussicht auf Erfolg zu haben.

[78] Ähnlich Binkley 1974, 174.

tet wird. Zunächst ist die Metapher ein KF. Wenn wir aber die präsupponierte Prädizierbarkeit ausbuchstabieren, indem wir die Metapher in ihre elementare grammatische Form "A ist B" überführen, dann wird "the categorical use of the copula in a metaphor of the form 'A *is* B'" deutlich (Black 1979, 133). Nur mit der Annahme einer durch die Metapher angeregten Kategorien*revision*, wie instabil auch immer, kann man zugleich an einer KF-Theorie festhalten und die Wahrheitsfähigkeit *akzeptierter* Metaphern behaupten. *Dies kann so gesagt werden*, präsupponiert jede Metapher. Die Neukategorisierung kann überzeugend sein oder nicht, sie kann temporär sein oder andauern und damit die Literalisierung der Metapher einleiten. Kognitiv gehaltvoll sind Metaphern, weil die durch eine metaphorische Neukategorisierung gebildete Gegenstandsklasse durch kein wörtliches Prädikat zusammengehalten wird.[79]

Aber muß man diese Innovationsleistung in bedeutungstheoretischen Begriffen ausdrücken? Kann man die Etablierung neuer Prädikationsmöglichkeiten als das Entstehen neuer Bedeutungen bezeichnen? Gibt es zwischen Wortbedeutung und Satzbedeutung überhaupt eine mittlere Ebene von Bedeutungsträgern? Die Antwort auf diese Fragen hängt natürlich von der Bedeutungstheorie ab, die man hat. In Ermangelung einer dezidierten Auffassung dazu ergreife ich vorläufig die Offensive: Warum sollten es nicht doch die Wortbedeutungen sein, die durch erfolgreiche Metaphern verändert werden? Wahrheitskonditionale Semantiken haben keine klare Verwendung für den Begriff der Wortbedeutung. Wenn Bedeutung und Wahrheitsbedingungen so eng zusammenhängen, wie Davidson meint (und sich dabei vom sprachphilosophischen *mainstream* seit Frege getragen weiß), muß die Satzbedeutung die primäre sein und die Wortbedeutungen abkünftig. Wenn man aber die Bedeutung eines Wortes als das Ensemble der *Rollen* beschreibt, die das Wort in Sätzen der Sprache spielen kann - eine Formulierung, der Davidson aufgeschlossen gegenübersteht[80] -, was hindert uns dann zu sagen, daß ein Wort, das in einer metaphorischen Prädikation eine neue Rolle übernimmt und dadurch die Menge der interpretierbaren Sätze der Sprache vergrößert, auch seine Bedeutung erweitert und verändert?

Für unseren Zusammenhang ist ein anderer Zug der Interaktionstheorie wichtiger. In die nächsten Abschnitte nehmen wir vor allem die fundamentale Einsicht

[79] Vgl. Goodman und Elgin 1988, 16: "Typically, the result is a novel organization of the realm, for the metaphorical scheme classifies together objects in the realm that are not classified together by any literal scheme. [...] Metaphor then enables us to avail ourselves of the organizational powers of a system while transcending the system's limitations".

[80] "[W]e understand the meaning of each item in the structure only as an abstraction from the totality of sentences in which it features" (Davidson 1967c, 22). - Vgl. auch Arbib und Hesse 1986, 169: "The network theory [...] no longer regards 'meaning' as a second term in a relation between words or sentences and *some other* domain, whether this is a 'world' or a metalanguage. Rather, it takes meaning to be the set of meaning *relations* within and among words, sentences and larger holistic units of language".

mit hinüber, daß innerhalb eines metaphorischen Interaktionsprozesses die Determinationsrichtung mehrfach wechseln kann. 'Bildspender' und 'Bildempfänger' können bei Metaphern einer gewissen Komplexität die Rollen tauschen, es können durch die semantische Interaktion mehrfache Rückprojektionen und feedback-Effekte entstehen, die nicht durch einen negativen Selektionsmechanismus errechenbar sind. A fortiori muß natürlich gelten, daß man mit Metaphern überhaupt Behauptungen aufstellen kann. Weil dies der Fall ist, können wir uns mit Bedeutung und Wahrheit metaphorischer Äußerungen auseinandersetzen und müssen Metaphern nicht als "unfamiliar noises" der Assoziationspsychologie überantworten.

3 Woran der Naturalismus scheitert

3.1 Die Maschinenmetapher und das Teleologieproblem

Schon im Kybernetik-Kapitel hatten wir uns gefragt, ob die Computermetapher des Geistes und ihre Vorläufermetapher, die Maschinenmetapher, eigentlich naturalistisch zu nennen seien. Die Antwort hängt natürlich vom zugrundegelegten Naturalismusbegriff ab. Verengt man die Perspektive auf den szientistischen Naturalismus, der ohne einen qualitativ ausgezeichneten Naturbegriff auskommt - Natur ist dem szientistischen Naturalismus genau das, was Gegenstand der Naturwissenschaften ist, die sich ihrerseits methodologisch auszeichnen -, dann kann die Maschinen- oder Computermetapher sehr wohl naturalistisch sein, denn in diesem Rahmen greifen die Antithesen Natur vs. Technik und Natur vs. Kunst nicht. Die maschinale Organisation gibt das Paradigma der Durchschaubarkeit und der Regelhaftigkeit ab (vgl. Baruzzi 1973; auch Sutter 1988, 14); deshalb sind Maschinen prädestinierte Gegenstände naturwissenschaftlicher Beschreibung.

Das ist aber nur die halbe Wahrheit über die Maschinenmetapher. Wir müssen genauer fragen, was denn die Präsuppositionen der Beschreibung einer Maschine *als Artefakt* sind, d.h. worauf ihre Durchschaubarkeit zurückzuführen ist, die ihrerseits das Paradigma für die Naturerkenntnis abgibt. Die Durchschaubarkeit der Maschine könnte ja, wie Kant zufolge die des "Naturmechanism" überhaupt, über die *verum et factum convertuntur*-Struktur vermittelt sein.[1] In diesem Falle stellte sich mit besonderer Dringlichkeit die Aufgabe, über die naturalistischen und die anthropomorphen Anteile der Maschinenmetapher neu zu verhandeln.

1 Wir sollten, so Kant, "das Studium der Natur nach ihrem Mechanism an demjenigen fest [...] halten, was wir unserer Beobachtung oder den Experimenten so unterwerfen können, daß wir es gleich der Natur, wenigstens der Ähnlichkeit der Gesetze nach, selbst hervorbringen könnten; denn nur so viel sieht man vollständig ein, als man nach Begriffen selbst machen und zu Stande bringen kann" (*KU* B 309).

Weder im kybernetischen noch im evolutionstheoretischen Diskurs ist es meiner Auffassung nach gelungen, die jeweiligen Regelungs- und Steuerungsmechanismen ohne Rückgriff auf teleologische Erklärungselemente einzuführen.[2] Die weitergehende Frage, ob Teleologie (oder Teleonomie) notwendig Intentionalität impliziert, so daß diese Naturalismen anthropomorph infiziert wären, hatte ich noch zurückgestellt. Diesen Diskussionsstrang nehme ich hier wieder auf.

Komplexe Metaphern kann man nicht insgesamt auf den Prüfstand stellen, um ihre Angemessenheit zu beurteilen. Entscheidend ist die *Mikrostruktur* der durch die Metapher gesetzten Analogie: *welche Instanzen* werden jeweils analog gesetzt, welche nicht? Welchen Skopus hat die Metapher? Ohne eine solche Untersuchung läßt sich auch die Akademiefrage nicht entscheiden, ob die Maschinenmetapher des Menschen "dehumanisierend" ist oder nicht. Wir können nicht zum wissenschafts-, kultur- oder ideologiekritischen Diskurs übergehen, sobald die Maschinenmetapher am Horizont erscheint.[3] Die frappant unterschiedliche ethische Bewertung der Computermetapher des Geistes[4] ist in vielen Fällen darauf zurückzuführen, daß die jeweils zugrundegelegten Implikationssysteme, die sich zudem in der Interaktion verändern, divergieren und nicht hinreichend rekonstruiert werden.

Zur Geschichte der Maschinenmetapher in Philosophie und Psychologie gibt es eine umfangreiche Literatur, die ich hier nicht referieren kann.[5] Was den Zusammenhang der Maschinenmetapher mit dem Teleologieproblem betrifft, kann ich mich auf die kompetente Studie von Sutter stützen. Eine weitere wichtige Eingrenzung betrifft den *Anwendungsbereich* der Maschinenmetapher. Man kann

---

2 Der evolutionstheoretische Erklärungsansatz nimmt im Hinblick auf das Teleologieproblem eine gewisse Sonderstellung ein, denn in neueren wissenschaftstheoretischen Analysen teleologischer und funktionaler Erklärungen (Wimsatt 1972, Wright 1976, Millikan 1984) wird die evolutionstheoretische Erklärung der *Genese* eines funktionalen Zusammenhangs als einzige Möglichkeit angesehen, funktionale Erklärungen wissenschaftstheoretisch respektabel zu machen. Ebenso im Umkreis der KI; vgl. Dennett 1978, z.B. 12, 73, 86; Dennett 1987c; Lycan 1987, 82; zusammenfassend Bechtel 1988, 136-140.

3 Natürlich "wird, wer mechanische oder organische Metaphern verwendet, auf die Bekanntschaft der Bedeutung von Mechanismus und Organismus im eigentlichen Sprechen spekulieren. Aber der umgekehrte Weg, wonach die Bedeutung der Metaphern sich erst in dem Wechselspiel mit ihrem theoretischen Zusammenhang konstituiert, ist wichtiger. Nicht die Ähnlichkeit zwischen Herkunftsort der Metapher und ihrem Anwendungsgebiet entscheidet, sondern die Funktionierung der Metapher in der Theorie" (Meyer 1969, 133). Meyer beschreibt, wie vielfältig die organischen und mechanischen Metaphern in der politischen Philosophie der Neuzeit verwendet wurden, sowohl kritisch als auch affirmativ, sowohl sozialrevolutionär wie konservativ. - Zur unterschiedlichen politischen Instrumentalisierung der *Natur*metaphorik im 18. und im 19. Jahrhundert vgl. Jäger 1971, bes. 116-125.

4 Für viele Autoren ist die Maschinenmetapher der Inbegriff der Dehumanisierung (klassisch: Mumford 1967), während im Umkreis der KI behauptet wird, daß jedenfalls die neuere Computermetapher die menschlichen Eigenschaften nicht mehr reduziere (Hofstadter, Dennett, Boden, Arbib).

5 Vgl. z.B. Meyer 1969, Baruzzi 1973, McReynolds 1980, Sutter 1988.

hier drei hauptsächliche Komplexe unterscheiden, nämlich "Welt, Lebewesen und Staat. Dabei ist die kosmologische Uhrwerkmetapher der historisch zugrundeliegende Metaphernkomplex, von dem die Körperautomaten-Doktrin ausgegangen ist, und von beiden zehrte ihrerseits die politische Metaphorik der Staatsmaschine" (Sutter 1988, 11). In unserem Zusammenhang ist allein die Maschinalisierung des Menschen interessant, und zwar nicht bloß die seines Körpers (wie in den meisten Körperautomaten-Theorien des 17. Jahrhunderts), sondern auch die seiner mentalen Funktionen. Erst aus dem Einschluß der mentalen Sphäre, aus deren offenbarer Irreduzibilität dualistische Anthropologien stets ihre initiale Plausibilität bezogen haben, ergibt sich der Provokationsgehalt und der naturalistische Biß der Maschinenmetapher des Menschen. Als Protagonist einer solchen Totalmaschinalisierung des Menschen wird im allgemeinen LaMettrie mit seinem *L'homme machine* (1747) angesehen. In der zeitgenössischen Computermetapher ist die Cartesianische Bereichszuweisung, die die mentale Sphäre noch vor dem Zugriff der Körperautomatendoktrin schützt, geradezu umgekehrt. Die Domäne der Computermetapher ist der Geist, während der Körper weitgehend ignoriert, weil für die funktional verstandenen mentalen Prozesse als irrelevant erachtet wird. Es ist der Funktionalismus, der den Übergang von der Körpermaschine zur Geistmaschine möglich macht und legitimiert.

Was sind nun die *essentials* des mit der Maschine verbundenen Implikationssystems? Sutter nennt als Merkmale der "prototypischen Maschine":

> "Selbstbewegung; funktionale Organisation der Teile zu einem Zweckganzen durch einen Werkmeister; Regelmäßigkeit, Gewißheit, Berechenbarkeit der Bewegungsabläufe; ebenso rationale Durchschaubarkeit der Bewegungseffekte aufgrund der Anordnung der Teile etc. Die metaphorischen Bedeutungen werden aus einem solchen, historisch variablen Reservoir an idealisierten Charakteristika geschöpft" (Sutter 1988, 12).

Abkürzend möchte ich behaupten, daß in jede Minimalbestimmung des Maschinalen zwei Merkmalskomplexe eingehen müssen: der kausalmechanische und der funktional-finalistische. Zum einen ist für die Maschine charakteristisch, daß in ihr 'alles mit rechten Dingen zugeht', nämlich nach den Gesetzen der Mechanik (heute der Elektromagnetik). Das Funktionieren der Maschine erfordert kein Bewußtsein und keine interne Steuerungsinstanz im Sinne eines homunculus. Zum anderen ist jede Maschine *funktional* oder *zweckmäßig* organisiert. Ihre Funktionalität, deren Genese erklärungsbedürftig ist, kann nicht ohne begriffliche Inkonsistenz aus der Beschreibung der Maschine getilgt werden. Man kann diesen Doppelcharakter von Mechanizität und Zweckmäßigkeit auch in den Begriff des Mechanischen selbst verlagern, wofür die etymologische Verbindung von "Maschine" und "Mechanik" spricht (vgl. Blumenberg 1960a, 70 und Sutter 1988, 24). Mechanik ("ars mechanica") war ursprünglich nicht einfach Wissenschaft von der Natur, sondern anwendungsorientierte Ingenieurswissenschaft, eine Theorie zusammengesetzter Werkzeuge. In Zedlers *Universal-Lexikon* heißt es unter dem Eintrag "Mechanismus": "Eigentlich geht dieses Wort auf die durch Kunst verfertigte Maschinen, welches nachgehends auf die natürlichen Dinge gezogen worden" (Zedler 1739, Sp. 23). Wenn wir auf diesen ursprünglichen Mechanismusbegriff rekurrieren, ist das teleologische Element noch tiefer im Begriff der Maschine verankert, denn schon der mechanische Aufbau der Maschine ist dann ein *technischer* und geht über ihre reine Physikalität hinaus. Heute sind Mechanizität und Physikalität der Maschine aufs engste miteinander verschränkt. Diese Verschränkung ist aber historisch nicht selbstverständlich. Solange die aristotelische Unterscheidung zwischen natürlichen und erzwungenen Bewegungen intakt war, konnten Mechanik und Physik in dieser Hinsicht voneinander abgegrenzt werden; die physikalischen Gesetze waren eben die, welchen die Körper ohne künstlichen Eingriff folgten, d.h. natürlich und nicht erzwungenermaßen. Spätestens seit Newtons Formulierung des Trägheitsprinzips ist aber aus der neuzeitlichen Naturwissenschaft das aristotelische "Prinzip der Bewegung in sich selbst" verschwunden. Auch setzt sich im Gefolge von Galilei und Bacon die Auffassung durch, daß die Natur ihre Regelmäßigkeit und ihre Bewegungsgesetze nicht ohne technische Eingriffe erkennen läßt. Man muß der Natur ihre Gesetze durch aktive *Experimente* abluchsen. Damit bricht die Differenz von natürlichen und erzwungenen Bewegungen von beiden Seiten her zusammen, so daß Descartes sagen kann:

> "Denn es gibt in der Mechanik keine Gesetze, die nicht auch in der Physik gälten, von der sie nur ein Teil oder eine Unterart ist (Zusatz: so daß alle Dinge, die künstlich sind, damit auch natürlich sind), und es ist daher der aus diesen und jenen Rädern zusammengesetzten Uhr ebenso natürlich, die Stunden anzuzeigen, als es dem aus diesem oder jenem Samen aufgewachsenen Baum natürlich ist, diese Früchte zu tragen" (Descartes 1644, 245f [§ 203]). Es sind die "*Regeln der Mechanik mit den Gesetzen der Natur identisch*" (1637, 51).

Damit "ist die Nivellierung der überlieferten Dichotomie zwischen natürlichen und erzwungenen Bewegungen begrifflich fixiert: Die Mechanik ist zum Teilbereich der Physik geworden, die mechanischen Gesetzmäßigkeiten sind naturalisiert" (Sutter 1988, 51). Mehr noch: die Richtung der Subsumtion der Gesetze wird geradezu umgekehrt, die cartesianische "Naturalisierung der Mechanik" wird nun zur "Mechanisierung der Natur" (ebd.). Somit ist die Maschinenmetapher für Natürliches immer schon vorab legitimiert. Sie ist der Beschreibung von Naturprozessen deshalb so perfekt angemessen, weil die Natur selbst allererst mithilfe des Maschinenkonzepts als Mechanismus begriffen wurde (vgl. Meyer 1969, 132). Für Kant *ist* die Natur schlicht der "Naturmechanism". Auf den Wandel und die zunehmende Entqualifizierung des neuzeitlichen Naturbegriffs werde ich im Schlußkapitel noch zurückkommen. Die *Operationalisierung* der Natur läßt verschiedene Antithesen zusammenbrechen, aus denen der Naturbegriff einst seine Konturen bezog.

Der Doppelcharakter von Physikalität und Funktionalität führt zu einer fundamentalen Ambivalenz zwischen Autonomie und Heteronomie, die für alle Maschinenmetaphern charakteristisch ist. So auch für die kosmologische Uhrwerksmetapher: jede Uhr muß schließlich hergestellt und aufgezogen werden; eine Rolle, die in der Regel dem göttlichen Werkmeister zufällt. "Welt als von Gott geschaffene und kontrollierte, also vollkommen abhängige Maschine *und* als in sich geschlossener, selbstgenügsamer, also unabhängiger Automat" (Sutter 1988, 36) - dies ist die Ambivalenz der Uhrenmetapher, der sich viele ihrer Verwender im französischen Aufklärungsmaterialismus nicht bewußt waren und der etwa LaMettrie und Diderot zu entkommen suchten, indem sie die Metapher von innen heraus sprengten und den menschlichen Körper als eine Uhr bezeichneten, die sich selbst aufzieht.[6] Um die lästigen Fragen nach ihrer Genese loszuwerden, hätten sie aber darüberhinaus behaupten müssen, daß die Uhr sich selbst konstruiert, denn selbst das perpetuum mobile bleibt noch eine zweckmäßig eingerichtete Maschine, die in ihrer reinen Materialität nicht aufgeht. "Bei der Abstraktion von der Frage des Antriebs und vom fortlaufenden korrigierenden Eingriff in die Konstruktion zugunsten der Angleichung an externe Zwecke bleibt die interne Zweckmäßigkeit der zum Modell stilisierten Maschine gewahrt" (Meyer 1969, 131). Auch die Uhr, die selbst ihre Federn aufzieht, die LaMettrie und Diderot noch nicht kennen konnten, erfordert natürlich den Konstrukteur, der den "Selbst"bewegungsmechanismus in den Apparat eingebaut hat. Die Selbstbewegung der Maschine ist immer nur eine relative. Intentionalität in der Beschreibung der Maschine wird verschoben und immer weiter in den Hintergrund gedrängt, nicht aber eliminiert. Der Konstrukteur ist nicht ohne Inkonsistenz aus dem Maschinenbegriff wegzudenken, denn eine Maschine ist ohne ihr Telos, ohne ihre Funktion unvollständig beschrieben. So entsteht eine Dialektik von Autonomie und Heteronomie, von Selbstorganisation und Konstruiertsein, die der Proponent der Maschinenmetapher nicht einfach ignorieren darf.

Es scheint für den Verwender der Maschinenmetapher, der ohne den Konstrukteur auskommen will, noch einen Ausweg zu geben: die Totalisierung der Maschine zur *Weltmaschine*. Wenn man *alles*, also auch noch den Weltenbaumeister, in den Mechanismus hineinziehen könnte, hätte man ein wahrhaft autopoietisches Totalsystem, und dies scheint ein konsistenter Begriff zu sein. "[T]otus Mundus est una Machina", sagt Leibniz in einer unedierten Handschrift (zit. nach Schneider 1985, 337). Im Begriff der Weltmaschine scheinen auch Teleologie und Mechanismus zusammenzufallen: "Obwohl teleologische Betrach-

---

6 "Der menschliche Körper ist eine Maschine, die selbst ihre Triebfedern aufzieht" (LaMettrie 1747, 35). Dieselbe ihre eigene Logik transzendierende Sprengmetapher findet sich bei Diderot (nach Meyer 1969, 172). Zum Begriff der Sprengmetapher vgl. Blumenberg 1960a, 131ff.

tungen dem neuzeitlichen Naturbegriff widersprechen, fällt es nicht schwer, die mechanische Naturerklärung mit einem reziproken Teleologie-Netz zu überziehen: bei einer notwendigen Gleichwertigkeit aller Teile ist alles für alles da" (Meyer 1969, 131; ähnlich Engels 1982, 247). Alle möglichen Steuerungsinstanzen wären in die Weltmaschine, in das autopoietische Supersystem hineingezogen.

Leider hat die Totalisierung einen großen Nachteil: sie führt aus der Logik der Maschinenmetapher hinaus. Die Welt kann, wie Luhmann sagt, nicht als System begriffen werden, weil sie keine Umwelt hat, gegen die sie sich abgrenzt. Wenn aber die System/Umwelt-Differenz zusammenbricht, verliert der ganze kybernetische Diskurs seine Erklärungskraft, ja seine Anwendbarkeit. Die Weltmaschine hätte keine *Funktion* mehr, die über ihre reine Existenz hinausginge, daher wäre sie keine Maschine mehr. Nicht einmal das Streben nach Selbsterhaltung könnte man ihr zuschreiben, denn auch dies setzte ein Außen voraus, gegen das sie sich abgrenzte und behauptete. *Die Welt* kann sich gar nicht nicht selbst erhalten, weil sie in allen Transformationen, in allen Katastrophen sie selbst bleibt. Ihre einzige 'Funktion' wäre die Verkörperung des ersten Hauptsatzes der Thermodynamik, aber dies wäre analytisch. Das hypothetische "geschlossene System", von dem der Satz spricht und das es *in* der Welt nicht gibt, fiele mit unserem Weltbegriff zusammen.

Auch die Totalisierung zur Weltmaschine ist also kein Ausweg. Sutter stellt zusammenfassend fest:

> "Da eine Maschine [...] nicht nur die Verkörperung von physikalischer Gesetzmäßigkeit überhaupt, sondern darüber hinaus auch die Verkörperung einer zweckbestimmtem Konstruktion ist, die jene Gesetzmäßigkeiten im Hinblick auf Funktionen benutzt und beschränkt, ist klar, daß Zwecke, Mittel und Funktionen durchaus als konstitutive Bestimmungen in den Begriff der Maschine eingehen. Eine Maschine 'lebt' gleichsam von den teleologischen Beziehungen, die ihr von den Konstrukteuren, Benutzern, Beobachtern, also von einem kulturellen Universum, einverleibt werden" (a.a.O., 225).[7]

Die Besetzung der Stelle des Konstrukteurs wird umso dringlicher, als man an die aristotelische immanente Naturteleologie nicht mehr glauben kann,[8] die sich ihrerseits schon einem offenkundig poietisch-technomorphen Naturbegriff ver-

---

7 Diesen Punkt hat schon Mumford betont: "Mit anderen Worten, die mechanische Metapher an sich ist kein geeignetes Mittel zur Eliminierung [...] menschlicher Beziehungen" (zit. nach Sutter 1988, 59). Weitere Formulierungen dieser These: "Steht doch gerade hinter der Maschine der zwecktätig konstruierende Verstand des Technikers" (Hartmann 1951, 26). "Dieser mitgedachte Konstrukteur gehört zur Logik des Bildes vom technischen Apparat und ist ohne begriffliche Inkonsistenz nicht aus ihm zu tilgen" (Schneider 1989, 38).

8 Und erst recht nicht an die "naive Fürsorgeteleologie" (Engels 1982, 86), die noch Christian Wolff vertrat: Warum der Mensch zwei Füße hat? Nun, "hätten wir nur einen Fuß, so müsten wir fort hüpffen"; zum anderen hat "der Mensch nicht mehr als zwey Füsse vonnöthen gehabt, weil er aufgerichtet gehen und stehen soll" (zit. nach Engels, ebd.).

dankte.[9] Was Descartes betrifft, so kann man sagen: "Erst der Automatenbauer-Gott rechtfertigt den Werkcharakter des Körperautomaten. Was heißt das anderes, als daß die gesamte vormals *immanente Finalität* des Lebendigen nun auf den *externen Werkmeister* verlagert worden ist?" (Sutter a.a.O., 58).

Doch seien wir nicht voreilig. Es fehlt nicht an Versuchen, die Zweckmäßigkeitsstruktur der Maschine oder des als Maschine konzeptualisierten *Organismus* als eine inhärente Eigenschaft natürlicher Systeme zu reformulieren und so den Bezug auf den Konstrukteur zu tilgen. Damit liegt die Verbindung von Teleologieproblem und Naturalismusproblem auf der Hand. Die Zweckmäßigkeitsstruktur soll *in Naturprozessen selbst* fundiert werden; dies ist der Versuch, die Maschinenmetapher in einem engeren und interessanteren als dem oben genannten Sinn als naturalistische zu etablieren. Gelingt dies nicht, so bleiben Genese, Konstruktion und Zweck der Maschine eine ständige (wenn auch oft unbemerkte) Gefahr für die Proponenten der Maschinenmetapher. Ein Rückgriff auf subjektanaloge Instanzen ist genau das, was mechanistische Philosophie am wenigsten gebrauchen kann, weil diese Instanzen durch die Metapher ja gerade reduziert werden sollten. Es ist der Doppelcharakter von Mechanizität und Finalität, der die Maschinenmetapher für all diejenigen, die mit ihr naturalistische Ambitionen verbinden, zum trojanischen Pferd macht. Die homunculi mögen gut versteckt sein, aber sie können jederzeit herausklettern.

Das gemeinsame Problem der Naturalisten, die weder von der Maschinenmetapher lassen noch zur externen Naturteleologie zurückkehren wollen, die den Weltenbaumeister erfordert, ist also das einer *Naturalisierung der Teleologie*. Die Zweckmäßigkeit muß eine inhärente Eigenschaft der Natur bzw. der naturalistisch verstandenen Maschine sein, deren Erklärung keines Rückgriffs auf subjektanaloge Instanzen bedarf. Noch in zeitgenössischen wissenschaftstheoretischen Versuchen der Rehabilitierung teleologischer und funktionaler Erklärungen (für einen Überblick vgl. Engels 1982) ist dies der Kern des (ungelösten) Teleologieproblems.

Die Darstellung der Frühphase dieses Projekts läßt sich knapp halten. Die Versuche einer nichtintentionalistischen Erklärung einer inneren Finalität der Natur gleichen im gesamten Aufklärungsmaterialismus einem Kampf gegen Windmühlenflügel, weil mindestens bis zu Darwin schlicht kein natürlicher Mechanismus zur Verfügung stand, der als Erklärungsmodell hätte dienen können.[10] Mangels Alternative konnte es nicht ausbleiben, daß sich die beanspruchte Naturalisierung der Teleologie selbst wieder im Zeichen einer Teleologisierung der Natur mit intentionalistischer Komponente vollzog. Von den zahllosen einschlä-

---

9 Der Technomorphismus im aristotelischen Naturbegriff ist vielfach bemerkt und beschrieben worden; ich verweise nur auf Mittelstraß 1981 (s.u., V, 1).

10 Zu den Lebenskraftlehren des späten 18. Jahrhunderts, die diese Lücke füllen wollten, siehe Engels 1982, 93ff.

gigen Belegen für einen solchen teleologisch aufgeladenen Naturbegriff greife ich nur eine Bemerkung des vermeintlichen Supermaterialisten LaMettrie heraus:

> "[D]ie Materie hat nur in den gemeinen Augen jener etwas Verächtliches, die sie in ihren glänzendsten Werken verkennen; und die Natur ist keineswegs eine beschränkte Werkmeisterin. Sie bringt Millionen von Menschen mit mehr Leichtigkeit und Freude hervor, als es einem Uhrmacher Mühe kostet, die komplizierteste Uhr zu machen" (LaMettrie 1747, 133).

Entgegen der gängigen Rezeption ist LaMettries "Natur" keinesfalls ein bloßer physischer Mechanismus, sondern ein "halb poetisches, halb mythologisches Subjekt", dem in "leicht ironisch verfremdete[r]" Weise auch göttliche Attribute beigelegt werden (Sutter a.a.O., 141). Die Einstufung von *L'homme machine* als radikal mechanistisch und materialistisch ist zu einfach. Sie geht zu einem großen Teil auf das Konto von LaMettries Verbalradikalismus, der ihn schon zu Lebzeiten zum enfant terrible der literarischen Öffentlichkeit werden ließ. Tatsächlich ist seine mechanistische Anthropologie stark vitalistisch gefärbt, wobei sich LaMettrie in seinem unbefangenen Eklektizismus wenig Gedanken über die theoretische Konsistenz seines Maschinenmodells macht.[11]

Ob für die explanatorisch notwendige intentionalistische Komponente am Ende eine göttliche Instanz bemüht wird oder ob *die Natur selbst* intentionalistisch verstanden wird, macht für das Problem der Konsistenz eines naturalistisch ambitionierten Maschinenmodells letztlich keinen Unterschied. Kant hat dies klar gesehen. Wo man die zu postulierende Instanz letztlich ansiedelt, ist nicht mehr so interessant, wenn nur klar ist, *warum* man sie postulieren muß: "[E]s muß euch da, wo ihr sie [sc. die systematische und zweckmäßige Einheit der Natur] wahrnehmt, völlig einerlei sein, zu sagen: Gott hat es weislich so gewollt, oder die Natur hat es also weislich geordnet. Denn die größte systematische und zweckmäßige Einheit, welche eure Vernunft aller Naturforschung als regulatives Prinzip zum Grunde zu legen verlangte, war eben das, was euch berechtigte, die Idee einer höchsten Intelligenz als ein Schema des regulativen Prinzips zum Grunde zu legen" (*KrV* B 727). Für den szientistischen Naturalismus ist nicht nur die Physikotheologie, sondern auch ein teleologisch aufgeladener Naturbegriff inakzeptabel, solange er nach der Analogie zielgerichteten menschlichen Handelns konzeptualisiert werden müßte. Wo die Berechtigung teleologischer Erklärungen überhaupt auf dem Spiel steht, sollte man den Unterschied zwischen immanenter und externer Teleologie nicht überschätzen.

Eine wirklich neue Note gegenüber der offen oder versteckt intentionalistischen Physikotheologie, deren anthropomorphe Projektionen schon Hume in seinen *Dialogues Concerning Natural Religion* kritisiert hatte, kommt erst durch Kants Behandlung des Problems der Naturteleologie in der *Kritik der Urteilskraft*

---

[11] Vgl. dazu Sutter a.a.O., 113ff, der überzeugend nachweist, daß der vielzitierte und nicht ganz so vielgelesene LaMettrie von der philosophischen Tradition meistens falsch rezipiert wurde.

ins Spiel. Kant verwendet große Energie darauf, die Zweckmäßigkeit der Natur im Sinne einer objektiven aristotelischen Naturteleologie zu diskreditieren und sie zugleich als *regulatives Prinzip* unserer Beurteilung der Natur zu rehabilitieren. Der Begriff des Zwecks sei ein "Fremdling in der Naturwissenschaft" (*KU* B 320). Da wir aber zumindest in Anbetracht der organischen Natur gar nicht anders können, als die teleologische Betrachtungsweise in Anschlag zu bringen, Kant aber seine natur*wissenschaftliche* Orientierung auch nicht aufgeben kann, verschärft sich das "als ob" der Naturteleologie zur Antinomie: einerseits müssen die bekannten mechanischen Naturgesetze ausreichen, um alle Naturprozesse zu erklären, andererseits sind sie dazu offenbar nicht in der Lage (vgl. *KU* B 314f).

Zunächst ist festzuhalten, daß Kant das Teleologieproblem auf den Bereich der *organischen* Natur einschränkt, weshalb seine Ausführungen für den Kontext der Maschinenmetapher nicht einschlägig zu sein scheinen. Dies liegt aber daran, daß er noch mit einer starken Antithese von Mechanismus und Organismus arbeitet,[12] in der die systematische und nicht bloß philologische Verbindung von "Mechanismus" und "Maschine" nicht reflektiert wird. "Naturmechanismus" heißt bei Kant nichts anderes als durchgängige Geltung des Kausalgesetzes. Man könne "alle Notwendigkeit der Begebenheiten in der Zeit, nach dem Naturgesetze der Kausalität, den *Mechanismus* der Natur nennen" (*KpV* A 173). Wenn wir dagegen den Mechanismusbegriff an den Maschinenbegriff binden und die Frage nach der *Genese* der funktionalen Organisation der Maschine als Achillesferse der naturalistischen Maschinenmetapher identifiziert haben, stellt sich das Teleologieproblem für Mechanismus und Organismus in gleicher Weise. Ohnehin darf man die historische Angemessenheit der Antithese von Organismus und Mechanismus nicht überschätzen.[13] Die Verwobenheit von Maschinen- und Organismusbegriff wird besonders bei Leibniz deutlich. Für Leibniz ist der natürliche Organismus geradezu die Maschine par excellence. Der Organismus sei mehr Maschine als jedes menschliche Artefakt, weil in ihm alle Teile "bis ins Unendliche" funktional sind:

---

12 Zur Illustration dieser (falschen) Antithese ein Zitat von Collingwood zum Mechanismus des 17. Jahrhunderts: "[N]ature is no longer an organism but a machine: that is to say, its changes and processes are produced and directed not by final causes but solely by efficient" (Collingwood 1945, 103)

13 So Blumenberg: "Der Dualismus von Organismus und Mechanismus ist [...] keine Kategorie, mit der wir beliebig in der Geschichte des Denkens operieren können" (1960a, 71); vgl. auch Meyer 1969, 129. - Übrigens ist auch in Kants *Opus postumum* die Differenz zwischen Organismus und Maschine zusammengebrochen; Organismen bezeichnet Kant nun als "natürliche Maschinen": "Maschine ist ein vester Körper dessen Zusammensetzung nur durch den Begriff von einem *Zwecke* moglich ist [, der] nach der Analogie einer gewissen absichtlichen Bewegung geformt ist. Wen diese Form nicht als wirkliche sondern blos denkbare Absicht vorgestellt wird so ist ein solcher Körper eine *natürliche Maschine*. Organische Körper sind also natürliche Maschinen" (*Op. post.* I, AA 211; vgl. dazu Sutter a.a.O., 213ff). In Sutters Rekonstruktion des Kantischen Maschinenbegriffs (163ff) wird der enge Zusammenhang mit dem Begriff des *Systems* deutlich.

"Daher ist jeder organische Körper (Leib) eines Lebendigen eine Art von göttlicher Maschine oder natürlichem Automaten, der alle künstlichen Automaten unendlich übertrifft. Eine durch menschliche Kunst verfertigte Maschine ist nämlich nicht in jedem ihrer Teile Maschine. So hat zum Beispiel der Zahn eines Messingrades Teile oder Bruchteile, die für uns nichts Künstliches mehr sind und die nichts mehr an sich haben, was in bezug auf den Gebrauch, zu dem das Rad bestimmt war, etwas Maschinenartiges verrät. Aber die Maschinen der Natur, d.h. die lebendigen Körper, sind noch Maschinen in ihren kleinsten Teilen bis ins Unendliche. Das ist der Unterschied zwischen der Natur und der Technik, d.h. zwischen der göttlichen Kunstfertigkeit und der unsrigen" (Leibniz 1720, 28f [§ 64]).

Das Zitat macht deutlich, daß mit der Konzeptualisierung des Organismus als Maschine eine Abkehr von der Teleologie nicht notwendig verbunden war. Der dezidierte Antiteleologismus, den man allgemein mit dem Maschinenmodell verbindet, ist zum größeren Teil eine Projektion späterer Jahrhunderte. Was Leibniz betrifft, so war er aufgrund seines starken Rationalismus, aber auch aus theologischen Gründen für eine naturalistische und damit antiteleologische Interpretation der Maschinenmetapher unanfällig.

Zurück zum Kantischen Organismusbegriff. Ein "organisiertes Produkt der Natur" ist für Kant "*das, in welchem alles Zweck und wechselseitig auch Mittel ist.* Nichts in ihm ist umsonst, zwecklos, oder einem blinden Naturmechanism zuzuschreiben" (*KU* B 295f). Der Organismus zeichnet sich also durch die wechselseitige Zweckmäßigkeit seiner Teile aus: "In einem solchen Produkte der Natur wird ein jeder Teil, so, wie er nur *durch* alle übrige da ist, auch als *um der andern* und des Ganzen *willen* existierend, d.i. als Werkzeug (Organ) gedacht" (B 291). Er wird als solcher *gedacht*, denn allgemein ist "die Zweckmäßigkeit eines Dinges [...] keine Beschaffenheit des Objekts selbst" (B XLIII). Die innere Zweckmäßigkeit eines Organismus kann nicht zu seiner Konstitution als Naturgegenstand gehören, weil die stupende Funktionalität seiner Teile, die gleichsam aufeinander abgestimmt scheinen, für Kant unmöglich durch mechanische Kausalität erklärt werden kann. Dies folge schon aus Wahrscheinlichkeitserwägungen: "die Natur, als bloßer Mechanismus betrachtet", hätte sich "auf tausendfache Art [...] anders bilden können" (B 269), Chaos wäre wahrscheinlicher gewesen als die Entstehung zweckmäßiger Organismen. Kant hält es für ausgeschlossen, mehr noch, für "ungereimt, [...] zu hoffen, daß noch etwa dereinst ein Newton aufstehen könne, der auch nur die Erzeugung eines Grashalms nach Naturgesetzen, die keine Absicht geordnet hat, begreiflich machen werde" (B 338). Daher gehört die teleologische Beurteilung der Natur zur reflektierenden Urteilskraft, nicht zur bestimmenden (vgl. B 270). Die Naturteleologie wird zum Interpretament herabgestuft. In der teleologischen Beurteilung reflektieren wir über die Natur so, "als ob die Zweckmäßigkeit in ihr absichtlich sei" (B 308).

Kant will seine Standards für naturalistische Erklärungen nicht heruntersetzen und muß daher den Erklärungsbereich der Naturwissenschaften einschränken, um vor dem Organischen nicht kapitulieren zu müssen: "Allein eben derselbe Grundsatz, daß alles in der Naturwissenschaft natürlich erklärt werden müsse, bezeichnet zugleich die Grenzen derselben" (1788, A 126). Auf keinen Fall dürfen wir uns verleiten lassen, "eine neue Kausalität in der Naturwissenschaft ein[zu]führen, die wir doch nur von uns selbst entlehnen und anderen Wesen beilegen" (*KU* B 270). Jede Einführung einer vitalistischen Lebenskraft wie des Blumenbachschen "Bildungstriebs" verbietet sich eben deshalb, weil Zweckmäßigkeit ohne zwecksetzendes Subjekt nicht konsistent gedacht werden kann. Wir kennen eben

> "dergleichen Kräfte, *ihrem Bestimmungsgrunde nach*, durch Erfahrung, nur *in uns selbst*, nämlich an unserem Verstande und Willen", als Vermögen, "etwas *gemäß einer Idee*, die Zweck genannt wird, hervorzubringen. [...] *Zwecke* haben eine gerade Beziehung auf *Vernunft*, sie mag nun eine fremde oder unsere eigene sein. Allein, um sie auch in fremder Vernunft zu setzen, müssen wir unsere eigene, wenigstens ein Analogon derselben, zum Grunde legen; weil sie ohne diese gar nicht vorgestellt werden können" (1788, A 131f).

Anders als Aristoteles und anders als viele nach ihm hat Kant einen klaren Blick auf den anthropomorphen bzw. technomorphen Ursprung unserer teleologischen Beurteilung der Natur und auf die damit verbundenen Gefahren. Immer wieder bezeichnet er die teleologische Beurteilung als eine "nach der Analogie mit einer Kunst" oder "Technik". Schon in der "Transzendentalen Dialektik" der Ersten *Kritik* hatte Kant den physikotheologischen Mißbrauch der Teleologie durch eine "verkehrte Vernunft" kritisiert, die "den Begriff einer [...] höchsten Intelligenz, weil er an sich gänzlich unerforschlich ist, anthropomorphistisch bestimmt, und denn der Natur Zwecke, gewaltsam und diktatorisch, aufdringt", wodurch "die Natureinheit in der Tat aufgehoben" werde (*KrV* B 720f; vgl. B 648ff). Der entscheidende Punkt, durch dessen Berücksichtigung allein die Einheit der Natur gesichert werden kann, ist für Kant der bloß *regulative* Charakter der Einführung teleologischer Prinzipien. Er kritisiert die "faule Vernunft" der Physikotheologie, "die Idee eines höchsten Wesens nicht bloß regulativ, sondern (welches der Natur einer Idee zuwider ist) konstitutiv" zu verwenden (*KrV* B 717).

Nun ist Kant sich im klaren darüber, daß der Verweis auf den regulativen Charakter teleologischer Beurteilungen kein Zauberstab zur Lösung des Problems der Naturteleologie ist, sondern weiteren Erklärungsbedarf bezüglich der *Genese* des möglicherweise transzendentalen Scheins der Zweckmäßigkeit der Natur erzeugt. Das Dilemma besteht darin, daß die Rede von einer Zweckmäßigkeit der Natur ohne die Annahme einer subjektanalogen zwecksetzenden Instanz inkonsistent ist, mit dieser Annahme aber eine unzulässige anthropomorphe Projektion zu sein scheint. Die einzige Möglichkeit, dieses Dilemma aufzulösen, besteht für Kant darin, die bloß regulative Bestimmbarkeit der Natur als zweckmäßig *anthropologisch zu relativieren* und sie einer kontingenten "Eigentümlichkeit *unseres* (menschlichen) Verstandes" (*KU* B 345) zuzuschreiben. Es müsse letztlich "die Idee von einem anderen möglichen Verstande, als dem menschlichen, zum Grunde liegen [...], damit man sagen könne: gewisse Naturprodukte *müssen*, nach der besonderen Beschaffenheit unseres Verstandes, *von uns*, ihrer Möglichkeit nach absichtlich und als Zwecke erzeugt, *betrachtet werden*, ohne doch [...] in Abrede zu ziehen, daß nicht ein anderer (höherer) Verstand, als der menschliche, auch im *Mechanism* der Natur [...] den Grund der Möglichkeit solcher Produkte der Natur antreffen könne" (B 345f).

Erst damit ist Kants Argumentation abgeschlossen. Die Postulierung eines solchen *intellectus archetypus* ist notwendig, um die Zweckmäßigkeit der Natur, die der *menschliche* Verstand nur anthropomorph begreifen kann, auch unabhängig von unseren Projektionen in der mechanisch verfahrenden Natur selbst zu verankern. Allerdings hat auch diese überlegene Intelligenz, dieser ideale Beobachter nur den Status einer methodischen Fiktion. Es sei auch "gar nicht nötig zu beweisen, daß ein solcher intellectus archetypus möglich sei", sondern nur, daß seine notwendige Annahme "keinen Widerspruch enthalte" (B 350).

Bevor wir dieses Ergebnis evaluieren, sei noch ein gegenläufiger Strang des Kantischen Textes vorgestellt, in dem, sehr modern, der Gedanke der *Selbstorganisation* entwickelt und zur Bestimmung des Organismus herangezogen wird. Kant nennt, am Beispiel des Baumes, verschiedene Merkmale des selbstorganisierenden Systems - Selbstreproduktion, Wachstum, Regenerationsvermögen, Zusammenspiel der Teile (B 287f) - und benutzt diese Merkmale, um den Organismus vom Kunstprodukt zu unterscheiden, um also über die bekannte Analogie hinauszugelangen: "Man sagt von der Natur und ihrem Vermögen in organisierten Produkten bei weitem zu wenig, wenn man diese ein *Analogon der Kunst* nennt; denn da denkt man sich den Künstler (ein vernünftiges Wesen) außer ihr. *Sie organisiert sich vielmehr selbst*" (B 293). Ein Organismus sei, als Naturzweck, *"von sich selbst* (obgleich in einem zwiefachen Sinne) *Ursache und Wirkung"* (B 286). Dagegen existiere in einem Artefakt, etwa in einer Uhr, "ein Teil [...] zwar um des andern Willen, aber nicht durch denselben" (B 292). Die "hervorbringende Ursache" liege nicht im Artefakt selbst, Uhren können sich nicht fortpflanzen. Aus diesem Grunde sei ein "organisiertes Wesen [...] nicht bloß Maschine"; vielmehr "wird ein solches Produkt, als *organisiertes* und *sich selbst organisierendes Wesen*, ein Naturzweck genannt werden können" (ebd.).

Diese Formulierungen sind bemerkenswert, weil sie, wörtlich genommen, sehr wohl konstitutive und nicht bloß regulative Merkmale von Organismen benennen und daraus eine Unterscheidungsmöglichkeit von Organismus und Maschine zu gewinnen suchen. Auf den Gedanken der Selbstorganisation (der m.E. der technomorphen Metapher noch verhaftet bleibt),[14] bin ich im Kybernetik-Kapitel bereits eingegangen. Entscheidend ist hier, daß Kant, dem scharfen Kriti-

---

[14] Diese Auffassung teilt auch Sutter, für den Maturanas und Varelas Bestimmung der autopoietischen Maschine *"nur eine weitere Bestätigung der Unumgehbarkeit des teleologischen Denkschemas"* ist und keinen Schritt über Kant hinausführt (a.a.O., 221).

ker des Blumenbachschen "Bildungstriebs", diese Möglichkeit einer konstitutiven biologischen Bestimmung des Organismus gar nicht zur Verfügung steht, weil die Gesetze der Selbstorganisation keine mechanischen Gesetze sind. Kants Naturbegriff beruht aber auf dem Begriff des mechanischen Naturgesetzes, muß darauf beruhen, weil er andere Naturgesetze nicht kennt. Eben deshalb erscheint es ihm schlimmer, eine neue nichtmechanische "Grundkraft" zu "erdichten" (1788, A 132), als einen übermenschlichen Verstand zu postulieren. Im Rahmen seines Naturbegriffs *kann* er keine konstitutive Bestimmung des Organismus geben.

Dies scheint die Einschätzung Engels', Holensteins u.v.a. zu bestätigen, daß Kant aufgrund seiner "Unkenntnis erst später gemachter Entdeckungen natürlicher Gesetzmäßigkeiten der belebten Natur" zu keiner konsistenten Lösung des Teleologieproblems in der Lage gewesen sei (Engels 1982, 120).[15] Engels bezeichnet die Kantische Position daher unfreundlich als "Verlegenheitslösung" und bilanziert: "Kant schließt mit seiner Teleologiekonzeption einen Kompromiß zwischen einer rein mechanischen Betrachtungsweise, welche die gesamte Natur hätte vernachlässigen müssen, und einer Teleologie des Organischen im konstitutiven Sinn, die Rückfall auf eine aristotelische Antwort bedeutet hätte" (ebd.). Kant wird dafür bedauert, daß er den kausalen Mechanismus der Evolution bzw. der zweckmäßigen Organisation von Lebewesen noch nicht kannte, wobei unterstellt wird, daß *wir* inzwischen über diesen Mechanismus verfügen - dank Darwin, den Haeckel als den von Kant für unmöglich erklärten "Newton des Grashalms" feierte. Engels stimmt der Auffassung von Bertalanffys (1950, 154) und Hassensteins (1981, 62) zu, daß Teleologie bzw. Teleonomie nur ein Spezialfall von Kausalität sei, eine Behauptung, die sich einem am Teleologieproblem verzweifelnden Kurzschluß verdankt. Zwar mögen Naturprozesse, die unter einer bestimmten Beschreibung teleologische Prozesse sind, unter einer anderen Beschreibung kausale Prozesse sein. Dadurch wird Teleologie aber nicht zur Kausalität. Obwohl alles, was in der Natur geschieht, also auch die "Zielgerichtetheit organischer Prozesse naturwissenschaftlichen Gesetzmäßigkeiten unterworfen ist", haben wir es deshalb noch nicht mit einer "mechanistischen Teleologieauffassung" zu tun, wie Engels behauptet (1982, 152 sowie 121 und 137). Ich erinnere an meine Auseinandersetzung mit der Behauptung vieler Evolutionstheoretiker, daß "[n]atural selection is a purely mechanistic process" (Ayala 1970, 10). Es gibt diesen Mechanismus nicht.[16] Darwins Leistung besteht nicht in einer *Reduk-*

[15] "Für mehr als nur eine mechanisch-kausale Erklärung, für eine funktionale Erklärung der Evolution fehlte Kant nicht nur ein erfolgreiches Vorbild in den Naturwissenschaften, es fehlte ihm als kritischem Philosophen auch eine unverzichtbare Voraussetzung, nämlich eine nichtmetaphysische Konzeption eines zugleich natürlichen und teleologischen Systems" (Holenstein 1987a, 327).

[16] Von Bertalanffy, der Vorreiter dieser Auffassung, begründet sie in bezug auf homöostatische Systeme so: "[I]t seems as if the system would 'aim toward' an equilibrium to be reached in the future", doch "[t]he 'teleological' final value formula is only a transformation of the diffe-

tion von Finalität auf Kausalität, die begrifflich nicht möglich wäre, sondern darin, gegen das kreationistische "argument from design" gezeigt zu haben, daß die Idee der Zweckmäßigkeit der Natur ihrer natürlichen Genese *nicht widerspricht.*[17] Unsere Kenntnis der Mechanismen ist heute profunder, aber sobald wir uns auf sie beschränken, entgleitet uns, was Organismen *als zweckmäßige* auszeichnet. Dies wird, wie ich vorgreifend und der unverlierbaren Kantischen Einsicht folgend behaupten möchte, in keinem Mechanismus der Natur aufzufinden sein, denn allgemein ist "die Zweckmäßigkeit eines Dinges [...] keine Beschaffenheit des Objekts selbst" (*KU* B XLIII).

Mit Sutter neige ich daher zu der Auffassung, daß Kants zeitweilige Versuche einer konstitutiven Bestimmung des Organismus und dessen Abgrenzung vom Technomorphismus der Maschinenanalogie nicht Kant *at his best* zeigen. Die Selbstreproduktion als differentia specifica des immanent zweckmäßigen natürlichen Organismus anzugeben, steht Kant nicht frei, solange dessen Zweckmäßig-

---

rential equation indicating the actual conditions; the 'directiveness' of the process toward a final state is not different from causality, but another expression of it" (Bertalanffy 1950, 154). Aber das homöostatische System selbst kennt diese Formel nicht; es ist unsere Entscheidung, eine Infinitesimalgleichung aufzustellen und das antizipatorische Moment in ihr zu verstecken. - Hassenstein (1981, 62) behauptet sogar, daß Finalität "auf einer speziellen Form" von Kausalität beruht; die "causa finalis" läßt grüßen. - Seit Niels Bohr ist der Begriff der *Komplementarität* als Joker beliebt, wenn man es mit begrifflich inkompatiblen Erklärungen zu tun hat. So ist zu lesen, Kausalität und Finalität stünden "keineswegs im Widerspruch", sondern seien "komplementäre Aspekte ein und derselben Sache" (Wuketits 1980, 112). Ich behaupte, daß der Komplementaritätsbegriff regelmäßig, so auch hier, eher von Verzweiflung und von Begriffsverwirrung als von Problemdurchdringung zeugt. - Natürlich ist die *Entgegensetzung* von Teleologie und Kausalität ebensowenig aufrechtzuerhalten; *causa efficiens* und *causa finalis* liegen eben nicht auf einer Ebene, denn die letztere ist überhaupt keine Kausalität.

An dem extensionalistischen Kurzschluß, Kausalität und Finalität müßten in der Biologie irgendwie 'Ausdruck derselben Sache' sein, weil sie durch dieselben Prozesse exemplifiziert werden, kranken auch viele Verteidigungen der Evolutionstheorie, die Darwin gegen den Anthropomorphismusvorwurf in Schutz nehmen wollen und die Teleologie durch Naturkausalität 'überwunden' glauben. Ich bringe nur ein zeitgenössisches Zitat aus Langes *Geschichte des Materialismus*: "[D]ie meisten, welche der neueren Naturwissenschaft gegenüber noch an der Teleologie glauben festhalten zu dürfen, klammern sich an die Lücken der wissenschaftlichen Erkenntniss und übersehen dabei, dass wenigstens die *bisherige Form* der Teleologie, die *anthropomorphe*, durch die Thatsachen gänzlich beseitigt ist; einerlei, ob die naturalistische Ansicht hinlänglich festgestellt ist oder nicht. Die ganze Teleologie hat ihre Wurzel in der Ansicht, dass der Baumeister der Welten so verfährt, dass der Mensch nach Analogie menschlichen Vernunftgebrauches sein Verfahren zweckmäßig nennen muss. [...] Es ist nun aber gar nicht mehr zu bezweifeln, dass die Natur in einer Weise fortschreitet, welche mit menschlicher Zweckmässigkeit keine Aehnlichkeit hat" (Lange 1866, 245f). In der Tat: die Natur schreitet mechanisch fort und kennt keine externen Zwecke - und eben deshalb läßt sich ihre Zweckmäßigkeit auch nicht mechanisch noch evolutionstheoretisch erklären, sondern gehört erst unserer Beurteilung an.

17 Vgl. Fellmann 1977, 294: "Die Erklärungsleistung der Theorie Darwins liegt vielmehr in dem Nachweis, daß die gegebene Zweckmäßigkeit der organischen Formen mit der Idee einer durch kausale Notwendigkeit determinierten Natur verträglich ist".

keit nur als Funktion unseres Beurteilungsvermögens gedacht werden kann, welches auf die technomorphe Analogie angewiesen bleibt. In der Idee der Selbstreproduktion ist der Begriff des Organismus schon vorausgesetzt. Der Organismus muß erst aus dem Kontinuum der Natur herausgehoben werden, wozu man eine System/Umwelt-Grenze auszeichnen muß, die die Natur selbst in ihrer reinen Physikalität nicht kennt. Ob man dabei mit dem Organismusbegriff arbeitet oder mit dem scheinbar unverdächtigeren Systembegriff, macht hinsichtlich der teleologischen Implikationen keinen Unterschied. Wie wir oben (II, 3.3) gesehen haben, ist "der Systembegriff selbst teleologisch: der Mensch kann nur etwas als System erkennen und beschreiben, wenn er ein Ziel antizipiert, das aufrechterhalten werden *soll*" (Löw 1980, 299).

Alles in allem muß man Kants Einschränkung der Teleologie auf die reflektierende Urteilskraft und seine als methodologische Fiktion zu verstehende Einführung einer 'höchsten Intelligenz' als sein letztes Wort zum Teleologieproblem ansehen. Für Sutter fällt damit der Organismusbegriff am Ende wieder mit dem Maschinenbegriff zusammen:

> "Die reflektierende Urteilskraft vermag anstelle des sich selbst organisierenden Wesens bloß eine idealtypische Maschine zu denken, deren formales Schema (Künstler - künstlich hergestelltes Funktionsgebilde) sie auf das natürliche Systemding projiziert. Der Kantische *Organismus-Begriff* ist folglich identisch mit dem von allem Beiwerk gereinigten *Maschinenmodell* für das [...] Lebendige. Da das Bewußtsein der Modelldistanz (bzw. der Projektion) für die reflektierende Urteilskraft grundlegend ist, kann die *Kantische Rechtfertigung des Maschinenmodells* gleichermaßen als *desillusioniert* und *verkappt* bezeichnet werden" (a.a.O., 207f).

Ich schließe mich dieser Einschätzung an, nicht aber dem kritischen Ton, der in ihr mitschwingt. Der implizite Teleologismus der Maschinenmetapher und des Organismusbegriffs ist überhaupt nicht vorwerfbar, denn auch die nachkantischen Versuche, die Teleologie zu naturalisieren und den Ingenieur aus der Maschinenmetapher zu eliminieren, sind sämtlich gescheitert.

Welches Zwischenergebnis können wir nun im Hinblick auf das *Metaphernproblem* festhalten? Anders als LaMettrie, der den menschlichen Körper im *wörtlichen* Sinne als Maschine ansieht, will ja Kant die maschinale Beschreibung des Organismus (und der Welt als ganzer) ausdrücklich als Metapher verstanden wissen. In diesem Sinne sagt er in den *Prolegomena*, daß wir, "genötigt, die Welt so anzusehen, *als ob* sie das Werk eines höchsten Verstandes und Willens sei", doch das Bewußtsein der Metaphorizität unserer Beschreibung aufrechterhalten können, und er betont: wir "vermeiden dadurch den *dogmatischen* Anthropomorphismus [...] und erlauben uns einen *symbolischen* Anthropomorphismus, der in der Tat nur die Sprache und nicht das Objekt selbst angeht" (*Prol.* A 175). Aber diese Erklärung kann nicht hinreichen, sie verharmlost das zugrundeliegende Problem. Kant unterschlägt den Umstand, daß die Metapher zur Bezeichnung des Intendierten alternativlos ist und insofern keineswegs "nur die Sprache und nicht das Objekt selbst" betrifft. Es handelt sich um eine im starken Sinne kognitive Metapher, ohne die auch die bloß regulative Bestimmung des Gegenstandes gar nicht möglich wäre. Man darf sich von der Kantischen Entgegensetzung von konstitutiven und regulativen Ideen nicht dazu verführen lassen, die letzteren als bloß methodologisch zu verharmlosen; ihr Status ist bei Kant "sehr viel gewichtiger als der der sog. 'heuristischen Maxime', von welcher heutzutage in der Biologie die Rede ist, wenn man von der Teleologie etwas Gutes sagen will" (Spaemann/Löw 1981, 131). Überzeugend ist die strikte Trennung zwischen Ontologie und Methodologie nur, wenn der fragliche Gegenstand schon unabhängig konstituiert ist, so daß wir wissen, *wovon wir sprechen*, wenn wir ihm nichtkonstitutive Attribute beilegen. Es ist fraglich, inwieweit diese Voraussetzung im Falle von Organismen erfüllt ist.

Man darf in diesem Zusammenhang nicht die physikalistische Orientierung Kants vergessen, die für seinen Naturbegriff konstitutiv ist. Naturgegenstände sind für ihn nicht schon als Organismen konstituiert, wohl aber als raumzeitlich ausgedehnte materielle Körper, als die sie zunächst begriffen werden müssen. Daher besteht keine einfache Symmetrie zwischen mechanischer und teleologischer Beurteilung der Natur, wie Spaemann und Löw fälschlich behaupten: "Die Natur ist für uns wesentlich Erscheinung und *nicht* Ding an sich. Dementsprechend läßt Kant die kausalmechanische und die teleologische Naturbetrachtung als zwei *Beurteilungsarten* von natürlichen Gegenständen auftreten und *nicht* als eine Beurteilungs-(Teleologie) und eine Bestimmungsart (Kausalforschung)" (Spaemann/Löw 1981, 133). Exegetisch ist diese Gleichwertigkeitsthese nicht zu halten.[18] Und doch bleibt Kants Rede von der nichtkonstitutiven teleologischen Beurteilung von Naturdingen problematisch. Für die Bestimmung der Naturdinge *als Organismen* ist die teleologische Beurteilung sehr wohl konstitutiv. Die Asymmetrie besteht allein darin, daß wir auf diese Bestimmung auch verzichten können und gleichwohl nicht völlig mit leeren Händen dastehen, denn wir haben ja noch den physikalistischen Naturbegriff. Aber dieser reicht eben nicht aus, den Organismusbegriff zu konstituieren. *Konstitutive* Merkmale des Organismus sind für den menschlichen Verstand nicht zu haben, hier bleibt nur noch die Postulierung einer höchsten Intelligenz, der das Vermögen der intellektuellen Anschauung gegeben ist. Mit dieser Postulierung verläßt Kant allerdings den Boden desjenigen Teiles der Transzendentalphilosophie, der die durch Strawson angeregte sprachanalytische Transformation überlebt hat. Kant muß sich heute dafür kritisieren lassen, daß er die Grenzen des Erkennbaren von beiden Seiten hat ziehen

---

[18] Jedenfalls nicht, was die *Kritik der Urteilskraft* betrifft. Wenn man allerdings wie Löw (1980. 228) die *Kritik* retrospektiv aus der Perspektive des *Opus Postumum* liest und dieses als höchsten Punkt der Kantischen Naturphilosophie betrachtet, wird die Gleichwertigkeitsthese plausibler.

wollen. Fragwürdig ist dies schon für die Grenzen der Erkenntnis, unmöglich aber für die Grenzen des *Sinns*. Diese können nur von innen gezogen werden. Kant sucht die Dialektik der Grenze zu umgehen, indem er noch einen Bereich des *Denkbaren* annimmt, der unter weniger strengen Restriktionen steht als der Bereich des Erfahrbaren (vgl. *KrV* B XXVI). Wenn wir die Transzendentalphilosophie sinnkritisch radikalisieren, sind aber nicht nur transzendente Übergriffe über den Bereich möglicher Erfahrung unzulässig, es ist es auch ungereimt, sich einen höchsten Verstand zu denken, der von den Fesseln unserer Erkenntnis- und Sprachformen befreit wäre. Am Ende hat auch Kants Bestehen auf der Differenz von regulativen und konstitutiven Bestimmungen in einer sinnkritisch transformierten Transzendentalphilosophie keinen rechten Ort mehr (vgl. Liebrucks 1968, 135).

Es bleibt festzustellen, ob der Kantische Stand noch der status quo ist.[19] Bis in die Gegenwart sind immer wieder Versuche unternommen worden, die Teleologie zu naturalisieren; ich werde einige neuere davon diskutieren. Dabei verzichte ich darauf, meine Auffassung zum evolutionstheoretischen Ansatz zu wiederholen und überspringe auch die vitalistischen und neovitalistischen Lebenskraft- und Entelechie-Lehren (vgl. dazu Engels 1982, 93ff und 126ff). Diese mögen zwar in einem sehr weiten Sinne naturalistisch sein, fallen aber nicht unter den szientistischen Naturalismus und sind dem Mechanismus der Maschinenmetapher gerade entgegengesetzt.

Das Problem ist nach wie vor das einer Vermittlung von Kausalität und Finalität. Aristoteles hatte die Teleologie als "causa finalis" bestimmt, was aber mit dem neuzeitlichen Kausalitätsverständnis nicht vereinbar ist. Zwecke können kei-

---

[19] Folgt man der Interpretation Löws, wendet sich das Blatt im *Opus Postumum* allerdings noch einmal. Dort finde eine "Begründung transzendentalen Philosophierens in der Genese des psychophysischen totalen Subjekts" statt (Löw 1980, 229), eine "Abkehr vom Intellektualismus" (271). In seinem Ausgang von der Erfahrung des eigenen Leibes habe Kant die Einsicht erreicht, "daß wir die lebende Natur *verstehen* können, weil wir selbst auch lebende Naturwesen sind" (229). Schon in der Analyse der reflektierenden Urteilskraft müsse Kant "zunehmend auf anthropologische Konstanten rekurrieren, und das Op.p. stellt direkt den Versuch dar, die Natur als *Lehrsystem* über den *Menschen als Naturwesen* zu begründen". Der "Mensch in seiner psychophysischen Totalität" sei "der letzte (und einzige) gewisse Punkt des Grundes einer jeden Naturphilosophie" (227). Folgt man Löw, geht also die Wahrnehmung der Teleologie der Natur nicht nur nicht über den menschlichen Verstand hinaus, vielmehr ist sie *nur* dem Menschen möglich, der in seinem Handelnkönnen der teleologischen Struktur der Natur, deren Teil er ist, gewahr wird. - Auf die fundamentale und für die Verhältnisbestimmung von Kausalität und Teleologie wichtige Erfahrung, im Handeln Ausgangspunkt einer Kausalreihe sein zu können, werde ich im Schlußkapitel noch zurückkommen, allerdings *ohne* die spekulative Wendung zur objektiven Naturteleologie. Leider verspielt Löw nämlich seine Einsichten wieder, wenn er in einer Wendung von der Anthropologie zur Lebensphilosophie objektivistisch von "Zwecken des Lebens" spricht (292), die "Verlagerung der Ziele der Natur [in das Bewußtsein]" kritisiert (284) und von menschlichen Zwecken sagt, sie stammten "vom Leben selbst, an welchem wir teilhaben" (290). Selbst die *causa finalis* möchte Löw rehabilitieren (vgl. 195).

ne Kausalkräfte sein, weil dies eine zeitliche Umkehrung der Kausalbeziehung erforderte. Wie, so der antiaristotelische Standardeinwand der "backward causation", soll ein Späteres ein Früheres kausal beeinflussen können? Es scheint genau einen Fall zu geben, für den das Problem gelöst ist: den Fall menschlicher Zwecksetzung. Kausal wirksam ist hier nicht ein zukünftiges Ereignis, sondern dessen *mentale Antizipation* im Akt der Ziel- oder Zwecksetzung. Das "um zu" einer Handlung kann als antizipiertes, d.h. als gegenwärtige Intention zu einer Kausalursache werden. Diese Redeweise ist allerdings etwas ungenau, insofern wir das Ziel einmal als extensionalen Weltzustand, einmal als mentale Entität vorkommen lassen. Bei einer genaueren Analyse müßten wir klarmachen, daß nicht eigentlich ein Gegenstand oder ein zukünftiger Weltzustand als Ziel antizipiert wird, denn ein solcher Übergang von intensionaler zu extensionaler Redeweise ist irreführend. Angestrebt wird vielmehr das *Erfülltsein* unseres Zieles durch einen Weltzustand, der ihm entsprechen möge.[20] Ziele sind niemals konkrete Einzeldinge, sondern haben grundsätzlich propositionale Struktur, auch wenn die Umgangssprache uns manchmal anderes vermuten läßt (vgl. Geach 1975). Tatsächlich strebe ich nicht den Pokal an, sondern, daß ich ihn in Händen halte. Ich hoffe nicht auf den Nikolaus, sondern darauf, daß er kommen möge etc.[21] Wir müssen also das Anstreben eines Ziels grundsätzlich als *propositionale* (und nicht als *nominale*) Einstellung auffassen. Andernfalls handeln wir uns das berüchtigte Problem der intentionalen Gegenstände ein, die einerseits in der Welt sind, andererseits auch wieder nicht, und deren Auslagerung in ein Zwischenreich der intentionalen (In)existenz das Problem nur iteriert, statt es zu lösen. Dann stellt sich nämlich die Frage, wie sich denn diese "noematischen" Gegenstände (Husserl) zu den wirklichen verhalten, und diese Frage hat dieselbe Struktur wie das Ausgangsproblem. Inwiefern "existieren" Zielzustände also? Nun, der Sachverhalt, der durch meine zielverfolgende Aktivität herbeigeführt wird, existiert in der physischen Welt, nur ist es möglicherweise nicht der, den ich angestrebt habe. Die fragliche Relation des Anstrebens ist eine propositionale Einstellung und hat zugleich *normativen* Charakter. Erst dieser Zug macht den eigentümli-

20 Siehe die wichtige Klarstellung bei Woodfield: "Natural ends are states of affairs that obtain, or can obtain, in the real world. Goals, on the other hand, are mental entities, living permanently inside intensional brackets. I agree that if a goal is achieved, we say that it exists or has been actualised. But this teetering from intensional to extensional usage is a loose *façon de parler*. Intentional objects can never break free of their shackles, for they can never become real objects. What is actualised, strictly speaking, is always some action or state of affairs that *matches* the goal by satisfying a goal-description" (Woodfield 1976, 211f).

21 Ich habe bisher darauf verzichtet, "Ziel" und "Zweck", beides mögliche Übersetzungen des griechischen "Telos", terminologisch auseinanderzuhalten. Ein Unterschied dürfte darin bestehen, daß Ziele die Materialisierung zu extensionalen Weltzuständen sprachlich zulassen (vgl. "target" im Englischen, das man auch dann getroffen hat, wenn man versehentlich den Falschen erschossen hat), während der Zweck stets das *Worumwillen* eines Handelns bezeichnet und somit nur intentional und in propositionaler Form existiert.

chen Status des intentionalen 'Gegenstandes' verständlich, denn eine normative Relation zeichnet sich dadurch aus, daß sie nicht zu bestehen aufhören muß, wenn sie durch nichts Faktisches in der Welt erfüllt wird. Ich mag einen Zustand anstreben, den es in der Welt nicht geben kann; das Bestehen einer normativen Relation ist logisch damit verträglich.

Diese Erläuterung des Zielverfolgens gilt für menschliche Handlungsteleologie. Eben der Rückgriff auf das Paradigma menschlichen Handelns soll durch eine Naturalisierung der Teleologie aber überflüssig gemacht werden. Das Desideratum ist "to formulate in general but fairly precise the distinguishing structure of 'goal-directed' systems, but in such a way that the analysis is neutral with respect to assumptions concerning the existence of purposes" (Nagel 1961, 409f). Gemeinsames Ziel der neueren wissenschaftstheoretischen Beiträge, die zum großen Teil aus dem Umkreis der Kybernetik, der Systemtheorie und der Biologie stammen, ist die "Entmythologisierung der Finalität durch ihre Bestimmung als objektive Systemeigenschaft, die zu ihrer Erklärung keines Rückgriffs auf metaphysische, subjektanalog konzipierte Instanzen mehr bedarf" (Engels 1982, 142).

Der einflußreiche kybernetische Ansatz von Rosenblueth, Wiener und Bigelow (1943) ist in der Identifikation zielgerichteten Verhaltens dem Behaviorismus verpflichtet. Dabei soll die "intrinsic purposefulness" eines beobachtbaren Verhaltens eine Eigenschaft auch nicht-menschlicher Systeme sein können. Das Teleologiekriterium der Autoren lautet: "The term purposeful is meant to denote that the act or behavior may be interpreted as directed to the attainment of a goal - i.e., to a final condition in which the behaving object reaches a definite correlation in time or in space with respect to another object or event" (Rosenblueth/Wiener/Bigelow 1943, 18). Ähnlich bestimmt Bertrand Russell als zielgerichtet diejenigen Verhaltenszyklen, die in einen (zeitweiligen) Ruhezustand münden: "The 'purpose' of a behaviour-cycle is the result which brings it to an end, normally by a condition of temporary quiescence" (Russell 1921, 65).

Es läßt sich kaum eine Reduktion des Teleologischen denken, die anfälliger für Gegenbeispiele wäre als dieses Kriterium eines stabilen Endzustandes. Ist doch der Zustand nach einem Vulkanausbruch fraglos der einer "temporary quiescence", ohne daß er deshalb das Telos des Vulkanausbruchs genannt werden könnte (so wendet Braithwaite 1953, 329 gegen Russell ein). Erst recht die Definition von Rosenblueth, Wiener und Bigelow macht Zielgerichtetheit zu einem allgegenwärtigen Phänomen, das von einem "bloßen Endigen" (Jonas 1953, 170) nicht mehr zu unterscheiden ist.[22] Schon Aristoteles hatte bemerkt, daß nicht jedes zu-einem-Ende-Kommen einer Bewegung ein Telos genannt werden kann; anderenfalls wäre der Tod das Ziel des Lebens. Zwar bewegen sich alle Organismen unausweichlich auf den Zustand maximaler Entropie zu, aber sie streben ihn kaum als Ziel an. Organismen streben im Gegenteil nach Selbsterhaltung. In kos-

22 Vgl. die ähnliche Kritik bei Taylor 1950.

mischer Dimension mag diese Differenz nicht aufrechtzuerhalten sein; eben dies zeigt die Notwendigkeit der Beschränkung des Begriffs zielgerichteter Aktivität auf ihrer Systemgrenzen bewußte Organismen. Weil wir den Tod nicht *anstreben*, nennen wir ihn nicht ein Telos.

In ihrer Antwort auf Taylor appellieren Wiener und Rosenblueth (1950, 319) dann an ein intutives Vorverständnis des Zielbegriffes, mit dem man vorläufig arbeiten könne: Wir wüßten im allgemeinen gut zu unterscheiden, welche Prozesse man zielgerichtet nennen kann und welche nicht. Die Existenz eines solchen Vorverständnisses ist nicht zu leugnen, aber gerade dieser Ansatz muß es sich versagen, davon profitieren zu wollen. Unser Vorverständnis des Teleologischen stammt aus unserer Selbsterfahrung als zielgerichtet handelnder Subjekte. Dieser Rückgriff sollte aber gerade überflüssig gemacht werden. Die Beispiele, mit denen die Autoren arbeiten, zeigen allerdings, daß in der Tat "die menschliche - d.h. die vertraute, nichtkybernetische - Bedeutung von 'Zweck' in die Beschreibung eingeschmuggelt wird, die vorgibt, nur mit Kategorien äußeren Verhaltens zu arbeiten" (Jonas 1953, 170f, ebenso Engels 1982, 164).

Es ist nichts damit gewonnen, die Analyse teleologischen Verhaltens durch die rein deskriptive Auszeichnung irgendeines Ziel- oder Endzustandes zu umgehen. Hier stellen sich genau dieselben Probleme erneut, wenn die Angabe des Zielzustandes keine *petitio* sein soll.[23] Wie Engels zusammenfassend feststellt, ist es Rosenblueth, Wiener und Bigelow nicht gelungen, den Zielbegriff hinreichend zu präzisieren. Sie befinden sich in einem Dilemma: "*Entweder* sind die angegebenen Kriterien so allgemein, daß sie keine Unterscheidung zwischen *zielgerichteten* und *ziellosen Kausalzusammenhängen* mehr ermöglichen, *oder* sie orientieren sich an den bewußten Zielsetzungen des Subjekts" (Engels a.a.O., 170).

Mehr Erfolg als die Auszeichnung einer bestimmten Klasse von Endzuständen scheint die Strategie zu versprechen, Teleologie durch die Angabe von distinktiven Merkmalen zielgerichteter *Prozesse* zu naturalisieren.[24] Das einschlägigste dieser Merkmale ist die "Plastizität" zielgerichteten Verhaltens, welches schon der Biologe E. S. Russell als Teleologiekriterium angegeben hatte. Die Plastizität eines Verhaltens zeigt sich in 'hartnäckiger' Zielverfolgung unter variierenden Umständen und mit unterschiedlichen Mitteln.[25] Der Endpunkt einer ziel-

---

23 Engels bemerkt zu dieser Zirkularität: "Ein Verhalten ist als teleologisches nur identifizierbar auf Grund eines Endzustandes, der Zielcharakter hat. Andererseits können für diesen Zielcharakter selbst aber keine anderen Kriterien angegeben werden, als daß sie Endzustände teleologischen Verhaltens sind" (1982, 169).

24 Exemplarisch Braithwaite: "It is necessary, I think, to look at the whole causal chain and not merely at its final state" (1953, 329).

25 "What *is* distinctive is the active persistance of directive activity towards its goal, the use of alternative means towards the same end" (E. S. Russell nach Braithwaite 1953, 329). - Eine frühe Formulierung des Plastizitätsmerkmals stammt von Rignano, der damit den Anspruch erhob, "a general distinctive characteristic, *entirely objective, and in no respect subjective or anthropomorphic*" gefunden zu haben: "[I]f with a change of circumstances the process chan-

gerichteten Aktivität kann durch verschiedene Kausalketten erreicht werden. Eine im Labor konditionierte Ratte verhält sich plastisch und somit zielgerichtet, wenn sie bei veränderten Umständen verschiedene Wege findet, zu ihrem Futter zu gelangen.

Bleibt dieses Teleologiekriterium von Gegenbeispielen des oben angeführten Typs verschont, denenzufolge Teleologie bei Akzeptanz des Kriteriums ubiquitär wird? Nein, entsprechende *reductiones ad absurdum* sind auch hier versucht worden, etwa von Woodfield: "[T]he variancy of the conditions under which, say, a boulder rolls downhill will provide overwhelming evidence of plasticity" (1976, 44), ohne daß wir doch das Hinunterrollen des Steines zielgerichtet nennen würden. Auch das Standardbeispiel scheint gegen das Plastizitätskriterium zu greifen: "Every animal is tremendously plastic in respect of becoming dead: throw up what obstacles you may, and death will be achieved" (Bennett 1976, 45). Daß der Nachweis der Allgegenwart teleologischer Prozesse das betreffende Kriterium ad absurdum führt, dürfte wohl unumstritten sein. Es wäre "pointless to explicate the notion of being goal-directed, if all processes whatever were just of that sort" (Nagel 1977, 270).

Das Plastizitätskriterium ist nicht hinreichend und vielleicht nicht einmal notwendig. Warum akzeptieren wir die Vielfalt der Wege, auf denen der rollende Stein seinen Endpunkt am Fuße des Berges erreichen kann, nicht als Indiz für aktive Zielverfolgung, sondern halten zur Erklärung des Vorgangs, in Kants Diktion, den "bloßen Naturmechanismus" für ausreichend? Es fehlt das Moment von *Aktivität*, welches Organismen in ihrem Verhalten an den Tag legen. E. S. Russell sprach von "active persistance", die nicht schon durch die Ähnlichkeit des Endzustandes unter variierenden Bedingungen gewährleistet wird. Die Rede von "Aktivität" erklärt natürlich nichts. Wichtig ist es, den Status dieser Gegenbeispiele im Auge zu behalten. Sie sollen lediglich das Plastizitätskriterium ad absurdum führen. Wenn das fragliche Verhalten nämlich *zu* plastisch ist, also unter *allen* Umständen einen bestimmten Endpunkt erreicht, werden wir es gerade nicht zielgerichtet nennen. Pointiert könnte man sagen, daß nur ein solches System ein Ziel anstreben und verfolgen kann, das es *auch verfehlen könnte*. Die vollendete Plastizität - das Erreichen des Endpunkts der Bewegung unter allen Umständen - ist eher ein Indiz für die Abwesenheit von Teleologie, d.h. für die Verzichtbarkeit einer teleologischen Erklärung. In diesem Falle reichte ja die Erklärung durch einen "bloßen Naturmechanismus" aus. Nagel (1977, 274f) drückt diesen Zusammenhang so aus, daß die kontrollierenden Variablen eines Prozesses nicht naturgesetzlich miteinander verbunden sein dürfen, damit wir von Zielverfolgung zu sprechen bereit sind. - Nachdem uns dieses Moment von Negati-

---

ges, but in such a way that the final result of it remains the same, it will fall into the category of teleological processes. [...] It appears to us difficult to imagine a criterion more objective and more impersonal than this" (Rignano 1931, 337).

vität nun zum wiederholten Male begegnet ist, können wir vermuten, daß es sich dabei um eine Art Familienähnlichkeit intentionaler Phänomene handelt. Repräsentationen müssen das Falsche repräsentieren können, damit es welche sind, das Befolgen von Regeln impliziert logisch ihre Verweigerbarkeit, Ziele müssen wir auch einmal verfehlen können. Für diese eigentümlich brüchige Beziehung der beiden Relata einer intentionalen Relation scheint es kein Äquivalent in nicht-intentionalen, natürlichen Relationen zu geben.

Daß teleologische Erklärungen der Möglichkeit des Zielverfehlens Rechnung tragen können müssen, konfligiert mit dem Plastizitätskriterium teleologischen Verhaltens. Wenn das verfolgte Ziel aus irgendeinem Grunde nicht erreicht wird, sind wir dem Plastizitätskriterium zufolge darauf verpflichtet, zu behaupten, daß das Verhalten nicht zielgerichtet war (so die Kritik von Scheffler und Woodfield). Das widerspricht aber unserem Verständnis zielgerichteter menschlicher Aktivität. Wenn die Umstände, die die Erreichung des Zieles verhindert haben, nicht dem Handlungssubjekt zuzurechnen sind, halten wir an der teleologischen Beschreibung der gescheiterten Handlung fest. Tatsächlich wird ein Verhalten "teleologisch erklärt nicht vom erreichten, sondern vom 'erstrebten' Ziel her" (Spaemann/Löw 1981, 282).

Das Plastizitätskriterium ist noch in einer weiteren Hinsicht unbefriedigend. Zielgerichtetheit schreiben wir *einzelnen* Vorgängen zu, Plastizität ist aber nur über eine *Menge* von *möglichen Kausalketten* definiert, und diese Menge ist offen. Keine faktische Aufzählung alternativer Wege, die das System wählen können müßte, um als zielgerichtet gelten zu können, wird hinreichen, kein Weg wird sich a priori ausschließen lassen. Zielgerichtetheit ist eine Disposition, die sich gerade in der Flexibilität angesichts des Auftauchens *unerwarteter* Schwierigkeiten erweist. Um ein Verhalten als plastisch-zielgerichtet zu beschreiben, muß man also auf den kontrafaktischen Konditionalsatz zurückgreifen, daß das Ziel auch unter anderen möglichen Bedingungen erreicht würde (vgl. Nagel 1977, 273). Dieses kontrafaktische Konditional enthält aber in versteckter Form ein intentionales Element. Die anderen möglichen Situationen, mit denen das fragliche Verhalten verglichen wird, sind ja nicht in der Welt, sondern müssen hypothetisch gesetzt werden. Die teleologische Beurteilung erfordert also einen mentalen Abgleich anderer möglicher Fälle, und solange *diese* Beurteilung einen intelligenten Beobachter außerhalb des angeblich zielgerichteten Systems verlangt, kann das teleologische Moment der Erklärung nicht als naturalisiert gelten. Viele Kybernetiker und Wissenschaftstheoretiker, die die ontologische Neutralität kybernetischer Kategorien behaupten, übersehen dies, weil sie von vornherein an teleologischen *Erklärungen* interessiert sind und weniger an der Rehabilitierung einer objektiven Naturteleologie. Für die Unhaltbarkeit des Naturalisierungsanspruchs reicht es aber, wenn an *irgendeiner* Stelle der Erklärung unanalysierte intentionalistische Voraussetzungen enthalten sind.[26] Daß die Teleologie der Natur erst unserer menschlichen Beurteilung angehört, ist gerade die Auffassung Kants, während das Plastizitätskriterium dazu dienen sollte, Zielgerichtetheit als ein objektives Systemmerkmal nichtmentaler Prozesse auszuzeichnen.

Das Plastizitätskriterium hat sich als ungeeignet erwiesen, das Moment von Aktivität zu rekonstruieren, das offenbar für die Qualifizierung eines Verhaltens als zielgerichtet erforderlich ist. Wie aber das aktive Moment rekonstruieren, ohne auf die noch erklärungsbedürftigere aristotelische Rede vom "Prinzip der Bewegung in sich selbst" zurückzugreifen? Im Falle *menschlicher* Zielverfolgung können wir die mentale Antizipation des Zielzustandes als dasjenige ansehen, was kausal wirksam ist. Gibt es irgendetwas Analoges oder funktional Äquivalentes bei Systemen, denen wir keine mentalen Zustände zuschreiben wollen?

Erinnern wir uns an das Argument MacKays, demzufolge wir das Verhalten eines Thermostaten nur deshalb als regelnd oder zielgerichtet bezeichnen, weil wir seinen Zustand physikalisch unterspezifizieren und unterstellen, der Thermostat selegiere aus dem Repertoire seines *möglichen* Verhaltens dasjenige Verhalten, das ihn der "Zielgröße" näherbringt - unterschlagend, daß infolge der physikalischen Vorgeschichte dieses speziellen Systems nur ein bestimmtes Verhalten möglich war. Wir projizieren also Freiheitsgrade auf die Arbeitsweise des Thermostaten, über die er selbst nicht verfügt. Dies ist verständlich, weil *wir* den Thermostaten in der Tat konstruiert und auf eine bestimmte Temperatur eingestellt haben, um dadurch ein Ziel, *unser* Ziel, zu erreichen. Allerdings drängt sich die teleologische Beurteilung bei Systemen, die die Kybernetiker homöostatisch nennen, geradezu auf. "Systeme, welche einen Zustand aufrechterhalten - sei es Temperatur, Gasdrucke im Blut oder Selbsterhaltung - legen dem Menschen immer eine teleologische Interpretation nahe: es *soll* der Zustand aufrechterhalten werden. Dieser Gesichtspunkt des immer erneuten Sich-Einstellens eines gleichförmigen Zustandes tragen jedoch *wir* an den Gegenstand heran" (Spaemann/Löw 1981, 250). Wir hatten gesehen, daß schon der Systembegriff selbst eine teleologische Beurteilung erfordert, denn die System/Umwelt-Grenze läßt sich physikalisch nicht spezifizieren. Auch das Vorhandensein negativer Rückkopplung - ein weiteres Teleologiemerkmal der Kybernetiker[27] - reicht nicht hin, ein Verhalten zu einem zielgerichteten zu machen, denn die Rückkopplung könnte

---

26 Aus diesem Grunde ist auch die Kritik verschiedener Autoren an der angeblichen Verwechslung von Zweck*mäßigkeit* und Zweck*tätigkeit* (vgl. Hartmann 1951, 24 und 89; Uexküll 1953, 98-102; Löw 1980, 289) für unseren Zusammenhang irrelevant. Es kann kein Beitrag zur Naturalisierung der Teleologie sein, die Zweck*tätigkeit* von Naturvorgängen zu bestreiten, deren Zweck*mäßigkeit* aber retten zu wollen. Solange Zweckmäßigkeit nicht als intrinsische Eigenschaft von Naturprozessen rekonstruiert ist, erfordert sie eine teleologische Beurteilung und damit Intentionalität auf der Beobachterseite.

27 "Teleological behavior thus becomes synonymous with behavior controlled by negative feedback" (Rosenblueth/Wiener/Bigelow 1943, 24).

auch als bloß mechanisches Affiziertwerden beschrieben werden, ohne daß die vom Ziel ausgehende Energie eine Information für das System wäre, die es aktiv verarbeiten könnte.[28]

Ich möchte behaupten, daß die Kantische Auffassung, derzufolge das teleologische Moment allein durch unsere Beurteilung hinzukommt, die kybernetischen Naturalisierungsversuche überlebt. Spaemann und Löw geben dieser Auffassung noch eine etwas andere, hegelianische Wendung:

> "[D]aß die nach einer Außentemperaturveränderung und einem Abfallen der Innentemperatur wiederhergestellte Innentemperatur die gleiche ist wie vorher, das ist etwas, was nur der *Interpret des Mechanismus wahrnimmt* und *nicht* der Thermostat! Das Moment der Gleichheit von Zuständen ist nur für ein Bewußtsein, es ist selbst nicht ein 'objektives Faktum'. Mechanismen sind gleichgültig gegen Identität und Nicht-Identität, denn zur Bestimmung von Identität gehört Negativität, gehört das Bewußtsein möglichen Andersseins" (a.a.O., 251).

Der Begriff der *Gleichheit* ist einer derjenigen Begriffe, die Millikan (1984) in ihrem großangelegten Versuch der evolutionstheoretischen Naturalisierung von Intentionalität als unproblematisch voraussetzt (vgl. z.B. 23). Wie wir nun sehen, ist auch an dieser Stelle Intentionalität in subtiler Weise involviert. Die Qualifizierung zweier Zustände, Prozesse etc. als "gleich" erfordert ihren mentalen Abgleich. Weder der Thermostat noch die Evolution können Gleichheiten wahrnehmen.

---

28 Alternativ könnte man kritisieren, daß hier der Intentionalismus äußerst unauffällig durch den Ausdruck "*negative* Rückkopplung" eingeschmuggelt wird. Negative Rückkopplung zeichnet sich dadurch aus, die Tätigkeit der Maschine oder des Organismus nicht zu verstärken, sondern sie zu *korrigieren*, so daß im Falle homöostatischer Systeme die Abweichungen von einem Mittelwert ausgeglichen werden. Das negative feedback kann aber als korrigierender Mechanismus nur beschrieben werden, wenn das Ziel des Systems schon unabhängig identifiziert ist, bezüglich dessen positive und negative Ausschläge korrekturbedürftige 'Abweichungen' darstellen. - Eine wichtige Differenz zwischen der informationellen Rückkopplung und der bloß mechanischen Energieübertragung scheint in der *Menge* der aufgewandten Energie zu bestehen. Wenn vom Zielpunkt eines 'intelligenten', sonargesteuerten Torpedos eine Energie ausgeht, deren Größe gegenüber den möglichen Störgrößen verschwindend gering ist, sind wir eher geneigt, von Information, Wahrnehmung, feedback, einer zielsuchenden Waffe zu sprechen. Man denke an den Wortsinn von "Kybernetik" ("Steuermannskunst") und an Platons (mentalistische!) Erläuterung, daß diese Kunst darin besteht, ein Schiff *ohne nennenswerte eigene Kräfte* unter kluger Ausnutzung wechselnder Umstände zu einem Zielort zu bringen. Wenn die vom Ziel auf den Torpedo einwirkende Energie dagegen sehr groß wäre, würden wir den kybernetischen Diskurs nicht anwenden. Würde das Geschoß etwa durch einen riesigen Magneten angezogen, läge keine informationsvermittelte Ansteuerung des Ziels vor (vgl. Jonas 1953, 172ff). Natürlich schließe ich mich diesem Argument nur in seinem kritischen Teil an und bestehe darauf, daß die Zielverfolgung in jedem Falle wörtlich nur dem Konstrukteur oder Benutzer des Torpedos zuzuschreiben ist. - Für Jonas gilt leider dasselbe wie für Löw; auch er läuft, kybernetische und behavioristische Reduktionen des Teleologischen kritisierend, am Ende zu einer objektiven Naturteleologie über, in der Zwecke "vom Fluche der 'Subjektivität' erlöst" sind (Jonas 1979, 146).

Wiederum hat der Versuch, den Rekurs auf menschliche Handlungsteleologie zu vermeiden, zum Rückgriff auf eine andere mentale Fähigkeit geführt, diesmal auf die des mentalen Abgleichs von Zuständen. Wir kommen an der Folgerung nicht vorbei, daß einem System zielgerichtetes Verhalten zuzuschreiben heißt, ihm mentale Zustände zuzuschreiben, und dies scheint eine holistische Angelegenheit zu sein. Ziele oder Zwecke zu haben können wir nicht einfach Systemen zuschreiben, denen wir nicht zugleich auch zahllose andere mentale Fähigkeiten zugestehen - etwas antizipieren oder erinnern, Zustände vergleichen können, Überzeugungen, Bedürfnisse und Absichten haben, entscheiden können. Die durch mentale Prädikate zugeschriebenen propositionalen Einstellungen bilden ein Geflecht von Implikationen, in dem die Zuschreibungsbedingungen der Prädikate wechselseitig voneinander abhängig sind. Dieser in der Literatur zum Intentionalitätsproblem oftmals bemerkte Verweisungszirkel mentaler Begriffe[29] ist dafür verantwortlich, daß es den Naturalisierern der Teleologie immer wieder nur gelungen ist, die fraglichen intentionalen Erklärungselemente zu *verschieben* oder sie von der Oberflächen- in die semantische Tiefenstruktur oder gar in die pragmatischen Präsuppositionen teleologischer Erklärungen abzudrängen.

Man kann den Übergang von der mechanistischen Maschinenmetapher zur mentalistischen Computermetapher nicht zuletzt als einen Versuch ansehen, den *holistischen Zuschreibungsbedingungen mentaler Prädikate* Rechnung zu tragen. Ich plädiere dafür, die bei Kognitionswissenschaftlern verbreitete großzügige Einnahme des intentionalen Standpunkts als ein Zeichen für die Einsicht zu interpretieren, daß eine isolierte Naturalisierung der Kategorie zielgerichteten Verhaltens, wie sie die Kybernetiker versucht haben, aussichtslos ist.

Von hierher, der Einsicht in den holistischen Charakter mentaler Zuschreibungen, fällt auch Licht auf die in der analytischen Philosophie umstrittene Frage, ob *Intensionalität* ein notwendiges und hinreichendes Kriterium für Intentionalität ist, die ihrerseits Brentano zufolge das Definiens des Mentalen darstellt. Wären beide Thesen richtig, müßte tatsächlich in allen intensionalen Kontexten Mentales involviert sein. Eben dies wird aber oft bestritten (etwa von Urmson 1968). Viele nicht im engeren Sinne mentale Verben generierten ebenfalls intensionale Kontexte; dasselbe gilt bekanntlich für die Modaloperatoren. Meine Antwort darauf ist diejenige des frühen Dennett, nämlich "to reconstrue 'mental' rather more broadly [...] and accept such sentences as falling within Brentano's notion of In-

---

29 Vgl. etwa Chisholm 1957, 168-185; Dennett 1969, 31f; Casey 1973; Block 1980, 175; Hyman 1991, 18; Hacker 1991, 128f. Mit besonderem Nachdruck Searle 1983, 26: "In my view it is not possible to give a logical analysis of the Intentionality of the mental in terms of simpler notions, since Intentionality is, so to speak, a ground floor property of the mind, not a logically complex feature built up by combining simpler elements. There is no neutral standpoint from which we can survey the relations between Intentional states and the world and then describe them in non-Intentionalistic terms. Any explanation of Intentionality, therefore, takes place within the circle of Intentional concepts".

tentionality" (Dennett 1969, 23). Urmson möchte in Verben wie "nach etwas suchen" nichts Mentales erkennen. Wer aber jemals nach etwas gesucht hat, was auf der Welt nicht zu finden war, weiß, wo das Gesuchte allein existierte: in seinem Geiste. Ich behaupte rundheraus, daß alle intensionale Kontexte generierenden Ausdrücke, die nicht offensichtlich mental sind, mentale *Implikationen* oder mentale *Präsuppositionen* haben, zu deren Analyse an irgendeiner Stelle auf paradigmatisch mentale Ausdrücke zurückgegriffen werden muß.[30] Dies gilt selbst für die Modaloperatoren - ohne mentalen Abgleich von Zuständen oder Welten gibt es weder Möglichkeit noch Notwendigkeit. - Ich wiederhole hier ein Argument, von dem ich schon oben Gebrauch gemacht habe: Die Naturalisierung der Teleologie ist schon dann gescheitert, wenn *an irgendeiner Stelle* der Erklärung des fraglichen Prozesses oder seines Umfeldes der Rekurs auf intentionale Bestimmungen erforderlich wird, damit das teleologische Vokabular anwendbar bleibt. Schließlich erstreckt sich der Anspruch des Naturalismusprogramms darauf, Teleologie *tout court* auf nichtmentale Prozesse zurückzuführen.

Mehrfach habe ich von der *mentalen Antizipation* von Handlungszielen gesprochen, die das einzige Modell der für die teleologische Struktur charakteristischen gegenwärtigen Präsenz und kausale Wirksamkeit eines erst zu erreichenden Zustandes abgebe. Das Ziel ist also überhaupt nicht in der Welt, sondern, so schon Thomas von Aquin, im Bewußtsein des Handelnden. Nun ist von verschiedenen Autoren bemerkt worden, daß wir oft handeln, ohne explizite mentale Repräsentationen von Handlungszielen zu haben. Viele unserer Handlungen sind habitualisiert, ohne doch deshalb unabsichtlich zu sein und damit aus dem Handlungsbegriff herauszufallen. Aristoteles bemerkt, daß der erfahrene Handwerker nicht mehr überlegen müsse, weshalb man Teleologie nicht an das Vorhandensein bewußter Vorsätze binden dürfe. Wenn wir also habituelles menschliches Handeln teleologisch nennen, gebe es keinen Grund, nicht auch Naturvorgänge teleologisch zu nennen (vgl. *Phys.* II, 9, 199b). Von Uexküll (1953, 94ff) sowie Spaemann und Löw (1981, 69f) schließen sich diesem Argument an, das die objektive Naturteleologie rehabilitieren soll.

Das Argument des habitualisierten Handelns zeigt aber nicht, was es zeigen soll. Zunächst ist festzuhalten, daß das fragliche Verhalten überhaupt ein absichtliches sein muß, um unter den Handlungsbegriff zu fallen. Nun fällt aber der Begriff der Absicht nicht mit dem des Vorsatzes zusammen, sondern er ist weiter. Eine Handlung kann auch dann absichtlich sein, wenn ihr keine explizite mentale

---

30 So sieht es auch Dennett. Intensionalitätsgenerierende Verben, die nicht im engeren Sinne mental sind, müßten als mental zugelassen werden "in virtue of the fact that they have Intentional implications. [...] The picture that emerges is one of an arsenal of quasi-mental, quasi-psychological terms with Intentional components, and these components can generally be given a satisfactory analysis in terms of the 'pure' Intentional terms, such as 'believes'" (Dennett 1969, 24f).

Repräsentation ihres Zieles vorausgeht.[31] Anscombe (1957) und Austin (1966) haben subtile begriffliche Unterscheidungen zu unserem handlungstheoretischen Vokabular angestellt; Austin unterscheidet zwischen "intentionally", "deliberately" und "on purpose". Die Qualifizierung einer Handlung als absichtlich ist gerade deshalb oft redundant oder sogar irritierend, weil die Absichtlichkeit im Handlungsbegriff selbst schon enthalten ist.[32] Dies ändert nichts daran, daß die Absicht die ganze Handlung *begleitet*; sie ist ein *Modus*, in dem die Tätigkeit ausgeführt wird. Bei Bedarf, etwa beim Auftreten von Komplikationen, kann man sich auch bei habitualisierten Handlungen die Absicht jederzeit ins Bewußtsein zurückrufen. Der Einwurf, daß der erfahrene Handwerker nicht mehr überlegen müsse, kann nicht als Gegenbeispiel gegen ein intentionalistisches Teleologieverständnis dienen und schon gar nicht eine objektive Naturteleologie legitimieren. Ebenso wie mit den zahllosen Überzeugungen, die wir auch dann haben, wenn wir nicht ständig an sie denken, verhält es sich mit anderen Typen mentaler Repräsentationen. Absichten müssen nicht notwendig explizit repräsentiert sein, um unser Handeln zu begleiten. Der Handwerker *mußte* einmal überlegen, seine Verrichtungen haben ein Ziel, das er auf Anfrage angeben kann, er kann sich seine Absichten jederzeit vor Augen führen und sie abändern, er ist ein Wesen, dem mentale Prädikate grundsätzlich zuschreibbar sind; aus diesen Gründen können wir sein Verhalten, sofern es überhaupt ein Handeln ist, als absichtsvoll und zielgerichtet beschreiben. Die Abwesenheit faktischer mentaler Antizipationsepisoden gibt uns nicht das Recht, teleologische Bestimmungen auf solche Naturvorgänge auszuweiten, denen wir überhaupt keine mentalen Prädikate zuschreiben wollen (vgl. Hartmann 1951, 66ff, bes. 72-77).

Ein nachdrücklich teleologischer Handlungsbegriff sieht sich noch einem Einwand von anderer, nicht-naturalistischer Seite ausgesetzt. Autoren wie Habermas, Joas und Böhler verstehen teleologisches Handeln nach dem engen Modell instrumenteller Zweck/Mittel-Rationalität, wodurch es in Gegensatz zu kommunikativ-dialogischem Handeln gerät. So wird die Entwicklung der Soziologie bei Mead und Durkheim als "Paradigmenwechsel" von der "Zwecktätigkeit zum kommunikativen Handeln" beschrieben (Habermas 1981 II, 7ff). In dieser Gegenüberstellung will ich meinen Handlungsbegriff ausdrücklich nicht verorten, weil mir die Gleichsetzung von teleologischem mit in engem Sinne zweckrationalem Handeln terminologisch unglücklich erscheint. Indem ich absichtliche Handlungen auch bei Abwesenheit faktischer mentaler Antizipationsepisoden teleologisch charakterisiere, wende ich mich gegen ein zu enges Verständnis von Teleologie oder Zielgerichtetheit, das es erlaubte, teleologisches Handeln gegen kommuni-

31 Siehe die Beispiele bei Searle (1983, 83ff), der zwischen "intentions in action" und "prior intentions" unterscheidet. Vgl. zu einer ähnlichen Distinktion von Wright 1971, 89f.

32 "Only when there is some suggestion that it might have been unintentional does it make non-misleading sense to say, for example, 'I ate my dinner intentionally'" (Austin 1966, 438).

katives auszuspielen.[33] Das teleologische Moment ist vom Handlungsbegriff nicht abzulösen. Wir brauchen diesseits aller Kontroversen um die kommunikationstheoretische Wende in den Sozialwissenschaften einen allgemeinen handlungstheoretischen Begriff des teleologischen Handelns, der es uns ermöglicht, auch das verständigungsorientierte Handeln als zielgerichtet im Sinne von intentional zu beschreiben. Schließlich müssen wir beide Fronten im Auge behalten, die strategisch-instrumentelle *und* die naturalistische Reduktion des Handlungsbegriffs.

Ausgegangen waren wir von den teleologischen Implikationen des Maschinenbegriffs, über die sich seine Verwender oft getäuscht haben. Es ist nun etwas in Vergessenheit geraten, daß es sich bei der Beschreibung des Menschen als Maschine ja den meisten Autoren zufolge um eine *Metapher* handeln soll.[34] Wir sollten uns also fragen, ob man nichtmenschlichen Systemen mentale Zustände nicht wenigstens metaphorisch zuschreiben kann. Die holistischen Zuschreibungsbedingungen des mentalen Vokabulars scheinen doch eine Behauptung Lügen zu strafen, mit der wir dieses Kapitel eröffnet hatten: daß man die Angemessenheit einer Metapher nur beurteilen kann, wenn man die Mikrostruktur der durch die Metapher gesetzten Analogie untersucht. Der Unterschied zwischen einer wörtlichen und einer metaphorischen Behauptung von "*x* ist *y*" besteht doch gerade darin, daß im zweiten Falle nur *einige* der Merkmale des mit *y* bezeichneten Gegenstandes *x* zuschreibbar sein müssen. In diesem Sinne läßt etwa Hume seine Neigung erkennen, den ganzen Streit um die Physikotheologie als "a mere verbal controversy" anzusehen (1779, 457). Das Verhältnis eines Handwerkers zu seinem Werkstück sei in einigen Hinsichten dem Verhältnis Gottes zur Welt sehr ähnlich, in anderen Hinsichten aber völlig unähnlich - wie es eben für Metaphern typisch ist. Sollten wir nicht in Abwesenheit eines handhabbaren *Maßstabes* für einen Ähnlichkeitsgrad, der Analogiebehauptungen akzeptabel machen würde ("everything is like everything"), unsere Kritik an der Maschinenmetapher etwas weniger scharf ausfallen lassen?!

---

33 So kann ich allen Argumenten, die Joas (1992, 218ff) im Anschluß an pragmatistische (Dewey) und phänomenologische (Merleau-Ponty, Dreyfus) Handlungstheorien anführt, zustimmen. In der Tat sind Handlungsziele vorher oft relativ unbestimmt und werden erst im Handeln spezifiziert und modifiziert (227), entgegen der instrumentalistischen Entkopplung Zwecken und Mitteln determinieren sich Zwecksetzung und Mittelwahl im Handeln gegenseitig (227), selten ist unser Handeln ausschließlich an vorgefaßten Plänen orientiert (237), Situationswahrnehmung und -deutung gehen der Handlung nicht einfach voraus, sondern begleiten sie (232). Nichts davon erfordert eine "nicht-teleologische Deutung der Intentionalität des Handelns" (218), wenn man sich dem unnötig verengten Verständnis des Teleologischen nicht anschließt.

34 Dies gilt nicht für LaMettrie und auch nicht für physikotheologische Mechanisten, die den menschlichen Körper im wörtlichen Sinne als eine Maschine ansehen - allerdings um den Preis der Annahme eines göttlichen Konstrukteurs oder einer halbmythologischen Personifizierung der Natur.

Dieser Einwand ist sehr ernstzunehmen. Ich möchte ihm an dieser Stelle mit dem Argument begegnen, daß die Inschutznahme der Metapher durch den Hinweis auf die Partialität der beanspruchten Analogie jedenfalls unter strengen Restriktionen steht. Diejenigen Merkmale, die angeblich vernachlässigt werden können, dürfen nicht diejenigen sein, durch die die Metapher gerade motiviert ist und denen sie gerade ihre Attraktivität verdankt.[35] Genau dies ist aber bei der Maschinenmetapher der Fall. Sie war in dem hier interessierenden Kontext angetreten, bei der Erklärung der Funktionsweise eines Systems den Rückgriff auf intentionale Steuerungsinstanzen überflüssig zu machen. Wenn nun 'tiefengrammatisch' nachgewiesen werden kann, daß in jeder Maschinenmetapher, ja im gesamten kybernetischen Diskurs dieser Rückgriff implizit enthalten ist, können sich die Verwender der Maschinenmetapher nicht darauf zurückziehen, daß sie ja 'bloß eine Metapher' sei. Eine metaphorische Beschreibung muß bei aller Metaphorizität gewissen Anforderungen an ihre innere Konsistenz genügen. Da man mit Metaphern Behauptungen aufstellen kann, ist philosophische Metaphernkritik möglich; ihr Hauptinstrument ist der Aufweis von Inkonsistenzen. Nur deshalb kann sich Ryle über das "Gespenst in der Maschine" mokieren, weil die Annahme einer zusätzlichen Steuerungsinstanz *in* der Maschine der Logik der Metapher widerspricht.[36] Durch Metaphern gesetzte Analogien sind partial; ich verwechsle keinesfalls die Metapher mit einer wörtlichen Beschreibung. Während die zweckmäßige Konstruiertheit zu den *essentials* des Maschinenbegriffs gehört, sind andere Elemente der Maschine nicht so zentral und deshalb historisch variabel.[37] Die hier vorgetragene Kritik gilt auch nicht der Maschinenmetapher überhaupt, sondern lediglich einer bestimmten Art, sie explanatorisch einzusetzen. Die Kri-

---

35 Vgl. Horsburgh zur philosophischen Metaphernkritik: "[T]he philosopher's [...] enquiries must be precisely directed towards [...] showing that an analogy breaks down in the very respect upon which the value of the metaphor is said to depend" (1958, 235).

36 Vgl. die Kritik Turbaynes (1962, 212) an der Inkonsistenz der mechanistischen Metaphern bei Descartes und Newton. Klassische Beispiele philosophischer Metaphernkritik finden sich bei Eucken (1880). Gegen Leibniz' aspektdualistische Lösung des Geist/Körper-Problems wendet Eucken etwa ein (53): "[W]enn *Leibnitz* Gleichnisse ersinnt, die begreiflich machen sollen, daß ein und dasselbe nach dem Standort des Beobachters sich uns bald als körperliches, bald als geistiges geben könne, so ist die Möglichkeit, den Standort zu verändern, eben der sinnlichen Welt entnommen, welche zum Verschwinden gebracht werden soll, und sie ist für uns nur in ihr denkbar".

37 Beispielsweise spielt in der Maschinenmetapher heute die Frage der Energieversorgung kaum noch eine Rolle. Die "Selbsttätigkeit" der Maschine, vor 200 Jahren ein Jahrmarktfaszinosum der Spielmaschinen Vaucansons, Maelzels und von Kempelens, frappiert heute nicht mehr. Wir denken angesichts des Computers nicht mehr an das perpetuum mobile, weil wir wissen, daß eine intelligent konstruierte Maschine mit minimalem Energiebedarf Rechenoperationen durchführen kann, die nachzuvollziehen uns viel Zeit und harte Arbeit kosten würde. Für die frühen Kybernetiker markierte dies den Übergang von der mechanischen zur Informationsmaschine: "[T]he energy spent per individual operation is almost vanishingly small" (Wiener 1948, 155) - damals bestanden Computer noch aus Tausenden von Elektronenröhren mit einem immensen Energiebedarf!

tik gilt der Indienstnahme der Maschinenmetapher für die Rechtfertigung einer mechanistischen Anthropologie, die sich als dezidiert antiteleologisch versteht. Eine solche Position hat ihren blinden Fleck im impliziten Teleologismus des Maschinenbegriffs; die Proponenten der solcherart eingesetzten Maschinenmetapher leiden an einem *naturalistischen Selbstmißverständnis*.

In diesem Zusammenhang ist noch auf ein ebenso verbreitetes wie haltloses Argument hinzuweisen, demzufolge die Verwendung teleologischer Kategorien in Biologie und Kybernetik heute, nach dem Absterben des Vitalismus, wieder möglich und unverdächtig sei, weil ja inzwischen jeder wisse, was gemeint sei. Niemand wolle mehr durch die Akzeptanz teleologischer Erklärungen zu einer animistisch-anthropomorphen Naturdeutung zurück.[38] Vielmehr legt man "zur Vermeidung philosophischer Fehldeutungen der Kybernetik" Gewicht darauf, daß die kybernetischen Kategorien "nur aus heuristischen Gründen" verwendet würden, wenn man die "Funktionen so betrachtet [...], 'als ob' sie bewußt erfolgten" (Frank 1964, 15). Solche augenzwinkernde 'als ob'-Depotenzierung der Intentionalitätsunterstellung, deren explanatorisches Potential man weiterhin nutzen möchte, ist aber nur dann gerechtfertigt, wenn man sich über die Herkunft und die originalen Anwendungsfälle der heuristisch verwendeten intentionalistischen Kategorien Rechenschaft abgelegt hat. Dies ist bei den meisten Kybernetikern nicht der Fall. Kaum haben sie sich die metaphorische Verwendung des intentionalistischen Idioms gestattet, leiten sie schon die "*ontologische Neutralität* kybernetischer Kategorien" ab (Engels 1982, 49), verbinden gar mit der Kybernetik universalwissenschaftliches Pathos und propagieren eine Naturalisierung unseres Selbstverständnisses als informationsverarbeitende Maschinen.

In dieser metaphysisch gereinigten Neuverwendung teleologischer Kategorien wird Metaphorizität in sprachtheoretisch naiver Weise instrumentalisiert. Man kann sich durch den nonchalanten Hinweis auf den bloß metaphorischen oder heuristischen Status der verwendeten Kategorien nicht von den Sinnbedingungen eines Diskursuniversums freikaufen und zugleich vom explanatorischen Potential der Metapher weiterhin sehr unmetaphorisch Gebrauch machen, da anderenfalls der ganze Diskurs, wie man sich nicht eingesteht, zusammenbräche. In einem gewissen Sinne haben die Rehabilitierer der Teleologie recht. Man kann heute teleologische Begriffe faktisch wieder unwidersprochen und ungestraft verwenden, weil niemand mehr an die anthropomorphen Voraussetzungen *denkt:* man hat sie schlicht vergessen. Der Konstrukteur des maschinalen Organismus, an dessen notwendiger Präsupposition Kant sich noch so abgearbeitet hat, paßt nicht mehr ins angeblich nachmetaphysische Weltbild und wird also aus dem kybernetischen Diskurs verdrängt. Diese Strategie ist deshalb so fatal, weil die Alternative zum intentionalistischen Begriff zielgerichteten Handelns, das Projekt einer Naturalisierung der Teleologie, immer wieder gescheitert ist.

---

38 Vgl. Löw 1980, 283f; Mayr 1974, 199; in vorsichtigerer Form Engels 1981, 49f.

Anders liegt der Fall, wenn die intentionalistischen Metaphern ernsthaft als Vorschlag zur Neukategorisierung gedacht sind. Viele Verwender der Computermetapher des Geistes haben eben dieses im Sinn, weshalb sie nicht einfach für die Fehler der älteren Kybernetik haftbar gemacht werden können. Dennett bindet die Legitimität des Einnehmens des intentionalen Standpunkts allein an dessen Erklärungskraft. Damit geht einher, daß er Menschen und Computern *in gleicher Weise* mentale Zustände zuschreibt und alle 'tieferen' Fragen über Intentionalität für unverständlich hält. Die Computermetapher des Geistes bringt also einige neue Noten in die Diskussion, die wir nicht ignorieren sollten. Wir haben schon gesehen, daß philosophische Metaphernkritik als Inkonsistenzkritik sich nicht einfach auf den Vorwurf beschränken kann, daß die metaphorische Beschreibung kategorial absurd ist. Entscheidend ist, wie die Metapher explanatorisch eingesetzt wird. Wenn nun die Ausweitung des Anwendungsbereiches des intentionalistischen Idioms ein ernsthafter Vorschlag zur Neukategorisierung sein soll, wenn das *Als ob* also widerrufen wird, ändern sich die Begründungslasten. Es muß dann über die vorgebrachten *Gründe* für die Neukategorisierung verhandelt werden.

2.2 Die Computermetapher des Geistes

Der Computer ist nicht mehr Körpermaschine, sondern Geistmaschine. Ihm werden mit großer Selbstverständlichkeit mentale Zustände zugeschrieben. Dabei hat die KI-Forschung die Flucht nach vorn angetreten und trägt den holistischen Zuschreibungsbedingungen mentaler Prädikate Rechnung. Computern wird in der KI Intentionalität zugesprochen, das Haben von Überzeugungen, das Operieren mit Repräsentationen, das Befolgen von Regeln, Lernfähigkeit, problemlösendes Verhalten und sogar Reflexionskompetenz (die Aufzählung ist völlig unsystematisch). Mentale Zustände werden dem Computer deshalb zugeschrieben, weil der input, als mechanisches Affiziertwerden beschrieben, nicht nomologisch mit dem output verbunden ist. Der Computer ist also eine "nicht-triviale Maschine" im Verständnis der Kybernetik. Weil auch der Mensch eine nicht-triviale Maschine ist, erscheint aus kognitionswissenschaftlicher Perspektive der Behaviorismus mit seiner Fixierung auf äußere Stimuli[39] so unfruchtbar. Kognitionswissenschaftliche Erklärungen rekurrieren auf interne Zustände, weil angesichts von kognitiven Leistungen einer gewissen Komplexität die black box-Strategie explanatorisch unterlegen ist. Der Rekurs auf interne Zustände ist also zunächst dadurch motiviert, daß er eine explanatorische Funktion hat. Der Zusammenhang mit dem

39 "We can look upon man as a black box in the physical world, exposed to externally determinable stimulatory forces as input and spouting externally determinable testimony about the world as output" (Quine 1970, 2).

Teleologieproblem ist leicht zu sehen: Wir müssen jedem System, dessen Verhalten wir als zielgerichtet oder problemlösend ansehen, unterstellen, daß es mit *mentalen Repräsentationen* von Situationen arbeitet, statt nur von der Umwelt kausal affiziert zu werden. Damit einher geht die schon erwähnte, wenn auch nicht zur Definition geeignete Plastizität zielgerichteten Verhaltens. Ein dem System in Form einer mentalen Repräsentation präsentes Ziel kann auf verschiedenen Wegen verfolgt und erreicht werden, deren kausale stories unter physikalischen Beschreibungen so verschieden wären, daß uns unter diesen Beschreibungen die interessanten Generalisierungen entgingen.[40]

Was bedeutet das für den Status der Computermetapher des Geistes? Die klassische KI hat ihren Gegenstand stets so beschrieben, daß eine "intelligente" Maschine eine solche sei, deren Verhalten, würde es vom Menschen ausgeführt, Intelligenz erforderte. Die Maschine wird also an den menschlichen Leistungen gemessen, die sie ersetzt oder simuliert. Eine etwas genauere Formulierung dieses Ansatzes lautet: "Es ist das Ziel der Künstlichen Intelligenz, Maschinen zu bauen, die Verhaltensleistungen erbringen, die wir beim Menschen (alltags)psychologisch durch Rekurs auf mentale Zustände erklären und vorhersagen würden" (Tetens 1990, 3). Es ist wichtig, hier die Richtung der Analogie im Auge zu behalten: Die KI arbeitet zunächst mit der *Geistmetapher des Computers*, während die *Computermetapher des Geistes* erst später durch eine Rückanwendung ins Spiel kommt. Erst durch diese Rückanwendung entsteht die Frage, ob unser Selbstverständnis als denkende und handelnde Wesen noch damit vereinbar ist, was wir darüber wissen, wie Kognition und intelligentes Verhalten *auch* instantiiert sein können, wenn die KI recht hat:

> "Der mögliche Erfolg der Künstlichen Intelligenz könnte uns also mit der Frage konfrontieren: *Können wir angesichts von Maschinen, die sich nachweisbar aufgrund rein physikalischer Mechanismen genauso verhalten wie wir, an den psychologischen und alltagspsychologischen Beschreibungen und Theorien über uns selbst festhalten, oder müssen wir diese Theorien revidieren, ja überhaupt aufgeben*"? (Tetens a.a.O., 12).

---

40 Zur Illustration dieses wichtigen Punktes ein Beispiel von Pylyshyn: Nehmen wir an, eine Person verfolgt das Ziel, einem brennenden Gebäude zu entkommen. Ihr Verhaltem könnte nicht ohne mentalistische Kategorien beschrieben werden "because there is an infinite variety of specific ways of 'knowing to get out of the building,' or coming to 'believe that the building is on fire,' and of satisfying the goal of being out of the building. For each combination of these, *an entirely different causal chain* would result if the situation were described in physical or strictly behavioral terms. Consequently the psychologically relevant generalization would be lost in the diversity of possible causal connections. This generalization can only be stated in terms of the agent's *internal representation* of the situation (i.e. in mentalistic terms)" (Pylyshyn 1980, 112). So muß schon der Grund für die Überzeugung, daß das Gebäude in Flammen steht, mentalistisch beschrieben werden, denn "what physical features do telephone calls warning of fire share with the smell of smoke?" (a.a.O., 161).

An dieser Stelle trennen sich schon die Wege. In jüngerer Zeit bestreiten viele Autoren den als ob-Charakter mentaler Zuschreibungen und damit die Metaphorizität der Geistmetapher des Computers. Computer hätten *im wörtlichen Sinne* mentale Zustände. Entsprechend sei menschliche Kognition im wörtlichen Sinne "computation" oder Symbolmanipulation. Diese Folgerungen hängen mit dem Übergang von der Körpermaschine zur Geistmaschine zusammen. Man kann sich die Veränderung anhand des Begriffes der Regel klarmachen. Mußte sich noch die Rede von Regeln und Gesetzen, die die menschliche Maschine zu befolgen hätte, eine soziomorphe Präskriptionsmetaphorik vorwerfen lassen (s.o., III, 1.3), so ist heute zumindest einigen Autoren die Schiefheit dieser Rede klar. Die Regeln sind ja als Algorithmen in das Programm *eingebaut* oder in ihm *verkörpert*; die Turingmaschine befolgt die Regeln nicht, sie *besteht* aus ihnen, sie ist, als Einheit von Programm und hardware betrachtet, die *Materialisierung des Algorithmus*, mit welchem Material auch immer sie ihn physisch realisiert. "Die Geistmaschine hat die Körpermaschine abgelöst. Im Computer ist formale logische Struktur materialisiert" (Bammé et al. 1983, 155).[41] - Von anderen Autoren wird das spezifisch Neue der Geistmaschine gegenüber der Körpermaschine bestritten. Searle zufolge ist keinem physischen Mechanismus seine Syntax immanent, sie ist immer nur zugeschrieben.

Die Wörtlichkeitsthese, d.h. das Bestreiten der Metaphorizität der Computermetapher des Geistes lebt vom funktionalistischen Credo, daß "what matters is function" und nicht die konkrete physische Realisierung dieser Funktion. Der Funktionalismus bezüglich des Geist/Körper-Problems zeichnet sich durch die Überzeugung aus, daß man mentalistische Begriffe und Erklärungen verwenden könne, ohne damit spezielle ontologische Verpflichtungen bezüglich der physischen Realisierung des Mentalen einzugehen.[42] Mit der Definition des Menschen als *animal rationale* ist der Funktionalismus durchaus verträglich, nur kehrt er das Verhältnis zwischen *genus proximum* und *differentia specifica* um. Ist der Mensch für die Philosophische Anthropologie das vernünftige unter den Tieren, so ist er dem Funktionalismus zufolge das Tier unter den Vernunftwesen, d.h.

---

41 "Wenn Maschinen richtig funktionieren, so folgen sie nicht einfach einem Gesetz; sie sind Verkörperungen von Gesetzen" (Weizenbaum 1976, 66). - "*Der Algorithmus ist die Maschine*" (Bammé et. al. 1983).

42 So sagt Chomsky (1968, 83) von sich: "I have been using mentalistic terminology quite freely, but entirely without prejudice as to the question of what may be the physical realization of the abstract mechanisms postulated to account for the phenomena of behavior or the acquisition of knowledge". Die Wörtlichkeitsthese des Funktionalismus darf nicht konkretistisch mißverstanden werden. Sie verdankt sich einer Abstraktion, weshalb man die Wörtlichkeitsthese mit Haugeland (1981, 2) auch so formulieren kann: "[A]t a suitable level of abstraction, a theory of 'natural' intelligence should have the same basic form as the theories that explain sophisticated computer systems". - Längst haben sich verschiedene Versionen des Funktionalismus ausdifferenziert; für einen Überblick vgl. Block 1978, Block 1980 und Bechtel 1988, 113-123.

dasjenige Wesen, dessen mentale Zustände kontingenterweise in biologischer "wetware" realisiert sind. Wörtlich wahr können mentale Zuschreibungen auch jenseits unserer species sein, weil ein mentaler Zustand zu sein nichts anderes *heiße* als eine bestimmte funktionale Rolle zu spielen. Nur deshalb kann Pylyshyn sagen: "computation *is* cognition", weil er die abstrakten Berechnungsprozesse, ob mental oder maschinal, nicht nur als irgendwie ähnlich, sondern als in Gehirnen und Computern buchstäblich gleich ansieht: "Given that computation and cognition can be viewed in these common abstract terms, there is no reason why computation ought to be treated as merely a metaphor for cognition, as opposed to a hypothesis about the literal nature of cognition" (Pylyshyn 1980, 114). Wenn nämlich "computers and organisms are both physical systems whose behavior is correctly described as being governed by rules acting on symbolic representations", bleibe uns nichts anderes übrig als "the literal view of mental activity as computation" (111).[43]

Ich habe im Kybernetik-Kapitel dafür argumentiert, daß der gesamte Diskurs der Informationsverarbeitung und des Regelbefolgens Naturprozesse nicht wörtlich beschreiben kann, sondern sich mehr oder weniger versteckten anthropomorphen Projektionen oder gar der Einführung von homunculi verdankt. Was ich dort anhand der Begriffe der Information, der Regel, des Programms und der Repräsentation nachzuweisen versucht habe - das Kontaminiertsein des kybernetischen Diskurses mit unanalysierten intentionalen Elementen -, möchte ich nun noch einmal vertiefen, und dies angesichts der Tatsache, daß viele Kognitionswissenschaftler mit dem Problem der holistischen Zuschreibungsbedingungen mentaler Prädikate inzwischen offensiv umgehen, indem sie Computern gegenüber grundsätzlich den intentionalen Standpunkt einnehmen.

Wir dürfen es uns nicht zu einfach machen. Es ist nicht zu leugnen, daß die sinnkritische Strategie des *cherchez l'homuncule* eine Tendenz zur dogmatischen Verhärtung und zum begrifflichen Konservativismus hat. Wir sollten nicht a priori ausschließen, daß ein Vokabular, das nach dem Obsoletwerden der animistischen Naturdeutung mit guten Gründen für mentale Prozesse des Menschen re-

---

43 Metapherntheoretisch interessant ist Pylyshyns Vorwurf, die bloß metaphorische Interpretation der "computation is cognition"-These habe zu einer bedenklichen Ausweitung und Aufweichung des Konzepts des Berechnens geführt: "In my view this failure to take computation literally has licensed a wide range of activity under the rubric of 'information processing theory', some of it representing a significant departure from what I see as the core ideas of a computational theory of mind. [...] Accepting a system as a literal account of reality enables scientists to see that certain further observations are possible and others are not. It goes beyond merely asserting that certain things happen 'as if' some unseen events were taking place. In addition, however, it imposes severe restrictions on a theory-builder, because he is no longer free to appeal to the existence of unspecified similarities between his theoretical account and the phenomena he is addressing - as he is when speaking metaphorically. It is this latter degree of freedom that weakens the explanatory power of computation when it is used metaphorically to describe certain mental functions" (a.a.O., 114f).

serviert war, nun unter veränderten Bedingungen, d.h. im Zuge der Entwicklung "intelligenter" Maschinen, sich eine Ausweitung seines Anwendungsbereichs gefallen lassen muß.[44] Die Veränderungen könnten ja die Extension mentaler Prädikate betreffen statt ihrer Intension. "We have a discovery; certain predicates hitherto restricted to humans or the higher animals may be true of sophisticated computers also" (Wilkes 1975, 135). Diese Auffassung ist zu unterscheiden von den Bestrebungen zur *Naturalisierung* des Mentalen oder des Teleologischen, denn sie enthält prima facie keine Forderung, unsere mentalen Selbstzuschreibungen umzuinterpretieren. Es hat sich einfach, so wurde in der Teleologiedebatte reklamiert, der Anwendungsbereich für den Begriff "zielgerichtetes System" erweitert. Verschiedene technische Systeme "have been allowed to join the club".[45] Es könnte sich allerdings herausstellen, daß diese Unterscheidung zwischen extensionalen und intensionalen Verschiebungen im Bereich der mentalen Prädikate nicht aufrechtzuerhalten ist. Auch Woodfield spricht in der zitierten Passage ja von "a shift in the *meaning*". Möglicherweise sind unsere mentalen Selbstzuschreibungen so eng mit der Überzeugung von unserer Einzigartigkeit verbunden - und möglicherweise mit guten Gründen -, daß Computern zu erlauben "to join the club" einer tiefgreifenden *Bedeutungs*veränderung mentaler Prädikate gleichkäme.

Nach Auffassung vieler Autoren im Umkreis der KI wird der Rekurs auf mentalistische Beschreibungen allein durch deren explanatorischen Wert legitimiert. Wenn das Verhalten eines Systems durch Zuschreibung von Überzeugungen, Wünschen und Absichten besser vorausgesagt werden kann als ohne diese Zuschreibungen, *ist* es ein intentionales System. Alle "tieferen" Fragen, ob das System denn *wirklich* Überzeugungen etc. habe, werden von dieser instrumentalistischen Auffassung als verfehlt zurückgewiesen: *there simply is no fact of the matter.* Unsere Projektionsvorwürfe scheinen gegenüber dem Instrumentalismus ins Leere zu laufen, weil dieser die Differenz zwischen intrinsischer Intentionalität und abgeleiteter oder metaphorisch zugeschriebener Intentionalität überhaupt leugnet. Der Protagonist dieser Auffassung ist Dennett.

---

44 Zur Illustration der begriffskonservativen Gegenposition ein Wittgenstein-Zitat: "Aber eine Maschine kann doch nicht denken! - Ist das ein Erfahrungssatz? Nein. Wir sagen nur vom Menschen, und was ihm ähnlich ist, es denke" (*PU* § 360).

45 "The class of goal-directed systems [...] has expanded in the last few decades as a result of a shift in the meaning of the words 'purposive' and 'goal-directed'. The shift has been due to the technological advances which made it possible to build new, sophisticated machines, and which in turn created the need for an appropriate vocabulary in which to talk about such machines. The language responded to this by stretching its old resources. Human beings and higher mammals had always provided the paradigm cases of goal-directedness, while lower organisms had qualified as goal-directed partly on the basis of analogies between them and the more central cases. However, since the development of servomechanisms, certain kinds of inanimate systems have been allowed to join the club. Their claim to be sufficiently similar to the central cases was felt to be at least as good as the claims of some lower animals which were already members" (Woodfield 1976, 201f).

"I will argue that any object - or as I shall say, any *system* - whose behavior is well predicted by this strategy [sc. der Einnahme des intentionalen Standpunkts] is in the fullest sense of the word a believer. *What it is* to be a true believer is to be an *intentional system*, a system whose behavior is reliably and voluminously predictable via the intentional strategy" (Dennett 1981a, 15).

Dennett unterscheidet zwischen drei Erklärungsstrategien, wenn es um die Vorhersage des Verhaltens eines Systems geht (vgl. a.a.O., 16f). Die physikalistische Strategie ("adopting the physical stance") behandelt das System als physischen Mechanismus und macht bei der Voraussage nur von den Gesetzen der Physik Gebrauch, "perhaps all the way down to the microphysical level". Zweitens kann man "the design stance" einnehmen und das System so betrachten, als ob es dazu konstruiert wäre, bestimmte Funktionen zu erfüllen. Diese Strategie empfiehlt sich gegenüber Artefakten und biologischen Organismen. Die dritte Strategie schließlich, "adopting the intentional stance [...] consists of treating the object whose behavior you want to predict as a rational agent with beliefs and desires and other mental stages exhibiting what Brentano and others call *intentionality*" (15). Ein System als intentionales anzusehen hat für Dennett eine irreduzibel normative Komponente. Wir schreiben dem System nicht *irgendwelche* Wünsche und Überzeugungen zu, sondern genau diejenigen, die es unter den gegebenen Umständen haben *sollte*, wenn es rational ist.

Intentionale Systeme sind also genau die Systeme, denen gegenüber wir den intentionalen Standpunkt einnehmen. Wann aber empfiehlt es sich, diesen Standpunkt einzunehmen? Genau dann, wenn es einen Erklärungswert hat, so die defensive Antwort. Man muß kein Philosoph sein, um mit dieser Antwort nicht zufrieden zu sein. Bei welchen Systemen *hat* denn der intentionale Standpunkt einen Erklärungswert, möchte man weiterfragen.[46] Der Instrumentalismus mag eine diskursbegrenzende Funktion haben, die wir oft zu schätzen wissen; allein entbindet er nicht von einer Antwort auf die Frage, *warum* die intentionale Strategie bei bestimmten Systemen so erfolgreich ist und bei anderen nicht. In nuce und mit Kants Begriffen: Läßt sich ein intentionales System konstitutiv oder nur regulativ als intentionales bestimmen?

Auch für den Naturalisten hängt viel an dieser Frage. Naturalisten haben in der Regel kein instrumentalistisches Verständnis mentaler Zuschreibungen, kön-

---

[46] Wir erinnern uns an Davidsons karge Bestimmung des Mentalen (III, 2): Mental seien genau die Ereignisse, die mental beschrieben werden können, wobei die Beschreibbarkeit am ontologischen Status des Beschriebenen natürlich nichts ändert. Es scheint nichts an mentalen Ereignissen zu geben, das *intrinsisch* mental wäre, das also die Anwendung mentaler Prädikate *nahelegt* oder *erfordert*. Für Davidson kann es ein solches Spezifikum des Mentalen nicht geben, weil er das Mentale von vornherein - fälschlich, wie ich meine - in die Kategorie der *physischen Ereignisse* einordnet und damit präjudiziert, daß "the mental is not an ontological but a conceptual category" (1987, 46). Mein Gegenvorschlag lief darauf hinaus, mentale Entitäten als *abstrakte* Gegenstände zu konzeptualisieren. Nur dann können sie intrinsisch mental sein.

nen sich aber mit dem Instrumentalismus arrangieren. Die Alternative stellt sich aus naturalistischer Perspektive so dar: Sollte es eine konstitutive Bestimmung dessen geben, was es heißt, ein intentionales System zu sein, so müßte diese Bestimmung naturalisiert werden. Dies ist eine undankbare Aufgabe. Wenn es uns dagegen in Abhängigkeit von unseren Erklärungszielen mehr oder weniger freisteht, ob wir den intentionalen Standpunkt einnehmen wollen, ist die Sache einfacher. Der Naturalist ist so frei, ihn *nicht* einzunehmen.

> "One may accept the Brentano thesis either as showing the indispensability of intentional idioms and the importance of an autonomous science of intention, or as showing the baselessness of intentional idioms and the emptiness of a science of intention. My attitude, unlike Brentano's, is the second" (Quine 1960, 221).

Zwar können die Eliminativisten, wie wir uns erinnern, ihren Ärger über den Instrumentalismus nicht verbergen,[47] doch ist die instrumentalistische Auffassung mentaler Zuschreibungen mit eliminativen Positionen vereinbar. Die Relativierung auf bestimmte Erklärungsfunktionen, die der Instrumentalist bloß immer beteuert, nimmt der Eliminativist beim Wort. Er meint bessere, nichtintentionalistische Erklärungen zu haben und kann daher sagen: "[T]alk of representation is simply excess baggage" (Stich 1980, 152).

Gibt es eine Differenz zwischen intrinsisch intentionalen Systemen und solchen, denen wir Intentionalität nur heuristisch zuschreiben? Vielleicht hilft eine Probe aufs Exempel weiter. Die beiden in diesem Zusammenhang meiststrapazierten Beispiele sind *a)* der Thermostat und *b)* der Planet auf seiner Umlaufbahn. Die Behauptung, die Planeten hätten interne Repräsentationen ihrer Umlaufbahnen und müßten Differentialgleichungen lösen, wird allgemein für kontraintuitiv gehalten. Dreyfus wollte mit dieser Analogie die Auffassung kompromittieren, das Gehirn führe im Verborgenen Berechnungen aus. Für Searle ist der Instrumentalismus geeignet, *jede* Zuschreibung mentaler Zustände zu legitimieren, was einer *reductio ad absurdum* gleichkäme:

> "[A]ny attempt to deny the distinction between intrinsic and as if-intentionality faces a general *reductio ad absurdum*. If you deny the distinction it turns out that everything in the universe has intentionality. Everything in the universe follows laws of nature, and for that reason everything behaves with a certain degree of regularity, and for that reason everything behaves *as if* it were following a rule, trying to carry out a certain project" (Searle 1990b, 587).

Pylyshyn hält das Planeten-Beispiel für verfehlt. Zu kognitiven Prozessen bestehe durchaus eine explanatorische Asymmetrie:

---

47 Für Churchland und Stich ist das instrumentalistische Verständnis intentionaler Erklärungen nur eine Strategie, die Alltagspsychologie vor der fälligen Falsifikation zu schützen, "a smokescreen for the preservation of error and confusion" (Churchland 1981, 81).

"While we do not assume that the planets have a symbolic representation of their orbits (or of the laws governing their trajectory), we *do* claim that the appropriate explanation of cognitive processes must appeal to the organism's use of rules and explicit symbolic representations" (Pylyshyn 1980, 120).

Warum schreiben wir den Planeten keine Repräsentationen ihrer Umlaufbahnen zu? Weil, in Dennetts Worten, die Einnahme des "physical stance" zur Vorhersage ihres Verhaltens völlig ausreicht. Durch unsere Kenntnis der Gravitationsgesetze können wir die Umlaufbahnen nomologisch mit der Konstellation des Planetensystems in Zeit und Raum verknüpfen, wohingegen interne Repräsentationen "are introduced in explaining systems whose behavior - under the relevant description - does not appear to vary systematically with their inputs or environmental conditions, but which can be made to appear regular by appealing to what certain properties in the systems represent" (Pylyshyn 1980, 164). Wenn aber das Zuschreiben von Repräsentationen "adds nothing to the straightforward causal story" (ebd.), können wir darauf verzichten. Umgekehrt behaupten die Vertreter einer realistischen Auffassung von Intentionalität, Fodor und Searle, daß Repräsentationen dort, wo sie "wirklich" auftreten, auch eine kausale Rolle spielen: "What distinguishes what organisms do from what planets do is that a *representation of the rules they follow constitutes one of the causal determinants of their behavior*" (Fodor 1975, 74).[48]

Dennetts und Pylyshyns Auffassung, daß wir auf die Zuschreibung von Repräsentationen genau dann verzichten, wenn diese "adds nothing to the straightforward causal story", legt die Folgerung nahe, daß die Produktivität der Einnahme des intentionalen Standpunkts vom Grad unserer *Unkenntnis* der physikalischen Prozesse abhängt, die sich in dem System abspielen. Die Gesetzmäßigkeit der Verknüpfung eines inputs mit einem output hängt bekanntlich von der ge-

[48] Siehe auch Searle 1984b. - Es ist fraglich, ob Fodor und Searle sich genügend Rechenschaft über die Kosten ablegen, die mit der Kausalitätsthese verbunden sind. Unter der Annahme, daß die Körperwelt kausal geschlossen ist, müßten Repräsentationen identisch mit physischen Ereignissen sein - deren physikalische Beschreibungen aber die interessanten Generalisierungen verfehlen oder überhaupt nicht verfügbar sind. Ich habe in Auseinandersetzung mit Davidson dafür argumentiert, daß der token-Physikalismus (den auch Fodor vertritt) besser daran täte, seine Kausalitätsthese bezüglich mentaler Ereignisse so zu formulieren, daß die dahinterstehende Position klar hervortritt, nämlich der Epiphänomenalismus des Mentalen, denn schließlich sollen die mentalen Zustände keine *zusätzlichen* kausalen Determinanten in der Körperwelt darstellen. - Die Alternative bestünde darin, Kausalität vollständig auf die explanatorische Seite zu bringen. Fodor läßt keinen Zweifel daran, daß sein token-Physikalismus nichts an der explanatorischen Autonomie der Psychologie ändert, da in psychologischen Erklärungen "it is typically an opaque construal of the mental state attributions that does the work" (1980, 286). - Für Searle ist Intentionalität eine höhere Systemeigenschaft von biologischen Organismen, allerdings nur von menschlichen (1984b, 6). Er versäumt es zu erläutern, wie *Eigenschaften* als abstrakte Gegenstände in kausale Interaktionen eintreten können. Die Behauptung zeigt ein merkwürdiges Kausalitätsverständnis, daß "higher level features of a system" durch Mikroprozesse im System *verursacht* seien (ebd.). Ich ziehe, mit der erläuterten Modifikation, Davidsons Supervenienzprinzip des Mentalen vor.

wählten Beschreibung ab, denn Gesetze sind sprachlich konstituiert und logisch intensional. Da wir den Computer im Unterschied zu unserem Gehirn selbst konstruiert haben, sind wir sicher, daß in ihm alles mit rechten Dingen zugeht und daß es neben dem input keine intermittierenden Variablen gibt. Wir müßten daher *im Prinzip* eine nomologische Korrelation zwischen input und output angeben können, und zwar auf der Ebene seiner physikalischen Prozesse. *De facto* können wir allerdings nomologische Korrelationen nur angeben, wenn wir input und output semantisch interpretieren und dem System das Operieren mit symbolischen Repräsentationen zuschreiben. Die explanatorische Notwendigkeit des Rekurses auf Repräsentationen scheint also eine Funktion der Komplexität des Systems bzw. seiner *faktischen Undurchschaubarkeit* zu sein (diese Interpretation wird auch durch Dennett 1991 gestützt). Dies gibt einen interessanten Kontrapunkt zu Baruzzis Behauptung ab, daß wir in der Maschine das Paradigma der Durchschaubarkeit vor uns haben. Für die Geistmaschine scheint das nicht mehr ohne weiteres zu gelten. Wir haben sie selbst konstruiert, doch nun kann sie Rechnungen bewältigen, für deren geistigen Nachvollzug durch ihre Konstrukteure ein Menschenleben nicht ausreichen würde. Man könnte hier "die Frage stellen, ob eine solche quantitative Steigerung nicht auch das Auftreten einer neuen Qualität bedeutet" (Frey 1987, 384). Wir sprechen dem Computer eben deshalb mentale Zustände zu, weil wir seine Arbeitsweise anders nicht nachvollziehen können.[49]

Die Frage ist nun, ob dies nicht derselbe Grund sein könnte, aus dem wir auch Personen mentale Zustände zuschreiben. Das Komplexitätsargument der KI legt nahe, daß Personen und Computer in dieser Hinsicht *on par* sind. Wenn die Verhältnisse zu kompliziert werden, nehmen wir den intentionalen Standpunkt ein; mehr gibt es darüber nicht zu sagen. Diese Auffassung erinnert an den klassischen Einwand gegen teleologische Erklärungen, lediglich ein *asylum ignorantiae* zu sein.[50] Die Pointe von Dennetts Instrumentalismus ist ja gerade die Ablehnung von intrinsischer Intentionalität überhaupt, also auch beim Menschen. "Dennett's contention is not merely that computers can simulate human intelligence; it is that the model of human intelligence is itself, in principle, a dispen-

---

49 Es ist sogar behauptet worden, daß die Intentionalitätszuschreibung nicht bloß durch die faktische Undurchschaubarkeit legitimiert werde, sondern durch den Umstand, daß "we have no guarantee that the robot's mechanism was working properly at the time" (Boden 1970, 210). Die Maschine könne bei ihre Referenz auf die Umwelt *Fehler* machen, wodurch ein wichtiges Kriterium für Intentionalität erfüllt werde. - Boden übersieht, daß die Qualifizierung eines maschinalen Verhaltens als fehlerhaft selbst schon eine intentionale Zuschreibung erfordert und deren Legitimität also nicht begründen kann.

50 Für MacKay, von dem eine frühe Version des Arguments stammt, daß der kybernetische Diskurs auf physikalischer Unterspezifikation beruht, gibt es allerdings einen wichtigen Unterschied bezüglich der Nichtvoraussagbarkeit unseres eigenen Verhaltens und des Verhaltens von Computern. Der Unterschied besteht nicht zwischen Menschen und Maschinen, sondern zwischen Selbsterfahrung und Fremdbeobachtung. Dem epistemischen Indeterminismus zufolge können wir lediglich das *eigene* Verhalten grundsätzlich nicht voraussagen. In der ersten Person Singular sind wir frei, in der dritten Person möglicherweise nicht (s.o., II, 3.3).

sable (however convenient) simulation model in terms of which to understand the real functioning of the human organism" (Margolis 1980, 255). Nun behauptet Dennett, daß wir in der KI durch die Strategie der rekursiven Dekomposition in Form der Postulierung immer spezialisierterer und dümmerer homunculi allmählich zu einer "obviously mechanistic" Beschreibung kognitiver Prozesse gelangen (1978, 80), daß wir also "approach the non-intentional asymptotically" (Margolis 1980, 251). Schon oben habe ich dafür argumentiert, daß in den beschriebenen Fällen ein solcher Übergang nicht stattfindet. Margolis ist derselben Auffassung. Sein Argument gegen Dennett läuft darauf hinaus, daß wir, subpersonalen Agenten Intentionalität nur heuristisch zuschreibend, doch uns selbst realistisch als intentionale Systeme ansehen müssen. Dennett handelt sich durch seine Behauptung eines allmählichen *Übergangs* von einer intentionalistischen zu einer nicht-intentionalistischen Beschreibung ein Reduktionsproblem ein, das im Rahmen des Instrumentalismus nicht lösbar ist. Dabei ist er der Auffassung, daß durch die Postulierung besonders dummer homunculi, die für die Abarbeitung der einfachsten Subroutinen zuständig sind, die Reduktion von Intentionalität schon erreicht sei. Diese Auffassung ist aber nicht haltbar. Das Dilemma ist das folgende:

> "If they are merely stupid, his reductive program fails, because their behavior will be explained by means of the same psychological model (normally reserved for molar agents) that he wishes to eliminate [...]; and if they are less than stupid, utterly lacking in intentionally qualified states, then his reductive program will fail again, because neither he nor we know of any way to reduce the intentional to the non-intentional" (Margolis 1980, 255).

Für Margolis ist unsere intentionalistische Selbstcharakterisierung bei allem Räsonnement über intentionale Zustände von Computern schon vorausgesetzt. Damit führt er gegen Dennett eine Art transzendentales Argument ins Feld: "He somehow neglects to notice that, in speculating about the description of other systems, we are bound, reflexively, to characterize ourselves. In short, we ourselves are the paradigms of intentional systems, and, as such, we are unjustified, in the absence of a successful reduction of intentionality, to deny that our own psychological states are real enough" (257). Dennetts Instrumentalismus vernachlässige also die Intentionalität auf der Interpretenseite. Die Einnahme des intentionalen Standpunktes, so die Kritik, ist *selbst* schon ein intentionaler Akt. Aufschlußreicher als die Frage, welche Systeme wir als intentionale ansehen können, ist möglicherweise die, welche Systeme *selbst in der Lage sind, Intentionalität zuzuschreiben* (vgl. Premack 1988). Würde Dennett so weit gehen zu behaupten, daß der Computer sich Gedanken macht, ob er uns gegenüber den intentionalen Standpunkt einnehmen soll?

In der Zuschreibung von Intentionalität ist die Intentionalität des Zuschreibenden schon vorausgesetzt. Man muß ein solches Argument nicht als transzendentales verstehen; allein die Frage, aus welchem Anwendungsbereich das intentionalistische Idiom denn seine Erklärungskraft bezieht, ist interessant genug. Wenn Erklärungen, die auf mentale Zustände rekurrieren, einen wirklichen explanatorischen Wert haben, sollte es irgendwelche originalen Anwendungsfälle geben, aus denen dieser Erklärungswert sich herleitet.[51] Mit Prädikaten, die auf nichts in der Welt zutreffen, kann man am Ende auch nichts erklären. Man kann dies auch metapherntheoretisch formulieren: Jedes metaphorisch zuschreibbare Prädikat muß irgendeine wörtliche Anwendung haben, denn die Metapher per se, das reine Als-ob gibt es nicht. Bei dieser Überlegung geht es nicht so sehr darum, *welche* Systeme denn nun intrinsisch intentional sind, sondern es geht um den Status intentionaler Prädikate überhaupt. Das transzendentale Selbstanwendungsargument läuft möglicherweise ins Leere, wenn man nicht die instrumentalistische Uneigentlichkeitsthese direkt angreift.

Tatsächlich ist das *Zuschreiben* von Intentionalität schon eine Art "higher-order intentionality", mit der sich Dennett sogar auseinandersetzt (1978, 273ff und 1983, 242ff) und die er als "a central mark of higher intelligence" ansieht (1988b, 539), ohne aber seinen grundsätzlichen Instrumentalismus bezüglich der Intentionalitätszuschreibung aufzugeben.

Manchmal sieht es allerdings so aus, als nähme Dennett in bezug auf mentale *Selbst*zuschreibungen eine realistischere Position ein. Er bedauert überzogen instrumentalistische Formulierungen und spricht davon, daß "belief is a perfectly objective phenomenon", welches aber "can discerned only from the point of view of one who adopts a certain *predictive strategy*" (1981a, 15). Er gesteht eine Asymmetrie zwischen mentalen Selbstzuschreibungen und der Einnahme des intentionalen Standpunkts gegenüber Computern zu; diese bestehe in "*the unavoidability of the intentional stance with regard to oneself and one's fellow intelligent beings*" (27). Leider vermißt man ein klares Argument für diese Unvermeidbarkeit.[52] Dennett hält seinen Instrumentalismus und seinen schwachen Realismus für vereinbar, und es wird nicht klar, ob er seine Auffassung zurückgenommen hat, daß "the personal story (that is, the 'story' of a person's mental states) has a relatively vulnerable and impermanent place in our conceptual scheme, and could in principle be rendered 'obsolete' if some day we ceased to *treat* anything (any mobile body or system or device) as an Intentional system" (1978, 190). Dazu wiederum der Margolis-Einwand: "Dennett has obviously quite forgotten to

---

[51] Analog zum Teleologieproblem: "Der Finalismus muß seinen legitimen Sitz irgendwo haben, woher seine Idee abgeleitet werden konnte" (Jonas 1950, 58). - "Wüßten wir nicht aus menschlicher Kommunikation, was Handlungszwecke sind, gäbe es in der Welt keine zielverfolgenden Maschinen und damit keine Erklärungsmittel von Organismusleistungen durch technische Modelle" (Janich 1992, 149).

[52] Ein mögliches Argument weist Dennett (1978, 240ff) explizit zurück. Er widerspricht dem Vorschlag MacKays und Strawsons, die Einnahme des intentionalen Standpunkts mit der Entscheidung zur moralischen Anerkennung des anderen als Person zusammenfallen zu lassen. Die Einnahme des intentionalen Standpunkts, so Dennett, sei bereits eine *Vorbedingung* für die interpersonale Anerkennung.

eliminate the 'we' that do the 'treating'" (a.a.O., 258).[53] Damit die metaphysische Ortlosigkeit der intrinsischen Intentionalität erwiesen würde, müßte nicht nur *eine* Art von intentionalen Systemen aufhören, eine *andere* Art von Systemen als intentionale zu behandeln, sondern es müßte Intentionalität überhaupt aus der Welt verschwinden. Diesen Zustand zu beschreiben ist aber zum status quo gar nicht konsistent möglich. An dieser Stelle waren wir schon einmal: Die Position, von der aus man sagen könnte, wie eine durchgeführte *Elimination* des Intentionalen aussähe, kann man noch gar nicht einnehmen; der Eliminative Materialismus muß sich darauf beschränken, eine Kulturrevolution in Aussicht zu stellen.

Doch soweit will Dennett nicht gehen, obwohl Stich (1988) ihn dazu einlädt, ins Lager der Eliminativisten überzulaufen. Vielmehr bewegt sich Dennett in "Evolution, Error, and Intentionality" (1987c) auf die intrinsische Intentionalitätsauffassung zu, allerdings in einer überraschenden Volte, in der er das Ableitungsverhältnis ins Gegenteil verkehrt. *Wenn* wir schon von "original intentionality" sprechen wollten - "original just in the sense of being derived from no other, ulterior source" - dann gebühre der Titel niemand anderem als der Instanz der natürlichen Selektion (1987c, 318). Unsere eigene Intentionalität sei "derived from the intentionality of natural selection" (ebd.).[54] Auf einmal hat Dennett Verwendung für all die konstitutiven intentionalen Bestimmungen, die er dem menschlichen Geist verweigert. In derselben Weise, wie Maschinen unsere Artefakte sind, seien wir selbst Artefakte der Evolution, konstruiert als "survival machines" (Dawkins). "As a late and specialized product, a triumph of Mother Nature's high tech, our intentionality is highly derived" (1990, 62), wohingegen die Natur der primäre Träger intentionaler Prädikate sei. Dennetts Argument dafür ist ziemlich verschachtelt und hat etwa die folgende Form: Wir selbst sind durch einen mechanischen und ziellosen Prozeß entstanden. Gleichwohl verhalten wir uns intelligent und schreiben uns Intentionalität zu. Folglich verbürgt die Intentionalität des Produkts nicht die Intentionalität des Produzenten. Warum sollten also Computer, die sich ebenfalls intelligent verhalten, nicht von einer Instanz konstruiert sein, die ebenfalls nur zugeschriebene und keine intrinsische Intentionalität hat?! Dennett folgert, es gebe bezüglich der Intentionalitätszuschreibung *no fact of the matter*, alle Intentionalität sei gleichermaßen zugeschrieben oder real. *Wenn* wir aber unbedingt einen Unterschied machen wollen, dann sei die Intentionalität der natürlichen Selektion noch die realste, denn mit ihr habe alles begonnen.

Es ist schwer begreiflich, wie man die Verhältnisse so auf den Kopf stellen kann. Dennett müßte doch darauf bestehen, daß wir von der Intentionalität der Evolution nur sprechen können, *weil* wir ihr gegenüber den intentionalen Stand-

---

53 Vgl. auch Baker 1987, 169: "Trying to vindicate intentionality in nonintentional terms is like trying to disappear up one's own sleeve".

54 Dieselbe Umkehrung des Ableitungsverhältnisses von menschlicher Intentionalität und Intentionalität der Evolution findet sich bei Millikan 1984, bes. 90.

punkt einnehmen. Die Natur selbst kennt keine mentale Antizipation von Zielen und Funktionen. Allein wir sind es, die sich überlegen, ob man bestimmten Systemen Intentionalität zuschreiben sollte oder nicht. Nur weil wir mentale Zielantizipation aus der Selbsterfahrung kennen, können wir darangehen, die natürliche Selektion nach diesem Modell zu begreifen.[55] Und in der Tat, Dennett behauptet eben dies im selben Aufsatz: "Mother Nature doesn't commit herself explicitly and objectively to *any* functional attributions; all such attributions depend on the mind-set of the intentional stance" (320). Die Intentionalität von Mutter Natur kommt also in Dennetts Argument zweimal vor, einmal als bloß zugeschriebene, was den Instrumentalismus stützt, und einmal als intrinsische, um zu dokumentieren, daß sie immer noch "realer" ist als die menschliche, wenn man denn auf die Unterscheidung Wert legt. Dennetts Hauptintuition scheint aber die zu sein, daß wir uns genau dann keine intrinsisch intentionalen Zustände zuschreiben dürfen, wenn wir sie der Evolution verweigern. Wie aber kann das Faktum, daß wir durch einen Mechanismus entstanden sind, der nur attribuierte Intentionalität hat, ein Beweis dafür sein, daß wir selbst nur attribuierte Intentionalität haben?![56]

Es ist, wie Margolis sagt: Dennett vergißt, daß nicht nur das Verfolgen von Zielen, sondern auch das Zuschreiben von Intentionalität selbst ein intentionaler Akt ist, den wir in Abwesenheit einer erfolgreichen begrifflichen Reduktion von Intentionalität keinen Grund haben, als irgendwie uneigentlich oder "bloß zugeschrieben" zu betrachten. Es mag hier kein *fact of the matter* geben, aber es gibt *a fact of the mind*. Es *macht* einen Unterschied in der Welt, was Ödipus glaubt, und wenn das Supervenienzprinzip des Mentalen gilt, macht es sogar einen Unterschied in der physischen Welt. Mit dem Supervenienzprinzip und mit dem token-Physikalismus ist eine vollendete *no fact of the matter*-Haltung jedenfalls nicht vereinbar.

Für Searle, der eine intrinsische oder realistische Auffassung der Intentionalität vertritt, gibt es genau *ein* System mit genuinen mentalen Zuständen, nämlich den menschlichen Geist:

> "[I]t is just a plain fact about human beings that they do have desires, goals, intentions, purposes, aims, and plans, and these play a causal role in the production of their behavior. Those human sciences in which these facts are simply taken for granted, such as economics, have made much greater progress than those branches, such as behavioristic psychology, which have been based on an attempted denial of these facts. Just as it was bad science to treat systems that lack intentionality as if they had

[55] Vgl. Goldman 1988, 514: "It is far easier to argue that *we* confer intentionality on Mother Nature than that *she* confers it on us. Indeed, such a reversal in the direction of derivation seems to be required by Dennett's own interpretative stance point of view".

[56] Wenn dagegen der Realismus bezüglich der Intentionalität der Evolution ernst gemeint ist, ergibt sich ein schlichter Widerspruch, auf den Baker (1987, 160) hinweist: "One cannot consistently suppose that rationality is acquired by natural selection if one is a realist about the products of natural selection but an instrumentalist about rationality".

it, so it is equally bad science to treat systems that have intrinsic intentionality as if they lacked it" (Searle 1984b, 15f).

Ich nehme Searles robusten Realismus zum Anlaß, noch einmal auf die Behandlung des Teleologieproblems in der *Kritik der Urteilskraft* zurückzukommen. Kants Einschränkung der teleologischen Urteile auf den regulativen Verstandesgebrauch darf nicht mißverstanden werden; sie ist nicht geeignet, das universale *Als ob* des Instrumentalismus zu legitimieren. Die Zweckmäßigkeit ist zwar keine konstitutive Bestimmung der Natur, wohl aber ist das Zweckesetzenkönnen eine konstitutive und nicht bloß regulative Bestimmung des menschlichen Geistes. Es ist daher nicht ganz korrekt zu sagen, daß Teleologie 'in der Natur nicht vorkommt'. Insofern der Mensch Teil der Natur ist, kommen Teleologie und Intentionalität sehr wohl in der Natur vor. So sagt Searle: "Indeed, it is an immediate logical consequence of the claim that goals, aims, purposes, and intentions are intrinsic features of certain biological organisms that teleology is an intrinsic part of nature, for by definition such phenomena are teleological" (1984a, 14). Ob der Zweck ein Fremdling in der Natur*wissenschaft* ist, hängt natürlich davon ab, wie weit unser Wissenschaftsbegriff ist. Es spricht wenig dafür, einen so restriktiven physikalistischen Wissenschaftsbegriff wie Kant zugrundezulegen. Schon wenn wir die Biologie hinzunehmen, ist die Zweckkategorie kein Fremdling in der Naturwissenschaft, denn aus der Biologie ist sie nicht zu wegzudenken.

Dennett unternimmt noch einen letzten Anlauf, seine Position zwischen Instrumentalismus und schwachem Realismus des Intentionalen zu verorten. In (1987b) schreibt er plötzlich, intentionale Zustände seien "*abstracta* rather than part of the 'furniture of the world'" (72) und vergleicht sie mit anderen in der Wissenschaft postulierten abstrakten Gegenständen wie Gravitationszentren, die auch niemand an den ontologischen Standards für raumzeitlich ausgedehnte Körper messe. Selten war Dennett der Wahrheit so nahe. Leider fügt er hinzu, diese Abstrakta würden "attributed in statements that are *true* only if we exempt them from a certain familiar standard of literality", zu verstehen also "*with a grain of salt*" (ebd.). Damit ist alles wieder verspielt. Dennett vermischt hier zwei wichtige Unterscheidungen. Die eine ist die zwischen abstrakten und konkreten Gegenständen, die andere die zwischen wörtlichen und metaphorischen Zuschreibungen. Tatsächlich sind die Unterscheidungen voneinander unabhängig. Warum sollen abstrakte Prädikate nicht wörtlich zugeschrieben werden können? Gerade *weil* mentale Prädikate abstrakt sind, können wir sie dem menschlichen Geist wörtlich zuschreiben. So bei allen abstrakten Gegenständen: eben weil die Zahl 7 ein abstrakter Gegenstand ist, ist sie *wirklich* eine Primzahl und nicht bloß metaphorisch oder cum grano salis. - Dieser Fehler ist innerhalb funktionalistischer Theorien des Mentalen weitverbreitet. Man sollte den Funktionalismus als aus zwei Teilthesen bestehend ansehen, der Abstraktheitsthese mentaler Zustände sowie der These der multiplen Realisierbarkeit. Diese beiden Teilthesen sind voneinander unabhängig (vgl. Keil 1993). Aus der Abstraktheit mentaler Zustände folgt keineswegs, daß mentale Zustände jeder Art von System wörtlich zuschreibbar sind. Die Abstraktheitsthese lizensiert nicht jede beliebige Attribution; auch die Zuschreibung abstrakter Prädikate steht unter Restriktionen.[57]

Obwohl ich die vorgetragenen Überlegungen als entscheidenden Einwand gegen Dennett und seine zahlreichen Sympathisanten in den Kognitionswissenschaften und der Philosophie des Geistes[58] betrachte, will ich nicht länger bei der unhaltbaren Leugnung intrinsischer Intentionalität verweilen, weil wir uns sonst den Blick auf die aufschlußreichen Details der beanspruchten Dekomposition des Mentalen verstellen. Vielleicht gibt es ja trotz dieses blinden Flecks des Instrumentalismus noch interessante Teilargumente zu würdigen.

Mentale Zustände zu haben ist für Dennett "a matter of degree". Dies macht er in seiner Behandlung des Thermostaten-Beispiels deutlich (1981a, 29ff). Einem einfachen Thermostaten könne man nur sehr wenige und primitive Überzeugungen zuschreiben. Dies ändere sich, wenn wir die interne Komplexität des Thermostaten erhöhen, ihn beispielsweise mit Wahrnehmungskomponenten ausstatten, die ihm melden, ob Personen im Raum sind, oder gar mit einem Spracherkennungssystem, das geäußerte Sätze wie "Es ist zu kalt hier" verarbeiten kann. Wir verschaffen dem System also mehr Möglichkeiten, Informationen aus seiner Umgebung zu gewinnen. Dadurch läßt es sich, gemessen an seiner intendierten Funktion, weniger leicht täuschen: "[A]s systems become perceptually richer and behaviorally more versatile, it becomes harder and harder to make substitutions in the actual links of the system to the world without changing the organization of the system itself. If you change its environment, it will *notice*, in effect, and make a change in its internal state in response" (a.a.O., 31). Die Beziehung des Systems zur Umwelt wird enger und komplexer. Immer mehr Veränderungen in der Umwelt des Thermostaten werden Auswirkungen auf seinen internen Zustand haben. Schließlich werden wir Dennett zufolge dazu übergehen, diese Beziehung als eine der Repräsentation zu bezeichnen: "There is a familiar way of alluding to

---

[57] Searle macht in der Begründung seiner realistischen Auffassung der Intentionalität einen komplementären Fehler, indem er ein Junktim zwischen der Wörtlichkeit der Zuschreibung eines Prädikates und der Konkretheit des Prädikates herstellt. Für ihn ist Intentionalität eine biologische Eigenschaft des *Gehirns* (1983, 272). Mentale Zustände seien "as real as any other biological phenomena" (a.a.O. 264). Warum müssen mentale Zustände konkrete biologische Zustände des Gehirns sein, um wörtlich zuschreibbar zu sein? Intentionalität ist eine Eigenschaft des *Geistes*, nicht des Gehirns. Nicht jede Eigenschaft, die nur in Wesen mit unserer biologischen Ausstattung realisiert sein kann, ist dadurch selbst eine biologische Eigenschaft.

[58] Dennett teilt die philosophische Szene in "bad guys" ein, die an intrinsische Intentionalität glauben - Searle, Fodor, Dretske, Burge, Kripke -, und in "good guys", die das nicht tun - er selbst, Quine, die Churchlands, Haugeland, Stalnaker, Davidson, Minsky "and almost everyone else in AI" (1987c, 295). Zumindest Haugeland dürfte hier falsch eingeordnet sein (vgl. Haugeland 1990), möglicherweise auch Davidson.

this tight relationship that can exist between the organization and its environment: you say that the organism continually *mirrors* the environment, or that there is a *representation* of the environment in - or implicit in - the organization of the system" (ebd.). Es liegt auf der Hand, daß für Dennett der so beschriebene Übergang von einem nicht-repräsentierenden zu einem repräsentierenden System ein gradueller ist: "There is no magic moment in the transition from a simple thermostat to a system that *really* has an internal representation of the world around it" (32).[59]

Ein starkes Argument für die Gradualisierung der Zuschreibung mentaler Prädikate ist die phylo- und ontogenetische Entstehung des Mentalen. Intentionalität fällt nicht vom Himmel, folglich kann nicht jede Form der Gradualitätsthese falsch sein. So sagt Davidson: "How much like a person an object must be to be intelligible - to have thoughts - is unclear; indeed, it makes the most sense to think of thoughtfulness as a matter of degree, as it surely is with a developing child" (1990b, 8).

Doch dieses Argument ist vorschnell. Die Rede von "a matter of degree" ist mehrdeutig zwischen einer systematisch-synchronen und einer genetisch-diachronen Lesart; sie berücksichtigt nicht den Unterschied zwischen dem phylo- und ontogenetischen Evolvieren mentaler Eigenschaften und deren konstruktiver Anreicherung in der Herstellung komplexer Maschinen. Man muß diese Analogisie-

---

59 In 1987c, 290ff erzählt Dennett eine analoge, weiter ausgeführte story über die Emergenz von Repräsentativität bei einem Cola-Automaten. - Ich erinnere noch einmal an die Kluft, die ein Repräsentationsmodell des Mentalen von Quines black box-Psychologie trennt. Die Kognitionspsychologie gibt den Behaviorismus auf, weil sie davon überzeugt ist, daß sich viele kognitive Leistungen nicht ohne Rekurs auf interne Zustände, die selbst die Rolle von Stimuli übernehmen können, erklären lassen: "Will man [...] Gedächtnis und höhere kognitive Leistungen wie die interne Repräsentation von Zielzuständen ('Zukunftsplanung') als biologische Phänomene erklären, dann muß man für das System eine Möglichkeit annehmen, komplexe mentale Repräsentate unabhängig vom dauernden Strom des Inputs zu erzeugen. Da das System hierzu nicht oder nur begrenzt auf den Informationsfluß aus den Sinnesmodulen zugreifen kann, wird es sich dabei die [...] *relationale Struktur* der mentalen Repräsentate zunutze machen. Das heißt: Mentale Repräsentate müssen *interne Simulationen* komplexer, kontrafaktischer Situationen ermöglichen" (Metzinger 1990, 7f). Auch Selbstbewußtsein und Subjektivität sollen Metzinger zufolge durch Komplexität emergieren, nämlich durch die Integration eines Selbstmodells: "Subjektivität ist eine Eigenschaft hochkomplexer informationsverarbeitender Systeme, die genau dann entsteht, wenn in das vom System errechnete Realitätsmodell ein Selbstmodell integriert wird" (10). Er fügt hinzu, es sei deshalb "nicht mehr notwendig, eine transzendentalphilosophische Rekonstruktion des plötzlichen Zuwachses an kategorialem und phänomenalem Reichtum, an potentieller Informationsdichte und Differenzierung, welche mit dem Hervortreten eines Selbstmodells einhergehen, zu liefern. [...] Das Subjekt ist damit tendenziell naturalisiert" (13). Metzingers Darstellung ist natürlich keine zutreffende Rekonstruktion der Hauptziele der transzendentalen Erkenntnistheorie. - Während für Metzinger die Repräsentationsidee schon durch ihr Instantiiertsein in Artefakten naturalisiert wird, besteht die 'echte' Naturalisierung von Repräsentativität in ihrer Verankerung in nichtintentionalen und nichttechnischen Naturprozessen. Auf die naturalistischen Repräsentationstheorien bin ich an Ort und Stelle eingegangen.

rung von biologischer Genese, die wir im Lichte ihres schon bekannten Ergebnisses verstehen, und von konstruktiver Verfeinerung nicht überzeugend finden. Noch vorgelagert ist ja die Frage, ob es im Hinblick auf die Verkörperung mentaler Eigenschaften nicht einen *kategorialen* Unterschied zwischen Artefakten und Personen gibt. Schnädelbach (1990, 139ff) hat einen engeren und einen weiteren Sinn des Prädikates "rational" unterschieden, wobei der weitere Sinn die *kategoriale Auszeichnung möglicher Kandidaten der Rationalitätszuschreibung im engeren Sinn* betrifft. Wir müssen eine Verwendung des Rationalitätsprädikats spezifizieren, wie es etwa in *animal rationale* vorkommt. Diese Verwendung muß es zulassen, daß ein animal rationale bisweilen auch irrational sein kann, denn ein bestimmtes Verhalten irrational zu nennen bedeutet gerade nicht, daß wir unsere fundamentale Rationalitätsunterstellung widerrufen. Etwas, das der Rationalität dagegen überhaupt nicht *fähig* ist, kann im engeren Sinn weder rational noch irrational sein. Ein System im weiten Sinne rational zu nennen bedeutet demnach, es als "Kandidat für eine Evaluation nach Rationalitätsstandards" anzusehen (Schnädelbach, a.a.O., 140), d.h. es als einen möglichen Träger von Rationalität im engeren Sinne auszuzeichnen.

Wir sollten nicht zögern, diese Überlegung auf den Intentionalitäts- und den Repräsentationsbegriff auszuweiten. Das Argument für die Gradualisierung der Repräsentationszuschreibung bei Maschinen durch die Analogisierung mit dem Evolvieren von Repräsentativität in der Phylo- und Ontogenese krankt daran, daß es auf die kategoriale Auszeichnung möglicher Träger mentaler Prädikate verzichten zu können glaubt, und zwar wiederum zugunsten eines instrumentalistischen Verständnisses der Zuschreibung von Repräsentationen.[60] Die behauptete allmähliche Emergenz von Repräsentativität durch höhere Komplexität ändert für Dennett nämlich nichts daran, daß nichts in der Welt intrinsisch etwas anderes repräsentiert. Ohne Interpreten gibt es keine Repräsentation: "[N]othing is intrinsically a representation of anything, something is a representation only *for* or *to* someone" (Dennett 1978, 101). Daß die Semantik einer Zeichenfolge niemals ihrer Syntax intrinsisch ist, versucht Searle uns seit langem klarzumachen, unter anderem durch sein bekanntes Argument vom Chinesischen Zimmer. Diese Überzeugung teilt Dennett. Er präsentiert als ein Beispiel die Unmöglichkeit, die semantische Klasse der in Englisch verfaßten Morddrohungen syntaktisch zu spezifizieren (1981b, 62f). Es gibt zu viele verschiedene sprachliche Möglichkeiten, jemandem die Ermordung anzudrohen, als daß sich diese Klasse von Äußerungen auf syntaktischer Ebene generalisieren ließe. Searle geht aber inzwischen weiter. Er behauptet nicht nur, daß die Semantik der Syntax nicht intrinsisch ist, sondern

---

60 Um Mißverständnissen vorzubeugen: Natürlich glaube ich nicht, daß die kategoriale Auszeichnung *unabhängig* von der Angabe der Sinn- und Anwendungsbedingungen der mentalen Prädikate möglich ist. Ontologische Kategorie und Zuschreibbarkeit von Prädikaten gehen Hand in Hand (s.o., III, 1.2).

auch, daß die Syntax unserer Biologie nicht intrinsisch ist. Das Gehirn rechne nicht und befolge keine Regeln, auf der Ebene unserer biologischen Organisation gebe es keine syntaktischen Verkettungen, auch die Syntax werde lediglich vom Theoretiker zugeschrieben. Die Arbeitsweise unseres Gehirns sei kein uninterpretierter Rechenprozeß, sondern überhaupt keiner (s.o., II, 3.3). Dies ist natürlich für die "computational theory of mind" nicht mehr zu schlucken. "Cognition *is* computation", hatten wir Pylyshyn zitiert, und auch Dennett behauptet immerhin, das Gehirn sei "a *syntactic engine*" (1981b, 61). Für Pylyshyn, Fodor, Dennett u.v.a. gibt es also auf der tiefsten Beschreibungsebene - "adopting the physical stance" - syntaktische Strukturen, während für Searle das Syntax-, Regelbefolgungs- und Berechnungsmodell den physiologischen Prozessen unseres Gehirns nur attribuiert wird. Ich habe meine Solidarität mit Searles Behauptung erkennen lassen, daß die Rede von intrinsisch berechnender oder regelbefolgender Aktivität auf der subpersonalen Ebene ohne die Einführung von homunculi, welchen Intelligenzgrades auch immer, nicht zu haben ist. Dasselbe gilt für maschinale Prozesse. Dieser Vorwurf konfligiert nicht mit dem Umstand, daß das Computerprogramm eine *Verkörperung* des Algorithmus darstellt, so daß es ihm nicht zu folgen braucht. Das Programm kann die Regel nur verkörpern, weil wir sie in das Programm eingebaut haben. Die intentionalistische Komponente der Beschreibung ist also auf den Konstrukteur verschoben, der selbst aus dem Regelmodell herausfällt.[61] Dies gerät leicht aus dem Blick, weil uns die Funktionalität des Programms in seiner Implementierung eben in materialisierter Form gegenübertritt. So gelangte Mayr zu seiner Behauptung, daß die Genese eines Programms für seine teleonome Struktur unerheblich sei, was natürlich nicht stimmt. - Searles Position bezüglich der Intentionalitätszuschreibung differenziert sich also in einen instrumentalistischen und einen realistischen Zweig, weil bei ihm die Asymmetrie von Mensch und Maschine erhalten bleibt.[62]

Eine interessante Gegenstrategie zur Rettung der Gradualitätsthese, die die KI-Gemeinde auch auf Searles neuesten Vorstoß anwenden wird, ist die "robot reply". Dennetts Gradualisierung des Übergangs von einem nichtrepräsentieren-

---

61 Searle (z.B. 1984b, 3ff) macht übrigens einen Unterschied zwischen *abgeleiteter* und *metaphorisch zugeschriebener* Intentionalität. Abgeleitet ("derived") sei etwa die Intentionalität sprachlicher Bedeutungen, metaphorisch zugeschrieben die von Maschinen. Leider beläßt Searle es bei den Beispielen und gibt den Unterschied der beiden Distinktionen intrinsisch-abgeleitet und wörtlich-metaphorisch nicht genauer an.

62 Was Repräsentationsfunktionen von Computerprozessen betrifft, ist Searles Position geradezu eine Steigerung von Dennetts Instrumentalismus. Dagegen faßt er intentionale und Repräsentationsprozesse dort, wo sie wirklich auftreten, nachdrücklich realistisch auf. Insofern Intentionalität für ihn allerdings eine *biologische* Eigenschaft des menschlichen Gehirns ist, glaubt er ohne die Zwischenschaltung syntaktischer Verknüpfungen auskommen zu können. Das Gehirn hat Searle zufolge also intrinsisch intentionale Zustände, ohne syntaktische oder semantische Zustände zu haben, denn diese seien ja immer nur attribuiert. Außer Searle gibt es allerdings niemanden, der diese Konstruktion plausibel findet.

den zu einem repräsentierenden Thermostaten war ja durch die Überlegung motiviert, daß ein System mit gewissen Wahrnehmungskomponenten in der Lage sei, immer größere Anteile seiner Umwelt intern zu modellieren. Die kausale Einbettung in die Umwelt wird komplexer, bis das System schließlich repräsentiere, insofern seine internen Zustände mit Wirklichkeitsausschnitten korrespondierten, was beim Taschenrechner noch nicht der Fall sei. In diesem Zuge wird nun von den Vertretern der "robot reply" behauptet, daß ein System *doch intrinsisch repräsentativ* sein kann, nämlich genau dann, wenn es, mit Perzeptoren und Effektoren ausgestattet, selbständig mit der repräsentierten Umwelt interagieren kann. Die Behauptung lautet,

> "daß eine Maschine nur dann über interne Zustände verfügt, die Repräsentationen *für* die Maschine selber darstellen, wenn [...] der Regler (z.B. die CPU eines digitalen Computers oder ein neuronales Netz) einer solchen Maschine rückgekoppelt ist mit Perzeptoren und Effektoren, so daß sich die Maschine entsprechend zielgerichtet-umweltbezogen verhält. Oder, um es auf eine kurze Formel zu bringen: *Nur Roboter sind informationsverarbeitende und informationsverstehende Maschinen*" (Tetens 1990, 10).

Mit demselben Argument widerspricht Beckermann (1990) Dennetts Behauptung, die semantische Klasse der in Englisch verfaßten Morddrohungen könne nicht syntaktisch spezifiziert werden. Die Aufgabe sei dann lösbar, wenn die Maschine über Wahrnehmungskomponenten verfügt, mit denen sie Situationen erfassen kann, die sie über einen Abgleich mit ihrer Datenbasis mit Wahrheitsbedingungen von Sätzen systematisch korrelieren kann. Dabei soll die Kenntnis von Wahrheitsbedingungen (genauer: das Wissen um deren Erfülltsein) natürlich nicht hardwareseitig eingebaut werden, denn dies hat man als aussichtslos erkannt. Schließlich produziert die Welt täglich neue Wahrheiten. Die Pointe ist vielmehr, daß die Wahrheit von Sätzen zu erkennen beim Menschen wie bei der Maschine *heiße*, wahrgenommene Situationen mit Beschreibungen korrelieren zu können. Genau dies hält Beckermann bei einer Maschine, deren Wahrnehmungskomponente mit ihrer Spracherkennungskomponente interagiert, im Prinzip für möglich. Der Übergang vom wissensbasierten Rechnersystem zum wissenserwerbenden und sprachverstehenden Roboter ist durch die Einsicht motiviert "that the cheapest store of information about the real world is the real world" (Boden 1977, 438).

Bekanntlich liegt ein Roboter mit einem menschenähnlichen Repertoire von Fertigkeiten in ebenso weiter Ferne wie eine Maschine, die beliebige natürlichsprachliche Sätze versteht. Dreyfus, Winograd und Flores führen das bisherige Scheitern der KI gegenüber ihrem hohen Anspruch auf einen Grund zurück, der mit dem Gesagten zusammenhängt. Die Ausstattung eines Computers mit Wahrnehmungskomponenten und robotischen Fertigkeiten ist ein Schritt auf dem Wege der Situierung der Maschine in einer Lebenswelt. Dreyfus' *Kontexteinwand* gegenüber der KI besagt, "daß *Intelligenz in einem Zusammenhang stehen muß und deshalb nicht vom übrigen menschlichen Leben getrennt werden kann*" (Dreyfus 1972, 329). Im Prinzip ist das Kontextproblem von der KI zugestanden, denn sie mußte zwangsläufig selbst darauf stoßen. Sie nennt es das "frame problem", das sich so charakterisieren läßt: Die Welt, in der wir uns bewegen, ist unüberschaubar groß und verändert sich kontinuierlich. Durch unsere Eingriffe werden zusätzliche Veränderungen herbeigeführt, von denen manche für unser Handeln relevant sind, andere nicht. Der weitaus größte Teil der Parameter bleibt allerdings in Handlungssituationen konstant. Nur sehr wenige der Elemente, die sich ändern *könnten*, ändern sich tatsächlich. Doch woher wissen wir, welche Elemente der Situation für unser Handeln relevant werden und welche wir ignorieren können? "The problem arises because the range of things that change and those that do not change as a result of a certain action being taken cannot be specified in any simple manner in advance of any reasoning about the situation" (Pylyshyn 1987, ix).

Wie ist unser Alltagswissen über die Randbedingungen unseres Handelns organisiert? In der KI hat man lange Zeit geglaubt, man könnte endliche Listen von Wissenselementen angeben, über die ein System verfügen muß, um intelligent zu sein. Ein solcher atomistischer Ansatz hat sich aber als ungeeignet herausgestellt, menschliches Verhalten in komplexen Situationen zu modellieren. Das Verfahren der Programmierung einer endlichen Menge von Wissenselementen, und sei sie immens groß, dürfte überhaupt zum Scheitern verurteilt sein.[63] Dann ging die KI dazu über, *Schemata* für bestimmte Situationen ("Restaurantbesuch", "Geburtstagsparty", "Fußballspiel") zu entwerfen, die bei Minskys "frames" hießen und bei Schank und Abelson "scripts". Solche Skripte sollen alle notwendigen Informationen zum Verständnis dessen enthalten, was in der betreffenden Situation geschehen kann.[64] Dreyfus hat überzeugend aufgezeigt, daß auch solche Skripte schnell an ihre Grenzen stoßen. Zuviel kann selbst in hochgradig standardisierten

---

63 Minsky stellt folgende krude Berechnung an: "As one tries to classify all his knowledge, the categories grow rapidly at first, but after a while one encounters more and more difficulty. My impression, for what it is worth, is that one can find fewer than ten areas, each with more than ten thousand 'links.' One can't find a hundred things that he knows a thousand things about. Or a thousand things, each with a full hundred new links. I therefore feel that a machine will quite critically need to acquire the order of a hundred thousand elements of knowledge in order to behave with reasonable sensibility in ordinary situations. A million, if properly organized, should be enough for a very great intelligence. If my argument does not convince you, multiply the figures by ten" (Minsky 1968, 26). Und wenn man die Zahlen mit hundert multipliziert, wird das Argument nicht besser, denn unser Weltwissen ist überhaupt nicht in Form von diskreten Wissenselementen gespeichert (vgl. Dreyfus 1972, 163ff, 242f, 323ff et passim). Gefragt ist ja "a system that genuinely *ignores* most of what it knows, and operates with a well-chosen portion of its knowledge at any moment" (Dennett 1984, 55), und hier muß die *brute force*-Strategie versagen.

64 "[T]he restaurant script contains all the information necessary to understand the enormous variability of what can occur in a restaurant" (Schank, zit. nach Dreyfus/Dreyfus 1986, 165).

Situationen passieren, von dem vorher niemand wissen konnte, daß es passieren würde. Das Problem ist, daß unser Alltagswissen als *unthematisches* lebensweltliches Hintergrundwissen organisiert ist. Wir können nur deshalb so erfolgreich in immer neuen Situationen handeln, weil wir beim Auftauchen unvorhergesehener Schwierigkeiten auf Wissensbestände zurückgreifen können, von denen wir zuvor nicht wissen konnten, daß wir sie brauchen würden.[65] Situationen begegnen uns in der Lebenswelt nicht metaphysisch individuiert, sie sind grundsätzlich offen. Unser Alltagswissen ist eher ein praktisches *Können* denn ein Wissen, denn es beinhaltet die Kompetenz, angesichts unvorhersehbarer Probleme entlegene Wissensbestände zu aktualisieren und sich gegebenenfalls neues Wissen *erst anzueignen* und es mit dem schon Gewußten zu verknüpfen. Mit Schanks Skripten würden wir bei jedem Restaurantbesuch scheitern. Viele unserer Überzeugungen sind überhaupt nicht in Form expliziter Repräsentationen gespeichert und stehen uns gleichwohl auf Anforderung zur Verfügung - "you weren't born believing that lawyers typically wear shoes, and you have believed it for some time - just when, exactly, did this belief get added to your belief store?" (Dennett 1988b, 537). Autoren wie Dreyfus, Winograd und Flores lehnen aufgrund phänomenologischer Überlegungen das Repräsentationsmodell des Geistes überhaupt ab. Die Annahme diskreter Repräsentationen sei der atomistischen Metaphysik der "rationalistic tradition" verhaftet (Winograd/Flores 1986, 14ff).[66]

In meinen Nichtnaturalisierbarkeitsbehauptungen des Mentalen spielt der Repräsentationsbegriff zwar keine prominente Rolle, ich vermute aber, daß man nicht völlig ohne ihn auskommen wird. Meine *differentia specifica* intentionaler Systeme ist nach wie vor das Handelnkönnen nach Absichten. Insofern diese

---

65 Wie sollte ein Test aussehen, der diese Kompetenz überprüft? Der Turing-Test scheint dazu nicht geeignet zu sein; Searle nennt ihn einen operationalistischen Taschenspielertrick. Dazu Dennett: "Das mit dem Turing-Test vorgeschlagene Spiel, das Imitationsspiel, ist nicht sakrosant, sondern nur ein klug gewählter, allgemeiner Intelligenztest. Turing war bereit anzunehmen, daß niemand das Imitationsspiel gewinnen und also den Test bestehen können würde, der nicht zugleich zu unendlich vielen anderen, eindeutig intelligenten Handlungen fähig ist. Hätte er die Aufgabe gewählt, ohne Gewaltanwendung und ohne die Hilfe von Komplizen die britischen Kronjuwelen zu stehlen oder den arabisch-israelischen Konflikt ohne Blutvergießen zu lösen, es wären nur wenige, die nicht [sic] den Einwand erhöben, daß hier die Intelligenz behavioristisch 'reduziert' bzw. in Verhaltensbegriffen 'operationalistisch definiert' werde. (Kein Zweifel natürlich, daß irgendwo *irgendein* Philosoph sich emsig daranmachen würde, ein ausgearbeitetes aber total abseitiges Szenarium zu konstruieren, unter dessen Bedingungen ein absoluter Einfaltspinsel zufällig in den Besitz der britischen Kronjuwelen gelangte, womit er den Test 'bestünde' und ihn demnach als einen tauglichen allgemeinen Intelligenztest widerlegte [...])" (Dennett 1981c, 96).

66 Es ist nicht zu übersehen, daß der Aufstieg des Repräsentationsmodells in der KI mit seinem Abstieg in weiten Bereichen der Philosophie des Geistes zusammenfällt. Wittgenstein, Ryle, Rorty halten sich zugute, das alte bewußtseinsphilosophische *repraesentatio*-Modell des Vorstellens mit seinen falschen optischen Konnotationen endlich überwunden zu haben. Nun erlebt der Repräsentationsbegriff in der KI eine neue Blüte, allerdings in einer Form, die nicht einfach auf den bewußtseinsphilosophischen Repräsentationsbegriff reduzierbar ist.

Kompetenz zumindest in paradigmatischen Fällen die mentale Antizipation von Handlungszielen erfordert, muß ich irgendeine Art von Repräsentationen annehmen und nicht bloß eine allgemeine Weltorientierungskompetenz im Sinne eines holistischen *knowing how*. Allerdings sind die mental antizipierten Handlungsziele immer schon intentionale Gegenstände und keine objektiven Weltzustände (s.o.). Dies ist der Hauptgrund dafür, daß jede Naturalisierung des mentalen Repräsentierens scheitern muß.

Was die *robot reply* betrifft, so ist es keineswegs klar, daß sie zur Aufgabe der instrumentalistischen Position nötigt. Ein Instrumentalist könnte mit guten Gründen darauf bestehen, daß der Umstand, daß wir einem bestimmten Roboter Wahrnehmungs- und Handlungskompetenzen *zuschreiben*, ebensowenig Gewähr dafür bietet, daß der Roboter diese Kompetenzen auch wirklich hat, wie im Falle der Zuschreibung mentaler Zustände. Maschine-Umwelt-Interaktionen sind nicht eo ipso weniger interpretationsbedürftig als mentale Zustände. Sie wären es nur dann, wenn Verhaltensbeschreibungen keine intentionale Komponente hätten. Da aber behavioristische Identifizierungen von Verhaltenstypen, wie wir oben mit Charles Taylor angemerkt hatten, sehr wohl auf intentionale Charakterisierungen zurückgreifen (und nicht etwa mit kinematischen Beschreibungen von Körperbewegungen arbeiten), ist in einer Diskussion über die Legitimität der Einnahme des intentionalen Standpunktes die Rede von Maschinen, die sich "genauso verhalten wie wir" (Tetens, s.o.), nichts weiter als eine *petitio*. *Wenn* man die Zuschreibung mentaler Zustände als problematisch ansieht, dann ist es die Zuschreibung von Handlungskompetenzen im Rahmen der Roboterantwort nicht minder. Wenn wir die angeblichen mentalen Zustände eines Computers wörtlich nur dem Konstrukteur oder dem Benutzer zuzuschreiben bereit sind, dann ist nicht zu sehen, warum sich im Falle von Maschinen mit robotischen Fertigkeiten die Lage grundsätzlich ändern sollte. Kurz: als zweckmäßig konstruiertes Artefakt bleibt der Roboter eine Marionette.

Diese Antwortstrategie wird man allerdings nicht beliebig fortsetzen können. Dies ist an dieser Stelle aber auch nicht nötig, denn mit der hypothetischen Einführung menschenähnlicher Roboter ist der Boden der klassischen KI längst verlassen. Die KI hat sich auf die funktionalistische These der multiplen Realisierbarkeit des Mentalen verpflichtet, mit der Intelligenz gerade aus ihrer Verwobenheit mit kontingenten Eigenschaften und Kompetenzen menschlicher Intelligenzträger herausgelöst werden sollte. Es stellt eine Abkehr von diesem Theorieziel dar, wenn nun der Übergang von der künstlichen *Intelligenz* zum künstlichen *Menschen* für erforderlich gehalten wird, um die Zuschreibung mentaler Zustände zu retten. Je mehr ein System können, je menschenähnlicher es sein muß, um als geistbegabt zu gelten, desto schlechter für die GOFAI.[67] Mit jedem Schritt in diese Richtung kommt die klassische KI ihren Kritikern entgegen.

---

67 "Good-Old-Fashioned-Artificial-Intelligence" (Haugeland)

Intelligentes menschliches Verhalten lebt von dem stets möglichen Zugriff auf unthematisches Hintergrundwissen, das zu einem großen Teil nicht expliziert mental repräsentiert ist und das in Handlungssituationen zum Teil erst durch Syntheseleistungen generiert wird. Die Herausforderung durch das Problem des kontextuellen Wissens in einer dynamischen, offenen Welt wird inzwischen nirgends mehr geleugnet. Was zwischen KI-Optimisten und KI-Skeptikern wie Dreyfus umstritten ist, ist die Frage, *wieviel* Kontext verfügbar sein muß, damit ein System sich intelligent verhalten kann. Für Dreyfus ist die kleinste Systemeinheit, der man Intelligenz zusprechen kann, eben nicht der biologische Organismus, geschweige denn das Gehirn, sondern der Organismus *in seiner kulturellen Umwelt*. Der Computer müßte nicht nur ein Roboter sein und einen menschenähnlichen Körper haben, er müßte auch mit uns sozialisiert sein und unsere Lebensform teilen. Er müßte Bedürfnisse haben und vielleicht sogar ein Bewußtsein seiner Sterblichkeit.[68] Damit ist der Holismus der Zuschreibungsbedingungen mentaler Prädikate natürlich immens verschärft, und zwar über die Grenzen des Mentalen hinaus. Als mögliche Träger von Intelligenz bleiben für Dreyfus vorerst nur Menschen übrig, womit der "species chauvinism", den Fodor, Putnam und andere kritisiert haben, befestigt wäre, allerdings nicht ohne gute Gründe. - Für die KI ist schon der interne Holismus des Mentalen sehr ärgerlich; manche Autoren sehen in ihm ein Präjudiz, das die Analyse blockiert: "To say, for example, that *purpose* depends on the existence of *desire*, which in turn depends on *sentience*, which in turn requires a protoplasmic body is merely to postpone the critical analysis" (Ringle 1979, 17). Aber die intellektualistische Gegenposition der KI präjudiziert die Frage erst recht, wenn sie genau diejenigen Prozesse als intelligent auszeichnet, die sich formal spezifizieren lassen.[69]

Dreyfus verteidigt den Artenchauvinismus kulturalistisch und phänomenologisch, Searle verteidigt ihn biologisch. Für Searle gibt es genau eine Maschine, die denken kann, nämlich das menschliche Gehirn (z.B. 1980, 424). Nun gibt es neuere Entwicklungen in der KI, die aus der souveränen Mißachtung der biologischen hardware des Gehirns herausführen. Die GOFAI mit ihrer orthodoxen funktionalistischen Dualisierung von hardware und software, von Materie und Funktion scheint auf dem Rückzug zu sein. Der *Konnektionismus* mit seiner Orientie-

---

[68] Hier kommt ein geradezu existentialistisches Motiv ins Spiel. Turkle behauptet: "Ein Wesen, das nicht von einer Mutter geboren wurde, das nicht die Verwundbarkeit der Kindheit erlebt, ein Wesen, das Sexualität nicht kennt und den Tod nicht antizipiert, ein solches Wesen ist ein Fremdling" (Turkle 1984, 385). Der Kontrast zum Intellektualismus der KI könnte schärfer nicht sein.

[69] "John von Neumann responded to a claim that the only real limitations of machine intelligence rested with man's ability (or inability) to precisely specify the mental processes that he wished to duplicate. Once we have a definite idea of what we are looking for, the task of replicating it with a computer is relatively easy" (Ringle a.a.O., 16). Was wir nicht formalisieren können, haben wir eben noch nicht verstanden und können es deshalb nicht modellieren. Die Formalisierbarkeit gibt den Standard dafür ab, was überhaupt als Intelligenz zählt.

rung an der Arbeitsweise neuronaler Netze ist ein Schritt vom abstrakten Regel- und Repräsentationsmodell in Richtung Biologie.[70] Aber schon länger gab es Tendenzen der Abkehr vom orthodoxen Funktionalismus. Pylyshyn erlegt der Modellierung kognitiver Prozesse stärkere Restriktionen auf als bloß eine funktionale Äquivalenz (vgl. 1980, 117ff). Es könne von einer "*strong equivalence*" zwischen kognitivem Prozeß und Computerprozeß erst die Rede sein, wenn nicht bloß das Resultat funktional dasselbe ist, sondern wenn darüberhinaus auch angenommen werden kann, daß das Ergebnis durch die gleichen Operationen erreicht wurde: ein "valid cognitive model must execute the *same* algorithms as those carried out by subjects" (123). Ein wichtiges Indiz dafür ist die Reaktions- bzw. Rechenzeit. Wenn sie dramatisch abweicht, kann nicht mehr die gleiche "computational complexity" angenommen werden und die Prozesse können nicht im starken Sinne äquivalent sein. Entscheidend sind also nicht nur input und output, sondern auch, was dazwischen passiert, und die Äquivalenz dieser Operationen muß unabhängig festgestellt werden. In diesem Sinne funktionieren etwa die existierenden Schachcomputer *nicht* in starkem Sinne äquivalent mit einem menschlichen Schachspieler.[71] Dies ist eine wichtige Verschärfung gegenüber dem Turing-Test, dessen Kriterium ja allein behavioristisch war.[72] Pylyshyn nennt diese

---

70 Konnektionistische Systeme bestehen aus mehreren parallelen Prozessoren ("parallel distributed processing"), die die Arbeitsweise neuronaler Netze im menschlichen Gehirn besser simulieren sollen. In einer konnektionistischen Architektur sind die möglichen Reaktionen des Systems nicht in expliziter Form programmiert; vielmehr kontrollieren sich die interagierenden Einheiten gegenseitig und 'lernen' voneinander, wodurch eine flexiblere und effektivere Simulation kognitiver Prozesse erreicht werden soll. Für Churchland ist mit der Entwicklung konnektionistischer Systeme dem Kontexteinwand bereits Rechnung getragen, das Problem des flexiblen Reagierens in offenen Situationen gelöst. Was die Einbeziehung des kulturellen und sozialen Kontexts betrifft, ist diese Behauptung nicht zu halten. - Für Dennett ändert sich durch den Konnektionismus grundsätzlich nichts am Intentionalitätsproblem; der Konnektionismus sei nur eine weitere Version der starken KI mit ihrer (falschen) Gleichsetzung von Geist und Programm: "Connectionism is still what Searle would call 'strong AI,' since it supposes that some connectionist program, in virtue of its enhanced *computational* power (which boils down to speed, since any connectionist program can be inefficiently computed by a von Neumann machine), is the 'right program' - the program that is sufficient for mentality" (Dennett 1988a, 504).

71 Wenn sich die Legitimität des intentionalen Standpunkts *allein* an der Erklärungskraft bezüglich der output-Seite des Systemverhaltens bemißt, macht es in der Tat keinen Unterschied, ob man einen Schachcomputer vor sich hat oder Baron von Kempelens Schachmaschine, in der sich ein Liliputaner verbarg. Diese Konsequenz zieht Dennett tatsächlich (1981b, 74) und begibt sich damit wieder in große Nähe zum black box-Behaviorismus.

72 Übrigens ist schon im Rahmen eines behavioristischen Äquivalenzkriteriums die übliche Abstraktion von der Reaktionsgeschwindigkeit nicht zu rechtfertigen. Die Intelligenz menschlichen Verhaltens *ist* in einer dynamischen Welt eine Funktion seiner Schnelligkeit. Einem 'intelligenten' Roboter, der nicht in Echtzeit reagieren kann, mangelt es allein dadurch an gewissen Kausalkräften, die für intelligentes Verhalten erforderlich sind. Zwar haben in einem gewissen Sinne zwei unterschiedlich schnelle Programme "the same capabilities - they both 'compute the same function' - but in virtue of its greater speed, one of them will have 'causal powers' the other lacks: namely, the causal *control* powers to guide a locomoting body

mittlere Ebene zwischen Physis und abstraktem Programm die der *funktionalen Architektur* (120ff).

Die im Umkreis der KI zunehmende Selbstkritik am funktionalistischen Schisma[73] ist vor allem dann wichtig, wenn man das Computerparadigma genauer im naturalistischen Gesamtprogramm verorten will. Viele Autoren streben das an, denn schließlich muß unsere in Begriffen des Computermodells beschriebene Intelligenz irgendwie mit unserer Physiologie als Naturwesen vereinbar sein.[74] In diesem Zusammenhang wird der klassische naturalistische Topos einer "continuity of levels of nature" wiederbelebt. Die Natur weise viele Ebenen auf, die eine Hierarchie bilden und sich nicht auf die Funktion/Materie-Dichotomie abbilden lassen (vgl. Lycan 1987). Allgemein deutet sich eine neue Naturalisierung im Sinne einer *Biologisierung* der Kognitionswissenschaften an, die zum Teil aus dem Computerparadigma herausführt, zumindest dessen Dominanz aufheben wird. Da auch diese Entwicklung wieder einmal szientistisch uminterpretiert werden wird, diesmal im Zeichen einer neuen kognitionswissenschaftlichen Interdisziplinarität, sollten wir nicht vergessen, mit welchen innerhalb der GOFAI nicht lösbaren Schwierigkeiten diese Entwicklung zusammenhängt. Es sind die mit dem Holismus des Mentalen verbundenen Problembestände, an denen das Projekt der klassischen KI gescheitert ist, Intelligenz von anderen das *animal rationale* auszeichnenden Kompetenzen zu isolieren. Auch scheint der beim Menschen biologisch inkorporierte Geist nicht so vielfältig physisch realisierbar zu sein wie der Funktionalismus annahm. Ich betone deshalb noch einmal, daß am ursprünglichen Theorieziel der KI gemessen sowohl die Roboterantwort als auch der Konnektionismus *Rückzugspositionen* darstellen.

Wir haben vornehmlich die Frage diskutiert, ob man Computern mentale Zustände zuschreiben sollte, und weniger die Implikationen der Computermetapher des Geistes für unser Selbstverständnis. In meinem interaktionstheoretischen Verständnis der Computermetapher sind diese Fragen aber gar nicht zu trennen.

---

through the real world" (Dennett 1990, 50). Dennett erwägt daher, allerdings mit negativem Ergebnis, ob sich Searles Insistieren auf den spezifischen Kausalkräften des biologisch realisierten Geistes vielleicht durch einen prinzipiellen Geschwindigkeitsvorteil organischer hardware retten läßt.

73 Vgl. etwa Wilkes 1990, 74: "Much (although not all) of the work in computer modelling, [...] is bedevilled by a simple-minded error: namely, that there is a clear and useful distinction between software (functional; psychological) descriptions and hardware (structural; physiological) ones. It is almost embarrassing to have to attack such a manifestly false claim [...] Simply: the hardware/software distinction is *relative to the purposes of the investigator*".

74 Pylyshyn spricht von der "dual nature of mental functioning": "[W]hile we believe that people do things because of their goals and beliefs, we nonetheless also assume, for the sake of unity of science and to avoid the extravagance of dualism, that this process is actually carried out by causal sequences of events that can respond only to the intrinsic physical properties of the brain. But how can the process depend both on properties of brain tissue and on some other quite different domain, such as chess or mathematics?" (a.a.O., 113).

Um zu wissen, was es bedeutet, menschliche Kognition nach der Analogie von Computerprozessen zu verstehen, müssen wir diejenigen Elemente von Computerprozessen identifizieren und begrifflich auszeichnen, die menschlicher Kognition attribuierbar sind. Nun sind aber Computer Artefakte, die wir zu dem Zweck gebaut haben, intelligentes Verhalten zu simulieren. In die funktionale Bestimmung dessen, was ein Computer *ist*, nämlich eine Geistmaschine, geht schon unser Verständnis vom Wesen des Mentalen ein, das wir am Beispiel des einzigen Wesens mit mentalen Zuständen gewonnen haben, das wir aus eigener Erfahrung kennen. Natürlich könnten wir auch darauf verzichten, Computern mentale Zustände zuzuschreiben. Die transklassische Geistmaschine fiele dann mit der mechanischen Körpermaschine zusammen und ich würde auf das Vorkapitel verweisen. Der Unterschied ist kein grundsätzlicher, denn das Teleologieproblem steckt schon im Maschinenbegriff selbst, nicht erst im Begriff der Maschine mit mentalen Zuständen. Neu ist die *offensive* Einnahme des intentionalen Standpunkts, den man gegenüber der mechanischen Maschine allenfalls als heuristisch nützliche Fiktion akzeptierte, weil die Zuschreibung von Intentionalität der Absicht widersprach, die mit der Maschinenmetapher verbunden war. Im vollendeten Instrumentalismus wird nun die metaphorische von der wörtlichen Intentionalitätszuschreibung ununterscheidbar. Wenn die Legitimität der Metapher allein an die Erfüllung ihrer Erklärungsfunktion gebunden wird und alle 'tieferen Fragen' über die Natur der Intentionalität abgewiesen werden, wird das Als ob zur wörtlichen Beschreibung oder vice versa. Den Unterschied zwischen intrinsischer und abgeleiteter oder metaphorisch zugeschriebener Intentionalität erkennt Dennett nicht an, weil es für ihn *no fact of the matter* gibt, wenn die intentionale Strategie nur funktioniert.

Die Frage, *warum* sich die intentionale Strategie gegenüber manchen Systemen aufdrängt und gegenüber anderen nicht, verbietet sich der Instrumentalismus; er hält sie für schlechte Metaphysik. Aber unser so erfolgreiches Operieren mit der intentionalen Strategie hat ein Moment von Blindheit und Vergessen. Computer bleiben Artefakte; wenn ihr Verhalten erklärt und vorausgesagt werden kann, ohne auf die Ebene ihres physikalischen Aufbaus zurückgreifen zu müssen, zeigt dies, daß die Konstruktion erfolgreich war, daß die *Materialisierung der Funktion* gelungen ist. Hier trennen sich nun die Wege zwischen den Instrumentalisten und den kybernetischen Naturalisierern der Teleologie. Die Instrumentalisten haben erkannt, daß Funktionen und intentionale Zustände Artefakten immer nur heuristisch zugeschrieben werden, weiten aber diesen Befund dahingehend aus, daß von unseren eigenen intentionalen Zuständen dasselbe gelte. Dafür fehlt aber ein überzeugendes Argument. Die Naturalisten des Teleologischen sind dagegen so fasziniert davon, daß uns die Funktion, die der die Maschine erfüllt, in materialisierter Form gegenübertritt, daß sie die Genese von Maschine und Programm vergessen und die Funktion als inhärente Eigenschaft des Artefakts ansehen. Das naturalistische Verständnis von Zweck und Funktion teilt mit dem instrumentalistischen den blinden Fleck, daß wir unsere eigene Intentionalität nicht bloß als empirischen Urheber, sondern überhaupt als begriffliches Paradigma der Funktionalität der Maschine voraussetzen. Die Intentionalität des menschlichen Geistes ist die primäre Intentionalitäts*quelle* in der Welt, aus der sich alle anderen Intentionalitätszuschreibungen speisen.[75]

Wir konstruieren Geistmaschinen nach unserem Bilde und interpretieren uns dann in ihrem Lichte. Das, was wir dabei lernen, können wir wieder in Artefakte entäußern und so fort. *Wir lernen etwas dabei*, und dies macht die KI produktiv. Das Wechselspiel von Projektion und Rückprojektion ist keine leere Iteration, kein Spiegeln des Spiegels, in dem wir, so Nietzsches Anthropomorphismuskritik, immer wieder nur uns selbst finden. In diesem Interaktionsprozeß verfeinern und erweitern wir sowohl unser Selbstverständnis als auch das unserer Artefakte. Möglich ist dies, weil Pylyshyn mit seiner Identitätsbehauptung unrecht hat. Berechnung und Kognition sind *nicht* dasselbe, es handelt sich bei der Computermetapher tatsächlich um eine Metapher, deren Offenheit - "theory-constitutive metaphors [...] display what might be called *inductive open-endedness*" (Boyd 1979, 363) - dafür verantwortlich ist, daß unsere wechselseitigen Interpretationen von *x* in terms of *y* immer welthaltiger werden können. Daher stellt MacCormac (1985, 9f) fest: "The computational metaphor for cognition is tangible evidence of a success of an interactionist view of metaphor".[76] Das Computerparadigma

---

75 Chisholm verwendet eine schöne Allegorie, die ich für meine Zwecke abwandeln muß: "[W]hereas both thoughts and words have meaning, just as both the sun and the moon send light to us, the meaning of the words is related to the meaning of the thoughts just as the light of the moon is related to that of the sun. Extinguish the living things and the noises and the marks wouldn't shine any more" (Chisholm in Chisholm/Sellars 1958, 524). Man ersetze "the meaning of the thoughts" durch die Intentionalität des Geistes und "the meaning of the words" durch die Intentionalität des Computers, der subpersonalen homunculi oder der natürlichen Selektion und man erhält die hier vertretene Auffassung. - Chisholms These vertrete ich natürlich auch. Der intentionale Gehalt sprachlicher Repräsentationen ist ebenfalls von der Intentionalität des Geistes abgeleitet, denn er wird den Symbolketten vom Sprecher bzw. von der Sprechergemeinschaft *verliehen* (was nicht mit der weitergehenden These verwechselt werden darf, daß die mentalen Zustände des Menschen auch ohne dessen Sprachfähigkeit denkbar wären). Aus diesem Grunde habe ich in meiner Naturalismuskritik nicht den Weg der Nichtnaturalisierbarkeit *semantischer Gehalte* gewählt. Diesen Weg hat Baker (1987) eingeschlagen, deren vornehmlich gegen Fodor gerichtete Argumentation darauf hinausläuft, daß "[p]hysicalists place incompatible constraints - one semantic and the other physical - on the concept of intentional content" (ix). Diese Kritiklinie habe ich trotz Sympathie für Bakers Projekt deshalb kaum verfolgt, weil ich nicht der Auffassung bin, daß mit der Irreduzibilitätsbehauptung der semantischen Gehalte sprachlicher Repräsentationen schon der 'tiefste Punkt' oder die Quelle der Intentionalität in der Welt erreicht ist.

76 Vgl. auch Travis und West 1991, 66 zur Umkehr der Übertragungsrichtung und zur Bidirektionalität der Computermetapher: "Examples of this kind of directional reversal are rarely found in the realm of scientific metaphors. However, AI and its computational metaphor seems to be one such rare example". Denn: "The computer was the strange object in the metaphoric relationship, and the known object was the mind. [...] By the late 1950s, computers

hat beispielsweise zu einer Revision unserer Auffassungen über die verschiedenen Komplexitäten unserer mentalen Fähigkeiten geführt. Es hat sich herausgestellt, daß der Computer vieles von dem, was für uns schwierig ist, in Millisekunden bewältigt - z.B. Differentialgleichungen lösen -, wohingegen Leistungen, die wir ohne viel Mühe erbringen - Gestaltwahrnehmung, einen Satz in natürlicher Sprache verstehen - sehr schwierig modellierbar sind.[77] Manche unserer Fähigkeiten scheint die Evolution so wichtig gefunden zu haben, daß sie sie in unsere biologische hardware eingebaut hat, um unser Bewußtsein nicht ständig damit zu belasten. Vor allem haben wir durch die KI etwas darüber gelernt, welche mentalen Fähigkeiten holistisch mit anderen mentalen Fähigkeiten und mit der menschlichen Lebenswelt verwoben sind und welche sich leichter isolieren und daher formalisieren lassen.[78]

Der Computer ist eine Interpretationsfolie geworden, auf deren Hintergrund wir unseren eigenen Geist besser verstehen. Die KI wirft in ihren Erfolgen *und* in ihren Fehlschlägen ein interessantes neues Licht auf das *verum et factum convertuntur*-Theorem. Man versteht nicht nur das, was man machen kann, sondern man versteht auch das, was man *nicht* machen kann, dadurch besser, daß man beim erfolglosen Versuch, es zu machen, viel darüber lernt, *warum* man es nicht machen kann. Die durch die KI gewonnenen Einsichten darin, welche Fähigkeiten am schwierigsten zu formalisieren sind, haben zu Einschätzungen wie der folgenden geführt, "daß der Querstrich, der die Mensch-Maschine-Schnittstelle innerhalb des Menschen selbst anzeigt, sich [...] verschiebt, weil Qualitäten, die einmal als genuin menschlich angesehen wurden und sich nun tatsächlich als maschinell herausstellen, aus dem Menschen ausgelagert werden und so Platz machen für eigentlich menschliche Qualitäten" (Bammé et al. 1983, 158). Diese Folgerung scheint mir gefährlich. Es zeugt nicht von Souveränität, die Bestimmung "eigentlich menschlicher Qualitäten" davon abhängig zu machen, was Computer gerade nicht können. Dieses Rückzugsgefecht macht uns "verwundbar gegenüber dem technischen Fortschritt und gegenüber dem, womit Ingenieure eines Tages möglicherweise auftreten werden" (Turkle 1984, 385). Wir sollten die KI eher zum Anlaß nehmen, uns vom Residuendiskurs über den Menschen überhaupt zu lösen. Die humanistisch motivierte noli me tangere-Strategie in der Anthropologie war

---

were no longer strange and exotic [...], a second set of metaphors emerged that related the computer as a known entity to the mind as an unknown entity. [...] [B]oth classes of metaphor persist and have, in fact, merged into a single, persistent supermetaphor" (70f).

77 "One thing that is apparent from the little we have so far accomplished in Artificial Intelligence is that even the most mundane acts - balancing, speaking, recognizing a familiar face - are marvels of intelligent functioning which deploy all those abilities we have thought characteristic of the sophisticate" (Clowes 1973, 207).

78 Vgl. Wilkes 1990, 80: "The more 'isolable' - i.e. the less holistic - [the capacity in question is] the more likely it will be that we remove the scare quotes from ascriptions of the capacity. [...] e.g. to my intuition contemporary machines 'really' play chess. I do not think that they 'really' want to win. Some concepts are more heavily holistic than others".

schon immer zweifelhaft; heute liefert sie unser Verständnis davon, was der Mensch sei, an unabsehbare technische Entwicklungen aus.

Die Abgrenzungsneurose entsteht erst durch die Dualisierung von Mensch und Maschine quer zu allen Kontexten. Dasselbe gilt für die Dualisierung von Mensch und Natur. De facto enthält unser Naturverständnis wie unser Verständnis des Maschinalen immer anthropomorphe Elemente. Hierzu muß auch der Naturalismus eine Einstellung finden. Wollte man aus den vermeintlich naturalistischen Diskursen über den Menschen alle teleologisch-intentionalistischen Elemente tilgen, bliebe nicht viel übrig, zuwenig jedenfalls für den evolutionstheoretischen, den psychologischen und den kybernetischen Diskurs. Immer wieder hat sich gezeigt, daß auf den ersten Blick naturalistische Beschreibungen mentaler Prozesse, ob metaphorisch gemeint oder wörtlich, eine teleologische, krypto-intentionale Tiefenstruktur aufweisen, ja von ihr explanatorisch profitieren, ohne es doch zugeben zu dürfen. Nun habe ich bisher den Intentionalitätsbegriff nirgends explizit eingeführt, und man mag einwenden, ich hätte ihn zwischen den beiden kanonischen Verwendungen schillern lassen. Ich meine in der Tat, daß die beiden Intentionalitätsbegriffe aufs engste zusammenhängen. Sei Intentionalität$_1$ das Handelnkönnen nach Intentionen (Absichten) und Intentionalität$_2$ das Gerichtetsein des Bewußtseins auf Gegenstände im Sinne von Brentano und Husserl. Ich behaupte schlicht, daß Intentionalität$_1$ das Paradigma von Intentionalität$_2$ ist. Die intentionalen Akte des Bewußtseins müssen selbst nach dem Modell von Handlungen begriffen werden, weil anders das Moment von *Aktivität* nicht zu rekonstruieren ist, das im Begriff des Sich-auf-etwas-Richtens steckt. Nur als intentionale$_1$ Handlung ist das Sich-Richten verständlich, als intramentaler Prozeß müßte es Metapher bleiben. Das tertium von Intentionalität des Handelns und mentaler Intentionalität besteht darin, daß wir uns im Denken wie im handelnden Verfolgen unserer Absichten auf einen mental repräsentierten Weltzustand 'richten' können, der nicht, noch nicht oder nicht mehr existiert, der also kontrafaktisch ist. Die Repräsentation eines kontrafaktischen Weltzustandes setzt ihrerseits die Fähigkeit zum mentalen Abgleich möglicher Zustände voraus, und diese Kompetenz ist, wie man im Anschluß an von Wright zeigen kann, ohne die Möglichkeit aktiver Interventionen in den Lauf der Welt nicht denkbar.

Ich beanspruche mit dieser Darstellung nicht, aus dem explikativen Zirkel intentionaler Begriffe auszubrechen, denn dies ist unmöglich. Man kann aber versuchen, innerhalb dieses Verweisungszusammenhanges eine Art 'tiefsten Punkt' auszuzeichnen, und dieser tiefste Punkt scheint mir der Handlungsbegriff zu sein. Weder das mentale "Gerichtetsein" noch die "aboutness" propositionaler Einstellungen sind geeignet, das, was am aktiven, absichtsvollen Manipulieren der Körperwelt intentional ist, wirklich zu erklären. Der Handlungsbegriff selbst ist das elementarste und am wenigsten metaphorische Konzept, das wir von menschlicher Intentionalität haben.[79] So ist es kein Zufall, daß der Handlungsbegriff eine konkurrenzlose Analogiebasis für die Konzeptualisierung natürlicher und technischer Vorgänge abgibt. Das aus der Selbsterfahrung gewonnene Schema einer intentional handelnden Instanz hat offenbar eine Sonderstellung in unserem Weltverständnis; es bringt sich noch in Kontexten zur Geltung, in denen man es am wenigsten vermutet. Eine besondere Rolle spielt dabei die pragmatische Kontamination unseres Kausalitätsbegriffs, der wir uns im Schlußkapitel zuwenden werden.

Meine Kritik an den versteckten intentionalistischen Voraussetzungen der naturalistischen Diskurse über den Menschen habe ich über den Metaphernbegriff laufen lassen. Dies erforderte eine Ausweitung des Metaphernbegriffs in Richtung auf lexikalisierte Metaphern, die bei Metapherntheoretikern umstritten ist. Deshalb ist mir die Klarstellung wichtig, daß meine Kritik des Naturalismus nicht an diesem Metaphernbegriff hängt, an dem ich natürlich festhalte. Dasselbe gilt für den Begriff des Kategorienfehlers. Wenn man aus sprachtheoretischen Gründen die Zuschreibung mentaler Prädikate zu Maschinen nicht als metaphorisch, sondern als wörtliche Anwendung *systematisch mehrdeutiger* Prädikate bezeichnen will, können doch meine wesentlichen Argumente gegen den Naturalismus intakt bleiben.[80] Die These der systematischen Ambiguität erfordert freilich eine sorgfältige Einzelfallprüfung, und diese muß m.E. bei den einschlägigen mentalen Prädikaten zugunsten der Metaphorizitätsthese ausgehen.

Falle ich mit meiner Behauptung von der Sonderstellung des Handlungsparadigmas nicht doch wieder in die traditionelle antinaturalistische Argumentations-

---

79 Ich stimme daher Searle (1983, 81; 104f; 107) darin zu, daß man beim Aufbau einer Theorie der Intentionalität besser mit Absichten anfangen sollte anstatt, wie üblich, mit Überzeugungen und Wünschen.

80 Man denke an Aristoteles' Beispiel für systematische Mehrdeutigkeit, "gesund" (*Met.* IV, 2, 1003a-b). Wir sprechen von einer gesunden Gesichtsfarbe, einem gesunden Spaziergang, einem gesunden Selbstbewußtsein, heute gar von gesunden Firmen und Bilanzen. Man muß diese unterschiedlichen Verwendungen von "gesund" nicht metaphorisch nennen, sondern kann einfach von einem kategorial heterogenen Anwendungsbereich sprechen (vgl. Künne 1986, 210). Der entscheidende Punkt ist, wie Aristoteles bemerkt, daß die Anwendung auf den körperlichen Zustand von Organismen der primäre und alle anderen davon abgeleitet sind (weshalb es sich eben um eine *systematische* Mehrdeutigkeit handelt). Die anderen Verwendungen sind von der primären abhängig; wir nennen die Gesichtsfarbe gesund, weil sie körperliche Gesundheit ausdrückt, den Spaziergang, weil er Gesundheit befördert usw. Genaugenommen handelt es sich also um Metonymien, während mir die "gesunde Firma" eindeutig eine Metapher zu sein scheint. - Was für "gesund" gilt, gilt auch für die intentionalen Prädikate. Ihr Anwendungsbereich mag kategorial heterogen sein und doch gibt es eine primäre oder zentrale Verwendung, von der die peripheren Verwendungen abgeleitet sind und ohne die sie nicht verständlich wären. Darüber Einverständnis zu erzielen ist mir wichtiger als unter allen Umständen und in allen Kontexten meinen Metaphernbegriff zu retten. - Möglicherweise ist Searles von mir vernachlässigte Unterscheidung zwischen "as if-intentionality" und "derived intentionality" geeignet, den Unterschied zwischen Metaphorizität und systematischer Ambiguität aufzufangen.

figur der metaphysischen *Irreduzibilität* irgendwelcher intentionalistischer Kategorien zurück, und zwar in dogmatischer Weise? Ich denke nicht. Ich habe keine Metaphysik und keine Anthropologie der Intentionalität entwickelt, sondern semantische Untersuchungen zu den naturalistischen Diskursen in den empirischen Humanwissenschaften angestellt. Dabei hat sich herausgestellt, daß diese Diskurse auch dort in versteckter Form auf intentionale Metaphern und Modelle rekurrieren, wo gerade der Anspruch erhoben wurde, Intentionalität zu naturalisieren. Angesichts der Tatsache, daß auch reputationsreiche humanwissenschaftliche Theorien mit dem intentionalen Idiom durchsetzt sind, kann eine Verteidigungsstrategie à la Darwin nicht mehr überzeugen. Der Naturalist kann nicht beanspruchen, mit dem Hinweis auf den metaphorischen Charakter seiner Beschreibung Dispens von der Beantwortung lästiger Fragen zu erhalten. Aus dem metapherntheoretischen Exkurs haben wir gelernt, daß man auch mit metaphorischen Äußerungen Behauptungen aufstellen kann und also Begründungsverpflichtungen eingeht.

Anders liegt der Fall bei Dennett und der KI. Dort möchte man vom intentionalen Idiom, das sich in den Humanwissenschaften als so erfolgreich erwiesen hat, explanatorisch profitieren, ohne die ontologischen Kosten zu tragen und ohne sich einzugestehen, daß damit der Naturalisierungsanspruch grundsätzlich aufgegeben ist. In der instrumentalistischen Depotenzierung mentaler Zuschreibungen zeigt sich das schlechte Gewissen desjenigen, der irgendwie noch in Solidarität mit dem naturalistischen Gesamtprogramm bleiben möchte, ohne einen klaren Begriff davon zu haben, was an diesem Programm noch naturalistisch sein soll.

V Naturalismus und menschliches Naturverhältnis

1 Naturalismus ohne Naturbegriff?

Warum noch ein Nachtrag zum Naturbegriff? Aus zwei Gründen: Zum einen will es mir scheinen, als habe Naturalismus begrifflich etwas mit "Natur" zu tun, auch wenn das viele Naturalisten heute anders sehen. Wer aber von Natur partout nicht reden will, soll vom Naturalismus schweigen.

Zweitens besteht der Verdacht, daß der Verzicht auf einen spezifizierten Naturbegriff nicht unschuldig daran ist, daß der Naturalismus die anthropomorph-pragmatische Kontamination seiner Diskurse nicht wahrhaben will. Die Verschränktheit von anthropomorphen und physiomorphen Elementen wäre absehbar gewesen, hätte man der Geschichte des neuzeitlichen Naturbegriffs etwas mehr Aufmerksamkeit geschenkt. Ich möchte in diesem Schlußkapitel meine Ergebnisse sichern, indem ich andeute, auf welchem Wege man vielleicht auch zu ihnen hätte gelangen können: auf dem Wege einer Analyse nicht der naturalistischen Diskurse über den Menschen, sondern des Naturbegriffs selbst.

Zunächst steckt im Bestreben des Naturalismus, ohne den Begriff der Natur auszukommen, eine philosophiegeschichtliche Wahrheit. Die Geschichte des neuzeitlichen Naturbegriffs ist mit Ausnahme weniger Kapitel eine des Verfalls. Schon Boyle schlug vor, auf den Begriff der Natur überhaupt zu verzichten, Hume fand ihn "vague, indeterminate" (1779, 423) und die heutige Naturwissenschaft schließlich scheint ohne ihn auszukommen. Und was die Natur*philosophie* betrifft, so ist schwer zu sehen, wie sie heute noch aufgeklärt betrieben werden könnte, ohne daß sie sich mit den *Gründen* für das Absterben des Naturbegriffs in den Naturwissenschaften auseinandersetzte. Und in der Tat sieht sich, wer den Naturbegriff retten will, auch in der Philosophie einer großen Koalition gegenüber: "So unterschiedlich das Philosophieverständnis von Neukantianismus, Logischem Empirismus und Kritischem Rationalismus auch ist, sie kommen darin überein, daß nur eine 'Analyse' der Naturwissenschaften von der alten Philosophie der Natur übrig geblieben ist: ihrer konstitutiven Begriffe, ihrer Logik, ihrer Methodik" (Schäfer 1991, 502).

Der Begriff der Natur hat seine Konturen immer durch große Antithesen erhalten: Physis versus Techne und Physis vs. Thesis in der griechischen Philosophie, Natur vs. Supranatur in der jüdisch-christlichen Tradition, Natur vs. Freiheit bei Kant, Natur vs. Geschichte, Natur vs. Kultur und Natur vs. Geist im 19. Jahrhundert. Der Verfall des Naturbegriffs läßt sich auf den einfachen Nenner bringen, daß keine dieser Antithesen heute noch uneingeschränkt intakt ist. In gewisser Weise krankt der Naturbegriff an seinem ungeheuren Siegeszug, an seiner Totalisierung. Diese Totalisierung hat eine historische Seite, den Erfolg der Naturwissenschaften, aber auch eine begriffliche. Schon in den großen Kontrastierungen ist "der Begriff der Natur [...] dialektisch in dem Sinne, daß er als der Mächtigere sein Gegenteil mit umgreift. Das Natürliche als solches ist das nicht vom Menschen Gemachte. Aber [...] alles Machen kann nur ein Verändern dessen sein, was schon ist" (Spaemann 1973, 958). Kunst und Technik sind für Aristoteles Nachahmung der Natur, nicht aber umgekehrt. Diese Asymmetrie enthält schon einen Keim zur Totalisierung des Naturbegriffs. Kunst, Technik, Kultur sind in einer Weise auf natürliches Material angewiesen, die nicht einfach umkehrbar ist.

Andererseits kann man das Verhältnis von Physis und Techne auch so darstellen, daß der aristotelische Naturbegriff durch seine teleologische Struktur selbst schon technomorph ist. Weil die Natur bei Aristoteles immanent teleologisch ist, kann jedenfalls in der Zweckmäßigkeitsstruktur des Technischen das Spezifische der Techne gegenüber der Physis nicht liegen. Es liegt vielmehr in der Unterscheidung zwischen Dingen, die den Ursprung ihrer Bewegung in etwas anderem haben, und solchen, die ihn in sich selbst haben. Aber eben dieser Unterschied bricht im Zuge der Entdeckung des Trägheitsprinzips im 17. Jahrhundert zusammen. Mechanik und Physik werden ununterscheidbar, alle Bewegungen müssen gleichermaßen als natürlich gelten, die der Naturdinge wie die der Artefakte. Damit verlor auch die Antithese von Organismus und Mechanismus an Bedeutung; die Entdeckung des Trägheitsprinzips machte die auf das Prinzip der Selbstbewegung angewiesenen organizistischen Metaphern für die Funktionsweise mechanischer Systeme "heimatlos" (Blumenberg 1960a, 72).

In vielen Zusammenhängen liefert *eine* der Antithesen Gründe dafür, eine andere einzuebnen. Wenn die Natur der Inbegriff dessen ist, was wir nicht gemacht haben und was unabhängig von uns besteht (Physis vs. Thesis), dann müssen heute große Bereiche von Kultur und Gesellschaft zur Natur gezählt werden, da sie uns, obwohl Menschenwerk, in objektivierter Form als "zweite Natur" (Gehlen) gegenübertreten. Vor allem für die Ökonomie ist dies oft behauptet worden. Marx nannte das ökonomische Kapitalverwertungsgesetz "naturwüchsig", Adorno folgt ihm darin: "Naturhaft ist jenes Gesetz wegen des Charakters seiner Unvermeidlichkeit unter den herrschenden Verhältnissen der Produktion" (1966, 348). Dies gilt nach Adorno für den gesellschaftlichen Zusammenhang überhaupt: "Je unerbittlicher Vergesellschaftung aller Momente menschlicher und zwischenmenschlicher Unmittelbarkeit sich bemächtigt, desto unmöglicher, ans Gewordensein des Gespinsts sich zu erinnern; desto unwiderstehlicher der Schein von Natur" (a.a.O., 351).

Im Grunde ist jedes der großen Gegensatzpaare eine Gefährdung für alle anderen. Gut läßt sich das an den theologischen Antithesen von Natur und Übernatur sowie von Natur und Gnade beobachten, in denen die Kontrastierungen der antiken Philosophie eingeebnet wurden. "Unter dem theologischen Naturbegriff wird alles subsumiert, was zuvor von Natur als kontrastierendem Hintergrund abgehoben worden war" (Spaemann 1973, 962). Doch mit der ontologischen Totalisierung des neuzeitlichen Naturbegriffs sollte dem Gegensatz von Natur und Übernatur dasselbe Schicksal blühen: "Die Natur wird unendlich, absorbiert die bis dahin theologischen Qualitäten und nimmt so einer 'Übernatur' den Spielraum" (Blumenberg 1960b, 1334).

Daß die Totalisierung den Naturbegriff virtuell überflüssig macht, leuchtet unmittelbar ein. Wenn der Naturbegriff seine Antithesen absorbiert, "läuft es ganz auf dasselbe hinaus, ob wir die Rede von Natur fallen lassen oder alles was ist und geschieht Natur nennen" (Spaemann a.a.O., 959). So wie die höflichste Form des Atheismus der Pantheismus ist, ist die sicherste Form, den Naturbegriff seines Inhalts zu berauben, ihn zu totalisieren. Der Begriff wurde "ein gleichgültiges Synonym für 'alles Beobachtbare'" (957); einige der frühen amerikanischen Naturalisten (Schneider 1944, Randall 1944) identifizierten Natur kurzerhand mit 'allem, was existiert'. Doch in dieser Rolle gibt es eine bessere Alternative, nämlich den Begriff der Wirklichkeit: "Nur ein homogener Wirklichkeitsbegriff kann noch den philosophischen Ansprüchen genügen: anstelle der kritischen Funktion des Naturbegriffs ist die radikalere des Wirklichkeitsbegriffs getreten." (Blumenberg 1960b, 1336).

Aber müssen wir den Naturbegriff - gesetzt die Diagnose der Obsoletheit der Kontrastierungen trifft zu - tatsächlich aufgeben? Ist nicht noch ein Weg offen? Man könnte doch die Herausforderung annehmen und den Naturbegriff als einen Totalitätsbegriff *spekulativ* fassen. Dann stünde die spekulative Grundfigur der Selbstentzweiung einer Totalität zur Verfügung, die die Rolle der großen Antithesen übernehmen könnte, indem sie sie zu immanenten macht. Für Schelling begegnet im Menschen die Natur sich selbst. Für Hegel ist die Natur der Geist in seiner Äußerlichkeit. Auch Goethe, Marx, Plessner, Picht und Adorno haben, unter verschiedenen Vorzeichen, einen totalisierten Naturbegriff. Der einschlägigste Kandidat für die Stelle des ehemaligen, nun immanenten Gegenpols ist die Instanz der *Reflexion*. Die Reflexion wird als immanenter Naturprozeß begriffen. Ihr Subjekt ist der Mensch, selbst ein Stück Natur:

> "Begreift man [...] den Menschen als den Ort der Reflexion der Natur, dann werden damit die Konturen einer dialektischen Anthropologie sichtbar. Aber indem der sich reflektierende Teil sich selbst darin eben nur als ein Teil des Ganzen begreift, werden die Grenzen der Anthropologie zugleich abgesteckt wie überschritten. [...] Es gehört zum Wesen der Natur, daß sie sich als Reflexionswissen im Menschen manifestiert und von ihm ausgesprochen wird. Wissen, auch Reflexionswissen, muß daher selbst

als ein Wesensmerkmal der Natur begriffen werden" (Pleger 1986, 24f, im Anschluß an Plessner).

Adorno spricht von der "Selbstbesinnung der Natur in den Subjekten" (1966, 389f). Picht betrachtet das "Denken als einen Vorgang in der Natur", so daß "die Gesamtheit jener Gehalte, die in das Reich des Geistes verbannt worden sind, nun als vernachlässigte und ignorierte Phänomene in der Natur erscheinen" (1989, 46f). Auch für einen ökologischen Naturalismus, der den Menschen mit seiner Naturhaftigkeit versöhnen will, ist diese spekulative Figur attraktiv. Für Meyer-Abich soll "die Natur in uns zur Sprache und so zu sich" kommen (1984, 99). Daneben gibt es systemtheoretische Fassungen dieser Idee. Wenn die Natur als autopoietisches Totalsystem begriffen werde, könnten "Naturverständnis, wie es durch das Paradigma der Selbstorganisation vermittelt wird, und menschliches Selbstverständnis konvergieren" (Götschl 1990, 181).[1]

Aber wenden wir uns derjenigen Arbeit zu, in der diese spekulative Totalisierung des Naturbegriffs auf das für uns interessanteste Begriffspaar Physis-Techne angewandt wird, Moscovicis *Versuch über die menschliche Geschichte der Natur*. Da ich dafür argumentiert habe, daß das Naturalisierungsprogramm am Begriff des intentionalen Handelns scheitert, stellt Moscovicis Arbeit mit der Einebnung der Differenz von Physis und Techne für meine Naturalismuskritik eine besondere Herausforderung dar. Moscovicis Generalthese lautet, daß Humangeschichte und Naturgeschichte Aspekte eines und desselben Prozesses seien. Die technische Evolution sei als eine Fortsetzung der natürlichen Evolution anzusehen. Die Natur verfahre selbst schon technisch, und unsere technische Bearbeitung der Natur sei selbst ein Naturprozeß.

> "Menschliche Kunst drängt nicht die Natur zurück: vielmehr wird ein Zustand dieser Natur durch das Erscheinen eines anderen Zustands umgestürzt. Das bedeutet jedoch nicht die Umwandlung der natürlichen in eine technische Welt, sondern die Evolution der natürlichen Welt als solcher" (Moscovici 1968, 42).

Dabei schätzt Moscovici die menschlichen Fähigkeiten der technischen Umwandlung der Natur durchaus hoch ein. Er betont "die konstitutive Rolle der menschlichen Tätigkeit [...] in den Veränderungen, die sie in der Biosphäre produziert" (512), und nennt den Menschen sogar "Schöpfer und Subjekt seiner Na-

---

1 Götschl spricht von einem "holistischen Naturalismus" (187), der durch das Paradigma der Selbstorganisation möglich werde. Im Unterschied zur "klassische[n] Wissenschaftsklassifikation", die "auf einer Strukturontologie [beruht], nach der die Veränderung materieller Systeme fremddeterminiert, nicht eigendeterminiert ist" (186), ermögliche eine dynamische Prozeßontologie mit dem Selbstorganisationsgedanken "eine naturtheoretische Selbstinterpretation des Menschen" (181). Die Vermittlung geschehe dadurch, daß "ab einem bestimmten Entwicklungsniveau der naturwissenschaftlichen Erkenntnisentwicklung eben diese Erkenntnis eine spezifische Bedeutung für Selbsterkenntnis erhält", insofern "jede wissenschaftliche Erkenntnis der Außenwelt (der Objekterkenntnis) potentielle Erkenntnis der Innenwelt repräsentiert" (185).

tur" (31). Nur ist dieser Schöpfungsprozeß für ihn "nichts anderes als die Arbeit der Wirklichkeit an sich selbst, ihrer begrifflichen Komponente an den übrigen Komponenten" (ebd.). An dieser Stelle wird das spekulative Motiv, welches in der Rezeption nicht immer berücksichtigt wird,[2] besonders deutlich.

Moscovici hält es für aussichtslos, die technischen und die natürlichen Anteile in den Verfahren unserer technischen Bearbeitung des Naturmaterials zu unterscheiden. Selbst die Produktion neuer chemischer Verbindungen im Labor und die technische Freisetzung kleinster Materieteilchen seien als natürliche Prozesse anzusehen:

> "Die Teilchen, die im Laboratorium freigesetzt werden, und die Molekülverbindungen, die zu Synthesen ohne 'natürliche' Entsprechung führen, können, streng genommen, nicht als Artefakte bezeichnet werden. Die Verfahrensweisen, durch die wir sie hervorbringen, unterscheiden sich im Prinzip nicht von den Verfahrensweisen, die andere Gattungen anwenden, wenn sie die Elemente ihrer Umwelt verarbeiten" (44).

> "Die Unterscheidung zwischen 'künstlich Geschaffenem' und 'Natur', den beiden Bereichen unserer Wirklichkeit, verliert an Strenge, und die Abwesenheit des Menschen, die lange als unfehlbares Kriterium galt, erweist sich als unbrauchbar. In einer tieferen Schicht kommt die Kontinuität zwischen den natürlichen und den sogenannten 'nichtnatürlichen' Prozessen zum Vorschein" (108).

Schon Aristoteles hatte die kontraintuitive Behauptung aufgestellt, daß Artefakte und Naturgegenstände grundsätzlich auf dieselbe Weise entstehen.[3] Ist eine derart begründete begriffliche Totalisierung natürlicher Prozesse eine Option für die Vermittlung des menschlichen Selbstverständnisses mit seinem Naturverständnis?[4] Wenn wir Technik und Natur begrifflich zusammenfallen lassen,

---

2 Lenk kritisiert etwa die "operativistische Fehldeutung" des Naturbegriffs durch "Überdehnungen" der Machbarkeitsidee bei Bacon, Descartes, Marx, Moscovici und anderen. Es sei ein "antinaturalistischer Fehlschluß" (Lenk 1983, 83), die Natur mit dem Konstruierbaren, Erkennbaren, experimentell Herstellbaren zusammenfallen zu lassen und ihre unabhängige Realität zu leugnen. Aber Moscovici ist in dieser Liste fehl am Platze, weil die Machbarkeit der Natur bei ihm nur die eine Seite der Selbstentzweiung einer Totalität ist. Seine "Fehldeutung" der Natur ist nicht einfach konstruktivistisch.

3 "Wenn z.B. ein Haus zu den Naturgegenständen gehörte, dann entstünde es genau so, wie jetzt auf Grund handwerklicher Fähigkeit; wenn umgekehrt die Naturdinge nicht allein aus Naturanlage, sondern auch aus Kunstfertigkeit entstünden, dann würden sie genau so entstehen, wie sie natürlich zusammengesetzt sind" (*Phys.* II, 8, 199a). - In radikaler Form vertritt die These von der Technik als Fortsetzung der Evolution Stanislaw Lem (vgl. dazu Rapp 1981a). - Bei Marx finden sich sowohl anthropologisch-gesellschaftstheoretische wie materialistische Versionen der "menschlichen Geschichte der Natur". Einerseits besteht er darauf, daß auch das natürlichste Objekt immer eine Spur von Gesellschaftlichem enthalte, von menschlicher Aktivität. Zum anderen bezeichnet er die Aneignung der Natur durch den Menschen als "Stoffwechselprozeß", der die Geschichte der menschlichen Gattung konstituiert.

4 Die angebliche begriffliche Ununterscheidbarkeit von Handlungen und Naturprozessen ist natürlich auch dazu benutzt worden, eine naturalistische Handlungstheorie zu formulieren. Vgl. in besonders kruder Form Bittner 1986, 24f: "Es ist vernünftig, die Unterschiede aufzugeben, die wir nicht zu erklären wissen. [...] Handlungen sind nichts anderes als Naturwir-

macht es in der Tat keinen Unterschied, ob wir das Handeln des Menschen selbst als Naturprozeß begreifen oder ob wir die Natur ihrerseits als technisch verfahrende ansehen. Die *Richtung* der begrifflichen Vermittlung spielt für Moscovici keine Rolle, weil es sich bei seiner These um eine systematische handelt, nicht um eine genealogische. Man wird erraten, was ich an dieser Auffassung auszusetzen habe.[5] Es ist nicht zu leugnen, daß sich die Auffassung der Natur als einer technisch produzierenden wiederum einer anthropomorphen, nämlich technomorphen Projektion verdankt. Ich werde meine ganze Argumentation hierzu nicht noch einmal aufrollen. Es geht darum, ob und unter welchen Bedingungen man die in der Natur stattfindenden materiellen und energetischen Umwandlungsprozesse *als Technik* begreifen kann. Die technische Produktion eines Artefakts, obgleich aus von der Natur bereitgestelltem Material - woraus sonst? -, erschöpft sich nicht in der Transformation von Materie, sondern ist auf einen *Zweck* ausgerichtet. Zwecke müssen mental antizipiert werden, um kausal wirksam sein zu können. Die einzigen Prozesse, in denen diese Antizipation stattfindet, sind, soweit wir wissen, die intentionalen Akte im Bewußtsein gewisser höherer Säugetiere. Im Rest der Natur gibt es keine intrinsisch intentionalen oder teleologischen Prozesse. Wenn wir die Natur gleichwohl nach Zweckmäßigkeitsgesichtspunkten beurteilen, wofür es gute Gründe geben kann, sind dies regulative Bestimmungen, keine konstitutiven. Daß die Natur selbst technisch oder artifiziell produziere, ist eine projektive Interpretation.

Und doch steckt in Moscovicis begrifflicher Verschränkung von Technik und Natur eine Wahrheit. Die Natur als das ganz Andere des technischen Handelns gibt es nicht. Es ist nur die Frage, welche Interpretation wir diesem Umstand geben.

Keine Konzeptualisierung der Natur ist historisch so einflußreich gewesen wie die nach der Analogie zweckmäßigen Handelns. Dies scheint paradox, denkt man an einschlägige Handbucherläuterungen des Naturbegriffs: "derjenige Teil der Welt, dessen Zustandekommen, ('regelmäßige' oder 'gesetzmäßige') Erscheinungsformen und Wirken unabhängig von Eingriffen des Menschen sind bzw. gedacht werden können" (Mittelstraß 1984a, 961). Natur gilt uns als der Inbegriff des Gewordenen statt des menschlich Gemachten (griech. *phyein* = wachsen, blühen; lat. *nasci* = geboren werden), was mit der Handlungsanalogie unverträglich

---

kungen. [...] Wir bestimmen nicht unser Tun, wir beherrschen es nicht, wir wählen es nicht. [...] Wir tun Dinge, wie Bäume Blätter treiben".

5 Nur am Rande erwähne ich Moscovicis Apologie der unbeschränkten Naturbeherrschung, die aus der inneren Logik seines Naturbegriffs folgt. Wenn Technik nichts als Fortsetzung der natürlichen Evolution ist, ist jeder technische Umgang der Natur schon vorab naturalistisch legitimiert: "Liegt es nicht auf der Hand, daß die Gemeinschaften durch Wissenschaft und Forschungsindustrie nichts anderes tun, als ihren Nutzen zu mehren, ihre Bedürfnisse zu befriedigen und ihre Neugier zu stillen? Der Naturzustand ist unmittelbar zielgerichtet, und auf ihn nehmen die wissenschaftlichen und technischen Disziplinen Einfluß" (a.a.O., 510).

zu sein scheint. Tatsächlich wurde aber in der Geschichte der Naturphilosophie das natürliche Werden regelmäßig selbst "als ein System von Produktionsvorgängen, als ein *poietischer* Zusammenhang" begriffen (Mittelstraß 1981, 38). Die Natur tritt uns nicht als ein Chaos, sondern als etwas Organisiertes gegenüber, und eine andere Konzeptualisierung der Idee des Hervorbringens, Gestaltens und Organisierens als die nach der Analogie des zweckmäßigen Handelns scheint uns schlicht nicht zur Verfügung zu stehen. Wir werden sehen, daß das Handlungsparadigma in unserem Weltverständnis eine so zentrale Stellung hat, daß es selbst die Kategorie der Naturkausalität durchdringt.

Bei Platon ist die Natur unmittelbar das Werk eines Demiurgen, der ein Chaos in Ordnung überführt. Seine Arbeitsanweisung sind die Ideen. Hier ist die Poiesis-Struktur am offensichtlichsten, sie ist noch nicht zur Metapher geworden. Bei Aristoteles ist der Organisationsplan den Dingen selbst einbeschrieben. Den Naturdingen ist ihr Telos immanent, wobei aber das poietische Paradigma intakt bleibt. Gegenüber Platon kommt in der Lehre von der immanenten Teleologie der Natur eine Ableitungsstufe hinzu. Die Entelechie ist aber begrifflich von der externen Teleologie abgeleitet, als deren einziges Modell die menschliche Handlungsteleologie zur Verfügung steht. Allerdings ist der "Anthropomorphismus [...] in dieser Theorie ganz verschleiert" (Hartmann 1950, 630). Aristoteles sieht es bekanntlich umgekehrt, für ihn ahmt die Techne die Physis nach. Aber dies kann er nur deshalb sagen, weil die Natur bei ihm selbst schon quasi-technisch verfährt.

> "Gemeinsam [...] ist Platon und Aristoteles, daß die Darstellung von Genesen, auch wenn diese nicht durch den Menschen ins Werk gesetzt sind, auf poietische Verhältnisse rekurriert. Das heißt, wir haben hier bereits den Ursprung der späteren hermeneutischen Produktionsmetapher vor uns: man kann nur *verstehen*, was man selbst *gemacht* hat bzw. was als das Resultat eines Herstellungsvorganges rekonstruiert werden kann" (Mittelstraß 1981, 40).

Aristoteles kritisiert an Platon, daß die Arbeitsanweisungen des Demiurgen, seine Ideen, nichts weiter als die ausgelagerten Naturen der Dinge seien. De facto erlaubt er sich aber selbst Charakterisierungen der Natur, die ohne weitgehende Personifikationen gar nicht formuliert werden könnten. Die Natur tue nichts umsonst, sagt Aristoteles, sie strebe stets nach dem Vollkommenen, und sie fliehe das Unendliche. Allerdings ist er bemüht, teleologische Bestimmungen auf die einzelnen Naturdinge zu beschränken und keine *universale* Naturteleologie zu behaupten, derzufolge der ganze Weltlauf auf ein bestimmtes Ziel ausgerichtet ist (dazu Craemer-Ruegenberg 1981). Aber die begriffliche Ableitung einer den Teleologiegedanken rechtfertigenden poietischen Aktivität aus immanenten Naturprozessen ist Aristoteles nicht gelungen. Am Ende muß im kosmologischen Gottesbeweis der unbewegte Beweger als funktionales Äquivalent des Demiurgen einspringen, damit die Rede vom "Prinzip der Bewegung in sich selbst" verständlich bleibt. Dieses Prinzip wird dann in die Physis selbst verlegt.

Natur kann entweder als *natura naturans* oder als *natura naturata* begriffen werden.[6] Die Poiesis-Analogie ist in beiden Fällen involviert. Entweder schafft die Natur selbst oder sie wird geschaffen. Bei Aristoteles ist Natur immer natura naturans. "Als solche wiederum wird sie in der Rückprojektion 'natürlicher' poietischer Verhältnisse auf menschliche Handlungszusammenhänge zum Paradigma für ein herstellendes Handeln schlechthin" (Mittelstraß 1981, 39). Mittelstraß, auf dessen Darstellung ich verweise, hat die weitere Entwicklung der Idee von der poietischen Natur skizziert. Seit dem Mittelalter werden die Metaphern spezifischer, zu den aristotelischen Handwerksmetaphern kommen eine ausgedehnte Architekturmetaphorik und die Uhrmachermetapher hinzu, später die allgemeine Maschinenmetapher. Wie wir gesehen haben, erlauben es die Maschinenmetaphern in besonderer Weise, das Telos der Maschine im Mechanismus selbst verschwinden zu lassen, so daß man das Produziertsein der Maschine, das für ihre funktionale Organisation verantwortlich ist, am Ende vergißt. - In der Idee der *Selbstorganisation* der Natur fallen schließlich natura naturans und natura naturata zusammen. Hier muß erneut die außerhalb eines mentalistischen Zusammenhanges unverständliche Figur der Selbstbezüglichkeit einspringen, um die Frage nach dem Subjekt des Organisationsprozesses zu verdrängen.

Die *Operationalisierung* des neuzeitlichen Naturbegriffs, die zugleich eine Entqualifizierung war, insofern die Natur immer mehr ihrer immanenten Qualitäten verlor, läßt sich am Schicksal der poietischen Metaphern ablesen. Es vollzieht sich "in Sachen Natur die allmähliche Ablösung des göttlichen durch den menschlichen Baumeister" (Mittelstraß a.a.O., 59). Ordnung, Regelmäßigkeit, Durchschaubarkeit der Natur werden zunehmend der Konstruktionsleistung des Naturwissenschaftlers zugeschrieben. Kepler rekurriert noch auf den göttlichen Baumeister, aber die Uminterpretation deutet sich bei ihm schon an:

> "Wir sehen [...], wie Gott gleich einem menschlichen Baumeister [architectus], der Ordnung und Regel gemäß, an die Grundlegung der Welt herangetreten ist und jegliches so ausgemessen hat, daß man meinen könnte, nicht die Kunst nehme sich die Natur zum Vorbild [non ars natura imitaretur], sondern Gott selber habe bei der Schöpfung auf die Bauweise des kommenden Menschen [ad hominis futuri morem aedificandi] geschaut" (Kepler 1569, zit. nach Mittelstraß a.a.O., 59).

Entscheidenden Anteil am Übergang von der göttlichen auf die menschliche Konstruktionsleistung hat das *Experiment*. Die Gesetze der Natur sind für Galilei und Bacon nicht durch einfache Beobachtung erfahrbar, sondern die Natur muß erst durch künstliche Versuchsanordnungen dazu gebracht werden, auf unsere Fragen zu antworten. Das Buch der Natur mag in mathematischen Lettern ge-

---

6 Die Ausdrücke stammen aus der Übersetzung des arabischen Aristoteles-Kommentars von Averroës.

schrieben sein, aber diese müssen erst einmal entziffert werden. Wir untersuchen auch nicht die Natur in ihrer ganzen Fülle, sondern nur jeweils das, was sie uns in unseren Konstruktionen von ihr darbietet. Die beiden einflußreichsten Metaphern, die hermeneutische vom Buch der Natur und die mechanistische von der Weltmaschine, werden uminterpretiert; immer mehr von der göttlichen Autorschaft geht auf menschliche Interpretationsleistungen über, immer mehr von der göttlichen Konstruktionsarbeit auf menschliche Technik. Blumenberg faßt den Status der Maschinenmetapher bei Descartes so zusammen:

> "Der Mensch setzt das, was er 'kann' oder 'könnte', *anstelle* des ihm unbekannten, als unerkennbar vermeinten Produktes der göttlichen *potentia absoluta*. Der höchste Inbegriff dessen, was der Mensch 'kann', ist für Descartes die Maschine als die ganz aus Einsicht konstituierte Zweckmäßigkeitsstruktur, die nun geradezu ein Gegenbegriff zur 'Natur' wird, deren teleologische Deutung ins strengste Verbot der Neuzeit gesperrt ist" (Blumenberg 1960a, 75).

Ich habe in extenso dafür argumentiert, daß der entschiedene Antiteleologismus, in dessen Zeichen die Maschinenmetapher oft auftritt, nicht zu halten ist. *Wenn* die Natur oder der natürliche Organismus als Maschine begriffen werden, dann muß die Frage beantwortet werden, wie deren Produziertsein zu denken ist; dasselbe gilt für die Autorschaft am Buch der Natur. Schließlich möchte man vom explanatorischen Potential der Metaphern profitieren.

Wo der Naturbegriff in der Wissenschaftstheorie überhaupt eigens reflektiert wird, sind heute Operationalismus, Konventionalismus und Konstruktivismus die Mehrheitspositionen. Physiker und Wissenschaftstheoretiker wie Mach, Poincaré, Duhem, Bridgman und Dingler haben naive Auffassungen bezüglich der Objektivität der Naturphänomene, ihrer Ordnung und ihrer Gesetze nachhaltig erschüttert. Wo immer wir Naturphänomene und -regularitäten begrifflich spezifizieren, sind diese Spezifizierungen über menschliche Konstruktionsleistungen vermittelt. Dabei handelt es sich um das Arrangieren von methodisch kontrollierten Versuchsbedingungen, um die Herstellung von Meßinstrumenten, mit denen wir die untersuchten Parameter allererst definieren, um die systematische Wiederholung von gleichartigen Operationen, die es der Natur erlauben, sich regelmäßig, d.h. unseren Regeln gemäß zu verhalten, wobei wir von dem, was wir aus pragmatischen Gründen Störfaktoren nennen, abstrahieren. Die Differenz zwischen Technik und Natur scheint in einer sich operationalistisch verstehenden Naturwissenschaft endgültig eingezogen. "Der Gegenstand der Erfahrung und seine möglichen Variationen werden [...] durch das Verfahren der Erfahrung selbst 'hergestellt'. Das Phänomen wird zum Effekt. Damit verschwindet der Unterschied zwischen natürlichen Dingen und technischen Artefakten" (Böhme/van den Daele 1977, 188).

Dagegen warnt Lenk (1983) davor, den Operationalismus des Naturbegriffs zu übertreiben, das Konstruierbare mit dem Natürlichen gleichzusetzen und die unabhängige Realität dessen, wovon unsere Erfahrung Erfahrung ist, nicht mehr anzuerkennen. Ich bin geneigt, Lenk in diesem Punkte zuzustimmen. Es bleibt dann immer noch die Frage, ob wir den angemahnten Objektivitätsrest 'Natur' nennen sollten.[7] Natürlich ist es legitim, den Totalitätsbegriff alles objektiv Seienden zu bilden. Der Naturbegriff dürfte aber für diese Rolle ungeeignet sein, weil mit ihm die Suggestion eines topischen *Bereichs* oder einer Sphäre verbunden ist, was via Dialektik der Grenze den Totalitätsanspruch gerade ad absurdum führt. Wenn außerhalb des Bereichs der Natur nichts existieren können soll, ist Natur auch kein Bereich.[8] Ich mache darauf aufmerksam, daß Moscovici an manchen Stellen, an denen er wirklich die Totalität dessen, was ist oder geschieht, bezeichnen möchte, nicht mehr den Naturbegriff verwendet, sondern den des "universellen Geschehens" oder (wie Blumenberg vorgeschlagen hatte) den der Wirklichkeit. Er nennt die Technik der Natur "die Arbeit der Wirklichkeit an sich selbst" (a.a.O., 31) und spricht davon, "daß das menschliche 'Tun' eine Spielart des universellen Geschehens ist [...]: Künstliche Technik und Natur erweisen sich beide als Modalitäten dieses universellen Geschehens" (512).

Der Naturbegriff scheint zur Bezeichnung der Totalität des Geschehenden oder Existierenden schon zu qualifiziert zu sein. Ein entscheidender Grund dafür ist die Verbindung der Idee der Natur mit der des *Wesens* oder der *eigentlichen Beschaffenheit*. Dieser Zusammenhang, der den Naturbegriff seit seinen Anfängen begleitet, hat sich in der Rede von der "Natur der Sache" erhalten. Bei Platon wird die Physis mit dem unveränderlichen idealen Sein der Dinge identifiziert. Auch bei Aristoteles bleibt die Verbindung von Natur und wesenhafter Beschaffenheit erhalten, auch wenn er das Wesen der Dinge nicht mehr in den Ideen ansiedelt, sondern in den Dingen selbst. Wissen von den Dingen der Natur bleibt bei Aristoteles Wissen von der Natur der Dinge. Dieser Verbindung der "rerum naturae" mit der "natura rerum" verdankt sich bis heute die Dignität des Naturbegriffs mitsamt seinen normativen Implikationen ("das Naturgemäße", "der Natur folgen"). Wäre die Natur nur alles, was ist oder was geschieht, hätte die Forderung keinen Sinn, ihr zu folgen. Dies ist das Dilemma des *ethischen* Naturalismus. Auch der naturalistische Fehlschluß wird durch diesen Doppelsinn im Naturbegriff befördert. Weil der Naturbegriff selbst immer schon in suggestiver Weise normativ erschien, dabei aber völlig unbestimmt ließ, *was* das Naturgemä-

7 Janich beschreibt den Objektivitätsrest, der die Möglichkeiten und Grenzen unserer Manipulationen ausmacht, so: "Der Experimentator erfährt im gelungenen Experiment, daß [...] es möglich ist, die angestrebten Zustände oder Vorgänge zu erzeugen. An Naturerkenntnis werden also Handlungsmöglichkeiten gewonnen - aber ersichtlich kann hier das Wort Natur auch ohne Verlust weggelassen werden" (Janich 1987b, 126f).

8 Auch für die klassischen Antithesen des Naturbegriffs haben wir eher Verwendung, wenn wir sie nicht mehr als topologische Bereichsabgrenzungen interpretieren. Auffälligerweise haben sich ja die "Adjektive 'natürlich', 'künstlich', 'freiwillig', 'vernünftig' [...] als sehr viel resistenter erwiesen als die Substantive, die ihnen zugrundeliegen" (Spaemann 1987, 150).

ße ist, ist die Versuchung der normativen Berufung auf Natur bis heute nicht geschwunden.

Die Idee einer "Natur der Dinge" birgt eine erhebliche Sprengkraft für den szientistischen Naturalismus, der vom Gedanken der *Einheit* der Natur lebt und diese von oben methodologisch sichern will. Wenn alle Dinge ihre Natur haben, hat auch der Mensch seine Natur. Was nun, wenn die menschliche Natur sich gegenüber dem naturalistischen Gesamtprogramm widerspenstig zeigt? Es könnte ja sein, daß wir "den Menschen als von Natur auf Überschreiten der Natur angelegtes Wesen verstehen" (Spaemann 1973, 965), so daß man in diesem Sinne behaupten kann: "Die Entgegensetzung von Natur und Praxis, das Herausgehen aus der Natur, hat selbst einen natürlichen Grund: die Tatsache nämlich, daß menschliche Triebbefriedigung nicht instinktiv geschieht, sondern durch bewußtes Handeln geleistet werden muß" (ebd.). Für Thomas von Aquin wie für die Stoa gehört zur Natur des Menschen seine vernünftige Seele; folglich ist das, was gegen seine Vernunft ist, gegen seine Natur. Es ist klar, daß Natur hier nicht dasselbe heißen kann wie im szientistischen Naturalismus. Die Idee einer Natur der Dinge kann mit den Intentionen des Naturalismus leicht in Konflikt geraten. Strawson hat diesen Konflikt herausgearbeitet; er spricht von "two species of naturalism" (1985a, 40), einem liberalen Humeschen Naturalismus der *menschlichen* Natur und einem reduktionistischen "strict naturalism" (94), für den alle Katzen grau sind und der mit Sondernaturen der Dinge nicht rechnet.

Wir sehen nun, warum der szientistische Naturalismus gar keinen qualitativen Naturbegriff haben *kann*. Ein solcher wäre viel zu gefährlich für ihn, denn die Natur der Dinge könnte man ja, anders als die Dinge der Natur, durch Wissenschaft verfehlen. Zwar hat die neuzeitliche Naturwissenschaft ein fallibilistisches Selbstverständnis, aber die Korrekturinstanz der wissenschaftlichen Irrtümer ist keine andere als zukünftige Wissenschaft. Quine gibt jede noch so zentrale These des Physikalismus auf, auch die Ontologie materieller Körper, wenn er dadurch nur im Kontakt mit dem Fortschritt der Naturwissenschaften bleiben kann. Die 'Natur der Dinge' kann allenfalls einen Grenzbegriff abgeben, durch den der Wissenschaftliche Realismus sich seine realistischen Intuitionen verständlich macht. Allerdings sind die Träger dieser Natürlichkeit nicht mehr die *Dinge* der Natur, sondern ihre *Gesetze*.[9]

Dies führt uns zu Kant, für den das Wesen der Natur mit ihrer Gesetzmäßigkeit zusammenfällt. Natur ist nicht einfach, was existiert oder was unsere Sinnlichkeit affiziert, sondern "das *Dasein* der Dinge, so fern es nach allgemeinen Gesetzen bestimmt ist. Sollte Natur das Dasein der Dinge *an sich selbst* bedeuten, so würden wir sie niemals, weder a priori noch a posteriori, erkennen können" (*Prol.*

---

9 Wir erinnern uns: Für Churchland gibt es nur *eine* nichtarbiträre Kategorisierung, welche "successfully carves nature at her systematic joints" (1985, 8), nämlich die fundamentalsten Naturgesetze, "the most basic laws of all-embracing physics" (16).

A 71f). Der Gesetzesbegriff bzw. der Begriff der nomologisch verstandenen Kausalität ist also für Kant die Klammer, die den Naturbegriff im Sinne von "Wesen" (Natur der Dinge) und als Bereichsbezeichnung (Dinge der Natur) zusammenhält: "Natur, adiective (formaliter) genommen, bedeutet den Zusammenhang der Bestimmungen eines Dinges, nach einem innern Prinzip der Kausalität. Dagegen versteht man unter Natur, substantive (materialiter), den Inbegriff der Erscheinungen, so fern diese, vermöge eines innern Prinzips der Kausalität, durchgängig zusammenhängen" (*KrV* B 446).

Damit hat Kant eine Totalisierung des Naturbegriffs vermieden. Mit der Identifizierung der Natur mit dem Inbegriff der Erscheinungen unter Gesetzen gewinnt er eine wünschenswert scharfe Kontrastierung, nämlich die zwischen Naturkausalität und Freiheit. "Es ist keine Freiheit", lautet die Antithese der Freiheitsantinomie, "sondern alles in der Welt geschieht lediglich nach den Gesetzen der Natur" (*KrV* B 473). Die Opposition von Naturkausalität und Freiheit, die die von Physis und Techne fortsetzt und neu konturiert, ist diejenige, die für unsere Untersuchung die größte Bedeutung hat. Auf ihr ruhen nun alle Augen. Der Naturalismus bezieht aus der Behauptung der durchgängigen Kausalität der Natur einen großen Teil seiner Überzeugungskraft. Den Menschen naturalisieren heißt nicht zuletzt ihn nahtlos in den kausalen Nexus der Naturprozesse einordnen. Ich bin mit meiner Irreduzibilitätsthese der Handlungsteleologie bisher eine Erklärung dafür schuldig geblieben, wie sich Naturkausalität und autonomes, zweckgerichtetes Handeln zusammen denken lassen sollen. Eine solche Erklärung muß aber gegeben werden, weil unser Handeln selbst unter Annahme seiner begrifflichen Irreduzibilität irgendwie in den Veränderungen der physischen Welt situiert werden muß. Was wir brauchen, ist eine empirische oder eine begriffliche Verknüpfung von Naturkausalität und Handlung.

2 *Menschliches Handeln und Naturkausalität*

In der Auseinandersetzung mit Davidsons anomalem Monismus habe ich meine Sympathien für einen interventionistischen Kausalitätsbegriff erkennen lassen, wie von Wright ihn ausgearbeitet hat. Dem interventionistischen[1] Ansatz zufolge besteht eine *begriffliche* Abhängigkeit des Kausalbegriffs vom Handlungsbegriff. Von Wright geht also nicht frontal auf die Frage zu, wie freies Handeln im lückenlosen kausalen Nexus der Körperwelt möglich sein soll, sondern er fällt dieser Frage in den Rücken, indem er den Kausalbegriff selbst handlungstheoretisch interpretiert.

---

1 Der Terminus "interventionistisch" stammt von Tuomela; von Wright selbst benutzt die Ausdrücke "actionist", "experimentalist" und "manipulative" (1974, 57).

Was ist Kausalität? Es erscheint nicht abwegig, unser philosophisches Vorverständnis so zusammenzufassen "that causality is a natural relation which holds in the natural world between particular events" (Strawson 1985b, 115) - wie auch immer wir die Ereignisse beschreiben, fügt Davidson hinzu. Eine Minimalbedingung für das Vorliegen einer kausalen Relation zwischen Ereignissen besteht darin, daß das verursachte Ereignis auf das verursachende zeitlich *folgt* oder ihm zumindest nicht vorausgeht. Eine zweite Bedingung, die schwieriger zu spezifizieren ist, ist die der räumlichen Nähe. Da wir es bei den physikalischen Kräften nicht mehr nur mit mechanischem Druck und Stoß zu tun haben, kann man vielleicht nicht mehr sagen, als daß die fraglichen Ereignisse nicht so weit voneinander entfernt sein dürfen, daß eine Energie- oder Informationsübertragung mit Lichtgeschwindigkeit nicht möglich gewesen wäre. - Diese beiden Bedingungen reichen aber nicht aus. Nicht jedes Paar von Ereignissen, die sich in zeitlicher Sukzession und in einer gewissen räumlichen Nähe befinden, nennen wir kausal miteinander verbunden. Etwas muß noch hinzukommen. Allerdings sind die Extensionen der Ereignisse durch ihre raumzeitlichen Positionen schon vollständig bestimmt (Identitätsbedingung für Ereignisse). Was sich bei einer Verursachung in der Körperwelt vollzieht, sind allein die beiden Ereignisse, nicht noch zusätzlich ihre kausale Verknüpfung. Das *propter hoc* hat keine Ausdehnung in der Körperwelt. Relationen, auch kausale, sind abstrakte Gegenstände.

Das, was das Aufeinanderfolgen von Ereignissen zu einem kausalen macht, ist die *Notwendigkeit* des Aufeinanderfolgens, bzw. der Umstand, daß die Sukzession ein *Gesetz* exemplifiziert. Nun kann man entweder den Gesetzesbegriff über den Notwendigkeitsbegriff zu explizieren versuchen oder umgekehrt. Die neuere Wissenschaftstheorie geht den zweiten Weg, weil der Begriff der Notwendigkeit der wissenschaftlich weniger respektable, weil psychologischere zu sein scheint. Man folgt Hume darin, daß "necessity is something, that exists in the mind, not in objects" (Hume 1739, 165 [Bk. I, Part III, Sect. XIV]). Für Wittgenstein gibt es "nur eine *logische* Notwendigkeit" (*Tract.* 6.37), und der gesamte logische Empirismus folgt ihm darin. Stegmüller zufolge ist der Begriff der kausalen Notwendigkeit "nichts anderes als ein letzter Rest einer animistischen Weltauffassung [...]; der Weltablauf wird dabei bildlich so vorgestellt, als übe stets ein Weltzustand auf den folgenden einen Zwang aus" (1960, 166f). So hält man in der Wissenschaftstheorie den Begriff des Gesetzes für den fundamentaleren und möchte die Notwendigkeit einer kausalen Verküpfung über ihre Gesetzmäßigkeit explizieren. Die Natur kennt keine Modalkategorien; notwendig nennen wir kausale Verknüpfungen wegen der Ausnahmslosigkeit der ihnen zugrundeliegenden Gesetze.[2]

---

2 Die Bindung des Kausalitätsbegriffs an den Gesetzesbegriff bringt es mit sich, daß kausale Erklärungen semantisch intensional sind. Zwei Ereignisse, die ein kausales Gesetz exemplifizieren, tun dies nicht unter jeder Beschreibung, denn "only certain features of events are causally relevant aspects; and therefore, since the statement claims explanatory power, truth is not preserved under substitution of other expressions which do not specify *x* and *y* under cau-

Es wird daher im Rahmen einer nichtmetaphysischen Interpretation von Notwendigkeit schwierig sein, *einzelne* Ereignisse als notwendig miteinander verbunden anzusehen.[3]

Damit haben wir als Bedingungen für das kausale Verbundensein von Ereignissen genau diejenigen genannt, die auch Hume angegeben hatte: *a)* räumliche Nähe, *b)* zeitliche Sukzession, und *c)* Exemplifizierung eines allgemeinen Gesetzes, alternativ Notwendigkeit des Aufeinanderfolgens - auch Hume schwankt zwischen den beiden Fassungen. Über diese drei Umstände hinaus, so Hume (1740, 649f), ist in einer gegebenen Verursachungssituation *nichts* anzutreffen, worin das kausale Verbundensein bestehen könnte. - Die ersten beiden Bedingungen als unproblematisch anzusehen hieße die weitverzweigte wissenschaftstheoretische Diskussion über Kausalität zu ignorieren.[4] Uns bleibt nichts anderes übrig, als eben dies zu tun und uns der dritten Bedingung zuzuwenden, deren für uns einschlägige Komplikationen die der anderen Bedingungen weit in den Schatten stellen.

Wir unterscheiden zwischen akzidentellen und nomischen Verbindungen von Ereignissen in der Welt (von Wright 1974, 36ff) und nennen nur die letzteren kausal. Es ist klar, daß die Gesetzmäßigkeit des Aufeinanderfolgens in keiner einzelnen Situation anzutreffen ist. Sie entsteht erst durch eine Generalisierung mehrerer Fälle.[5] Die Gesetzesartigkeit einer Generalisierung enthält ein Kontrafaktizitätselement. Gesetzesaussagen zeichnen sich dadurch aus, daß man aus ihnen kontrafaktische Konditionalsätze ableiten kann: *Wären* die Bedingungen so und so, würde das Ereignis *x* eintreten. Nomologische Generalisierungen schlie-

---

sally relevant aspects" (Searle 1983, 117 im Anschluß an Føllesdal 1965). Die intensionale Auffassung ist nicht unumstritten; neben Føllesdal und Searle haben sie Anscombe und Beardsley vertreten. Das Rückzugsmanöver Davidsons, daß jedenfalls die Kausal*relation* extensional sei, wenn auch nicht die Kausal*erklärung*, habe ich oben zurückgewiesen. Diese Position setzt einen quasi-ontologischen Kausalbegriff voraus und fällt damit hinter Hume zurück.

3 "Obviously, given the usual definition of necessary conditions, namely through implication and denial, it is strictly a mistake in category to speak of *events* as necessary conditions" (Danto 1973, 94).

4 Einen guten Überblick über die mit der Kontiguitäts- und der Sukzessionsbedingung verbundenen Probleme verschaffen Beauchamp und Rosenberg 1981, 171-200.

5 Für Strawson und Davidson ist dies damit verträglich, daß wir kausale Relationen sprachlich als zwischen *einzelnen* Ereignissen bestehend behandeln. Mit einer singulären Kausalaussage wie "Dieser Steinwurf hat dieses Fenster zerbrochen" *implizieren* wir, daß es gesetzmäßige Zusammenhänge zwischen bestimmten Glasstärken, kinetischen Energien von geworfenen Gegenständen, Aufprallwinkeln etc. gibt. Wir müssen diese Gesetze aber nicht angeben können, um die singuläre Kausalaussage akzeptabel zu finden (vgl. Davidson 1967b, 160). - Von Wrights Haltung scheint strenger: "Were we not willing to generalize, we should not think that the particular occurrence of *c* caused that particular occurrence of *e*" (1976, 386). Allerdings fügt er der Generalisierung eine *ceteris paribus*-Klausel hinzu, was exakt Davidsons Position entspricht. Davidson unterscheidet zwischen strikten und nicht-strikten, d.h. durch ceteris paribus-Klauseln eingeschränkten Gesetzen. Sein Plädoyer für die Legitimität *singulärer* Kausalaussagen ist nicht zuletzt durch den Umstand motiviert, daß die meisten Gesetze, die wir kennen, nicht-strikt sind, vielleicht sogar alle.

ßen zukünftige Fälle mit ein, der Gehalt eines Gesetzesaussage geht über die Zusammenfassung vergangener Koinzidenzen hinaus. Es ist, so Mill, "necessary to our using the word cause, that we should believe not only that the antecedent always *has* been followed by the consequent, but that, as long as the present constitution of things endures, it always *will* be so" (1843, 338 [Bk. III, Ch. V, § 6]).[6] Solange die Koinzidenz von Hahnenschrei und Sonnenaufgang kein kontrafaktisches Konditional stützt, handelt es sich nicht um einen gesetzmäßigen Zusammenhang. Wie kann man kontrafaktische Konditionalaussagen verifizieren? Nun, insofern sie aus universalen Generalisierungen abgeleitet sind, kann man sie niemals mit Sicherheit verifizieren. Daher ist bei Hume das Kausalitätsproblem mit dem Induktionsproblem verknüpft. Universale Sätze, die die Zukunft einschließen, kann man nur *falsifizieren*, wie etwa die Behauptung des gesetzmäßigen Zusammenhangs von Hahnenschrei und Sonnenaufgang. Für diese Falsifikation müßte das Tier sein Leben lassen.

Gesetzesaussagen schließen also Aussagen über kontrafaktische Fälle ein. Unglücklicherweise gibt es in der Welt keine kontrafaktischen Fälle; vielmehr ist alles so, wie es eben geschieht. Die Welt ist Faktizität, nicht Kontrafaktizität. Die Welt ist, was der Fall ist, während Gesetze ausdrücken, was der Fall sein *muß*. Auch in unserer Beobachtung des Naturgeschehens ist dieses modale Element nicht anzutreffen. Erfahrung, so Kant, "lehrt uns zwar, daß etwas so oder anders beschaffen sei, aber nicht, daß es nicht anders sein könnte" (*KrV* B 3). Woher wissen wir dann "that the familiar uniformity has not been accidental only? What has made us sure that it supports counterfactuals? [...] I see it, to ask for criteria of (causal) lawlikeness and to ask for a verification procedure for (causal) counterfactuals is to ask for the same" (von Wright 1974, 38).

Soweit der unoriginelle Vorspann, der der wissenschaftstheoretischen communis opinio entspricht (natürlich gibt es auch Dissidenten). Erst an dieser Stelle setzt die interventionistische Theorie ein. Das Problem: Wenn sich aus Kausalaussagen kontrafaktische Konditionale ableiten lassen müssen, es in der Welt aber keine Kontrafaktizität gibt, sind wir sensu strictu niemals zu einer Kausalaussage legitimiert. Wir müßten uns auf das Beobachten und Registrieren von Koinzidenzen beschränken, würden viel über das *post hoc* lernen, aber nichts über das *propter hoc*.

Aber tatsächlich sind wir beim bunten Treiben nicht bloß Zuschauer. Vielmehr sind wir an vielen Veränderungen in der Welt durch unser Agieren beteiligt. Wir *intervenieren* in der Welt, und genau daraus erwächst das gesuchte Erklärungselement. Unsere Fähigkeit, handelnd in den Lauf der Dinge einzugreifen und einen Unterschied herbeizuführen, ist der interventionistischen Auffassung

---

6 Eine Generalisierung faktischer Fälle kann deshalb niemals ausreichen, weil "true causal laws do not state what *de facto* always happens, but only what happens *if* nothing interferes" (Geach 1975, 93).

zufolge die ***einzige*** Möglichkeit, kontrafaktische Bedingungen zu setzen. Eine Handlung ist nämlich "the producing of a change on an occasion when no change would otherwise have occured" (von Wright 1976, 376). Als Handelnde sind wir in der Lage, einen Effekt in der Körperwelt zu produzieren, der nicht zustandegekommen wäre, wenn wir es nicht gewollt hätten. - Doch worin genau besteht hier das Kontrafaktizitätselement? Schließlich sind die durch Handlungen herbeigeführten Zustandsveränderungen nicht minder faktisch als die ohne unser Zutun geschehenden. Anders ausgedrückt: woher wissen wir, daß das kontrafaktische Konditional wahr ist? Woher wissen wir, daß die Zustandsveränderung nicht eingetreten wäre, wenn wir uns nicht zum Eingreifen entschlossen hätten? Dazu von Wright: "In order to 'verify' the counterfactual statement we ought somehow to make the actual and the non-actual 'change place'. How can this be done? Literally this can of course not be done at all" (1983, 92). Tatsächlich ist auch der durch unser Handeln herbeigeführte Zustand nicht wirklich kontrafaktisch, denn wenn er eingetreten ist, ist er Faktizität. Das Kontrafaktizitätselement besteht vielmehr in unserem *mentalen Abgleich* des Geschehens, wie es gewesen wäre, wenn wir nicht interveniert hätten, mit dem Geschehen, das durch unser Handeln entstanden ist - oder, für die Zukunft formuliert, des Geschehens, wie es sich ereignen *würde*, wenn wir handeln bzw. nicht handeln würden. Diese Möglichkeit der hypothetischen Vertauschung der faktischen und der kontrafaktischen Zukunft eröffnet sich erst durch unsere Fähigkeit, handelnd im Lauf der Dinge einen Unterschied zu machen *und* diesen Unterschied mental zu antizipieren. Der mentale Abgleich bringt uns "as 'near' as we can come to the verification of a counterfactual conditional" (1971, 72). Dabei ist die Antizipation der Zukunft noch nicht das Entscheidende. Durch mentale Antizipation dessen, was auch ohne unser Zutun geschehen wird, kommen wir niemals zum "Was *wäre*, wenn?". Um wirklich zu wissen, wie der Weltlauf sein *würde* und nicht bloß sein *wird*, müssen wir selbst eine kontrafaktische Bedingung setzen und das Resultat hypothetisch mit demjenigen Weltzustand vergleichen, der eingetreten wäre, wenn wir nicht interveniert hätten. Kurz: "One could say that we can be as certain of the truth of causal laws as we can be of our abilities to do, and bring about, things" (a.a.O, 73). Dabei ist die mentale Komponente des Handelns kein bloßes Akzidens, denn ohne die Intention auf das Antizipierte wäre die Körperbewegung kein Handeln.[7]

---

[7] Hintikka hat den Zusammenhang von Intentionalität und der Einbeziehung kontrafaktischer Zustände verallgemeinert. Er weist Brentanos und Husserls Erläuterung von Intentionalität als "Gerichtetheit" zurück sieht es als "the hallmark of intentional [...] mental life" an, daß "it is transacted against a backdrop of a range of unrealized possibilities" (Hinktikka 1980, 69). Ein Begriff sei intentional "if and only if it involves [...] the simultaneous (in a logical, not temporal sense) consideration of several possible states of affairs or courses of events" (1975, 195). Mir scheint meine Einführung des Intentionalitätsbegriffes über den Handlungsbegriff *noch* fundamentaler, weil sie eine Lösung für das notorische Problem der Beziehung modaler und intentionaler Begriffe verspricht. Sowohl Modaloperatoren als auch intentionale Begriffe kreieren ja intensionale Kontexte, was einige Autoren bewogen hat, den von Chisholm be-

Nun setzt der mentale Abgleich der faktischen mit der kontrafaktischen Zukunft ein Wissen über die Regularitäten in der Welt voraus, wie sie unabhängig von unserem Handeln bestehen. Um zu antizipieren, was der Fall sein *würde*, müssen wir etwas darüber wissen, was normalerweise der Fall sein *wird*. "Action can thus be said to presuppose regularities in the world" (von Wright 1974, 42). Setzt also die Idee des Handelns die der kausalen Gesetzmäßigkeit schon voraus? Dies wäre im Rahmen der interventionistischen Auffassung ein Zirkel, und diesen hat man ihr in der Tat vorgeworfen.[8] Von Wright führt aber an der zitierten Stelle hinzu: "This does not mean, however, that action presupposes causality and the existence of nomic connections in nature" (ebd.). Was vorausgesetzt wird, sind Regularitäten in der Welt, nicht die Idee der Kausalität. Soviel ist richtig: "Nur eine Welt, in der es regelmäßige Ereignissequenzen gibt, ist eine Welt, in der man Absichten haben und ausführen kann" (Beck 1975, 129).[9] Der Begriff des *kausalen* Gesetzmäßigkeit ist aber ein *explanatorischer* Begriff, der über die Beschreibung von faktischen beobachteten Ereignissequenzen hinausgeht und die Formulierung von kontrafaktischen Konditionalen ermöglicht. Müßten wir mit den faktischen Ereignissequenzen auskommen, behielte Hume recht; wir wären auf das Induktionsproblem verwiesen, denn wir hätten nicht mehr in der Hand als Generalisierungen von beobachteten Regularitäten. Die interventionistische Einführung des Kausalbegriffs ist nicht zirkulär. Mit ihrem Vorwurf, daß "the concept of manipulability and its surrogates are laden with causal notions", unterschätzen Beauchamp und Rosenberg (1981, 204) die Radikalität der Position von Wrights, weil sie sich nur mit dessen Vorläufer Gasking (1955) auseinandersetzen. Die Stärke des Interventionismus von Wrights besteht aber gerade darin, daß er nicht bloß wie seine Vorläufer unsere Eingriffe in den Lauf der Welt als Paradigmen von Verursachung ansieht, sondern darüberhinaus klarmacht, daß wir ohne die Möglichkeit der Manipulation des *setting*, in dem Verursachung stattfinden soll, überhaupt nicht zu Aussagen gelangten, die kontrafaktische Konditionale stützen. Dabei ist er sich darüber im klaren, daß "[t]here is probably no testing

---

haupteten exklusiven Zusammenhang von Intentionalität und Intensionalität zu bestreiten. Durch meinen an von Wright orientierten Vorschlag werden nun Modalität und Intentionalität auf eine gemeinsame Wurzel zurückgeführt, denn nur handlungsfähige Wesen können die besagte "consideration of several possible states of affairs" durchführen. Die Welt enthält ja keine *möglichen* Zustände, die wir mental mit faktischen vergleichen könnten, und diejenigen zukünftigen Weltzustände, die ohnehin eintreten werden, also auch ohne unser Zutun, sind nicht in dem hier interessanten Sinne kontrafaktisch, sondern sie sind schlicht die faktischen Zustände von morgen. Die These lautet also, daß die "Möglichkeit" möglicher Zustände oder Welten letztlich auf *Handlungs*möglichkeiten verweist.

8 Vgl. Beauchamp/Rosenberg 1981, 203-208.

9 Vgl. auch Spaemann 1973, 966: "Natur wird im Handeln erfahren als eine Ordnung der Dinge, die in ihren fundamentalen Gesetzen durch Handeln nicht beeinflußbar ist, aber umgekehrt gerade wegen ihrer Gesetzmäßigkeit die Verläßlichkeit bietet, ohne die gar keine Absicht je handelnd verwirklicht werden könnte".

of causal laws which does not rely on causal knowledge" (1983, 90).[10] Die behauptete Abhängigkeit ist also nicht als *genetische* zu verstehen.

Im Handeln müssen wir uns auf Regularitäten in der Welt verlassen können. Wir sehen nun, daß die Idee des absichtsvollen, freien Handelns nicht nur der Regelmäßigkeit der Ereignissequenzen in der Welt nicht widerspricht, sondern ohne sie gar nicht möglich wäre. Unser Situiertsein in der Körperwelt hat eine freiheitsermöglichende Rückseite. Als rein intelligible Wesen könnten wir unser spontanes "Vermögen, einen Zustand *von selbst* anzufangen," (Kant, *KrV* B 561) gar nicht erfahren, ja wir hätten dieses Vermögen gar nicht. Unsere Spontaneität können wir nicht anders als durch die rückgekoppelte Wahrnehmung von Veränderungen in der Körperwelt erfahren, die wir selbst herbeigeführt haben. Der Zusammenhang ist nicht nur ein psychologischer oder epistemischer, sondern betrifft die Möglichkeit von freien Handlungen selbst, denn Handlungen *bestehen* nicht zuletzt aus physischen Veränderungen. Wer als körperloser Engel völlig dem kausalen Nexus der Welt enthoben wäre, könnte keine seiner Absichten jemals verwirklichen. Uns auf die Welt "richten" können wir nur, weil wir in der Körperwelt situiert sind und in ihr handeln können. Die Idee eines rein mentalen Gerichtetseins eines unverkörperten Bewußtseins dürfte unverständlich sein. Der Geist erkennt sich, wie Hegel sagt, nur in seinen Werken.

Dies bringt mich noch einmal zur anthropologischen Dezentrierungsthese und zur kosmischen Ausgestoßenheitsrhetorik zurück. Wir seien, so Monod, nur "Zigeuner am Rande des Universums" und müßten nach dem Zusammenbruch des teleologischen Weltbildes unsere "radikale Fremdheit" erkennen. Diese Stilisierung des Menschen als eines kosmischen outcast ist gerade auch in naturalistischer Perspektive unangebracht. Die Welt, in der wir leben, ist nicht zuletzt *unsere* Welt, denn sie ist die Welt, in der menschliches Denken und Handeln möglich ist. Kant betont immer wieder, daß die Welt ja *hätte* auch völlig chaotisch sein können. Sie ist es nicht, sondern weist das Maß an Ordnung und Regularität auf, das ihre Synthetisierbarkeit durch unseren Verstand gewährleistet, das unsere Induktionen stützt, das unser Denken und Handeln in ihr möglich macht. Diese "Zusammenstimmung" pflegt heute evolutionstheoretisch erklärt zu werden. Seit etwa fünfzehn Jahren wird dieser Zusammenhang auch in der Kosmologie diskutiert, unter dem Titel des "anthropischen Prinzips".[11] Kosmologen, die mit die-

10 Im Gegenzug reicht von Wright den Vorwurf einer petitio an die Kritiker zurück (vgl. 1971, 70f). Zusammenfassend: "In the 'race' between causation and agency, the latter will always win. It is a contradiction in terms to think that agency could be completely caught in the nets of causality" (81). - Es gibt hier, was den Primat des Handelnkönnens betrifft, eine gewisse Nähe zu Überlegungen der konstruktiven Wissenschaftstheorie. So ist es Janich zufolge "unberechtigt zu sagen, Naturgesetze ermöglichten gelingende Experimente. Es sind ja die regelgerechten Wiederholungen handwerklicher Handlungen, die allererst die universelle Geltung von Experimentalgesetzen erreichbar machen". "[A]lle Behauptungen, daß Naturgesetze die Meßkunst ermöglichen, sind methodisch zirkulär" (Janich 1987b, 127 und 125).

11 Vgl. Leslie 1986, Gale 1986a und 1986b, Barrow/Tipler 1986.

sem Prinzip arbeiten, ziehen bestimmte Schlüsse aus der Tatsache, daß es den Menschen gibt. Unter den zahllosen Planeten unseres Sonnensystems ist es genau unser Planet, auf dem die physikalischen Bedingungen so sind, daß organisches Leben und schließlich höhere Organismen entstehen konnten. Eine minimale Differenz in den physikalischen Naturkonstanten, und es hätte den Menschen nicht gegeben. Es zeichnet unseren Planeten aus, Wesen hervorgebracht zu haben, die in der Lage sind, ihn zu beobachten und seine Strukturen zu erkennen. So hat Moscovici doch noch einen nichtspekulativen Grund für seine Erzählung der "menschlichen Geschichte der Natur" (wenn auch nicht für den Kollaps von Physis und Techne): "Diese Bedingungen sind in keinem anderen Teil unseres Sonnensystems gemeinsam verwirklicht [...] Die Natur, die wir kennen, hat zum Unterscheidungsmerkmal den Menschen: Sie ist seine Natur" (Moscovici 1968, 38).[12]

Wichtig ist die kosmologische Ausweitung der evolutionstheoretischen Passungsthese, weil es ja gerade der Anblick des bestirnten Himmels über uns war, der Philosophen immer wieder unsere völlige Nichtigkeit im kosmischen Maßstab vor Augen geführt hat. Die Rückseite unserer Nichtigkeit ist unsere kosmische Singularität. Was sollen wir mit dieser Erfahrung anfangen? Sollen wir uns Nietzsches Abgesang auf den Menschen anschließen?

> "In irgend einem abgelegenen Winkel des in zahllosen Sonnensystemen flimmernd ausgegossenen Weltalls gab es einmal ein Gestirn, auf dem kluge Tiere das Erkennen erfanden. Es war die hochmüthigste und verlogenste Minute der 'Weltgeschichte': aber doch nur eine Minute. Nach wenigen Athemzügen der Natur erstarrte das Gestirn, und die klugen Thiere mussten sterben. - So könnte Jemand eine Fabel erfinden und würde doch nicht genügend illustrirt haben, wie kläglich, wie schattenhaft und flüchtig, wie zwecklos und beliebig sich der menschliche Intellekt innerhalb der Natur ausnimmt" (Nietzsche 1873, 369).

Im anthropischen Prinzip der Kosmologie wird die fundamentale Ambivalenz der Dezentrierungsthese Nietzsches und Monods sichtbar. Als kosmisch ephemere ist unsere Existenz zugleich einzigartig. Ob wir daraus eine Dezentrierungsthese ableiten oder das Gegenteil, ist eine Frage der Perspektive. Unser Ausflug in die Metaphysik zeigt eines: Was dazu taugt, unsere Nichtigkeit im kosmischen Maßstab zu demonstrieren, die Unwahrscheinlichkeit und Kontingenz menschlichen Lebens, schweißt uns zugleich mit der kleinen Welt, die die unsere ist, umso enger zusammen. Selbst wenn wir die Rede vom outcast übernehmen wollten, bliebe dieser Zusammenhang erhalten. Wer ausgestoßen ist, ist *irgendwohin* ausgestoßen. Je mehr wir kosmisch verloren sind, je ephemerer wir "klugen Tiere" uns im Universum ausnehmen, desto heimischer sind wir in der

12 Ähnlich Pratt 1939, 141: "[M]an is not a stranger or a misfit in Nature but [...] is at home in this world. [...] It does, indeed, characterize him to realize that he has sprung from Nature; but this fact characterizes her as well".

Biosphäre, die die Lebensbedingungen für uns bereitstellt und unsere Existenz als erkennende und handelnde Wesen möglich macht. Auch dies gehört zur conditio humana. Ausgestoßen sind wir nur aus einer Perspektive, die nicht die unsere ist. Diese Ambivalenz unserer kosmischen Nichtigkeit darf in einer dezentristischen Charakterisierung des menschlichen Naturverhältnisses nicht vergessen werden.

Zurück zum Zusammenhang von Handeln und Kausalität. Von Wright sieht in unserer primitiven Fähigkeit, eine Veränderung im Lauf der Welt zu herbeizuführen, das gesuchte Kontrafaktizitätselement, ohne das es den Kausalbegriff nicht gäbe. "[D]oing something and noticing that a certain thing follows; refraining from doing and noticing that the same thing does not follow" (1974, 45) - diese Erfahrung ist grundlegend für unser Kausalitätsverständnis.

Nur für unser *Verständnis*? Und was ist mit der Kausalrelation selbst?, möchte man fragen. Kausale Verbindungen sind, als Relationen, abstrakte Gegenstände. Wir können nicht erwarten, sie irgendwo unter den Naturdingen anzutreffen. Die kausale 'Verbindung' ist, so von Wright, nichts anderes als die *Wahrheit* des kontrafaktischen Satzes: "I do not believe in the existence of a 'causal glue' [...] *over and above* the fact that, if *p* causes *q*, then, if *p* had been when in fact it was not, *q* would have been too. The 'causal glue' is the *truth* of the counterfactual statement, one could perhaps say" (1976, 384). Kausale Verbindungen sind keine Gegenstände in der Körperwelt. Trotzdem gebricht es ihnen nicht an Objektivität. Wenn wir uns darauf verpflichtet haben, Relationen als abstrakte Gegenstände in unsere Ontologie aufzunehmen, sind sie nicht minder objektiv als die Gegenstände, zwischen denen sie bestehen. So verwahrt sich von Wright gegen den Vorwurf, seine Kausalitätsauffassung sei "subjektivistisch", und stellt klar: "In my view the causal relation [...] holds between mind-independent events (or states) in 'nature'. [...] It holds, on the individual occasion, independently of whether the occurrence of the cause is the result of action, or not" (1976, 381). Für von Wright sind die Relata der kausalen Relation nach wie vor Ereignisse, und seien sie völlig außerhalb unserer Einflußmöglichkeit.[13] Die interventionistische Kausalauffassung behauptet einen *begrifflichen* Zusammenhang zwischen Handlung und Kausalität, keinen ontologischen, aber auch keinen bloß epistemischen. "The dependence of causation upon action is *conceptual*. The dependence, moreover, is not directly one between cause and action, but between the notion of a (causal) counterfactual conditional and action" (1974, 50). Der begriffliche Zusammen-

---

[13] "Causation operates throughout the universe - also in spatial and temporal regions forever inaccessible to man. Causes do their job whenever they happen, and whether they 'just happen' or we 'make them happen' is accidental to their nature as causes. But to think of a relation between events as causal is to think of it under the aspect of (possible) action" (1971, 73f). - Auch Strawson glaubt übrigens, daß die fundamentale Rolle von Interventionen in unserer Kausalitätauffassung (vgl. 1985b, 124) damit vereinbar ist, daß Kausalität eine Relation zwischen Ereignissen in der Körperwelt ist (a.a.O., 115).

hang ist also sehr vermittelt. Von Wright möchte nicht einmal sagen, daß es wirklich der Handelnde ist oder seine Handlung, die den kausalen Effekt zustandebringen; er distanziert sich also vom *Agent Causality*-Modell, auch wenn dieses fraglos "closely related" sei (1974, 49):

> "I greatly prefer, for the sake of clarity, a different way of speaking about things. I am anxious to *separate* agency from causation. Causal relations exist between natural events, not between agents and events. When by *doing p* we *bring about q*, it is the *happening* of *p* which *causes q* to come. And *p* has this effect quite independently of whether it happens as a result of action or not" (ebd.).

Der Fall des Handelns ist lediglich das *Paradigma* einer Situation, in der Verursachung stattfindet. Was das Handeln dafür so geeignet macht, ist der Umstand, daß wir hier *und nur hier* auch *ohne nomologische Generalisierung* sicher sein können, daß eine Verursachung stattfindet und nicht bloß Koinzidenz. Das Induktionsproblem scheint damit umgangen, denn ein einziger Fall reicht hier aus, die singuläre Kausalaussage zu stützen. "Statements of intentional causation do not require the statement of a covering law in order to be validated or in order to be causally explanatory", meint Searle (1984b, 14). Der Grund dafür, daß wir beim absichtlichen Bewirken einer Veränderung in der Körperwelt schon aus dem einzelnen Fall die Kausalitätsaussage ableiten und nicht auf dem Umweg über eine Gesetzesaussage, ist schlicht der, daß wir vom Sichereren auf das Unsicherere schließen, denn, so Searle: "I am much more confident of the truth of my original causal statement and the corresponding causal counterfactual than I am about the existence of any universal regularities that would cover the case" (1983, 118). Searle leugnet also schlicht den nomologischen Charakter der Kausalität.[14]

So scheinen wir in der Erfahrung der intentionalen Verursachung dem Induktionsproblem zu entgehen. Wenn diese Darstellung korrekt ist, kann aber der Zusammenhang von Kausalität und nomologischer Generalisierung doch nicht so eng sein wie angenommen. Wir müßten folgern, daß eine kausale Verbindung jedenfalls im Falle intentionaler Verursachung doch nicht darin *besteht*, daß die Generalisierung gleicher Fälle eine Gesetzesaussage ergibt.

Übrigens ist es mit der explanatorischen Überlegenheit explizit nomologischer Erklärungen gegenüber den älteren, 'unvollständigen' singulären Kausalerklärungen nicht so weit her. Die vom *covering law*-Modell der wissenschaftlichen Erklärung faszinierten Theoretiker müssen sich daran erinnern lassen, daß bei unbarmherziger Betrachtung so gut wie alle bekannten Gesetze, selbst die der

---

14 Als Klammer, die die intentionale und die nicht-intentionale Verursachung zusammenhält, dient Searle eben der Begriff des Etwas-geschehen-Machens, den andere Autoren als psychologistisch oder anthropomorph verworfen hatten: "[T]here are not two kinds of causation, regularity causation and Intentional causation. There is just one kind of causation and that is efficient causation; causation is a matter of some things making other things happen" (1983, 135, vgl. auch 123).

Physik, entweder etwas Falsches behaupten oder aber keinen einzigen Anwendungsfall haben (vgl. Cartwright 1983). Wir müssen den Gesetzen der Physik *ceteris paribus*-Klauseln hinzufügen, um sie wahr zu machen. Ohne die ceteris paribus-Klauseln sind die Gesetze schlicht falsch. Mit den Klauseln aber verlieren sie an Erklärungskraft. Ihr Anwendungsbereich schrumpft rapide, weil es in der Natur nur wenige Fälle gibt, in denen alle Randbedingungen stabil sind.[15] Die explizite Bindung des Kausalitäts- an den Gesetzesbegriff bringt daher in *explanatorischer* Hinsicht keinen so großen Fortschritt wie vielfach angenommen.[16] Unsere Überzeugung vom Vorliegen einer Verursachungsrelation ist tatsächlich oft von der Kenntnis eines Gesetzes unabhängig. Der Behauptung Davidsons, daß solche Gesetze in jedem Falle *existieren* müssen, ohne daß wir sie angeben können, konnte ich oben (III, 2) keinen klaren Sinn abgewinnen.

Doch der Gesetzesbegriff war nur die eine der beiden Möglichkeiten, den Kausalitätsbegriff zu erläutern. Der andere Weg war der Begriff der *Notwendigkeit* des Aufeinanderfolgens, den Stegmüller und andere als animistisch oder psychologistisch zurückgewiesen hatten. Wir sehen nun, daß der Notwendigkeitsbegriff gegenüber dem Gesetzesbegriff wahrscheinlich doch der primitivere und enger mit dem Kausalbegriff verwobene ist. Wenn die pragmatische Kontamination des Kausalbegriffs (Stegmüllers Kampfbegriff "animistisch" ist hier nicht hilfreich) ohnehin nicht zu vermeiden ist, weil die für die Formulierung von Gesetzen benötigten kontrafaktischen Konditionale nicht anders als über unsere Interventionen in den Lauf der Dinge zu rekonstruieren sind, dann können wir auch gleich mit dem Begriff der Notwendigkeit beginnen. Die Idee der kausalen Notwendigkeit besagt, daß das Eintretende unter den gegebenen Bedingungen nicht hätte ausbleiben können. Eben diesen notwendigen Zusammenhang erfahren wir, wenn wir unser primitives Vermögen des absichtlichen Handelns betätigen und dabei wahrnehmen, daß die entsprechenden Veränderungen in der Körperwelt nicht ausbleiben. Diese Veränderungen in der Körperwelt, den eigenen Körper eingeschlossen, sind keine akzidentelle Zugabe zum Handeln, sondern gehören zu dessen Essenz. Eine Handlung *besteht* geradezu in diesen Veränderungen - plus der intentionalen Komponente.

---

15 Kurz: "The laws of physics [...], to the extent that they are true, do not explain much. [...] If the laws of physics are to explain how the phenomena are brought about, they cannot state the facts" (Cartwright 1983, 72f). Wir haben, so die metaphysische Lektion aus Cartwrights Buch mit dem schönen Titel *How the Laws of Physics Lie*, der chaotischen Natur glücklich ein paar grobe Regularitäten abgerungen. Diese Erfolge sollten wir nominalistisch interpretieren und nicht schon die wissenschaftlich erkannte Uniformität und Ordnung der Natur ausrufen: "[W]e want laws that unify; but what happens may be varied and diverse. We are lucky that we can organize phenomena at all. There is no reason to think that the principles that best organize will be true, nor that the principles that are true organize much" (a.a.O., 53).

16 In diesem Sinne vermutet Stegmüller, "daß für *kein* Ereignis eine wissenschaftlich haltbare kausale Erklärung existiert" (1960, 169).

Man könnte allerdings auch eine andere Konsequenz ziehen. Chisholm ist davon überzeugt, daß wir letztlich *zwei* Kausalitätsbegriffe brauchen, einen für intentionale Handlungskausalität und einen für Naturkausalität. Diese Konsequenz halte ich für unnötig, denn die Differenz, um die es hier geht, kann durch die Unterscheidung zwischen einer kausalen und einer logischen Relation aufgefangen werden. Von Wright sagt, daß auch im Falle des Handelns die Kausalrelation zwischen Ereignissen besteht, nicht zwischen dem Handelnden oder seiner Intention und einem Ereignis. "The relation between the agent and the cause is different. The agent is not 'cause of the cause,' but the cause *p* is the *result* of the agent's action. The effect *q* is a *consequence* of the action" (1974, 49). Mit "result" bezeichnet von Wright einen Weltzustand, der in einer internen logischen Relation zu der Handlung steht, nicht in einer kausalen (vgl. 1971, 66ff und 1974, 40).[17] Ich würde den Begriff des *Substrats* vorziehen, um alle kausalen Konnotationen auszuschließen. Vielleicht kann man sich den Zusammenhang anhand des Begriffs der "basic action" klarmachen, den Danto (1965) eingeführt hat. Eine Basishandlung ist beispielsweise, unter Normalbedingungen, das Heben meines Armes. Man vollzieht solche Handlungen nicht, *indem* man eine andere Handlung vollzieht, und man *verursacht* sie auch nicht. Wenn ich zuerst etwas anderes tun muß, um *x* zu tun, dann ist eben dieses andere die Basishandlung. Basishandlungen lassen keinen Platz für vorausgehende "Willensakte", deren Postulierung zu einem infiniten Regreß führen würde. Ryle wollte Willensakte überhaupt abschaffen, Danto stellt den Zusammenhang zwischen Wille und Basishandlung so dar: "Moving an arm is not then the result of an act of will: it *is* an act of will" (1965, 148). *Wie* wir es anstellen, Basishandlungen zu vollziehen, scheint keine sinnvolle Frage der philosophischen Psychologie mehr zu sein. An dieser Stelle biegt sich, wie Wittgenstein sagen würde, unser Spaten zurück. Wir betätigen unser Vermögen, eine Handlung von selbst zu beginnen, aber alles, was wir dazu tun, geht immer schon mit den entsprechenden Veränderungen in der Körperwelt einher und nicht ihnen voraus. Die Grenze, an die wir stoßen, ist eine grammatische. Man kann über den Zusammenhang zwischen ausgeführter Intention und der Veränderung, die ihr in der Körperwelt entspricht, nicht viel mehr sagen als das: Wenn ich es nicht gewollt hätte, hätte sich mein Arm nicht gehoben. Es liegt im Begriff der Basishandlung, sie für handlungstheoretisch nicht weiter analysierbar zu halten.

Aber müssen wir nicht, so mag man einwenden, den intentionalen Gehalt einer Handlung begrifflich von der Körperbewegung abheben, um beispielsweise verschiedene Handlungen, die mit derselben Körperbewegung vollzogen werden

---

17 "The connection between an action and its result is intrinsic, logical and not causal (extrinsic). If the result does not materialize, the action simply has not been performed. The result is an essential 'part' of the action. It is a *bad* mistake to think of the act(ion) itself as a cause of its result" (1971, 67f).

können, unterscheiden zu können?[18] Darauf habe ich zwei Antworten: Zum einen folgt aus dem Supervenienzprinzip des Mentalen, daß jeder Unterschied in der Intention sein Substrat in der physischen Welt hat, wenn auch nicht notwendig innerhalb der Körpergrenzen des Subjekts.[19] Der Unterschied im intentionalen Gehalt wird sich also in jedem Falle physisch auswirken. Dies ändert allerdings nichts an der Unverzichtbarkeit der intentionalen Beschreibungen zur Identifikation von Handlungen. Die physische Differenz mag zu minimal sein, um einen anderen Handlungstyp zu konstituieren, überdies sind physische und intentionale Differenzen nicht typ-korrelierbar. Zum anderen erinnere ich daran, daß ich das Explikationsverhältnis zwischen Intentionalität des Bewußtseines und Handlungsintentionalität gerade umgekehrt habe. Es gibt keine intentionalen Akte des Bewußtseins, die 'tiefer' wären als absichtliche Handlungen und somit zur Analyse des Handlungsbegriffs dienen könnten. Vielmehr müssen die intentionalen_2 Akte (Akte!) des Bewußtseins selbst schon nach dem Modell von intentionalen_1 Handlungen begriffen werden. Gerichtetheit *ist* absichtliche Aktion; absichtliche Handlungen sind das Paradigma und die Explikationsbasis für das Gerichtetsein des Bewußtseins auf Gegenstände, denn nur über den Handlungsbegriff kann das Moment von Aktivität rekonstruiert werden, von dem die Metapher des Sich-auf-etwas-Richtens lebt.[20]

Zu betonen ist, daß man sich mit der Rede von einem spontanen Vermögen, eine Handlung von selbst zu beginnen, nicht auf einen Indeterminismus verpflichtet und nicht die kausale Geschlossenheit der Körperwelt leugnen muß. Dazu von Wright:

> "One might think that my view of the 'counterfactual element involved in action' ought to commit me to indeterminism. I don't think it does. For, thinking that there is a cause, not however observed by me, for the result of my action is fully compatible with claiming that, had I not acted, the result would not have materialized. What I am claiming is that, had I not acted, the cause would not have been operating either" (1976, 379).

Die physischen Weltzustände, die mit unseren Handlungen einhergehen, stehen in Kausalbeziehungen; wir müssen die kausale Geschlossenheit der Körperwelt nicht leugnen. Wir müssen auch nicht eine zweite Art von (Handlungs)Kausalität einführen, denn "it is consistent with the concept of basic actions that they

---

18 So fragt mich Audun Øfsti (persönliche Korrespondenz).

19 Daß die physische Abweichung verschieden lokalisiert sein kann, folgt aus dem (externen) Holismus des Mentalen. Vgl. dazu am Beispiel des *Meinens* Davidson 1987b, 450ff, als Antwort auf Putnams "Twin Earth"-Problem. Ein Grund mehr gegen die auf einzelne Ereignisse bezogene token-Identitätsthese!

20 Durch die Verknüpfung von Intentionalität und Handlung sollte sich, beiseite gesprochen, auch der Vorwurf eines "Rückfalls ins bewußtseinsphilosophische Paradigma" abwehren lassen, den man sich heute allzuleicht zuzieht, wenn man dem Intentionalitätsbegriff eine zentrale theoretische Rolle einräumt.

should be caused" (Danto 1973, 115). Was wir *nicht* sagen können, ist, daß das durch unser Handeln Geschehene auch dann geschehen wäre, wenn wir es nicht gewollt hätten. So formuliert sich manchmal ein kruder Determinismus: was geschehen solle, geschehe, *ob wir es wollen oder nicht.* Man hat diese Situation mit dem Fahren in einer Geisterbahn verglichen - wir kurbeln wild am Steuerrad und denken, daß wir den Wagen steuern, doch tatsächlich läuft er auf Schienen (vgl. Ginet 1966, 129). Von Wright würde die Analogie ablehnen, denn bei ihm ist unser Wille nicht kausal depotenziert. Hätten wir nicht handeln wollen, wäre auch die Ursache nicht in der Welt gewesen. So kontert auch Davidson (1991, 12) den Vorwurf, er habe das Mentale zum Epiphänomen herabgestuft. Da das Mentale supervenient gegenüber dem Physischen ist, könnte es eben *nicht* anders gewesen sein als es war, ohne daß es einen physischen Unterschied gemacht hätte. Die berüchtigte Frage, ob denn in solchen Verursachungen das Mentale *qua* Mentales beteiligt sei, können wir genau dann als unverständlich zurückweisen, wenn wir mentale Prädikate nicht mehr fälschlich auf physische Ereignisse anwenden und wenn wir der Versuchung widerstehen, die Supervenienzbasis genauer zu spezifizieren als die Anomalismusthese es zuläßt. Das Mentale superveniert *insgesamt* auf das Physische, und es gibt keinen Grund dafür anzunehmen, daß mentale *Eigenschaften* davon ausgenommen sind. Hätte einem unserer intentionalen Zustände oder Akte eine bestimmte mentale Eigenschaft gefehlt, wäre auch irgendetwas in der physischen Welt anders gewesen, was immer es sei. Man kann die Abhängigkeit auch andersherum ausdrücken, denn die Relation ist eine logische, keine kausale. In einer Welt, in der eine bestimmte Ursache gefehlt hätte und daher eine bestimmte Handlung nicht geschehen wäre, hätten wir die Handlung auch nicht gewollt. Wir dürfen eben die 'Gesetzmäßigkeit' der Natur nicht normativistisch mißverstehen. Zu meinen, die Natur schriebe uns unsere Handlungen vor oder zwinge uns zu ihnen, ob wir sie wollen oder nicht, ist bereits die soziomorphe Fehlinterpretation von Kausalität, die *Finalität* der Natur.[21] In der deterministischen Interpretation des *Que sera, sera* werden schlicht kausale und logische Notwendigkeit verwechselt. Dagegen bringt das Supervenienzprinzip des Mentalen eine materialistische Intuition auf den Begriff, ohne das Konzept des freien Handelns aufzugeben.

Die Idee eines Zusammenhanges von Kausalitätsbegriff und Selbsterfahrung des Handelnden ist nicht neu. Locke zufolge erfahren wir Kraft (*power*) durch den zu überwindenden Widerstand, den die Dinge unserer Einwirkung entgegensetzen. Die Idee der Kraft übertrügen wir dann auf das Einwirken der Gegenstände aufeinander. Eine ähnliche Auffassung vertraten Berkeley und Kant.[22] Piaget

---

21 Für unser Freiheitsverständnis ist daher, wie etwa Nicolai Hartmann betont hat (1951, 119ff), die Emanzipation von der *Finalität* der Natur ausschlaggebend. Die *Kausalität* müssen wir gerade voraussetzen, um handeln zu können.

22 In Kants *Opus Postumum* heißt es: "Nur dadurch daß das Subject sich seiner bewegenden Kräfte (zu agiren) [bewußt ist - sinngemäße Ergänzung, G.K.] [...] werden die entgegenwir-

gab eine entwicklungspsychologische Erklärung für die ursprüngliche Egozentrizität der Kausalitätserfahrung. Von Wright nennt als weitere Vorläufer Thomas Reid, Collingwood und Gasking. Das Neue und Spezifische der interventionistischen Auffassung ist die klare Einsicht in die über das Kontrafaktizitätselement vermittelte begriffliche und nicht bloß epistemische Abhängigkeit der Kausalität vom Handeln.[23]

Wir sehen nun, daß die naturalistische Stilisierung der Alternative von kausaler und teleologischer Erklärung, die eine wissenschaftlich, die andere unwissenschaftlich und anthropomorph, nicht zu halten ist. Schon anhand der wissenschaftstheoretischen Kontroversen um die Evolutionstheorie zeigte sich, daß kausale und teleologische Erklärung nicht denselben Erklärungsanspruch haben und daß daher die letztere auch nicht einfach durch die erste ersetzt werden kann. Der Interventionismus zeigt nun, daß der Kausalitätsbegriff selbst noch einen teleologischen Restbestand enthält, da er nur in Abhängigkeit vom Handlungsbegriff eingeführt werden kann, und Handlungen haben paradigmatisch teleologische Struktur. Handeln ist zielgerichtete Aktivität, die der Herbeiführung von antizipierten Weltzuständen dient. Die teleologische Voraussetzung der Idee eines kausalen Zusammenhanges besteht darin, daß nur Wesen, die manchmal ihre Absichten in der Welt verwirklichen können, den Begriff der Kausalität bilden können, und zwar in Abhängigkeit von dieser Fähigkeit. Ohne die Möglichkeit der absichtlichen Intervention wäre die Welt Faktiziät, aber kein kausalgesetzlicher Mechanismus. Damit sieht es für einen Naturbegriff, von dem der szientistische Naturalismus profitieren könnte, schlecht aus. Wenn die Natur 'an sich' nicht kausalgesetzlich geordnet ist, weil Kausalität zunächst ein explanatorischer Begriff ist, der nur von frei handelnden Wesen entwickelt werden kann und dann generalisiert wird, wird die letzte große Antithese des Naturbegriffs, die Kantische von Naturkausalität und Freiheit, hinfällig. Kants Minimalbestimmung der Natur als "Inbegriff der Erscheinungen, so fern diese, vermöge eines innern Prin-

---

kende bewegende Kräfte anticipirt und die Eigenschaften der Materie vestgesetzt" (*Op. Post.* II, AA 506). Allerdings ist die metaphysische Situierung der ursprünglichen Intentionalitätsquelle, also deren 'Sitz im Leben', in Kants nachgelassenem Werk alles andere als klar. Die folgende Stelle scheint diejenigen Kommentatoren zu bestätigen, die in Kants später Annahme eines prämentalen "Leibapriori" einen Überstieg zur immanenten Naturteleologie erblicken: "Weil der Mensch sich seiner als einer sich selbst bewegenden Maschine bewußt ist ohne die Möglichkeit einer solchen weiter einsehen zu können so kan er, und darf obgleich er hierzu den Begrif der Lebenskraft und der Erregbarkeit der Materie in ihm selbst generalisiren [...] muß [...] als Maschine betrachtet werden" (*Op. post.* I, AA 213). Hübner (1953, 216) kommentiert: "[U]m zweckmäßig bewegt werden zu können, muß der Leib ja schon zweckmäßig gebildet sein! [...] Wenn die Vernunft ein Vermögen ist, zweckmäßig zu handeln, dann [...] schließt das zugleich ein die *Wirklichkeit* zweckmäßiger Gebilde, die nicht einem Begriff entsprungen sind, sondern, von der Natur ohne unser Zutun gemacht, sich selbst herstellen".

23 Allerdings ist Kant dieser Einsicht schon nahe; vgl. etwa *KrV* B 248f.

zips der Kausalität, durchgängig zusammenhängen" (*KrV* B 446), ist bereits durch die idiosynkratische Naturerfahrung menschlicher Handlungssubjekte vermittelt.

So ist es nur konsequent, daß Comte, Mach, Russell und Quine den Kausalitätsbegriff in einer reifen Wissenschaft für ein entbehrliches metaphysisches Relikt halten. "In der Natur gibt es keine Ursache und keine Wirkung", sagt Mach (1883, 524) und begründet dies damit, daß sich die Rede von Kausalbeziehungen erst einer menschlichen Abstraktionsleistung verdankt.[24] Noch deutlicher ist Russells Begründung. Der Kausalbegriff solle eben deshalb aus der Wissenschaft verbannt werden, weil er als anthropomorph entlarvt sei. Er sei "so inextricably bound up with misleading associations as to make its complete extrusion from the philosophical vocabulary desirable" (Russell 1913, 180). Es ist die Idee einer kausalen *Aktivität*, die die Wissenschaft nicht gebrauchen könne: "The belief that causes 'operate' results from assimilating them, consciously or unconsciously, to volitions" (191).[25] Russell nennt als Wissenschaft, die heute schon ohne die Rede von Kausalität auskommt, die Astronomie. Die Planetenbewegungen seien *funktional* voneinander abhängig, ohne daß man irgendeine Bewegung als Ursache oder als Wirkung einer anderen auszeichnen könnte. Funktionale Relationen seien im Unterschied zu kausalen symmetrisch (vgl. auch Mach 1905, 278f und Schlick 1932, 148). - Ob ausgerechnet der Begriff der funktionalen Erklärung geeignet ist, jeden teleologischen Rest aus der Wissenschaft zu eliminieren, lasse ich dahingestellt. Eine solche Wissenschaft wäre jedenfalls nicht mehr naturalistisch. Der mathematische Begriff der Funktion ist natürlich ein anderer als der in der Biologie oder im Funktionalismus der KI. Mit Sober (1985) hatte ich festgehalten, daß diejenigen Naturalisierungsprojekte, die wir hier verhandelt haben, gerade den teleologischen Funktionsbegriff brauchen, um ihre explanatorischen Ziele zu erreichen - kurz: die Funktion *für*, nicht bloß die formale Zuordnung von mathematischen Größen. Nicht jede Art von Wissenschaft legitimiert die Gleichsetzung von Naturalismus und Szientismus. Sollte es möglich sein, daß Naturwissenschaft einmal völlig in Mathematik kollabiert, wäre dies auch ein Ende des Naturalismus.

---

24 "Die Natur ist nur *einmal* da. Wiederholungen gleicher Fälle, in welchen *A* immer mit *B* verknüpft wäre [...], also das Wesentliche des Zusammenhanges von Ursache und Wirkung, existiren nur in der Abstraction" (ebd.).

25 Ironischerweise wird die interventionistische Kausaltheorie vom Anthropomorphismusvorwurf im engeren Sinne nicht getroffen. Es erscheinen ja hier, so Schneider (1978, 232), "nicht die Naturdinge selbst [...] als handelnde Wesen, sondern gemeint ist immer die Handlung eines menschlichen Akteurs, der durch sein Eingreifen Abläufe in der Natur in Gang setzt. Die menschliche Perspektive, in der die Naturwissenschaft hier erscheint, bedeutet keinen Rückfall in vorwissenschaftliche Denkweisen. Sie verdankt sich vielmehr der Einsicht, daß eine bloße Beobachtung unbeeinflußter Naturabläufe für die naturwissenschaftliche Begriffsbildung nicht ausreicht, daß dazu vielmehr die Betrachtung des Komplexes von menschlichem Eingriff *und* Naturablauf erforderlich ist".

Mit dem Kausalbegriff verläßt die Naturalisten der letzte und treueste Gefährte, mit dessen Hilfe sie noch die Fahne einer irgendwie naturtheoretischen Position hochhalten konnten. Die Natur ist nicht einmal mehr der kausale Mechanismus, der Naturbegriff wird überhaupt aufgegeben, der Naturalismus wird vollends zum Szientismus. Daraus können wir argumentativ Kapital schlagen. Der Grund für das Fallenlassen der Rede von Kausalität ist deutlich genug. Mit Jonas, Spaemann und Löw betrachte ich das Bestreben, in der Wissenschaft ohne den Kausalbegriff auszukommen, als Indiz für die begriffliche Abhängigkeit der kausalen von der teleologischen Erklärung. "Im Begriff der Ursache stecken in Wirklichkeit selbst noch teleologische Implikationen [...]. Die konsequente Entteleologisierung hat deshalb auch den Begriff der Kausalität beseitigt" (Spaemann/Löw 1981, 21). Die "Kausalerklärung ist der Finalerklärung in die Rumpelkammer nachgefolgt" (Jonas 1950, 57). Es entsteht die überraschende Situation, daß das letzte Refugium kausaler Erklärungen heute ausgerechnet die Handlungstheorie und die Philosophie des Geistes zu sein scheint. So sieht es jedenfalls Davidson: "It is often thought that scientific explanations are causal, while explanations of actions and mental affairs are not. I think almost exactly the reverse is the case" (1990b, 22). Davidson meint zwar ebenfalls, daß "it is a sign of progress in a science that it rids itself of causal concepts" (23), aber er ist nicht Szientist genug, um es für realistisch zu halten, daß wir den Kausalbegriff *überhaupt* aus unserer natürlichen Sprache eliminieren können, in deren begrifflichen Rahmen er tief eingelassen ist.

In den Naturwissenschaften habe der Kausalbegriff jedenfalls keinen festen Platz mehr. Allerdings machen die Naturalisten von dieser Erkenntnis einen merkwürdig selektiven Gebrauch. Es gehört zur tiefen Schizophrenie vieler der hier verhandelten Naturalisierungsprojekte, daß der Kausalbegriff in den Wissenschaften als entbehrlich angesehen wird, zur Begründung des Naturalismus aber offenbar noch gut genug ist. Was haben Naturalisten dem Kausalbegriff nicht alles aufgebürdet: in Kausaltheorien der Erkenntnis, des Handelns, der Repräsentation, der Wahrnehmung, der Evidenz etc. sollen die fraglichen Relationen jeweils durch "right sort of causal history"-Argumente naturalisiert werden; an der (zudem noch halb-teleologischen) Rede von "kausalen Rollen" hängt der ganze Funktionalismus in der Philosophie des Geistes; Kausalität ist das, worauf Teleologie zurückgeführt werden soll; die kausale Interpretation eines Zusammenhanges gilt überhaupt als Paradigma der Naturalisierung. "Causal relations are natural relations if *anything* is", sagt Fodor (1984, 233). Die Einsicht in die metaphysischen Gefahren des Kausalbegriffs ist im Programmatischen steckengeblieben. Den Naturwissenschaften raten prominente Naturalisten, den Kausalbegriff fallenzulassen, während sie selbst weit davon entfernt sind, ohne ihn auszukommen.

Zum Kausalbegriff haben die szientistischen Naturalisten ein gespaltenes und ungeklärtes Verhältnis, vom Naturbegriff wollen sie schon lange nicht mehr wissen. Letztlich hängt nicht viel davon ab, ob man die verhandelten Projekte oder einige von ihnen trotz des Absterben des Naturbegriffs noch naturalistisch nennen will oder nicht. Der entscheidende Punkt ist, daß es diesen Projekten nicht nur nicht gelungen ist, Intentionalität zu reduzieren, sondern daß sie in ihren Diskursen in offener oder versteckter Form selbst auf das intentionalistische Idiom rekurrieren. Es ist ihnen also ebensowenig gelungen, Intentionalität zu *eliminieren*. Nichts führt die naturalistische Selbsttäuschung besser vor Augen als Churchlands verfehlte Behauptung (1981, 75), daß angesichts der wissenschaftlichen Diskurse unsere "intentional categories stand magnificiently alone". Das Theorieziel des Naturalismus beruht auf einer falschen Voraussetzung. Man muß *nicht* zeigen können, wie sich intentionale Phänomene in unsere umfassende naturalistische Theorie von der physischen Welt einordnen lassen, denn es gibt diese Theorie nicht. Brentanos Dualismus und seine Autonomiethese der Psychologie sind zu defensiv, denn tatsächlich gibt es keine vom intentionalen Idiom freie Naturwissenschaft. Die intentionalistische Kontamination unserer Diskurse liegt noch tiefer als selbst die umsichtigsten Naturalisten dachten. Immer wieder haben Naturalisten wie auch viele ihrer Kritiker unterschätzt, *wie* voraussetzungsreich auch die vermeintlich intentionalitätsfreiesten Theorieelemente sind. Dabei können die Abhängigkeiten sehr indirekt sein. Der Begriff der Naturkausalität ist nicht selbst ein intentionaler Begriff, aber er setzt intentional handelnde Subjekte in subtiler Weise *voraus*, weshalb Kausaltheorien des Erkennens und Handelns nicht selbst dazu verwandt werden können, Intentionalität zu naturalisieren.[26]

Das naturalistische Programm ist schon dann gescheitert, wenn an *irgendeiner* Stelle auf intentionale Begriffe zurückgegriffen wird. In der Logik des Naturalismus liegt seine Totalisierung. Naturalisten wissen das, aber sie behandeln nicht alle Begriffe, die sie in ihren naturalistischen Teilprojekten nutzen, mit derselben kritischen Aufmerksamkeit. Dabei wandert der blinde Fleck des Naturalismus hin und her, und es ist geradezu spannend, dieses Wandern zu verfolgen. Das Intentionalitätsproblem wird auf das Teleologieproblem oder auf den Funktionalismus verschoben, Funktionen und Zielverfolung sollen kybernetisch oder evolutionstheoretisch auf kausale Mechanismen zurückgeführt werden, Kausalität verweist auf Gesetzmäßigkeit, Notwendigkeit und kontrafaktische Konditionale, diese Konzepte setzen die mentale Antizipation von handelnd herbeigeführten möglichen Weltzuständen voraus. Dann gibt man den Kausalbegriff preis und greift, um nicht mit leeren Händen dazustehen, wieder auf funktionale Erklärungen zurück; der Funktionsbegriff ist aber teleologisch und das Spiel kann von neuem beginnen. Dann wieder wagt man den großen Befreiungsschlag; intentionale Zu-

[26] Von den behandelten Autoren hat allein der späte Fodor eine Ahnung davon, daß die Rede von "the cause of an event [...] indeed covertly intentional/semantic" sein könnte. Die Konsequenz: "The availability of intentional apparatus would then be quite widely presupposed in the special sciences" (1987, 127).

schreibungen sind plötzlich legitim, werden aber instrumentalistisch interpretiert, wobei man weiterhin sehr unmetaphorisch von ihrem Erklärungswert profitieren möchte.

Als systematischer Kern des intentionalen Idioms hat sich der Handlungsbegriff herausgestellt. Nachdem wir in den naturalistischen Diskursen immer wieder auf die Postulierung handlungsanalog funktionierender Instanzen gestoßen sind, war das Schlußkapitel ein Versuch, die Kontamination durch das Handlungsmodell auch innerhalb des Naturbegriffs selbst nachzuweisen. Das Begriffspaar Physis/Techne, schon bei Aristoteles und Platon nicht disjunkt, erschien nach dem Zusammenbruch des Unterschieds zwischen natürlichen und erzwungenen Bewegungen in der Physik für die Abgrenzung des Naturbegriffs immer weniger brauchbar. Heute wird schließlich vorgeschlagen, auch das letzte Konzept aufzugeben, das den Naturbegriff noch einmal zu konturieren versprach, das des kausalen Zusammenhanges der Natur.

Die Tatsache, daß die szientistischen Naturalisten vom Naturbegriff nichts mehr wissen wollen, ist ein Beleg dafür, wie weit sie in die Defensive geraten sind. Die fortschreitende Entqualifizierung des Naturbegriffs und die Auflösung seiner Antithesen muß man gegen den Strich lesen. Es *gibt* den Begriff der Natur oder des naturgesetzlichen Zusammenhanges nicht, der die Anwesenheit von Intentionalität in der Welt, nämlich die Möglichkeit intentionalen menschlichen Handelns, nicht schon voraussetzte. Weit ist es mit dem szientistischen Naturalismus gekommen, daß er selbst den Kausalbegriff preiszugeben bereit ist, um die Naturwissenschaft endlich vom Anthropomorphismus zu befreien. Dieser Zug ist einer von zahllosen Zügen in einem verzweifelten Rückzugsgefecht. Um jeden Anthropomorphismus abzustreifen, häutet und häutet sich der Naturalismus, bis nichts mehr von ihm übrig ist.

Literaturverzeichnis

Im Text ist alle Literatur mit dem Jahr der ersten Veröffentlichung zitiert, auch wenn ich, wie aus dem Literaturverzeichnis ersichtlich, eine andere Ausgabe oder eine Übersetzung benutzt habe. Einige 'Klassiker' sind nicht mit dem Erscheinungsjahr, sondern mit einschlägigen Siglen zitiert. Die Siglen sind hier unter dem Namen des Autors eingeordnet.

Achinstein, Peter 1977: "Function Statements", *Philosophy of Science* 44 (1977), 341-367.

Adorno, Theodor W. 1966: *Negative Dialektik*, Frankfurt am Main 1982.

Aiken, Henry David 1946: "Notes on the Categories of Naturalism", *Journal of Philosophy* 43 (1946), 517-526.

Altner, Günter (Hrsg.) 1981: *Der Darwinismus. Die Geschichte einer Theorie*, Darmstadt 1981.

Ammon, Ulrich 1973: *Probleme der Soziolinguistik*, Tübingen 1973.

Anscombe, Gertrud E. M. 1957: *Intention*, Oxford 1979.

— 1975: "The First Person", in: Guttenplan (Ed.) 1975, 45-65.

— 1979: "Under a Description", *Noûs* 13 (1979), 219-233.

Antony, Louise M. 1987: "Naturalized Epistemology and the Study of Language", in: Shimony/Nails (Eds.) 1987, 235-257.

— 1989: "Anomalous Monism and the Problem of Explanatory Force", *Philosophical Review* 98 (1989), 153-187.

Arbib, Michael A. 1972: *The Metaphorical Brain. An Introduction to Cybernetics as Artificial Intelligence and Brain Theory*, New York/London/Sydney/Toronto 1972.

Arbib, Michael A. and Mary B. Hesse 1986: "Language, Metaphor, and a New Epistemology", in Dies.: *The Construction of Reality*, Cambridge/New York/New Rochelle/Melbourne/Sidney 1986, 147-170.

Arendt, Hannah 1971: *Vom Leben des Geistes, Bd. I: Das Denken*, München/Zürich 1979.

Aristoteles *Met.*: *Metaphysik*, übers. und hrsg. von Franz F. Schwarz, Stuttgart 1970.

— *Poet.*: *Poetik*, hrsg. von Manfred Fuhrmann, München 1976.

— *Phys.*: *Aristoteles' Physik*, übers. und hrsg. von Hans Günter Zekl, Griechisch-Deutsch, 2 Bde., Hamburg 1987 und 1988.

— *Rhet.*: *Rhetoric*, transl. by W. Rhys Roberts, New York 1954.

Atlan, Henri 1981: "Hierarchical Self-Organization in Living Systems", in: Zeleny (Ed.) 1981, 185-208.

Attneave, Fred 1961: "In Defense of Homunculi", in: *Sensory Communication*, ed. by Walter A. Rosenblith, Cambridge, Mass. 1961, 777-782.

Austin, John L. 1966: "Three Ways of Spilling Ink", *Philosophical Review* 75 (1966), 427-440.

Ayala, Francisco J. 1970: "Teleological Explanations in Evolutionary Biology", *Philosophy of Science* 37 (1970), 1-15.

Baker, A. J. 1956: "Category Mistakes", *Australasian Journal of Philosophy* 34 (1956), 13-26.

Baker, Lynne Rudder 1987: *Saving Belief. A Critique of Physicalism*, Princeton, New Jersey 1987.

— 1989: "On a Causal Theory of Content", in: Tomberlin (Ed.) 1989, 165-187.

Bammé, Arno et al. 1983: *Maschinen-Menschen, Mensch-Maschinen. Grundrisse einer sozialen Beziehung*, Reinbek bei Hamburg 1983.

Bar-Hillel, Yehoshua 1967: "Syntactical and Semantical Categories", in: *The Encyclopedia of Philosophy*, Vol. VIII, ed. by Paul Edwards, London/New York 1967, 57-61.

Barrett, Robert B. and Roger F. Gibson (Eds.) 1990: *Perspectives on Quine*, Cambridge, Mass. 1990.

Barrow, John D. and Frank J. Tipler 1986: *The Anthropic Cosmological Principle*, Oxford/New York 1986.

Baruzzi, Arno 1973: *Mensch und Maschine. Das Denken sub specie machinae*, München 1973.

Bateson, Gregory 1972: *Ökologie des Geistes. Anthropologische, psychologische, biologische und epistemologische Perspektiven*, Frankfurt am Main 1981 (aus dem Engl.).

Baumgartner, Hans Michael 1981: "Über die Widerspenstigkeit der Vernunft, sich aus Geschichte erklären zu lassen. Zur Kritik des Selbstverständnisses der evolutionären Erkenntnistheorie", in: *Wandel des Vernunftbegriffs*, hrsg. von Hans Poser, München 1981, 39-64.

— 1988: "Humanities and Sciences. Ein Beitrag der Philosophie zum Thema Philosophie und Wissenschaft", in: Oelmüller (Hrsg.) 1988, 33-39.

Bayertz, Kurt 1989: "Die Entmoralisierung des Lebendigen", in: *Verantwortung in Wissenschaft und Technik*, hrsg. von Matthias Gatzemeier, Mannheim/Wien/Zürich 1989, 220-238.

Beardsley, Monroe C. 1962: "The Metaphorical Twist", *Philosophy and Phenomenological Research* 22 (1962), 293-307.

— 1967: Artikel "Metaphor", in: *The Encyclopedia of Philosophy*, Vol. V, ed. by Paul Edwards, London/New York 1967, 284-289.

— "Metaphorical Senses", *Noûs* 12 (1978), 3-16.

Beauchamp, Tom L. and Alexander Rosenberg 1981: *Hume and the Problem of Causation*, New York/Oxford 1981.

Bechtel, William 1986: "Teleological Functional Analyses and the Hierarchical Organization of Nature", in: Rescher (Ed.) 1986, 26-48.

— 1988: *Philosophy of Mind. An Overview for Cognitive Science*, Hillsdale, New Jersey 1988.

— 1990: "Connectionism and the Future of Folk Psychology", *Report No. 39/1990 Research Group on 'Mind and Brain', Perspectives in Theoretical Psychology and the Philosophy of Mind (ZiF), University of Bielefeld*, Bielefeld 1990.

Beck, Lewis White 1975: *Akteur und Betrachter. Zur Grundlegung der Handlungstheorie*, Freiburg/München 1976 (aus dem Amerikan.).

Beckermann, Ansgar 1990: "Semantische Maschinen", in: Forum Bad Homburg (Hrsg.) 1990, 196-211.

Bennett, Jonathan 1964: *Rationality. An Essay Towards an Analysis*, London/New York 1964.

— 1976: *Linguistic Behaviour*, Cambridge/London/New York/Melbourne 1976.

Benthall, Jonathan (Ed.) 1973: *The Limits of Human Nature*, London 1973.
Bergmann, Merrie 1982: "Metaphorical Assertions", *Philosophical Review* 91 (1982), 229-245.
von Bertalanffy, Ludwig 1950: "An Outline of General System Theory", *British Journal for the Philosophy of Science* 1 (1950/51), 134-163.
— 1968: *General System Theory. Foundations, Development, Applications*, New York 1968.
— 1970: "Biologie und Weltbild", in: *Wohin führt die Biologie? Ein interdisziplinäres Kolloquium*, hrsg. von Michael Lohmann, München 1970, 13-31.
Bhaskar, Roy 1979: *The Possibility of Naturalism. A Philosophical Critique of the Contemporary Human Sciences*, Brighton 1979.
Bieri, Peter 1981: Einführung zu Ders. (Hrsg.) 1981, 1-28.
— 1987a: Einführungen zu Ders. (Hrsg.) 1987, 9-72 und 409-421.
— 1987b: "Evolution, Erkenntnis und Kognition. Zweifel an der evolutionären Erkenntnistheorie", in: Lütterfelds (Hrsg.) 1987, 117-147.
— (Hrsg.) 1981): *Analytische Philosophie des Geistes*, Königstein/Ts. 1981.
— (Hrsg.) 1987: *Analytische Philosophie der Erkenntnis*, Frankfurt am Main 1987.
Biese, Alfred 1893: *Die Philosophie des Metaphorischen. In Grundlinien dargestellt*, Hamburg/Leipzig 1893.
Binkley, Timothy 1974: "On the Truth and Probity of Metaphor", *Journal of Aesthetics and Art Criticism* 33 (1974), 171-180.
Birnbacher, Dieter 1991: "'Natur' als Maßstab menschlichen Handelns", *Zeitschrift für philosophische Forschung* 45 (1991), 60-76.
Bittner, Rüdiger 1986: "Handlungen und Wirkungen", in: *Handlungstheorie und Transzendentalphilosophie*, hrsg. von Gerold Prauss, Frankfurt am Main 1986, 13-26.
Black, Max 1944: "Russell's Philosophy of Language", in: *The Philosophy of Bertrand Russell*, ed. by Arthur Schilpp, New York 1944, 227-255.
— 1954: "Metaphor", zit. nach: Ders. 1962, 25-47.
— 1960: "Models and Archetypes", zit. nach: Ders. 1962, 219-243.
— 1962: *Models and Metaphors. Studies in Language and Philosophy*, Ithaca, New York 1962.
— 1977: "More about Metaphor", *Dialectica* 31 (1977), 431-457.
— 1979: "How Metaphors Work: A Reply to Donald Davidson", *Critical Inquiry* 6 (1979), 131-143.
Block, Ned 1978: "Troubles with Functionalism", zit. nach: Ders. (Ed.) 1980, 268-305.
— 1980: "What is Functionalism?", in: Ders. (Ed.) 1980, 171-184.
— (Ed.) 1980: *Readings in Philosophy of Psychology*, Vol. 1 , Cambridge, Mass. 1980.
Blumenberg, Hans 1960a: "Paradigmen zu einer Metaphorologie", *Archiv für Begriffsgeschichte* 6 (1960), 7-142.
— 1960b: Artikel "Naturalismus und Supernaturalismus" in: *Die Religion in Geschichte und Gegenwart. Handwörterbuch für Theologie und Religionswissenschaft*, Bd. IV, hrsg. von Kurt Galling, Sp. 1332-1336.
— 1971a: "Beobachtungen an Metaphern", *Archiv für Begriffsgeschichte* 15 (1971), 161-214.
— 1971b: "Anthropologische Annäherung an die Aktualität der Rhetorik", zit. nach Ders.: *Wirklichkeiten in denen wir leben*, Stuttgart 1981, 104-136.
— 1975: *Die Genesis der kopernikanischen Welt*, Frankfurt am Main 1975.
— 1979: "Ausblick auf eine Theorie der Unbegrifflichkeit", in Ders.: *Schiffbruch mit Zuschauer. Paradigma einer Daseinsmetapher*, Frankfurt am Main 1979, 75-93.

— 1981: *Die Lesbarkeit der Welt*, Frankfurt am Main 1981.
Boden, Margaret A. 1970: "Intentionality and Physical Systems", *Philosophy of Science* 37 (1970), 200-214.
— 1977: *Artificial Intelligence and Natural Man*, Hassocks, Sussex 1977.
— 1979: "The Computational Metaphor in Psychology", in: *Philosophical Problems in Psychology*, ed. by Neil Bolton, London 1979, 111-132.
Böhler, Dietrich 1981: "Naturverstehen und Sinnverstehen. Traditionskritische Thesen zur Entwicklung und zur konstruktivistisch-szientifischen Umdeutung des Topos vom Buch der Natur", in: Rapp (Hrsg.) 1981, 70-95.
Böhme, Gernot 1978: "Wissenschaftssprachen und die Verwissenschaftlichung der Erfahrung", in: Zimmermann (Hrsg.) 1978, 89-109.
Böhme, Gernot und Wolfgang van den Daele 1977: "Erfahrung als Programm. Über Strukturen vorparadigmatischer Wissenschaft", in: *Experimentelle Philosophie. Ursprünge autonomer Wissenschaftsentwicklung*, hrsg. von Gernot Böhme, Wolfgang van den Daele und Wolfgang Krohn, Frankfurt am Main 1977, 183-236.
Böhme, Hartmut 1988: "Denn nichts ist ohne Zeichen. Die Sprache der Natur: Unwiederbringlich?", in Ders.: *Natur und Subjekt*, Frankfurt am Main 1988, 38-66.
Böhme, Jakob 1622: *De Signatura Rerum oder Von der Geburt und Bezeichnung aller Wesen*, Sämmtliche Werke Bd. 4, hrsg. von W. Schiebler, Leipzig 1942.
Bosch, Peter 1985: "Context Dependence and Metaphor", in: Paprotté/Dirven (Eds.) 1985, 141-176.
Bouwsma, O. K. 1948: "Naturalism", *Journal of Philosophy* 45 (1948), 12-22.
Boyd, Richard 1979: "Metaphor and Theory Change: What is 'Metaphor' a Metaphor for?", in: Ortony (Ed.) 1979, 356-408.
— 1980: "Materialism without Reductionism: What Physicalism Does Not Entail", in: Block (Ed.) 1980, 67-106.
— 1983: "On the Current Status of the Issue of Scientific Realism", *Erkenntnis* 19 (1983), 45-90.
Braithwaite, Richard Bevan 1953: "Causal and Teleological Explanation", in Ders.: *Scientific Explanation. A Study of the Function of Theory, Probability and Law in Science*, London 1953, 319-341.
Brand, Myles 1984: *Intending and Acting. Toward a Naturalized Action Theory*, Cambridge, Mass./London 1984.
Brentano, Franz 1874: *Psychologie vom empirischen Standpunkt*, 1. Band, Leipzig ^{2}1924.
Brezinka, Wolfgang 1984: "'Modelle' in Erziehungstheorien, Ein Beitrag zur Klärung der Begriffe", *Zeitschrift für Pädagogik* 30 (1984), 835-858.
Bridgeman, Bruce 1990: "Intention Itself Will Disappear When its Mechanisms are Known", (Kommentar zu Searle 1990b), *Behavioral and Brain Sciences* 13 (1990), 598-599.
Bubner, Rüdiger, Burkhard Gladigow und Walter Haug (Hrsg.) 1990: *Die Trennung von Natur und Geist*, München 1990.
Bühler, Karl 1934: *Sprachtheorie. Die Darstellungsfunktion der Sprache*, Stuttgart ^{2}1965.
Bunge, Mario 1967: "Analogy in Quantum Theory: From Insight to Nonsense", *British Journal for the Philosophy of Science* 18 (1967), 265-286.
Burrichter, Clemens, Rüdiger Inhetveen und Rudolf Kötter (Hrsg.) 1987: *Zum Wandel des Naturverständnisses*, Paderborn/München/Wien/Zürich 1987.

Cantor, Paul 1982: "Friedrich Nietzsche: The Use and Abuse of Metaphor", in: Miall (Ed.) 1982, 71-88.

Carnap, Rudolf 1928: *Der logische Aufbau der Welt. Versuch einer Konstitutionstheorie der Begriffe*, 2. Aufl. Hamburg 1961.

— 1931: "Überwindung der Metaphysik durch logische Analyse der Sprache", *Erkenntnis* 2 (1931/32), 219-241.

— 1932a: "Die physikalische Sprache als Universalsprache der Wissenschaft", *Erkenntnis* 2 (1931/32), 432-465.

— 1932b: "Psychologie in physikalischer Sprache", *Erkenntnis* 3 (1932/33), 107-142.

— 1934: "Die Aufgabe der Wissenschaftslogik", *Einheitswissenschaft* H. 3, Wien 1934, 5-19.

— 1938: "Logical Foundations of the Unity of Science", *International Encyclopedia of Unified Science*, Vol. I, No. 1, ed. by Otto Neurath, Rudolf Carnap and Charles Morris, Chicago, Ill. 1955, 42-62.

— 1950: "Empiricism, Semantics, and Ontology", zit. nach Ders.: *Meaning and Necessity. A Study in Semantics and Modal Logic*, 2nd, enlarged Edition Chicago/London 1956, 205-221.

— 1954: "On Belief Sentences", in: *Philosophy and Analysis*, ed. by Margaret MacDonald, Oxford 1954, 128-131.

— 1955: "Meaning and Synonymy in Natural Languages", *Philosophical Studies* 6 (1955), 33-47.

— 1961: Vorwort zur 2. Auflage von Carnap 1928, in: Ders. 1928, IX-XV.

Carnap, Rudolf, Hans Hahn und Otto Neurath 1929: *Wissenschaftliche Weltauffassung - Der Wiener Kreis*, Wien 1929.

Cartwright, Nancy 1979: "Do Token-Token Identity Theories Show Why We Don't Need Reductionism?", *Philosophical Studies* 36 (1979), 85-90.

— 1983: *How the Laws of Physics Lie*, Oxford/New York 1983.

— 1986: "Two Kinds of Teleological Explanation", in: Donagan et al. (Eds.) 1986, 201-210.

Casey, John 1973: "Human Virtue and Human Nature", in: Benthall (Ed.) 1973, 74-91.

Cassirer, Ernst 1923a: *Philosophie der symbolischen Formen. Erster Teil: Die Sprache*, Berlin 1923.

— 1923b: *Philosophie der symbolischen Formen. Zweiter Teil: Das mythische Denken*, Oxford ³1958.

— 1925: "Sprache und Mythos. Ein Beitrag zum Problem der Götternamen", zit. nach Ders.: *Wesen und Wirkung des Symbolbegriffs*, Darmstadt 1956.

— 1950: *Das Erkenntnisproblem in der Philosophie und Wissenschaft der neueren Zeit*, Bd. 4: *Von Hegels Tod bis zur Gegenwart*, Stuttgart 1957.

Caton, Charles E. 1963: "Introduction" zu Ders. (Ed.): *Philosophy and Ordinary Language*, Urbana, Ill. 1963, v-xii.

Causey, Robert L. 1977: *Unity of Science*, Dordrecht 1977.

Chapanis, Alphonse 1961: "Men, Machines, and Models", *The American Psychologist* 16 (1961), 113-131.

Chisholm, Roderick M. 1957: *Perceiving. A Philosophical Study*, Ithaca/London 1957.

— (Ed.) 1985: *Philosophie des Geistes, Philosophie der Psychologie. Akten des 9. Internationalen Wittgenstein-Symposiums 1984*, Wien 1985.

Chisholm, Roderick M. and Wilfrid Sellars 1958: "Correspondence on Intentionality", in: *Minnesota Studies in the Philosophy of Science, Vol. II: Concepts, Theories, and*

the Mind-Body Problem, ed. by Herbert Feigl, Michael Scriven and Grover Maxwell, Minneapolis, Minnesota 1958, 521-539.
Chomsky, Noam 1957: *Syntactic Structures*, The Hague 1957.
— 1965: *Aspekte der Syntax-Theorie*, Frankfurt am Main 1973 (aus dem Amerikan.).
— 1968: *Language and Mind*, New York 1968.
— 1969: "Quine's Empirical Assumptions", in: *Words and Objections. Essays on the Work of W. V. Quine*, ed. by Donald Davidson and Jaakko Hintikka, Dordrecht 1969, 53-68.
— 1980: *Rules and Representations*, New York 1980.
Churchland, Paul M. 1979: *Scientific Realism and the Plasticity of Mind*, Cambridge 1979.
— 1981: "Eliminative Materialism and Propositional Attitudes", *Journal of Philosophy* 78 (1981), 67-90.
— 1985: "Conceptual Progress and World/World Relations: In Search of the Essence of Natural Kinds", *Canadian Journal of Philosophy* 15 (1985), 1-17.
— 1989: "Folk Psychology and the Explanation of Human Behavior", in: Tomberlin (Ed.) 1989, 225-241.
Cling, Andrew D. 1989: "Eliminative Materialism and Self-Referential Inconsistency", *Philosophical Studies* 56 (1989), 53-75.
Cohen, L. Jonathan and Avishai Margalit 1972: "The Role of Inductive Reasoning in the Interpretation of Metaphor", in: *Semantics of Natural Language*, ed. by Donald Davidson and Gilbert Harman, Dordrecht 1972, 722-740.
Cohen, Ted 1976: "Notes on Metaphor", *Journal of Aesthetics and Art Criticism* 34 (1976), 249-259.
Collingwood, Robin George 1945: *The Idea of Nature*, Oxford 1945.
— 1946: *The Idea of History*, Oxford 1946.
Cooper, David E. 1986: *Metaphor*, Oxford 1986.
Cornman, James W. 1968: "Types, Categories, and Nonsense", in: *Studies in Logical Theory* (= *American Philosophical Quarterly Monograph Series* 2), ed. by Nicholas Rescher, Oxford 1968, 73-97.
— 1977: "Mind-Body Identity: Cross-Categorial or Not?, *Philosophical Studies* 32 (1977), 165-174.
Coseriu, Eugenio 1982: "Naturbild und Sprache", in: Zimmermann (Hrsg.) 1982, 260-284.
Costello, Harry Todd 1944: "The Naturalism of Frederick Woodbridge", in: Krikorian (Ed.) 1944, 295-318.
Clowes, Max 1973: "Man the Creative Machine: A Perspective from Artificial Intelligence Research" in: Benthall (Ed.) 1973, 192-207.
Craemer-Ruegenberg, Ingrid 1981: "Der Begriff des Naturzwecks bei Aristoteles", in: Poser (Hrsg.) 1981, 17-29.
— 1987: "Die Überwindung des Gegensatzes von Natur und Vernunft im neuplatonischen Denken", in: Schwemmer (Hrsg.) 1987, 135-147.
Cresswell, M. J. 1979: "Can Epistemology Be Naturalized?", in: *Essays on the Philosophy of W. V. Quine*, ed. by Robert W. Shahan and Chris Swoyer, Norman, Oklahoma 1979, 109-118.
Cross, R. C. 1959: "Category Differences", *Proceedings of the Aristotelian Society* 59 (1959), 255-270.
van den Daele, Wolfgang 1981: "Legitimationsprobleme der Naturerkenntnis", in: Rapp (Hrsg.) 1981, 186-213.

Danto, Arthur C. 1965: "Basic Actions", *American Philosophical Quarterly* 2 (1965), 141-148.
— 1967: Artikel "Naturalism" in: *The Encyclopedia of Philosophy*, ed. by Paul Edwards, Vol. 5, New York/London 1967, 448-450.
— 1973: *Analytical Philosophy of Action*, Cambridge 1973.
— 1981: *Die Verklärung des Gewöhnlichen. Eine Philosophie der Kunst*, Frankfurt am Main 1984 (aus dem Amerikan.).
Darwin, Charles 1859: *On the Origin of the Species by Means of Natural Selection*, Facsimile of the First Edition London 1959, Cambridge, Mass. 1964.
— 1872: *Origin of Species*, 6th Edition, with Additions and Corrections, London 1872.
— *LLD*: *The Life and Letters of Charles Darwin*, ed. by Francis Darwin, 3 vols., London 1887.
— *MLD*: *More Letters of Charles Darwin*, ed. by Francis Darwin, 2 vols., London 1903.
Davidson, Donald 1963: "Actions, Reasons, and Causes", zit. nach: Ders. 1980a, 3-19.
— 1967a: "The Logical Form of Action Sentences", inkl. "Criticism, Comment, and Defence", zit. nach: Ders. 1980a, 105-148.
— 1967b: "Causal Relations", zit. nach: Ders. 1980a, 149-162.
— 1967c: "Truth and Meaning", zit. nach Ders. 1984, 17-36.
— 1969: "The Individuation of Events", zit. nach: Ders. 1980a, 163-180.
— 1970a: "Events as Particulars", zit. nach: Ders. 1980a, 181-188.
— 1970b: "Mental Events", zit. nach: Ders. 1980a, 207-225.
— 1971a: "Agency", zit. nach: Ders. 1980a, 43-62.
— 1971b: "Eternal vs. Ephemeral Events", zit. nach: Ders. 1980a, 189-203.
— 1973a: "The Material Mind", zit. nach: Ders. 1980a, 245-259.
— 1973b: "Radical Interpretation", zit. nach: Ders. 1984, 125-139.
— 1974a: "On the Very Idea of a Conceptual Scheme", zit. nach: Ders. 1984, 183-198.
— 1974b: "Psychology as Philosophy", inkl. "Comments and Replies", zit. nach: Ders. 1980a, 229-244.
— 1978: "What Metaphors Mean", zit. nach: Ders. 1984, 245-264.
— 1980a: *Essays on Actions and Events*, Oxford 1980.
— 1980b: "Introduction" zu 1980a, xi-xvi.
— 1982a: "Paradoxes of Irrationality", in: Wollheim/Hopkins (Eds.) 1982, 289-305.
— 1982b: "Empirical Content", *Grazer Philosophische Studien* 16/17 (1982), 471-489.
— 1983: "A Coherence Theory of Truth and Knowledge", in: *Kant oder Hegel? Über Formen der Begründung in der Philosophie. Stuttgarter Hegel-Kongress 1981*, hrsg. von Dieter Henrich, Stuttgart 1983, 423-438.
— 1984: *Inquiries into Truth and Interpretation*, Oxford 1984.
— 1985a: "Adverbs of Action", in: Vermazen/Hintikka (Eds.) 1985, 230-241.
— 1985b: "Replies", in: Vermazen/Hintikka (Eds.) 1985, 195-229, 242-252.
— 1985c: "Reply to Quine on Events", in: LePore/McLaughlin (Eds.) 1985, 172-175.
— 1986: "A Nice Derangement of Epitaphs", in: *Truth and Interpretation. Perspectives on the Philosophy of Donald Davidson*, ed. by Ernest LePore, Oxford 1986, 433-446.
— 1987a: "Problems in the Explanation of Action", in: *Metaphysics and Morality. Essays in Honour of J. J. C. Smart*, ed. by Philipp Pettit, Richard Sylvan and Jean Norman, Oxford 1987, 35-49.
— 1987b: "Knowing One's Own Mind", *Proceedings and Addresses of the American Philosophical Association* 60 (1986/87), 441-458.
— 1990a: "Meaning, Truth and Evidence", in: Barrett/Gibson (Eds.) 1990, 68-79.
— 1990b: "Turing's Test", in: Said et al. (Eds.) 1990, 1-11.

— 1990c: "Representation and Interpretation", in: Said et al. (Eds.) 1990, 13-26.
— 1991: "Thinking Causes", *Report No. 67/1991 Research Group on 'Mind and Brain', Perspectives in Theoretical Psychology and the Philosophy of Mind (ZiF), University of Bielefeld*, Bielefeld 1991.
Davies, Martin 1983: "Idiom and Metaphor", *Proceedings of the Aristotelian Society* 83 (1983), 67-85.
Davis, Steven (Ed.) 1983: *Causal Theories of Mind. Action, Knowledge, Memory, Perception, and Reference*, Berlin/New York 1983.
Dawkins, Richard 1981: "In Defense of Selfish Genes", *Philosophy* 56 (1981), 556-573.
Dennes, William R. 1944: "The Categories of Naturalism", in: Krikorian (Ed.) 1944, 270-294.
Dennett, Daniel C. 1969: *Content and Consciousness*, London 1969.
— 1978: *Brainstorms. Philosophical Essays on Mind and Psychology*, Hassocks, Sussex 1979.
— 1981a: "True Believers", zit. nach: Ders. 1987a, 14-35.
— 1981b: "Three Kinds of Intentional Psychology", zit. nach: Ders. 1987a, 43-81.
— 1981c: "Reflexionen", in: Dennett/Hofstadter (Hrsg.) 1981, 95-98.
— 1983: "Intentional Systems in Cognitive Ethology: The 'Panglossian Paradigm' Defended", zit. nach: Ders. 1987a, 237-268.
— 1984: "Cognitive Wheels: The Frame Problem of AI", zit. nach Pylyshyn (Ed.) 1987, 41-64.
— 1987a: *The Intentional Stance*, Cambridge, Mass./London 1987.
— 1987b: "Reflections: Instrumentalism Reconsidered", in: Ders. 1987a, 69-81.
— 1987c: "Evolution, Error, and Intentionality", in: Ders. 1987a, 287-321.
— 1988a: "Précis of *The Intentional Stance*", *Behavioral and Brain Sciences* 11 (1988), 495-505.
— 1988b: "Science, Philosophy, and Interpretation", *Behavioral and Brain Sciences* 11 (1988), 535-546.
— 1990: "The Myth of Original Intentionality", in: Said et al. (Eds.) 1990, 43-62.
— 1991: "Real Patterns", *Journal of Philosophy* 88 (1991), 27-51.
Dennett, Daniel C. und Douglas R. Hofstadter (Hrsg.) 1981: *Einsicht ins Ich. Fantasien und Reflexionen über Selbst und Seele*, Stuttgart 1986 (aus dem Amerikan.).
Derrida, Jacques 1971: "Die weiße Mythologie. Die Metapher im philosophischen Text", zit. nach: Ders.: *Randgänge der Philosophie*, Wien 1988, 205-258 (aus dem Frz.).
Descartes, René 1637: *Abhandlung über die Methode des richtigen Verstandesgebrauchs*, übers. von Kuno Fischer, Stuttgart 1961.
— 1644: *Die Prinzipien der Philosophie*, übers. von Artur Buchenau, Hamburg 1965 (Nachdruck der 4. Aufl. Leipzig 1922).
Dewey, John 1944: "Antinaturalism in Extremis", in: Krikorian (Ed.) 1944, 1-16.
Dewey, John, Sidney Hook and Ernest Nagel 1945: "Are Naturalists Materialists?", *Journal of Philosophy* 42 (1945), 515-530.
Diderot, Denis 1780: Artikel "Naturaliste", *Encyclopédie IV (Lettres M-Z), (= Oeuvres Complètes, Tome VIII)*, Edition Critique et Annoteé, présenteé par John Lough et Jacques Proust, Paris 1976.
Döbert, Rainer 1973: *Systemtheorie und die Entwicklung religiöser Deutungssysteme. Zur Logik des sozialwissenschaftlichen Funktionalismus*, Frankfurt am Main 1973.

Donagan, Alan, Anthony N. Perovich, Jr., and Michael V. Wedin (Eds.) 1986: *Human Nature and Natural Knowledge* (= *Boston Studies in the Philosophy of Science*, Vol. 89), Dordrecht/Boston/Lancaster/Tokyo 1986.

Drange, Theodore 1966: *Type Crossings. Sentential Meaninglessness in the Border Area of Linguistics and Philosophy*, The Hague/Paris 1966.

Dretske, Fred I. 1981: *Knowledge and the Flow of Information*, Oxford 1981.

— 1988: *Explaining Behavior. Reasons in a World of Causes*, Cambridge, Mass./London 1988.

Dreyfus, Hubert L. 1972: *Die Grenzen künstlicher Intelligenz. Was Computer nicht können* (mit einem Nachtrag 1979), Königstein/Ts. 1985 (aus dem Amerikan.).

— (Ed). 1982: *Husserl, Intentionality, and Cognitive Science*, Cambridge, Mass./London 1982.

Dreyfus, Hubert L. and Stuart Dreyfus 1986: "Coping with Change: Why People Can and Computers Can't", in: *Wo steht die Analytische Philosophie heute?*, hrsg. von Ludwig Nagl und Richard Heinrich, Wien/München 1986, 150-170.

Drozd, Lubomír und Wilfried Seibicke 1973: *Deutsche Fach- und Wissenschaftssprache. Bestandsaufnahme, Theorie, Geschichte*, Wiesbaden 1973.

Duran, Jane 1989: *Epistemics. Epistemic Justification Theory Naturalized and the Computational Model of Mind*, Lanham/New York/London 1989.

Dux, Günter 1982: *Die Logik der Weltbilder. Sinnstrukturen im Wandel der Geschichte*, Frankfurt am Main 1982.

— 1990: "Denken vom Vorrang der Natur. Die Naturalisierung des Geistes", in: Bubner et al. (Hrsg.) 1990, 161-180.

Dziewas, Ralf 1992: "Der Mensch - ein Konglomerat autopoietischer Systeme?", in: *Kritik der Theorie sozialer Systeme. Auseinandersetzungen mit Luhmanns Hauptwerk*, hrsg. von Werner Krawietz und Michael Welker, Frankfurt am Main 1992, 113-132.

Eco, Umberto 1973: *Zeichen. Eine Einführung in einen Begriff und seine Geschichte*, Frankfurt am Main 1977 (aus dem Ital.).

— 1984: *Semiotik und Philosophie der Sprache*, Frankfurt am Main 1985 (aus dem Ital.).

Edel, Abraham 1944: "Naturalism and Ethical Theory", in: Krikorian (Ed.) 1944, 65-95.

— 1946: "Is Naturalism Arbitrary?", *Journal of Philosophy* 43 (1946), 141-152.

Edie, James M. 1963: "Expression and Metaphor", *Philosophy and Phenomenological Research* 23 (1963), 538-561.

Ellegård, Alvar 1957: "The Darwinian Theory and Nineteenth-Century Philosophies of Science", *Journal of the History of Ideas* 18 (1957), 362-393.

von Engelhardt, Dietrich 1981: "Spiritualisierung der Natur und Naturalisierung des Menschen. Perspektiven der romantischen Naturforschung", in: Rapp (Hrsg.) 1981, 96-110.

Engels, Eve-Marie 1982: *Die Teleologie des Lebendigen. Kritische Überlegungen zur Neuformulierung des Teleologieproblems in der angloamerikanischen Wissenschaftstheorie*, Berlin 1982.

— 1987: "Kritische Überlegungen zur 'kaputten' Erkenntnis- und Realismuskonzeption der Evolutionären Erkenntnistheorie und ein 'Reparaturvorschlag'", in: Lütterfelds (Hrsg.) 1987, 229-260.

— 1989: *Erkenntnis als Anpassung? Eine Studie zur Evolutionären Erkenntnistheorie*, Frankfurt am Main 1989.

Engels, Friedrich 1875: "Struggle for Life" (Notiz), in: Karl Marx und Friedrich Engels: *Werke*, Bd. 20, Berlin 1962, 564-566.

Erwin, Edward 1970: *The Concept of Meaninglessness*, Baltimore/London 1970.

Eucken, Rudolf 1880: *Über Bilder und Gleichnisse in der Philosophie*, Leipzig 1880.

Feigl, Herbert 1949: "The Scientific Outlook: Naturalism and Humanism", zit. nach: *Readings in the Philosophy of Science*, ed. by Herbert Feigl and May Brodbeck, New York 1953, 8-18.

— 1958: "The 'Mental' and the 'Physical'", in: *Minnesota Studies in the Philosophy of Science, Vol. II: Concepts, Theories, and the Mind-Body Problem*, ed. by Herbert Feigl, Michael Scriven and Grover Maxwell, Minneapolis, Minnesota 1958, 370-497.

Fellmann, Ferdinand 1976: *Das Vico-Axiom: Der Mensch macht die Geschichte*, Freiburg/München 1976.

— 1977: "Darwins Metaphern", *Archiv für Begriffsgeschichte* 21 (1977), 285-297.

Feyerabend, Paul 1963a: "Materialism and the Mind-Body Problem", *Review of Metaphysics* 17 (1963), 49-66.

— 1963b: "Mental Events and the Brain", *Journal of Philosophy* 60 (1963), 295-6.

Fodor, Jerry A. 1968: "The Appeal to Tacit Knowledge in Psychological Explanation", *Journal of Philosophy* 65 (1968), 627-640.

— 1974: "Special Sciences, or the Disunity of Science as a Working Hypothesis", in: Block (Ed.) 1980, 120-133.

— 1975: *The Language of Thought*, New York 1975.

— 1980: "Methodological Solipsism Considered as a Research Strategy in Cognitive Psychology", zit. nach: Dreyfus (Ed.) 1982, 277-303.

— 1984: "Semantics, Wisconsin Style" *Synthese* 59 (1984), 231-250.

— 1987: *Psychosemantics. The Problem of Meaning in the Philosophy of Mind*, Cambridge, Mass. 1987.

Fodor, Jerry A. and Jerrold J. Katz 1963: "The Structure of a Semantic Theory", *Language* 39 (1963), 170-210.

— 1964: "Introduction" zu *The Structure of Language. Readings in the Philosophy of Language*, Englewood Cliffs, New Jersey 1964, 1-18.

Føllesdal, Dagfinn 1965: "Quantification into Causal Contexts", zit. nach: *Reference and Modality*, ed. by Leonard Linsky, London 1971, 52-62.

— 1985: "Causation and Explanation: A Problem in Davidson's View on Action and Mind", in: LePore/McLaughlin (Eds.) 1985, 311-323.

Forum Bad Homburg (Hrsg.) 1990: *Intentionalität und Verstehen*, hrsg. vom Forum für Philosophie Bad Homburg, Frankfurt am Main 1990.

Frank, Helmer 1964: "Was ist Kybernetik?", in Ders. (Hrsg.): *Kybernetik. Brücke zwischen den Wissenschaften*, Frankfurt am Main 1964, 9-20.

Freud, Sigmund *GW*: *Gesammelte Werke*, hrsg. von Anna Freud et al., 17 Bde., London 1940ff.

— 1950: "Entwurf einer Psychologie" [geschrieben 1895], in: *Aus den Anfängen der Psychoanalyse. Briefe an Wihelm Fließ. Abhandlungen und Notizen aus den Jahren 1887-1902*, hrsg. von Marie Bonaparte, Anna Freud und Ernst Kris, London 1950.

Frey, Gerhard 1966: "Sind bewußtseinsanaloge Maschinen möglich?", *Studium Generale* 19 (1966), 191-200.

Frey, Gerhard und Josef Zelger (Hrsg.) 1983: *Der Mensch und die Wissenschaften vom Menschen. Die Beiträge des XII. Deutschen Kongresses für Philosophie*, Bd. 1, Innsbruck 1983.

Gadamer, Hans-Georg und Paul Vogler (Hrsg.) 1972: *Neue Anthropologie*, Bd. 1: *Biologische Anthropologie, Erster Teil*, Stuttgart 1972.

Gale, George 1986a: "Whither Cosmology: Anthropic, Anthropocentric, Teleological?", in: Rescher (Ed.) 1986, 102-110.

— 1986b: "Anthropocentrism Reconsidered", in: Donagan et al. (Eds.) 1986, 233-241.

Gardner, Howard 1985: *The Mind's New Science. A History of the Cognitive Revolution*, New York 1985.

Garnett, A. Campbell 1948: "Naturalism and the Concept of Matter", *Journal of Philosophy* 45 (1948), 477-489.

Gaskin, Richard 1990: "Do Homeric Heroes Make Real Decisions?", *Classical Quarterly* 40 (1990), 1-15.

Gasking, Douglas 1955: "Causation and Recipes", *Mind* 64 (1955), 479-487.

Gauger, Hans-Martin und Herbert Heckmann 1988: "Einführung" zu Dies. (Hrsg) 1988, 5-10.

— (Hrsg.) 1988: *Wir sprechen anders. Warum Computer nicht sprechen können*, Frankfurt am Main 1988.

Gawlick, Georg 1984: Artikel "Naturalismus" in: *Historisches Wörterbuch der Philosophie*, hrsg. von Joachim Ritter und Karlfried Gründer, Bd. 6, Darmstadt 1984, Sp. 517-519.

Geach, Peter T. 1962: *Reference and Generality*, Ithaca, New York 1962.

— 1975: "Teleological Explanation", in: *Explanation*, ed. by Stephan Körner, Oxford 1975, 76-95.

Gentner, Dedre 1982: "Are Scientific Analogies Metaphors?", in: Miall (Ed.) 1982, 107-132.

Ghiselin, Michael T. 1966: "On Semantic Pitfalls of Biological Adaptation", *Philosophy of Science* 33 (1966), 147-153.

Gibson, Roger F., Jr. 1987: "Quine on Naturalism and Epistemology", *Erkenntnis* 27 (1987), 57-78.

Giedymin, Jerzy 1972: "Quine's Philosophical Naturalism", *British Journal for the Philosophy of Science* 23 (1972), 45-55.

Ginet, Carl 1966: "Könnte es ein, daß wir keine Wahl haben?", zit. nach: *Seminar: Freies Handeln und Determinismus*, hrsg. von Ulrich Pothast, Frankfurt am Main 1978, 115-133 (aus dem Amerikan.).

Götschl, Johann 1990: "Zur philosophischen Bedeutung des Paradigmas der Selbstorganisation für den Zusammenhang von Naturverständnis und Selbstverständnis", in: *Selbstorganisation. Aspekte einer wissenschaftlichen Revolution*, hrsg. von Wolfgang Krohn und Günter Küppers, Braunschweig/Wiesbaden 1990, 181-199.

Goldman, Alvin I. 1988: "Derived Intentionality?" (Kommentar zu Dennett 1988a), *Behavioral and Brain Sciences* 11 (1988), 514.

Goldstick, D. 1974: "Against 'Categories'", *Philosophical Studies* 26 (1974), 337-356.

Goodman, Nelson 1968: *Languages of Art. An Approach to a Theory of Symbols*, Indianapolis 1968.

— 1978: *Ways of Worldmaking*, Hassocks, Sussex 1978.

— 1979: "Metaphor as Moonlighting", *Critical Response* 6 (1979), 125-130.

Goodman, Nelson and Catherine Z. Elgin 1988: *Reconceptions in Philosophy and Other Arts and Sciences*, Indianapolis, Ind. 1988.

Gottsched, Johann Christoph 1730: *Versuch einer critischen Dichtkunst*, Nachdruck der 4., vermehrten Aufl. Leipzig 1951, Darmstadt [5]1962.

Gould, Stephen Jay 1977: *Darwin nach Darwin. Naturgeschichtliche Reflexionen*, Frankfurt am Main/Berlin/Wien 1984 (aus dem Amerikan.).
Gould, Stephen Jay and Richard C. Lewontin 1978: "The Spandrels of San Marco and the Panglossian Paradigm: A Critique of the Adaptionist Programme", zit. nach: Sober (Ed.) 1984, 252-270.
Grice, H. Paul 1957: "Meaning", *Philosophical Review* 66 (1957), 377-388.
— 1975: "Logic and Conversation", in: *Syntax and Semantics, Vol. 3: Speech Acts*, ed. by Peter Cole and Jerry L. Morgan, New York/San Francisco/London 1975, 41-58.
Großklaus, Götz und Ernst Oldemeyer (Hrsg.) 1983: *Natur als Gegenwelt. Beiträge zur Kulturgeschichte der Natur*, Karlsruhe 1983.
Grossman, William D. and Bennett Simon 1969: "Anthropomorphism. Motive, Meaning, and Causality in Psychoanalytic Theory", *The Psychoanalytic Study of the Child* 24 (1969), 78-111.
Grünbaum, Adolf 1988: *Die Grundlagen der Psychoanalyse. Eine philosophische Kritik*, Stuttgart 1988 (aus dem Amerikan.).
Guenther, Franz 1975: "On the Semantics of Metaphor", *Poetics* 4 (1975), 199-220.
Guttenplan, Samuel (Ed.) 1975: *Mind and Language. Wolfson College Lectures 1974*, London 1975.
Habermas, Jürgen 1968: *Erkenntnis und Interesse*, Frankfurt am Main 1968.
— 1970: "Der Universalitätsanspruch der Hermeneutik", in: *Hermeneutik und Dialektik*, Bd. 1, hrsg. von Rüdiger Bubner, Konrad Cramer und Rainer Wiehl, Tübingen 1970, 73-103.
— 1982: *Theorie des kommunikativen Handelns*, 2 Bde., Frankfurt am Main 1981.
— 1986: "Entgegnung", in: *Kommunikatives Handeln. Beiträge zu Jürgen Habermas' "Theorie des kommunikativen Handelns"*, hrsg. von Axel Honneth und Hans Joas, Frankfurt am Main 1986, 327-405.
— 1988: *Nachmetaphysisches Denken*, Frankfurt am Main 1988.
Hacker, Peter 1991: "Seeing, Representing and Describing. An Examination of David Marr's Computational Theory of Vision", in: Hyman (Ed.) 1991, 119-154.
Hacking, Ian 1990: "Natural Kinds", in Barrett/Gibson (Eds.) 1990, 129-143.
Haeckel, Ernst 1868: *Natürliche Schöpfungsgeschichte*, 1. Teil, Leipzig/Berlin 1924.
Haldane, John J. 1989: "Naturalism and the Problem of Intentionality", *Inquiry* 32 (1989), 305-322.
Harrison, B. 1965: "Category Mistakes and Rules of Language", *Mind* 74 (1965), 309-325.
Hartmann, Dietrich 1980: "Über den Einfluß von Fachsprachen auf die Gemeinsprache. Semantische und variationstheoretische Überlegungen zu einem wenig erforschten Zusammenhang", in: *Fachsprachen und ihre Anwendung*, hrsg. von Claus Gnutzmann und John Turner, Tübingen 1980, 27-48.
Hartmann, Heinz, Ernst Kris and Rudolph M. Loewenstein 1946: "Comments on the Formation of Psychic Structure", *The Psychoanalytic Study of the Child* 2 (1946), 11-38.
Hartmann, Nicolai 1950: *Philosophie der Natur. Abriß der speziellen Kategorienlehre*, Berlin 1950.
— 1951: *Teleologisches Denken*, Berlin ²1966.
Hassenstein, Bernhard 1981: "Biologische Teleonomie", *Neue Hefte für Philosophie* 20 (1981), 60-71.
Hastedt, Heiner 1988: *Das Leib-Seele-Problem. Zwischen Naturwissenschaft des Geistes und kultureller Eindimensionalität*, Frankfurt am Main 1988.

Haugeland, John 1981: "Semantic Engines: An Introduction to Mind Design", in Ders. (Ed.): *Mind Design. Philosophy, Psychology, Artificial Intelligence*, Montgomery, Vermont 1981, 1-34.

— 1982: "Weak Supervenience", *American Philosophical Quarterly* 19 (1982), 93-103.

— 1990: "The Intentionality All-Stars", in: Tomberlin (Ed.) 1990, 383-427.

Haverkamp, Anselm (Hrsg.) 1983: *Theorie der Metapher*, Darmstadt 1983.

Henle, Paul 1958: "Metaphor", in Ders.: *Language, Thought, and Culture*, Ann Arbor 1958, 173-195.

Herder, Johann Gottfried 1772: *Abhandlung über den Ursprung der Sprache*, hrsg. von Hans Dietrich Irmscher, Stuttgart 1966.

— 1800: *Kalligone*, Sämmtliche Werke Bd. 22, hrsg. von Bernhard Suphan, Berlin 1880.

Hesse, Mary B. 1966: *Models and Analogies in Science*, Notre Dame, Indiana [2]1970.

— 1984: "Die kognitiven Ansprüche der Metapher", zit. nach: *Erinnern, um Neues zu sagen. Die Bedeutung der Metapher für die religiöse Sprache*, hrsg. von Jean-Pierre van Noppen, Frankfurt am Main 1988, 128-148 (aus dem Engl.).

— 1987: "Tropical Talk: The Myth of the Literal", *Proceedings of the Aristotelian Society, Supplementary Volume* 61 (1987), 297-311.

Hillman, Donald J. 1963: "On Grammars and Category-Mistakes", *Mind* 72 (1963), 224-234.

Hintikka, Jaakko 1975: *The Intentions of Intentionality and Other New Models for Modalities*, Dordrecht 1975.

— 1980: "Degrees and Dimensions of Intentionality", in: *Sprache, Logik und Philosophie. Akten des 4. Internationalen Wittgenstein-Symposiums*, hrsg. von Rudolf Haller und Wolfgang Grassl, Wien 1980, 69-82.

Hobbes, Thomas 1642: *De Cive or The Citizen*, ed. by Sterling D. Lamprecht, New York 1949.

— 1651: *Leviathan*, ed. by William Molesworth (= *The English Works of Th. H.*, Vol. III), London 1839.

Hoffmann, Lothar 1976: *Kommunikationsmittel Fachsprache. Eine Einführung*, Berlin (Ost) 1976.

Hoffman, Robert R. 1980: "Metaphor in Science", in: Honeck/Hoffman (Eds.) 1980, 393-423.

Hofstadter, Douglas R. 1979: *Gödel, Escher, Bach. Ein endloses geflochtenes Band*, Stuttgart 1985 (aus dem Amerikan.).

— 1981: "Ein Kaffeehaus-Gespräch über den Turing-Test", zit. nach: Dennett/Hofstadter (Hrsg.) 1981, 74-95 (aus dem Amerikan.).

d'Holbach, Paul Thiry 1770: *System der Natur, oder von den Gesetzen der physischen und der moralischen Welt*, Frankfurt am Main 1978 (aus dem Frz.).

Holenstein, Elmar 1980: *Von der Hintergehbarkeit der Sprache. Kognitive Unterlagen der Sprache*, Frankfurt am Main 1980.

— 1985: *Menschliches Selbstverständnis. Ichbewußtsein - Intersubjektive Verantwortung - Interkulturelle Verständigung*, Frankfurt am Main 1985.

— 1987a: "Koevolutionäre Erkenntnistheorie", in: Lütterfelds (Hrsg.) 1987, 307-333.

— 1987b: "Maschinelles Wissen und menschliches Bewußtsein", *Studia Philosophica* 46 (1987), 145-163.

— 1991: "Naturalisierungsaussichten in Psychologie und Epistemologie", *Zeitschrift für philosophische Forschung* 45 (1991), 329-346.

Holt, Robert R. 1972: "Freud's Mechanistic and Humanistic Images of Man", in: *Psychoanalysis and Contemporary Science*, Vol. 1, ed. by Robert R. Holt and Emanuel Peterfreund, New York/London 1972, 3-24.

Honderich, Ted 1982: "The Argument for Anomalous Monism", *Analysis* 42 (1982), 59-64.

Honeck, Richard P. and Robert R. Hoffman (Eds.) 1980: *Cognition and Figurative Language*, Hillsdale, New Jersey 1980.

Hook, Sidney 1944: "Naturalism and Democracy", in: Krikorian (Ed.) 1944, 40-64.

Horgan, Terence and James Woodward 1985: "Folk Psychology is Here to Stay", *Philosophical Review* 94 (1985), 197-226.

Horsburgh, H. J. N. 1958: "Philosophers against Metaphor", *Philosophical Quarterly* 8 (1958), 231-245.

Hübner, Kurt 1953: "Leib und Erfahrung in Kants *Opus Postumum*", *Zeitschrift für philosophische Forschung* 7 (1953), 204-219.

Huizinga, Johan 1941: *Herbst des Mittelalters. Studien über Lebens- und Geistesformen des 14. und 15. Jahrhunderts in Frankreich und in den Niederlanden*, Stuttgart ^{7}1953 (aus dem Niederländ.).

von Humboldt, Wilhelm 1896 (geschrieben 1806): "Latium und Hellas oder Betrachtungen über das klassische Altertum", zit. nach Ders.: *Gesammelte Schriften* Bd. III, hrsg. von Albert Leitzmann, Berlin 1904, 136-170.

Hume, David 1739: *A Treatise of Human Nature*, ed. by L. A. Selby-Bigge, London 1888.

— 1740: *An Abstract of a Book Lately Published, Entituled, "A Treatise of Human Nature"*, zit. nach Ders.: *A Treatise of Human Nature*, ed. by L. A. Selby-Bigge, 2nd Edition, Oxford 1978, 641-662.

— 1757: *The Natural History of Religion, The Philosophical Works*, ed. by Thomas H. Green and Thomas H. Grose, Vol. IV, London 1882, Reprinted Aalen 1964.

— 1779: *Dialogues Concerning Natural Religion, The Philosophical Works*, ed. by Thomas H. Green and Thomas H. Grose, Vol. II, London 1886, Reprinted Aalen 1964.

Huning, Alois und Carl Mitcham (Hrsg.) 1986: *Technikphilosophie im Zeitalter der Informationstechnik. Beiträge zum deutsch-amerikanischen Symposium in Tarrytown, N. Y., und New York September 1983*, Braunschweig 1986.

Huxley, Thomas Henry 1863: "Der Abstand zwischen Mensch und Tierwelt", in Ders.: *Zeugnisse für die Stellung des Menschen in der Natur*, zit. nach: Altner (Hrsg.) 1981, 361-373 (aus dem Engl.).

Hyman, John 1991: "Introduction" zu Ders. (Ed.) 1991, 1-24.

— 1991 (Ed.): *Investigating Psychology. Sciences of Mind after Wittgenstein*, London/New York 1991.

Jäger, Hans-Wolf 1971: *Politische Metaphorik im Jakobinismus und im Vormärz*, Stuttgart 1971.

Jäkel, Olaf 1990: *"Der handgreifliche Intellekt" oder: MENTAL ACTIVITY IS MANIPULATION. Kognitiv-linguistische Untersuchung einer grundlegenden konzeptuellen Metapher der englischen Alltagssprache*, Staatsexamensarbeit Hamburg 1990 (unveröffentlicht).

Janich, Peter 1975: "Die methodische Abhängigkeit der Fachsprachen von der Umgangssprache", in: Petöfi et al. (Hrsg.) 1975, 33-54.

— 1987a: "Evolution der Erkenntnis oder Erkenntnis der Evolution?", in: Lütterfelds (Hrsg.) 1987, 210-228.

— 1987b: "Philosophische Beiträge zu einem kulturalistischen Naturbegriff", in: Burrichter et al. (Hrsg.) 1987, 115-128.
— 1992: *Grenzen der Naturwissenschaft. Erkennen als Handeln*, München 1992.
Jantsch, Erich 1981: "Autopoiesis: A Central Aspect of Dissipative Self-Organization", in: Zeleny (Ed.) 1981, 65-88.
Jaynes, Julian 1976: *The Origin of Consciousness in the Breakdown of the Bicameral Mind*, Boston 1976.
Joas, Hans 1992: *Die Kreativität des Handelns*, Frankfurt am Main 1992.
Johnston, Mark 1985: "Why Having a Mind Matters", in: LePore/McLaughlin (Eds.) 1985, 408-426.
Jonas, Hans 1950: "Wahrnehmung, Kausalität und Teleologie", zit. nach: Ders. 1973, 42-59.
— 1953: "Kybernetik und Zweck. Eine Kritik", zit. nach: Ders. 1973, 164-187.
— 1973: *Organismus und Freiheit. Ansätze zu einer philosophischen Biologie*, Göttingen 1973.
— 1979: *Das Prinzip Verantwortung. Versuch einer Ethik für die technologische Zivilisation*, Frankfurt am Main 1979.
Kalke, William 1969: "What is Wrong With Fodor and Putnam's Functionalism", *Noûs* 3 (1969), 83-93.
Kambartel, Friedrich 1984: "Zur grammatischen Unmöglichkeit einer evolutionären Erklärung der humanen Welt", in: Spaemann/Koslowski/Löw (Hrsg.) 1984, 35-53.
Kamlah, Wilhelm 1972: *Philosophische Anthropologie. Sprachkritische Grundlagen und Ethik*, Zürich 1972.
Kant, Immanuel *KrV: Kritik der reinen Vernunft* (1781), Werkausgabe, hrsg. von Wilhelm Weischedel, Bände III/IV, Frankfurt am Main 1968.
— *Prol.: Prolegomena zu einer jeden künftigen Metaphysik, die als Wissenschaft wird auftreten können* (1783), Weischedel-Werkausgabe Band V, Frankfurt am Main 1968.
— *GMS: Grundlegung zur Metaphysik der Sitten* (1785), in: Weischedel-Werkausgabe Band VII, Frankfurt am Main 1968.
— 1788: *Über den Gebrauch teleologischer Prinzipien in der Philosophie*, in: *Schriften zur Naturphilosophie*, Weischedel-Werkausgabe Band IX, Frankfurt am Main 1968.
— *KU: Kritik der Urteilskraft* (1790), Weischedel-Werkausgabe Band X, Frankfurt am Main 1968.
— 1798: *Anthropologie in pragmatischer Hinsicht*, in: *Schriften zur Anthropologie, Geschichtsphilosophie, Politik und Pädagogik 2*, Weischedel-Werkausgabe Band XII, Frankfurt am Main 1968.
— *Op. post. I/II: Opus Postumum*, Akademie-Ausgabe Bde. XXI und XXII, Berlin und Leipzig 1936 und 1938.
Katz, Jerrold J. 1972: *Semantic Theory*, New York 1972.
Keil, Geert 1987: *Was leisten transzendentale Argumente?*, Staatsexamensarbeit Hamburg 1987 (unveröffentlicht).
— 1988: "Die Fachsprache der Philosophie als didaktisches Problem", *Zeitschrift für Didaktik der Philosophie* 10 (1988), 191-198.
— 1993: "Die zwei Teilthesen des Funktionalismus", in: *Informatik und Philosophie*, hrsg. von Peter Schefe, Heiner Hastedt, Yvonne Dittrich und Geert Keil (im Erscheinen).
Kenny, Anthony 1971: "The Homunculus Fallacy", zit. nach: Hyman (Ed.) 1991, 155-165.

Kim, Jaegwon 1988: "What is 'Naturalized Epistemology'?", in: *Philosophical Perspectives* Vol. 2, *Epistemology*, ed. by James E. Tomberlin, Atascadero, Cal. 1988, 381-405.

Kitcher, Philip 1992: "The Naturalists Return", *Philosophical Review* 101 (1992), 53-114.

Kittay, Eva Feder 1987: *Metaphor. Its Cognitive Force and Linguistic Structure*, New York/Oxford 1987.

Köller, Wilhelm 1975: *Semiotik und Metapher. Untersuchungen zur grammatischen Struktur und kommunikativen Funktion von Metaphern*, Stuttgart 1975.

Koppelberg, Dirk 1987: *Die Aufhebung der analytischen Philosophie. Quine als Synthese von Carnap und Neurath*, Frankfurt am Main 1987.

— 1989: "Neurath, Quine und Physikalismus", *Report No. 4/1989 Research Group on 'Mind and Brain', Perspectives in Theoretical Psychology and the Philosophy of Mind (ZiF), University of Bielefeld*, Bielefeld 1989.

— 1990: "Why and How to Naturalize Epistemology", in: Barrett/Gibson (Eds.) 1990, 200-211.

Kordig, Carl R. 1982: "Evolutionary Epistemology is Self-Referentially Inconsistent", *Philosophy and Phenomenological Research* 42 (1981/82), 449-450.

Kornblith, Hilary 1985: "Introduction: What is Naturalistic Epistemology?", in: Ders. (Ed.) 1985, 1-13.

— (Ed.) 1985: *Naturalizing Epistemology*, Cambridge, Mass./London 1985.

Krämer-Friedrich, Sybille 1986: "Informationsmessung und Informationstechnologie: oder über einen Mythos des Zwanzigsten Jahrhunderts", in: Huning/Mitcham (Hrsg.) 1986, 81-96.

Krikorian, Yervant H. 1944: "A Naturalistic Interpretation of Mind", in: Krikorian (Ed.) 1944, 242-269.

— (Ed.) 1944: *Naturalism and the Human Spirit*, New York 1944.

Kubie, Lawrence S. 1975: "The Language Tools of Psychoanalysis. A Search for Better Tools Drawn from Better Models", *International Review of Psychoanalyis* 2 (1975).

von Kutschera, Franz 1981: *Grundfragen der Erkenntnistheorie*, Berlin/New York 1981.

Künne, Wolfgang 1983a: *Abstrakte Gegenstände. Semantik und Ontologie*, Frankfurt am Main 1983.

— 1983b: "'Im übertragenen Sinne'. Zur Theorie der Metapher", *Conceptus* 17 (1983), 181-200.

— 1986: "Edmund Husserl: Intentionalität", in: *Grundprobleme der großen Philosophen. Philosophie der Neuzeit IV*, hrsg. von Josef Speck, Göttingen 1986, 165-215.

— 1991: "Handlungs- und andere Ereignissätze. Davidsons Frage nach ihrer 'logischen Form'", *Grazer Philosophische Studien* 39 (1991), 27-49.

Küppers, Bernd-Olaf 1986: *Der Ursprung biologischer Information. Zur Naturphilosophie der Lebensentstehung*, München/Zürich 1986.

Kuhn, Thomas S. 1979: "Metaphor in Science", in: Ortony (Ed.) 1979, 409-419.

Lacan, Jacques 1966: "Die Bedeutung des Phallus", in Ders.: *Schriften*, ausgew. und hrsg. von Norbert Haas, Olten/Freiburg i. Br. 1975, Bd. II, 119-132 (aus dem Frz.).

Lakoff, George 1987: *Women, Fire, and Dangerous Things. What Categories Reveal about the Mind*, Chicago/London 1987.

Lakoff, George and Mark Johnson 1980: *Metaphors We Live By*, Chicago/London 1980.

de LaMettrie, Julien Offray 1747: *L'homme machine - Die Maschine Mensch*, übersetzt und hrsg. von Claudia Becker, Hamburg 1991.

Landmann, Michael 1955: *Philosophische Anthropologie. Menschliche Selbstdeutung in Geschichte und Gegenwart*, Berlin 1955.

Lang, Hermann 1973: *Die Sprache und das Unbewußte. Jacques Lacans Grundlegung der Psychoanalyse*, Frankfurt am Main 1986.

Lange, Friedrich Albert 1866: *Geschichte des Materialismus und Kritik seiner Bedeutung in der Gegenwart*, Bd. 2, Leipzig [5]1896.

Lappin, Shalom 1981: *Sorts, Ontology, and Metaphor. The Semantics of Sortal Structure*, Berlin/New York 1981.

Laudan, Larry 1990: "Progress or Rationality? The Prospects for Normative Naturalism", *American Philosophical Quarterly* 24 (1987), 19-31.

Lauener, Henri 1982: *Willard Van Orman Quine*, München 1982.

— 1990: "Holism and Naturalized Epistemology Confronted with the Problem of Truth", in: Barrett/Gibson (Eds.) 1990, 213-228.

Lavine, Thelma Z. 1944: "Naturalism and the Sociological Analysis of Knowledge", in: Krikorian (Ed.) 1944, 183-209.

Leatherdale, W. H. 1974: *The Role of Analogy, Model and Metaphor in Science*, Amsterdam/Oxford 1974.

Leder, Drew 1985: "Troubles with Token Identity", *Philosophical Studies* 47 (1985), 79-94.

Leibniz, Gottfried Wilhelm 1677: *Vorrede zur "Allgemeinen Wissenschaft"*, zit. nach Ders.: *Fragmente zur Logik*, ausgew. u. übers. von Franz Schmidt, Berlin 1960, 87-92.

— 1720: *Monadologie*, übers. von Hermann Glockner, Stuttgart 1979.

Lenk, Hans 1983: "Der Macher der Natur? Über operativistische Fehldeutungen von Naturbegriffen der Neuzeit", in: Großklaus/Oldemeyer (Hrsg.) 1983, 59-86.

LePore, Ernest and Brian P. McLaughlin (Eds.) 1985: *Actions and Events. Perspectives on the Philosophy of Donald Davidson*, Oxford/New York 1985.

Leslie, John 1986: "The Scientific Weight of Anthropic and Teleological Principles", in: Rescher (Ed.) 1986, 111-119.

Liebrucks, Bruno 1964: *Sprache und Bewußtsein*, Bd. 1, Frankfurt am Main 1964.

— 1968: *Sprache und Bewußtsein*, Bd. 4, Frankfurt am Main 1968.

Locke, John 1690: *An Essay Concerning Human Understanding*, ed. by Alexander C. Fraser, New York 1959.

Löw, Reinhard 1980: *Philosophie des Lebendigen: Der Begriff des Organischen bei Kant, sein Grund und seine Aktualität*, Frankfurt 1980.

— 1983: "Evolution und Erkenntnis - Tragweite und Grenzen der evolutionären Erkenntnistheorie in philosophischer Absicht", in: Lorenz/Wuketits (Hrsg.) 1983, 331-360.

Loewer, Barry and Georges Rey 1991: "Editors' Introduction" zu Dies. (Eds) 1991, xi-xxxvi.

— (Eds.) 1991: *Meaning in Mind. Fodor and his Critics*, Oxford/Cambridge, Mass. 1991.

Löwith, Karl 1928: *Das Individuum in der Rolle des Mitmenschen*, München 1928.

Lohmann, Hans-Martin 1988: "Unter der Spitze des Eisbergs. Ursprünge und Ursprungsmythen der Psychoanalyse", *Freibeuter* H. 38 (1988), 81-87.

Lorenz, Konrad und Franz M. Wuketits (Hrsg.) 1983: *Die Evolution des Denkens*, München 1983.

Lütterfelds, Wilhelm (Hrsg.) 1987: *Transzendentale oder evolutionäre Erkenntnistheorie?*, Darmstadt 1987.

Luhmann, Niklas 1967: "Soziologie als Theorie sozialer Systeme", in Ders.: *Soziologische Aufklärung*, Bd. 1, Opladen 1970, 113-136.
— 1968: *Zweckbegriff und Systemrationalität*, Frankfurt am Main 1973..
— 1981: "Selbstreferenz und Teleologie in gesellschaftlicher Perspektive", *Neue Hefte für Philosophie* 20 (1981), 1-30.
— 1984: *Soziale Systeme. Grundriß einer allgemeinen Theorie*, Frankfurt am Main 1984.
Lyas, Colin (Ed.) 1971: *Philosophy and Linguistics*, London 1971.
Lycan, William G. 1987: "The Continuity of Levels of Nature", zit. nach: Ders. (Ed.) 1990, 77-96.
— 1990: "Homuncular Functionalism Meets PDP", *Report No. 40/1990 Research Group on 'Mind and Brain', Perspectives in Theoretical Psychology and the Philosophy of Mind (ZiF), University of Bielefeld*, Bielefeld 1990.
— (Ed.) 1990: *Mind and Cognition. A Reader*, Cambridge, Mass./Oxford 1990.
Lycan, William G. and George S. Pappas 1972: "What is Eliminative Materialism?", *Australasian Journal of Philosophy* 50 (1972), 149-159.
Mach, Ernst 1883: *Die Mechanik in ihrer Entwicklung. Historisch-Kritisch dargestellt*, 6., vermehrte Aufl. Leipzig 1908.
— 1905: *Erkenntnis und Irrtum. Skizzen zur Psychologie der Forschung*, Leipzig ³1917.
Macho, Thomas H. 1987: "Implikationen des Paradigmas der 'Selbstorganisation' für die Kritik der 'evolutionären Erkenntnistheorie' am transzendentalen Apriori", in: Lütterfelds (Hrsg.) 1987, 180-197.
MacCormac, Earl R. 1985: *A Cognitive Theory of Metaphor*, Cambridge, Mass./London 1985.
— 1986: "Mensch und Maschine. Eine Computer-Metapher", in: Huning/Mitcham (Hrsg.) 1986, 47-62 (aus dem Amerikan.).
MacKay, Donald M. 1962: "The Use of Behavioural Language to Refer to Mechanical Processes", *British Journal for the Philosophy of Science* 53 (1962), 89-103.
— 1967: "Freiheit des Handelns in einem mechanistischen Universum", zit. nach: *Seminar: Freies Handeln und Determinismus*, hrsg. von Ulrich Pothast, Frankfurt am Main 1978, 303-321 (aus dem Engl.).
— 1984: "Mind Talk and Brain Talk", in: *Handbook of Cognitive Neuroscience*, ed. by Michael S. Gazzaniga, New York 1984, 293-317.
Mackensen, Lutz 1956: *Die deutsche Sprache unserer Zeit*, Heidelberg 1956.
de Man, Paul 1978: "Epistemologie der Metapher", zit. nach: Haverkamp (Hrsg.) 1983, 414-437 (aus dem Amerikan.).
Margolis, Joseph 1980: "The Trouble with Homunculus Theories", *Philosophy of Science* 47 (1980), 244-259.
Marr, David 1982: *Vision. A Computational Investigation into the Human Representation and Processing of Visual Information*, San Francisco 1982.
Martin, Janet and Rom Harré 1982: "Metaphor in Science", in: Miall (Ed.) 1982, 89-105.
Matheson, Carl 1989: "Is the Naturalist Really Naturally a Realist?", *Mind* 98 (1989), 247-258.
Maturana, Humberto R. 1982: *Erkennen. Die Organisation und Verkörperung von Wirklichkeit. Ausgewählte Arbeiten zur biologischen Epistemologie*, Braunschweig/Wiesbaden 1982 (aus dem Span.).

Maturana, Humberto R. und Francisco J. Varela 1984: *Der Baum der Erkenntnis. Die biologischen Wurzeln des menschlichen Erkennens*, Bern/München/Wien 1987 (aus dem Span.).

Mauthner, Fritz 1902: *Beiträge zu einer Kritik der Sprache, Bd. III, Zur Grammatik und Logik*, 3., erw. Aufl. Leipzig 1923.

Maxwell, Grover and Herbert Feigl 1961: "Why Ordinary Language Needs Reforming", zit. nach: Rorty (Ed.) 1967, 193-200.

Mayr, Ernst 1974: "Teleologisch und teleonomisch: eine neue Analyse", zit. nach Ders.: *Evolution und die Vielfalt des Lebens*, Berlin/Heidelberg/New York 1979, 198-229 (aus dem Amerikan.).

— 1982: *Die Entwicklung der biologischen Gedankenwelt. Vielfalt, Evolution und Vererbung*, Berlin/Heidelberg/New York/Tokyo 1984 (aus dem Amerikan.).

McCloskey, Mary A. 1964: "Metaphors", *Mind* 73 (1964), 215-233.

McReynolds, Paul 1980: "The Clock Metaphor in the History of Psychology", in: *Scientific Discovery: Case Studies*, ed. by Thomas Nickles, Dordrecht/Boston/London 1980, 97-112.

Melchert, Norman 1986: "What's Wrong with Anomalous Monism?", *Journal of Philosophy* 83 (1986), 265-274.

Metzinger, Thomas 1985: *Neuere Beiträge zur Diskussion des Leib-Seele-Problems*, Frankfurt am Main/Bern/New York 1985.

— 1990: "Subjektivität und mentale Repräsentation", Vortrag auf dem XV. Deutschen Kongreß für Philosophie 1990 in Hamburg, Typoskript.

Meyer, Ahlrich 1969: "Mechanische und organische Metaphorik politischer Philosophie", *Archiv für Begriffsgeschichte* 13 (1969) 128-199.

Meyer-Abich, Klaus 1984: *Wege zum Frieden mit der Natur. Praktische Umweltphilosophie für die Umweltpolitik*, München/Wien 1984.

Miall, David S. (Ed.) 1982: *Metaphor: Problems and Perspectives*, Brighton, Sussex and Atlantic Highlands, New Jersey 1982.

Migotti, Mark 1985: "Metaphysics, Mind, and Physicalism", in: Chisholm (Ed.) 1985, 247-250.

Mill, John Stuart 1843: *A System of Logic, Ratiocinative and Inductive*, Collected Works, Vol. VII, ed. by J. M. Robson, Toronto 1974.

Millikan, Ruth Garrett 1984: *Language, Thought, and Other Biological Categories. New Foundations for Realism*, Cambridge, Mass./London 1984.

— 1991: "Speaking Up for Darwin", in: Loewer/Rey (Eds.) 1991, 151-164.

Minsky, Marvin 1968: "Introduction" zu Ders. (Ed.): *Semantic Information Processing*, Cambridge, Mass./London 1968, 1-31.

Mischel, Theodore 1969: "Scientific and Philosophical Psychology: A Historical Introduction", in: *Human Action. Conceptual and Empirical Issues*, ed. by Theodore Mischel, New York/San Francisco/London 1969, 1-40.

Mittelstraß, Jürgen 1981: "Das Wirken der Natur. Materialien zur Geschichte des Naturbegriffs", in: Rapp (Hrsg.) 1981, 36-69.

— 1984a: Artikel "Natur" in: *Enzyklopädie Philosophie und Wissenschaftstheorie*, hrsg. von Jürgen Mittelstraß, Bd. 2, Mannheim/Wien/Zürich 1984, Sp. 961-964.

— 1984b: Artikel "Naturalismus" in *Enzyklopädie Philosophie und Wissenschaftstheorie*, hrsg. von Jürgen Mittelstraß, Bd. 2, Mannheim/Wien/Zürich 1984, Sp. 964.

Said, K. A. M., W. H. Newton-Smith, R. Viale and K. V. Wilkes (Eds.) 1990: *Modelling the Mind*, Oxford 1990.

Monod, Jacques 1970: *Zufall und Notwendigkeit. Philosophische Fragen der modernen Biologie*, München 1971 (aus dem Frz.).

Moritz, Karl Philipp 1793: "Signatur des Schönen", zit. nach Ders.: *Schriften zur Ästhetik und Poetik*, hrsg. von Hans Joachim Schrimpf, Tübingen 1962, 201f.

Moscovici, Serge 1968: *Versuch über die menschliche Geschichte der Natur*, Frankfurt am Main 1982 (aus dem Frz.).

Müller, Friedrich Max 1861: *Vorlesungen über die Wissenschaft der Sprache* Bd. II, neu bearb. Ausg. Leipzig 1893.

Mumford, Lewis 1967: *The Myth of the Machine*, 2 Vols., New York 1967.

Murphy, Arthur E. 1945: Rezension von Krikorian (Ed.) 1944, *Journal of Philosophy* 42 (1945), 400-417.

Nagel, Ernest 1944: "Logic Without Ontology", in: Krikorian (Ed.) 1944, 210-241.

— 1954: "Naturalism Reconsidered", zit. nach Ders.: *Logic Without Metaphysics*, Glencoe, Ill. 1956, 3-18.

— 1959: "Methodological Issues in Psychoanalytic Theory", in: *Psychoanalysis, Scientific Method and Philosophy*, ed. by Sidney Hook, New York 1959, 38-56.

— 1961: *The Structure of Science. Problems in the Logic of Scientific Explanation*, New York 1961.

— 1977: "Teleology Revisited", *Journal of Philosophy* 74 (1977), 261-301.

Nagel, Thomas 1965: "Physicalism", *Philosophical Review* 74 (1965), 339-356.

— 1974: "Freud's Anthropomorphism", zit. nach: Wollheim/Hopkins (Eds.) 1982, 228-240.

Nash, Harvey 1962: "Freud and Metaphor", *Archives of General Psychiatry* 7 (1962), 25-29.

Neisser, Ulric 1967: *Kognitive Psychologie*, Stuttgart 1974 (aus dem Amerikan.).

— 1976: *Kognition und Wirklichkeit. Prinzipien und Implikationen der kognitiven Psychologie*, Stuttgart 1979 (aus dem Amerikan.).

Newton, Natika 1985: "What Mental States are Really Like", in: Chisholm (Ed.) 1985, 240-242.

Nieraad, Jürgen 1977: *"Bildgesegnet und Bildverflucht". Forschungen zur sprachlichen Metaphorik*, Darmstadt 1977.

Nietzsche, Friedrich 1872/73: Nachgelassenes Fragment 19 = P I 20b. Sommer 1872 - Anfang 1873, in: *Werke. Kritische Gesamtausgabe*, hrsg. von Giorgio Colli und Mazzino Montinari, Bd. III/4, Berlin/New York 1978, 3-108.

— 1873: "Über Wahrheit und Lüge im aussermoralischen Sinne", in: *Werke. Kritische Gesamtausgabe*, hrsg. von Giorgio Colli und Mazzino Montinari, Bd. III/2, Berlin/New York 1973, 369-384.

— 1879: *Menschliches, Allzumenschliches*, Bd. 2, in: *Werke. Kritische Gesamtausgabe*, hrsg. von Giorgio Colli und Mazzino Montinari, Bd. IV/3, Berlin 1967.

— 1889: *Götzendämmerung*, in: *Werke. Kritische Gesamtausgabe*, hrsg. von Giorgio Colli und Mazzino Montinari, Bd. VI/3, Berlin 1969, 49-157.

— 1956: *Aus dem Nachlaß der Achtzigerjahre*, in: Werke in 3 Bänden, hrsg. von Karl Schlechta, Bd. III, München 1956.

Novalis 1929 [geschr. 1798/99]: *Das allgemeine Brouillon (Materialien zur Enzyklopädistik)*, Schriften Bd. III, hrsg. von Paul Kluckhohn und Richard Samuel, Darmstadt 1968.

Øfsti, Audun 1982: "Die Verabsolutierung des Begriffs der empirischen Theorie. Der Fall Quine" in: *Kommunikation und Reflexion. Zur Diskussion der Transzendental-*

pragmatik, hrsg. von Wolfgang Kuhlmann und Dietrich Böhler, Frankfurt am Main 1982, 15-45.

Oehler, Klaus 1962: *Die Lehre vom noetischen und dianoetischen Denken bei Platon und Aristoteles. Ein Beitrag zur Erforschung der Geschichte des Bewußtseinsproblems in der Antike*, Hamburg 1962.

Oelmüller, Willi 1988: "Philosophisches Orientierungswissen für unser Erkennen, Handeln und Leiden", in: Ders. (Hrsg.) 1988, 79-92.

— (Hrsg.) 1988: *Philosophie und Wissenschaft* (= *Kolloquien zur Gegenwartsphilosophie*, Band 11), Paderborn/München/Wien/Zürich 1988.

Oeser, Erhard 1987: "Evolutionäre Wissenschaftstheorie", in: Lütterfelds (Hrsg.) 1987, 51-63.

Oliver, W. Donald 1949: "Can Naturalism Be Materialistic?", *Journal of Philosophy* 46 (1949), 608-615.

Oomen, Ursula 1973: *Linguistische Grundlagen poetischer Texte*, Tübingen 1973.

Ortony, Andrew (Ed.) 1979: *Metaphor and Thought*, Cambridge, Mass. 1979.

Otto, Rudolf 1904: *Naturalistische und religiöse Weltansicht*, Tübingen ^{2}1909.

Pap, Arthur 1960: "Types and Meaninglessness", *Mind* 69 (1960), 41-54.

Papineau, David 1987: *Reality and Representation*, Oxford 1987.

— 1991: "Teleology and Mental States", *Proceedings of the Aristotelian Society, Supplementary Volume* 65 (1991), 33-54.

Paprotté, Wolf and René Dirven (Eds.) 1985: *The Ubiquity of Metaphor (= Amsterdam Studies in the Theory and History of Linguistic Science, Current Issues in Linguistic Theory Vol. 29)*, Amsterdam/Philadelphia 1985.

Jean Paul 1804: *Vorschule der Ästhetik*, *Werke* Bd. 5, hrsg. von Norbert Miller, München 1963.

Peirce, Charles Sanders 1934: *Pragmatism and Pragmaticism*, *Collected Papers Vol. V*, ed. by Charles Hartshorne and Paul Weiss, Cambridge, Mass. 1960.

— 1935: *Scientific Metaphysics*, *Collected Papers Vol. VI*, ed. by Charles Hartshorne and Paul Weiss, Cambridge, Mass. 1965.

Peters, H. M. 1972: "Historische, soziologische und erkenntniskritische Aspekte der Lehre Darwins", in: Gadamer/Vogler (Hrsg.) 1972, 326-352.

Petöfi, János S., A. Podlech und Eike von Savigny (Hrsg.) 1975: *Fachsprache - Umgangssprache. Wissenschaftstheoretische und linguistische Aspekte der Problematik, sprachliche Aspekte der Jurisprudenz und der Theologie, maschinelle Textverarbeitung*, Kronberg/Ts. 1975.

Piaget, Jean 1926: *Das Weltbild des Kindes*, Stuttgart 1978 (aus dem Frz.).

Picht, Georg 1989: *Der Begriff der Natur und seine Geschichte*, Stuttgart 1989.

Pittendrigh, Colin S. 1958: "Adaption, Natural Selection, and Behavior", in: *Behavior and Evolution*, ed. by A. Roe and G. G. Simpson, New Haven 1958, 390-416.

Platon *Phaidon: Phaidon*, in: *Sämtliche Werke III*, übers. v. Schleiermacher, Hamburg 1958.

Pleger, Hagen 1986: "Natur und menschliche Natur. Überlegungen zu einer dialektischen Anthropologie", in: *Philosophische Rede vom Menschen. Studien zur Anthropologie Helmuth Plessners*, hrsg. von Bernard Delfgaauw, Hans Heinz Holz und Lolle Nauta, Frankfurt am Main 1986, 17-25.

Pörksen, Uwe 1986: *Deutsche Naturwissenschaftssprachen. Historische und kritische Studien*, Tübingen 1986.

Polanyi, Michael 1958: *Personal Knowledge*, London 1958.

Poser, Hans (Hrsg.) 1981: *Formen teleologischen Denkens. Philosophische und wissenschaftshistorische Analysen*, Berlin 1981.

Pothast, Ulrich (Hrsg.) 1978: *Seminar: Freies Handeln und Determinismus*, Frankfurt am Main 1978.

Pratt, James Bissett 1939: *Naturalism*, New Haven/London 1939.

Premack, David 1988: "Intentionality: How to Tell Mae West from a Crocodile" (Kommentar zu Dennett 1988a), *Behavioral and Brain Sciences* 11 (1988), 522-524.

Preston, John M. 1989: "Folk Psychology as Theory or Practice? The Case for Eliminative Materialism", *Inquiry* 32 (1989), 277-303.

Puster, Edith 1989: "Zur Wahrheit der Metapher", in: *Wohin geht die Sprache? Wirklichkeit - Kommunikation - Kompetenz*, hrsg. von Jürgen Mittelstraß und der Hanns Martin Schleyer-Stiftung, Essen 1989, 90-99.

Putnam, Hilary 1975: "The Meaning of 'Meaning'", in Ders.: *Language, Mind, and Knowledge*, Minneapolis 1975.

— 1981: *Reason, Truth and History*, Cambridge 1981.

— 1982: "Why Reason Can't Be Naturalized", *Synthese* 52 (1982), 3-23.

Pylyshyn, Zenon W. 1980: "Computation and Cognition: Issues in the Foundations of Cognitive Science", *Behavioral and Brain Sciences* 3 (1980), 111-132, 154-169.

— 1984: *Computation and Cognition*, Cambridge, Mass. 1984.

— 1987: "Preface" zu Ders. (Ed.) 1987, vii-xi.

— (Ed.) 1987: *The Robot's Dilemma. The Frame Problem in Artificial Intelligence*, Norwood, New Jersey 1987.

Quine, Willard van Orman 1950: "Identity, Ostension, and Hypostasis", zit. nach: Ders. 1953a, 65-79.

— 1951: "Two Dogmas of Empiricism", zit. nach: Ders. 1953a, 20-46.

— 1953a: *From a Logical Point of View*, Cambridge, Mass. 1953.

— 1953b: "On Mental Entities", zit. nach: Ders. 1966, 208-214.

— 1957: "The Scope and Language of Science", zit. nach: Ders. 1966, 215-232.

— 1960: *Word and Object*, Cambridge/Mass. 1960.

— 1966: *The Ways of Paradox and Other Essays*, New York 1966.

— 1968: "Ontological Relativity", zit. nach: Ders. 1969a, 26-68.

— 1969a: *Ontological Relativity and Other Essays*, New York 1969.

— 1969b: "Epistemology Naturalized", in: Ders. 1969a, 69-90.

— 1969c: "Natural Kinds", in: Ders. 1969a, 114-138.

— 1969d: "Replies", in: *Words and Objections. Essays on the Work of W. V. Quine*, ed. by Donald Davidson and Jaakko Hintikka, Dordrecht 1969, 292-352.

— 1970: "Grades of Theoreticity", in: *Experience and Theory*, ed. by Lawrence Foster and J. W. Swanson, Amherst, Mass. 1970, 1-17.

— 1974: *The Roots of Reference*, La Salle, Ill. 1974.

— 1975a: "The Nature of Natural Knowledge", in: Guttenplan (Ed.) 1975, 67-81.

— 1975b: "Mind and Verbal Dispositions", in: Guttenplan (Ed.) 1975, 83-95.

— 1976: "Whither Physical Objects?", *Boston Studies in the Philosophy of Science* 39 (1976) [= *Essays in Memory of Imre Lakatos*, ed. by R. S. Cohen, P. K. Feyerabend and M. W. Wartofsky], 497-504.

— 1977: "Facts of the Matter", in: *American Philosophy from Edwards to Quine*, ed. by Robert W. Shahan and Kenneth Merrill, Norman, Oklahoma 1977, 176-196.

— 1978a: "Postscript on Metaphor", zit. nach: Ders. 1981a, 187-189.

— 1978b: "Goodman's Ways of Worldmaking", zit. nach: Ders. 1981a, 96-99.

— 1981a: *Theories and Things*, Cambridge, Mass./London 1981.

— 1981b: "Things and Their Place in Theories", in Ders. 1981a, 1-23.
— 1985: "Events and Reification", in: LePore/McLaughlin (Eds.) 1985, 162-171.
— 1987: *Quiddities. An Intermittently Philosophical Dictionary*, Cambridge, Mass. 1987.
— 1990a: "Three Indeterminacies", in: Barrett/Gibson (Eds.) 1990, 1-16.
— 1990b: "Comment on Lauener", in: Barrett/Gibson (Eds.) 1990, 229.
— 1990c: "Comment on Stroud", in: Barrett/Gibson (Eds.) 1990, 334f.
Radden, Günter 1985: "Spatial Metaphors Underlying Prepositions of Causality", in: Paprotté/Dirven (Eds.) 1985, 177-207.
Randall, John Herman Jr. 1944: "Epilogue: The Nature of Naturalism", in: Krikorian (Ed.) 1944, 354-382.
Randall, John Herman, Jr. and Justus Buchler 1942: *Philosophy: An Introduction*, New York 1942.
Rapp, Friedrich 1981a: "Die Technik als Fortsetzung der Evolution?", in: Rapp (Hrsg.) 1981, 145-160.
— 1981b: "Kausale und teleologische Erklärungen", in: Poser (Hrsg.) 1981, 1-13.
— (Hrsg.) 1981: *Naturverständnis und Naturbeherrschung*, München 1981.
Reed, Edward S. 1987: "Why Ideas are Not in the Mind: An Introduction to Ecological Epistemology", in: Shimony/Nails (Eds.) 1987, 215-229.
Rescher, Nicholas (Ed.) 1986: *Current Issues in Teleology*, Lanham/New York/London 1986.
Richards, Ivor Armstrong 1936: *The Philosophy of Rhetoric*, New York 1965.
Ricketts, Thomas G. 1982: "Rationality, Translation, and Epistemology Naturalized", *Journal of Philosophy* 79 (1982), 117-136.
Ricoeur, Paul 1972: "Die Metapher und das Hauptproblem der Hermeneutik", zit. nach: Haverkamp (Hrsg.) 1983, 356-375 (aus dem Frz.).
— 1975: *Die lebendige Metapher*, München 1986 (aus dem Frz.).
Rignano, Eugenio 1931: "The Concept of Purpose in Biology", *Mind* 40 (1931), 335-340.
Ringle, Martin 1979: "Philosophy and Artificial Intelligence", in: Ders. (Ed.) 1979, 1-20.
— (Ed.) 1979: *Philosophical Perspectives in Artificial Intelligence*, Atlantic Highlands, New Jersey 1979.
Rorty, Richard 1965: "Mind-Body Identity, Privacy, and Categories", *Review of Metaphysics* 19 (1965), 24-54.
— 1970: "In Defense of Eliminative Materialism", *Review of Metaphysics* 24 (1970), 112-121.
— 1979a: *Philosophy and the Mirror of Nature*, Princeton, New Jersey 1979.
— 1979b: "Transcendental Arguments, Self-Reference and Pragmatism", in: *Transcendental Arguments and Science*, ed. by Peter Bieri, Rolf-Peter Horstmann and Lorenz Krüger, Dordrecht 1979, 77-103.
— 1986: "Freud und die moralische Reflexion", zit. nach Ders.: *Solidarität oder Objektivität? Drei philosophische Essays*, Stuttgart 1988, 38-81 (aus dem Amerikan.).
— 1987a: "Non-Reductive Physicalism", in: *Theorie der Subjektivität*, hrsg. von Konrad Cramer, Hans Friedrich Fulda, Rolf-Peter Horstmann und Ulrich Pothast, Frankfurt am Main 1987, 278-296.
— 1987b: "Hesse and Davidson on Metaphor", *Proceedings of the Aristotelian Society, Supplementary Volume* 61 (1987), 283-296.

— (Ed.) 1967: *The Linguistic Turn. Recent Essays in Philosophical Method*, Chicago/London 1967.

Rosch, Eleanor 1973: "Natural Categories", *Cognitive Psychology* 4 (1973), 328-350.

— 1978: "Principles of Categorization", in: *Cognition and Categorization*, ed. by Eleanor Rosch and Barbara B. Lloyd, Hillsdale, New Jersey 1978, 27-48.

Rosenberg, Alexander 1978: "The Supervenience of Biological Concepts", zit. nach: Sober (Ed.) 1984, 99-115.

— 1986: "Intention and Action among the Macromolecules", in: Rescher (Ed.) 1986, 65-76.

Rosenblueth, Arturo, Norbert Wiener and Julian Bigelow 1943: "Behavior, Purpose and Teleology", *Philosophy of Science* 10 (1943), 18-24.

Rosenblueth, Arturo and Norbert Wiener 1950: "Purposeful and Non-Purposeful Behavior", *Philosophy of Science* 17 (1950), 318-326.

Roth, Paul A. 1983: "Reconstructing Quine: The Troubles with a Tradition", *Metaphilosophy* 14 (1983), 249-266.

Rothacker, Erich 1979 [geschrieben 1946]: *Das 'Buch der Natur'. Materialien und Grundsätzliches zur Metapherngeschichte*, aus dem Nachlaß hrsg. von Wilhelm Perpeet, Bonn 1979.

Routley, R. and V. Routley 1969: "Categories - Expressions or Things?", *Theoria* 35 (1969), 215-238.

Ruse, Michael 1973: *The Philosophy of Biology*, London 1973.

Russell, Bertrand 1913: "On the Notion of Cause", zit. nach Ders.: *Mysticism and Logic and other Essays*, London [5]1925, 180-208.

— 1921: *The Analysis of Mind*, London/New York 1921.

Ryle, Gilbert 1931: "Systematically Misleading Expressions", *Proceedings of the Aristotelian Society* 32 (1931/32), 139-171.

— 1938: "Categories", zit. nach: *Logic and Language, Second Series*, ed. by Antony Flew, Oxford 1953, 65-81.

— 1945: "Knowing How and Knowing That", *Proceedings of the Aristotelian Society* 46 (1945/46), 1-16.

— 1946: "Philosophical Arguments", zit. nach: *Logical Positivism*, ed. by A. J. Ayer, Glencoe, Ill. 1959, 327-344.

— 1949: *The Concept of Mind*, London 1949.

— 1953: "Ordinary Language", *Philosophical Review* 62 (1953), 167-186.

— 1954: *Dilemmas. The Tarner Lectures 1953*, Cambridge 1954.

Sagal, P. T. 1978: "Epistemology De-Naturalized", *Kant-Studien* 69 (1978), 97-109.

Santayana, George 1925: "Dewey's Naturalistic Metaphysics", *Journal of Philosophy* 22 (1925), 673-688.

von Savigny, Eike 1969: *Die Philosophie der normalen Sprache. Eine kritische Einführung in die 'ordinary language philosophy'*, Frankfurt am Main 1969.

— 1975: "Inwiefern ist die Umgangssprache grundlegend für die Fachsprachen?", in: Petöfi et al. (Hrsg) 1975, 1-32.

Schäfer, Lothar 1982: "Wandlungen des Naturbegriffs", in: Zimmermann (Hrsg.) 1982, 11-44.

— 1990: "Von der Vorläufigkeit der Einheitsidee in den Naturwissenschaften", in: *Einheit und Vielheit. XIV. Deutscher Kongreß für Philosophie*, hrsg. von Odo Marquard, Hamburg 1990, 115-129.

— 1991: "Natur", in: *Philosophie. Ein Grundkurs*, hrsg. von Ekkehard Martens und Herbert Schnädelbach, erweiterte, zweibändige Ausgabe Reinbek bei Hamburg 1991, Bd. II, 467-507.

Schafer, Roy 1976: *Eine neue Sprache für die Psychoanalyse*, Stuttgart 1982 (aus dem Amerikan.).

Scheffler, Israel 1979: *Beyond the Letter. A Philosophical Inquiry into Ambiguity, Vagueness and Metaphor in Language*, London 1979.

— 1986: "Ten Myths of Metaphor", zit. nach: *Gedankenzeichen. Festschrift für Klaus Oehler*, hrsg. von Regina Claussen und Roland Daube-Schackat, Tübingen 1988, 187-191.

Schlegel, August Wilhelm 1795: "Briefe über Poesie, Silbenmaß und Sprache", zit. nach Ders.: *Sprache und Poetik*, Kritische Schriften und Briefe Bd. 1, hrsg. von Edgar Lohner, Stuttgart 1962, 141-180.

— 1884 [geschrieben 1801]: *Die Kunstlehre*, Kritische Schriften und Briefe Bd. 2, hrsg. von Edgar Lohner, Stuttgart 1963.

Schlegel, Friedrich 1828: *Philosophie der Geschichte*, Bd. 1, *Sämmtliche Werke* Bd. 13, Wien 1846.

Schleiermacher, Friedrich 1839: *Hermeneutik*, hrsg. von Heinz Kimmerle, Heidelberg 1959.

Schlick, Moritz 1932: "Kausalität im täglichen Leben und in der neueren Naturwissenschaft", zitiert nach: *Erkenntnisprobleme der Naturwissenschaften*, hrsg. von Lorenz Krüger, Köln/Berlin 1970, 135-155.

Schnädelbach, Herbert 1989a: "Die Philosophie und die Wissenschaften vom Menschen", in: *Mensch und Moderne. Beiträge zur Philosophischen Anthropologie und Gesellschaftskritik. Festschrift für Helmut Fahrenbach*, hrsg. von Clemens Bellut und Ulrich Müller-Schöll, Würzburg 1989, 19-39.

— 1989b: "Das Gesicht im Sand. Foucault und der anthropologische Schlummer", in: *Zwischenbetrachtungen. Im Prozeß der Aufklärung*, hrsg. von Axel Honneth, Thomas McCarthy, Claus Offe und Albrecht Wellmer, Frankfurt am Main 1989, 231-261.

— 1990: "Rationalität und Normativität", in: *Zur Rekonstruktion der praktischen Philosophie. Gedenkschrift für Karl-Heinz Ilting*, hrsg. von Karl-Otto Apel und Riccardo Pozzo, Stuttgart-Bad Cannstatt 1990, 124-149.

Schneider, Hans Julius 1978: "Die Asymmetrie der Kausalrelation. Überlegungen zur interventionistischen Theorie G. H. von Wrights", in: *Vernünftiges Denken. Studien zur praktischen Philosophie und Wissenschaftstheorie*, hrsg. von Jürgen Mittelstraß und Manfred Riedel, Berlin 1978, 217-234.

— 1989: "Anthropomorphes versus Anthropozentrisches Denken. Zur ethischen und wissenschaftstheoretischen Bedeutung einer Unterscheidung", in: *Verantwortung in Wissenschaft und Technik*, hrsg. von Matthias Gatzemeier, Mannheim/Wien/Zürich 1989, 34-45.

— 1990: "'Syntaktische Metaphern' und ihre begrenzende Rolle für eine systematische Bedeutungstheorie", Vortrag auf dem XV. Deutschen Kongreß für Philosophie 1990 in Hamburg, Typoskript.

— 1992: *Phantasie und Kalkül. Über die Polarität von Handlung und Struktur in der Sprache*, Frankfurt am Main 1992.

Schneider, Herbert W. 1944: "The Unnatural", in: Krikorian (Ed.) 1944, 121-132.

Schneider, Martin 1985: "Leibniz über Geist und Maschine", *Philosophisches Jahrbuch* 92 (1985), 335-352.

Schöffel, Georg 1987: *Denken in Metaphern. Zur Logik sprachlicher Bilder*, Opladen 1987.

Schwemmer, Oswald (Hrsg.) 1987: *Über Natur. Philosophische Beiträge zum Naturverständnis*, Frankfurt am Main 1987.

Searle, John R. 1979: "Metapher", zit. nach Ders.: *Ausdruck und Bedeutung. Untersuchungen zur Sprechakttheorie*, Frankfurt am Main 1982, 98-138 (aus dem Amerikan.).

— 1980: "Minds, Brains, and Programs", *Behavioral and Brain Sciences* 3 (1980), 417-458.

— 1983: *Intentionality. An Essay in the Philosophy of Mind*, Cambridge, Mass. 1983.

— 1984a: *Geist, Hirn und Wissenschaft*, Frankfurt am Main 1986 (aus dem Amerikan.).

— 1984b: "Intentionality and its Place in Nature", *Synthese* 61 (1984), 3-16.

— 1990a: "Is the Brain a Digital Computer?", *Proceedings and Addresses of the American Philosophical Association* 64/3 (1990), 21-37.

— 1990b: "Consciousness, Explanatory Inversion, and Cognitive Science", *Behavioral and Brain Sciences* 13 (1990), 585-596, 632-642.

Seel, Martin 1990: "Am Beispiel der Metapher. Zum Verhältnis von buchstäblicher und figürlicher Rede", in: Forum Bad Homburg (Hrsg.) 1990, 237-272.

Sellars, Wilfrid 1956: "Empiricism and the Philosophy of Mind", zit. nach: Ders. 1963, 127-196.

— 1962: "Philosophy and the Scientific Image of Man", zit. nach: Ders. 1963, 1-40.

— 1963: *Science, Perception and Reality*, London 1963.

Shannon, Claude E. and Warren Weaver 1949: *The Mathematical Theory of Communication*, Urbana [12]1971.

Sheldon, W. H. 1945: "Critique of Naturalism", *Journal of Philosophy* 42 (1945), 253-270.

— 1946: "Are Naturalists Materialists? Reply to Professors Dewey, Hook, Nagel", *Journal of Philosophy* 43 (1946), 197-209.

Shibles, Warren A. 1971: *An Analysis of Metaphor in the Light of W. M. Urban's Theories*, The Hague/Paris 1971.

Shimony, Abner and Debra Nails (Eds.) 1987: *Naturalistic Epistemology. A Symposium of Two Decades* (= *Boston Studies in the Philosophy of Science*, Vol. 100), Dordrecht/Boston/Lancaster/Tokyo 1987.

Siegel, Harvey 1980: "Justification, Discovery and the Naturalizing of Epistemology", *Philosophy of Science* 47 (1980), 297-321.

Skjervheim, Hans 1959: "Objectivism and the Study of Man", *Inquiry* 17 (1974), 213-239 und 265-302.

Sklar, Lawrence 1974: "The Evolution of the Problem of the Unity of Science", in: *Philosophical Foundations of Science*, ed. by Raymond J. Seeger and Robert S. Cohen (= *Boston Studies in the Philosophy of Science* 11), Dordrecht/Boston 1974, 535-545.

Smart, J. J. C. 1953: "A Note on Categories", *British Journal for the Philosophy of Science* 4 (1953/54), 227-8.

Smith, Edward E. and Douglas L. Medin 1981: *Categories and Concepts*, Cambridge, Mass./London 1981.

Snell, Bruno 1930: "Das Bewußtsein von eigenen Entscheidungen im frühen Griechentum", zit. nach Ders.: *Gesammelte Schriften*, Göttingen 1966, 18-31.

— 1946: *Die Entdeckung des Geistes. Studien zur Entstehung des europäischen Denkens bei den Griechen*, 3., erw. Aufl. Hamburg 1955.

Sober, Elliott 1985: "Putting the Function Back into Functionalism", zit. nach: Lycan (Ed.) 1990, 97-106.
— (Ed.) 1984: *Conceptual Issues in Evolutionary Biology*, Cambridge, Mass./London 1984.
Sommers, Fred 1963: "Types and Ontology", *Philosophical Review* 72 (1963), 327-363.
Sonnemann, Ulrich 1969: *Negative Anthropologie*, Reinbek bei Hamburg 1969.
de Sousa, Ronald 1976: "Rational Homunculi", in: *The Identities of Persons*, ed. by Amélie Oksenberg Rorty, Berkeley/Los Angeles/London 1976, 217-238.
Spaemann, Robert 1973: Artikel "Natur" im *Handbuch philosophischer Grundbegriffe*, hrsg. von Hermann Krings, Hans Michael Baumgartner und Christoph Wild, München 1973, Bd. II, 956-969.
— 1984: "Sein und Gewordensein. Was erklärt die Evolutionstheorie?", zit. nach Ders.: *Das Natürliche und das Vernünftige. Essays zur Anthropologie*, München/Zürich 1987, 43-73.
— 1987: "Das Natürliche und das Vernünftige", zit. nach Schwemmer (Hrsg.) 1987, 149-164.
Spaemann, Robert und Reinhard Löw 1981: *Die Frage Wozu? Geschichte und Wiederentdeckung des teleologischen Denkens*, München/Zürich 1981.
Spaemann, Robert, Peter Koslowski und Reinhard Löw (Hrsg.) 1984: *Evolutionstheorie und menschliches Selbstverständnis. Zur philosophischen Kritik eines Paradigmas moderner Wissenschaft*, Weinheim 1984.
Srzednicki, Jan 1960: "On Metaphor", *Philosophical Quarterly* 10 (1960), 228-237.
Stachowiak, Herbert 1973: *Allgemeine Modelltheorie*, Wien/New York 1973.
Stalnaker, Robert C. 1984: *Inquiry*, Cambridge, Mass./London 1984.
Stampe, Dennis W. 1977: "Toward a Causal Theory of Linguistic Representation", zit. nach: *Contemporary Perspectives in the Philosophy of Language*, ed. by Peter A. French, Theodore E. Uehling, Jr., and Howard K. Wettstein, Minneapolis, Minnesota 1979, 81-102.
Stegmüller, Wolfgang 1954: *Metaphysik, Wissenschaft, Skepsis*, Frankfurt am Main/ Wien 1954.
— 1960: "Das Problem der Kausalität", zitiert nach: *Erkenntnisprobleme der Naturwissenschaften*, hrsg. von Lorenz Krüger, Köln/Berlin 1970, 156-173.
Steinbuch, Karl 1972: "Ansätze zu einer kybernetischen Anthropologie", in: Gadamer/ Vogler (Hrsg.) 1972, 59-107.
Steiner, Mark 1983: "Under a Description", in: *How Many Questions? Essays in Honor of Sidney Morgenbesser*, ed. by Leigh S. Cauman et al., Indianapolis, Ind. 1983, 120-131.
Steinvorth, Ulrich 1985: "How Do Words Refer to Sensations?", in: Chisholm (Ed.) 1985, 583-585.
Stenius, Erik 1964: *Wittgenstein's Tractatus. A Critical Expositions of its Main Lines of Thought*, Oxford 1964.
Stich, Stephen P. 1980: "Computation Without Representation" (Kommentar zu Pylyshyn 1980), *Behavioral and Brain Sciences* 3 (1980), 152.
— 1983: *From Folk Psychology to Cognitive Science. The Case Against Belief*, Cambridge, Mass./London 1983.
— 1988: "Connectionism, Realism, and realism" (Kommentar zu Dennett 1988a), *Behavioral and Brain Sciences* 11 (1988), 531-532.
— 1991: "Do True Believers Exist?" *Proceedings of the Aristotelian Society, Supplementary Volume* 65 (1991), 229-244.

— 1992: "What is a Theory of Mental Representation?", *Mind* 101 (1992) 243-261.
Strawson, Peter F. 1959: *Individuals. An Essay in Descriptive Metaphysics*, London 1959.
— 1970: "Categories", in: Wood/Pitcher (Eds.) 1970, 181-211.
— 1985a: *Scepticism and Naturalism. Some Varieties*, London 1985.
— 1985b: "Causation and Explanation", in: Vermazen/Hintikka (Eds.) 1985, 115-135.
— 1990: "Two Conceptions of Philosophy", in: Barrett/Gibson (Eds.) 1990, 310-318.
Stroud, Barry 1984: *The Significance of Philosophical Scepticism*, Oxford 1984.
— 1990: "Quine's Physicalism", in: Barrett/Gibson (Eds.) 1990, 321-333.
Strub, Christian 1991: *Kalkulierte Absurditäten. Versuch einer historisch reflektierten sprachanalytischen Metapherntheorie*, Freiburg/München 1991.
Sutter, Alex 1988: *Göttliche Maschinen. Die Automaten für Lebendiges bei Descartes, Leibniz, LaMettrie und Kant*, Frankfurt am Main 1988.
Taylor, Charles 1964: *The Explanation of Behaviour*, London 1964.
— 1971: "Interpretation and the Sciences of Man", *Review of Metaphysics* 25 (1971), 3-51.
Taylor, Richard 1950: "Comments on a Mechanistic Conception of Purposefulness", *Philosophy of Science* 17 (1950), 310-317.
— 1966: *Action and Purpose*, Englewood Cliffs, New Jersey 1966.
Tetens, Holm 1990: "Maschinen, die 'Geist haben'. Überlegungen zur Künstlichen Intelligenz im Anschluß an John Searle", Vortrag auf dem XV. Deutschen Kongreß für Philosophie 1990 in Hamburg, Typoskript.
Thalberg, Irving 1982: "Freud's Anatomies of the Self", in: Wollheim/Hopkins (Eds.) 1982, 241-263.
Thomas von Aquin *Summa Th.*: *Summa Theologica*, Vollst. deutsch-lateinische Ausgabe, hrsg. vom Katholischen Akademikerverband, Salzburg 1933ff.
Thompson, Manley 1957: "On Category Differences", *Philosophical Review* 66 (1957), 486-508.
— 1964: "Naturalistic Metaphysics", in: *Philosophy*, ed. by Roderick M. Chisholm et al., Englewood Cliffs, New Jersey 1964, 183-204.
Tomberlin, James E. (Ed). 1989: *Philosophical Perspectives* Vol. 3, *Philosophy of Mind and Action Theory*, Atascadero, Cal. 1989.
— (Ed). 1990: *Philosophical Perspectives* Vol. 4, *Action Theory and Philosophy of Mind*, Atascadero, Cal. 1990.
Topitsch, Ernst 1958: *Vom Ursprung und Ende der Metaphysik. Eine Studie zur Weltanschauungskritik*, Wien 1958.
— 1979: *Erkenntnis und Illusion. Grundstrukturen unserer Weltauffassung*, Hamburg 1979.
Toulmin, Stephen 1953: *Philosophy of Science*, London 1953.
Travis, Larry E. and David M. West 1991: "The Computational Metaphor and Artificial Intelligence: A Reflective Examination of a Theoretical Falsework", *AI Magazine* 12 (1991), 64-79.
Turbayne, Colin Murray 1962: *The Myth of Metaphor*, New Haven/London 1962.
Turkle, Sherry 1984: *Die Wunschmaschine. Der Computer als zweites Ich*, Reinbek bei Hamburg 1984 (aus dem Amerikan.).
von Uexküll, Thure 1953: *Der Mensch und die Natur. Grundzüge einer Naturphilosophie*, München 1953.
Urban, Wilbur Marshall 1939: *Language and Reality*, New York 1939.

Urmson, J. O. 1968: "Criteria of Intensionality", *Proceedings of the Aristotelian Society, Supplementary Volume* 42 (1968), 107-122.

Vermazen, Bruce and Merrill B. Hintikka (Eds.) 1985: *Essays on Davidson - Actions and Events*, Oxford 1985.

Vico, Giambattista 1744: *Die Neue Wissenschaft über die gemeinschaftliche Natur der Völker*, übers. und hrsg. von Erich Auerbach, München 1924 (aus dem Ital.).

Vogel, Christian 1977: "Zum biologischen Selbstverständnis des Menschen", zit. nach: Altner (Hrsg.) 1981, 413-440.

Vollmer, Gerhard 1975: *Evolutionäre Erkenntnistheorie. Angeborene Erkenntnisstrukturen im Kontext von Biologie, Psychologie, Linguistik, Philosophie und Wissenschaftstheorie*, Stuttgart 1975.

— 1983: "Mesokosmos und objektive Erkenntnis - über Probleme, die von der evolutionären Erkenntnistheorie gelöst werden", in: Ders. 1985a, 57-115.

— 1985a: *Was können wir wissen?, Band 1: Die Natur der Erkenntnis, Beiträge zur Evolutionären Erkenntnistheorie*, Stuttgart 1985.

— 1985b: "Evolution und Erkenntnis - Zur Kritik an der Evolutionären Erkenntnistheorie", in: Ders. 1985a, 268-327.

— 1987: "Eine Kopernikanische Wende? Zur Kritik an der Evolutionären Erkenntnistheorie" (Kurzfassung von 1985b), in: Lütterfelds (Hrsg.) 1987, 81-113.

Waismann, Friedrich 1953: "Language Strata", in: *Logic and Language, Second Series*, ed. by Antony Flew, Oxford ^{3}1959, 11-31.

— 1965: *The Principles of Linguistic Philosophy*, ed. by Rom Harré, London/Melbourne/Toronto/New York 1965.

Warnock, G. J. 1958: *English Philosophy Since 1900*, London/New York/Toronto 1958.

Weingartner, Paul (Hrsg.) 1987a: *Logik, Wissenschaftstheorie und Erkenntnistheorie. Akten des 11. Internationalen Wittgenstein-Symposiums*, Wien 1987.

— (Hrsg.) 1987b: *Neuere Entwicklungen in der Erkenntnis- und Wissenschaftstheorie. Berichte des 11. Internationalen Wittgenstein-Symposiums*, Wien 1987.

Weinreich, Uriel 1966: *Erkundungen zur Theorie der Semantik*, Tübingen 1970 (aus dem Engl.).

Weinrich, Harald 1963: "Semantik der kühnen Metapher", zit. nach: Haverkamp (Hrsg.) 1983, 316-339.

— 1967: "Semantik der Metapher", *Folia Linguistica* 1 (1967), 3-17.

Weizenbaum, Joseph 1976: *Die Macht der Computer und die Ohnmacht der Vernunft*, Frankfurt am Main 1978 (aus dem Amerikan.).

von Weizsäcker, Carl Friedrich 1971: *Die Einheit der Natur*, München/Wien 1971.

— 1977: *Der Garten des Menschlichen. Beiträge zur geschichtlichen Anthropologie*, München/Wien 1977.

Wiener, Norbert 1948: *Cybernetics, or Control and Communication in the Animal and the Machine*, New York 1948.

Wilkes, Kathleen V. 1975: "Anthropomorphism and Analogy in Psychology", *Philosophical Quarterly* 25 (1975), 126-137.

— 1978: *Physicalism*, London 1978.

— 1984: "Pragmatics in Science and Theory in Common Sense", *Inquiry* 27 (1984), 339-361.

— 1990: "Modelling the Mind", in: Said et al. (Eds.) 1990, 63-82.

Williams, Joseph M. 1976: "Synaesthetic Adjectives: A Possible Law of Semantic Change", *Language* 52 (1976), 461-478.

Williams, Mary 1973: "The Logical Status of Natural Selection and Other Evolutionary Controversies", zit. nach: Sober (Ed.) 1984, 83-98.
Wimsatt, William C. 1972: "Teleology and the Logical Structure of Function Statements", *Studies in the History and Philosophy of Science* 3 (1972), 1-80.
Winograd, Terry and Fernando Flores 1987: *Understanding Computers and Cognition*, Norwood, New Jersey 1987.
Wittgenstein, Ludwig *Tract.: Tractatus logico-philosophicus* (1921), *Schriften* Bd. 1, Frankfurt am Main 1960.
— *PU: Philosophische Untersuchungen* (1953), *Schriften* Bd. 1, Frankfurt am Main 1960.
— 1964: *Philosophische Bemerkungen, Schriften* Bd. 2, hrsg. von Rush Rees, Frankfurt am Main 1964.
— 1969: *Über Gewißheit. On Certainty*, ed. by G. E. M. Anscombe and G. H. von Wright, Oxford 1969.
— 1970: *Das blaue Buch, Schriften* Bd. 5, hrsg. von Rush Rhees, Frankfurt am Main 1970.
Witzany, Günther 1990: "Natur der Sprache - Sprache der Natur. Vorbemerkungen zu einer 'Theorie der kommunikativen Natur'", Vortrag auf dem XV. Deutschen Kongreß für Philosophie 1990 in Hamburg, Typoskript.
Wollheim, Richard and James Hopkins (Eds.) 1982: *Philosophical Essays on Freud*, Cambridge, Mass. 1982.
Woodfield, Andrew 1976: *Teleology*, London 1976.
Wood, Oscar P. and George Pitcher (Eds.) 1970: *Ryle. A Collection of Critical Essays*, London/Basingstoke 1971.
von Wright, Georg Henrik 1971: *Explanation and Understanding*, London 1971.
— 1974: *Causality and Determinism*, New York/London 1974.
— 1976: "Replies" in: *Essays on Explanation and Understanding. Studies in the Foundations of Humanities and Social Sciences*, ed. by Juha Manninen and Raimo Tuomela, Dordrecht 1976, 371-413.
— 1983: "On Causal Knowledge", zit. nach Ders.: *Truth, Knowledge, and Modality (= Philosophical Papers III)*, Oxford 1984, 86-95.
Wright, Larry 1976: *Teleological Explanations. An Etiological Analysis of Goals and Functions*, Berkeley/Los Angeles/London 1976.
Wuketits, Franz 1980: *Kausalitätsbegriff und Evolutionstheorie. Die Entwicklung des Kausalitätsbegriffes im Rahmen des Evolutionsgedankens*, Berlin 1980.
— 1987: "Hat die Biologie Kant mißverstanden? Evolutionäre Erkenntnistheorie und 'Kantianismus'", in: Lütterfelds (Hrsg.) 1987, 33-50.
Young, Robert M. 1971: "Darwin's Metaphor: Does Nature Select?", *The Monist* 55 (1971), 442-503.
Zadeh, Lotfi A. 1965: "Fuzzy Sets", *Information and Control* 8 (1965), 338-353.
Zedler, Johann Heinrich (Hrsg.) 1739: Artikel "Mechanismus" im *Großen vollständigen Universal-Lexikon aller Wissenschaften und Künste*, Bd. 20, Halle/Leipzig 1739, Sp. 23-27.
Zeleny, Milan (Ed.) 1981: *Autopoiesis: A Theory of Living Organization*, New York 1981.
Zimmermann, Jörg 1978: "Ästhetische Erfahrung und die 'Sprache der Natur'", in: Ders. (Hrsg.) 1978, 234-256.
— (Hrsg.) 1978: *Sprache und Welterfahrung*, München 1978.
— (Hrsg.) 1982: *Das Naturbild des Menschen*, München 1982.

Personenregister

Sachregister

Das Register führt keine Begriffe auf, die in den Kapitelüberschriften enthalten sind. Es ersetzt also nicht das Inhaltsverzeichnis, sondern ist ein Komplement dazu.

QUELLEN UND STUDIEN ZUR PHILOSOPHIE

CHRISTEL FRICKE
Kants Theorie des reinen Geschmacksurteils
Groß-Oktav. IX, 194 Seiten. 1990. Ganzleinen DM 98,–
ISBN 3 11 012585 4 (Band 26)

BERNHARD THÖLE
Kant und das Problem der Gesetzmäßigkeit der Natur
Groß-Oktav. XI, 324 Seiten. 1991. Ganzleinen DM 148,–
ISBN 3 11 012193 X (Band 27)

SYBILLE KRÄMER
Berechenbare Vernunft
Kalkül und Rationalismus im 17. Jahrhundert
Groß-Oktav. X, 431 Seiten, diverse Tabellen. 1991. Ganzleinen DM 196,–
ISBN 3 11 012106 9 (Band 28)

RALF STOECKER
Was sind Ereignisse?
Eine Studie zur analytischen Ontologie
Groß-Oktav. XIV, 253 Seiten. 1992. Ganzleinen DM 134,–
ISBN 3 11 012909 4 (Band 29)

Preisänderungen vorbehalten

Walter de Gruyter · Berlin · New York

FSC
www.fsc.org
MIX
Papier | Fördert gute Waldnutzung
FSC® C083411

Kolibri 360 GmbH
Ferdinand-Jühlke-Straße 7
99095 Erfurt, Deutschland
produktsicherheit@kolibri360.de